U0319966
站在巨人的肩上
Standing on Shoulders of Giants
TURING
图灵教育
iTuring.cn

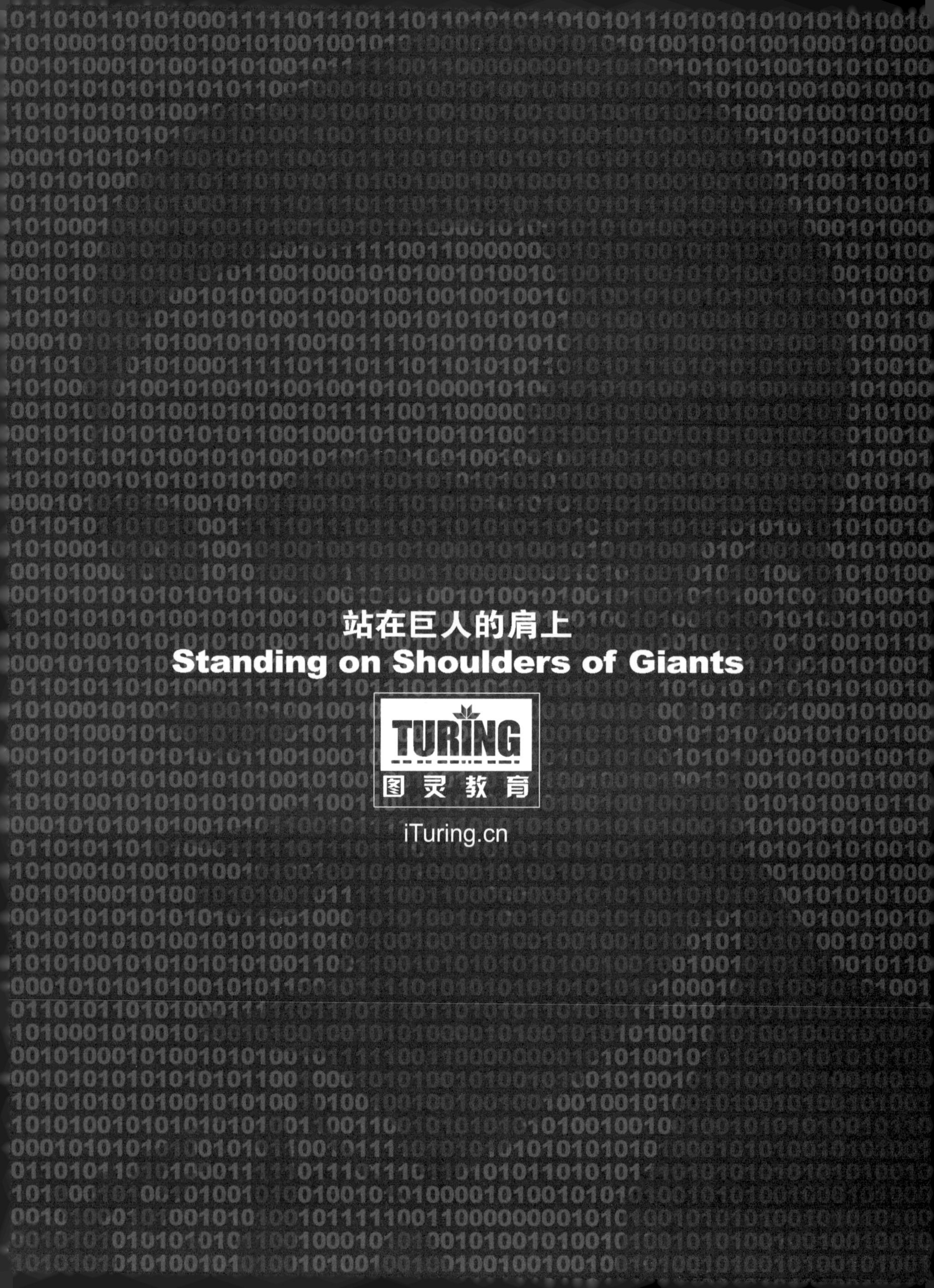
站在巨人的肩上
Standing on Shoulders of Giants
TURING
图灵教育
iTuring.cn

TURING 图灵原创

Python 3 网络爬虫开发实战

崔庆才 著

人民邮电出版社
北京

图书在版编目（CIP）数据

Python 3网络爬虫开发实战 / 崔庆才著. -- 北京 ：
人民邮电出版社，2018.4（2018.5重印）
（图灵原创）
ISBN 978-7-115-48034-7

Ⅰ. ①P… Ⅱ. ①崔… Ⅲ. ①软件工具－程序设计
Ⅳ. ①TP311.561

中国版本图书馆CIP数据核字(2018)第042370号

内 容 提 要

本书介绍了如何利用 Python 3 开发网络爬虫。书中首先详细介绍了环境配置过程和爬虫基础知识；然后讨论了 urllib、requests 等请求库，Beautiful Soup、XPath、pyquery 等解析库以及文本和各类数据库的存储方法；接着通过多个案例介绍了如何进行 Ajax 数据爬取，如何使用 Selenium 和 Splash 进行动态网站爬取；再后介绍了爬虫的一些技巧，比如使用代理爬取和维护动态代理池的方法，ADSL 拨号代理的使用，图形、极验、点触、宫格等各类验证码的破解方法，模拟登录网站爬取的方法及 Cookies 池的维护。

此外，本书还结合移动互联网的特点探讨了使用 Charles、mitmdump、Appium 等工具实现 App 爬取的方法，紧接着介绍了 pyspider 框架和 Scrapy 框架的使用，以及分布式爬虫的知识，最后介绍了 Bloom Filter 效率优化、Docker 和 Scrapyd 爬虫部署、Gerapy 爬虫管理等方面的知识。

本书适合 Python 程序员阅读。

◆ 著　　　　崔庆才
　责任编辑　王军花
　责任印制　周昇亮
◆ 人民邮电出版社出版发行　　北京市丰台区成寿寺路11号
　邮编　100164　　电子邮件　315@ptpress.com.cn
　网址　http://www.ptpress.com.cn
　大厂聚鑫印刷有限责任公司印刷
◆ 开本：800×1000　1/16
　印张：37.75
　字数：917千字　　　　2018年4月第1版
　印数：10 001－18 000册　　2018年5月河北第3次印刷

定价：99.00元

读者服务热线：(010)51095186转600　印装质量热线：(010)81055316
反盗版热线：(010)81055315
广告经营许可证：京东工商广登字 20170147 号

序　一

人类社会已经进入大数据时代，大数据深刻改变着我们的工作和生活。随着互联网、移动互联网、社交网络等的迅猛发展，各种数量庞大、种类繁多、随时随地产生和更新的大数据，蕴含着前所未有的社会价值和商业价值。大数据成为 21 世纪最为重要的经济资源之一。正如马云所言：未来最大的能源不是石油而是大数据。对大数据的获取、处理与分析，以及基于大数据的智能应用，已成为提高未来竞争力的关键要素。

但如何获取这些宝贵数据呢？网络爬虫就是一种高效的信息采集利器，利用它可以快速、准确地采集我们想要的各种数据资源。因此，可以说，网络爬虫技术几乎已成为大数据时代 IT 从业者的必修课程。

我们需要采集的数据大多来源于互联网的各个网站。然而，不同的网站结构不一、布局复杂、渲染方式多样，有的网站还专门采取了一系列“反爬”的防范措施。因此，为准确高效地采集到需要的数据，我们需要采取具有针对性的反制措施。网络爬虫与反爬措施是矛与盾的关系，网络爬虫技术就是在这种针锋相对、见招拆招的不断斗争中，逐渐完善和发展起来的。

本书介绍了利用 Python 3 进行网络爬虫开发的各项技术，从环境配置、理论基础到进阶实战、分布式大规模采集，详细介绍了网络爬虫开发过程中需要了解的知识点，并通过多个案例介绍了不同场景下采用不同爬虫技术实现数据爬取的过程。

我坚信，每位读者学习和掌握了这些技术之后，成为一个爬虫高手将不再是梦想！

李舟军，北京航空航天大学教授，博士生导师

2017 年 10 月

序　　二

众所周知，人工智能的这次浪潮和深度学习技术的突破密不可分，却很少有人会谈论另一位幕后英雄，即数据。如果不是网络上有如此多的图片，李飞飞教授也无法构建近千万的标注图片集合ImageNet，从而成就深度学习技术在图像识别领域的突破。如果不是在网络上有了如此多的聊天数据，小冰也不会学习到人类的情商，在聊天中带给人类惊喜、欢笑和抚慰。人工智能的进步离不开数据和算法的结合，人类无意间产生的数据却能够让机器学习到超乎想象的“智慧”，反过来服务人类。

在互联网时代，强大的爬虫技术造就了很多伟大的搜索引擎公司，让人类的记忆搜索能力得到巨大的延展。今天在移动互联网时代，爬虫技术仍然是支撑一些信息融合应用（如今日头条）的关键技术。但是，今天爬虫技术面临着更大的挑战。与互联网的共享机制不同，很多资源只有在登录之后才能访问，还采取了各种反爬虫措施，这就让爬虫不那么容易访问这些资源。无论是产品还是研究，都需要大量的优质数据来让机器更加智能。因此，在这个时代，大量的从业者急需一本全面介绍爬虫技术的书。如果你需要了解全面和前沿的爬虫技术，而且想迅速地上手实战，这本书就是首选。

我很荣幸认识崔庆才先生，他目前还是一名北京航空航天大学在读研究生，正处在一个对技术狂热追求的年纪。我听他讲了一些修炼爬虫技术的故事，很有意思。他在本科的时候因为一个项目开始接触爬虫，之后他用爬虫竟然得到了所在学校同学的照片，还帮助他的哥们儿追其他系的女孩。我问他是否也是用这些信息找到了女友，他甩了下头发，酷酷地说：“需要吗？”

崔庆才是个非常擅长学习的人，他玩什么都能玩到精通。他有一个很好的习惯，就是边学边写，他早期学习爬虫技术的时候，就开了博客，边学边分享他学到并实际操作过的经验，圈粉无数。我很受启发，这样的学习模式很高效，要教给别人之前自己必须弄得特别清楚。另一方面，互联网上的互动也给了他继续学习和精益求精的动力。

除了网络，图书是最成体系的经验分享。本书记录了崔庆才先生对爬虫实战技术最精华的部分。我已经迫不及待地想买一本，也一定会把它推荐给更多的朋友。

宋睿华，微软小冰首席科学家

2017 年 10 月

前　　言

为什么写这本书

在这个大数据时代，尤其是人工智能浪潮兴起的时代，不论是工程领域还是研究领域，数据已经成为必不可少的一部分，而数据的获取很大程度上依赖于爬虫的爬取，所以爬虫也逐渐变得火爆起来。我是在 2015 年开始接触爬虫的，当时爬虫其实并没有这么火，我当时觉得能够把想要的数据抓取下来就是一件非常有成就感的事情，而且也可以顺便熟悉 Python，一举两得。在学习期间，我将学到的内容做好总结，发表到博客上。随着我发表的内容越来越多，博客的浏览量也越来越多，很多读者对我的博文给予了肯定的评价，这也给我的爬虫学习之路增添了很多动力。在学习的过程中，困难其实还是非常多的，最早学习时使用的是 Python 2，当时因为编码问题搞得焦头烂额。另外，那时候相关的中文资料还比较少，很多情况下还得自己慢慢去啃官方文档，走了不少弯路。随着学习的进行，我发现爬虫这部分内容涉及的知识点太多、太杂了。网页的结构、渲染方式不同，我们就得换不同的爬取方案来进行针对性的爬取。另外，网页信息的提取、爬取结果的保存也有五花八门的方案。随着移动互联网的兴起，App 的爬取也成了一个热点，而为了提高爬取速度又需要考虑并行爬取、分布式爬取方面的内容，爬虫的通用性、易用性、架构都需要好好优化。这么多杂糅的知识点对于一个爬虫初学者来说，学习的挑战性会非常高，同时学习过程中大家或许也会走我之前走过的弯路，浪费很多时间。后来有一天，图灵的王编辑联系了我，问我有没有意向写一本爬虫方面的书，我听到之后充满了欣喜和期待，这样既能把自己学过的知识点做一个系统整理，又可以跟广大爬虫爱好者分享自己的学习经验，还可以出版自己的作品，于是我很快就答应约稿了。

一开始觉得写书并不是一件那么难的事，后来真正写了才发现其中包含的艰辛。书相比博客来说，用词的严谨性要高很多，而且逻辑需要更加缜密，很多细节必须考虑得非常周全。前前后后写了大半年的时间，审稿和修改又花费了几个月的时间，一路走来甚是不易，不过最后看到书稿成型，觉得这一切都是值得的。在书中，我把我学习爬虫的很多经验都写了进去。环境配置是学习的第一步，环境配置不好，其他工作就没法开展，甚至可能很大程度上打击学习的积极性，所以我在第 1 章中着重介绍了环境的配置过程。而因为操作系统的不同，环境配置过程又各有不同，所以我把每个系统（Windows、Linux、Mac）的环境配置过程都亲自实践了一遍，并梳理记录下来，希望为各位读者在环境配置时多提供一些帮助。后面我又针对爬虫网站的不同情形分门别类地进行了说明，如 Ajax 分析爬取、动态渲染页面爬取、App 爬取、使用代理爬取、模拟登录爬取等知识，每个知识点我都选取了一些典型案例来说明，以便于读者更好地理解整个过程和用法。为了提高代码编写和爬取的效率，还可以使用一些爬虫框架辅助爬取，所以本书后面又介绍了两个流行的爬虫框架的用法，最后又介绍了一些分布式爬虫及部署方面的知识。总体来说，本书根据我个人觉得比较理想的学习路径介绍了学习爬虫的相关知识，并通过一些实战案例帮助读者更好地理解其中的原理。

本书内容

本书一共分为 15 章，归纳如下。

- 第 1 章介绍了本书所涉及的所有环境的配置详细流程，兼顾 Windows、Linux、Mac 三大平台。本章不用逐节阅读，需要的时候查阅即可。
- 第 2 章介绍了学习爬虫之前需要了解的基础知识，如 HTTP、爬虫、代理的基本原理、网页基本结构等内容，对爬虫没有任何了解的读者建议好好了解这一章的知识。
- 第 3 章介绍了最基本的爬虫操作，一般学习爬虫都是从这一步学起的。这一章介绍了最基本的两个请求库（urllib 和 requests）和正则表达式的基本用法。学会了这一章，就可以掌握最基本的爬虫技术了。
- 第 4 章介绍了页解析库的基本用法，包括 Beautiful Soup、XPath、pyquery 的基本使用方法，它们可以使得信息的提取更加方便、快捷，是爬虫必备利器。
- 第 5 章介绍了数据存储的常见形式及存储操作，包括 TXT、JSON、CSV 各种文件的存储，以及关系型数据库 MySQL 和非关系型数据库 MongoDB、Redis 存储的基本存储操作。学会了这些内容，我们可以灵活方便地保存爬取下来的数据。
- 第 6 章介绍了 Ajax 数据爬取的过程，一些网页的数据可能是通过 Ajax 请求 API 接口的方式加载的，用常规方法无法爬取，本章介绍了使用 Ajax 进行数据爬取的方法。
- 第 7 章介绍了动态渲染页面的爬取，现在越来越多的网站内容是经过 JavaScript 渲染得到的，而原始 HTML 文本可能不包含任何有效内容，而且渲染过程可能涉及某些 JavaScript 加密算法，可以使用 Selenium、Splash 等工具来实现模拟浏览器进行数据爬取的方法。
- 第 8 章介绍了验证码的相关处理方法。验证码是网站反爬虫的重要措施，我们可以通过本章了解到各类验证码的应对方案，包括图形验证码、极验验证码、点触验证码、微博宫格验证码的识别。
- 第 9 章介绍了代理的使用方法，限制 IP 的访问也是网站反爬虫的重要措施。另外，我们也可以使用代理来伪装爬虫的真实 IP，使用代理可以有效解决这个问题。通过本章，我们了解到代理的使用方法，还学习了代理池的维护方法，以及 ADSL 拨号代理的使用方法。
- 第 10 章介绍了模拟登录爬取的方法，某些网站需要登录才可以看到需要的内容，这时就需要用爬虫模拟登录网站再进行爬取了。本章介绍了最基本的模拟登录方法以及维护一个 Cookies 池的方法。
- 第 11 章介绍了 App 的爬取方法，包括基本的 Charles、mitmproxy 抓包软件的使用。此外，还介绍了 mitmdump 对接 Python 脚本进行实时抓取的方法，以及使用 Appium 完全模拟手机 App 的操作进行爬取的方法。
- 第 12 章介绍了 pyspider 爬虫框架及用法，该框架简洁易用、功能强大，可以节省大量开发爬虫的时间。本章结合案例介绍了使用该框架进行爬虫开发的方法。

- 第 13 章介绍了 Scrapy 爬虫框架及用法。Scrapy 是目前使用最广泛的爬虫框架，本章介绍了它的基本架构、原理及各个组件的使用方法，另外还介绍了 Scrapy 通用化配置、对接 Docker 的一些方法。
- 第 14 章介绍了分布式爬虫的基本原理及实现方法。为了提高爬取效率，分布式爬虫是必不可少的，本章介绍了使用 Scrapy 和 Redis 实现分布式爬虫的方法。
- 第 15 章介绍了分布式爬虫的部署及管理方法。方便快速地完成爬虫的分布式部署，可以节省开发者大量的时间。本章结合 Scrapy、Scrapyd、Docker、Gerapy 等工具介绍了分布式爬虫部署和管理的实现。

致谢

感谢我的父母、导师，没有他们创造的环境，我不可能完成此书的写作。

感谢我的女朋友李园，在我写书期间给了我很多的支持和鼓励。同时她还主导设计了本书的封面，正是她的理解和付出才使本书得以完善。

感谢在我学习过程中与我探讨技术的各位朋友，特别感谢汪海洋先生在我初学爬虫过程中给我提供的指导，特别感谢崔弦毅、苟桃、时猛先生在我写书过程中为我提供的思路和建议。

感谢为本书撰写推荐语的李舟军老师、宋睿华老师、梁斌老师、施水才老师（排名不分先后），感谢你们对本书的支持和推荐。

感谢王军花、陈兴璐编辑，在书稿的审核过程中给我提供了非常多的建议，没有你们的策划和敦促，我也难以顺利完成此书。

感谢为本书做出贡献的每一个人！

相关资源

本书中的所有代码都放在了 GitHub（详见 https://github.com/Python3WebSpider），书中每个实例对应的章节末也有说明。

由于本人水平有限，写作过程中难免存在一些错误和不足之处，恳请广大读者批评指正。如果发现错误，可以将其提交到图灵社区本书主页（http://www.ituring.com.cn/book/2003），以使本书更加完善，非常感谢！

另外，本书还设有专门的读者交流 QQ 群（群号：733596899），欢迎各位读者加入！

本人的个人博客也会更新爬虫相关文章，欢迎读者访问交流，博客地址：https://cuiqingcai.com/。

崔庆才

2018 年 1 月

目　录

第 1 章

开发环境配置

工欲善其事，必先利其器！

编写和运行程序之前，我们必须先把开发环境配置好。只有配置好了环境并且有了更方便的开发工具，我们才能更加高效地用程序实现相应的功能。然而很多情况下，我们可能在最开始就卡在环境配置上，如果这个过程花费了太多时间，学习的兴趣可能就下降了大半，所以本章专门对本书中所有的环境配置做一下说明。

本章将讲解书中使用的所有库及工具的安装过程。为了使书的条理更加清晰，本书将环境配置的过程统一合并为一章。本章不必逐节阅读，可以在需要的时候查阅。

在介绍安装过程时，我们会尽量兼顾各个平台。另外，书中也会指出一些常见的安装错误，以便快速高效地搭建好编程环境。

1.1 Python 3 的安装

既然要用 Python 3 开发爬虫，那么第一步一定是安装 Python 3。这里会介绍 Windows、Linux 和 Mac 三大平台下的安装过程。相关链接如下。

- 官方网站：http://python.org
- 下载地址：https://www.python.org/downloads
- 第三方库：https://pypi.python.org/pypi
- 官方文档：https://docs.python.org/3
- 中文教程：http://www.runoob.com/python3/python3-tutorial.html
- Awesome Python：https://github.com/vinta/awesome-python
- Awesome Python 中文版：https://github.com/jobbole/awesome-python-cn

1.1.1 Windows 下的安装

在 Windows 下安装 Python 3 的方式有两种。

- 一种是通过 Anaconda 安装，它提供了 Python 的科学计算环境，里面自带了 Python 以及常用的库。如果选用了这种方式，后面的环境配置方式会更加简便。
- 另一种是直接下载安装包安装，即标准的安装方式。

下面我们依次介绍这两种安装方式，任选其一即可。

1. Anaconda 安装

Anaconda 的官方下载链接为 https://www.continuum.io/downloads，选择 Python 3 版本的安装包下载即可，如图 1-1 所示。

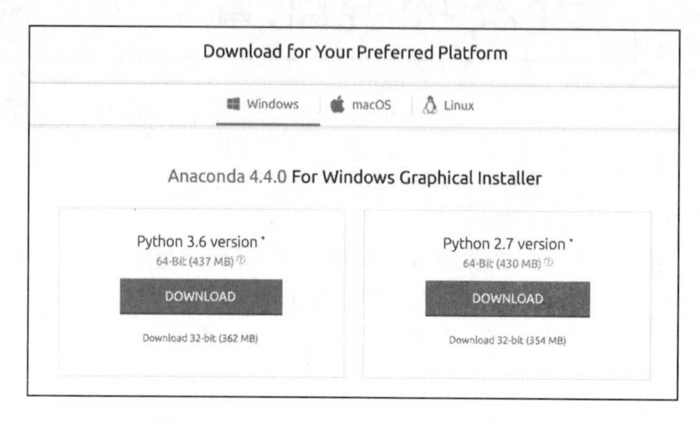

图 1-1　Anaconda Windows 下载页面

如果下载速度过慢，可以选择使用清华大学镜像，下载列表链接为 https://mirrors.tuna.tsinghua.edu.cn/anaconda/archive/，使用说明链接为 https://mirrors.tuna.tsinghua.edu.cn/help/anaconda/。

下载完成之后，直接双击安装包安装即可。安装完成之后，Python 3 的环境就配置好了。

2. 安装包安装

我们推荐直接下载安装包来安装，此时可以直接到官方网站下载 Python 3 的安装包：https://www.python.org/downloads/。

写书时，Python 的最新版本[①]是 3.6.2，其下载链接为 https://www.python.org/downloads/release/python-362/，下载页面如图 1-2 所示。需要说明的是，实际的 Python 最新版本以官网为准。

Files

Version	Operating System	Description	MD5 Sum	File Size	GPG
Gzipped source tarball	Source release		2d0fc9f3a5940707590e07f03ecb08b9	22540566	SIG
XZ compressed source tarball	Source release		692b4fc3a2ba0d54d1495d4ead5b0b5c	16872064	SIG
Mac OS X 64-bit/32-bit installer	Mac OS X	for Mac OS X 10.6 and later	6dd08e7027d2a1b3a2c02cfacbe611ef	27511848	SIG
Windows help file	Windows		69082441d723060fb333dcda8815105e	7986690	SIG
Windows x86-64 embeddable zip file	Windows	for AMD64/EM64T/x64, not Itanium processors	708496ebbe9a730d19d5d288afd216f1	6926999	SIG
Windows x86-64 executable installer	Windows	for AMD64/EM64T/x64, not Itanium processors	ad69fdacde90f2ce8286c279b11ca188	31392272	SIG
Windows x86-64 web-based installer	Windows	for AMD64/EM64T/x64, not Itanium processors	a055a1a0e938e74c712a1c495261ae6c	1312520	SIG
Windows x86 embeddable zip file	Windows		8dff09a1b19b7a7dcb915765328484cf	6320763	SIG
Windows x86 executable installer	Windows		3773db079c173bd6d8a631896c72a88f	30453192	SIG
Windows x86 web-based installer	Windows		f58f019335f39e0b45a0ae68027888d7	1287064	SIG

图 1-2　Python 下载页面

① 若无特别说明，书中的最新版本均为作者写书时的情况，后面不再一一说明。

64 位系统可以下载 Windows x86-64 executable installer，32 位系统可以下载 Windows x86 executable installer。

下载完成之后，直接双击 Python 安装包，然后通过图形界面安装，接着设置 Python 的安装路径，完成后将 Python 3 和 Python 3 的 Scripts 目录配置到环境变量即可。

关于环境变量的配置，此处以 Windows 10 系统为例进行演示。

假如安装后的 Python 3 路径为 C:\Python36，从资源管理器中打开该路径，如图 1-3 所示。

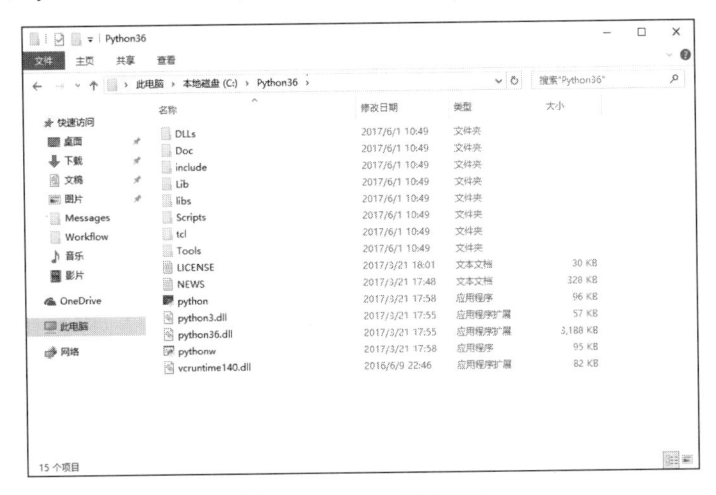

图 1-3　Python 安装目录

将该路径复制下来。

随后，右击“计算机”，从中选择“属性”，此时将打开系统属性窗口，如图 1-4 所示。

图 1-4　系统属性

点击左侧的“高级系统设置”，即可在弹出的对话框下方看到“环境变量”按钮，如图1-5所示。点击“环境变量”按钮，找到系统变量下的Path变量，随后点击“编辑”按钮，如图1-6所示。

图1-5　高级系统设置

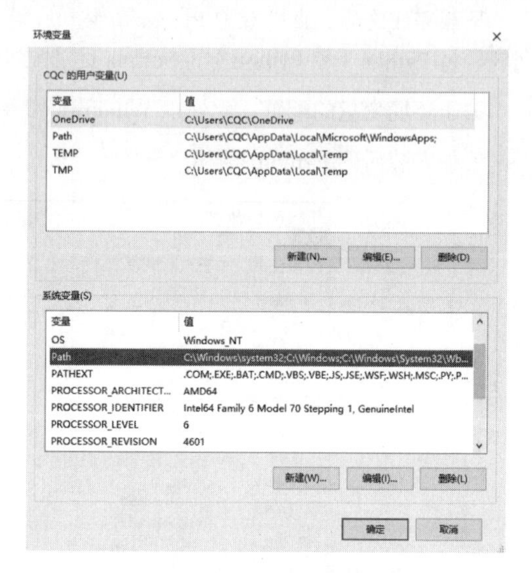

图1-6　环境变量

随后点击“新建”，新建一个条目，将刚才的C:\Python36复制进去。这里需要说明的是，此处的路径就是你的Python 3安装目录，请自行替换。然后，再把C:\Python36\Scripts路径复制进去，如图1-7所示。

图1-7　编辑环境变量

最后，点击“确定”按钮即可完成环境变量的配置。

配置好环境变量后，我们就可以在命令行中直接执行环境变量路径下的可执行文件了，如 python、pip 等命令。

3. 添加别名

上面这两种安装方式任选其一即可完成安装，但如果之前安装过 Python 2 的话，可能会导致版本冲突问题，比如在命令行下输入 python 就不知道是调用的 Python 2 还是 Python 3 了。为了解决这个问题，建议将安装目录中的 python.exe 复制一份，命名为 python3.exe，这样便可以调用 python3 命令了。实际上，它和 python 命令是完全一致的，这样只是为了可以更好地区分 Python 版本。当然，如果没有安装过 Python 2 的话，也建议添加此别名，添加完毕之后的效果如图 1-8 所示。

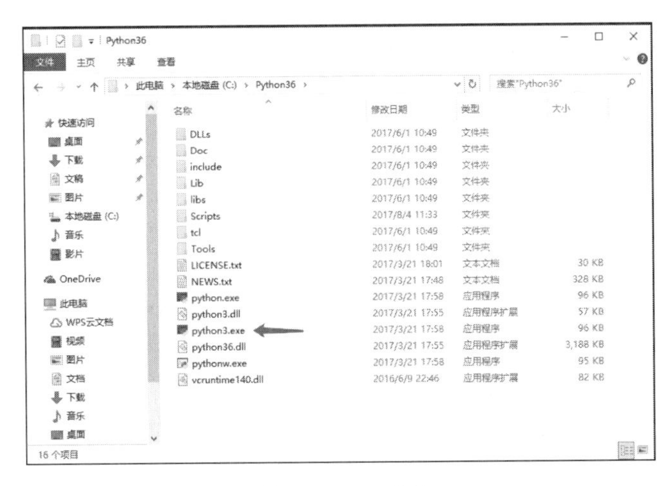

图 1-8　添加别名

对于 pip 来说，安装包中自带了 pip3.exe 可执行文件，我们也可以直接使用 pip3 命令，无需额外配置。

4. 测试验证

安装完成后，可以通过命令行测试一下安装是否成功。在"开始"菜单中搜索 cmd，找到命令提示符，此时就进入命令行模式了。输入 python，测试一下能否成功调用 Python。如果添加了别名的话，可以输入 python3 测试。这里输入的是 python3，测试结果如图 1-9 所示。

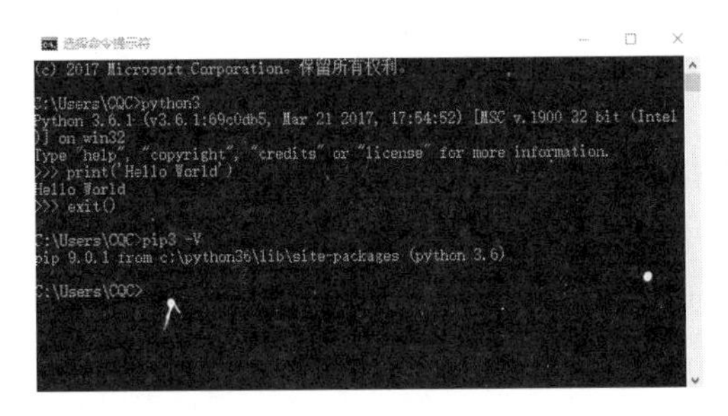

图 1-9　测试验证页面

输出结果类似如下：

```
$ python3
Python 3.6.1 (v3.6.1:69c0db5, Mar 21 2017, 17:54:52) [MSC v.1900 32 bit (Intel)] on win32
Type "help", "copyright", "credits" or "license" for more information.
>>> print('Hello World')
Hello World
>>> exit()
$ pip3 -V
pip 9.0.1 from c:\python36\lib\site-packages (python 3.6)
```

如果出现了类似上面的提示，则证明 Python 3 和 pip 3 均安装成功；如果提示命令不存在，那么请检查下环境变量的配置情况。

1.1.2 Linux 下的安装

Linux 下的安装方式有多种：命令安装、源码安装和 Anaconda 安装。

使用源码安装需要自行编译，时间较长。推荐使用系统自带的命令或 Anaconda 安装，简单、高效。这里分别讲解这 3 种安装方式。

1. 命令行安装

不同的 Linux 发行版本的安装方式又有不同，在此分别予以介绍。

- **CentOS、Red Hat**

如果是 CentOS 或 Red Hat 版本，则使用 yum 命令安装即可。

下面列出了 Python 3.5 和 Python 3.4 两个版本的安装方法，可以自行选择。

Python 3.5 版本：

```
sudo yum install -y https://centos7.iuscommunity.org/ius-release.rpm
sudo yum update
sudo yum install -y python35u python35u-libs python35u-devel python35u-pip
```

执行完毕后，便可以成功安装 Python 3.5 及 pip 3 了。

Python 3.4 版本：

```
sudo yum groupinstall -y development tools
sudo yum install -y epel-release python34-devel  libxslt-devel libxml2-devel openssl-devel
sudo yum install -y python34
sudo yum install -y python34-setuptools
sudo easy_install-3.4 pip
```

执行完毕后，便可以成功安装 Python 3.4 及 pip 3 了。

- **Ubuntu、Debian 和 Deepin**

首先安装 Python 3，这里使用 apt-get 安装即可。在安装前，还需安装一些基础库，相关命令如下：

```
sudo apt-get install -y python3-dev build-essential libssl-dev libffi-dev libxml2 libxml2-dev libxslt1-dev
    zlib1g-dev libcurl4-openssl-dev
sudo apt-get install -y python3
```

执行完上述命令后，就可以成功安装 Python 3 了。

然后还需要安装 pip 3，这里仍然使用 apt-get 安装即可，相关命令如下：

```
sudo apt-get install -y python3-pip
```

执行完毕后，便可以成功安装 Python 3 及 pip 3 了。

2. 源码安装

如果命令行的安装方式有问题，还可以下载 Python 3 源码进行安装。

源码下载地址为 https://www.python.org/ftp/python/，可以自行选用想要的版本进行安装。这里以 Python 3.6.2 为例进行说明，安装路径设置为/usr/local/python3。

首先，创建安装目录，相关命令如下：

```
sudo mkdir /usr/local/python3
```

随后下载安装包并解压进入，相关命令如下：

```
wget --no-check-certificate https://www.python.org/ftp/python/3.6.2/Python-3.6.2.tgz
tar -xzvf Python-3.6.2.tgz
cd Python-3.6.2
```

接下来，编译安装。所需的时间可能较长，请耐心等待，命令如下：

```
sudo ./configure --prefix=/usr/local/python3
sudo make
sudo make install
```

安装完成之后，创建 Python 3 链接，相关命令如下：

```
sudo ln -s /usr/local/python3/bin/python3 /usr/bin/python3
```

随后下载 pip 安装包并安装，命令如下：

```
wget --no-check-certificate https://github.com/pypa/pip/archive/9.0.1.tar.gz
tar -xzvf 9.0.1.tar.gz
cd pip-9.0.1
python3 setup.py install
```

安装完成后再创建 pip 3 链接，相关命令如下：

```
sudo ln -s /usr/local/python3/bin/pip /usr/bin/pip3
```

这样就成功安装好了 Python 3 及 pip 3。

3. Anaconda 安装

Anaconda 同样支持 Linux，其官方下载链接为 https://www.continuum.io/downloads，选择 Python 3 版本的安装包下载即可，如图 1-10 所示。

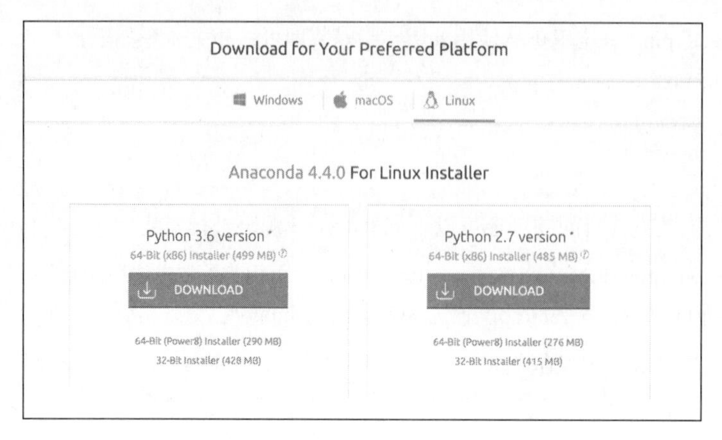

图 1-10　Anaconda Linux 下载页面

如果下载速度过慢，同样可以使用清华镜像，具体可参考 Windows 部分的介绍，在此不再赘述。

4. 测试验证

在命令行界面下测试 Python 3 和 pip 3 是否安装成功：

```
$ python3
Python 3.5.2 (default, Nov 17 2016, 17:05:23)
Type "help", "copyright", "credits" or "license" for more information.
>>> exit()
$ pip3 -V
pip 8.1.1 from /usr/lib/python3/dist-packages (python 3.5)
```

若出现类似上面的提示，则证明 Python 3 和 pip 3 安装成功。

1.1.3　Mac 下的安装

在 Mac 下同样有多种安装方式，如 Homebrew、安装包安装、Anaconda 安装等，这里推荐使用 Homebrew 安装。

1. Homebrew 安装

Homebrew 是 Mac 平台下强大的包管理工具，其官方网站是 https://brew.sh/。

执行如下命令，即可安装 Homebrew：

```
ruby -e "$(curl -fsSL https://raw.githubusercontent.com/Homebrew/install/master/install)"
```

安装完成后，便可以使用 brew 命令安装 Python 3 和 pip 3 了：

```
brew install python3
```

命令执行完成后，我们发现 Python 3 和 pip 3 均已成功安装。

2. 安装包安装

可以到官方网站下载 Python 3 安装包。链接为 https://www.python.org/downloads/，页面如图 1-2 所示。

在 Mac 平台下，可以选择下载 Mac OS X 64-bit/32-bit installer，下载完成后，打开安装包按照提示安装即可。

3. Anaconda 安装

Anaconda 同样支持 Mac，其官方下载链接为：https://www.continuum.io/downloads，选择 Python 3 版本的安装包下载即可，如图 1-11 所示。

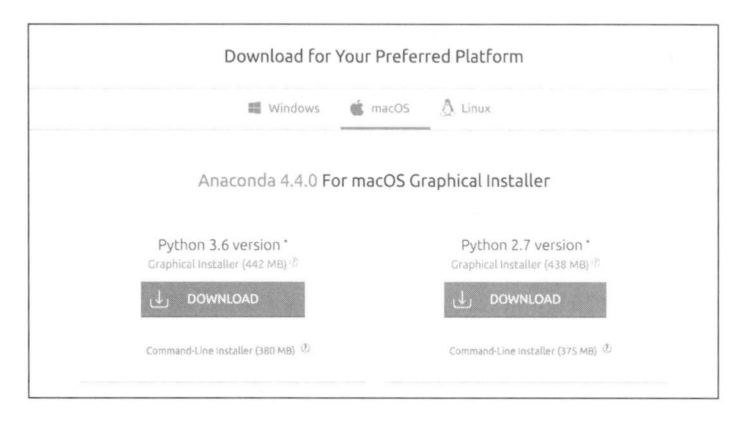

图 1-11 Anaconda Mac 下载页面

如果下载速度过慢，同样可以使用清华镜像，具体可参考 Windows 部分的介绍，在此不再赘述。

4. 测试验证

打开终端，在命令行界面中测试 Python 3 和 pip 3 是否成功安装，如图 1-12 所示。

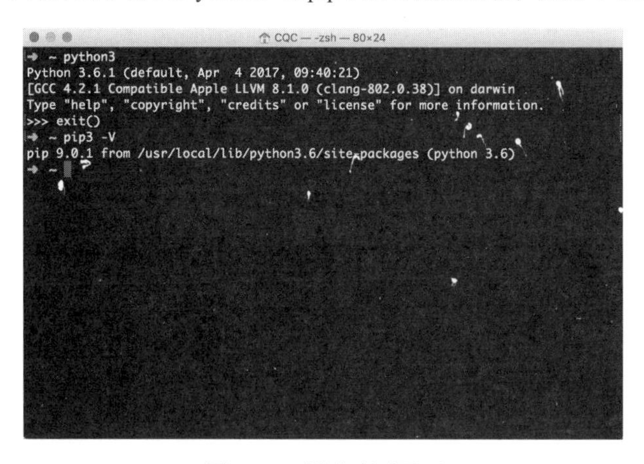

图 1-12 测试验证页面

若出现上面的提示，则证明 Python 3 和 pip 3 安装成功。

本节中，我们介绍了 3 大平台 Windows、Linux 和 Mac 下 Python 3 的安装方式。安装完成后，我们便可以开启 Python 爬虫的征程了。

1.2　请求库的安装

爬虫可以简单分为几步：抓取页面、分析页面和存储数据。

在抓取页面的过程中，我们需要模拟浏览器向服务器发出请求，所以需要用到一些 Python 库来实现 HTTP 请求操作。在本书中，我们用到的第三方库有 requests、Selenium 和 aiohttp 等。

在本节中，我们介绍一下这些请求库的安装方法。

1.2.1　requests 的安装

由于 requests 属于第三方库，也就是 Python 默认不会自带这个库，所以需要我们手动安装。下面我们首先看一下它的安装过程。

1. 相关链接

- GitHub：https://github.com/requests/requests
- PyPI：https://pypi.python.org/pypi/requests
- 官方文档：http://www.python-requests.org
- 中文文档：http://docs.python-requests.org/zh_CN/latest

2. pip 安装

无论是 Windows、Linux 还是 Mac，都可以通过 pip 这个包管理工具来安装。

在命令行界面中运行如下命令，即可完成 requests 库的安装：

```
pip3 install requests
```

这是最简单的安装方式，推荐使用这种方法安装。

3. wheel 安装

wheel 是 Python 的一种安装包，其后缀为.whl，在网速较差的情况下可以选择下载 wheel 文件再安装，然后直接用 pip3 命令加文件名安装即可。

不过在这之前需要先安装 wheel 库，安装命令如下：

```
pip3 install wheel
```

然后到 PyPI 上下载对应的 wheel 文件，如最新版本为 2.17.3，则打开 https://pypi.python.org/pypi/requests/2.17.3#downloads，下载 requests-2.17.3-py2.py3-none-any.whl 到本地。

随后在命令行界面进入 wheel 文件目录，利用 pip 安装即可：

```
pip3 install requests-2.17.3-py2.py3-none-any.whl
```

这样我们也可以完成 requests 的安装。

4. 源码安装

如果你不想用 pip 来安装，或者想获取某一特定版本，可以选择下载源码安装。

此种方式需要先找到此库的源码地址，然后下载下来再用命令安装。

requests 项目的地址是：https://github.com/kennethreitz/requests。

可以通过 Git 来下载源代码：

```
git clone git://github.com/kennethreitz/requests.git
```

或通过 curl 下载：

```
curl -OL https://github.com/kennethreitz/requests/tarball/master
```

下载下来之后，进入目录，执行如下命令即可安装：

```
cd requests
python3 setup.py install
```

命令执行结束后即可完成 requests 的安装。由于这种安装方式比较烦琐，后面不再赘述。

5. 验证安装

为了验证库是否已经安装成功，可以在命令行模式测试一下：

```
$ python3
>>> import requests
```

首先输入 python3，进入命令行模式，然后输入上述内容，如果什么错误提示也没有，就证明已经成功安装了 requests。

1.2.2 Selenium 的安装

Selenium 是一个自动化测试工具，利用它我们可以驱动浏览器执行特定的动作，如点击、下拉等操作。对于一些 JavaScript 渲染的页面来说，这种抓取方式非常有效。下面我们来看看 Selenium 的安装过程。

1. 相关链接

- 官方网站：http://www.seleniumhq.org
- GitHub：https://github.com/SeleniumHQ/selenium/tree/master/py
- PyPI：https://pypi.python.org/pypi/selenium
- 官方文档：http://selenium-python.readthedocs.io
- 中文文档：http://selenium-python-zh.readthedocs.io

2. pip 安装

这里推荐直接使用 pip 安装，执行如下命令即可：

```
pip3 install selenium
```

3. wheel 安装

此外，也可以到 PyPI 下载对应的 wheel 文件进行安装（下载地址：https://pypi.python.org/pypi/selenium/#downloads），如最新版本为 3.4.3，则下载 selenium-3.4.3-py2.py3-none-any.whl 即可。

然后进入 wheel 文件目录，使用 pip 安装：

```
pip3 install selenium-3.4.3-py2.py3-none-any.whl
```

4. 验证安装

进入 Python 命令行交互模式，导入 Selenium 包，如果没有报错，则证明安装成功：

```
$ python3
>>> import selenium
```

但这样做还不够，因为我们还需要用浏览器（如 Chrome、Firefox 等）来配合 Selenium 工作。

后面我们会介绍 Chrome、Firefox、PhantomJS 三种浏览器的配置方式。有了浏览器，我们才可以配合 Selenium 进行页面的抓取。

1.2.3 ChromeDriver 的安装

前面我们成功安装好了 Selenium 库，但是它是一个自动化测试工具，需要浏览器来配合使用，本节中我们就介绍一下 Chrome 浏览器及 ChromeDriver 驱动的配置。

首先，下载 Chrome 浏览器，方法有很多，在此不再赘述。

随后安装 ChromeDriver。因为只有安装 ChromeDriver，才能驱动 Chrome 浏览器完成相应的操作。下面我们来介绍下怎样安装 ChromeDriver。

1. 相关链接

- 官方网站：https://sites.google.com/a/chromium.org/chromedriver
- 下载地址：https://chromedriver.storage.googleapis.com/index.html

2. 准备工作

在这之前请确保已经正确安装好了 Chrome 浏览器并可以正常运行，安装过程不再赘述。

3. 查看版本

点击 Chrome 菜单“帮助”→“关于 Google Chrome”，即可查看 Chrome 的版本号，如图 1-13 所示。

图 1-13　Chrome 版本号

这里我的 Chrome 版本是 58.0。

请记住 Chrome 版本号，因为选择 ChromeDriver 版本时需要用到。

4. 下载 ChromeDriver

打开ChromeDriver的官方网站，可以看到最新版本为2.31，其支持的Chrome浏览器版本为58~60，官网页面如图 1-14 所示。

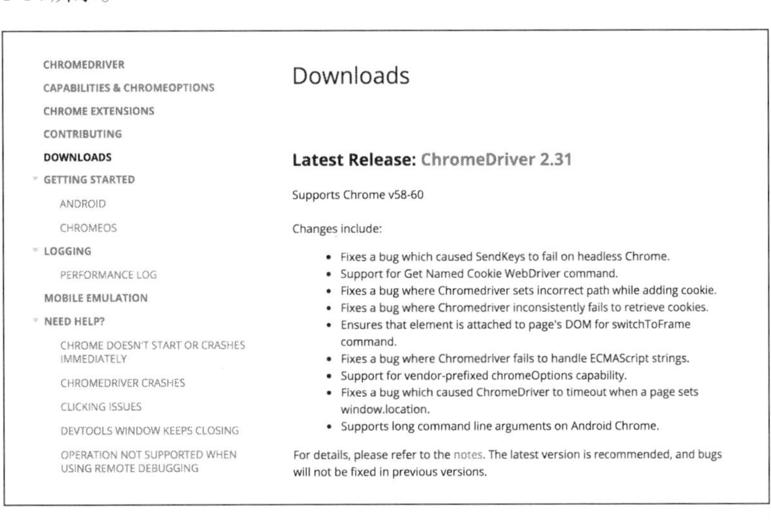

图 1-14 官网页面

如果你的 Chrome 版本号是 58~60，那么可以选择此版本下载。

如果你的 Chrome 版本号不在此范围，可以继续查看之前的 ChromeDriver 版本。每个版本都有相应的支持 Chrome 版本的介绍，请找好自己的 Chrome 浏览器版本对应的 ChromeDriver 版本再下载，否则可能无法正常工作。

找好对应的版本号后，随后到 ChromeDriver 镜像站下载对应的安装包即可：https://chromedriver.storage.googleapis.com/index.html。在不同平台下，可以下载不同的安装包。

5. 环境变量配置

下载完成后，将 ChromeDriver 的可执行文件配置到环境变量下。

在 Windows 下，建议直接将 chromedriver.exe 文件拖到 Python 的 Scripts 目录下，如图 1-15 所示。

此外，也可以单独将其所在路径配置到环境变量，具体的配置方法请参见 1.1 节。

在 Linux 和 Mac 下，需要将可执行文件配置到环境变量或将文件移动到属于环境变量的目录里。

例如，要移动文件到/usr/bin 目录。首先，需要在命令行模式下进入其所在路径，然后将其移动到/usr/bin：

```
sudo mv chromedriver /usr/bin
```

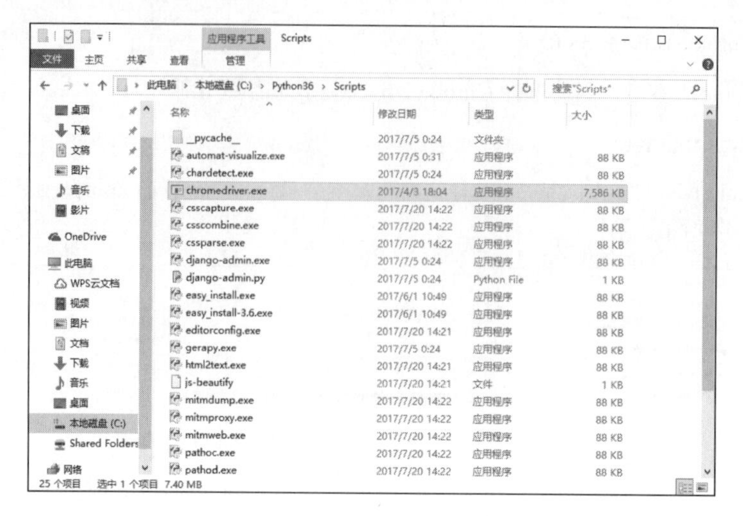

图 1-15　Python Scripts 目录

当然，也可以将 ChromeDriver 配置到$PATH。首先，可以将可执行文件放到某一目录，目录可以任意选择，例如将当前可执行文件放在/usr/local/chromedriver 目录下，接下来可以修改~/.profile 文件，相关命令如下：

```
export PATH="$PATH:/usr/local/chromedriver"
```

保存后执行如下命令：

```
source ~/.profile
```

即可完成环境变量的添加。

6. 验证安装

配置完成后，就可以在命令行下直接执行 chromedriver 命令了：

```
chromedriver
```

如果输入控制台有类似图 1-16 所示的输出，则证明 ChromeDriver 的环境变量配置好了。

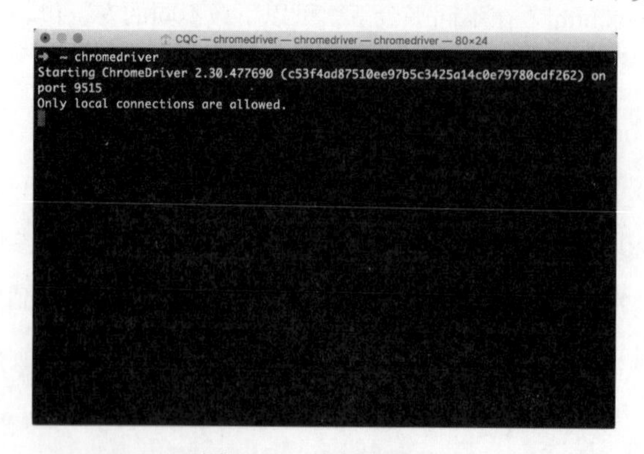

图 1-16　控制台输出

随后再在程序中测试。执行如下 Python 代码：

```
from selenium import webdriver
browser = webdriver.Chrome()
```

运行之后，如果弹出一个空白的 Chrome 浏览器，则证明所有的配置都没有问题。如果没有弹出，请检查之前的每一步配置。

如果弹出后闪退，则可能是 ChromeDriver 版本和 Chrome 版本不兼容，请更换 ChromeDriver 版本。

如果没有问题，接下来就可以利用 Chrome 来做网页抓取了。

1.2.4　GeckoDriver 的安装

上一节中，我们了解了 ChromeDriver 的配置方法，配置完成之后便可以用 Selenium 驱动 Chrome 浏览器来做相应网页的抓取。

那么对于 Firefox 来说，也可以使用同样的方式完成 Selenium 的对接，这时需要安装另一个驱动 GeckoDriver。

本节中，我们来介绍一下 GeckoDriver 的安装过程。

1. 相关链接

- GitHub：https://github.com/mozilla/geckodriver
- 下载地址：https://github.com/mozilla/geckodriver/releases

2. 准备工作

在这之前请确保已经正确安装好了 Firefox 浏览器并可以正常运行，安装过程不再赘述。

3. 下载 GeckoDriver

我们可以在 GitHub 上找到 GeckoDriver 的发行版本，当前最新版本为 0.18，下载页面如图 1-17 所示。

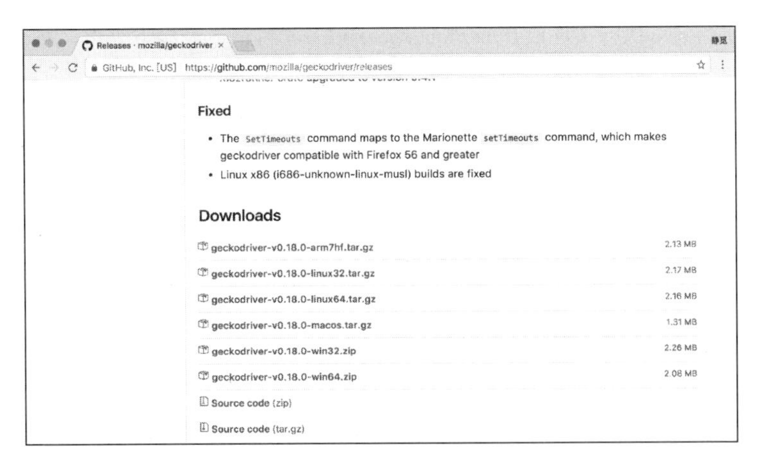

图 1-17　GeckoDriver 下载页面

这里可以在不同的平台上下载，如 Windows、Mac、Linux、ARM 等平台，我们可以根据自己的系统和位数选择对应的驱动下载，若是 Windows 64 位，就下载 geckodriver-v0.18.0-win64.zip。

4. 环境变量配置

在 Windows 下，可以直接将 geckodriver.exe 文件拖到 Python 的 Scripts 目录下，如图 1-18 所示。

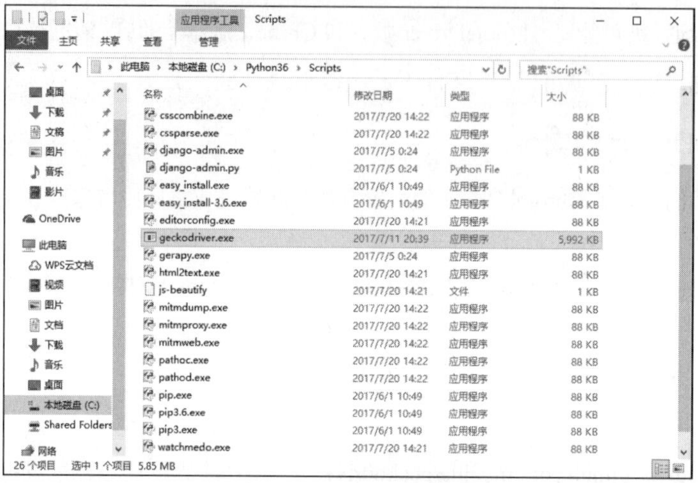

图 1-18　将 geckodriver.exe 文件拖到 Python Scripts 目录

此外，也可以单独将其所在路径配置到环境变量，具体的配置方法请参 1.1 节。

在 Linux 和 Mac 下，需要将可执行文件配置到环境变量或将文件移动到属于环境变量的目录里。

例如，要移动文件到/usr/bin 目录。首先在命令行模式下进入其所在路径，然后将其移动到/usr/bin：

```
sudo mv geckodriver /usr/bin
```

当然，也可以将 GeckoDriver 配置到$PATH。首先，可以将可执行文件放到某一目录，目录可以任意选择，例如将当前可执行文件放在/usr/local/geckodriver 目录下。接下来可以修改~/.profile 文件，命令如下：

```
vi ~/.profile
```

然后添加如下一句配置：

```
export PATH="$PATH:/usr/local/geckodriver"
```

保存后执行如下命令即可完成配置：

```
source ~/.profile
```

5. 验证安装

配置完成后，就可以在命令行下直接执行 geckodriver 命令测试：

```
geckodriver
```

这时如果控制台有类似图 1-19 所示的输出，则证明 GeckoDriver 的环境变量配置好了。

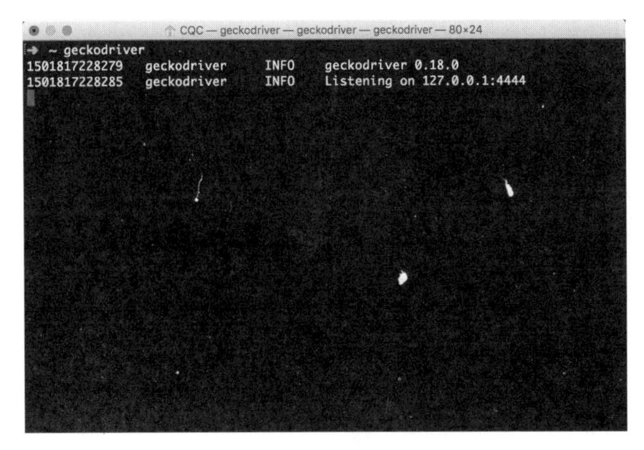

图 1-19 控制台输出

随后执行如下 Python 代码。在程序中测试一下：

```
from selenium import webdriver
browser = webdriver.Firefox()
```

运行之后，若弹出一个空白的 Firefox 浏览器，则证明所有的配置都没有问题；如果没有弹出，请检查之前的每一步配置。

如果没有问题，接下来就可以利用 Firefox 配合 Selenium 来做网页抓取了。

6. 结语

现在我们就可以使用 Chrome 或 Firefox 进行网页抓取了，但是这样可能有个不方便之处：因为程序运行过程中需要一直开着浏览器，在爬取网页的过程中浏览器可能一直动来动去。目前最新的 Chrome 浏览器版本已经支持无界面模式了，但如果版本较旧的话，就不支持。所以这里还有另一种选择，那就是安装一个无界面浏览器 PhantomJS，此时抓取过程会在后台运行，不会再有窗口出现。在下一节中，我们就来了解一下 PhantomJS 的相关安装方法。

1.2.5 PhantomJS 的安装

PhantomJS 是一个无界面的、可脚本编程的 WebKit 浏览器引擎，它原生支持多种 Web 标准：DOM 操作、CSS 选择器、JSON、Canvas 以及 SVG。

Selenium 支持 PhantomJS，这样在运行的时候就不会再弹出一个浏览器了。而且 PhantomJS 的运行效率也很高，还支持各种参数配置，使用非常方便。下面我们就来了解一下 PhantomJS 的安装过程。

1. 相关链接

- 官方网站：http://phantomjs.org
- 官方文档：http://phantomjs.org/quick-start.html
- 下载地址：http://phantomjs.org/download.html
- API 接口说明：http://phantomjs.org/api/command-line.html

2. 下载 PhantomJS

我们需要在官方网站下载对应的安装包，PhantomJS 支持多种操作系统，比如 Windows、Linux、Mac、FreeBSD 等，我们可以选择对应的平台并将安装包下载下来。

下载完成后，将 PhantomJS 可执行文件所在的路径配置到环境变量里。比如在 Windows 下，将下载的文件解压之后并打开，会看到一个 bin 文件夹，里面包括一个可执行文件 phantomjs.exe，我们需要将它直接放在配置好环境变量的路径下或者将它所在的路径配置到环境变量里。比如，我们既可以将它直接复制到 Python 的 Scripts 文件夹，也可以将它所在的 bin 目录加入到环境变量。

Windows 下环境变量的配置可以参见 1.1 节，Linux 及 Mac 环境变量的配置可以参见 1.2.3 节，在此不再赘述，关键在于将 PhantomJS 的可执行文件所在路径配置到环境变量里。

配置成功后，可以在命令行下测试一下，输入：

```
phantomjs
```

如果可以进入到 PhantomJS 的命令行，那就证明配置完成了，如图 1-20 所示。

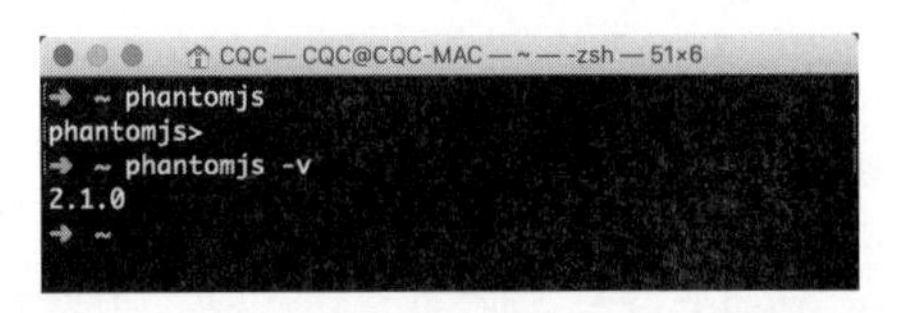

图 1-20　控制台

3. 验证安装

在 Selenium 中使用的话，我们只需要将 Chrome 切换为 PhantomJS 即可：

```
from selenium import webdriver
browser = webdriver.PhantomJS()
browser.get('https://www.baidu.com')
print(browser.current_url)
```

运行之后，我们就不会发现有浏览器弹出了，但实际上 PhantomJS 已经运行起来了。这里我们访问了百度，然后将当前的 URL 打印出来。

控制台的输出如下：

```
https://www.baidu.com/
```

如此一来，我们便完成了 PhantomJS 的配置，后面可以利用它来完成一些页面的抓取。

这里我们介绍了 Selenium 对应的三大主流浏览器的对接方式，后面我们会对 Selenium 及各个浏览器的对接方法进行更加深入的探究。

1.2.6　aiohttp 的安装

之前介绍的 requests 库是一个阻塞式 HTTP 请求库，当我们发出一个请求后，程序会一直等待服务器响应，直到得到响应后，程序才会进行下一步处理。其实，这个过程比较耗费时间。如果程序可以在这个等待过程中做一些其他的事情，如进行请求的调度、响应的处理等，那么爬取效率一定会大大提高。

aiohttp 就是这样一个提供异步 Web 服务的库，从 Python 3.5 版本开始，Python 中加入了 async/await 关键字，使得回调的写法更加直观和人性化。aiohttp 的异步操作借助于 async/await 关键字的写法变得更加简洁，架构更加清晰。使用异步请求库进行数据抓取时，会大大提高效率，下面我们来看一下这个库的安装方法。

1. 相关链接

- 官方文档：http://aiohttp.readthedocs.io/en/stable
- GitHub：https://github.com/aio-libs/aiohttp
- PyPI：https://pypi.python.org/pypi/aiohttp

2. pip 安装

这里推荐使用 pip 安装，命令如下：

```
pip3 install aiohttp
```

另外，官方还推荐安装如下两个库：一个是字符编码检测库 cchardet，另一个是加速 DNS 的解析库 aiodns。安装命令如下：

```
pip3 install cchardet aiodns
```

3. 测试安装

安装完成之后，可以在 Python 命令行下测试：

```
$ python3
>>> import aiohttp
```

如果没有错误报出，则证明库已经安装好了。

4. 结语

我们会在后面的实例中用到这个库，比如维护一个代理池时，利用异步方式检测大量代理的运行状况，会极大地提升效率。

1.3　解析库的安装

抓取网页代码之后，下一步就是从网页中提取信息。提取信息的方式有多种多样，可以使用正则来提取，但是写起来相对比较烦琐。这里还有许多强大的解析库，如 lxml、Beautiful Soup、pyquery 等。此外，还提供了非常强大的解析方法，如 XPath 解析和 CSS 选择器解析等，利用它们，我们可以高效便捷地从网页中提取有效信息。

本节中，我们就来介绍一下这些库的安装过程。

1.3.1　lxml 的安装

lxml 是 Python 的一个解析库，支持 HTML 和 XML 的解析，支持 XPath 解析方式，而且解析效率非常高。本节中，我们了解一下 lxml 的安装方式，这主要从 Windows、Linux 和 Mac 三大平台来介绍。

1. 相关链接

- 官方网站：http://lxml.de
- GitHub：https://github.com/lxml/lxml
- PyPI：https://pypi.python.org/pypi/lxml

2. Windows 下的安装

在 Windows 下，可以先尝试利用 pip 安装，此时直接执行如下命令即可：

```
pip3 install lxml
```

如果没有任何报错，则证明安装成功。

如果出现报错，比如提示缺少 libxml2 库等信息，可以采用 wheel 方式安装。

推荐直接到这里（链接为：http://www.lfd.uci.edu/~gohlke/pythonlibs/#lxml）下载对应的 wheel 文件，找到本地安装 Python 版本和系统对应的 lxml 版本，例如 Windows 64 位、Python 3.6，就选择 lxml-3.8.0-cp36-cp36m-win_amd64.whl，将其下载到本地。

然后利用 pip 安装即可，命令如下：

```
pip3 install lxml-3.8.0-cp36-cp36m-win_amd64.whl
```

这样我们就可以成功安装 lxml 了。

3. Linux 下的安装

在 Linux 平台下安装问题不大，同样可以先尝试 pip 安装，命令如下：

```
pip3 install lxml
```

如果报错，可以尝试下面的解决方案。

- **CentOS、Red Hat**

对于此类系统，报错主要是因为缺少必要的库。

执行如下命令安装所需的库即可：

```
sudo yum groupinstall -y development tools
sudo yum install -y epel-release libxslt-devel libxml2-devel openssl-devel
```

主要是 libxslt-devel 和 libxml2-devel 这两个库，lxml 依赖它们。安装好之后，重新尝试 pip 安装即可。

- **Ubuntu、Debian 和 Deepin**

在这些系统下，报错的原因同样可能是缺少了必要的类库，执行如下命令安装：

```
sudo apt-get install -y python3-dev build-essential libssl-dev libffi-dev libxml2 libxml2-dev libxslt1-dev
    zlib1g-dev
```

安装好之后，重新尝试 pip 安装即可。

4. Mac 下的安装

在 Mac 平台下，仍然可以首先尝试 pip 安装，命令如下：

```
pip3 install lxml
```

如果产生错误，可以执行如下命令将必要的类库安装：

```
xcode-select --install
```

之后再重新尝试 pip 安装，就没有问题了。

lxml 是一个非常重要的库，后面的 Beautiful Soup、Scrapy 框架都需要用到此库，所以请一定安装成功。

5. 验证安装

安装完成之后，可以在 Python 命令行下测试：

```
$ python3
>>> import lxml
```

如果没有错误报出，则证明库已经安装好了。

1.3.2 Beautiful Soup 的安装

Beautiful Soup 是 Python 的一个 HTML 或 XML 的解析库，我们可以用它来方便地从网页中提取数据。它拥有强大的 API 和多样的解析方式，本节就来了解下它的安装方式。

1. 相关链接

- 官方文档：https://www.crummy.com/software/BeautifulSoup/bs4/doc
- 中文文档：https://www.crummy.com/software/BeautifulSoup/bs4/doc.zh
- PyPI：https://pypi.python.org/pypi/beautifulsoup4

2. 准备工作

Beautiful Soup 的 HTML 和 XML 解析器是依赖于 lxml 库的，所以在此之前请确保已经成功安装好了 lxml 库，具体的安装方式参见上节。

3. pip 安装

目前，Beautiful Soup 的最新版本是 4.*x* 版本，之前的版本已经停止开发了。这里推荐使用 pip 来安装，安装命令如下：

```
pip3 install beautifulsoup4
```

命令执行完毕之后即可完成安装。

4. wheel 安装

当然，我们也可以从 PyPI 下载 wheel 文件安装，链接如下：https://pypi.python.org/pypi/beautifulsoup4

然后使用 pip 安装 wheel 文件即可。

5. 验证安装

安装完成之后，可以运行下面的代码验证一下：

```
from bs4 import BeautifulSoup
soup = BeautifulSoup('<p>Hello</p>', 'lxml')
print(soup.p.string)
```

运行结果如下：

```
Hello
```

如果运行结果一致，则证明安装成功。

注意，这里我们虽然安装的是 beautifulsoup4 这个包，但是在引入的时候却是 bs4。这是因为这个包源代码本身的库文件夹名称就是 bs4，所以安装完成之后，这个库文件夹就被移入到本机 Python3 的 lib 库里，所以识别到的库文件名就叫作 bs4。

因此，包本身的名称和我们使用时导入的包的名称并不一定是一致的。

1.3.3　pyquery 的安装

pyquery 同样是一个强大的网页解析工具，它提供了和 jQuery 类似的语法来解析 HTML 文档，支持 CSS 选择器，使用非常方便。本节中，我们就来了解一下它的安装方式。

1. 相关链接

- GitHub：https://github.com/gawel/pyquery
- PyPI：https://pypi.python.org/pypi/pyquery
- 官方文档：http://pyquery.readthedocs.io

2. pip 安装

这里推荐使用 pip 安装，命令如下：

```
pip3 install pyquery
```

命令执行完毕之后即可完成安装。

3. wheel 安装

当然，我们也可以到 PyPI（https://pypi.python.org/pypi/pyquery/#downloads）下载对应的 wheel 文件安装。比如如果当前版本为 1.2.17，则下载的文件名称为 pyquery-1.2.17-py2.py3-none-any.whl，此时下载到本地再进行 pip 安装即可，命令如下：

```
pip3 install pyquery-1.2.17-py2.py3-none-any.whl
```

4. 验证安装

安装完成之后，可以在 Python 命令行下测试：

```
$ python3
>>> import pyquery
```

如果没有错误报出，则证明库已经安装好了。

1.3.4　tesserocr 的安装

在爬虫过程中，难免会遇到各种各样的验证码，而大多数验证码还是图形验证码，这时候我们可以直接用 OCR 来识别。

1. OCR

OCR，即 Optical Character Recognition，光学字符识别，是指通过扫描字符，然后通过其形状将其翻译成电子文本的过程。对于图形验证码来说，它们都是一些不规则的字符，这些字符确实是由字符稍加扭曲变换得到的内容。

例如，对于如图 1-21 和图 1-22 所示的验证码，我们可以使用 OCR 技术来将其转化为电子文本，然后爬虫将识别结果提交给服务器，便可以达到自动识别验证码的过程。

图 1-21 验证码

图 1-22 验证码

tesserocr 是 Python 的一个 OCR 识别库，但其实是对 tesseract 做的一层 Python API 封装，所以它的核心是 tesseract。因此，在安装 tesserocr 之前，我们需要先安装 tesseract。

2. 相关链接

- tesserocr GitHub：https://github.com/sirfz/tesserocr
- tesserocr PyPI：https://pypi.python.org/pypi/tesserocr
- tesseract 下载地址：http://digi.bib.uni-mannheim.de/tesseract
- tesseract GitHub：https://github.com/tesseract-ocr/tesseract
- tesseract 语言包：https://github.com/tesseract-ocr/tessdata
- tesseract 文档：https://github.com/tesseract-ocr/tesseract/wiki/Documentation

3. Windows 下的安装

在 Windows 下，首先需要下载 tesseract，它为 tesserocr 提供了支持。

进入下载页面，可以看到有各种.exe 文件的下载列表，这里可以选择下载 3.0 版本。图 1-23 所示为 3.05 版本。

Index of /tesseract

Name	Last modified	Size	Description
Parent Directory		-	
doc/	2017-05-20 21:21	-	
leptonica/	2017-06-20 18:27	-	
mac_standalone/	2017-05-01 11:39	-	
tesseract-ocr-setup-3.05.00dev-205-ge205c59.exe	2015-12-08 13:03	24M	
tesseract-ocr-setup-3.05.00dev-336-g0e661dd.exe	2016-05-14 10:03	33M	
tesseract-ocr-setup-3.05.00dev-394-g1ced597.exe	2016-07-11 12:01	33M	
tesseract-ocr-setup-3.05.00dev-407-g54527f7.exe	2016-08-28 13:12	33M	
tesseract-ocr-setup-3.05.00dev-426-g765d14e.exe	2016-08-31 16:01	33M	
tesseract-ocr-setup-3.05.00dev-487-g216ba3b.exe	2016-11-11 13:19	35M	
tesseract-ocr-setup-3.05.00dev.exe	2017-05-10 22:57	36M	latest Tesseract 3
tesseract-ocr-setup-3.05.01-20170602.exe	2017-06-02 20:27	36M	
tesseract-ocr-setup-3.05.01.exe	2017-06-02 20:27	36M	
tesseract-ocr-setup-3.05.01dev-20170510.exe	2017-05-10 22:57	36M	
tesseract-ocr-setup-4.0.0dev-20161129.exe	2016-11-29 13:10	43M	
tesseract-ocr-setup-4.0.0dev-20170130.exe	2017-01-30 21:55	42M	
tesseract-ocr-setup-4.0.0dev-20170202.exe	2017-02-02 22:18	42M	
tesseract-ocr-setup-4.0.0dev-20170216.exe	2017-02-16 11:25	40M	
tesseract-ocr-setup-4.0.0dev-20170510.exe	2017-05-10 16:46	40M	
tesseract-ocr-setup-4.00.00dev.exe	2017-05-10 16:46	40M	latest Tesseract 4

图 1-23 下载页面

其中文件名中带有 dev 的为开发版本，不带 dev 的为稳定版本，可以选择下载不带 dev 的版本，例如可以选择下载 tesseract-ocr-setup-3.05.01.exe。

下载完成后双击，此时会出现如图 1-24 所示的页面。

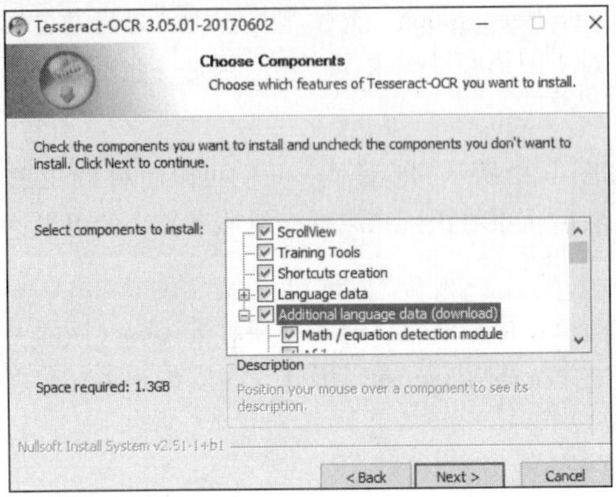

图 1-24　安装页面

此时可以勾选 Additional language data(download)选项来安装 OCR 识别支持的语言包，这样 OCR 便可以识别多国语言。然后一路点击 Next 按钮即可。

接下来，再安装 tesserocr 即可，此时直接使用 pip 安装：

```
pip3 install tesserocr pillow
```

4. Linux 下的安装

对于 Linux 来说，不同系统已经有了不同的发行包了，它可能叫作 tesseract-ocr 或者 tesseract，直接用对应的命令安装即可。

- **Ubuntu、Debian 和 Deepin**

在 Ubuntu、Debian 和 Deepin 系统下，安装命令如下：

```
sudo apt-get install -y tesseract-ocr libtesseract-dev libleptonica-dev
```

- **CentOS、Red Hat**

在 CentOS 和 Red Hat 系统下，安装命令如下：

```
yum install -y tesseract
```

在不同发行版本运行如上命令，即可完成 tesseract 的安装。

安装完成后，便可以调用 tesseract 命令了。

接着，我们查看一下其支持的语言：

```
tesseract --list-langs
```

运行结果示例：

```
List of available languages (3):
eng
osd
equ
```

结果显示它只支持几种语言，如果想要安装多国语言，还需要安装语言包，官方叫作 tessdata（其下载链接为：https://github.com/tesseract-ocr/tessdata）。

利用 Git 命令将其下载下来并迁移到相关目录即可，不同版本的迁移命令如下所示。

在 Ubuntu、Debian 和 Deepin 系统下的迁移命令如下：

```
git clone https://github.com/tesseract-ocr/tessdata.git
sudo mv tessdata/* /usr/share/tesseract-ocr/tessdata
```

在 CentOS 和 Red Hat 系统下的迁移命令如下：

```
git clone https://github.com/tesseract-ocr/tessdata.git
sudo mv tessdata/* /usr/share/tesseract/tessdata
```

这样就可以将下载下来的语言包全部安装了。

这时我们重新运行列出所有语言的命令：

```
tesseract --list-langs
```

结果如下：

```
List of available languages (107):
afr
amh
ara
asm
aze
aze_cyrl
bel
ben
bod
bos
bul
cat
ceb
ces
chi_sim
chi_tra
...
```

可以发现，这里列出的语言就多了很多，比如 chi_sim 就代表简体中文，这就证明语言包安装成功了。

接下来再安装 tesserocr 即可，这里直接使用 pip 安装：

```
pip3 install tesserocr pillow
```

5. Mac 下的安装

在 Mac 下，我们首先使用 Homebrew 安装 ImageMagick 和 tesseract 库：

```
brew install imagemagick
brew install tesseract --all-languages
```

接下来再安装 tesserocr 即可：

```
pip3 install tesserocr pillow
```

这样我们便完成了 tesserocr 的安装。

6. 验证安装

接下来，我们可以使用 tesseract 和 tesserocr 来分别进行测试。

下面我们以如图 1-25 所示的图片为样例进行测试。

Python3WebSpider

图 1-25　测试样例

该图片的链接为 https://raw.githubusercontent.com/Python3WebSpider/TestTess/master/image.png，可以直接保存或下载。

首先用命令行进行测试，将图片下载下来并保存为 image.png，然后用 tesseract 命令测试：

```
tesseract image.png result -l eng && cat result.txt
```

运行结果如下：

```
Tesseract Open Source OCR Engine v3.05.01 with Leptonica
Python3WebSpider
```

这里我们调用了 tesseract 命令，其中第一个参数为图片名称，第二个参数 result 为结果保存的目标文件名称，-l 指定使用的语言包，在此使用英文（eng）。然后，再用 cat 命令将结果输出。

运行结果便是图片的识别结果：Python3WebSpider。可以看到，这时已经成功将图片文字转为电子文本了。

然后还可以利用 Python 代码来测试，这里就需要借助于 tesserocr 库了，测试代码如下：

```
import tesserocr
from PIL import Image
image = Image.open('image.png')
print(tesserocr.image_to_text(image))
```

我们首先利用 Image 读取了图片文件，然后调用了 tesserocr 的 image_to_text()方法，再将其识别结果输出。

运行结果如下：

```
Python3WebSpider
```

另外，我们还可以直接调用 file_to_text()方法，这可以达到同样的效果：

```
import tesserocr
print(tesserocr.file_to_text('image.png'))
```

运行结果：

```
Python3WebSpider
```

如果成功输出结果，则证明 tesseract 和 tesserocr 都已经安装成功。

1.4　数据库的安装

作为数据存储的重要部分，数据库同样是必不可少的，数据库可以分为关系型数据库和非关系型数据库。

关系型数据库如 SQLite、MySQL、Oracle、SQL Server、DB2 等，其数据库是以表的形式存储；非关系型数据库如 MongoDB、Redis，它们的存储形式是键值对，存储形式更加灵活。

本书用到的数据库主要有关系型数据库 MySQL 及非关系型数据库 MongoDB、Redis。

本节中，我们来了解一下它们的安装方式。

1.4.1 MySQL 的安装

MySQL 是一个轻量级的关系型数据库，本节中我们来了解下它的安装方式。

1. 相关链接

- 官方网站：https://www.mysql.com/cn
- 下载地址：https://www.mysql.com/cn/downloads
- 中文教程：http://www.runoob.com/mysql/mysql-tutorial.html

2. Windows 下的安装

对于 Windows 来说，可以直接在百度软件中心搜索 MySQL，下载其提供的 MySQL 安装包，速度还是比较快的。

当然，最安全稳妥的方式是直接到官网下载安装包进行安装，但是这样做有个缺点，那就是需要登录才可以下载，而且速度不快。

下载完成后，双击安装包即可安装，这里直接选择默认选项，点击 Next 按钮安装即可。这里需要记住图 1-26 所设置的密码。

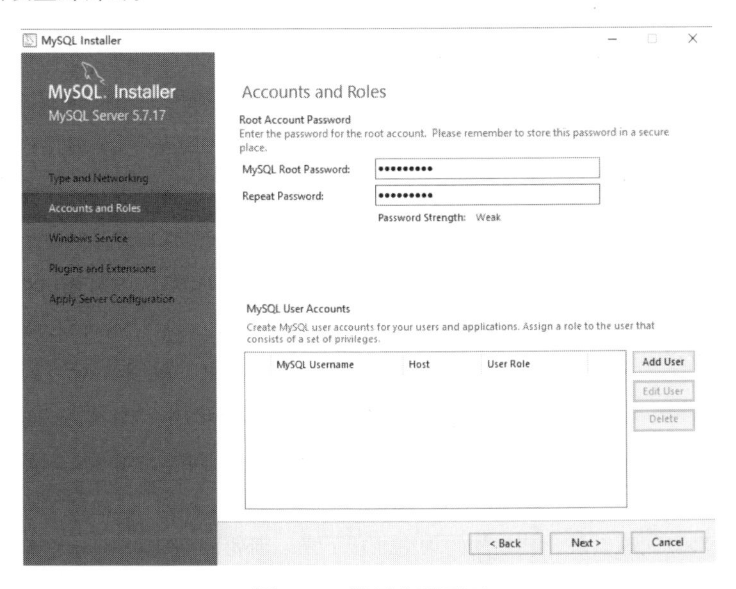

图 1-26 设置密码页面

安装完成后，我们可以在“计算机”→“管理”→“服务”页面开启和关闭 MySQL 服务，如图 1-27 所示。

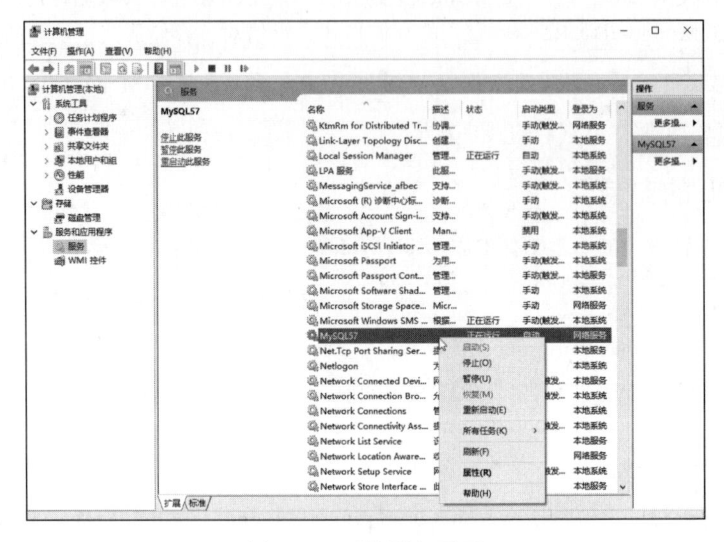

图 1-27　系统服务页面

如果启动了 MySQL 服务，就可以使用它来存储数据了。

3. Linux 下的安装

下面我们仍然分平台来介绍。

- **Ubuntu、Debian 和 Deepin**

在 Ubuntu、Debian 和 Deepin 系统中，我们直接使用 apt-get 命令即可安装 MySQL：

```
sudo apt-get update
sudo apt-get install -y mysql-server mysql-client
```

在安装过程中，会提示输入用户名和密码，输入后等待片刻即可完成安装。

启动、关闭和重启 MySQL 服务的命令如下：

```
sudo service mysql start
sudo service mysql stop
sudo service mysql restart
```

- **CentOS 和 Red Hat**

这里以 MySQL 5.6 的 Yum 源为例来说明（如果需要更高版本，可以另寻），安装命令如下：

```
wget http://repo.mysql.com/mysql-community-release-el7-5.noarch.rpm
sudo rpm -ivh mysql-community-release-el7-5.noarch.rpm
yum install -y mysql mysql-server
```

运行如上命令即可完成安装，初始密码为空。接下来，需要启动 MySQL 服务。

启动 MySQL 服务的命令如下：

```
sudo systemctl start mysqld
```

停止、重启 MySQL 服务的命令如下：

```
sudo systemctl stop mysqld
sudo systemctl restart mysqld
```

上面我们完成了 Linux 下 MySQL 的安装，之后可以修改密码，此时可以执行如下命令：

```
mysql -uroot -p
```

输入密码后，进入 MySQL 命令行模式，接着输入如下命令：

```
use mysql;
UPDATE user SET Password = PASSWORD('newpass') WHERE user = 'root';
FLUSH PRIVILEGES;
```

其中 newpass 为修改的新的 MySQL 密码，请自行替换。

由于 Linux 一般会作为服务器使用，为了使 MySQL 可以被远程访问，我们需要修改 MySQL 的配置文件，配置文件的路径一般为/etc/mysql/my.cnf。

比如，使用 vi 进行修改的命令如下：

```
vi /etc/mysql/my.cnf
```

注释此行：

```
bind-address = 127.0.0.1
```

此行限制了 MySQL 只能本地访问而不能远程访问，注释掉即可解除此限制。

修改完成后重启 MySQL 服务，此时 MySQL 就可以被远程访问了。

到此为止，在 Linux 下安装 MySQL 的过程就结束了。

4. Mac 下的安装

这里推荐使用 Homebrew 安装，直接执行 brew 命令即可：

```
brew install mysql
```

启动、停止和重启 MySQL 服务的命令如下：

```
sudo mysql.server start
sudo mysql.server stop
sudo mysql.server restart
```

Mac 一般不会作为服务器使用，如果想取消本地 host 绑定，那么需要修改 my.cnf 文件，然后重启服务。

1.4.2 MongoDB 的安装

MongoDB 是由 C++语言编写的非关系型数据库，是一个基于分布式文件存储的开源数据库系统，其内容存储形式类似 JSON 对象，它的字段值可以包含其他文档、数组及文档数组，非常灵活。

MongoDB 支持多种平台，包括 Windows、Linux、Mac OS、Solaris 等，在其官方网站（https://www.mongodb.com/download-center）均可找到对应的安装包。

本节中，我们来看下它的安装过程。

1. 相关链接

- 官方网站：https://www.mongodb.com
- 官方文档：https://docs.mongodb.com
- GitHub：https://github.com/mongodb
- 中文教程：http://www.runoob.com/mongodb/mongodb-tutorial.html

2. Windows 下的安装

这里直接在官网（如图 1-28 所示）点击 DOWNLOAD 按钮下载 msi 安装包即可。

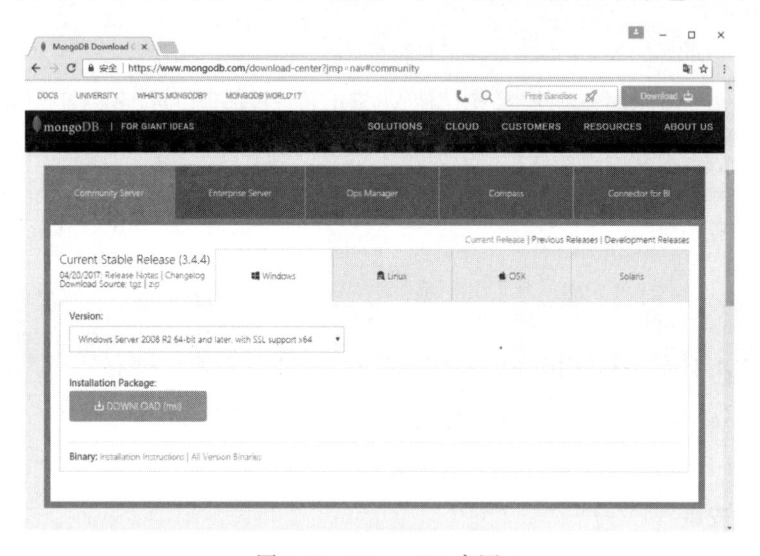

图 1-28 MongoDB 官网

下载完成后，双击它开始安装，指定 MongoDB 的安装路径，例如此处我指定的安装路径为 C:\MongoDB\Server\3.4，如图 1-29 所示。当然，这里也可以自行选择路径。

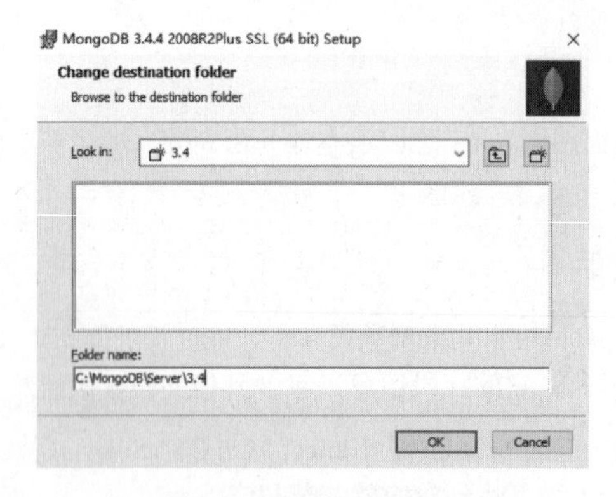

图 1-29 指定安装路径

点击 Next 按钮执行安装即可。

安装成功之后，进入 MongoDB 的安装目录，此处是 C:\MongoDB\Server\3.4，在 bin 目录下新建同级目录 data，如图 1-30 所示。

图 1-30 新建 data 目录

然后进入 data 文件夹，新建子文件夹 db 来存储数据目录，如图 1-31 所示。

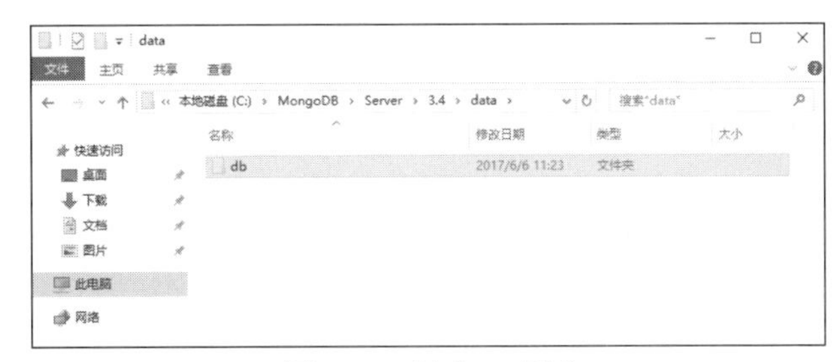

图 1-31 新建 db 目录

之后打开命令行，进入 MongoDB 安装目录的 bin 目录下，运行 MongoDB 服务：

```
mongod --dbpath "C:\MongoDB\Server\3.4\data\db"
```

请记得将此处的路径替换成你的主机 MongoDB 安装路径。

运行之后，会出现一些输出信息，如图 1-32 所示。

图 1-32 运行结果

这样我们就启动 MongoDB 服务了。

但是如果我们想一直使用 MongoDB，就不能关闭此命令行了。如果意外关闭或重启，MongoDB 服务就不能使用了。这显然不是我们想要的。所以，接下来还需将 MongoDB 配置成系统服务。

首先，以管理员模式运行命令行。注意，此处一定要以管理员身份运行，否则可能配置失败，如图 1-33 所示。

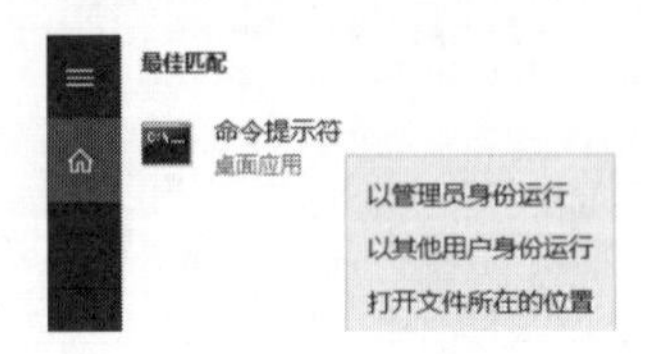

图 1-33　以管理员身份运行

在“开始”菜单中搜索 cmd，找到命令行，然后右击它以管理员身份运行即可。

随后新建一个日志文件，在 bin 目录新建 logs 同级目录，进入之后新建一个 mongodb.log 文件，用于保存 MongoDB 的运行日志，如图 1-34 所示。

图 1-34　新建 mongodb.log 文件

在命令行下输入如下内容：

```
mongod --bind_ip 0.0.0.0 --logpath "C:\MongoDB\Server\3.4\logs\mongodb.log" --logappend --dbpath
    "C:\MongoDB\Server\3.4\data\db" --port 27017 --serviceName "MongoDB" --serviceDisplayName "MongoDB" --install
```

这里的意思是绑定 IP 为 0.0.0.0（即任意 IP 均可访问），指定日志路径、数据库路径和端口，指定服务名称。需要注意的是，这里依然需要把路径替换成你的 MongoDB 安装路径，运行此命令后即可安装服务，运行结果如图 1-35 所示。

图 1-35　运行结果

如果没有出现错误提示，则证明 MongoDB 服务已经安装成功。

可以在服务管理页面查看到系统服务，如图 1-36 所示。

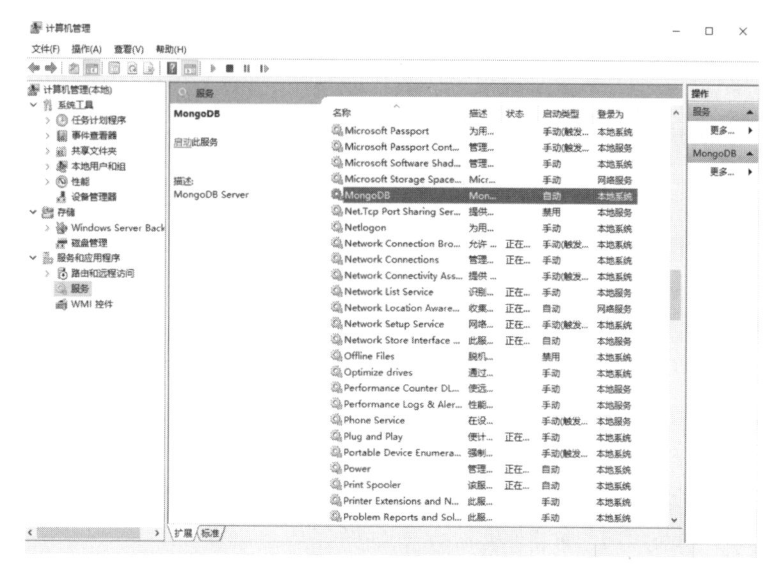

图 1-36 系统服务页面

然后就可以设置它的开机启动方式了，如自动启动或手动启动等，这样我们就可以非常方便地管理 MongoDB 服务了。

启动服务后，在命令行下就可以利用 mongo 命令进入 MongoDB 命令交互环境了，如图 1-37 所示。

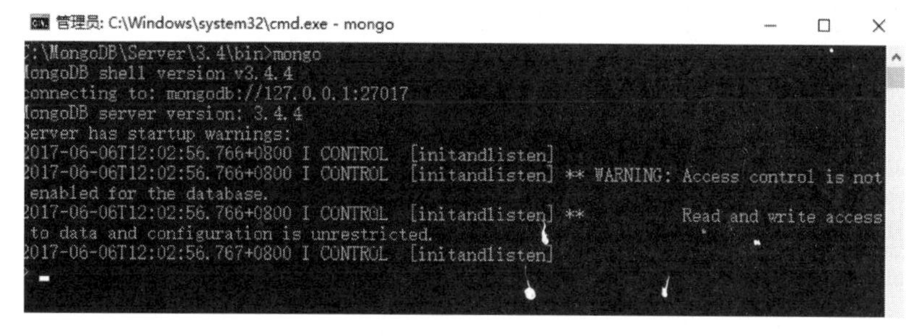

图 1-37 命令行模式

这样，Windows 下的 MongoDB 配置就完成了。

3. Linux 下的安装

这里以 MongoDB 3.4 为例说明 MongoDB 的安装过程。

- **Ubuntu**

首先，导入 MongoDB 的 GPG key：

```
sudo apt-key adv --keyserver hkp://keyserver.ubuntu.com:80 --recv 0C49F3730359A14518585931BC711F9BA15703C6
```

随后创建 apt-get 源列表，各个系统版本对应的命令分别如下。

- Ubuntu 12.04 对应的命令如下：

```
echo "deb [ arch=amd64 ] http://repo.mongodb.org/apt/ubuntu precise/mongodb-org/3.4 multiverse" | sudo tee
    /etc/apt/sources.list.d/mongodb-org-3.4.list
```

- Ubuntu 14.04 对应的命令如下：

```
echo "deb [ arch=amd64 ] http://repo.mongodb.org/apt/ubuntu trusty/mongodb-org/3.4 multiverse" | sudo tee
    /etc/apt/sources.list.d/mongodb-org-3.4.list
```

- Ubuntu 16.04 对应的命令如下：

```
echo "deb [ arch=amd64,arm64 ] http://repo.mongodb.org/apt/ubuntu xenial/mongodb-org/3.4 multiverse" |
    sudo tee /etc/apt/sources.list.d/mongodb-org-3.4.list
```

随后更新 apt-get 源：

```
sudo apt-get update
```

之后安装 MongoDB 即可：

```
sudo apt-get install -y mongodb-org
```

安装完成后运行 MongoDB，命令如下：

```
mongod --port 27017 --dbpath /data/db
```

运行命令之后，MongoDB 就在 27017 端口上运行了，数据文件会保存在/data/db 路径下。

一般情况下，我们在 Linux 上配置 MongoDB 都是为了远程连接使用的，所以这里还需要配置一下 MongoDB 的远程连接以及用户名和密码。

接着，进入 MongoDB 命令行：

```
mongo --port 27017
```

现在我们就已经进入到 MongoDB 的命令行交互模式下了，在此模式下运行如下命令：

```
> use admin
switched to db admin
> db.createUser({user: 'admin', pwd: 'admin123', roles: [{role: 'root', db: 'admin'}]})
Successfully added user: {
        "user" : "admin",
        "roles" : [
            {
                "role" : "root",
                "db" : "admin"
            }
        ]
}
```

这样我们就创建了一个用户名为 admin，密码为 admin123 的用户，赋予最高权限。

随后需要修改 MongoDB 的配置文件，此时执行如下命令：

```
sudo vi /etc/mongod.conf
```

然后修改 net 部分为：

```
net:
  port: 27017
  bindIp: 0.0.0.0
```

这样配置后，MongoDB 可被远程访问。

另外，还需要添加如下的权限认证配置。此时直接添加如下内容到配置文件即可：

```
security:
  authorization: enabled
```

配置完成之后，我们需要重新启动 MongoDB 服务，命令如下：

```
sudo service mongod restart
```

这样远程连接和权限认证就配置完成了。

- **CentOS 和 Red Hat**

首先，添加 MongoDB 源：

```
sudo vi /etc/yum.repos.d/mongodb-org.repo
```

接着修改如下内容并保存：

```
[mongodb-org-3.4]
name=MongoDB Repository
baseurl=https://repo.mongodb.org/yum/redhat/$releasever/mongodb-org/3.4/x86_64/
gpgcheck=1
enabled=1
gpgkey=https://www.mongodb.org/static/pgp/server-3.4.asc
```

然后执行 yum 命令安装：

```
sudo yum install mongodb-org
```

这里启动 MongoDB 服务的命令如下：

```
sudo systemctl start mongod
```

停止和重新加载 MongoDB 服务的命令如下：

```
sudo systemctl stop mongod
sudo systemctl reload mongod
```

有关远程连接和认证配置，可以参考前面，方式是相同的。

更多 Linux 发行版的 MongoDB 安装方式可以参考官方文档：https://docs.mongodb.com/manual/administration/install-on-linux/。

4. Mac 下的安装

这里推荐使用 Homebrew 安装，直接执行 brew 命令即可：

```
brew install mongodb
```

然后创建一个新文件夹/data/db，用于存放 MongoDB 数据。

这里启动 MongoDB 服务的命令如下：

```
brew services start mongodb
sudo mongod
```

停止和重启 MongoDB 服务的命令分别是：

```
brew services stop mongodb
brew services restart mongodb
```

5. 可视化工具

这里推荐一个可视化工具 RoboMongo/Robo 3T，它使用简单，功能强大，官方网站为 https://robomongo.org/，三大平台都支持，下载链接为 https://robomongo.org/download。

另外，还有一个简单易用的可视化工具——Studio 3T，它同样具有方便的图形化管理界面，官方网站为 https://studio3t.com，同样支持三大平台，下载链接为 https://studio3t.com/download/。

1.4.3 Redis 的安装

Redis 是一个基于内存的高效的非关系型数据库，本节中我们来了解一下它在各个平台的安装过程。

1. 相关链接

- 官方网站：https://redis.io
- 官方文档：https://redis.io/documentation
- 中文官网：http://www.redis.cn
- GitHub：https://github.com/antirez/redis
- 中文教程：http://www.runoob.com/redis/redis-tutorial.html
- Redis Desktop Manager：https://redisdesktop.com
- Redis Desktop Manager GitHub：https://github.com/uglide/RedisDesktopManager

2. Windows 下的安装

在 Windows 下，Redis 可以直接到 GitHub 的发行版本里面下载，具体下载地址是 https://github.com/MSOpenTech/redis/releases。

打开下载页面后，会发现有许多发行版本及其安装包，如图 1-38 所示。

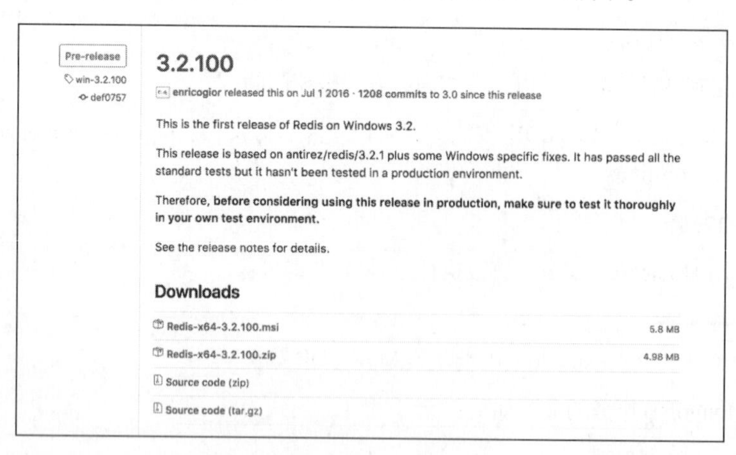

图 1-38 下载页面

可以下载 Redis-x64-3.2.100.msi 安装即可。

安装过程比较简单，直接点击 Next 按钮安装即可。安装完成后，Redis 便会启动。

在系统服务页面里，可以观察到多了一个正在运行到 Redis 服务，如图 1-39 所示。

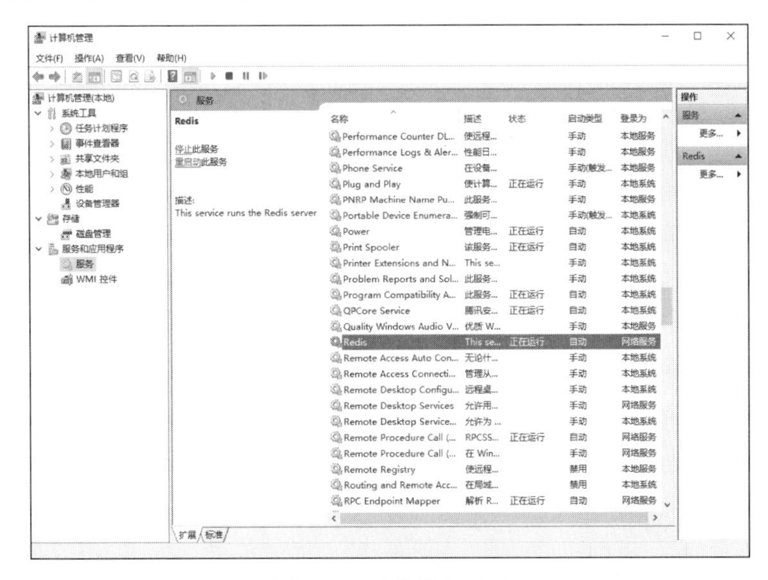

图 1-39 系统服务页面

另外，推荐下载 Redis Desktop Manager 可视化管理工具，来管理 Redis。这既可以到官方网站（链接为：https://redisdesktop.com/download）下载，也可以到 GitHub（链接为：https://github.com/uglide/RedisDesktopManager/releases）下载最新发行版本。

安装后，直接连接本地 Redis 即可。

3. Linux 下的安装

这里依然分为两类平台来介绍。

- **Ubuntu、Debian 和 Deepin**

在 Ubuntu、Debian 和 Deepin 系统下，使用 apt-get 命令安装 Redis：

```
sudo apt-get -y install redis-server
```

然后输入 redis-cli 进入 Redis 命令行模式：

```
$ redis-cli
127.0.0.1:6379> set 'name' 'Germey'
OK
127.0.0.1:6379> get 'name'
"Germey"
```

这样就证明 Redis 成功安装了，但是现在 Redis 还是无法远程连接的，依然需要修改配置文件，配置文件的路径为/etc/redis/redis.conf。

首先，注释这一行：

```
bind 127.0.0.1
```

另外，推荐给 Redis 设置密码，取消注释这一行：

```
requirepass foobared
```

foobared 即当前密码，可以自行修改。

然后重启 Redis 服务，使用的命令如下：

```
sudo /etc/init.d/redis-server restart
```

现在就可以使用密码远程连接 Redis 了。

另外，停止和启动 Redis 服务的命令分别如下：

```
sudo /etc/init.d/redis-server stop
sudo /etc/init.d/redis-server start
```

- **CentOS 和 Red Hat**

在 CentOS 和 Red Hat 系统中，首先添加 EPEL 仓库，然后更新 yum 源：

```
sudo yum install epel-release
sudo yum update
```

然后安装 Redis 数据库：

```
sudo yum -y install redis
```

安装好后启动 Redis 服务即可：

```
sudo systemctl start redis
```

这里同样可以使用 `redis-cli` 进入 Redis 命令行模式操作。

另外，为了可以使 Redis 能被远程连接，需要修改配置文件，路径为/etc/redis.conf。

参见上文来修改配置文件实现远程连接和密码配置。

修改完成之后保存。

然后重启 Redis 服务即可，命令如下：

```
sudo systemctl restart redis
```

4. Mac 下的安装

这里推荐使用 Homebrew 安装，直接执行如下命令即可：

```
brew install redis
```

启动 Redis 服务的命令如下：

```
brew services start redis
redis-server /usr/local/etc/redis.conf
```

这里同样可以使用 `redis-cli` 进入 Redis 命令行模式。

在 Mac 下 Redis 的配置文件路径是/usr/local/etc/redis.conf，可以通过修改它来配置访问密码。

修改配置文件后，需要重启 Redis 服务。停止和重启 Redis 服务的命令分别如下：

```
brew services stop redis
brew services restart redis
```

另外，在 Mac 下也可以安装 Redis Desktop Manager 可视化管理工具来管理 Redis。

1.5 存储库的安装

1.4 节中，我们介绍了几个数据库的安装方式，但这仅仅是用来存储数据的数据库，它们提供了存储服务，但如果想要和 Python 交互的话，还需要安装一些 Python 存储库，如 MySQL 需要安装 PyMySQL，MongoDB 需要安装 PyMongo 等。本节中，我们来说明一下这些存储库的安装方式。

1.5.1 PyMySQL 的安装

在 Python 3 中，如果想要将数据存储到 MySQL 中，就需要借助 PyMySQL 来操作，本节中我们介绍一下它的安装方式。

1. 相关链接

- GitHub：https://github.com/PyMySQL/PyMySQL
- 官方文档：http://pymysql.readthedocs.io/
- PyPI：https://pypi.python.org/pypi/PyMySQL

2. pip 安装

这里推荐使用 pip 安装，命令如下：

```
pip3 install pymysql
```

执行完命令后即可完成安装。

3. 验证安装

为了验证库是否已经安装成功，可以在命令行下测试一下。这里首先输入 python3，进入命令行模式，接着输入如下内容：

```
$ python3
>>> import pymysql
>>> pymysql.VERSION
(0, 7, 11, None)
>>>
```

如果成功输出了其版本内容，那么证明 PyMySQL 成功安装。

1.5.2 PyMongo 的安装

在 Python 中，如果想要和 MongoDB 进行交互，就需要借助于 PyMongo 库，这里就来了解一下它的安装方法。

1. 相关链接

- GitHub：https://github.com/mongodb/mongo-python-driver

- ❑ 官方文档：https://api.mongodb.com/python/current/
- ❑ PyPI：https://pypi.python.org/pypi/pymongo

2. pip 安装

这里推荐使用 pip 安装，命令如下：

```
pip3 install pymongo
```

运行完毕之后，即可完成 PyMongo 的安装。

3. 验证安装

为了验证 PyMongo 库是否已经安装成功，可以在命令行下测试一下：

```
$ python3
>>> import pymongo
>>> pymongo.version
'3.4.0'
>>>
```

如果成功输出了其版本内容，那么证明成功安装。

1.5.3 redis-py 的安装

对于 Redis 来说，我们要使用 redis-py 库来与其交互，这里就来介绍一下它的安装方法。

1. 相关链接

- ❑ GitHub：https://github.com/andymccurdy/redis-py
- ❑ 官方文档：https://redis-py.readthedocs.io/

2. pip 安装

这里推荐使用 pip 安装，命令如下：

```
pip3 install redis
```

运行完毕之后，即可完成 redis-py 的安装。

3. 验证安装

为了验证 redis-py 库是否已经安装成功，可以在命令行下测试一下：

```
$ python3
>>> import redis
>>> redis.VERSION
(2, 10, 5)
>>>
```

如果成功输出了其版本内容，那么证明成功安装了 redis-py。

1.5.4 RedisDump 的安装

RedisDump 是一个用于 Redis 数据导入/导出的工具，是基于 Ruby 实现的，所以要安装 RedisDump，需要先安装 Ruby。

1. 相关链接

- GitHub：https://github.com/delano/redis-dump
- 官方文档：http://delanotes.com/redis-dump

2. 安装 Ruby

有关 Ruby 的安装方式可以参考 http://www.ruby-lang.org/zh_cn/documentation/installation，这里列出了所有平台的安装方式，可以根据对应的平台选用合适的安装方式。

3. gem 安装

安装完成之后，就可以执行 gem 命令了，它类似于 Python 中的 pip 命令。利用 gem 命令，我们可以安装 RedisDump，具体如下：

```
gem install redis-dump
```

执行完毕之后，即可完成 RedisDump 的安装。

4. 验证安装

安装成功后，就可以执行如下两个命令：

```
redis-dump
redis-load
```

如果可以成功调用，则证明安装成功。

1.6 Web 库的安装

对于 Web，我们应该都不陌生，现在日常访问的网站都是 Web 服务程序搭建而成的。Python 同样不例外，也有一些这样的 Web 服务程序，比如 Flask、Django 等，我们可以拿它来开发网站和接口等。

在本书中，我们主要使用这些 Web 服务程序来搭建一些 API 接口，供我们的爬虫使用。例如，维护一个代理池，代理保存在 Redis 数据库中，我们要将代理池作为一个公共的组件使用，那么如何构建一个方便的平台来供我们获取这些代理呢？最合适不过的就是通过 Web 服务提供一个 API 接口，我们只需要请求接口即可获取新的代理，这样做简单、高效、实用！

书中用到的一些 Web 服务程序主要有 Flask 和 Tornado，这里就分别介绍它们的安装方法。

1.6.1 Flask 的安装

Flask 是一个轻量级的 Web 服务程序，它简单、易用、灵活，这里主要用来做一些 API 服务。

1. 相关链接

- GitHub：https://github.com/pallets/flask
- 官方文档：http://flask.pocoo.org
- 中文文档：http://docs.jinkan.org/docs/flask
- PyPI：https://pypi.python.org/pypi/Flask

2. pip 安装

这里推荐使用 pip 安装，命令如下：

```
pip3 install flask
```

运行完毕后，就完成安装了。

3. 验证安装

安装成功后，可以运行如下实例代码测试一下：

```
from flask import Flask
app = Flask(__name__)

@app.route("/")
def hello():
    return "Hello World!"

if __name__ == "__main__":
    app.run()
```

可以发现，系统会在 5000 端口开启 Web 服务，控制台输出如下：

```
 * Running on http://127.0.0.1:5000/ (Press CTRL+C to quit)
```

直接访问 http://127.0.0.1:5000/，可以观察到网页中呈现了 Hello World!，如图 1-40 所示，一个最简单的 Flask 程序就运行成功了。

图 1-40　运行结果

4. 结语

后面，我们会利用 Flask+Redis 维护动态代理池和 Cookies 池。

1.6.2　Tornado 的安装

Tornado 是一个支持异步的 Web 框架，通过使用非阻塞 I/O 流，它可以支撑成千上万的开放连接，效率非常高，本节就来介绍一下它的安装方式。

1. 相关链接

- GitHub：https://github.com/tornadoweb/tornado
- PyPI：https://pypi.python.org/pypi/tornado
- 官方文档：http://www.tornadoweb.org

2. pip 安装

这里推荐使用 pip 安装，相关命令如下：

```
pip3 install tornado
```

执行完毕后，即可完成安装。

3. 验证安装

同样，这里也可以用一个 Hello World 程序测试一下，代码如下：

```
import tornado.ioloop
import tornado.web

class MainHandler(tornado.web.RequestHandler):
    def get(self):
        self.write("Hello, world")

def make_app():
    return tornado.web.Application([
        (r"/", MainHandler),
    ])

if __name__ == "__main__":
    app = make_app()
    app.listen(8888)
    tornado.ioloop.IOLoop.current().start()
```

直接运行程序，可以发现系统在 8888 端口运行了 Web 服务，控制台没有输出内容，此时访问 http://127.0.0.1:8888/，可以观察到网页中呈现了 Hello,world，如图 1-41 所示，这就说明 Tornado 成功安装了。

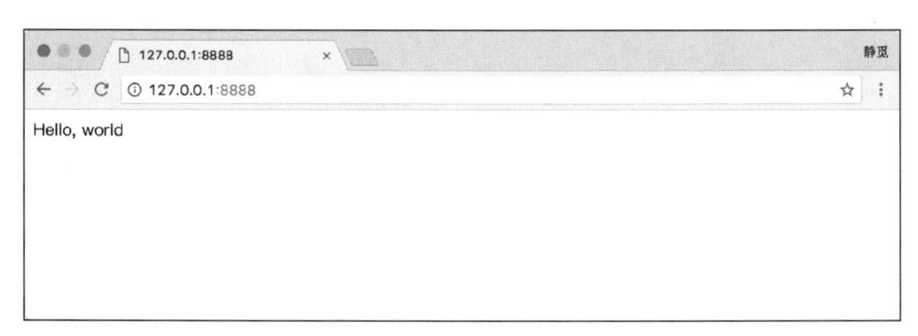

图 1-41 运行结果

4. 结语

后面，我们会利用 Tornado+Redis 来搭建一个 ADSL 拨号代理池。

1.7 App 爬取相关库的安装

除了 Web 网页，爬虫也可以抓取 App 的数据。App 中的页面要加载出来，首先需要获取数据，而这些数据一般是通过请求服务器的接口来获取的。由于 App 没有浏览器这种可以比较直观地看到后台请求的工具，所以主要用一些抓包技术来抓取数据。

本书介绍的抓包工具有 Charles、mitmproxy 和 mitmdump。一些简单的接口可以通过 Charles 或 mitmproxy 分析，找出规律，然后直接用程序模拟来抓取了。但是如果遇到更复杂的接口，就需要利用 mitmdump 对接 Python 来对抓取到的请求和响应进行实时处理和保存。另外，既然要做规模采集，就需要自动化 App 的操作而不是人工去采集，所以这里还需要一个工具叫作 Appium，它可以像 Selenium 一样对 App 进行自动化控制，如自动化模拟 App 的点击、下拉等操作。

本节中，我们就来介绍一下 Charles、mitmproxy、mitmdump、Appium 的安装方法。

1.7.1　Charles 的安装

Charles 是一个网络抓包工具，相比 Fiddler，其功能更为强大，而且跨平台支持得更好，所以这里选用它来作为主要的移动端抓包工具。

1. 相关链接

- 官方网站：https://www.charlesproxy.com
- 下载链接：https://www.charlesproxy.com/download

2. 下载 Charles

我们可以在官网下载最新的稳定版本，如图 1-42 所示。可以发现，它支持 Windows、Linux 和 Mac 三大平台。

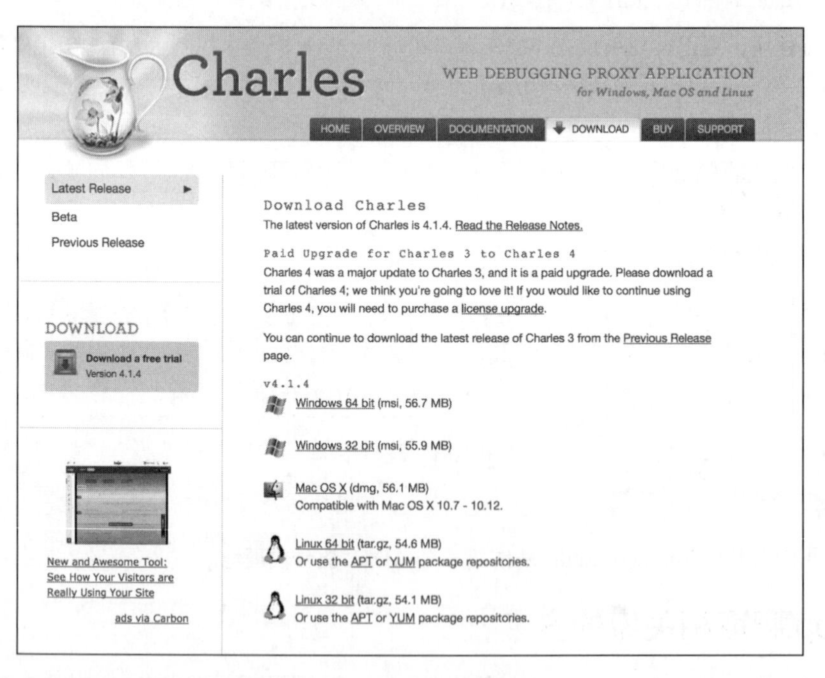

图 1-42　Charles 下载页面

直接点击对应的安装包下载即可，具体的安装过程这里不再赘述。

Charles是收费软件，不过可以免费试用30天。如果试用期过了，其实还可以试用，不过每次试用不能超过30分钟，启动有10秒的延时，但是完整的软件功能还是可以使用的，所以还算比较友好。

3. 证书配置

现在很多页面都在向HTTPS方向发展，HTTPS通信协议应用得越来越广泛。如果一个App通信应用了HTTPS协议，那么它通信的数据都会是被加密的，常规的截包方法是无法识别请求内部的数据的。

安装完成后，如果我们想要做HTTPS抓包的话，那么还需要配置一下相关SSL证书。接下来，我们再看看各个平台下的证书配置过程。

Charles是运行在PC端的，我们要抓取的是App端的数据，所以要在PC和手机端都安装证书。

- **Windows**

如果你的PC是Windows系统，可以按照下面的操作进行证书配置。

首先打开Charles，点击Help→SSL Proxying→Install Charles Root Certificate，即可进入证书的安装页面，如图1-43所示。

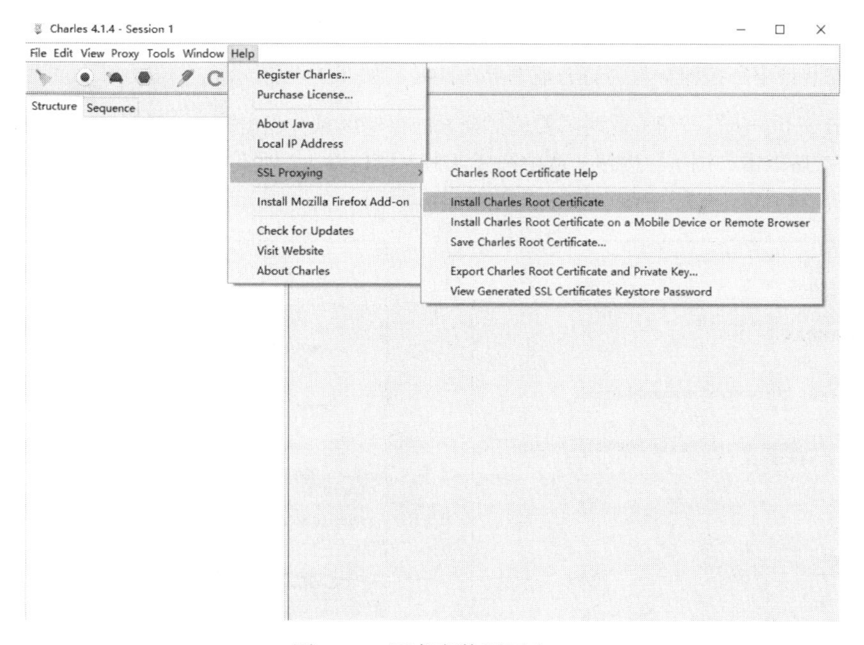

图1-43 证书安装页面入口

接下来，会弹出一个安装证书的页面，如图1-44所示。

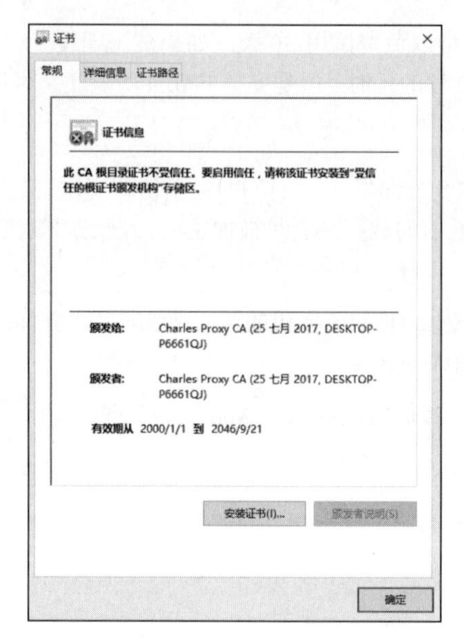

图 1-44　证书安装页面

点击“安装证书”按钮，就会打开证书导入向导，如图 1-45 所示。

直接点击“下一步”按钮，此时需要选择证书的存储区域，点击第二个选项“将所有的证书放入下列存储”，然后点击“浏览”按钮，从中选择证书存储位置为“受信任的根证书颁发机构”，再点击“确定”按钮，然后点击“下一步”按钮，如图 1-46 所示。

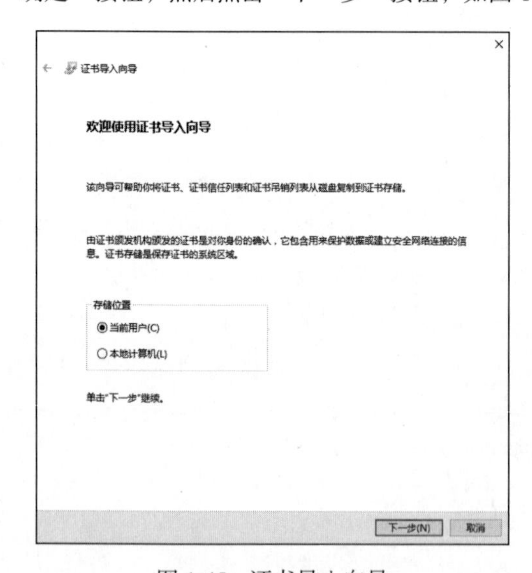

图 1-45　证书导入向导

图 1-46　选择证书存储区域

再继续点击“下一步”按钮完成导入。

- **Mac**

如果你的 PC 是 Mac 系统，可以按照下面的操作进行证书配置。

同样是点击 Help→SSL Proxying→Install Charles Root Certificate，即可进入证书的安装页面。

接下来，找到 Charles 的证书并双击，将“信任”设置为“始终信任”即可，如图 1-47 所示。

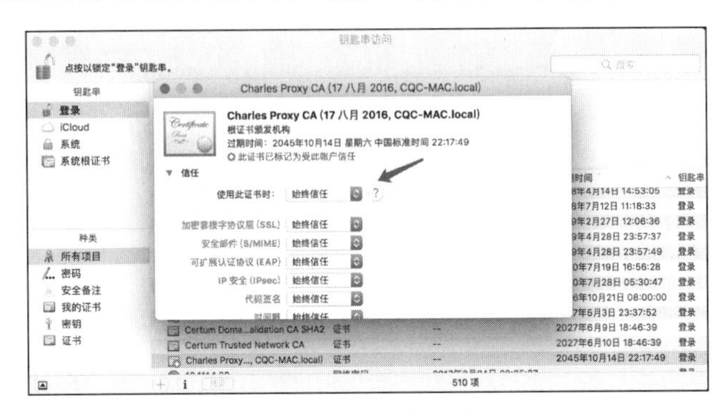

图 1-47 证书配置

这样就成功安装了证书。

- **iOS**

如果你的手机是 iOS 系统，可以按照下面的操作进行证书配置。

首先，查看电脑的 Charles 代理是否开启，具体操作是点击 Proxy→Proxy Settings，打开代理设置页面，确保当前的 HTTP 代理是开启的，如图 1-48 所示。这里的代理端口为 8888，也可以自行修改。

接下来，将手机和电脑连在同一个局域网下。例如，当前电脑的 IP 为 192.168.1.76，那么首先设置手机的代理为 192.168.1.76:8888，如图 1-49 所示。

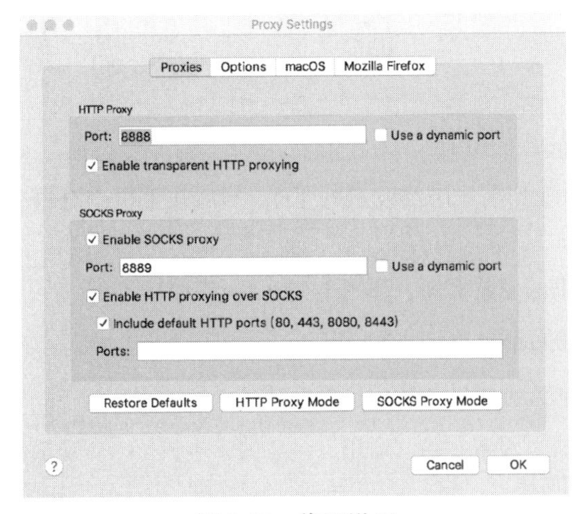

图 1-48 代理设置

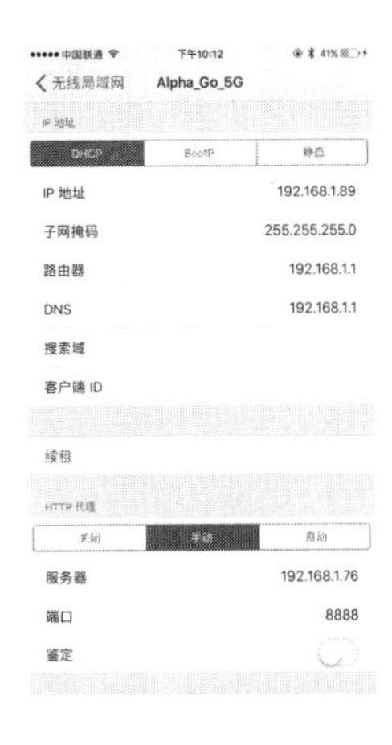

图 1-49 代理设置

设置完毕后，电脑上会出现一个提示窗口，询问是否信任此设备，如图 1-50 所示。

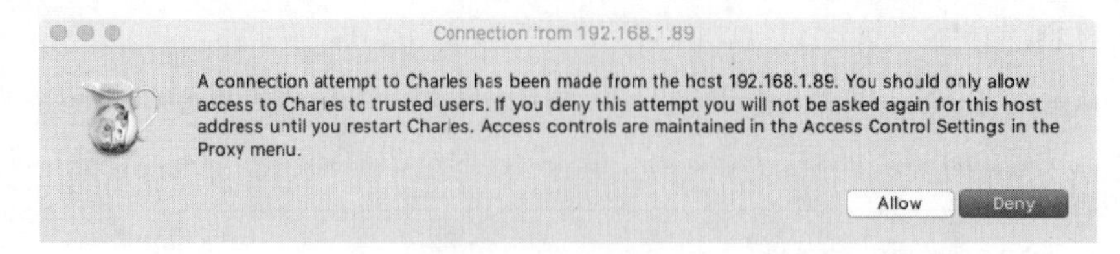

图 1-50 提示窗口

此时点击 Allow 按钮即可。这样手机就和 PC 连在同一个局域网内了，而且设置了 Charles 的代理，即 Charles 可以抓取到流经 App 的数据包了。

接下来，再安装 Charles 的 HTTPS 证书。

在电脑上打开 Help→SSL Proxying→Install Charles Root Certificate on a Mobile Device or Remote Browser，如图 1-51 所示。

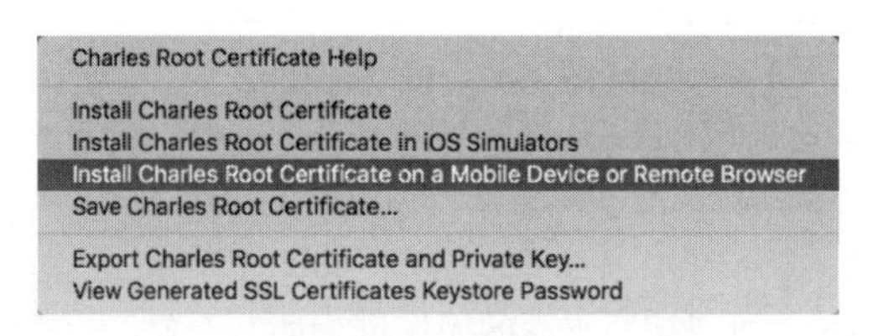

图 1-51 证书安装页面入口

此时会看到如图 1-52 所示的提示。

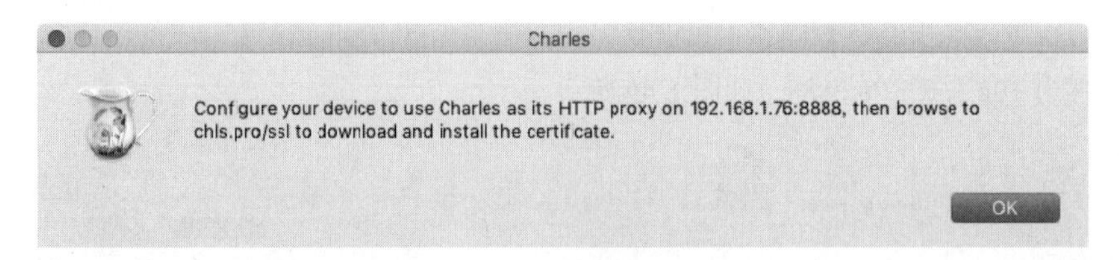

图 1-52 提示窗口

它提示我们在手机上设置好 Charles 的代理（刚才已经设置好了），然后在手机浏览器中打开 chls.pro/ssl 下载证书。

在手机上打开 chls.pro/ssl 后，便会弹出证书的安装页面，如图 1-53 所示。

点击“安装”按钮，然后输入密码即可完成安装，如图 1-54 所示。

如果你的 iOS 版本是 10.3 以下的话，信任 CA 证书的流程就已经完成了。

如果你的 iOS 版本是 10.3 及以上，还需要在“设置”→“通用”→“关于本机”→“证书信任设置”中将证书的完全信任开关打开，如图 1-55 所示。

图 1-53 证书安装页面

图 1-54 安装成功页面

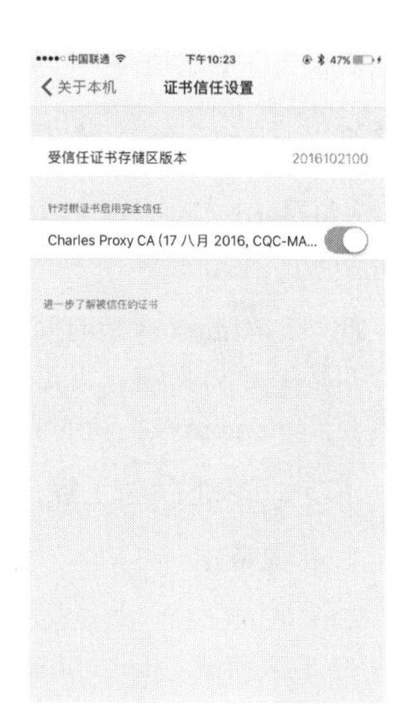

图 1-55 证书信任设置

- **Android**

如果你的手机是 Android 系统，可以按照下面的操作进行证书配置。

在 Android 系统中，同样需要设置代理为 Charles 的代理，如图 1-56 所示。

设置完毕后，电脑上就会出现一个提示窗口，询问是否信任此设备，如图 1-50 所示，此时直接点击 Allow 按钮即可。

接下来，像 iOS 设备那样，在手机浏览器上打开 chls.pro/ssl，这时会出现一个提示框，如图 1-57 所示。

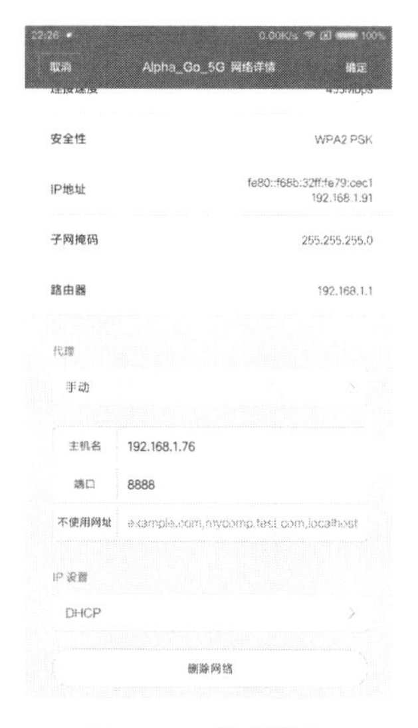

图 1-56 代理设置

图 1-57 证书安装页面

我们为证书添加一个名称，然后点击“确定”按钮即可完成证书的安装。

1.7.2 mitmproxy 的安装

mitmproxy 是一个支持 HTTP 和 HTTPS 的抓包程序，类似 Fiddler、Charles 的功能，只不过它通过控制台的形式操作。

此外，mitmproxy 还有两个关联组件，一个是 mitmdump，它是 mitmproxy 的命令行接口，利用它可以对接 Python 脚本，实现监听后的处理；另一个是 mitmweb，它是一个 Web 程序，通过它以清楚地观察到 mitmproxy 捕获的请求。

本节中，我们就来了解一下 mitmproxy、mitmdump 和 mitmweb 的安装方式。

1. 相关链接

- GitHub：https://github.com/mitmproxy/mitmproxy
- 官方网站：https://mitmproxy.org
- PyPI：https://pypi.python.org/pypi/mitmproxy
- 官方文档：http://docs.mitmproxy.org
- mitmdump 脚本：http://docs.mitmproxy.org/en/stable/scripting/overview.html
- 下载地址：https://github.com/mitmproxy/mitmproxy/releases
- DockerHub：https://hub.docker.com/r/mitmproxy/mitmproxy

2. pip 安装

最简单的安装方式还是使用 pip，直接执行如下命令即可安装：

```
pip3 install mitmproxy
```

这是最简单和通用的安装方式，执行完毕之后即可完成 mitmproxy 的安装，另外还附带安装了 mitmdump 和 mitmweb 这两个组件。如果不想用这种方式安装，也可以选择后面列出的专门针对各个平台的安装方式或者 Docker 安装方式。

3. Windows 下的安装

可以到 GitHub 上的 Releases 页面（链接为：https://github.com/mitmproxy/mitmproxy/releases/）获取安装包，如图 1-58 所示。

Latest release
v2.0.2
14b33dc

v2.0.2

mhils released this on 28 Apr · 703 commits to master since this release

- Fix mitmweb's Content-Security-Policy to work with Chrome 58+ (#2284)

Downloads

mitmproxy-2.0.2-linux.tar.gz	46.7 MB
mitmproxy-2.0.2-osx.tar.gz	30.8 MB
mitmproxy-2.0.2-py3-none-any.whl	1.34 MB
mitmproxy-2.0.2-windows-installer.exe	32.6 MB
mitmproxy-2.0.2-windows.zip	27.4 MB
pathod-2.0.2-linux.tar.gz	25.5 MB
pathod-2.0.2-osx.tar.gz	16 MB
pathod-2.0.2-windows.zip	22.8 MB
Source code (zip)	
Source code (tar.gz)	

图 1-58 下载页面

比如，当前的最新版本为 2.0.2，则可以选择下载 Windows 下的 exe 安装包 mitmproxy-2.0.2-windows-installer.exe，下载后直接双击安装包即可安装。

注意，在 Windows 上不支持 mitmproxy 的控制台接口，但是可以使用 mitmdump 和 mitmweb。

4. Linux 下的安装

在 Linux 下，可以下载编译好的二进制包（下载地址 https://github.com/mitmproxy/mitmproxy/releases/），此发行包一般是最新版本，它包含了最新版本的 mitmproxy 和内置的 Python 3 环境，以及最新的 OpenSSL 环境。

如果你的环境里没有 Python 3 和 OpenSSL 环境，建议使用此种方式安装。

下载之后，需要解压并将其配置到环境变量：

```
tar -zxvf mitmproxy-2.0.2-linux.tar.gz
sudo mv mitmproxy mitmdump mitmweb /usr/bin
```

这样就可以将 3 个可执行文件移动到了/usr/bin 目录。而一般情况下，/usr/bin 目录都已经配置在了环境变量下，所以接下来可以直接调用这 3 个工具了。

5. Mac 下的安装

Mac 下的安装非常简单，直接使用 Homebrew 即可，命令如下：

```
brew install mitmproxy
```

执行命令后，即可完成 mitmproxy 的安装。

6. Docker 安装

mitmproxy 也支持 Docker，其 DockerHub 的地址为 https://hub.docker.com/r/mitmproxy/mitmproxy/。

在Docker下，mitmproxy的安装命令为：

```
docker run --rm -it -p 8080:8080 mitmproxy/mitmproxy mitmdump
```

这样就在8080端口上启动了mitmproxy和mitmdump。

如果想要获取CA证书，可以选择挂载磁盘选项，命令如下：

```
docker run --rm -it -v ~/.mitmproxy:/home/mitmproxy/.mitmproxy -p 8080:8080 mitmproxy/mitmproxy mitmdump
```

这样就可以在~/.mitmproxy目录下找到CA证书。

另外，还可以在8081端口上启动mitmweb，命令如下：

```
docker run --rm -it -p 8080:8080 -p 127.0.0.1:8081:8081 mitmproxy/mitmproxy mitmweb
```

更多启动方式可以参考Docker Hub的安装说明。

7. 证书配置

对于mitmproxy来说，如果想要截获HTTPS请求，就需要设置证书。mitmproxy在安装后会提供一套CA证书，只要客户端信任了mitmproxy提供的证书，就可以通过mitmproxy获取HTTPS请求的具体内容，否则mitmproxy是无法解析HTTPS请求的。

首先，运行以下命令产生CA证书，并启动mitmdump：

```
mitmdump
```

接下来，我们就可以在用户目录下的.mitmproxy目录里面找到CA证书，如图1-59所示。

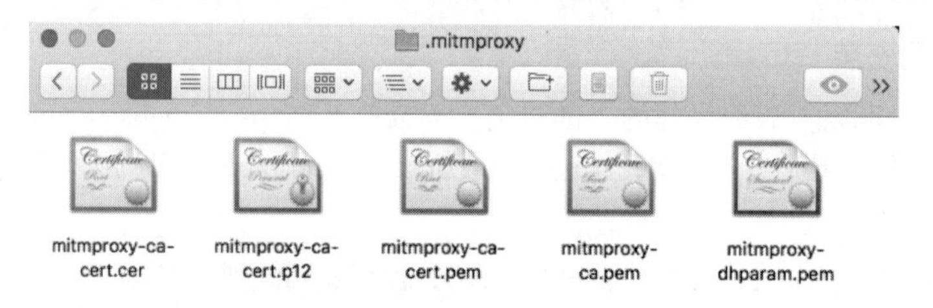

图1-59　证书文件

证书一共5个，表1-1简要说明了这5个证书。

表1-1　5个证书及其说明

名　称	描　述
mitmproxy-ca.pem	PEM格式的证书私钥
mitmproxy-ca-cert.pem	PEM格式证书，适用于大多数非Windows平台
mitmproxy-ca-cert.p12	PKCS12格式的证书，适用于Windows平台
mitmproxy-ca-cert.cer	与mitmproxy-ca-cert.pem相同，只是改变了后缀，适用于部分Android平台
mitmproxy-dhparam.pem	PEM格式的秘钥文件，用于增强SSL安全性

下面我们介绍一下Windows、Mac、iOS和Android平台下的证书配置过程。

- **Windows**

双击 mitmproxy-ca.p12，就会出现导入证书的引导页，如图 1-60 所示。

直接点击“下一步”按钮即可，会出现密码设置提示，如图 1-61 所示。

图 1-60 证书导入向导

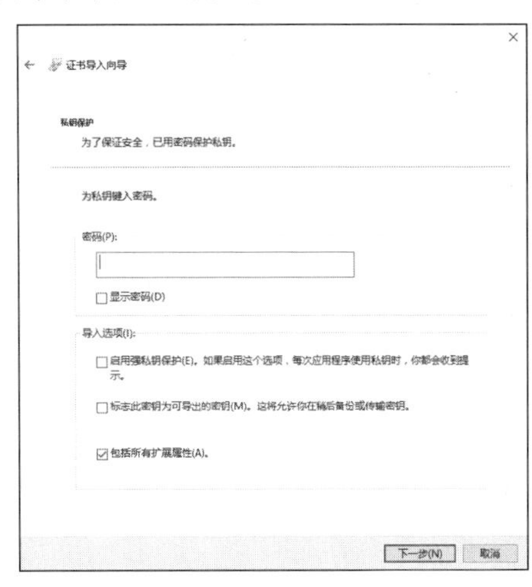

图 1-61 密码设置提示

这里不需要设置密码，直接点击“下一步”按钮即可。

接下来需要选择证书的存储区域，如图 1-62 所示。这里点击第二个选项“将所有的证书都放入下列存储”，然后点击“浏览”按钮，选择证书存储位置为“受信任的根证书颁发机构”，接着点击“确定”按钮，然后点击“下一步”按钮。

最后，如果有安全警告弹出，如图 1-63 所示，直接点击“是”按钮即可。

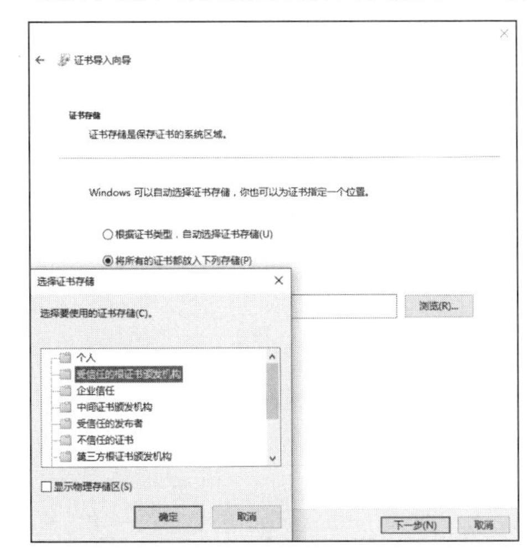

图 1-62 选择证书存储区域

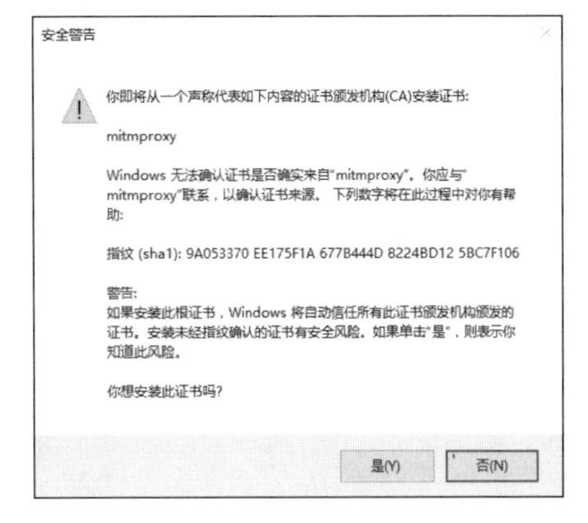

图 1-63 安全警告

这样就在 Windows 下配置完 CA 证书了。

- **Mac**

Mac 下双击 mitmproxy-ca-cert.pem 即可弹出钥匙串管理页面，然后找到 mitmproxy 证书，打开其设置选项，选择“始终信任”即可，如图 1-64 所示。

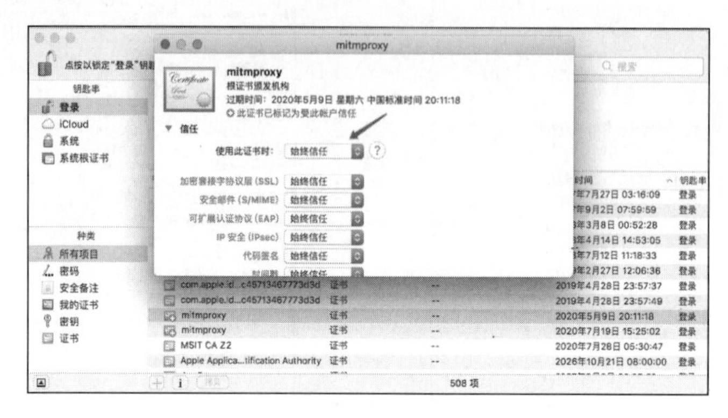

图 1-64　证书配置

- **iOS**

将 mitmproxy-ca-cert.pem 文件发送到 iPhone 上，推荐使用邮件方式发送，然后在 iPhone 上可以直接点击附件并识别安装，如图 1-65 所示。

点击“安装”按钮之后，会跳到安装描述文件的页面，点击“安装”按钮，此时会有警告提示，如图 1-66 所示。

继续点击右上角的“安装”按钮，安装成功之后会有已安装的提示，如图 1-67 所示。

图 1-65　证书安装页面

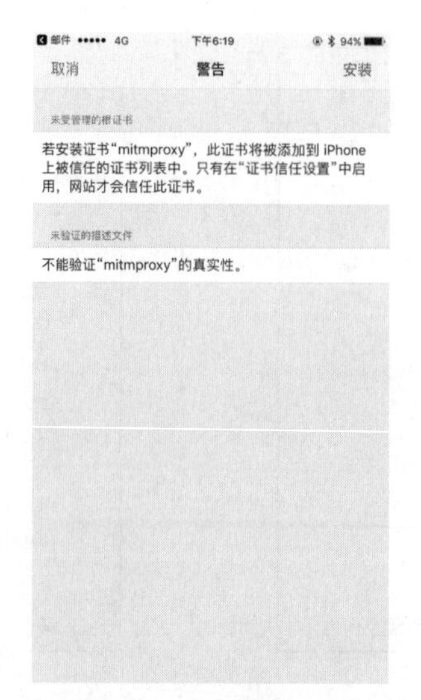

图 1-66　安装警告页面

图 1-67　安装成功页面

如果你的 iOS 版本是 10.3 以下的话，此处信任 CA 证书的流程就已经完成了。

如果你的 iOS 版本是 10.3 及以上版本，还需要在“设置”→“通用”→“关于本机”→“证书信任设置”将 mitmproxy 的完全信任开关打开，如图 1-68 所示。此时，在 iOS 上配置信任 CA 证书的流程就结束了。

- **Android**

在 Android 手机上，同样需要将证书 mitmproxy-ca-cert.pem 文件发送到手机上，例如直接复制文件。

接下来，点击证书，便会出现一个提示窗口，如图 1-69 所示。

图 1-68　证书信任设置

图 1-69　证书安装页面

这时输入证书的名称，然后点击“确定”按钮即可完成安装。

1.7.3　Appium 的安装

Appium 是移动端的自动化测试工具，类似于前面所说的 Selenium，利用它可以驱动 Android、iOS 等设备完成自动化测试，比如模拟点击、滑动、输入等操作，其官方网站为：http://appium.io/。本节中，我们就来了解一下 Appium 的安装方式。

1. 相关链接

- GitHub：https://github.com/appium/appium
- 官方网站：http://appium.io
- 官方文档：http://appium.io/introduction.html
- 下载链接：https://github.com/appium/appium-desktop/releases
- Python Client：https://github.com/appium/python-client

2. 安装 Appium

首先，需要安装 Appium。Appium 负责驱动移动端来完成一系列操作，对于 iOS 设备来说，它使用苹果的 UIAutomation 来实现驱动；对于 Android 来说，它使用 UIAutomator 和 Selendroid 来实现驱动。

同时 Appium 也相当于一个服务器，我们可以向它发送一些操作指令，它会根据不同的指令对移动设备进行驱动，以完成不同的动作。

安装 Appium 有两种方式，一种是直接下载安装包 Appium Desktop 来安装，另一种是通过 Node.js 来安装，下面我们介绍一下这两种安装方式。

- **Appium Desktop**

Appium Desktop 支持全平台的安装，我们直接从 GitHub 的 Releases 里面安装即可，链接为 https://github.com/appium/appium-desktop/releases。目前的最新版本是 1.1，下载页面如图 1-70 所示。

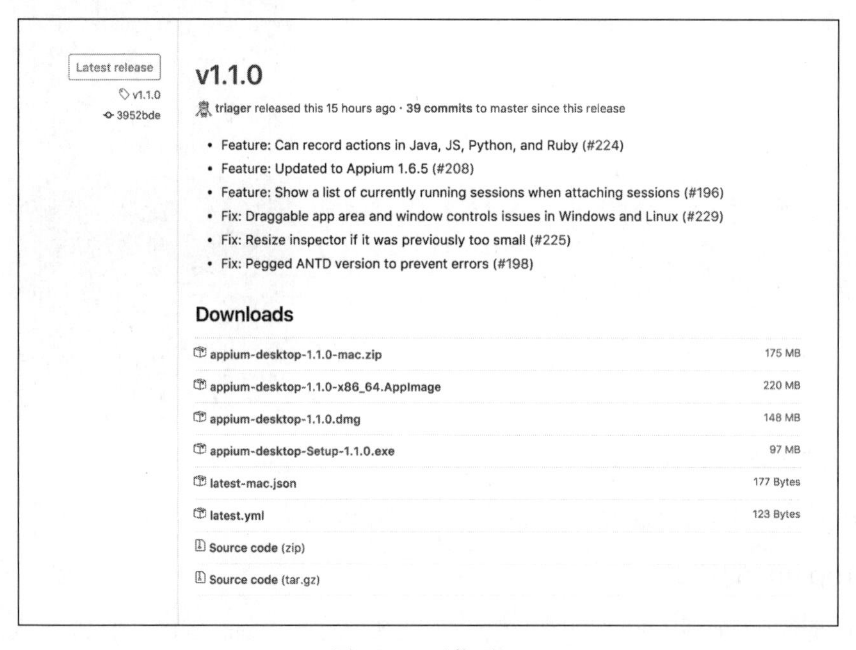

图 1-70 下载页面

Windows 平台可以下载 exe 安装包 appium-desktop-Setup-1.1.0.exe，Mac 平台可以下载 dmg 安装包如 appium-desktop-1.1.0.dmg，Linux 平台可以选择下载源码，但是更推荐用 Node.js 安装方式。

安装完成后运行，看到的页面如图 1-71 所示。

图 1-71　运行页面

如果出现此页面，则证明安装成功。

- **Node.js**

首先需要安装 Node.js，具体的安装方式可以参见 http://www.runoob.com/nodejs/nodejs-install-setup.html，安装完成之后就可以使用 npm 命令了。

接下来，使用 npm 命令全局安装 Appium 即可：

```
npm install -g appium
```

此时等待命令执行完成即可，这样就成功安装了 Appium。

3. Android 开发环境配置

如果我们要使用 Android 设备做 App 抓取的话，还需要下载和配置 Android SDK，这里推荐直接安装 Android Studio，其下载地址为 https://developer.android.com/studio/index.html?hl=zh-cn。下载后直接安装即可。

然后，我们还需要下载 Android SDK。直接打开首选项里面的 Android SDK 设置页面，勾选要安装的 SDK 版本，点击 OK 按钮即可下载和安装勾选的 SDK 版本，如图 1-72 所示。

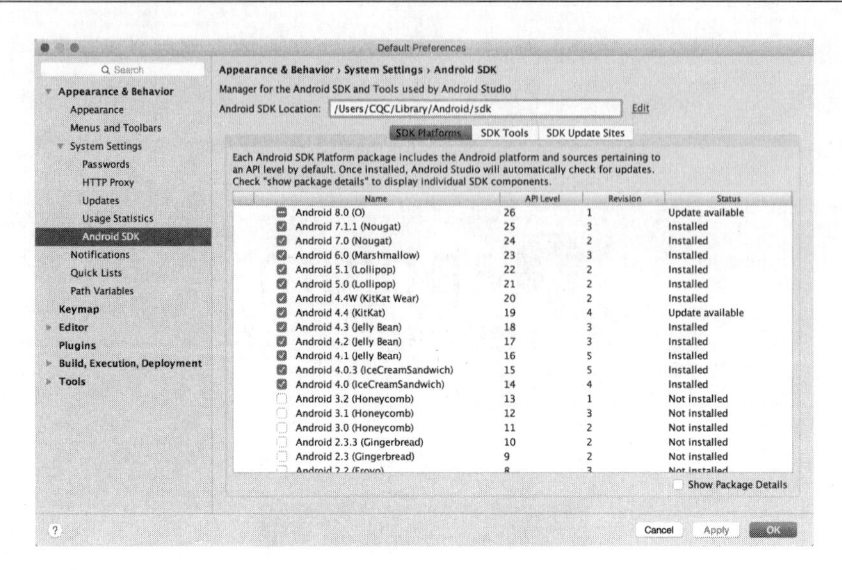

图 1-72　Android SDK 设置页面

另外，还需要配置一下环境变量，添加 ANDROID_HOME 为 Android SDK 所在路径，然后再添加 SDK 文件夹下的 tools 和 platform-tools 文件夹到 PATH 中。

更详细的配置可以参考 Android Studio 的官方文档：https://developer.android.com/studio/intro/index.html。

4. iOS 开发环境

首先需要声明的是，Appium 是一个做自动化测试的工具，用它来测试我们自己开发的 App 是完全没问题的，因为它携带的是开发证书（Development Certificate）。但如果我们想拿 iOS 设备来做数据爬取的话，那又是另外一回事了。一般情况下，我们做数据爬取都是使用现有的 App，在 iOS 上一般都是通过 App Store 下载的，它携带的是分发证书（Distribution Certificate），而携带这种证书的应用都是禁止被测试的，所以只有获取 ipa 安装包再重新签名之后才可以被 Appium 测试，具体的方法这里不再展开阐述。

这里推荐直接使用 Android 来进行测试。如果你可以完成上述重签名操作，那么可以参考如下内容配置 iOS 开发环境。

Appium 驱动 iOS 设备必须要在 Mac 下进行，Windows 和 Linux 平台是无法完成的，所以下面介绍一下 Mac 平台的相关配置。

Mac 平台需要的配置如下：

- macOS 10.12 及更高版本
- Xcode 8 及更高版本

配置满足要求之后，执行如下命令即可配置开发依赖的一些库和工具：

```
xcode-select --install
```

这样 iOS 部分的开发环境就配置完成了，我们就可以用 iOS 模拟器来进行测试和数据抓取了。

如果想要用真机进行测试和数据抓取，还需要额外配置其他环境，具体可以参考 https://github.com/appium/appium/blob/master/docs/en/appium-setup/real-devices-ios.md。

1.8 爬虫框架的安装

我们直接用 requests、Selenium 等库写爬虫，如果爬取量不是太大，速度要求不高，是完全可以满足需求的。但是写多了会发现其内部许多代码和组件是可以复用的，如果我们把这些组件抽离出来，将各个功能模块化，就慢慢会形成一个框架雏形，久而久之，爬虫框架就诞生了。

利用框架，我们可以不用再去关心某些功能的具体实现，只需要关心爬取逻辑即可。有了它们，可以大大简化代码量，而且架构也会变得清晰，爬取效率也会高许多。所以，如果有一定的基础，上手框架是一种好的选择。

本书主要介绍的爬虫框架有 pyspider 和 Scrapy。本节中，我们来介绍一下 pyspider、Scrapy 及其扩展库的安装方式。

1.8.1 pyspider 的安装

pyspider 是国人 binux 编写的强大的网络爬虫框架，它带有强大的 WebUI、脚本编辑器、任务监控器、项目管理器以及结果处理器，同时支持多种数据库后端、多种消息队列，另外还支持 JavaScript 渲染页面的爬取，使用起来非常方便，本节介绍一下它的安装过程。

1. 相关链接

- 官方文档：http://docs.pyspider.org/
- PyPI：https://pypi.python.org/pypi/pyspider
- GitHub：https://github.com/binux/pyspider
- 官方教程：http://docs.pyspider.org/en/latest/tutorial
- 在线实例：http://demo.pyspider.org

2. 准备工作

pyspider 是支持 JavaScript 渲染的，而这个过程是依赖于 PhantomJS 的，所以还需要安装 PhantomJS（具体的安装过程详见 1.2.5 节）。

3. pip 安装

这里推荐使用 pip 安装，命令如下：

```
pip3 install pyspider
```

命令执行完毕即可完成安装。

4. 常见错误

Windows 下可能会出现这样的错误提示：

```
Command "python setup.py egg_info" failed with error code 1 in /tmp/pip-build-vXo1W3/pycurl
```

这是 PyCurl 安装错误，此时需要安装 PyCurl 库。从 http://www.lfd.uci.edu/~gohlke/pythonlibs/#pycurl 找到对应的 Python 版本，然后下载相应的 wheel 文件即可。比如 Windows 64 位、Python 3.6，则需要下载 pycurl-7.43.0-cp36-cp36m-win_amd64.whl，随后用 pip 安装即可，命令如下：

```
pip3 install pycurl-7.43.0-cp36-cp36m-win_amd64.whl
```

如果在 Linux 下遇到 PyCurl 的错误，可以参考本文：https://imlonghao.com/19.html。

5. 验证安装

安装完成之后，可以直接在命令行下启动 pyspider：

```
pyspider all
```

此时控制台会有类似如图 1-73 所示的输出。

```
CQC — pyspider all — pyspider — Python ◂ pyspider all — 80×24
➜ ~ pyspider all
phantomjs fetcher running on port 25555
[I 170605 19:32:17 result_worker:49] result_worker starting...
[I 170605 19:32:18 processor:211] processor starting...
[I 170605 19:32:18 tornado_fetcher:638] fetcher starting...
[I 170605 19:32:18 scheduler:647] scheduler starting...
[I 170605 19:32:18 scheduler:782] scheduler.xmlrpc listening on 127.0.0.1:23333
[I 170605 19:32:18 scheduler:126] project TripAdvisor updated, status:STOP, paus
ed:False, 0 tasks
[I 170605 19:32:18 scheduler:126] project LandChina updated, status:STOP, paused
:False, 0 tasks
[I 170605 19:32:18 scheduler:586] in 5m: new:0,success:0,retry:0,failed:0
[I 170605 19:32:18 scheduler:126] project LandChinaNew updated, status:CHECKING,
 paused:False, 0 tasks
[I 170605 19:32:18 scheduler:126] project PVP updated, status:STOP, paused:False
, 0 tasks
[I 170605 19:32:18 scheduler:126] project PVP2 updated, status:CHECKING, paused:
False, 0 tasks
[I 170605 19:32:18 scheduler:126] project pvp3 updated, status:CHECKING, paused:
False, 0 tasks
[I 170605 19:32:18 scheduler:126] project pvp4 updated, status:TODO, paused:Fals
e, 0 tasks
[I 170605 19:32:18 app:76] webui running on 0.0.0.0:5000
```

图 1-73　控制台

这时 pyspider 的 Web 服务就会在本地 5000 端口运行。直接在浏览器中打开 http://localhost:5000/，即可进入 pyspider 的 WebUI 管理页面，如图 1-74 所示，这证明 pyspider 已经安装成功了。

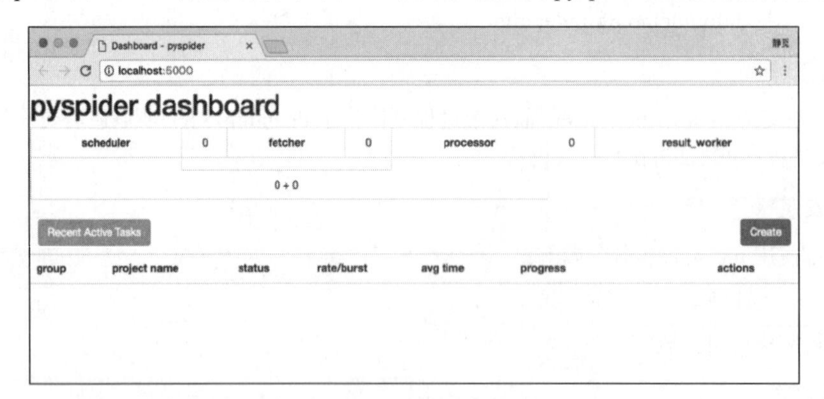

图 1-74　管理页面

后面，我们会详细介绍 pyspider 的用法。

1.8.2 Scrapy 的安装

Scrapy 是一个十分强大的爬虫框架，依赖的库比较多，至少需要依赖的库有 Twisted 14.0、lxml 3.4 和 pyOpenSSL 0.14。在不同的平台环境下，它所依赖的库也各不相同，所以在安装之前，最好确保把一些基本库安装好。本节就来介绍 Scrapy 在不同平台的安装方法。

1. 相关链接

- 官方网站：https://scrapy.org
- 官方文档：https://docs.scrapy.org
- PyPI：https://pypi.python.org/pypi/Scrapy
- GitHub：https://github.com/scrapy/scrapy
- 中文文档：http://scrapy-chs.readthedocs.io

2. Anaconda 安装

这是一种比较简单的安装 Scrapy 的方法（尤其是对于 Windows 来说），如果你的 Python 是使用 Anaconda 安装的，或者还没有安装 Python 的话，可以使用此方法安装，这种方法简单、省力。当然，如果你的 Python 不是通过 Anaconda 安装的，可以继续看后面的内容。

关于 Anaconda 的安装方式，可以查看 1.1 节，在此不再赘述。

如果已经安装好了 Anaconda，那么可以通过 conda 命令安装 Scrapy，具体如下：

```
conda install Scrapy
```

3. Windows 下的安装

如果你的 Python 不是使用 Anaconda 安装的，可以参考如下方式来一步步安装 Scrapy。

- **安装 lxml**

lxml 的安装过程请参见 1.3.1 节，在此不再赘述，此库非常重要，请一定要安装成功。

- **安装 pyOpenSSL**

在官方网站下载 wheel 文件（详见 https://pypi.python.org/pypi/pyOpenSSL#downloads）即可，如图 1-75 所示。

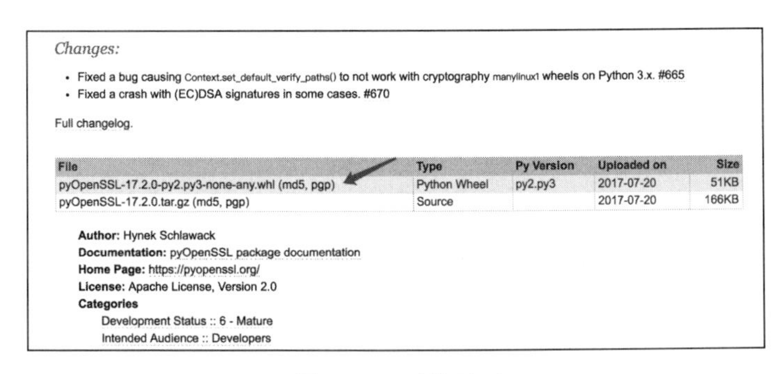

图 1-75 下载页面

下载后利用 pip 安装即可：

```
pip3 install pyOpenSSL-17.2.0-py2.py3-none-any.whl
```

- **安装 Twisted**

到 http://www.lfd.uci.edu/~gohlke/pythonlibs/#twisted 下载 wheel 文件，利用 pip 安装即可。

比如，对于 Python 3.6 版本、Windows 64 位系统，则当前最新版本为 Twisted-17.5.0-cp36-cp36m-win_amd64.whl，直接下载即可，如图 1-76 所示。

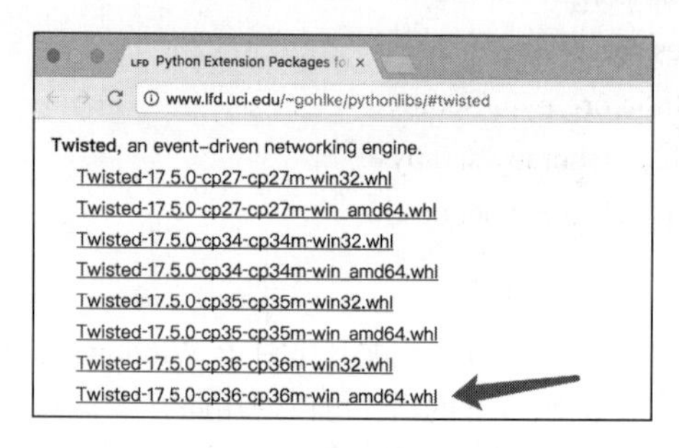

图 1-76　下载页面

然后通过 pip 安装：

```
pip3 install Twisted-17.5.0-cp36-cp36m-win_amd64.whl
```

- **安装 PyWin32**

从官方网站下载对应版本的安装包即可，链接为：https://sourceforge.net/projects/pywin32/files/pywin32/Build%20221/，如图 1-77 所示。

图 1-77　下载列表

比如对于 Python 3.6 版本，可以选择下载 pywin32-221.win-amd64-py3.6.exe，下载完毕之后双击安装即可。

注意，这里使用的是 Build 221 版本，随着时间推移，版本肯定会继续更新，最新的版本可以查看 https://sourceforge.net/projects/pywin32/files/pywin32/，到时查找最新的版本安装即可。

- **安装 Scrapy**

安装好了以上的依赖库后，安装 Scrapy 就非常简单了，这里依然使用 pip，命令如下：

```
pip3 install Scrapy
```

等待命令结束，如果没有报错，就证明 Scrapy 已经安装好了。

4. Linux 下的安装

在 Linux 下的安装方式依然分为两类平台来介绍。

- **CentOS 和 Red Hat**

在 CentOS 和 Red Hat 下，首先确保一些依赖库已经安装，运行如下命令：

```
sudo yum groupinstall -y development tools
sudo yum install -y epel-release libxslt-devel libxml2-devel openssl-devel
```

最后利用 pip 安装 Scrapy 即可：

```
pip3 install Scrapy
```

- **Ubuntu、Debian 和 Deepin**

在 Ubuntu、Debian 和 Deepin 平台下，首先确保一些依赖库已经安装，运行如下命令：

```
sudo apt-get install build-essential python3-dev libssl-dev libffi-dev libxml2 libxml2-dev libxslt1-dev
    zlib1g-dev
```

然后利用 pip 安装 Scrapy 即可：

```
pip3 install Scrapy
```

运行完毕后，就完成 Scrapy 的安装了。

5. Mac 下的安装

在 Mac 下，首先也是进行依赖库的安装。

在 Mac 上构建 Scrapy 的依赖库需要 C 编译器以及开发头文件，它一般由 Xcode 提供，具体命令如下：

```
xcode-select --install
```

随后利用 pip 安装 Scrapy 即可：

```
pip3 install Scrapy
```

6. 验证安装

安装之后，在命令行下输入 `scrapy`，如果出现类似如图 1-78 所示的结果，就证明 Scrapy 安装成功了。

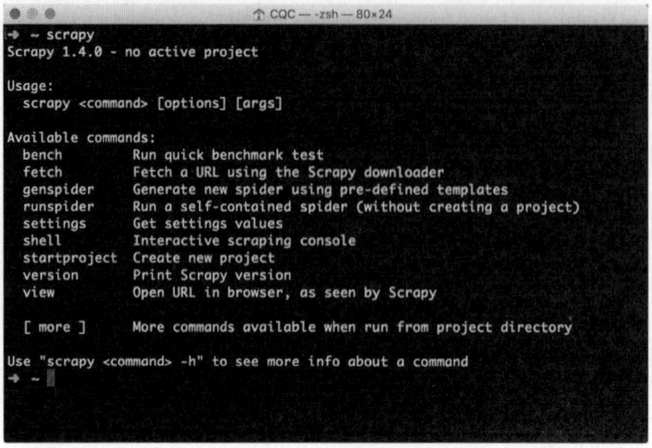

```
→ ~ scrapy
Scrapy 1.4.0 - no active project

Usage:
  scrapy <command> [options] [args]

Available commands:
  bench         Run quick benchmark test
  fetch         Fetch a URL using the Scrapy downloader
  genspider     Generate new spider using pre-defined templates
  runspider     Run a self-contained spider (without creating a project)
  settings      Get settings values
  shell         Interactive scraping console
  startproject  Create new project
  version       Print Scrapy version
  view          Open URL in browser, as seen by Scrapy

  [ more ]      More commands available when run from project directory

Use "scrapy <command> -h" to see more info about a command
→ ~
```

图 1-78　验证安装

7. 常见错误

在安装过程中，常见的错误汇总如下。

- **pkg_resources.VersionConflict: (six 1.5.2 (/usr/lib/python3/dist-packages), Requirement.parse('six>=1.6.0'))**

这是 six 包版本过低出现的错误。six 包是一个提供兼容 Python 2 和 Python 3 的库，这时升级 six 包即可：

```
sudo pip3 install -U six
```

- **c/_cffi_backend.c:15:17: fatal error: ffi.h: No such file or directory**

这是在 Linux 下常出现的错误，缺少 libffi 库造成的。什么是 libffi？FFI 的全名是 Foreign Function Interface，通常指的是允许以一种语言编写的代码调用另一种语言的代码。而 libffi 库只提供了最底层的、与架构相关的、完整的 FFI。此时安装相应的库即可。

在 Ubuntu 和 Debian 下，直接执行如下命令即可：

```
sudo apt-get install build-essential libssl-dev libffi-dev python3-dev
```

在 CentOS 和 Red Hat 下，直接执行如下命令即可：

```
sudo yum install gcc libffi-devel python-devel openssl-devel
```

- **Command "python setup.py egg_info" failed with error code 1 in /tmp/pip-build/cryptography/**

这是缺少加密的相关组件，此时利用 pip 安装即可：

```
pip3 install cryptography
```

- **ImportError: No module named 'packaging'**

这是因为缺少 packaging 包出现的错误，这个包提供了 Python 包的核心功能，此时利用 pip 安装即可：

```
pip3 install packaging
```

- **ImportError: No module named '_cffi_backend'**

这个错误表示缺少 cffi 包，直接使用 pip 安装即可：

```
pip3 install cffi
```

- **ImportError: No module named 'pyparsing'**

这个错误表示缺少 pyparsing 包，直接使用 pip 安装即可：

```
pip3 install pyparsing appdirs
```

1.8.3 Scrapy-Splash 的安装

Scrapy-Splash 是一个 Scrapy 中支持 JavaScript 渲染的工具，本节来介绍它的安装方式。

Scrapy-Splash 的安装分为两部分。一个是 Splash 服务的安装，具体是通过 Docker，安装之后，会启动一个 Splash 服务，我们可以通过它的接口来实现 JavaScript 页面的加载。另外一个是 Scrapy-Splash 的 Python 库的安装，安装之后即可在 Scrapy 中使用 Splash 服务。

1. 相关链接

- GitHub：https://github.com/scrapy-plugins/scrapy-splash
- PyPI：https://pypi.python.org/pypi/scrapy-splash
- 使用说明：https://github.com/scrapy-plugins/scrapy-splash#configuration
- Splash 官方文档：http://splash.readthedocs.io

2. 安装 Splash

Scrapy-Splash 会使用 Splash 的 HTTP API 进行页面渲染，所以我们需要安装 Splash 来提供渲染服务。这里通过 Docker 安装，在这之前请确保已经正确安装好了 Docker。

安装命令如下：

```
docker run -p 8050:8050 scrapinghub/splash
```

安装完成之后，会有类似的输出结果：

```
2017-07-03 08:53:28+0000 [-] Log opened.
2017-07-03 08:53:28.447291 [-] Splash version: 3.0
2017-07-03 08:53:28.452698 [-] Qt 5.9.1, PyQt 5.9, WebKit 602.1, sip 4.19.3, Twisted 16.1.1, Lua 5.2
2017-07-03 08:53:28.453120 [-] Python 3.5.2 (default, Nov 17 2016, 17:05:23) [GCC 5.4.0 20160609]
2017-07-03 08:53:28.453676 [-] Open files limit: 1048576
2017-07-03 08:53:28.454258 [-] Can't bump open files limit
2017-07-03 08:53:28.571306 [-] Xvfb is started: ['Xvfb', ':1599197258', '-screen', '0', '1024x768x24',
    '-nolisten', 'tcp']
QStandardPaths: XDG_RUNTIME_DIR not set, defaulting to '/tmp/runtime-root'
2017-07-03 08:53:29.041973 [-] proxy profiles support is enabled, proxy profiles path:
    /etc/splash/proxy-profiles
2017-07-03 08:53:29.315445 [-] verbosity=1
2017-07-03 08:53:29.315629 [-] slots=50
2017-07-03 08:53:29.315712 [-] argument_cache_max_entries=500
2017-07-03 08:53:29.316564 [-] Web UI: enabled, Lua: enabled (sandbox: enabled)
2017-07-03 08:53:29.317614 [-] Site starting on 8050
2017-07-03 08:53:29.317801 [-] Starting factory <twisted.web.server.Site object at 0x7ffaa4a98cf8>
```

这样就证明Splash已经在8050端口上运行了。这时我们打开http://localhost:8050，即可看到Splash的主页，如图1-79所示。

图1-79　运行页面

当然，Splash也可以直接安装在远程服务器上。我们在服务器上以守护态运行Splash即可，命令如下：

```
docker run -d -p 8050:8050 scrapinghub/splash
```

这里多了-d参数，它代表将Docker容器以守护态运行，这样在中断远程服务器连接后，不会终止Splash服务的运行。

3. Scrapy-Splash的安装

成功安装Splash之后，接下来再来安装其Python库，命令如下：

```
pip3 install scrapy-splash
```

命令运行完毕后，就会成功安装好此库，后面会详细介绍它的用法。

1.8.4　Scrapy-Redis的安装

Scrapy-Redis是Scrapy的分布式扩展模块，有了它，我们就可以方便地实现Scrapy分布式爬虫的搭建。本节中，我们将介绍Scrapy-Redis的安装方式。

1. 相关链接

- GitHub：https://github.com/rmax/scrapy-redis
- PyPI：https://pypi.python.org/pypi/scrapy-redis
- 官方文档：http://scrapy-redis.readthedocs.io

2. pip 安装

这里推荐使用 pip 安装，命令如下：

```
pip3 install scrapy-redis
```

3. wheel 安装

此外，也可以到 PyPI 下载 wheel 文件安装（详见 https://pypi.python.org/pypi/scrapy-redis#downloads），如当前的最新版本为 0.6.8，则可以下载 scrapy_redis-0.6.8-py2.py3-none-any.whl，然后通过 pip 安装即可：

```
pip3 install scrapy_redis-0.6.8-py2.py3-none-any.whl
```

4. 测试安装

安装完成之后，可以在 Python 命令行下测试：

```
$ python3
>>> import scrapy_redis
```

如果没有错误报出，则证明库已经安装好了。

1.9 部署相关库的安装

如果想要大规模抓取数据，那么一定会用到分布式爬虫。对于分布式爬虫来说，我们需要多台主机，每台主机有多个爬虫任务，但是源代码其实只有一份。此时我们需要做的就是将一份代码同时部署到多台主机上来协同运行，那么怎么去部署就是另一个值得思考的问题。

对于 Scrapy 来说，它有一个扩展组件，叫作 Scrapyd，我们只需要安装该扩展组件，即可远程管理 Scrapy 任务，包括部署源码、启动任务、监听任务等。另外，还有 Scrapyd-Client 和 Scrapyd API 来帮助我们更方便地完成部署和监听操作。

另外，还有一种部署方式，那就是 Docker 集群部署。我们只需要将爬虫制作为 Docker 镜像，只要主机安装了 Docker，就可以直接运行爬虫，而无需再去担心环境配置、版本问题。

本节中，我们就来介绍相关环境的配置过程。

1.9.1 Docker 的安装

Docker 是一种容器技术，可以将应用和环境等进行打包，形成一个独立的、类似于 iOS 的 App 形式的“应用”。这个应用可以直接被分发到任意一个支持 Docker 的环境中，通过简单的命令即可启动运行。Docker 是一种最流行的容器化实现方案，和虚拟化技术类似，它极大地方便了应用服务的部署；又与虚拟化技术不同，它以一种更轻量的方式实现了应用服务的打包。使用 Docker，可以让每个应用彼此相互隔离，在同一台机器上同时运行多个应用，不过它们彼此之间共享同一个操作系统。Docker 的优势在于，它可以在更细的粒度上进行资源管理，也比虚拟化技术更加节约资源。

对于爬虫来说，如果我们需要大规模部署爬虫系统的话，用 Docker 会大大提高效率。工欲善其事，必先利其器。

本节中，我们就来介绍三大平台下 Docker 的安装方式。

1. 相关链接

- 官方网站：https://www.docker.com
- GitHub：https://github.com/docker
- Docker Hub：https://hub.docker.com
- 官方文档：https://docs.docker.com
- DaoCloud：http://www.daocloud.io
- 中文社区：http://www.docker.org.cn
- 中文教程：http://www.runoob.com/docker/docker-tutorial.html
- 推荐图书：https://yeasy.gitbooks.io/docker_practice

2. Windows 下的安装

如果你的是 64 位 Windows 10 系统，那么推荐使用 Docker for Windows。此时直接从 Docker 官方网站下载最新的 Docker for Windows 安装包即可：https://docs.docker.com/docker-for-windows/install/。

如果不是 64 位 Windows 10 系统，则可以下载 Docker Toolbox：https://docs.docker.com/toolbox/toolbox_install_windows/。

下载后直接双击安装即可，详细过程可以参考文档说明。安装完成后，进入命令行。

运行 docker 命令测试：

```
docker
```

运行结果如图 1-80 所示，这就证明 Docker 安装成功了。

```
Administrator: C:\Windows\system32\cmd.exe
kill        Kill one or more running containers
load        Load an image from a tar archive or STDIN
login       Log in to a Docker registry
logout      Log out from a Docker registry
logs        Fetch the logs of a container
pause       Pause all processes within one or more containers
port        List port mappings or a specific mapping for the container
ps          List containers
pull        Pull an image or a repository from a registry
push        Push an image or a repository to a registry
rename      Rename a container
restart     Restart one or more containers
rm          Remove one or more containers
rmi         Remove one or more images
run         Run a command in a new container
save        Save one or more images to a tar archive (streamed to STDOUT by default)
search      Search the Docker Hub for images
start       Start one or more stopped containers
stats       Display a live stream of container(s) resource usage statistics
stop        Stop one or more running containers
tag         Create a tag TARGET_IMAGE that refers to SOURCE_IMAGE
top         Display the running processes of a container
unpause     Unpause all processes within one or more containers
update      Update configuration of one or more containers
version     Show the Docker version information
wait        Block until one or more containers stop, then print their exit codes

Run 'docker COMMAND --help' for more information on a command.

C:\>
```

图 1-80　运行结果

3. Linux 下的安装

详细的步骤安装说明可以参见官方文档：https://docs.docker.com/engine/installation/linux/ubuntu/。

官方文档中详细说明了不同 Linux 系统的安装方法，根据文档一步步执行即可安装成功。但是为了使安装更加方便，Docker 官方还提供了一键安装脚本。使用它，会使安装更加便捷，不用再去一步步执行命令安装了。

首先是 Docker 官方提供的安装脚本。相比其他脚本，官方提供的一定更靠谱，安装命令如下：

```
curl -sSL https://get.docker.com/ | sh
```

只要执行如上一条命令，等待一会儿 Docker 便会安装完成，这非常方便。

但是使用官方脚本安装有一个缺点，那就是慢，也可能下载超时，所以为了加快下载速度，我们可以使用国内的镜像来安装，所以这里还有阿里云和 DaoCloud 的安装脚本。

阿里云的安装脚本：

```
curl -sSL http://acs-public-mirror.oss-cn-hangzhou.aliyuncs.com/docker-engine/internet | sh -
```

DaoCloud 的安装脚本：

```
curl -sSL https://get.daocloud.io/docker | sh
```

这两个脚本可以任选其一，速度都非常不错。

等待脚本执行完毕之后，就可以使用 Docker 相关命令了，如运行测试 Hello World 镜像：

```
docker run hello-world
```

运行结果：

```
Unable to find image 'hello-world:latest' locally
latest: Pulling from library/hello-world
78445dd45222: Pull complete
Digest: sha256:c5515758d4c5e1e838e9cd307f6c6a0d620b5e07e6f927b07d05f6d12a1ac8d7
Status: Downloaded newer image for hello-world:latest
Hello from Docker!
This message shows that your installation appears to be working correctly.
```

如果出现类似上面提示的内容，则证明 Docker 可以正常使用了。

4. Mac 下的安装

Mac 平台同样有两种选择：Docker for Mac 和 Docker Toolbox。

Docker for Mac 要求系统为 OS X EI Captain 10.11 或更新，至少 4GB 内存。如果你的系统满足此要求，则强烈建议安装 Docker for Mac。

这里可以使用 Homebrew 安装，安装命令如下：

```
brew cask install docker
```

另外，也可以手动下载安装包（下载地址为：https://download.docker.com/mac/stable/Docker.dmg）安装。

下载完成后，直接双击安装包，然后将程序拖动到应用程序中即可。

点击程序图标运行 Docker，会发现在菜单栏中出现了 Docker 的图标，如图 1-81 中的第三个小鲸鱼图标。

图 1-81　菜单栏

点击小鲸鱼图标，展开菜单之后，再点击 Start 按钮即可启动 Docker。启动成功后，便会提示 Docker is running，如图 1-82 所示。

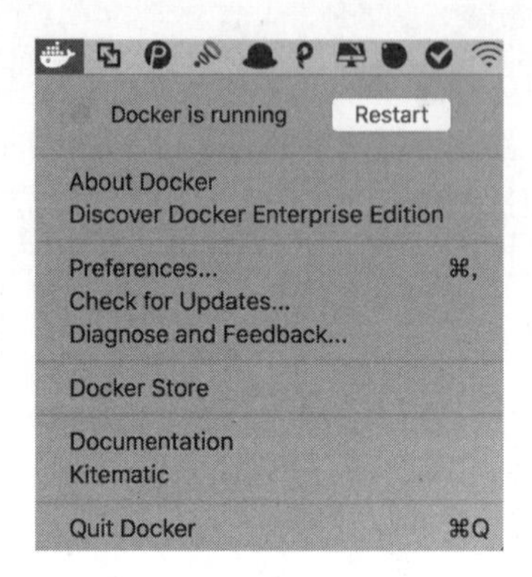

图 1-82　运行页面

随后，我们就可以在命令行下使用 Docker 命令了。

可以使用如下命令测试运行：

```
sudo docker run hello-world
```

运行结果如图 1-83 所示，这就证明 Docker 已经成功安装了。

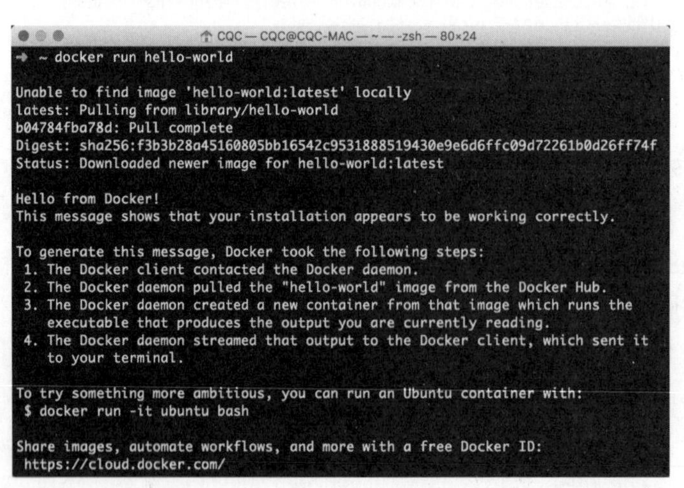

图 1-83　运行结果

如果系统不满足要求，可以下载 Docker Toolbox，其安装说明为：https://docs.docker.com/toolbox/overview/。

关于 Docker for Mac 和 Docker Toolbox 的区别，可以参见：https://docs.docker.com/docker-for-mac/docker-toolbox/。

5. 镜像加速

安装好 Docker 之后，在运行测试命令时，我们会发现它首先会下载一个 Hello World 的镜像，然后将其运行。但是这里的下载速度有时候会非常慢，这是因为它默认还是从国外的 Docker Hub 下载的。因此，为了提高镜像的下载速度，我们还可以使用国内镜像来加速下载，于是就有了 Docker 加速器一说。

推荐的 Docker 加速器有 DaoCloud（详见 https://www.daocloud.io/mirror）和阿里云（详见 https://cr.console.aliyun.com/#/accelerator）。

不同平台的镜像加速方法配置可以参考 DaoCloud 的官方文档：http://guide.daocloud.io/dcs/daocloud-9153151.html。

配置完成之后，可以发现镜像的下载速度会快非常多。

1.9.2 Scrapyd 的安装

Scrapyd 是一个用于部署和运行 Scrapy 项目的工具，有了它，你可以将写好的 Scrapy 项目上传到云主机并通过 API 来控制它的运行。

既然是 Scrapy 项目部署，基本上都使用 Linux 主机，所以本节的安装是针对于 Linux 主机的。

1. 相关链接

- GitHub：https://github.com/scrapy/scrapyd
- PyPI：https://pypi.python.org/pypi/scrapyd
- 官方文档：https://scrapyd.readthedocs.io

2. pip 安装

这里推荐使用 pip 安装，命令如下：

```
pip3 install scrapyd
```

3. 配置

安装完毕之后，需要新建一个配置文件/etc/scrapyd/scrapyd.conf，Scrapyd 在运行的时候会读取此配置文件。

在 Scrapyd 1.2 版本之后，不会自动创建该文件，需要我们自行添加。

首先，执行如下命令新建文件：

```
sudo mkdir /etc/scrapyd
sudo vi /etc/scrapyd/scrapyd.conf
```

接着写入如下内容：

```
[scrapyd]
eggs_dir    = eggs
```

```
logs_dir    = logs
items_dir   =
jobs_to_keep = 5
dbs_dir     = dbs
max_proc    = 0
max_proc_per_cpu = 10
finished_to_keep = 100
poll_interval = 5.0
bind_address = 0.0.0.0
http_port   = 6800
debug       = off
runner      = scrapyd.runner
application = scrapyd.app.application
launcher    = scrapyd.launcher.Launcher
webroot     = scrapyd.website.Root

[services]
schedule.json     = scrapyd.webservice.Schedule
cancel.json       = scrapyd.webservice.Cancel
addversion.json   = scrapyd.webservice.AddVersion
listprojects.json = scrapyd.webservice.ListProjects
listversions.json = scrapyd.webservice.ListVersions
listspiders.json  = scrapyd.webservice.ListSpiders
delproject.json   = scrapyd.webservice.DeleteProject
delversion.json   = scrapyd.webservice.DeleteVersion
listjobs.json     = scrapyd.webservice.ListJobs
daemonstatus.json = scrapyd.webservice.DaemonStatus
```

配置文件的内容可以参见官方文档 https://scrapyd.readthedocs.io/en/stable/config.html#example-configuration-file。这里的配置文件有所修改，其中之一是 max_proc_per_cpu 官方默认为 4，即一台主机每个 CPU 最多运行 4 个 Scrapy 任务，在此提高为 10。另外一个是 bind_address，默认为本地 127.0.0.1，在此修改为 0.0.0.0，以使外网可以访问。

4. 后台运行

Scrapyd 是一个纯 Python 项目，这里可以直接调用它来运行。为了使程序一直在后台运行，Linux 和 Mac 可以使用如下命令：

```
(scrapyd > /dev/null &)
```

这样 Scrapyd 就会在后台持续运行了，控制台输出直接忽略。当然，如果想记录输出日志，可以修改输出目标，如：

```
(scrapyd > ~/scrapyd.log &)
```

此时会将 Scrapyd 的运行结果输出到~/scrapyd.log 文件中。

当然也可以使用 screen、tmux、supervisor 等工具来实现进程守护。

运行之后，便可以在浏览器的 6800 端口访问 Web UI 了，从中可以看到当前 Scrapyd 的运行任务、日志等内容，如图 1-84 所示。

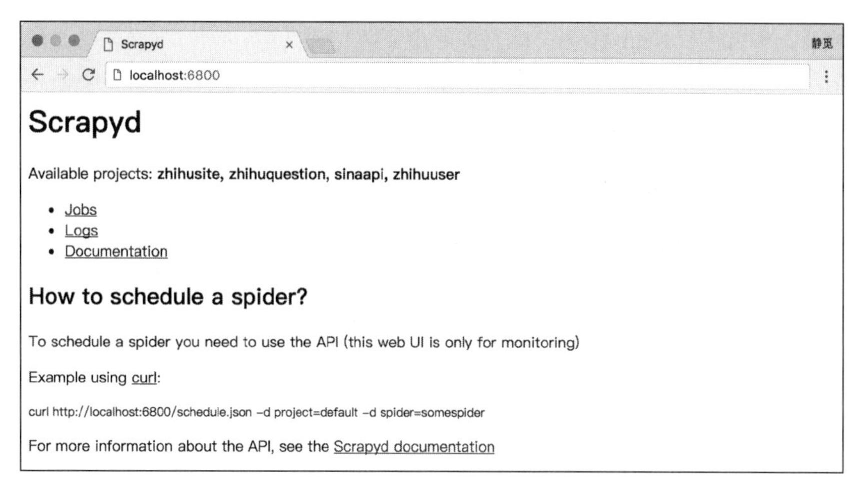

图 1-84 Scrapyd 首页

当然，运行 Scrapyd 更佳的方式是使用 Supervisor 守护进程，如果感兴趣，可以参考：http://supervisord.org/。

另外，Scrapyd 也支持 Docker，后面我们会介绍 Scrapyd Docker 镜像的制作和运行方法。

5. 访问认证

配置完成后，Scrapyd 和它的接口都是可以公开访问的。如果想配置访问认证的话，可以借助于 Nginx 做反向代理，这里需要先安装 Nginx 服务器。

在此以 Ubuntu 为例进行说明，安装命令如下：

```
sudo apt-get install nginx
```

然后修改 Nginx 的配置文件 nginx.conf，增加如下配置：

```
http {
    server {
        listen 6801;
        location / {
            proxy_pass    http://127.0.0.1:6800/;
            auth_basic    "Restricted";
            auth_basic_user_file    /etc/nginx/conf.d/.htpasswd;
        }
    }
}
```

这里使用的用户名和密码配置放置在/etc/nginx/conf.d 目录下，我们需要使用 htpasswd 命令创建。例如，创建一个用户名为 admin 的文件，命令如下：

```
htpasswd -c .htpasswd admin
```

接着就会提示我们输入密码，输入两次之后，就会生成密码文件。此时查看这个文件的内容：

```
cat .htpasswd
admin:5ZBxQr0rCqwbc
```

配置完成后，重启一下 Nginx 服务，运行如下命令：

```
sudo nginx -s reload
```

这样就成功配置了 Scrapyd 的访问认证了。

1.9.3　Scrapyd-Client 的安装

在将 Scrapy 代码部署到远程 Scrapyd 的时候，第一步就是要将代码打包为 EGG 文件，其次需要将 EGG 文件上传到远程主机。这个过程如果用程序来实现，也是完全可以的，但是我们并不需要做这些工作，因为 Scrapyd-Client 已经为我们实现了这些功能。

下面我们就来看看 Scrapyd-Client 的安装过程。

1. 相关链接

- GitHub：https://github.com/scrapy/scrapyd-client
- PyPI：https://pypi.python.org/pypi/scrapyd-client
- 使用说明：https://github.com/scrapy/scrapyd-client#scrapyd-deploy

2. pip 安装

这里推荐使用 pip 安装，相关命令如下：

```
pip3 install scrapyd-client
```

3. 验证安装

安装成功后会有一个可用命令，叫作 scrapyd-deploy，即部署命令。

我们可以输入如下测试命令测试 Scrapyd-Client 是否安装成功：

```
scrapyd-deploy -h
```

如果出现类似如图 1-85 所示的输出，则证明 Scrapyd-Client 已经成功安装。

```
CQC — CQC@CQC-MAC — ~ — -zsh — 80×24
➜ ~ scrapyd-deploy -h
Usage: scrapyd-deploy [options] [ [target] | -l | -L <target> ]

Deploy Scrapy project to Scrapyd server

Options:
  -h, --help            show this help message and exit
  -p PROJECT, --project=PROJECT
                        the project name in the target
  -v VERSION, --version=VERSION
                        the version to deploy. Defaults to current timestamp
  -l, --list-targets    list available targets
  -a, --deploy-all-targets
                        deploy all targets
  -d, --debug           debug mode (do not remove build dir)
  -L TARGET, --list-projects=TARGET
                        list available projects on TARGET
  --egg=FILE            use the given egg, instead of building it
  --build-egg=FILE      only build the egg, don't deploy it
➜ ~
```

图 1-85　运行结果

1.9.4 Scrapyd API 的安装

安装好了 Scrapyd 之后，我们可以直接请求它提供的 API 来获取当前主机的 Scrapy 任务运行状况。比如，某台主机的 IP 为 192.168.1.1，则可以直接运行如下命令获取当前主机的所有 Scrapy 项目：

```
curl http://localhost:6800/listprojects.json
```

运行结果如下：

```
{"status": "ok", "projects": ["myproject", "otherproject"]}
```

返回结果是 JSON 字符串，通过解析这个字符串，便可以得到当前主机的所有项目。

但是用这种方式来获取任务状态还是有点烦琐，所以 Scrapyd API 就为它做了一层封装，下面我们来看下它的安装方式。

1. 相关链接

- GitHub：https://pypi.python.org/pypi/python-scrapyd-api/
- PyPI：https://pypi.python.org/pypi/python-scrapyd-api
- 官方文档：http://python-scrapyd-api.readthedocs.io/en/latest/usage.html

2. pip 安装

这里推荐使用 pip 安装，命令如下：

```
pip install python-scrapyd-api
```

3. 验证安装

安装完成之后，便可以使用 Python 来获取主机状态了，所以上面的操作便可以用 Python 代码实现：

```
from scrapyd_api import ScrapydAPI
scrapyd = ScrapydAPI('http://localhost:6800')
print(scrapyd.list_projects())
```

运行结果如下：

```
["myproject", "otherproject"]
```

这样我们便可以用 Python 直接来获取各个主机上 Scrapy 任务的运行状态了。

1.9.5 Scrapyrt 的安装

Scrapyrt 为 Scrapy 提供了一个调度的 HTTP 接口，有了它，我们就不需要再执行 Scrapy 命令而是通过请求一个 HTTP 接口来调度 Scrapy 任务了。Scrapyrt 比 Scrapyd 更轻量，如果不需要分布式多任务的话，可以简单使用 Scrapyrt 实现远程 Scrapy 任务的调度。

1. 相关链接

- GitHub：https://github.com/scrapinghub/scrapyrt
- 官方文档：http://scrapyrt.readthedocs.io

2. pip 安装

这里推荐使用 pip 安装，命令如下：

```
pip3 install scrapyrt
```

接下来，在任意一个 Scrapy 项目中运行如下命令来启动 HTTP 服务：

```
scrapyrt
```

运行之后，会默认在 9080 端口上启动服务，类似的输出结果如下：

```
scrapyrt
2017-07-12 22:31:03+0800 [-] Log opened.
2017-07-12 22:31:03+0800 [-] Site starting on 9080
2017-07-12 22:31:03+0800 [-] Starting factory <twisted.web.server.Site object at 0x10294b160>
```

如果想更换运行端口，可以使用-p 参数，如：

```
scrapyrt -p 9081
```

这样就会在 9081 端口上运行了。

3. Docker 安装

另外，Scrapyrt 也支持 Docker。比如，要想在 9080 端口上运行，且本地 Scrapy 项目的路径为 /home/quotesbot，可以使用如下命令运行：

```
docker run -p 9080:9080 -tid -v /home/user/quotesbot:/scrapyrt/project scrapinghub/scrapyrt
```

这样同样可以在 9080 端口上监听指定的 Scrapy 项目。

1.9.6　Gerapy 的安装

Gerapy 是一个 Scrapy 分布式管理模块，本节就来介绍一下它的安装方式。

1. 相关链接

- GitHub：https://github.com/Gerapy

2. pip 安装

这里推荐使用 pip 安装，命令如下：

```
pip3 install gerapy
```

3. 测试安装

安装完成后，可以在 Python 命令行下测试：

```
$ python3
>>> import gerapy
```

如果没有错误报出，则证明库已经安装好了。

第 2 章

爬虫基础

在写爬虫之前，我们还需要了解一些基础知识，如 HTTP 原理、网页的基础知识、爬虫的基本原理、Cookies 的基本原理等。本章中，我们就对这些基础知识做一个简单的总结。

2.1 HTTP 基本原理

在本节中，我们会详细了解 HTTP 的基本原理，了解在浏览器中敲入 URL 到获取网页内容之间发生了什么。了解了这些内容，有助于我们进一步了解爬虫的基本原理。

2.1.1 URI 和 URL

这里我们先了解一下 URI 和 URL，URI 的全称为 Uniform Resource Identifier，即统一资源标志符，URL 的全称为 Universal Resource Locator，即统一资源定位符。

举例来说，https://github.com/favicon.ico 是 GitHub 的网站图标链接，它是一个 URL，也是一个 URI。即有这样的一个图标资源，我们用 URL/URI 来唯一指定了它的访问方式，这其中包括了访问协议 https、访问路径（/即根目录）和资源名称 favicon.ico。通过这样一个链接，我们便可以从互联网上找到这个资源，这就是 URL/URI。

URL 是 URI 的子集，也就是说每个 URL 都是 URI，但不是每个 URI 都是 URL。那么，怎样的 URI 不是 URL 呢？URI 还包括一个子类叫作 URN，它的全称为 Universal Resource Name，即统一资源名称。URN 只命名资源而不指定如何定位资源，比如 urn:isbn:0451450523 指定了一本书的 ISBN，可以唯一标识这本书，但是没有指定到哪里定位这本书，这就是 URN。URL、URN 和 URI 的关系可以用图 2-1 表示。

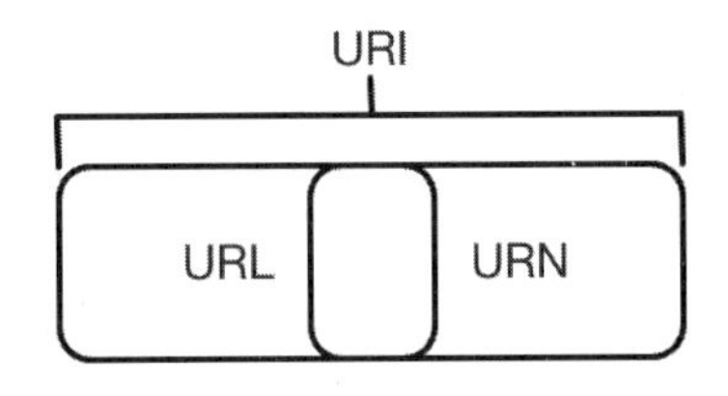

图 2-1　URL、URN 和 URI 关系图

但是在目前的互联网中，URN 用得非常少，所以几乎所有的 URI 都是 URL，一般的网页链接我

们既可以称为 URL，也可以称为 URI，我个人习惯称为 URL。

2.1.2　超文本

接下来，我们再了解一个概念——超文本，其英文名称叫作 hypertext，我们在浏览器里看到的网页就是超文本解析而成的，其网页源代码是一系列 HTML 代码，里面包含了一系列标签，比如 img 显示图片，p 指定显示段落等。浏览器解析这些标签后，便形成了我们平常看到的网页，而网页的源代码 HTML 就可以称作超文本。

例如，我们在 Chrome 浏览器里面打开任意一个页面，如淘宝首页，右击任一地方并选择“检查”项（或者直接按快捷键 F12），即可打开浏览器的开发者工具，这时在 Elements 选项卡即可看到当前网页的源代码，这些源代码都是超文本，如图 2-2 所示。

图 2-2　源代码

2.1.3　HTTP 和 HTTPS

在淘宝的首页 https://www.taobao.com/中，URL 的开头会有 http 或 https，这就是访问资源需要的协议类型。有时，我们还会看到 ftp、sftp、smb 开头的 URL，它们都是协议类型。在爬虫中，我们抓取的页面通常就是 http 或 https 协议的，这里首先了解一下这两个协议的含义。

HTTP 的全称是 Hyper Text Transfer Protocol，中文名叫作超文本传输协议。HTTP 协议是用于从网络传输超文本数据到本地浏览器的传送协议，它能保证高效而准确地传送超文本文档。HTTP 由万维网协会（World Wide Web Consortium）和 Internet 工作小组 IETF（Internet Engineering Task Force）共同合作制定的规范，目前广泛使用的是 HTTP 1.1 版本。

HTTPS 的全称是 Hyper Text Transfer Protocol over Secure Socket Layer，是以安全为目标的 HTTP 通道，简单讲是 HTTP 的安全版，即 HTTP 下加入 SSL 层，简称为 HTTPS。

HTTPS 的安全基础是 SSL，因此通过它传输的内容都是经过 SSL 加密的，它的主要作用可以分为两种。

- 建立一个信息安全通道来保证数据传输的安全。
- 确认网站的真实性，凡是使用了 HTTPS 的网站，都可以通过点击浏览器地址栏的锁头标志来查看网站认证之后的真实信息，也可以通过 CA 机构颁发的安全签章来查询。

现在越来越多的网站和 App 都已经向 HTTPS 方向发展，例如：

- 苹果公司强制所有 iOS App 在 2017 年 1 月 1 日前全部改为使用 HTTPS 加密，否则 App 就无法在应用商店上架；
- 谷歌从 2017 年 1 月推出的 Chrome 56 开始，对未进行 HTTPS 加密的网址链接亮出风险提示，即在地址栏的显著位置提醒用户“此网页不安全”；
- 腾讯微信小程序的官方需求文档要求后台使用 HTTPS 请求进行网络通信，不满足条件的域名和协议无法请求。

而某些网站虽然使用了 HTTPS 协议，但还是会被浏览器提示不安全，例如我们在 Chrome 浏览器里面打开 12306，链接为：https://www.12306.cn/，这时浏览器就会提示“您的连接不是私密连接”这样的话，如图 2-3 所示。

图 2-3 12306 页面

这是因为 12306 的 CA 证书是中国铁道部自行签发的，而这个证书是不被 CA 机构信任的，所以这里证书验证就不会通过而提示这样的话，但是实际上它的数据传输依然是经过 SSL 加密的。如果要爬取这样的站点，就需要设置忽略证书的选项，否则会提示 SSL 链接错误。

2.1.4　HTTP 请求过程

我们在浏览器中输入一个 URL，回车之后便会在浏览器中观察到页面内容。实际上，这个过程是浏览器向网站所在的服务器发送了一个请求，网站服务器接收到这个请求后进行处理和解析，然后返回对应的响应，接着传回给浏览器。响应里包含了页面的源代码等内容，浏览器再对其进行解析，便将网页呈现了出来，模型如图 2-4 所示。

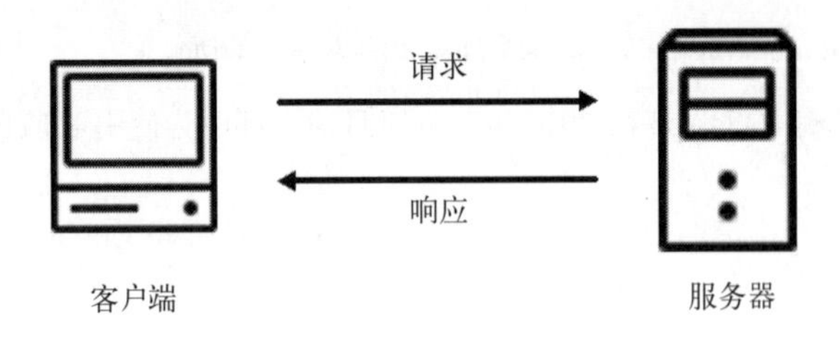

图 2-4　模型图

此处客户端即代表我们自己的 PC 或手机浏览器，服务器即要访问的网站所在的服务器。

为了更直观地说明这个过程，这里用 Chrome 浏览器的开发者模式下的 Network 监听组件来做下演示，它可以显示访问当前请求网页时发生的所有网络请求和响应。

打开 Chrome 浏览器，右击并选择"检查"项，即可打开浏览器的开发者工具。这里访问百度 http://www.baidu.com/，输入该 URL 后回车，观察这个过程中发生了怎样的网络请求。可以看到，在 Network 页面下方出现了一个个的条目，其中一个条目就代表一次发送请求和接收响应的过程，如图 2-5 所示。

图 2-5　Network 面板

我们先观察第一个网络请求，即 www.baidu.com。

其中各列的含义如下。

- 第一列 Name：请求的名称，一般会将 URL 的最后一部分内容当作名称。
- 第二列 Status：响应的状态码，这里显示为 200，代表响应是正常的。通过状态码，我们可以判断发送了请求之后是否得到了正常的响应。
- 第三列 Type：请求的文档类型。这里为 document，代表我们这次请求的是一个 HTML 文档，内容就是一些 HTML 代码。
- 第四列 Initiator：请求源。用来标记请求是由哪个对象或进程发起的。
- 第五列 Size：从服务器下载的文件和请求的资源大小。如果是从缓存中取得的资源，则该列会显示 from cache。
- 第六列 Time：发起请求到获取响应所用的总时间。
- 第七列 Waterfall：网络请求的可视化瀑布流。

点击这个条目，即可看到更详细的信息，如图 2-6 所示。

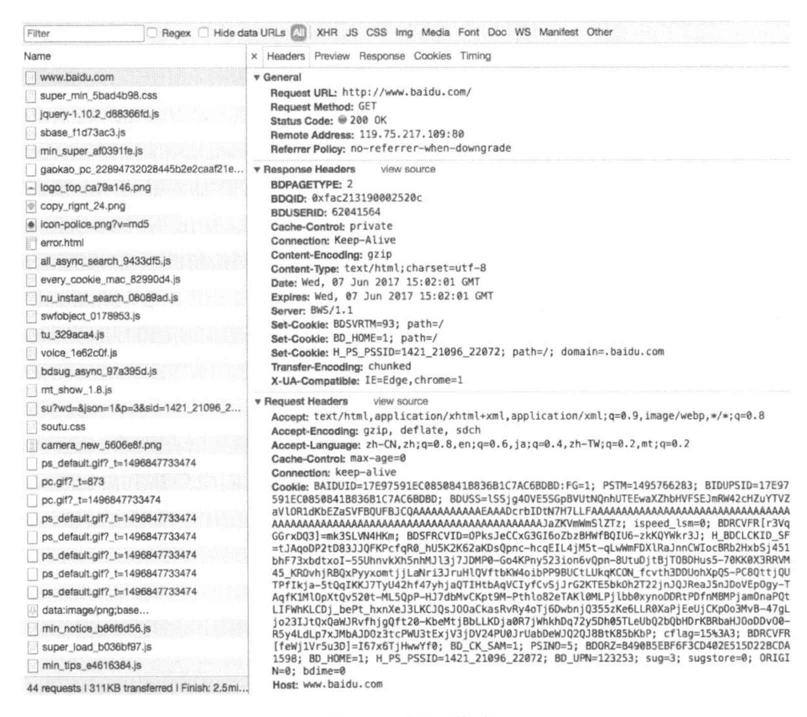

图 2-6 详细信息

首先是 General 部分，Request URL 为请求的 URL，Request Method 为请求的方法，Status Code 为响应状态码，Remote Address 为远程服务器的地址和端口，Referrer Policy 为 Referrer 判别策略。

再继续往下，可以看到，有 Response Headers 和 Request Headers，这分别代表响应头和请求头。请求头里带有许多请求信息，例如浏览器标识、Cookies、Host 等信息，这是请求的一部分，服务器会根据请求头内的信息判断请求是否合法，进而作出对应的响应。图中看到的 Response Headers 就是响应的一部分，例如其中包含了服务器的类型、文档类型、日期等信息，浏览器接受到响应后，会解析响应内容，进而呈现网页内容。

下面我们分别来介绍一下请求和响应都包含哪些内容。

2.1.5 请求

请求，由客户端向服务端发出，可以分为4部分内容：请求方法（Request Method）、请求的网址（Request URL）、请求头（Request Headers）、请求体（Request Body）。

1. 请求方法

常见的请求方法有两种：GET和POST。

在浏览器中直接输入URL并回车，这便发起了一个GET请求，请求的参数会直接包含到URL里。例如，在百度中搜索Python，这就是一个GET请求，链接为https://www.baidu.com/s?wd=Python，其中URL中包含了请求的参数信息，这里参数wd表示要搜寻的关键字。POST请求大多在表单提交时发起。比如，对于一个登录表单，输入用户名和密码后，点击"登录"按钮，这通常会发起一个POST请求，其数据通常以表单的形式传输，而不会体现在URL中。

GET和POST请求方法有如下区别。

- GET请求中的参数包含在URL里面，数据可以在URL中看到，而POST请求的URL不会包含这些数据，数据都是通过表单形式传输的，会包含在请求体中。
- GET请求提交的数据最多只有1024字节，而POST方式没有限制。

一般来说，登录时，需要提交用户名和密码，其中包含了敏感信息，使用GET方式请求的话，密码就会暴露在URL里面，造成密码泄露，所以这里最好以POST方式发送。上传文件时，由于文件内容比较大，也会选用POST方式。

我们平常遇到的绝大部分请求都是GET或POST请求，另外还有一些请求方法，如GET、HEAD、POST、PUT、DELETE、OPTIONS、CONNECT、TRACE等，我们简单将其总结为表2-1。

表2-1　其他请求方法

方　法	描　述
GET	请求页面，并返回页面内容
HEAD	类似于GET请求，只不过返回的响应中没有具体的内容，用于获取报头
POST	大多用于提交表单或上传文件，数据包含在请求体中
PUT	从客户端向服务器传送的数据取代指定文档中的内容
DELETE	请求服务器删除指定的页面
CONNECT	把服务器当作跳板，让服务器代替客户端访问其他网页
OPTIONS	允许客户端查看服务器的性能
TRACE	回显服务器收到的请求，主要用于测试或诊断

本表参考：http://www.runoob.com/http/http-methods.html。

2. 请求的网址

请求的网址，即统一资源定位符 URL，它可以唯一确定我们想请求的资源。

3. 请求头

请求头，用来说明服务器要使用的附加信息，比较重要的信息有 Cookie、Referer、User-Agent 等。下面简要说明一些常用的头信息。

- Accept：请求报头域，用于指定客户端可接受哪些类型的信息。
- Accept-Language：指定客户端可接受的语言类型。
- Accept-Encoding：指定客户端可接受的内容编码。
- Host：用于指定请求资源的主机 IP 和端口号，其内容为请求 URL 的原始服务器或网关的位置。从 HTTP 1.1 版本开始，请求必须包含此内容。
- Cookie：也常用复数形式 Cookies，这是网站为了辨别用户进行会话跟踪而存储在用户本地的数据。它的主要功能是维持当前访问会话。例如，我们输入用户名和密码成功登录某个网站后，服务器会用会话保存登录状态信息，后面我们每次刷新或请求该站点的其他页面时，会发现都是登录状态，这就是 Cookies 的功劳。Cookies 里有信息标识了我们所对应的服务器的会话，每次浏览器在请求该站点的页面时，都会在请求头中加上 Cookies 并将其发送给服务器，服务器通过 Cookies 识别出是我们自己，并且查出当前状态是登录状态，所以返回结果就是登录之后才能看到的网页内容。
- Referer：此内容用来标识这个请求是从哪个页面发过来的，服务器可以拿到这一信息并做相应的处理，如做来源统计、防盗链处理等。
- User-Agent：简称 UA，它是一个特殊的字符串头，可以使服务器识别客户使用的操作系统及版本、浏览器及版本等信息。在做爬虫时加上此信息，可以伪装为浏览器；如果不加，很可能会被识别出为爬虫。
- Content-Type：也叫互联网媒体类型（Internet Media Type）或者 MIME 类型，在 HTTP 协议消息头中，它用来表示具体请求中的媒体类型信息。例如，text/html 代表 HTML 格式，image/gif 代表 GIF 图片，application/json 代表 JSON 类型，更多对应关系可以查看此对照表：http://tool.oschina.net/commons。

因此，请求头是请求的重要组成部分，在写爬虫时，大部分情况下都需要设定请求头。

4. 请求体

请求体一般承载的内容是 POST 请求中的表单数据，而对于 GET 请求，请求体则为空。

例如，这里我登录 GitHub 时捕获到的请求和响应如图 2-7 所示。

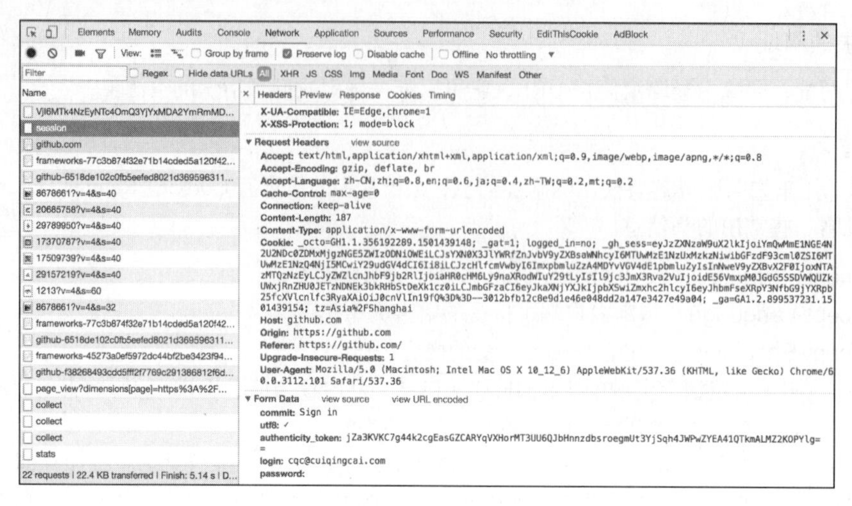

图 2-7 详细信息

登录之前，我们填写了用户名和密码信息，提交时这些内容就会以表单数据的形式提交给服务器，此时需要注意 Request Headers 中指定 Content-Type 为 application/x-www-form-urlencoded。只有设置 Content-Type 为 application/x-www-form-urlencoded，才会以表单数据的形式提交。另外，我们也可以将 Content-Type 设置为 application/json 来提交 JSON 数据，或者设置为 multipart/form-data 来上传文件。

表 2-2 列出了 Content-Type 和 POST 提交数据方式的关系。

表 2-2　Content-Type 和 POST 提交数据方式的关系

Content-Type	提交数据的方式
application/x-www-form-urlencoded	表单数据
multipart/form-data	表单文件上传
application/json	序列化 JSON 数据
text/xml	XML 数据

在爬虫中，如果要构造 POST 请求，需要使用正确的 Content-Type，并了解各种请求库的各个参数设置时使用的是哪种 Content-Type，不然可能会导致 POST 提交后无法正常响应。

2.1.6　响应

响应，由服务端返回给客户端，可以分为三部分：响应状态码（Response Status Code）、响应头（Response Headers）和响应体（Response Body）。

1. 响应状态码

响应状态码表示服务器的响应状态，如 200 代表服务器正常响应，404 代表页面未找到，500 代表服务器内部发生错误。在爬虫中，我们可以根据状态码来判断服务器响应状态，如状态码为 200，则证明成功返回数据，再进行进一步的处理，否则直接忽略。表 2-3 列出了常见的错误代码及错误原因。

表2-3 常见的错误代码及错误原因

状态码	说 明	详 情
100	继续	请求者应当继续提出请求。服务器已收到请求的一部分，正在等待其余部分
101	切换协议	请求者已要求服务器切换协议，服务器已确认并准备切换
200	成功	服务器已成功处理了请求
201	已创建	请求成功并且服务器创建了新的资源
202	已接受	服务器已接受请求，但尚未处理
203	非授权信息	服务器已成功处理了请求，但返回的信息可能来自另一个源
204	无内容	服务器成功处理了请求，但没有返回任何内容
205	重置内容	服务器成功处理了请求，内容被重置
206	部分内容	服务器成功处理了部分请求
300	多种选择	针对请求，服务器可执行多种操作
301	永久移动	请求的网页已永久移动到新位置，即永久重定向
302	临时移动	请求的网页暂时跳转到其他页面，即暂时重定向
303	查看其他位置	如果原来的请求是POST，重定向目标文档应该通过GET提取
304	未修改	此次请求返回的网页未修改，继续使用上次的资源
305	使用代理	请求者应该使用代理访问该网页
307	临时重定向	请求的资源临时从其他位置响应
400	错误请求	服务器无法解析该请求
401	未授权	请求没有进行身份验证或验证未通过
403	禁止访问	服务器拒绝此请求
404	未找到	服务器找不到请求的网页
405	方法禁用	服务器禁用了请求中指定的方法
406	不接受	无法使用请求的内容响应请求的网页
407	需要代理授权	请求者需要使用代理授权
408	请求超时	服务器请求超时
409	冲突	服务器在完成请求时发生冲突
410	已删除	请求的资源已永久删除
411	需要有效长度	服务器不接受不含有效内容长度标头字段的请求
412	未满足前提条件	服务器未满足请求者在请求中设置的其中一个前提条件
413	请求实体过大	请求实体过大，超出服务器的处理能力
414	请求URI过长	请求网址过长，服务器无法处理
415	不支持类型	请求格式不被请求页面支持
416	请求范围不符	页面无法提供请求的范围
417	未满足期望值	服务器未满足期望请求标头字段的要求
500	服务器内部错误	服务器遇到错误，无法完成请求

（续）

状态码	说　明	详　情
501	未实现	服务器不具备完成请求的功能
502	错误网关	服务器作为网关或代理，从上游服务器收到无效响应
503	服务不可用	服务器目前无法使用
504	网关超时	服务器作为网关或代理，但是没有及时从上游服务器收到请求
505	HTTP 版本不支持	服务器不支持请求中所用的 HTTP 协议版本

2. 响应头

响应头包含了服务器对请求的应答信息，如 Content-Type、Server、Set-Cookie 等。下面简要说明一些常用的头信息。

- Date：标识响应产生的时间。
- Last-Modified：指定资源的最后修改时间。
- Content-Encoding：指定响应内容的编码。
- Server：包含服务器的信息，比如名称、版本号等。
- Content-Type：文档类型，指定返回的数据类型是什么，如 text/html 代表返回 HTML 文档，application/x-javascript 则代表返回 JavaScript 文件，image/jpeg 则代表返回图片。
- Set-Cookie：设置 Cookies。响应头中的 Set-Cookie 告诉浏览器需要将此内容放在 Cookies 中，下次请求携带 Cookies 请求。
- Expires：指定响应的过期时间，可以使代理服务器或浏览器将加载的内容更新到缓存中。如果再次访问时，就可以直接从缓存中加载，降低服务器负载，缩短加载时间。

3. 响应体

最重要的当属响应体的内容了。响应的正文数据都在响应体中，比如请求网页时，它的响应体就是网页的 HTML 代码；请求一张图片时，它的响应体就是图片的二进制数据。我们做爬虫请求网页后，要解析的内容就是响应体，如图 2-8 所示。

图 2-8　响应体内容

在浏览器开发者工具中点击 Preview，就可以看到网页的源代码，也就是响应体的内容，它是解析的目标。

在做爬虫时，我们主要通过响应体得到网页的源代码、JSON 数据等，然后从中做相应内容的提取。

本节中，我们了解了 HTTP 的基本原理，大概了解了访问网页时背后的请求和响应过程。本节涉及的知识点需要好好掌握，后面分析网页请求时会经常用到。

2.2　网页基础

用浏览器访问网站时，页面各不相同，你有没有想过它为何会呈现这个样子呢？本节中，我们就来了解一下网页的基本组成、结构和节点等内容。

2.2.1　网页的组成

网页可以分为三大部分——HTML、CSS 和 JavaScript。如果把网页比作一个人的话，HTML 相当于骨架，JavaScript 相当于肌肉，CSS 相当于皮肤，三者结合起来才能形成一个完善的网页。下面我们分别来介绍一下这三部分的功能。

1. HTML

HTML 是用来描述网页的一种语言，其全称叫作 Hyper Text Markup Language，即超文本标记语言。网页包括文字、按钮、图片和视频等各种复杂的元素，其基础架构就是 HTML。不同类型的元素通过不同类型的标签来表示，如图片用 img 标签表示，视频用 video 标签表示，段落用 p 标签表示，它们之间的布局又常通过布局标签 div 嵌套组合而成，各种标签通过不同的排列和嵌套才形成了网页的框架。

在 Chrome 浏览器中打开百度，右击并选择"检查"项（或按 F12 键），打开开发者模式，这时在 Elements 选项卡中即可看到网页的源代码，如图 2-9 所示。

图 2-9　源代码

这就是 HTML，整个网页就是由各种标签嵌套组合而成的。这些标签定义的节点元素相互嵌套和组合形成了复杂的层次关系，就形成了网页的架构。

2. CSS

HTML定义了网页的结构，但是只有HTML页面的布局并不美观，可能只是简单的节点元素的排列，为了让网页看起来更好看一些，这里借助了CSS。

CSS，全称叫作Cascading Style Sheets，即层叠样式表。“层叠”是指当在HTML中引用了数个样式文件，并且样式发生冲突时，浏览器能依据层叠顺序处理。“样式”指网页中文字大小、颜色、元素间距、排列等格式。

CSS是目前唯一的网页页面排版样式标准，有了它的帮助，页面才会变得更为美观。

图2-9的右侧即为CSS，例如：

```
#head_wrapper.s-ps-islite .s-p-top {
    position: absolute;
    bottom: 40px;
    width: 100%;
    height: 181px;
}
```

就是一个CSS样式。大括号前面是一个CSS选择器。此选择器的意思是首先选中id为head_wrapper且class为s-ps-islite的节点，然后再选中其内部的class为s-p-top的节点。大括号内部写的就是一条条样式规则，例如position指定了这个元素的布局方式为绝对布局，bottom指定元素的下边距为40像素，width指定了宽度为100%占满父元素，height则指定了元素的高度。也就是说，我们将位置、宽度、高度等样式配置统一写成这样的形式，然后用大括号括起来，接着在开头再加上CSS选择器，这就代表这个样式对CSS选择器选中的元素生效，元素就会根据此样式来展示了。

在网页中，一般会统一定义整个网页的样式规则，并写入CSS文件中（其后缀为css）。在HTML中，只需要用link标签即可引入写好的CSS文件，这样整个页面就会变得美观、优雅。

3. JavaScript

JavaScript，简称JS，是一种脚本语言。HTML和CSS配合使用，提供给用户的只是一种静态信息，缺乏交互性。我们在网页里可能会看到一些交互和动画效果，如下载进度条、提示框、轮播图等，这通常就是JavaScript的功劳。它的出现使得用户与信息之间不只是一种浏览与显示的关系，而是实现了一种实时、动态、交互的页面功能。

JavaScript通常也是以单独的文件形式加载的，后缀为js，在HTML中通过script标签即可引入，例如：

```
<script src="jquery-2.1.0.js"></script>
```

综上所述，HTML定义了网页的内容和结构，CSS描述了网页的布局，JavaScript定义了网页的行为。

2.2.2　网页的结构

我们首先用例子来感受一下HTML的基本结构。新建一个文本文件，名称可以自取，后缀为html，内容如下：

```
<!DOCTYPE html>
<html>
<head>
<meta charset="UTF-8">
<title>This is a Demo</title>
</head>
<body>
<div id="container">
<div class="wrapper">
<h2 class="title">Hello World</h2>
<p class="text">Hello, this is a paragraph.</p>
</div>
</div>
</body>
</html>
```

这就是一个最简单的 HTML 实例。开头用 DOCTYPE 定义了文档类型，其次最外层是 html 标签，最后还有对应的结束标签来表示闭合，其内部是 head 标签和 body 标签，分别代表网页头和网页体，它们也需要结束标签。head 标签内定义了一些页面的配置和引用，如：

```
<meta charset="UTF-8">
```

它指定了网页的编码为 UTF-8。

title 标签则定义了网页的标题，会显示在网页的选项卡中，不会显示在正文中。body 标签内则是在网页正文中显示的内容。div 标签定义了网页中的区块，它的 id 是 container，这是一个非常常用的属性，且 id 的内容在网页中是唯一的，我们可以通过它来获取这个区块。然后在此区块内又有一个 div 标签，它的 class 为 wrapper，这也是一个非常常用的属性，经常与 CSS 配合使用来设定样式。然后此区块内部又有一个 h2 标签，这代表一个二级标题。另外，还有一个 p 标签，这代表一个段落。在这两者中直接写入相应的内容即可在网页中呈现出来，它们也有各自的 class 属性。

将代码保存后，在浏览器中打开该文件，可以看到如图 2-10 所示的内容。

图 2-10 运行结果

可以看到，在选项卡上显示了 This is a Demo 字样，这是我们在 head 中的 title 里定义的文字。而网页正文是 body 标签内部定义的各个元素生成的，可以看到这里显示了二级标题和段落。

这个实例便是网页的一般结构。一个网页的标准形式是 html 标签内嵌套 head 和 body 标签，head 内定义网页的配置和引用，body 内定义网页的正文。

2.2.3 节点树及节点间的关系

在 HTML 中，所有标签定义的内容都是节点，它们构成了一个 HTML DOM 树。

我们先看下什么是 DOM。DOM 是 W3C（万维网联盟）的标准，其英文全称 Document Object Model，即文档对象模型。它定义了访问 HTML 和 XML 文档的标准：

> W3C 文档对象模型（DOM）是中立于平台和语言的接口，它允许程序和脚本动态地访问和更新文档的内容、结构和样式。

W3C DOM 标准被分为 3 个不同的部分。

- 核心 DOM：针对任何结构化文档的标准模型。
- XML DOM：针对 XML 文档的标准模型。
- HTML DOM：针对 HTML 文档的标准模型。

根据 W3C 的 HTML DOM 标准，HTML 文档中的所有内容都是节点。

- 整个文档是一个文档节点。
- 每个 HTML 元素是元素节点。
- HTML 元素内的文本是文本节点。
- 每个 HTML 属性是属性节点。
- 注释是注释节点。

HTML DOM 将 HTML 文档视作树结构，这种结构被称为节点树，如图 2-11 所示。

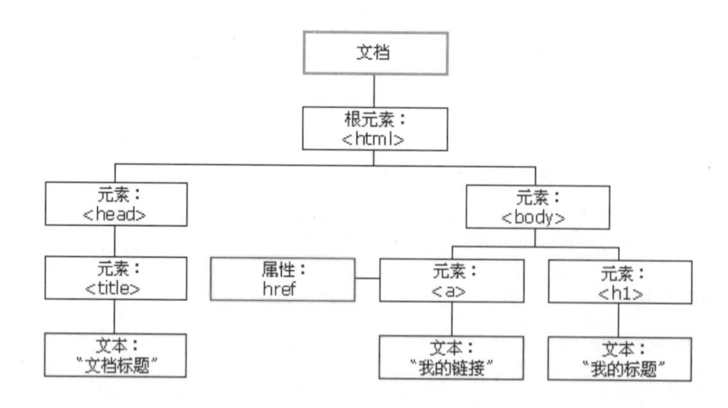

图 2-11　节点树

通过 HTML DOM，树中的所有节点均可通过 JavaScript 访问，所有 HTML 节点元素均可被修改，也可以被创建或删除。

节点树中的节点彼此拥有层级关系。我们常用父（parent）、子（child）和兄弟（sibling）等术语描述这些关系。父节点拥有子节点，同级的子节点被称为兄弟节点。

在节点树中，顶端节点称为根（root）。除了根节点之外，每个节点都有父节点，同时可拥有任意数量的子节点或兄弟节点。图 2-12 展示了节点树以及节点之间的关系。

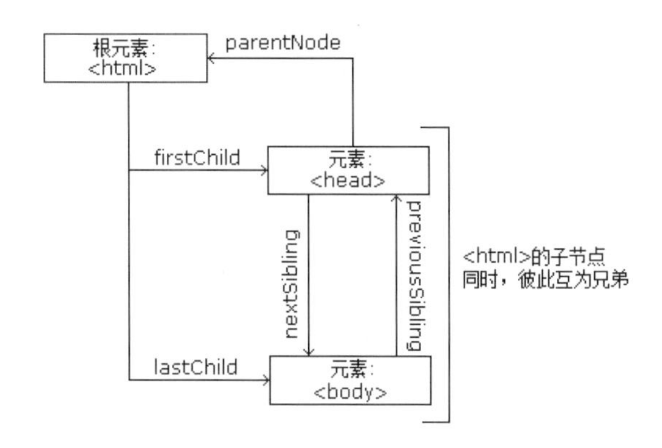

图 2-12 节点树及节点间的关系

本段参考 W3SCHOOL，链接：http://www.w3school.com.cn/htmldom/dom_nodes.asp。

2.2.4 选择器

我们知道网页由一个个节点组成，CSS 选择器会根据不同的节点设置不同的样式规则，那么怎样来定位节点呢？

在 CSS 中，我们使用 CSS 选择器来定位节点。例如，上例中 div 节点的 id 为 container，那么就可以表示为#container，其中#开头代表选择 id，其后紧跟 id 的名称。另外，如果我们想选择 class 为 wrapper 的节点，便可以使用.wrapper，这里以点（.）开头代表选择 class，其后紧跟 class 的名称。另外，还有一种选择方式，那就是根据标签名筛选，例如想选择二级标题，直接用 h2 即可。这是最常用的 3 种表示，分别是根据 id、class、标签名筛选，请牢记它们的写法。

另外，CSS 选择器还支持嵌套选择，各个选择器之间加上空格分隔开便可以代表嵌套关系，如 #container .wrapper p 则代表先选择 id 为 container 的节点，然后选中其内部的 class 为 wrapper 的节点，然后再进一步选中其内部的 p 节点。另外，如果不加空格，则代表并列关系，如 div#container .wrapper p.text 代表先选择 id 为 container 的 div 节点，然后选中其内部的 class 为 wrapper 的节点，再进一步选中其内部的 class 为 text 的 p 节点。这就是 CSS 选择器，其筛选功能还是非常强大的。

另外，CSS 选择器还有一些其他语法规则，具体如表 2-4 所示。

表 2-4 CSS 选择器的其他语法规则

选择器	例子	例子描述
.class	.intro	选择 class="intro"的所有节点
#id	#firstname	选择 id="firstname"的所有节点
*	*	选择所有节点
element	p	选择所有 p 节点
element,element	div,p	选择所有 div 节点和所有 p 节点

（续）

选　择　器	例　　子	例子描述
element element	div p	选择 div 节点内部的所有 p 节点
element>element	div>p	选择父节点为 div 节点的所有 p 节点
element+element	div+p	选择紧接在 div 节点之后的所有 p 节点
[attribute]	[target]	选择带有 target 属性的所有节点
[attribute=value]	[target=blank]	选择 target="blank"的所有节点
[attribute~=value]	[title~=flower]	选择 title 属性包含单词 flower 的所有节点
:link	a:link	选择所有未被访问的链接
:visited	a:visited	选择所有已被访问的链接
:active	a:active	选择活动链接
:hover	a:hover	选择鼠标指针位于其上的链接
:focus	input:focus	选择获得焦点的 input 节点
:first-letter	p:first-letter	选择每个 p 节点的首字母
:first-line	p:first-line	选择每个 p 节点的首行
:first-child	p:first-child	选择属于父节点的第一个子节点的所有 p 节点
:before	p:before	在每个 p 节点的内容之前插入内容
:after	p:after	在每个 p 节点的内容之后插入内容
:lang(language)	p:lang	选择带有以 it 开头的 lang 属性值的所有 p 节点
element1~element2	p~ul	选择前面有 p 节点的所有 ul 节点
[attribute^=value]	a[src^="https"]	选择其 src 属性值以 https 开头的所有 a 节点
[attribute$=value]	a[src$=".pdf"]	选择其 src 属性以.pdf 结尾的所有 a 节点
[attribute*=value]	a[src*="abc"]	选择其 src 属性中包含 abc 子串的所有 a 节点
:first-of-type	p:first-of-type	选择属于其父节点的首个 p 节点的所有 p 节点
:last-of-type	p:last-of-type	选择属于其父节点的最后 p 节点的所有 p 节点
:only-of-type	p:only-of-type	选择属于其父节点唯一的 p 节点的所有 p 节点
:only-child	p:only-child	选择属于其父节点的唯一子节点的所有 p 节点
:nth-child(n)	p:nth-child	选择属于其父节点的第二个子节点的所有 p 节点
:nth-last-child(n)	p:nth-last-child	同上，从最后一个子节点开始计数
:nth-of-type(n)	p:nth-of-type	选择属于其父节点第二个 p 节点的所有 p 节点
:nth-last-of-type(n)	p:nth-last-of-type	同上，但是从最后一个子节点开始计数
:last-child	p:last-child	选择属于其父节点最后一个子节点的所有 p 节点
:root	:root	选择文档的根节点
:empty	p:empty	选择没有子节点的所有 p 节点（包括文本节点）
:target	#news:target	选择当前活动的#news 节点
:enabled	input:enabled	选择每个启用的 input 节点
:disabled	input:disabled	选择每个禁用的 input 节点
:checked	input:checked	选择每个被选中的 input 节点
:not(selector)	:not	选择非 p 节点的所有节点
::selection	::selection	选择被用户选取的节点部分

另外，还有一种比较常用的选择器是 XPath，这种选择方式后面会详细介绍。

本节介绍了网页的基本结构和节点间的关系，了解了这些内容，我们才有更加清晰的思路去解析和提取网页内容。

2.3 爬虫的基本原理

我们可以把互联网比作一张大网，而爬虫（即网络爬虫）便是在网上爬行的蜘蛛。把网的节点比作一个个网页，爬虫爬到这就相当于访问了该页面，获取了其信息。可以把节点间的连线比作网页与网页之间的链接关系，这样蜘蛛通过一个节点后，可以顺着节点连线继续爬行到达下一个节点，即通过一个网页继续获取后续的网页，这样整个网的节点便可以被蜘蛛全部爬行到，网站的数据就可以被抓取下来了。

2.3.1 爬虫概述

简单来说，爬虫就是获取网页并提取和保存信息的自动化程序，下面概要介绍一下。

1. 获取网页

爬虫首先要做的工作就是获取网页，这里就是获取网页的源代码。源代码里包含了网页的部分有用信息，所以只要把源代码获取下来，就可以从中提取想要的信息了。

前面讲了请求和响应的概念，向网站的服务器发送一个请求，返回的响应体便是网页源代码。所以，最关键的部分就是构造一个请求并发送给服务器，然后接收到响应并将其解析出来，那么这个流程怎样实现呢？总不能手工去截取网页源码吧？

不用担心，Python 提供了许多库来帮助我们实现这个操作，如 urllib、requests 等。我们可以用这些库来帮助我们实现 HTTP 请求操作，请求和响应都可以用类库提供的数据结构来表示，得到响应之后只需要解析数据结构中的 Body 部分即可，即得到网页的源代码，这样我们可以用程序来实现获取网页的过程了。

2. 提取信息

获取网页源代码后，接下来就是分析网页源代码，从中提取我们想要的数据。首先，最通用的方法便是采用正则表达式提取，这是一个万能的方法，但是在构造正则表达式时比较复杂且容易出错。

另外，由于网页的结构有一定的规则，所以还有一些根据网页节点属性、CSS 选择器或 XPath 来提取网页信息的库，如 Beautiful Soup、pyquery、lxml 等。使用这些库，我们可以高效快速地从中提取网页信息，如节点的属性、文本值等。

提取信息是爬虫非常重要的部分，它可以使杂乱的数据变得条理清晰，以便我们后续处理和分析数据。

3. 保存数据

提取信息后，我们一般会将提取到的数据保存到某处以便后续使用。这里保存形式有多种多样，如可以简单保存为 TXT 文本或 JSON 文本，也可以保存到数据库，如 MySQL 和 MongoDB 等，也可保存至远程服务器，如借助 SFTP 进行操作等。

4. 自动化程序

说到自动化程序，意思是说爬虫可以代替人来完成这些操作。首先，我们手工当然可以提取这些信息，但是当量特别大或者想快速获取大量数据的话，肯定还是要借助程序。爬虫就是代替我们来完成这份爬取工作的自动化程序，它可以在抓取过程中进行各种异常处理、错误重试等操作，确保爬取持续高效地运行。

2.3.2 能抓怎样的数据

在网页中我们能看到各种各样的信息，最常见的便是常规网页，它们对应着 HTML 代码，而最常抓取的便是 HTML 源代码。

另外，可能有些网页返回的不是 HTML 代码，而是一个 JSON 字符串（其中 API 接口大多采用这样的形式），这种格式的数据方便传输和解析，它们同样可以抓取，而且数据提取更加方便。

此外，我们还可以看到各种二进制数据，如图片、视频和音频等。利用爬虫，我们可以将这些二进制数据抓取下来，然后保存成对应的文件名。

另外，还可以看到各种扩展名的文件，如 CSS、JavaScript 和配置文件等，这些其实也是最普通的文件，只要在浏览器里面可以访问到，就可以将其抓取下来。

上述内容其实都对应各自的 URL，是基于 HTTP 或 HTTPS 协议的，只要是这种数据，爬虫都可以抓取。

2.3.3 JavaScript 渲染页面

有时候，我们在用 urllib 或 requests 抓取网页时，得到的源代码实际和浏览器中看到的不一样。

这是一个非常常见的问题。现在网页越来越多地采用 Ajax、前端模块化工具来构建，整个网页可能都是由 JavaScript 渲染出来的，也就是说原始的 HTML 代码就是一个空壳，例如：

```
<!DOCTYPE html>
<html>
<head>
<meta charset="UTF-8">
<title>This is a Demo</title>
</head>
<body>
<div id="container">
</div>
</body>
<script src="app.js"></script>
</html>
```

body 节点里面只有一个 id 为 container 的节点，但是需要注意在 body 节点后引入了 app.js，它便负责整个网站的渲染。

在浏览器中打开这个页面时，首先会加载这个 HTML 内容，接着浏览器会发现其中引入了一个 app.js 文件，然后便会接着去请求这个文件，获取到该文件后，便会执行其中的 JavaScript 代码，而

JavaScript 则会改变 HTML 中的节点，向其添加内容，最后得到完整的页面。

但是在用 urllib 或 requests 等库请求当前页面时，我们得到的只是这个 HTML 代码，它不会帮助我们去继续加载这个 JavaScript 文件，这样也就看不到浏览器中的内容了。

这也解释了为什么有时我们得到的源代码和浏览器中看到的不一样。

因此，使用基本 HTTP 请求库得到的源代码可能跟浏览器中的页面源代码不太一样。对于这样的情况，我们可以分析其后台 Ajax 接口，也可使用 Selenium、Splash 这样的库来实现模拟 JavaScript 渲染。

后面，我们会详细介绍如何采集 JavaScript 渲染的网页。

本节介绍了爬虫的一些基本原理，这可以帮助我们在后面编写爬虫时更加得心应手。

2.4 会话和 Cookies

在浏览网站的过程中，我们经常会遇到需要登录的情况，有些页面只有登录之后才可以访问，而且登录之后可以连续访问很多次网站，但是有时候过一段时间就需要重新登录。还有一些网站，在打开浏览器时就自动登录了，而且很长时间都不会失效，这种情况又是为什么？其实这里面涉及会话（Session）和 Cookies 的相关知识，本节就来揭开它们的神秘面纱。

2.4.1 静态网页和动态网页

在开始之前，我们需要先了解一下静态网页和动态网页的概念。这里还是前面的示例代码，内容如下：

```
<!DOCTYPE html>
<html>
<head>
<meta charset="UTF-8">
<title>This is a Demo</title>
</head>
<body>
<div id="container">
<div class="wrapper">
<h2 class="title">Hello World</h2>
<p class="text">Hello, this is a paragraph.</p>
</div>
</div>
</body>
</html>
```

这是最基本的 HTML 代码，我们将其保存为一个.html 文件，然后把它放在某台具有固定公网 IP 的主机上，主机上装上 Apache 或 Nginx 等服务器，这样这台主机就可以作为服务器了，其他人便可以通过访问服务器看到这个页面，这就搭建了一个最简单的网站。

这种网页的内容是 HTML 代码编写的，文字、图片等内容均通过写好的 HTML 代码来指定，这种页面叫作静态网页。它加载速度快，编写简单，但是存在很大的缺陷，如可维护性差，不能根据 URL 灵活多变地显示内容等。例如，我们想要给这个网页的 URL 传入一个 name 参数，让其在网页中显示出来，是无法做到的。

因此，动态网页应运而生，它可以动态解析 URL 中参数的变化，关联数据库并动态呈现不同的页面内容，非常灵活多变。我们现在遇到的大多数网站都是动态网站，它们不再是一个简单的HTML，而是可能由JSP、PHP、Python等语言编写的，其功能比静态网页强大和丰富太多了。

此外，动态网站还可以实现用户登录和注册的功能。再回到开头提到的问题，很多页面是需要登录之后才可以查看的。按照一般的逻辑来说，输入用户名和密码登录之后，肯定是拿到了一种类似凭证的东西，有了它，我们才能保持登录状态，才能访问登录之后才能看到的页面。

那么，这种神秘的凭证到底是什么呢？其实它就是会话和Cookies共同产生的结果，下面我们来一探究竟。

2.4.2　无状态HTTP

在了解会话和Cookies之前，我们还需要了解HTTP的一个特点，叫作无状态。

HTTP的无状态是指HTTP协议对事务处理是没有记忆能力的，也就是说服务器不知道客户端是什么状态。当我们向服务器发送请求后，服务器解析此请求，然后返回对应的响应，服务器负责完成这个过程，而且这个过程是完全独立的，服务器不会记录前后状态的变化，也就是缺少状态记录。这意味着如果后续需要处理前面的信息，则必须重传，这导致需要额外传递一些前面的重复请求，才能获取后续响应，然而这种效果显然不是我们想要的。为了保持前后状态，我们肯定不能将前面的请求全部重传一次，这太浪费资源了，对于这种需要用户登录的页面来说，更是棘手。

这时两个用于保持HTTP连接状态的技术就出现了，它们分别是会话和Cookies。会话在服务端，也就是网站的服务器，用来保存用户的会话信息；Cookies在客户端，也可以理解为浏览器端，有了Cookies，浏览器在下次访问网页时会自动附带上它发送给服务器，服务器通过识别Cookies并鉴定出是哪个用户，然后再判断用户是否是登录状态，然后返回对应的响应。

我们可以理解为Cookies里面保存了登录的凭证，有了它，只需要在下次请求携带Cookies发送请求而不必重新输入用户名、密码等信息重新登录了。

因此在爬虫中，有时候处理需要登录才能访问的页面时，我们一般会直接将登录成功后获取的Cookies放在请求头里面直接请求，而不必重新模拟登录。

好了，了解会话和Cookies的概念之后，我们在来详细剖析它们的原理。

1. 会话

会话，其本来的含义是指有始有终的一系列动作/消息。比如，打电话时，从拿起电话拨号到挂断电话这中间的一系列过程可以称为一个会话。

而在Web中，会话对象用来存储特定用户会话所需的属性及配置信息。这样，当用户在应用程序的Web页之间跳转时，存储在会话对象中的变量将不会丢失，而是在整个用户会话中一直存在下去。当用户请求来自应用程序的Web页时，如果该用户还没有会话，则Web服务器将自动创建一个会话对象。当会话过期或被放弃后，服务器将终止该会话。

2. Cookies

Cookies指某些网站为了辨别用户身份、进行会话跟踪而存储在用户本地终端上的数据。

● **会话维持**

那么，我们怎样利用 Cookies 保持状态呢？当客户端第一次请求服务器时，服务器会返回一个请求头中带有 Set-Cookie 字段的响应给客户端，用来标记是哪一个用户，客户端浏览器会把 Cookies 保存起来。当浏览器下一次再请求该网站时，浏览器会把此 Cookies 放到请求头一起提交给服务器，Cookies 携带了会话 ID 信息，服务器检查该 Cookies 即可找到对应的会话是什么，然后再判断会话来以此来辨认用户状态。

在成功登录某个网站时，服务器会告诉客户端设置哪些 Cookies 信息，在后续访问页面时客户端会把 Cookies 发送给服务器，服务器再找到对应的会话加以判断。如果会话中的某些设置登录状态的变量是有效的，那就证明用户处于登录状态，此时返回登录之后才可以查看的网页内容，浏览器再进行解析便可以看到了。

反之，如果传给服务器的 Cookies 是无效的，或者会话已经过期了，我们将不能继续访问页面，此时可能会收到错误的响应或者跳转到登录页面重新登录。

所以，Cookies 和会话需要配合，一个处于客户端，一个处于服务端，二者共同协作，就实现了登录会话控制。

● **属性结构**

接下来，我们来看看 Cookies 都有哪些内容。这里以知乎为例，在浏览器开发者工具中打开 Application 选项卡，然后在左侧会有一个 Storage 部分，最后一项即为 Cookies，将其点开，如图 2-13 所示，这些就是 Cookies。

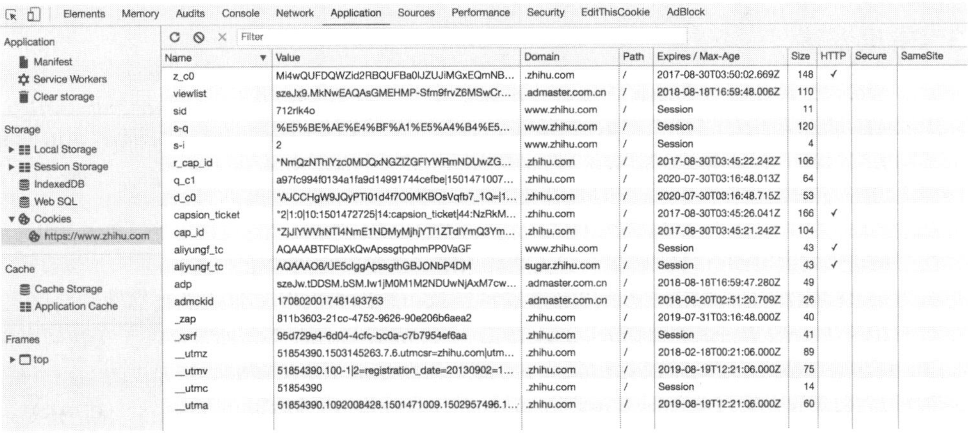
Elements Memory Audits Console Network Application Sources Performance Security EditThisCookie AdBlock
Application
Manifest
Service Workers
Clear storage
Storage
Local Storage
Session Storage
IndexedDB
Web SQL
Cookies
https://www.zhihu.com
Cache
Cache Storage
Application Cache
Frames
top
Filter
Name Value Domain Path Expires / Max-Age Size HTTP Secure SameSite
z_c0 Mi4wQUFDQWZid2RBQUFBa0lJZUJiMGxEQmNB... .zhihu.com / 2017-08-30T03:50:02.669Z 148 ✓
viewlist szeJx9.MkNwEAQAsGMEHMP-Sfm9frvZ6MSwCr... .admaster.com.cn / 2018-08-18T16:59:48.006Z 110
sid 712rlk4o www.zhihu.com / Session 11
s-q %E5%BE%AE%E4%BF%A1%E5%A4%B4%E5... www.zhihu.com / Session 120
s-i 2 www.zhihu.com / Session 4
r_cap_id "NmQzNThlYzc0MDQxNGZlZGFlYWRmNDUwZG... .zhihu.com / 2017-08-30T03:45:22.242Z 106
q_c1 a97fc994f0134a1fa9d14991744cefbe|1501471007... .zhihu.com / 2020-07-30T03:16:48.013Z 64
d_c0 "AJCCHgW9JQyPTi01d4f7O0MKBOsVqfb7_1Q=|1... .zhihu.com / 2020-07-30T03:16:48.715Z 53
capsion_ticket "2|1:0|10:1501472725|14:capsion_ticket|44:NzRkM... .zhihu.com / 2017-08-30T03:45:26.041Z 166 ✓
cap_id "ZjJlYWVhNTI4NmE1NDMyMjhjYTI1ZTdlYmQ3Ym... .zhihu.com / 2017-08-30T03:45:21.242Z 104
aliyungf_tc AQAAABTFDlaXkQwApssgtpqhmPP0VaGF www.zhihu.com / Session 43 ✓
aliyungf_tc AQAAAO6/UE5clggApssgthGBJONbP4DM sugar.zhihu.com / Session 43 ✓
adp szeJw.tDDSM.bSM.Iw1jM0M1M2NDUwNjAxM7cw... .admaster.com.cn / 2018-08-18T16:59:47.280Z 49
admckid 1708020017481493763 .admaster.com.cn / 2018-08-20T02:51:20.709Z 26
_zap 811b3603-21cc-4752-9626-90e206b6aea2 .zhihu.com / 2019-07-31T03:16:48.000Z 40
_xsrf 95d729e4-6d04-4cfc-bc0a-c7b7954ef6aa .zhihu.com / Session 41
__utmz 51854390.1503145263.7.6.utmcsr=zhihu.com|utm... .zhihu.com / 2018-02-18T00:21:06.000Z 89
__utmv 51854390.100-1|2=registration_date=20130902=1... .zhihu.com / 2019-08-19T12:21:06.000Z 75
__utmc 51854390 .zhihu.com / Session 14
__utma 51854390.1092008428.1501471009.1502957496.1... .zhihu.com / 2019-08-19T12:21:06.000Z 60

图 2-13 Cookies 列表

可以看到，这里有很多条目，其中每个条目可以称为 Cookie。它有如下几个属性。

- **Name**：该 Cookie 的名称。一旦创建，该名称便不可更改。
- **Value**：该 Cookie 的值。如果值为 Unicode 字符，需要为字符编码。如果值为二进制数据，则需要使用 BASE64 编码。

- ❑ Domain：可以访问该Cookie的域名。例如，如果设置为.zhihu.com，则所有以 zhihu.com结尾的域名都可以访问该 Cookie。
- ❑ Max Age：该Cookie失效的时间，单位为秒，也常和Expires一起使用，通过它可以计算出其有效时间。Max Age 如果为正数，则该 Cookie 在 Max Age 秒之后失效。如果为负数，则关闭浏览器时 Cookie 即失效，浏览器也不会以任何形式保存该 Cookie。
- ❑ Path：该 Cookie 的使用路径。如果设置为/path/，则只有路径为/path/的页面可以访问该 Cookie。如果设置为/，则本域名下的所有页面都可以访问该 Cookie。
- ❑ Size 字段：此 Cookie 的大小。
- ❑ HTTP 字段：Cookie 的 `httponly` 属性。若此属性为 `true`，则只有在 HTTP 头中会带有此 Cookie 的信息，而不能通过 `document.cookie` 来访问此 Cookie。
- ❑ Secure：该 Cookie 是否仅被使用安全协议传输。安全协议有 HTTPS 和 SSL 等，在网络上传输数据之前先将数据加密。默认为 `false`。

- **会话 Cookie 和持久 Cookie**

从表面意思来说，会话 Cookie 就是把 Cookie 放在浏览器内存里，浏览器在关闭之后该 Cookie 即失效；持久 Cookie 则会保存到客户端的硬盘中，下次还可以继续使用，用于长久保持用户登录状态。

其实严格来说，没有会话 Cookie 和持久 Cookie 之分，只是由 Cookie 的 Max Age 或 Expires 字段决定了过期的时间。

因此，一些持久化登录的网站其实就是把 Cookie 的有效时间和会话有效期设置得比较长，下次我们再访问页面时仍然携带之前的 Cookie，就可以直接保持登录状态。

2.4.3　常见误区

在谈论会话机制的时候，常常听到这样一种误解——“只要关闭浏览器，会话就消失了”。可以想象一下会员卡的例子，除非顾客主动对店家提出销卡，否则店家绝对不会轻易删除顾客的资料。对会话来说，也是一样，除非程序通知服务器删除一个会话，否则服务器会一直保留。比如，程序一般都是在我们做注销操作时才去删除会话。

但是当我们关闭浏览器时，浏览器不会主动在关闭之前通知服务器它将要关闭，所以服务器根本不会有机会知道浏览器已经关闭。之所以会有这种错觉，是因为大部分会话机制都使用会话 Cookie 来保存会话 ID 信息，而关闭浏览器后 Cookies 就消失了，再次连接服务器时，也就无法找到原来的会话了。如果服务器设置的 Cookies 保存到硬盘上，或者使用某种手段改写浏览器发出的 HTTP 请求头，把原来的 Cookies 发送给服务器，则再次打开浏览器，仍然能够找到原来的会话 ID，依旧还是可以保持登录状态的。

而且恰恰是由于关闭浏览器不会导致会话被删除，这就需要服务器为会话设置一个失效时间，当距离客户端上一次使用会话的时间超过这个失效时间时，服务器就可以认为客户端已经停止了活动，才会把会话删除以节省存储空间。

由于涉及一些专业名词知识，本节的部分内容参考来源如下。

- 会话百度百科：https://baike.baidu.com/item/session/479100。
- Cookies 百度百科：https://baike.baidu.com/item/cookie/1119。
- HTTP Cookie 维基百科：https://en.wikipedia.org/wiki/HTTP_cookie。
- 会话和几种状态保持方案理解：http://www.mamicode.com/info-detail-46545.html。

2.5 代理的基本原理

我们在做爬虫的过程中经常会遇到这样的情况，最初爬虫正常运行，正常抓取数据，一切看起来都是那么美好，然而一杯茶的功夫可能就会出现错误，比如 403 Forbidden，这时候打开网页一看，可能会看到“您的 IP 访问频率太高”这样的提示。出现这种现象的原因是网站采取了一些反爬虫措施。比如，服务器会检测某个 IP 在单位时间内的请求次数，如果超过了这个阈值，就会直接拒绝服务，返回一些错误信息，这种情况可以称为封 IP。

既然服务器检测的是某个 IP 单位时间的请求次数，那么借助某种方式来伪装我们的 IP，让服务器识别不出是由我们本机发起的请求，不就可以成功防止封 IP 了吗？

一种有效的方式就是使用代理，后面会详细说明代理的用法。在这之前，需要先了解下代理的基本原理，它是怎样实现 IP 伪装的呢？

2.5.1 基本原理

代理实际上指的就是代理服务器，英文叫作 proxy server，它的功能是代理网络用户去取得网络信息。形象地说，它是网络信息的中转站。在我们正常请求一个网站时，是发送了请求给 Web 服务器，Web 服务器把响应传回给我们。如果设置了代理服务器，实际上就是在本机和服务器之间搭建了一个桥，此时本机不是直接向 Web 服务器发起请求，而是向代理服务器发出请求，请求会发送给代理服务器，然后由代理服务器再发送给 Web 服务器，接着由代理服务器再把 Web 服务器返回的响应转发给本机。这样我们同样可以正常访问网页，但这个过程中 Web 服务器识别出的真实 IP 就不再是我们本机的 IP 了，就成功实现了 IP 伪装，这就是代理的基本原理。

2.5.2 代理的作用

那么，代理有什么作用呢？我们可以简单列举如下。

- 突破自身 IP 访问限制，访问一些平时不能访问的站点。
- 访问一些单位或团体内部资源：比如使用教育网内地址段免费代理服务器，就可以用于对教育网开放的各类 FTP 下载上传，以及各类资料查询共享等服务。
- 提高访问速度：通常代理服务器都设置一个较大的硬盘缓冲区，当有外界的信息通过时，同时也将其保存到缓冲区中，当其他用户再访问相同的信息时，则直接由缓冲区中取出信息，传给用户，以提高访问速度。
- 隐藏真实 IP：上网者也可以通过这种方法隐藏自己的 IP，免受攻击。对于爬虫来说，我们用代理就是为了隐藏自身 IP，防止自身的 IP 被封锁。

2.5.3 爬虫代理

对于爬虫来说，由于爬虫爬取速度过快，在爬取过程中可能遇到同一个IP访问过于频繁的问题，此时网站就会让我们输入验证码登录或者直接封锁IP，这样会给爬取带来极大的不便。

使用代理隐藏真实的IP，让服务器误以为是代理服务器在请求自己。这样在爬取过程中通过不断更换代理，就不会被封锁，可以达到很好的爬取效果。

2.5.4 代理分类

代理分类时，既可以根据协议区分，也可以根据其匿名程度区分。

1. 根据协议区分

根据代理的协议，代理可以分为如下类别。

- **FTP代理服务器**：主要用于访问FTP服务器，一般有上传、下载以及缓存功能，端口一般为21、2121等。
- **HTTP代理服务器**：主要用于访问网页，一般有内容过滤和缓存功能，端口一般为80、8080、3128等。
- **SSL/TLS代理**：主要用于访问加密网站，一般有SSL或TLS加密功能（最高支持128位加密强度），端口一般为443。
- **RTSP代理**：主要用于访问Real流媒体服务器，一般有缓存功能，端口一般为554。
- **Telnet代理**：主要用于telnet远程控制（黑客入侵计算机时常用于隐藏身份），端口一般为23。
- **POP3/SMTP代理**：主要用于POP3/SMTP方式收发邮件，一般有缓存功能，端口一般为110/25。
- **SOCKS代理**：只是单纯传递数据包，不关心具体协议和用法，所以速度快很多，一般有缓存功能，端口一般为1080。SOCKS代理协议又分为SOCKS4和SOCKS5，前者只支持TCP，而后者支持TCP和UDP，还支持各种身份验证机制、服务器端域名解析等。简单来说，SOCKS4能做到的SOCKS5都可以做到，但SOCKS5能做到的SOCKS4不一定能做到。

2. 根据匿名程度区分

根据代理的匿名程度，代理可以分为如下类别。

- **高度匿名代理**：会将数据包原封不动地转发，在服务端看来就好像真的是一个普通客户端在访问，而记录的IP是代理服务器的IP。
- **普通匿名代理**：会在数据包上做一些改动，服务端上有可能发现这是个代理服务器，也有一定几率追查到客户端的真实IP。代理服务器通常会加入的HTTP头有HTTP_VIA和HTTP_X_FORWARDED_FOR。
- **透明代理**：不但改动了数据包，还会告诉服务器客户端的真实IP。这种代理除了能用缓存技术提高浏览速度，能用内容过滤提高安全性之外，并无其他显著作用，最常见的例子是内网中的硬件防火墙。
- **间谍代理**：指组织或个人创建的用于记录用户传输的数据，然后进行研究、监控等目的的代理服务器。

2.5.5 常见代理设置

- **使用网上的免费代理**：最好使用高匿代理，另外可用的代理不多，需要在使用前筛选一下可用代理，也可以进一步维护一个代理池。
- **使用付费代理服务**：互联网上存在许多代理商，可以付费使用，质量比免费代理好很多。
- **ADSL 拨号**：拨一次号换一次 IP，稳定性高，也是一种比较有效的解决方案。

在后文我们会详细介绍这几种代理的使用方式。

由于涉及一些专业名词知识，本节的部分内容参考来源如下。

- 代理服务器维基百科：https://zh.wikipedia.org/wiki/代理服务器。
- 代理百度百科：https://baike.baidu.com/item/代理/3242667。

第3章 基本库的使用

学习爬虫，最初的操作便是模拟浏览器向服务器发出请求，那么我们需要从哪个地方做起呢？请求需要我们自己来构造吗？需要关心请求这个数据结构的实现吗？需要了解 HTTP、TCP、IP 层的网络传输通信吗？需要知道服务器的响应和应答原理吗？

可能你不知道无从下手，不过不用担心，Python 的强大之处就是提供了功能齐全的类库来帮助我们完成这些请求。最基础的 HTTP 库有 urllib、httplib2、requests、treq 等。

拿 urllib 这个库来说，有了它，我们只需要关心请求的链接是什么，需要传的参数是什么，以及如何设置可选的请求头就好了，不用深入到底层去了解它到底是怎样传输和通信的。有了它，两行代码就可以完成一个请求和响应的处理过程，得到网页内容，是不是感觉方便极了？

接下来，就让我们从最基础的部分开始了解这些库的使用方法吧。

3.1 使用 urllib

在 Python 2 中，有 urllib 和 urllib2 两个库来实现请求的发送。而在 Python 3 中，已经不存在 urllib2 这个库了，统一为 urllib，其官方文档链接为：https://docs.python.org/3/library/urllib.html。

首先，了解一下 urllib 库，它是 Python 内置的 HTTP 请求库，也就是说不需要额外安装即可使用。它包含如下 4 个模块。

- `request`：它是最基本的 HTTP 请求模块，可以用来模拟发送请求。就像在浏览器里输入网址然后回车一样，只需要给库方法传入 URL 以及额外的参数，就可以模拟实现这个过程了。
- `error`：异常处理模块，如果出现请求错误，我们可以捕获这些异常，然后进行重试或其他操作以保证程序不会意外终止。
- `parse`：一个工具模块，提供了许多 URL 处理方法，比如拆分、解析、合并等。
- `robotparser`：主要是用来识别网站的 robots.txt 文件，然后判断哪些网站可以爬，哪些网站不可以爬，它其实用得比较少。

这里重点讲解一下前 3 个模块。

3.1.1 发送请求

使用 urllib 的 `request` 模块，我们可以方便地实现请求的发送并得到响应。本节就来看下它的具体用法。

1. urlopen()

urllib.request 模块提供了最基本的构造 HTTP 请求的方法，利用它可以模拟浏览器的一个请求发起过程，同时它还带有处理授权验证（authenticaton）、重定向（redirection)、浏览器 Cookies 以及其他内容。

下面我们来看一下它的强大之处。这里以 Python 官网为例，我们来把这个网页抓下来：

```
import urllib.request

response = urllib.request.urlopen('https://www.python.org')
print(response.read().decode('utf-8'))
```

运行结果如图 3-1 所示。

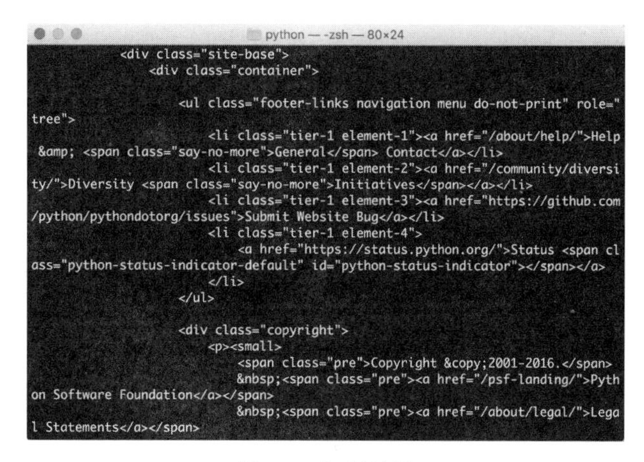

图 3-1　运行结果

这里我们只用了两行代码，便完成了 Python 官网的抓取，输出了网页的源代码。得到源代码之后呢？我们想要的链接、图片地址、文本信息不就都可以提取出来了吗？

接下来，看看它返回的到底是什么。利用 type()方法输出响应的类型：

```
import urllib.request

response = urllib.request.urlopen('https://www.python.org')
print(type(response))
```

输出结果如下：

```
<class 'http.client.HTTPResponse'>
```

可以发现，它是一个 HTTPResposne 类型的对象，主要包含 read()、readinto()、getheader(name)、getheaders()、fileno()等方法，以及 msg、version、status、reason、debuglevel、closed 等属性。

得到这个对象之后，我们把它赋值为 response 变量，然后就可以调用这些方法和属性，得到返回结果的一系列信息了。

例如，调用 read()方法可以得到返回的网页内容，调用 status 属性可以得到返回结果的状态码，如 200 代表请求成功，404 代表网页未找到等。

下面再通过一个实例来看看：

```
import urllib.request

response = urllib.request.urlopen('https://www.python.org')
print(response.status)
print(response.getheaders())
print(response.getheader('Server'))
```

运行结果如下：

```
200
[('Server', 'nginx'), ('Content-Type', 'text/html; charset=utf-8'), ('X-Frame-Options', 'SAMEORIGIN'),
    ('X-Clacks-Overhead', 'GNU Terry Pratchett'), ('Content-Length', '47397'), ('Accept-Ranges', 'bytes'),
    ('Date', 'Mon, 01 Aug 2016 09:57:31 GMT'), ('Via', '1.1 varnish'), ('Age', '2473'), ('Connection', 'close'),
    ('X-Served-By', 'cache-lcy1125-LCY'), ('X-Cache', 'HIT'), ('X-Cache-Hits', '23'), ('Vary', 'Cookie'),
    ('Strict-Transport-Security', 'max-age=63072000; includeSubDomains')]
nginx
```

可见，前两个输出分别输出了响应的状态码和响应的头信息，最后一个输出通过调用 getheader()方法并传递一个参数 Server 获取了响应头中的 Server 值，结果是 nginx，意思是服务器是用 Nginx 搭建的。

利用最基本的 urlopen()方法，可以完成最基本的简单网页的 GET 请求抓取。

如果想给链接传递一些参数，该怎么实现呢？首先看一下 urlopen()函数的 API：

```
urllib.request.urlopen(url, data=None, [timeout, ]*, cafile=None, capath=None, cadefault=False, context=None)
```

可以发现，除了第一个参数可以传递 URL 之外，我们还可以传递其他内容，比如 data（附加数据）、timeout（超时时间）等。

下面我们详细说明下这几个参数的用法。

- **data 参数**

data 参数是可选的。如果要添加该参数，并且如果它是字节流编码格式的内容，即 bytes 类型，则需要通过 bytes()方法转化。另外，如果传递了这个参数，则它的请求方式就不再是 GET 方式，而是 POST 方式。

下面用实例来看一下：

```
import urllib.parse
import urllib.request

data = bytes(urllib.parse.urlencode({'word': 'hello'}), encoding='utf8')
response = urllib.request.urlopen('http://httpbin.org/post', data=data)
print(response.read())
```

这里我们传递了一个参数 word，值是 hello。它需要被转码成 bytes（字节流）类型。其中转字节流采用了 bytes()方法，该方法的第一个参数需要是 str（字符串）类型，需要用 urllib.parse 模块里的 urlencode()方法来将参数字典转化为字符串；第二个参数指定编码格式，这里指定为 utf8。

这里请求的站点是 httpbin.org，它可以提供 HTTP 请求测试。本次我们请求的 URL 为 http://httpbin.org/post，这个链接可以用来测试 POST 请求，它可以输出请求的一些信息，其中包含我们传递的 data 参数。

运行结果如下：

```
{
    "args": {},
    "data": "",
    "files": {},
    "form": {
        "word": "hello"
    },
    "headers": {
        "Accept-Encoding": "identity",
        "Content-Length": "10",
        "Content-Type": "application/x-www-form-urlencoded",
        "Host": "httpbin.org",
        "User-Agent": "Python-urllib/3.5"
    },
    "json": null,
    "origin": "123.124.23.253",
    "url": "http://httpbin.org/post"
}
```

我们传递的参数出现在了 form 字段中，这表明是模拟了表单提交的方式，以 POST 方式传输数据。

- **timeout 参数**

timeout 参数用于设置超时时间，单位为秒，意思就是如果请求超出了设置的这个时间，还没有得到响应，就会抛出异常。如果不指定该参数，就会使用全局默认时间。它支持 HTTP、HTTPS、FTP 请求。

下面用实例来看一下：

```
import urllib.request

response = urllib.request.urlopen('http://httpbin.org/get', timeout=1)
print(response.read())
```

运行结果如下：

```
During handling of the above exception, another exception occurred:

Traceback (most recent call last): File "/var/py/python/urllibtest.py", line 4, in <module> response =
    urllib.request.urlopen('http://httpbin.org/get', timeout=1)
...
urllib.error.URLError: <urlopen error timed out>
```

这里我们设置超时时间是 1 秒。程序 1 秒过后，服务器依然没有响应，于是抛出了 URLError 异常。该异常属于 urllib.error 模块，错误原因是超时。

因此，可以通过设置这个超时时间来控制一个网页如果长时间未响应，就跳过它的抓取。这可以利用 try except 语句来实现，相关代码如下：

```
import socket
import urllib.request
```

```
import urllib.error

try:
    response = urllib.request.urlopen('http://httpbin.org/get', timeout=0.1)
except urllib.error.URLError as e:
    if isinstance(e.reason, socket.timeout):
        print('TIME OUT')
```

这里我们请求了 http://httpbin.org/get 测试链接，设置超时时间是 0.1 秒，然后捕获了 URLError 异常，接着判断异常是 socket.timeout 类型（意思就是超时异常），从而得出它确实是因为超时而报错，打印输出了 TIME OUT。

运行结果如下：

```
TIME OUT
```

按照常理来说，0.1 秒内基本不可能得到服务器响应，因此输出了 TIME OUT 的提示。

通过设置 timeout 这个参数来实现超时处理，有时还是很有用的。

- **其他参数**

除了 data 参数和 timeout 参数外，还有 context 参数，它必须是 ssl.SSLContext 类型，用来指定 SSL 设置。

此外，cafile 和 capath 这两个参数分别指定 CA 证书和它的路径，这个在请求 HTTPS 链接时会有用。

cadefault 参数现在已经弃用了，其默认值为 False。

前面讲解了 urlopen()方法的用法，通过这个最基本的方法，我们可以完成简单的请求和网页抓取。若需更加详细的信息，可以参见官方文档：https://docs.python.org/3/library/urllib.request.html。

2. Request

我们知道利用 urlopen()方法可以实现最基本请求的发起，但这几个简单的参数并不足以构建一个完整的请求。如果请求中需要加入 Headers 等信息，就可以利用更强大的 Request 类来构建。

首先，我们用实例来感受一下 Request 的用法：

```
import urllib.request

request = urllib.request.Request('https://python.org')
response = urllib.request.urlopen(request)
print(response.read().decode('utf-8'))
```

可以发现，我们依然是用 urlopen()方法来发送这个请求，只不过这次该方法的参数不再是 URL，而是一个 Request 类型的对象。通过构造这个数据结构，一方面我们可以将请求独立成一个对象，另一方面可更加丰富和灵活地配置参数。

下面我们看一下 Request 可以通过怎样的参数来构造，它的构造方法如下：

```
class urllib.request.Request(url, data=None, headers={}, origin_req_host=None, unverifiable=False, method=None)
```

- 第一个参数 url 用于请求 URL，这是必传参数，其他都是可选参数。

- 第二个参数 data 如果要传，必须传 bytes（字节流）类型的。如果它是字典，可以先用 urllib.parse 模块里的 urlencode()编码。
- 第三个参数 headers 是一个字典，它就是请求头，我们可以在构造请求时通过 headers 参数直接构造，也可以通过调用请求实例的 add_header()方法添加。

  添加请求头最常用的用法就是通过修改 User-Agent 来伪装浏览器，默认的 User-Agent 是 Python-urllib，我们可以通过修改它来伪装浏览器。比如要伪装火狐浏览器，你可以把它设置为：

  ```
  Mozilla/5.0 (X11; U; Linux i686) Gecko/20071127 Firefox/2.0.0.11
  ```

- 第四个参数 origin_req_host 指的是请求方的 host 名称或者 IP 地址。
- 第五个参数 unverifiable 表示这个请求是否是无法验证的，默认是 False，意思就是说用户没有足够权限来选择接收这个请求的结果。例如，我们请求一个 HTML 文档中的图片，但是我们没有自动抓取图像的权限，这时 unverifiable 的值就是 True。
- 第六个参数 method 是一个字符串，用来指示请求使用的方法，比如 GET、POST 和 PUT 等。

下面我们传入多个参数构建请求来看一下：

```
from urllib import request, parse

url = 'http://httpbin.org/post'
headers = {
    'User-Agent': 'Mozilla/4.0 (compatible; MSIE 5.5; Windows NT)',
    'Host': 'httpbin.org'
}
dict = {
    'name': 'Germey'
}
data = bytes(parse.urlencode(dict), encoding='utf8')
req = request.Request(url=url, data=data, headers=headers, method='POST')
response = request.urlopen(req)
print(response.read().decode('utf-8'))
```

这里我们通过 4 个参数构造了一个请求，其中 url 即请求 URL，headers 中指定了 User-Agent 和 Host，参数 data 用 urlencode()和 bytes()方法转成字节流。另外，指定了请求方式为 POST。

运行结果如下：

```
{
  "args": {},
  "data": "",
  "files": {},
  "form": {
    "name": "Germey"
  },
  "headers": {
    "Accept-Encoding": "identity",
    "Content-Length": "11",
    "Content-Type": "application/x-www-form-urlencoded",
    "Host": "httpbin.org",
    "User-Agent": "Mozilla/4.0 (compatible; MSIE 5.5; Windows NT)"
  },
  "json": null,
```

```
  "origin": "219.224.169.11",
  "url": "http://httpbin.org/post"
}
```

观察结果可以发现，我们成功设置了 data、headers 和 method。

另外，headers 也可以用 add_header()方法来添加：

```
req = request.Request(url=url, data=data, method='POST')
req.add_header('User-Agent', 'Mozilla/4.0 (compatible; MSIE 5.5; Windows NT)')
```

如此一来，我们就可以更加方便地构造请求，实现请求的发送啦。

3. 高级用法

在上面的过程中，我们虽然可以构造请求，但是对于一些更高级的操作（比如 Cookies 处理、代理设置等），我们该怎么办呢？

接下来，就需要更强大的工具 Handler 登场了。简而言之，我们可以把它理解为各种处理器，有专门处理登录验证的，有处理 Cookies 的，有处理代理设置的。利用它们，我们几乎可以做到 HTTP 请求中所有的事情。

首先，介绍一下 urllib.request 模块里的 BaseHandler 类，它是所有其他 Handler 的父类，它提供了最基本的方法，例如 default_open()、protocol_request()等。

接下来，就有各种 Handler 子类继承这个 BaseHandler 类，举例如下。

- **HTTPDefaultErrorHandler**：用于处理 HTTP 响应错误，错误都会抛出 HTTPError 类型的异常。
- **HTTPRedirectHandler**：用于处理重定向。
- **HTTPCookieProcessor**：用于处理 Cookies。
- **ProxyHandler**：用于设置代理，默认代理为空。
- **HTTPPasswordMgr**：用于管理密码，它维护了用户名和密码的表。
- **HTTPBasicAuthHandler**：用于管理认证，如果一个链接打开时需要认证，那么可以用它来解决认证问题。

另外，还有其他的 Handler 类，这里就不一一列举了，详情可以参考官方文档：https://docs.python.org/3/library/urllib.request.html#urllib.request.BaseHandler。

关于怎么使用它们，现在先不用着急，后面会有实例演示。

另一个比较重要的类就是 OpenerDirector，我们可以称为 Opener。我们之前用过 urlopen()这个方法，实际上它就是 urllib 为我们提供的一个 Opener。

那么，为什么要引入 Opener 呢？因为需要实现更高级的功能。之前使用的 Request 和 urlopen()相当于类库为你封装好了极其常用的请求方法，利用它们可以完成基本的请求，但是现在不一样了，我们需要实现更高级的功能，所以需要深入一层进行配置，使用更底层的实例来完成操作，所以这里就用到了 Opener。

Opener 可以使用 open()方法，返回的类型和 urlopen()如出一辙。那么，它和 Handler 有什么关系呢？简而言之，就是利用 Handler 来构建 Opener。

下面用几个实例来看看它们的用法。

- **验证**

有些网站在打开时就会弹出提示框，直接提示你输入用户名和密码，验证成功后才能查看页面，如图 3-2 所示。

图 3-2 验证页面

那么，如果要请求这样的页面，该怎么办呢？借助 HTTPBasicAuthHandler 就可以完成，相关代码如下：

```
from urllib.request import HTTPPasswordMgrWithDefaultRealm, HTTPBasicAuthHandler, build_opener
from urllib.error import URLError

username = 'username'
password = 'password'
url = 'http://localhost:5000/'

p = HTTPPasswordMgrWithDefaultRealm()
p.add_password(None, url, username, password)
auth_handler = HTTPBasicAuthHandler(p)
opener = build_opener(auth_handler)

try:
    result = opener.open(url)
    html = result.read().decode('utf-8')
    print(html)
except URLError as e:
    print(e.reason)
```

这里首先实例化 HTTPBasicAuthHandler 对象，其参数是 HTTPPasswordMgrWithDefaultRealm 对象，它利用 add_password()添加进去用户名和密码，这样就建立了一个处理验证的 Handler。

接下来，利用这个 Handler 并使用 build_opener()方法构建一个 Opener，这个 Opener 在发送请求时就相当于已经验证成功了。

接下来，利用 Opener 的 open()方法打开链接，就可以完成验证了。这里获取到的结果就是验证后的页面源码内容。

● **代理**

在做爬虫的时候，免不了要使用代理，如果要添加代理，可以这样做：

```
from urllib.error import URLError
from urllib.request import ProxyHandler, build_opener

proxy_handler = ProxyHandler({
    'http': 'http://127.0.0.1:9743',
    'https': 'https://127.0.0.1:9743'
})
opener = build_opener(proxy_handler)
try:
    response = opener.open('https://www.baidu.com')
    print(response.read().decode('utf-8'))
except URLError as e:
    print(e.reason)
```

这里我们在本地搭建了一个代理，它运行在 9743 端口上。

这里使用了 ProxyHandler，其参数是一个字典，键名是协议类型（比如 HTTP 或者 HTTPS 等），键值是代理链接，可以添加多个代理。

然后，利用这个 Handler 及 build_opener()方法构造一个 Opener，之后发送请求即可。

● **Cookies**

Cookies 的处理就需要相关的 Handler 了。

我们先用实例来看看怎样将网站的 Cookies 获取下来，相关代码如下：

```
import http.cookiejar, urllib.request

cookie = http.cookiejar.CookieJar()
handler = urllib.request.HTTPCookieProcessor(cookie)
opener = urllib.request.build_opener(handler)
response = opener.open('http://www.baidu.com')
for item in cookie:
    print(item.name+"="+item.value)
```

首先，我们必须声明一个 CookieJar 对象。接下来，就需要利用 HTTPCookieProcessor 来构建一个 Handler，最后利用 build_opener()方法构建出 Opener，执行 open()函数即可。

运行结果如下：

```
BAIDUID=2E65A683F8A8BA3DF521469DF8EFF1E1:FG=1
BIDUPSID=2E65A683F8A8BA3DF521469DF8EFF1E1
H_PS_PSSID=20987_1421_18282_17949_21122_17001_21227_21189_21161_20927
PSTM=1474900615
BDSVRTM=0
BD_HOME=0
```

可以看到，这里输出了每条 Cookie 的名称和值。

不过既然能输出，那可不可以输出成文件格式呢？我们知道 Cookies 实际上也是以文本形式保存的。

答案当然是肯定的，这里通过下面的实例来看看：

```
filename = 'cookies.txt'
cookie = http.cookiejar.MozillaCookieJar(filename)
handler = urllib.request.HTTPCookieProcessor(cookie)
opener = urllib.request.build_opener(handler)
response = opener.open('http://www.baidu.com')
cookie.save(ignore_discard=True, ignore_expires=True)
```

这时 CookieJar 就需要换成 MozillaCookieJar，它在生成文件时会用到，是 CookieJar 的子类，可以用来处理 Cookies 和文件相关的事件，比如读取和保存 Cookies，可以将 Cookies 保存成 Mozilla 型浏览器的 Cookies 格式。

运行之后，可以发现生成了一个 cookies.txt 文件，其内容如下：

```
# Netscape HTTP Cookie File
# http://curl.haxx.se/rfc/cookie_spec.html
# This is a generated file!  Do not edit.

.baidu.com      TRUE    / FALSE   3622386254    BAIDUID     05AE39B5F56C1DEC474325CDA522D44F:FG=1
.baidu.com      TRUE    / FALSE   3622386254    BIDUPSID    05AE39B5F56C1DEC474325CDA522D44F
.baidu.com      TRUE    / FALSE                 H_PS_PSSID  19638_1453_17710_18240_21091_18560_17001_
                                                            21191_21161
.baidu.com      TRUE    / FALSE   3622386254    PSTM        1474902606
www.baidu.com   FALSE   / FALSE                 BDSVRTM     0
www.baidu.com   FALSE   / FALSE                 BD_HOME     0
```

另外，LWPCookieJar 同样可以读取和保存 Cookies，但是保存的格式和 MozillaCookieJar 不一样，它会保存成 libwww-perl(LWP)格式的 Cookies 文件。

要保存成 LWP 格式的 Cookies 文件，可以在声明时就改为：

```
cookie = http.cookiejar.LWPCookieJar(filename)
```

此时生成的内容如下：

```
#LWP-Cookies-2.0
Set-Cookie3: BAIDUID="0CE9C56F598E69DB375B7C294AE5C591:FG=1"; path="/"; domain=".baidu.com"; path_spec;
    domain_dot; expires="2084-10-14 18:25:19Z"; version=0
Set-Cookie3: BIDUPSID=0CE9C56F598E69DB375B7C294AE5C591; path="/"; domain=".baidu.com"; path_spec; domain_dot;
    expires="2084-10-14 18:25:19Z"; version=0
Set-Cookie3: H_PS_PSSID=20048_1448_18240_17944_21089_21192_21161_20929; path="/"; domain=".baidu.com";
    path_spec; domain_dot; discard; version=0
Set-Cookie3: PSTM=1474902671; path="/"; domain=".baidu.com"; path_spec; domain_dot; expires="2084-10-14
    18:25:19Z"; version=0
Set-Cookie3: BDSVRTM=0; path="/"; domain="www.baidu.com"; path_spec; discard; version=0
Set-Cookie3: BD_HOME=0; path="/"; domain="www.baidu.com"; path_spec; discard; version=0
```

由此看来，生成的格式还是有比较大差异的。

那么，生成了 Cookies 文件后，怎样从文件中读取并利用呢？

下面我们以 LWPCookieJar 格式为例来看一下：

```
cookie = http.cookiejar.LWPCookieJar()
cookie.load('cookies.txt', ignore_discard=True, ignore_expires=True)
handler = urllib.request.HTTPCookieProcessor(cookie)
opener = urllib.request.build_opener(handler)
response = opener.open('http://www.baidu.com')
print(response.read().decode('utf-8'))
```

可以看到，这里调用 load()方法来读取本地的 Cookies 文件，获取到了 Cookies 的内容。不过前提是我们首先生成了 LWPCookieJar 格式的 Cookies，并保存成文件，然后读取 Cookies 之后使用同样的方法构建 Handler 和 Opener 即可完成操作。

运行结果正常的话，会输出百度网页的源代码。

通过上面的方法，我们可以实现绝大多数请求功能的设置了。

这便是 urllib 库中 request 模块的基本用法，如果想实现更多的功能，可以参考官方文档的说明：https://docs.python.org/3/library/urllib.request.html#basehandler-objects。

3.1.2　处理异常

前一节我们了解了请求的发送过程，但是在网络不好的情况下，如果出现了异常，该怎么办呢？这时如果不处理这些异常，程序很可能因报错而终止运行，所以异常处理还是十分有必要的。

urllib 的 error 模块定义了由 request 模块产生的异常。如果出现了问题，request 模块便会抛出 error 模块中定义的异常。

1. URLError

URLError 类来自 urllib 库的 error 模块，它继承自 OSError 类，是 error 异常模块的基类，由 request 模块产生的异常都可以通过捕获这个类来处理。

它具有一个属性 reason，即返回错误的原因。

下面用一个实例来看一下：

```
from urllib import request, error
try:
    response = request.urlopen('https://cuiqingcai.com/index.htm')
except error.URLError as e:
    print(e.reason)
```

我们打开一个不存在的页面，照理来说应该会报错，但是这时我们捕获了 URLError 这个异常，运行结果如下：

```
Not Found
```

程序没有直接报错，而是输出了如上内容，这样通过如上操作，我们就可以避免程序异常终止，同时异常得到了有效处理。

2. HTTPError

它是 URLError 的子类，专门用来处理 HTTP 请求错误，比如认证请求失败等。它有如下 3 个属性。

- **code**：返回 HTTP 状态码，比如 404 表示网页不存在，500 表示服务器内部错误等。

- **reason**：同父类一样，用于返回错误的原因。
- **headers**：返回请求头。

下面我们用几个实例来看看：

```
from urllib import request,error
try:
    response = request.urlopen('https://cuiqingcai.com/index.htm')
except error.HTTPError as e:
    print(e.reason, e.code, e.headers, seq='\n')
```

运行结果如下：

```
Not Found
404
Server: nginx/1.4.6 (Ubuntu)
Date: Wed, 03 Aug 2016 08:54:22 GMT
Content-Type: text/html; charset=UTF-8
Transfer-Encoding: chunked
Connection: close
X-Powered-By: PHP/5.5.9-1ubuntu4.14
Vary: Cookie
Expires: Wed, 11 Jan 1984 05:00:00 GMT
Cache-Control: no-cache, must-revalidate, max-age=0
Pragma: no-cache
Link: <https://cuiqingcai.com/wp-json/>; rel="https://api.w.org/"
```

依然是同样的网址，这里捕获了 HTTPError 异常，输出了 reason、code 和 headers 属性。

因为 URLError 是 HTTPError 的父类，所以可以先选择捕获子类的错误，再去捕获父类的错误，所以上述代码更好的写法如下：

```
from urllib import request, error

try:
    response = request.urlopen('https://cuiqingcai.com/index.htm')
except error.HTTPError as e:
    print(e.reason, e.code, e.headers, sep='\n')
except error.URLError as e:
    print(e.reason)
else:
    print('Request Successfully')
```

这样就可以做到先捕获 HTTPError，获取它的错误状态码、原因、headers 等信息。如果不是 HTTPError 异常，就会捕获 URLError 异常，输出错误原因。最后，用 else 来处理正常的逻辑。这是一个较好的异常处理写法。

有时候，reason 属性返回的不一定是字符串，也可能是一个对象。再看下面的实例：

```
import socket
import urllib.request
import urllib.error

try:
    response = urllib.request.urlopen('https://www.baidu.com', timeout=0.01)
except urllib.error.URLError as e:
    print(type(e.reason))
    if isinstance(e.reason, socket.timeout):
        print('TIME OUT')
```

这里我们直接设置超时时间来强制抛出 timeout 异常。

运行结果如下：

```
<class 'socket.timeout'>
TIME OUT
```

可以发现，reason 属性的结果是 socket.timeout 类。所以，这里我们可以用 isinstance()方法来判断它的类型，作出更详细的异常判断。

本节中，我们讲述了 error 模块的相关用法，通过合理地捕获异常可以做出更准确的异常判断，使程序更加稳健。

3.1.3　解析链接

前面说过，urllib 库里还提供了 parse 模块，它定义了处理 URL 的标准接口，例如实现 URL 各部分的抽取、合并以及链接转换。它支持如下协议的 URL 处理：file、ftp、gopher、hdl、http、https、imap、mailto、mms、news、nntp、prospero、rsync、rtsp、rtspu、sftp、sip、sips、snews、svn、svn+ssh、telnet 和 wais。本节中，我们介绍一下该模块中常用的方法来看一下它的便捷之处。

1. urlparse()

该方法可以实现 URL 的识别和分段，这里先用一个实例来看一下：

```
from urllib.parse import urlparse

result = urlparse('http://www.baidu.com/index.html;user?id=5#comment')
print(type(result), result)
```

这里我们利用 urlparse()方法进行了一个 URL 的解析。首先，输出了解析结果的类型，然后将结果也输出出来。

运行结果如下：

```
<class 'urllib.parse.ParseResult'>
ParseResult(scheme='http', netloc='www.baidu.com', path='/index.html', params='user', query='id=5',
    fragment='comment')
```

可以看到，返回结果是一个 ParseResult 类型的对象，它包含 6 个部分，分别是 scheme、netloc、path、params、query 和 fragment。

观察一下该实例的 URL：

```
http://www.baidu.com/index.html;user?id=5#comment
```

可以发现，urlparse()方法将其拆分成了 6 个部分。大体观察可以发现，解析时有特定的分隔符。比如，://前面的就是 scheme，代表协议；第一个/符号前面便是 netloc，即域名，后面是 path，即访问路径；分号;后面是 params，代表参数；问号?后面是查询条件 query，一般用作 GET 类型的 URL；井号#后面是锚点，用于直接定位页面内部的下拉位置。

所以，可以得出一个标准的链接格式，具体如下：

```
scheme://netloc/path;params?query#fragment
```

一个标准的 URL 都会符合这个规则，利用 urlparse()方法可以将它拆分开来。

除了这种最基本的解析方式外，urlparse()方法还有其他配置吗？接下来，看一下它的 API 用法：

```
urllib.parse.urlparse(urlstring, scheme='', allow_fragments=True)
```

可以看到，它有 3 个参数。

- **urlstring**：这是必填项，即待解析的 URL。
- **scheme**：它是默认的协议（比如 http 或 https 等）。假如这个链接没有带协议信息，会将这个作为默认的协议。我们用实例来看一下：

  ```
  from urllib.parse import urlparse

  result = urlparse('www.baidu.com/index.html;user?id=5#comment', scheme='https')
  print(result)
  ```

  运行结果如下：

  ```
  ParseResult(scheme='https', netloc='', path='www.baidu.com/index.html', params='user', query='id=5',
      fragment='comment')
  ```

  可以发现，我们提供的 URL 没有包含最前面的 scheme 信息，但是通过指定默认的 scheme 参数，返回的结果是 https。

  假设我们带上了 scheme：

  ```
  result = urlparse('http://www.baidu.com/index.html;user?id=5#comment', scheme='https')
  ```

  则结果如下：

  ```
  ParseResult(scheme='http', netloc='www.baidu.com', path='/index.html', params='user', query='id=5',
      fragment='comment')
  ```

  可见，scheme 参数只有在 URL 中不包含 scheme 信息时才生效。如果 URL 中有 scheme 信息，就会返回解析出的 scheme。

- **allow_fragments**：即是否忽略 fragment。如果它被设置为 False，fragment 部分就会被忽略，它会被解析为 path、parameters 或者 query 的一部分，而 fragment 部分为空。

下面我们用实例来看一下：

```
from urllib.parse import urlparse

result = urlparse('http://www.baidu.com/index.html;user?id=5#comment', allow_fragments=False)
print(result)
```

运行结果如下：

```
ParseResult(scheme='http', netloc='www.baidu.com', path='/index.html', params='user', query='id=5#comment',
    fragment='')
```

假设 URL 中不包含 params 和 query，我们再通过实例看一下：

```
from urllib.parse import urlparse

result = urlparse('http://www.baidu.com/index.html#comment', allow_fragments=False)
print(result)
```

运行结果如下：

```
ParseResult(scheme='http', netloc='www.baidu.com', path='/index.html#comment', params='', query='', fragment='')
```

可以发现，当 URL 中不包含 params 和 query 时，fragment 便会被解析为 path 的一部分。

返回结果 ParseResult 实际上是一个元组，我们可以用索引顺序来获取，也可以用属性名获取。示例如下：

```
from urllib.parse import urlparse

result = urlparse('http://www.baidu.com/index.html#comment', allow_fragments=False)
print(result.scheme, result[0], result.netloc, result[1], sep='\n')
```

这里我们分别用索引和属性名获取了 scheme 和 netloc，其运行结果如下：

```
http
http
www.baidu.com
www.baidu.com
```

可以发现，二者的结果是一致的，两种方法都可以成功获取。

2. urlunparse()

有了 urlparse()，相应地就有了它的对立方法 urlunparse()。它接受的参数是一个可迭代对象，但是它的长度必须是 6，否则会抛出参数数量不足或者过多的问题。先用一个实例看一下：

```
from urllib.parse import urlunparse

data = ['http', 'www.baidu.com', 'index.html', 'user', 'a=6', 'comment']
print(urlunparse(data))
```

这里参数 data 用了列表类型。当然，你也可以用其他类型，比如元组或者特定的数据结构。

运行结果如下：

```
http://www.baidu.com/index.html;user?a=6#comment
```

这样我们就成功实现了 URL 的构造。

3. urlsplit()

这个方法和 urlparse()方法非常相似，只不过它不再单独解析 params 这一部分，只返回 5 个结果。上面例子中的 params 会合并到 path 中。示例如下：

```
from urllib.parse import urlsplit

result = urlsplit('http://www.baidu.com/index.html;user?id=5#comment')
    print(result)
```

运行结果如下：

```
SplitResult(scheme='http', netloc='www.baidu.com', path='/index.html;user', query='id=5',
    fragment='comment')
```

可以发现，返回结果是 SplitResult，它其实也是一个元组类型，既可以用属性获取值，也可以用索引来获取。示例如下：

```
from urllib.parse import urlsplit

result = urlsplit('http://www.baidu.com/index.html;user?id=5#comment')
print(result.scheme, result[0])
```

运行结果如下：

```
http http
```

4. urlunsplit()

与 urlunparse()类似，它也是将链接各个部分组合成完整链接的方法，传入的参数也是一个可迭代对象，例如列表、元组等，唯一的区别是长度必须为 5。示例如下：

```
from urllib.parse import urlunsplit

data = ['http', 'www.baidu.com', 'index.html', 'a=6', 'comment']
print(urlunsplit(data))
```

运行结果如下：

```
http://www.baidu.com/index.html?a=6#comment
```

5. urljoin()

有了 urlunparse()和 urlunsplit()方法，我们可以完成链接的合并，不过前提必须要有特定长度的对象，链接的每一部分都要清晰分开。

此外，生成链接还有另一个方法，那就是 urljoin()方法。我们可以提供一个 base_url（基础链接）作为第一个参数，将新的链接作为第二个参数，该方法会分析 base_url 的 scheme、netloc 和 path 这 3 个内容并对新链接缺失的部分进行补充，最后返回结果。

下面通过几个实例看一下：

```
from urllib.parse import urljoin

print(urljoin('http://www.baidu.com', 'FAQ.html'))
print(urljoin('http://www.baidu.com', 'https://cuiqingcai.com/FAQ.html'))
print(urljoin('http://www.baidu.com/about.html', 'https://cuiqingcai.com/FAQ.html'))
print(urljoin('http://www.baidu.com/about.html', 'https://cuiqingcai.com/FAQ.html?question=2'))
print(urljoin('http://www.baidu.com?wd=abc', 'https://cuiqingcai.com/index.php'))
print(urljoin('http://www.baidu.com', '?category=2#comment'))
print(urljoin('www.baidu.com', '?category=2#comment'))
print(urljoin('www.baidu.com#comment', '?category=2'))
```

运行结果如下：

```
http://www.baidu.com/FAQ.html
https://cuiqingcai.com/FAQ.html
https://cuiqingcai.com/FAQ.html
https://cuiqingcai.com/FAQ.html?question=2
https://cuiqingcai.com/index.php
http://www.baidu.com?category=2#comment
www.baidu.com?category=2#comment
www.baidu.com?category=2
```

可以发现，base_url 提供了三项内容 scheme、netloc 和 path。如果这 3 项在新的链接里不存在，就予以补充；如果新的链接存在，就使用新的链接的部分。而 base_url 中的 params、query 和 fragment 是不起作用的。

通过 urljoin()方法，我们可以轻松实现链接的解析、拼合与生成。

6. urlencode()

这里我们再介绍一个常用的方法——urlencode()，它在构造 GET 请求参数的时候非常有用，示例如下：

```
from urllib.parse import urlencode

params = {
    'name': 'germey',
    'age': 22
}
base_url = 'http://www.baidu.com?'
url = base_url + urlencode(params)
print(url)
```

这里首先声明了一个字典来将参数表示出来，然后调用 urlencode()方法将其序列化为 GET 请求参数。

运行结果如下：

```
http://www.baidu.com?name=germey&age=22
```

可以看到，参数就成功地由字典类型转化为 GET 请求参数了。

这个方法非常常用。有时为了更加方便地构造参数，我们会事先用字典来表示。要转化为 URL 的参数时，只需要调用该方法即可。

7. parse_qs()

有了序列化，必然就有反序列化。如果我们有一串 GET 请求参数，利用 parse_qs()方法，就可以将它转回字典，示例如下：

```
from urllib.parse import parse_qs

query = 'name=germey&age=22'
print(parse_qs(query))
```

运行结果如下：

```
{'name': ['germey'], 'age': ['22']}
```

可以看到，这样就成功转回为字典类型了。

8. parse_qsl()

另外，还有一个 parse_qsl()方法，它用于将参数转化为元组组成的列表，示例如下：

```
from urllib.parse import parse_qsl

query = 'name=germey&age=22'
print(parse_qsl(query))
```

运行结果如下：

```
[('name', 'germey'), ('age', '22')]
```

可以看到，运行结果是一个列表，而列表中的每一个元素都是一个元组，元组的第一个内容是参数名，第二个内容是参数值。

9. quote()

该方法可以将内容转化为 URL 编码的格式。URL 中带有中文参数时，有时可能会导致乱码的问题，此时用这个方法可以将中文字符转化为 URL 编码，示例如下：

```
from urllib.parse import quote

keyword = '壁纸'
url = 'https://www.baidu.com/s?wd=' + quote(keyword)
print(url)
```

这里我们声明了一个中文的搜索文字，然后用 quote()方法对其进行 URL 编码，最后得到的结果如下：

```
https://www.baidu.com/s?wd=%E5%A3%81%E7%BA%B8
```

10. unquote()

有了 quote()方法，当然还有 unquote()方法，它可以进行 URL 解码，示例如下：

```
from urllib.parse import unquote

url = 'https://www.baidu.com/s?wd=%E5%A3%81%E7%BA%B8'
print(unquote(url))
```

这是上面得到的 URL 编码后的结果，这里利用 unquote()方法还原，结果如下：

```
https://www.baidu.com/s?wd=壁纸
```

可以看到，利用 unquote()方法可以方便地实现解码。

本节中，我们介绍了 parse 模块的一些常用 URL 处理方法。有了这些方法，我们可以方便地实现 URL 的解析和构造，建议熟练掌握。

3.1.4 分析 Robots 协议

利用 urllib 的 robotparser 模块，我们可以实现网站 Robots 协议的分析。本节中，我们来简单了解一下该模块的用法。

1. Robots 协议

Robots 协议也称作爬虫协议、机器人协议，它的全名叫作网络爬虫排除标准（Robots Exclusion Protocol），用来告诉爬虫和搜索引擎哪些页面可以抓取，哪些不可以抓取。它通常是一个叫作 robots.txt 的文本文件，一般放在网站的根目录下。

当搜索爬虫访问一个站点时，它首先会检查这个站点根目录下是否存在 robots.txt 文件，如果存在，搜索爬虫会根据其中定义的爬取范围来爬取。如果没有找到这个文件，搜索爬虫便会访问所有可直接访问的页面。

下面我们看一个 robots.txt 的样例：

```
User-agent: *
Disallow: /
Allow: /public/
```

这实现了对所有搜索爬虫只允许爬取 public 目录的功能，将上述内容保存成 robots.txt 文件，放在网站的根目录下，和网站的入口文件（比如 index.php、index.html 和 index.jsp 等）放在一起。

上面的 User-agent 描述了搜索爬虫的名称，这里将其设置为*则代表该协议对任何爬取爬虫有效。比如，我们可以设置：

```
User-agent: Baiduspider
```

这就代表我们设置的规则对百度爬虫是有效的。如果有多条 User-agent 记录，则就会有多个爬虫会受到爬取限制，但至少需要指定一条。

Disallow 指定了不允许抓取的目录，比如上例子中设置为/则代表不允许抓取所有页面。

Allow 一般和 Disallow 一起使用，一般不会单独使用，用来排除某些限制。现在我们设置为 /public/，则表示所有页面不允许抓取，但可以抓取 public 目录。

下面我们再来看几个例子。禁止所有爬虫访问任何目录的代码如下：

```
User-agent: *
Disallow: /
```

允许所有爬虫访问任何目录的代码如下：

```
User-agent: *
Disallow:
```

另外，直接把 robots.txt 文件留空也是可以的。

禁止所有爬虫访问网站某些目录的代码如下：

```
User-agent: *
Disallow: /private/
Disallow: /tmp/
```

只允许某一个爬虫访问的代码如下：

```
User-agent: WebCrawler
Disallow:
User-agent: *
Disallow: /
```

这些是 robots.txt 的一些常见写法。

2. 爬虫名称

大家可能会疑惑，爬虫名是哪儿来的？为什么就叫这个名？其实它是有固定名字的了，比如百度的就叫作 BaiduSpider。表 3-1 列出了一些常见的搜索爬虫的名称及对应的网站。

表 3-1　一些常见搜索爬虫的名称及其对应的网站

爬虫名称	名　称	网　站
BaiduSpider	百度	www.baidu.com
Googlebot	谷歌	www.google.com
360Spider	360 搜索	www.so.com
YodaoBot	有道	www.youdao.com
ia_archiver	Alexa	www.alexa.cn
Scooter	altavista	www.altavista.com

3. robotparser

了解 Robots 协议之后，我们就可以使用 robotparser 模块来解析 robots.txt 了。该模块提供了一个类 RobotFileParser，它可以根据某网站的 robots.txt 文件来判断一个爬取爬虫是否有权限来爬取这个网页。

该类用起来非常简单，只需要在构造方法里传入 robots.txt 的链接即可。首先看一下它的声明：

```
urllib.robotparser.RobotFileParser(url='')
```

当然，也可以在声明时不传入，默认为空，最后再使用 set_url()方法设置一下也可。

下面列出了这个类常用的几个方法。

- **set_url()**：用来设置 robots.txt 文件的链接。如果在创建 RobotFileParser 对象时传入了链接，那么就不需要再使用这个方法设置了。
- **read()**：读取 robots.txt 文件并进行分析。注意，这个方法执行一个读取和分析操作，如果不调用这个方法，接下来的判断都会为 False，所以一定记得调用这个方法。这个方法不会返回任何内容，但是执行了读取操作。
- **parse()**：用来解析 robots.txt 文件，传入的参数是 robots.txt 某些行的内容，它会按照 robots.txt 的语法规则来分析这些内容。
- **can_fetch()**：该方法传入两个参数，第一个是 User-agent，第二个是要抓取的 URL。返回的内容是该搜索引擎是否可以抓取这个 URL，返回结果是 True 或 False。
- **mtime()**：返回的是上次抓取和分析 robots.txt 的时间，这对于长时间分析和抓取的搜索爬虫是很有必要的，你可能需要定期检查来抓取最新的 robots.txt。
- **modified()**：它同样对长时间分析和抓取的搜索爬虫很有帮助，将当前时间设置为上次抓取和分析 robots.txt 的时间。

下面我们用实例来看一下：

```
from urllib.robotparser import RobotFileParser

rp = RobotFileParser()
rp.set_url('http://www.jianshu.com/robots.txt')
rp.read()
print(rp.can_fetch('*', 'http://www.jianshu.com/p/b67554025d7d'))
print(rp.can_fetch('*', "http://www.jianshu.com/search?q=python&page=1&type=collections"))
```

这里以简书为例，首先创建 RobotFileParser 对象，然后通过 set_url()方法设置了 robots.txt 的链接。当然，不用这个方法的话，可以在声明时直接用如下方法设置：

```
rp = RobotFileParser('http://www.jianshu.com/robots.txt')
```

接着利用 can_fetch()方法判断了网页是否可以被抓取。

运行结果如下：

```
True
False
```

这里同样可以使用 parse()方法执行读取和分析，示例如下：

```
from urllib.robotparser import RobotFileParser
from urllib.request import urlopen

rp = RobotFileParser()
rp.parse(urlopen('http://www.jianshu.com/robots.txt').read().decode('utf-8').split('\n'))
print(rp.can_fetch('*', 'http://www.jianshu.com/p/b67554025d7d'))
print(rp.can_fetch('*', "http://www.jianshu.com/search?q=python&page=1&type=collections"))
```

运行结果一样：

```
True
False
```

本节介绍了 robotparser 模块的基本用法和实例，利用它，我们可以方便地判断哪些页面可以抓取，哪些页面不可以抓取。

3.2 使用 requests

上一节中，我们了解了 urllib 的基本用法，但是其中确实有不方便的地方，比如处理网页验证和 Cookies 时，需要写 Opener 和 Handler 来处理。为了更加方便地实现这些操作，就有了更为强大的库 requests，有了它，Cookies、登录验证、代理设置等操作都不是事儿。

接下来，让我们领略一下它的强大之处吧。

3.2.1 基本用法

1. 准备工作

在开始之前，请确保已经正确安装好了 requests 库。如果没有安装，可以参考 1.2.1 节安装。

2. 实例引入

urllib 库中的 urlopen()方法实际上是以 GET 方式请求网页，而 requests 中相应的方法就是 get()方法，是不是感觉表达更明确一些？下面通过实例来看一下：

```
import requests

r = requests.get('https://www.baidu.com/')
print(type(r))
print(r.status_code)
print(type(r.text))
print(r.text)
print(r.cookies)
```

运行结果如下：

```
<class 'requests.models.Response'>
200
<class 'str'>
<html>
<head>
<script>
        location.replace(location.href.replace("https://","http://"));
</script>
</head>
<body>
```

```
<noscript><meta http-equiv="refresh" content="0;url=http://www.baidu.com/"></noscript>
</body>
</html>
<RequestsCookieJar[<Cookie BIDUPSID=992C3B26F4C4D09505C5E959D5FBC005 for .baidu.com/>, <Cookie
    PSTM=1472227535 for .baidu.com/>, <Cookie __bsi=15304754498609545148_00_40_N_N_2_0303_C02F_N_N_N_0
    for .www.baidu.com/>, <Cookie BD_NOT_HTTPS=1 for www.baidu.com/>]>
```

这里我们调用 get()方法实现与 urlopen()相同的操作，得到一个 Response 对象，然后分别输出了 Response 的类型、状态码、响应体的类型、内容以及 Cookies。

通过运行结果可以发现，它的返回类型是 requests.models.Response，响应体的类型是字符串 str，Cookies 的类型是 RequestsCookieJar。

使用 get()方法成功实现一个 GET 请求，这倒不算什么，更方便之处在于其他的请求类型依然可以用一句话来完成，示例如下：

```
r = requests.post('http://httpbin.org/post')
r = requests.put('http://httpbin.org/put')
r = requests.delete('http://httpbin.org/delete')
r = requests.head('http://httpbin.org/get')
r = requests.options('http://httpbin.org/get')
```

这里分别用 post()、put()、delete()等方法实现了 POST、PUT、DELETE 等请求。是不是比 urllib 简单太多了？

其实这只是冰山一角，更多的还在后面。

3. GET 请求

HTTP 中最常见的请求之一就是 GET 请求，下面首先来详细了解一下利用 requests 构建 GET 请求的方法。

- **基本实例**

首先，构建一个最简单的 GET 请求，请求的链接为 http://httpbin.org/get，该网站会判断如果客户端发起的是 GET 请求的话，它返回相应的请求信息：

```
import requests

r = requests.get('http://httpbin.org/get')
print(r.text)
```

运行结果如下：

```
{
  "args": {},
  "headers": {
    "Accept": "*/*",
    "Accept-Encoding": "gzip, deflate",
    "Host": "httpbin.org",
    "User-Agent": "python-requests/2.10.0"
  },
  "origin": "122.4.215.33",
  "url": "http://httpbin.org/get"
}
```

可以发现，我们成功发起了GET请求，返回结果中包含请求头、URL、IP等信息。

那么，对于GET请求，如果要附加额外的信息，一般怎样添加呢？比如现在想添加两个参数，其中name是germey，age是22。要构造这个请求链接，是不是要直接写成：

```
r = requests.get('http://httpbin.org/get?name=germey&age=22')
```

这样也可以，但是是不是有点不人性化呢？一般情况下，这种信息数据会用字典来存储。那么，怎样来构造这个链接呢？

这同样很简单，利用params这个参数就好了，示例如下：

```
import requests

data = {
    'name': 'germey',
    'age': 22
}
r = requests.get("http://httpbin.org/get", params=data)
print(r.text)
```

运行结果如下：

```
{
  "args": {
    "age": "22",
    "name": "germey"
  },
  "headers": {
    "Accept": "*/*",
    "Accept-Encoding": "gzip, deflate",
    "Host": "httpbin.org",
    "User-Agent": "python-requests/2.10.0"
  },
  "origin": "122.4.215.33",
  "url": "http://httpbin.org/get?age=22&name=germey"
}
```

通过运行结果可以判断，请求的链接自动被构造成了：http://httpbin.org/get?age=22&name=germey。

另外，网页的返回类型实际上是str类型，但是它很特殊，是JSON格式的。所以，如果想直接解析返回结果，得到一个字典格式的话，可以直接调用json()方法。示例如下：

```
import requests

r = requests.get("http://httpbin.org/get")
print(type(r.text))
print(r.json())
print(type(r.json()))
```

运行结果如下：

```
<class 'str'>
{'headers': {'Accept-Encoding': 'gzip, deflate', 'Accept': '*/*', 'Host': 'httpbin.org', 'User-Agent':
    'python-requests/2.10.0'}, 'url': 'http://httpbin.org/get', 'args': {}, 'origin': '182.33.248.131'}
<class 'dict'>
```

可以发现，调用json()方法，就可以将返回结果是JSON格式的字符串转化为字典。

但需要注意的是，如果返回结果不是 JSON 格式，便会出现解析错误，抛出 json.decoder.JSONDecodeError 异常。

● **抓取网页**

上面的请求链接返回的是 JSON 形式的字符串，那么如果请求普通的网页，则肯定能获得相应的内容了。下面以“知乎”→“发现”页面为例来看一下：

```
import requests
import re

headers = {
    'User-Agent': 'Mozilla/5.0 (Macintosh; Intel Mac OS X 10_11_4) AppleWebKit/537.36 (KHTML, like Gecko)
        Chrome/52.0.2743.116 Safari/537.36'
}
r = requests.get("https://www.zhihu.com/explore", headers=headers)
pattern = re.compile('explore-feed.*?question_link.*?>(.*?)</a>', re.S)
titles = re.findall(pattern, r.text)
print(titles)
```

这里我们加入了 headers 信息，其中包含了 User-Agent 字段信息，也就是浏览器标识信息。如果不加这个，知乎会禁止抓取。

接下来我们用到了最基础的正则表达式来匹配出所有的问题内容。关于正则表达式的相关内容，我们会在 3.3 节中详细介绍，这里作为实例来配合讲解。

运行结果如下：

```
['\n 为什么很多人喜欢提及「拉丁语系」这个词？\n', '\n 在没有水的情况下水系宝可梦如何战斗？\n', '\n 有哪些经
    验可以送给 Kindle 新人？\n', '\n 谷歌的广告业务是如何赚钱的？\n', '\n 程序员该学习什么，能在上学期间挣
    钱？\n', '\n 有哪些原本只是一个小消息，但回看发现是个惊天大新闻的例子？\n', '\n 如何评价今敏？\n', '\n
    源氏是怎么把那么长的刀从背后拔出来的？\n', '\n 年轻时得了绝症或大病是怎样的感受？\n', '\n 年轻时得了绝
    症或大病是怎样的感受？\n']
```

我们发现，这里成功提取出了所有的问题内容。

● **抓取二进制数据**

在上面的例子中，我们抓取的是知乎的一个页面，实际上它返回的是一个 HTML 文档。如果想抓去图片、音频、视频等文件，应该怎么办呢？

图片、音频、视频这些文件本质上都是由二进制码组成的，由于有特定的保存格式和对应的解析方式，我们才可以看到这些形形色色的多媒体。所以，想要抓取它们，就要拿到它们的二进制码。

下面以 GitHub 的站点图标为例来看一下：

```
import requests

r = requests.get("https://github.com/favicon.ico")
print(r.text)
print(r.content)
```

这里抓取的内容是站点图标，也就是在浏览器每一个标签上显示的小图标，如图 3-3 所示。

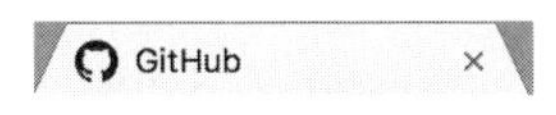

图 3-3 站点图标

这里打印了 Response 对象的两个属性，一个是 text，另一个是 content。

运行结果如图 3-4 所示，其中前两行是 r.text 的结果，最后一行是 r.content 的结果。

图 3-4　运行结果

可以注意到，前者出现了乱码，后者结果前带有一个 b，这代表是 bytes 类型的数据。由于图片是二进制数据，所以前者在打印时转化为 str 类型，也就是图片直接转化为字符串，这理所当然会出现乱码。

接着，我们将刚才提取到的图片保存下来：

```
import requests

r = requests.get("https://github.com/favicon.ico")
with open('favicon.ico', 'wb') as f:
    f.write(r.content)
```

这里用了 open()方法，它的第一个参数是文件名称，第二个参数代表以二进制写的形式打开，可以向文件里写入二进制数据。

运行结束之后，可以发现在文件夹中出现了名为 favicon.ico 的图标，如图 3-5 所示。

图 3-5　图标

同样地，音频和视频文件也可以用这种方法获取。

- **添加 headers**

与 urllib.request 一样，我们也可以通过 headers 参数来传递头信息。

比如，在上面“知乎”的例子中，如果不传递 headers，就不能正常请求：

```
import requests

r = requests.get("https://www.zhihu.com/explore")
print(r.text)
```

运行结果如下：

```
<html><body><h1>500 Server Error</h1>
An internal server error occured.
</body></html>
```

但如果加上 headers 并加上 User-Agent 信息，那就没问题了：

```
import requests

headers = {
    'User-Agent': 'Mozilla/5.0 (Macintosh; Intel Mac OS X 10_11_4) AppleWebKit/537.36 (KHTML, like Gecko)
```

```
        Chrome/52.0.2743.116 Safari/537.36'
}
r = requests.get("https://www.zhihu.com/explore", headers=headers)
print(r.text)
```

当然，我们可以在 headers 这个参数中任意添加其他的字段信息。

4. POST 请求

前面我们了解了最基本的 GET 请求，另外一种比较常见的请求方式是 POST。使用 requests 实现 POST 请求同样非常简单，示例如下：

```
import requests

data = {'name': 'germey', 'age': '22'}
r = requests.post("http://httpbin.org/post", data=data)
print(r.text)
```

这里还是请求 http://httpbin.org/post，该网站可以判断如果请求是 POST 方式，就把相关请求信息返回。

运行结果如下：

```
{
  "args": {},
  "data": "",
  "files": {},
  "form": {
    "age": "22",
    "name": "germey"
  },
  "headers": {
    "Accept": "*/*",
    "Accept-Encoding": "gzip, deflate",
    "Content-Length": "18",
    "Content-Type": "application/x-www-form-urlencoded",
    "Host": "httpbin.org",
    "User-Agent": "python-requests/2.10.0"
  },
  "json": null,
  "origin": "182.33.248.131",
  "url": "http://httpbin.org/post"
}
```

可以发现，我们成功获得了返回结果，其中 form 部分就是提交的数据，这就证明 POST 请求成功发送了。

5. 响应

发送请求后，得到的自然就是响应。在上面的实例中，我们使用 text 和 content 获取了响应的内容。此外，还有很多属性和方法可以用来获取其他信息，比如状态码、响应头、Cookies 等。示例如下：

```
import requests

r = requests.get('http://www.jianshu.com')
print(type(r.status_code), r.status_code)
print(type(r.headers), r.headers)
print(type(r.cookies), r.cookies)
```

```
print(type(r.url), r.url)
print(type(r.history), r.history)
```

这里分别打印输出 status_code 属性得到状态码，输出 headers 属性得到响应头，输出 cookies 属性得到 Cookies，输出 url 属性得到 URL，输出 history 属性得到请求历史。

运行结果如下：

```
<class 'int'> 200
<class 'requests.structures.CaseInsensitiveDict'> {'X-Runtime': '0.006363', 'Connection': 'keep-alive',
    'Content-Type': 'text/html; charset=utf-8', 'X-Content-Type-Options': 'nosniff', 'Date': 'Sat, 27 Aug
    2016 17:18:51 GMT', 'Server': 'nginx', 'X-Frame-Options': 'DENY', 'Content-Encoding': 'gzip', 'Vary':
    'Accept-Encoding', 'ETag': 'W/"3abda885e0e123bfde06d9b61e696159"', 'X-XSS-Protection': '1; mode=block',
    'X-Request-Id': 'a8a3c4d5-f660-422f-8df9-49719dd9b5d4', 'Transfer-Encoding': 'chunked', 'Set-Cookie':
    'read_mode=day; path=/, default_font=font2; path=/, _session_id=xxx; path=/; HttpOnly', 'Cache-Control':
    'max-age=0, private, must-revalidate'}
    <class 'requests.cookies.RequestsCookieJar'><RequestsCookieJar[<Cookie _session_id=xxx for
    www.jianshu.com/>, <Cookie default_font=font2 for www.jianshu.com/>, <Cookie read_mode=day for
    www.jianshu.com/>]>
<class 'str'> http://www.jianshu.com/
<class 'list'> []
```

因为 session_id 过长，在此简写。可以看到，headers 和 cookies 这两个属性得到的结果分别是 CaseInsensitiveDict 和 RequestsCookieJar 类型。

状态码常用来判断请求是否成功，而 requests 还提供了一个内置的状态码查询对象 requests.codes，示例如下：

```
import requests

r = requests.get('http://www.jianshu.com')
exit() if not r.status_code == requests.codes.ok else print('Request Successfully')
```

这里通过比较返回码和内置的成功的返回码，来保证请求得到了正常响应，输出成功请求的消息，否则程序终止，这里我们用 requests.codes.ok 得到的是成功的状态码 200。

那么，肯定不能只有 ok 这个条件码。下面列出了返回码和相应的查询条件：

```
# 信息性状态码
100: ('continue',),
101: ('switching_protocols',),
102: ('processing',),
103: ('checkpoint',),
122: ('uri_too_long', 'request_uri_too_long'),

# 成功状态码
200: ('ok', 'okay', 'all_ok', 'all_okay', 'all_good', '\\o/', '✓'),
201: ('created',),
202: ('accepted',),
203: ('non_authoritative_info', 'non_authoritative_information'),
204: ('no_content',),
205: ('reset_content', 'reset'),
206: ('partial_content', 'partial'),
207: ('multi_status', 'multiple_status', 'multi_stati', 'multiple_stati'),
208: ('already_reported',),
226: ('im_used',),

# 重定向状态码
300: ('multiple_choices',),
```

```
301: ('moved_permanently', 'moved', '\\o-'),
302: ('found',),
303: ('see_other', 'other'),
304: ('not_modified',),
305: ('use_proxy',),
306: ('switch_proxy',),
307: ('temporary_redirect', 'temporary_moved', 'temporary'),
308: ('permanent_redirect',
      'resume_incomplete', 'resume',), # These 2 to be removed in 3.0

# 客户端错误状态码
400: ('bad_request', 'bad'),
401: ('unauthorized',),
402: ('payment_required', 'payment'),
403: ('forbidden',),
404: ('not_found', '-o-'),
405: ('method_not_allowed', 'not_allowed'),
406: ('not_acceptable',),
407: ('proxy_authentication_required', 'proxy_auth', 'proxy_authentication'),
408: ('request_timeout', 'timeout'),
409: ('conflict',),
410: ('gone',),
411: ('length_required',),
412: ('precondition_failed', 'precondition'),
413: ('request_entity_too_large',),
414: ('request_uri_too_large',),
415: ('unsupported_media_type', 'unsupported_media', 'media_type'),
416: ('requested_range_not_satisfiable', 'requested_range', 'range_not_satisfiable'),
417: ('expectation_failed',),
418: ('im_a_teapot', 'teapot', 'i_am_a_teapot'),
421: ('misdirected_request',),
422: ('unprocessable_entity', 'unprocessable'),
423: ('locked',),
424: ('failed_dependency', 'dependency'),
425: ('unordered_collection', 'unordered'),
426: ('upgrade_required', 'upgrade'),
428: ('precondition_required', 'precondition'),
429: ('too_many_requests', 'too_many'),
431: ('header_fields_too_large', 'fields_too_large'),
444: ('no_response', 'none'),
449: ('retry_with', 'retry'),
450: ('blocked_by_windows_parental_controls', 'parental_controls'),
451: ('unavailable_for_legal_reasons', 'legal_reasons'),
499: ('client_closed_request',),

# 服务端错误状态码
500: ('internal_server_error', 'server_error', '/o\\', '✗'),
501: ('not_implemented',),
502: ('bad_gateway',),
503: ('service_unavailable', 'unavailable'),
504: ('gateway_timeout',),
505: ('http_version_not_supported', 'http_version'),
506: ('variant_also_negotiates',),
507: ('insufficient_storage',),
509: ('bandwidth_limit_exceeded', 'bandwidth'),
510: ('not_extended',),
511: ('network_authentication_required', 'network_auth', 'network_authentication')
```

比如，如果想判断结果是不是 404 状态，可以用 requests.codes.not_found 来比对。

3.2.2　高级用法

在前一节中，我们了解了 requests 的基本用法，如基本的 GET、POST 请求以及 Response 对象。本节中，我们再来了解下 requests 的一些高级用法，如文件上传、Cookies 设置、代理设置等。

1. 文件上传

我们知道 requests 可以模拟提交一些数据。假如有的网站需要上传文件，我们也可以用它来实现，这非常简单，示例如下：

```
import requests

files = {'file': open('favicon.ico', 'rb')}
r = requests.post("http://httpbin.org/post", files=files)
print(r.text)
```

在前一节中我们保存了一个文件 favicon.ico，这次用它来模拟文件上传的过程。需要注意的是，favicon.ico 需要和当前脚本在同一目录下。如果有其他文件，当然也可以使用其他文件来上传，更改下代码即可。

运行结果如下：

```
{
  "args": {},
  "data": "",
  "files": {
    "file": "data:application/octet-stream;base64,AAAAAA...="
  },
  "form": {},
  "headers": {
    "Accept": "*/*",
    "Accept-Encoding": "gzip, deflate",
    "Content-Length": "6665",
    "Content-Type": "multipart/form-data; boundary=809f80b1a2974132b133ade1a8e8e058",
    "Host": "httpbin.org",
    "User-Agent": "python-requests/2.10.0"
  },
  "json": null,
  "origin": "60.207.237.16",
  "url": "http://httpbin.org/post"
}
```

以上省略部分内容，这个网站会返回响应，里面包含 files 这个字段，而 form 字段是空的，这证明文件上传部分会单独有一个 files 字段来标识。

2. Cookies

前面我们使用 urllib 处理过 Cookies，写法比较复杂，而有了 requests，获取和设置 Cookies 只需一步即可完成。

我们先用一个实例看一下获取 Cookies 的过程：

```
import requests

r = requests.get("https://www.baidu.com")
print(r.cookies)
```

```
for key, value in r.cookies.items():
    print(key + '=' + value)
```

运行结果如下：

```
<RequestsCookieJar[<Cookie BDORZ=27315 for .baidu.com/>, <Cookie
__bsi=13533594356813414194_00_14_N_N_2_0303_C02F_N_N_N_0 for .www.baidu.com/>]>
BDORZ=27315
__bsi=13533594356813414194_00_14_N_N_2_0303_C02F_N_N_N_0
```

这里我们首先调用 cookies 属性即可成功得到 Cookies，可以发现它是 RequestCookieJar 类型。然后用 items()方法将其转化为元组组成的列表，遍历输出每一个 Cookie 的名称和值，实现 Cookie 的遍历解析。

当然，我们也可以直接用 Cookie 来维持登录状态，下面以知乎为例来说明。首先登录知乎，将 Headers 中的 Cookie 内容复制下来，如图 3-6 所示。

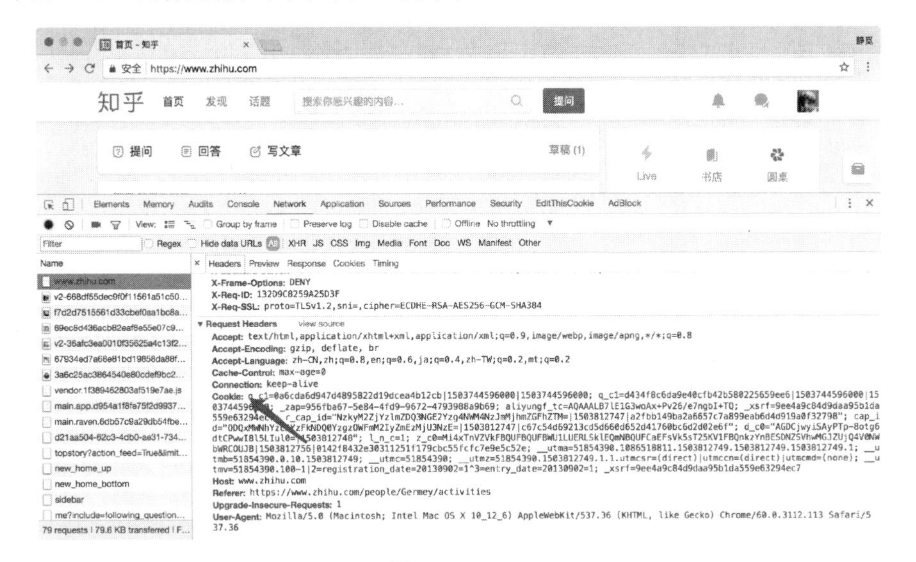

图 3-6 Cookie

这里可以替换成你自己的 Cookie，将其设置到 Headers 里面，然后发送请求，示例如下：

```
import requests

headers = {
    'Cookie': 'q_c1=31653b264a074fc9a57816d1ea93ed8b|1474273938000|1474273938000;
        d_c0="AGDAs254kAqPTr6NW1U3XTLFzKhMPQ6H_nc=|1474273938";
        __utmv=51854390.100-1|2=registration_date=20130902=1^3=entry_date=20130902=1;a_t=
        "2.0AACAfbwdAAAXAAAAso0QWAAAgH28HQAAAGDAs254kAoXAAAAYQJVTQ4FCVgA360us8BAklzLYNEHUd6kmHtRQX5a6hi
        ZxKCynnycerLQ3gIkoJLOCQ==";z_c0=Mi4wQUFDQWZid2RBQUFBWU1DemJuaVFDaGNBQUFCaEFsVk5EZ1VKVOFEZnJTNnp3
        RUNTWE1OZzBRZFIzcVNZZTFGQmZn|1474887858|64b4d4234a21de774c42c837fe0b672fdb5763b0',
    'Host': 'www.zhihu.com',
    'User-Agent': 'Mozilla/5.0 (Macintosh; Intel Mac OS X 10_11_4) AppleWebKit/537.36 (KHTML, like Gecko)
        Chrome/53.0.2785.116 Safari/537.36',
}
r = requests.get('https://www.zhihu.com', headers=headers)
print(r.text)
```

我们发现，结果中包含了登录后的结果，如图 3-7 所示，这证明登录成功。

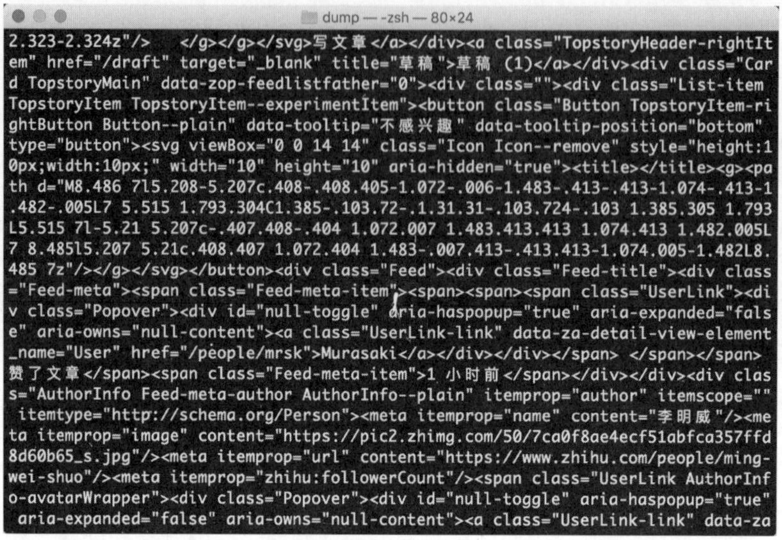

```
dump — -zsh — 80×24
2.323-2.324z"/>   </g></g></svg>写文章</a></div><a class="TopstoryHeader-rightIt
em" href="/draft" target="_blank" title="草稿">草稿 (1)</a></div><div class="Car
d TopstoryMain" data-zop-feedlistfather="0"><div class=""><div class="List-item
TopstoryItem TopstoryItem--experimentItem"><button class="Button TopstoryItem-ri
ghtButton Button--plain" data-tooltip="不感兴趣" data-tooltip-position="bottom"
type="button"><svg viewBox="0 0 14 14" class="Icon Icon--remove" style="height:1
0px;width:10px;" width="10" height="10" aria-hidden="true"><title></title><g><pa
th d="M8.486 7l5.208-5.207c.408-.408.405-1.072-.006-1.483-.413-.413-1.074-.413-1
.482-.005L7 5.515 1.793.304C1.385-.103.72-.1.31.31-.103.724-.103 1.385.305 1.793
L5.515 7l-5.21 5.207c-.407.408-.404 1.072.007 1.483.413.413 1.074.413 1.482.005L
7 8.485l5.207 5.21c.408.407 1.072.404 1.483-.007.413-.413.413-1.074.005-1.482L8.
485 7z"/></g></svg></button><div class="Feed"><div class="Feed-title"><div class
="Feed-meta"><span class="Feed-meta-item"><span><span><span class="UserLink"><di
v class="Popover"><div id="null-toggle" aria-haspopup="true" aria-expanded="fals
e" aria-owns="null-content"><a class="UserLink-link" data-za-detail-view-element
_name="User" href="/people/mrsk">Murasaki</a></div></div></span> </span></span>
赞了文章</span><span class="Feed-meta-item">1 小时前</span></div></div><div clas
s="AuthorInfo Feed-meta-author AuthorInfo--plain" itemprop="author" itemscope=""
 itemtype="http://schema.org/Person"><meta itemprop="name" content="李明威"/><me
ta itemprop="image" content="https://pic2.zhimg.com/50/7ca0f8ae4ecf51abfca357ffd
8d60b65_s.jpg"/><meta itemprop="url" content="https://www.zhihu.com/people/ming-
wei-shuo"/><meta itemprop="zhihu:followerCount"/><span class="UserLink AuthorInf
o-avatarWrapper"><div class="Popover"><div id="null-toggle" aria-haspopup="true"
 aria-expanded="false" aria-owns="null-content"><a class="UserLink-link" data-za
```

图 3-7　运行结果

当然，你也可以通过 cookies 参数来设置，不过这样就需要构造 RequestsCookieJar 对象，而且需要分割一下 cookies。这相对烦琐，不过效果是相同的，示例如下：

```
import requests

cookies = 'q_c1=31653b264a074fc9a57816d1ea93ed8b|1474273938000|1474273938000;
d_c0="AGDAs254kAqPTr6NW1U3XTLFzKhMPQ6H_nc=|1474273938";
__utmv=51854390.100-1|2=registration_date=20130902=1^3=entry_date=20130902=1;a_t="2.0AACAfbwdAAAXAAAAso0
    QWAAAgH28HQAAAGDAs254kAoXAAAAYQJVTQ4FCVgA360us8BAklzLYNEHUd6kmHtRQX5a6hiZxKCynnycerLQ3gIkoJLOCQ==";
    z_c0=Mi4wQUFDQWZid2RBQUFBWU1DemJuaVFDaGNBQUFCaEFsVk5EZ1VKV0FEZnJTNnp3RUNTWE10ZzBRZFIzcVNZZTFGQmZn|
    1474887858|64b4d4234a21de774c42c837fe0b672fdb5763b0'
jar = requests.cookies.RequestsCookieJar()
headers = {
    'Host': 'www.zhihu.com',
    'User-Agent': 'Mozilla/5.0 (Macintosh; Intel Mac OS X 10_11_4) AppleWebKit/537.36 (KHTML, like Gecko)
        Chrome/53.0.2785.116 Safari/537.36'
}
for cookie in cookies.split(';'):
    key, value = cookie.split('=', 1)
    jar.set(key, value)
r = requests.get("http://www.zhihu.com", cookies=jar, headers=headers)
print(r.text)
```

这里我们首先新建了一个 RequestCookieJar 对象，然后将复制下来的 cookies 利用 split()方法分割，接着利用 set()方法设置好每个 Cookie 的 key 和 value，然后通过调用 requests 的 get()方法并传递给 cookies 参数即可。当然，由于知乎本身的限制，headers 参数也不能少，只不过不需要在原来的 headers 参数里面设置 cookie 字段了。

测试后，发现同样可以正常登录知乎。

3. 会话维持

在 requests 中，如果直接利用 get()或 post()等方法的确可以做到模拟网页的请求，但是这实际上是相当于不同的会话，也就是说相当于你用了两个浏览器打开了不同的页面。

设想这样一个场景，第一个请求利用 post()方法登录了某个网站，第二次想获取成功登录后的自己的个人信息，你又用了一次 get()方法去请求个人信息页面。实际上，这相当于打开了两个浏览器，是两个完全不相关的会话，能成功获取个人信息吗？那当然不能。

有小伙伴可能说了，我在两次请求时设置一样的 cookies 不就行了？可以，但这样做起来显得很烦琐，我们有更简单的解决方法。

其实解决这个问题的主要方法就是维持同一个会话，也就是相当于打开一个新的浏览器选项卡而不是新开一个浏览器。但是我又不想每次设置 cookies，那该怎么办呢？这时候就有了新的利器——Session 对象。

利用它，我们可以方便地维护一个会话，而且不用担心 cookies 的问题，它会帮我们自动处理好。示例如下：

```
import requests

requests.get('http://httpbin.org/cookies/set/number/123456789')
r = requests.get('http://httpbin.org/cookies')
print(r.text)
```

这里我们请求了一个测试网址 http://httpbin.org/cookies/set/number/123456789。请求这个网址时，可以设置一个 cookie，名称叫作 number，内容是 123456789，随后又请求了 http://httpbin.org/cookies，此网址可以获取当前的 Cookies。

这样能成功获取到设置的 Cookies 吗？试试看。

运行结果如下：

```
{
  "cookies": {}
}
```

这并不行。我们再用 Session 试试看：

```
import requests

s = requests.Session()
s.get('http://httpbin.org/cookies/set/number/123456789')
r = s.get('http://httpbin.org/cookies')
print(r.text)
```

再看下运行结果：

```
{
  "cookies": {
    "number": "123456789"
  }
}
```

成功获取！这下能体会到同一个会话和不同会话的区别了吧！

所以，利用 Session，可以做到模拟同一个会话而不用担心 Cookies 的问题。它通常用于模拟登录成功之后再进行下一步的操作。

Session 在平常用得非常广泛，可以用于模拟在一个浏览器中打开同一站点的不同页面，后面会有专门的章节来讲解这部分内容。

4. SSL 证书验证

此外，requests 还提供了证书验证的功能。当发送 HTTP 请求的时候，它会检查 SSL 证书，我们可以使用 verify 参数控制是否检查此证书。其实如果不加 verify 参数的话，默认是 True，会自动验证。

前面我们提到过，12306 的证书没有被官方 CA 机构信任，会出现证书验证错误的结果。我们现在访问它，都可以看到一个证书问题的页面，如图 3-8 所示。

图 3-8 错误页面

现在我们用 requests 来测试一下：

```
import requests

response = requests.get('https://www.12306.cn')
print(response.status_code)
```

运行结果如下：

```
requests.exceptions.SSLError: ("bad handshake: Error([('SSL routines', 'tls_process_server_certificate',
    'certificate verify failed')],)",)
```

这里提示一个错误 SSLError，表示证书验证错误。所以，如果请求一个 HTTPS 站点，但是证书验证错误的页面时，就会报这样的错误，那么如何避免这个错误呢？很简单，把 verify 参数设置为 False 即可。相关代码如下：

```
import requests

response = requests.get('https://www.12306.cn', verify=False)
print(response.status_code)
```

这样就会打印出请求成功的状态码：

```
/usr/local/lib/python3.6/site-packages/urllib3/connectionpool.py:852: InsecureRequestWarning: Unverified
    HTTPS request is being made. Adding certificate verification is strongly advised. See:
https://urllib3.readthedocs.io/en/latest/advanced-usage.html#ssl-warnings
  InsecureRequestWarning)
200
```

不过我们发现报了一个警告，它建议我们给它指定证书。我们可以通过设置忽略警告的方式来屏蔽这个警告：

```
import requests
from requests.packages import urllib3

urllib3.disable_warnings()
response = requests.get('https://www.12306.cn', verify=False)
print(response.status_code)
```

或者通过捕获警告到日志的方式忽略警告：

```
import logging
import requests
logging.captureWarnings(True)
response = requests.get('https://www.12306.cn', verify=False)
print(response.status_code)
```

当然，我们也可以指定一个本地证书用作客户端证书，这可以是单个文件（包含密钥和证书）或一个包含两个文件路径的元组：

```
import requests

response = requests.get('https://www.12306.cn', cert=('/path/server.crt', '/path/key'))
print(response.status_code)
```

当然，上面的代码是演示实例，我们需要有 crt 和 key 文件，并且指定它们的路径。注意，本地私有证书的 key 必须是解密状态，加密状态的 key 是不支持的。

5. 代理设置

对于某些网站，在测试的时候请求几次，能正常获取内容。但是一旦开始大规模爬取，对于大规模且频繁的请求，网站可能会弹出验证码，或者跳转到登录认证页面，更甚者可能会直接封禁客户端的 IP，导致一定时间段内无法访问。

那么，为了防止这种情况发生，我们需要设置代理来解决这个问题，这就需要用到 proxies 参数。可以用这样的方式设置：

```
import requests

proxies = {
  "http": "http://10.10.1.10:3128",
  "https": "http://10.10.1.10:1080",
}

requests.get("https://www.taobao.com", proxies=proxies)
```

当然，直接运行这个实例可能不行，因为这个代理可能是无效的，请换成自己的有效代理试验一下。

若代理需要使用 HTTP Basic Auth，可以使用类似 http://user:password@host:port 这样的语法来设置代理，示例如下：

```
import requests

proxies = {
    "http": "http://user:password@10.10.1.10:3128/",
}
requests.get("https://www.taobao.com", proxies=proxies)
```

除了基本的 HTTP 代理外，requests 还支持 SOCKS 协议的代理。

首先，需要安装 socks 这个库：

```
pip3 install 'requests[socks]'
```

然后就可以使用 SOCKS 协议代理了，示例如下：

```
import requests

proxies = {
    'http': 'socks5://user:password@host:port',
    'https': 'socks5://user:password@host:port'
}
requests.get("https://www.taobao.com", proxies=proxies)
```

6. 超时设置

在本机网络状况不好或者服务器网络响应太慢甚至无响应时，我们可能会等待特别久的时间才可能收到响应，甚至到最后收不到响应而报错。为了防止服务器不能及时响应，应该设置一个超时时间，即超过了这个时间还没有得到响应，那就报错。这需要用到 timeout 参数。这个时间的计算是发出请求到服务器返回响应的时间。示例如下：

```
import requests

r = requests.get("https://www.taobao.com", timeout = 1)
print(r.status_code)
```

通过这样的方式，我们可以将超时时间设置为 1 秒，如果 1 秒内没有响应，那就抛出异常。

实际上，请求分为两个阶段，即连接（connect）和读取（read）。

上面设置的 timeout 将用作连接和读取这二者的 timeout 总和。

如果要分别指定，就可以传入一个元组：

```
r = requests.get('https://www.taobao.com', timeout=(5,11, 30))
```

如果想永久等待，可以直接将 timeout 设置为 None，或者不设置直接留空，因为默认是 None。这样的话，如果服务器还在运行，但是响应特别慢，那就慢慢等吧，它永远不会返回超时错误的。其用法如下：

```
r = requests.get('https://www.taobao.com', timeout=None)
```

或直接不加参数：

```
r = requests.get('https://www.taobao.com')
```

7. 身份认证

在访问网站时，我们可能会遇到这样的认证页面，如图 3-9 所示。

图 3-9　认证页面

此时可以使用 requests 自带的身份认证功能，示例如下：

```
import requests
from requests.auth import HTTPBasicAuth

r = requests.get('http://localhost:5000', auth=HTTPBasicAuth('username', 'password'))
print(r.status_code)
```

如果用户名和密码正确的话，请求时就会自动认证成功，会返回 200 状态码；如果认证失败，则返回 401 状态码。

当然，如果参数都传一个 HTTPBasicAuth 类，就显得有点烦琐了，所以 requests 提供了一个更简单的写法，可以直接传一个元组，它会默认使用 HTTPBasicAuth 这个类来认证。

所以上面的代码可以直接简写如下：

```
import requests

r = requests.get('http://localhost:5000', auth=('username', 'password'))
print(r.status_code)
```

此外，requests 还提供了其他认证方式，如 OAuth 认证，不过此时需要安装 oauth 包，安装命令如下：

```
pip3 install requests_oauthlib
```

使用 OAuth1 认证的方法如下：

```
import requests
from requests_oauthlib import OAuth1

url = 'https://api.twitter.com/1.1/account/verify_credentials.json'
auth = OAuth1('YOUR_APP_KEY', 'YOUR_APP_SECRET',
              'USER_OAUTH_TOKEN', 'USER_OAUTH_TOKEN_SECRET')
requests.get(url, auth=auth)
```

更多详细的功能可以参考 requests_oauthlib 的官方文档 https://requests-oauthlib.readthedocs.org/，在此不再赘述了。

8. Prepared Request

前面介绍 urllib 时，我们可以将请求表示为数据结构，其中各个参数都可以通过一个 Request 对象来表示。这在 requests 里同样可以做到，这个数据结构就叫 Prepared Request。我们用实例看一下：

```
from requests import Request, Session

url = 'http://httpbin.org/post'
data = {
    'name': 'germey'
}
headers = {
    'User-Agent': 'Mozilla/5.0 (Macintosh; Intel Mac OS X 10_11_4) AppleWebKit/537.36 (KHTML, like Gecko)
        Chrome/53.0.2785.116 Safari/537.36'
}
s = Session()
req = Request('POST', url, data=data, headers=headers)
prepped = s.prepare_request(req)
r = s.send(prepped)
print(r.text)
```

这里我们引入了 Request，然后用 url、data 和 headers 参数构造了一个 Request 对象，这时需要再调用 Session 的 prepare_request()方法将其转换为一个 Prepared Request 对象，然后调用 send()方法发送即可，运行结果如下：

```
{
  "args": {},
  "data": "",
  "files": {},
  "form": {
    "name": "germey"
  },
  "headers": {
    "Accept": "*/*",
    "Accept-Encoding": "gzip, deflate",
    "Connection": "close",
    "Content-Length": "11",
    "Content-Type": "application/x-www-form-urlencoded",
    "Host": "httpbin.org",
    "User-Agent": "Mozilla/5.0 (Macintosh; Intel Mac OS X 10_11_4) AppleWebKit/537.36 (KHTML, like Gecko)
      Chrome/53.0.2785.116 Safari/537.36"
  },
  "json": null,
  "origin": "182.32.203.166",
  "url": "http://httpbin.org/post"
}
```

可以看到，我们达到了同样的 POST 请求效果。

有了 Request 这个对象，就可以将请求当作独立的对象来看待，这样在进行队列调度时会非常方便。后面我们会用它来构造一个 Request 队列。

本节讲解了 requests 的一些高级用法，这些用法在后面实战部分会经常用到，需要熟练掌握。更多的用法可以参考 requests 的官方文档：http://docs.python-requests.org/。

3.3 正则表达式

本节中，我们看一下正则表达式的相关用法。正则表达式是处理字符串的强大工具，它有自己特定的语法结构，有了它，实现字符串的检索、替换、匹配验证都不在话下。

当然，对于爬虫来说，有了它，从 HTML 里提取想要的信息就非常方便了。

1. 实例引入

说了这么多，可能我们对它到底是个什么还是比较模糊，下面就用几个实例来看一下正则表达式的用法。

打开开源中国提供的正则表达式测试工具 http://tool.oschina.net/regex/，输入待匹配的文本，然后选择常用的正则表达式，就可以得出相应的匹配结果了。例如，这里输入待匹配的文本如下：

```
Hello, my phone number is 010-86432100 and email is cqc@cuiqingcai.com, and my website is https://cuiqingcai.com.
```

这段字符串中包含了一个电话号码和一个电子邮件，接下来就尝试用正则表达式提取出来，如图 3-10 所示。

图 3-10 运行页面

在网页右侧选择“匹配 Email 地址”，就可以看到下方出现了文本中的 E-mail。如果选择“匹配网址 URL”，就可以看到下方出现了文本中的 URL。是不是非常神奇？

其实，这里就是用了正则表达式匹配，也就是用一定的规则将特定的文本提取出来。比如，电子邮件开头是一段字符串，然后是一个@符号，最后是某个域名，这是有特定的组成格式的。另外，对于 URL，开头是协议类型，然后是冒号加双斜线，最后是域名加路径。

对于 URL 来说，可以用下面的正则表达式匹配：

```
[a-zA-z]+://[^\s]*
```

用这个正则表达式去匹配一个字符串，如果这个字符串中包含类似 URL 的文本，那就会被提取出来。

这个正则表达式看上去是乱糟糟的一团，其实不然，这里面都是有特定的语法规则的。比如，a-z 代表匹配任意的小写字母，\s 表示匹配任意的空白字符，*就代表匹配前面的字符任意多个，这一长串的正则表达式就是这么多匹配规则的组合。

写好正则表达式后，就可以拿它去一个长字符串里匹配查找了。不论这个字符串里面有什么，只要符合我们写的规则，统统可以找出来。对于网页来说，如果想找出网页源代码里有多少 URL，用匹配 URL 的正则表达式去匹配即可。

上面我们说了几个匹配规则，表 3-2 列出了常用的匹配规则。

表 3-2　常用的匹配规则

模　式	描　述
\w	匹配字母、数字及下划线
\W	匹配不是字母、数字及下划线的字符
\s	匹配任意空白字符，等价于[\t\n\r\f]
\S	匹配任意非空字符
\d	匹配任意数字，等价于[0-9]
\D	匹配任意非数字的字符
\A	匹配字符串开头
\Z	匹配字符串结尾，如果存在换行，只匹配到换行前的结束字符串
\z	匹配字符串结尾，如果存在换行，同时还会匹配换行符
\G	匹配最后匹配完成的位置
\n	匹配一个换行符
\t	匹配一个制表符
^	匹配一行字符串的开头
$	匹配一行字符串的结尾
.	匹配任意字符，除了换行符，当 re.DOTALL 标记被指定时，则可以匹配包括换行符的任意字符
[...]	用来表示一组字符，单独列出，比如[amk]匹配 a、m 或 k
[^...]	不在[]中的字符，比如[^abc]匹配除了 a、b、c 之外的字符
*	匹配 0 个或多个表达式
+	匹配 1 个或多个表达式
?	匹配 0 个或 1 个前面的正则表达式定义的片段，非贪婪方式
{n}	精确匹配 n 个前面的表达式
{n, m}	匹配 n 到 m 次由前面正则表达式定义的片段，贪婪方式
a|b	匹配 a 或 b
( )	匹配括号内的表达式，也表示一个组

看完了之后，可能有点晕晕的吧，不过不用担心，后面我们会详细讲解一些常见规则的用法。

其实正则表达式不是 Python 独有的，它也可以用在其他编程语言中。但是 Python 的 re 库提供了整个正则表达式的实现，利用这个库，可以在 Python 中使用正则表达式。在 Python 中写正则表达式几乎都用这个库，下面就来了解它的一些常用方法。

2. match()

这里首先介绍第一个常用的匹配方法——match()，向它传入要匹配的字符串以及正则表达式，就可以检测这个正则表达式是否匹配字符串。

match()方法会尝试从字符串的起始位置匹配正则表达式，如果匹配，就返回匹配成功的结果；如果不匹配，就返回 None。示例如下：

```
import re

content = 'Hello 123 4567 World_This is a Regex Demo'
print(len(content))
result = re.match('^Hello\s\d\d\d\s\d{4}\s\w{10}', content)
print(result)
print(result.group())
print(result.span())
```

运行结果如下：

```
41
<_sre.SRE_Match object; span=(0, 25), match='Hello 123 4567 World_This'>
Hello 123 4567 World_This
(0, 25)
```

这里首先声明了一个字符串，其中包含英文字母、空白字符、数字等。接下来，我们写一个正则表达式：

```
^Hello\s\d\d\d\s\d{4}\s\w{10}
```

用它来匹配这个长字符串。开头的^是匹配字符串的开头，也就是以 Hello 开头；然后\s 匹配空白字符，用来匹配目标字符串的空格；\d 匹配数字，3 个\d 匹配 123；然后再写 1 个\s 匹配空格；后面还有 4567，我们其实可以依然用 4 个\d 来匹配，但是这么写比较烦琐，所以后面可以跟{4}以代表匹配前面的规则 4 次，也就是匹配 4 个数字；然后后面再紧接 1 个空白字符，最后\w{10}匹配 10 个字母及下划线。我们注意到，这里其实并没有把目标字符串匹配完，不过这样依然可以进行匹配，只不过匹配结果短一点而已。

而在 match()方法中，第一个参数传入了正则表达式，第二个参数传入了要匹配的字符串。

打印输出结果，可以看到结果是 SRE_Match 对象，这证明成功匹配。该对象有两个方法：group()方法可以输出匹配到的内容，结果是 Hello 123 4567 World_This，这恰好是正则表达式规则所匹配的内容；span()方法可以输出匹配的范围，结果是(0, 25)，这就是匹配到的结果字符串在原字符串中的位置范围。

通过上面的例子，我们基本了解了如何在 Python 中使用正则表达式来匹配一段文字。

- **匹配目标**

刚才我们用match()方法可以得到匹配到的字符串内容，但是如果想从字符串中提取一部分内容，该怎么办呢？就像最前面的实例一样，从一段文本中提取出邮件或电话号码等内容。

这里可以使用()括号将想提取的子字符串括起来。()实际上标记了一个子表达式的开始和结束位置，被标记的每个子表达式会依次对应每一个分组，调用 group()方法传入分组的索引即可获取提取的结果。示例如下：

```
import re

content = 'Hello 1234567 World_This is a Regex Demo'
result = re.match('^Hello\s(\d+)\sWorld', content)
print(result)
print(result.group())
print(result.group(1))
print(result.span())
```

这里我们想把字符串中的 1234567 提取出来，此时可以将数字部分的正则表达式用()括起来，然后调用了 group(1)获取匹配结果。

运行结果如下：

```
<_sre.SRE_Match object; span=(0, 19), match='Hello 1234567 World'>
Hello 1234567 World
1234567
(0, 19)
```

可以看到，我们成功得到了 1234567。这里用的是 group(1)，它与 group()有所不同，后者会输出完整的匹配结果，而前者会输出第一个被()包围的匹配结果。假如正则表达式后面还有()包括的内容，那么可以依次用 group(2)、group(3)等来获取。

- **通用匹配**

刚才我们写的正则表达式其实比较复杂，出现空白字符我们就写\s 匹配，出现数字我们就用\d 匹配，这样的工作量非常大。其实完全没必要这么做，因为还有一个万能匹配可以用，那就是.*（点星）。其中.（点）可以匹配任意字符（除换行符），*（星）代表匹配前面的字符无限次，所以它们组合在一起就可以匹配任意字符了。有了它，我们就不用挨个字符地匹配了。

接着上面的例子，我们可以改写一下正则表达式：

```
import re

content = 'Hello 123 4567 World_This is a Regex Demo'
result = re.match('^Hello.*Demo$', content)
print(result)
print(result.group())
print(result.span())
```

这里我们将中间部分直接省略，全部用.*来代替，最后加一个结尾字符串就好了。运行结果如下：

```
<_sre.SRE_Match object; span=(0, 41), match='Hello 123 4567 World_This is a Regex Demo'>
Hello 123 4567 World_This is a Regex Demo
(0, 41)
```

可以看到，group()方法输出了匹配的全部字符串，也就是说我们写的正则表达式匹配到了目标字符串的全部内容；span()方法输出(0, 41)，这是整个字符串的长度。

因此，我们可以使用.*简化正则表达式的书写。

● **贪婪与非贪婪**

使用上面的通用匹配.*时，可能有时候匹配到的并不是我们想要的结果。看下面的例子：

```
import re

content = 'Hello 1234567 World_This is a Regex Demo'
result = re.match('^He.*(\d+).*Demo$', content)
print(result)
print(result.group(1))
```

这里我们依然想获取中间的数字，所以中间依然写的是(\d+)。而数字两侧由于内容比较杂乱，所以想省略来写，都写成.*。最后，组成^He.*(\d+).*Demo$，看样子并没有什么问题。我们看下运行结果：

```
<_sre.SRE_Match object; span=(0, 40), match='Hello 1234567 World_This is a Regex Demo'>
7
```

奇怪的事情发生了，我们只得到了 7 这个数字，这是怎么回事呢？

这里就涉及一个贪婪匹配与非贪婪匹配的问题了。在贪婪匹配下，.*会匹配尽可能多的字符。正则表达式中.*后面是\d+，也就是至少一个数字，并没有指定具体多少个数字，因此，.*就尽可能匹配多的字符，这里就把 123456 匹配了，给\d+留下一个可满足条件的数字 7，最后得到的内容就只有数字 7 了。

但这很明显会给我们带来很大的不便。有时候，匹配结果会莫名其妙少了一部分内容。其实，这里只需要使用非贪婪匹配就好了。非贪婪匹配的写法是.*?，多了一个?，那么它可以达到怎样的效果？我们再用实例看一下：

```
import re

content = 'Hello 1234567 World_This is a Regex Demo'
result = re.match('^He.*?(\d+).*Demo$', content)
print(result)
print(result.group(1))
```

这里我们只是将第一个.*改成了.*?，转变为非贪婪匹配。结果如下：

```
<_sre.SRE_Match object; span=(0, 40), match='Hello 1234567 World_This is a Regex Demo'>
1234567
```

此时就可以成功获取 1234567 了。原因可想而知，贪婪匹配是尽可能匹配多的字符，非贪婪匹配就是尽可能匹配少的字符。当.*?匹配到 Hello 后面的空白字符时，再往后的字符就是数字了，而\d+恰好可以匹配，那么这里.*?就不再进行匹配，交给\d+去匹配后面的数字。所以这样.*?匹配了尽可能少的字符，\d+的结果就是 1234567 了。

所以说，在做匹配的时候，字符串中间尽量使用非贪婪匹配，也就是用.*?来代替.*，以免出现匹配结果缺失的情况。

但这里需要注意，如果匹配的结果在字符串结尾，.*?就有可能匹配不到任何内容了，因为它会匹配尽可能少的字符。例如：

```
import re

content = 'http://weibo.com/comment/kEraCN'
result1 = re.match('http.*?comment/(.*?)', content)
result2 = re.match('http.*?comment/(.*)', content)
print('result1', result1.group(1))
print('result2', result2.group(1))
```

运行结果如下：

```
result1
result2 kEraCN
```

可以观察到，.*?没有匹配到任何结果，而.*则尽量匹配多的内容，成功得到了匹配结果。

- **修饰符**

正则表达式可以包含一些可选标志修饰符来控制匹配的模式。修饰符被指定为一个可选的标志。我们用实例来看一下：

```
import re

content = '''Hello 1234567 World_This
is a Regex Demo
'''
result = re.match('^He.*?(\d+).*?Demo$', content)
print(result.group(1))
```

和上面的例子相仿，我们在字符串中加了换行符，正则表达式还是一样的，用来匹配其中的数字。看一下运行结果：

```
AttributeError Traceback (most recent call last)
<ipython-input-18-c7d232b39645> in <module>()
      5 '''
      6 result = re.match('^He.*?(\d+).*?Demo$', content)
----> 7 print(result.group(1))

AttributeError: 'NoneType' object has no attribute 'group'
```

运行直接报错，也就是说正则表达式没有匹配到这个字符串，返回结果为None，而我们又调用了group()方法导致AttributeError。

那么，为什么加了一个换行符，就匹配不到了呢？这是因为.匹配的是除换行符之外的任意字符，当遇到换行符时，.*?就不能匹配了，所以导致匹配失败。这里只需加一个修饰符 re.S，即可修正这个错误：

```
result = re.match('^He.*?(\d+).*?Demo$', content, re.S)
```

这个修饰符的作用是使.匹配包括换行符在内的所有字符。此时运行结果如下：

```
1234567
```

这个 re.S 在网页匹配中经常用到。因为 HTML 节点经常会有换行，加上它，就可以匹配节点与节点之间的换行了。

另外，还有一些修饰符，在必要的情况下也可以使用，如表 3-3 所示。

表 3-3 修饰符

修饰符	描 述
re.I	使匹配对大小写不敏感
re.L	做本地化识别（locale-aware）匹配
re.M	多行匹配，影响^和$
re.S	使.匹配包括换行在内的所有字符
re.U	根据 Unicode 字符集解析字符。这个标志影响\w、\W、\b 和\B
re.X	该标志通过给予你更灵活的格式以便你将正则表达式写得更易于理解

在网页匹配中，较为常用的有 re.S 和 re.I。

- **转义匹配**

我们知道正则表达式定义了许多匹配模式，如.匹配除换行符以外的任意字符，但是如果目标字符串里面就包含.，那该怎么办呢？

这里就需要用到转义匹配了，示例如下：

```
import re

content = '(百度)www.baidu.com'
result = re.match('\(百度\)www\.baidu\.com', content)
print(result)
```

当遇到用于正则匹配模式的特殊字符时，在前面加反斜线转义一下即可。例如.就可以用\.来匹配，运行结果如下：

```
<_sre.SRE_Match object; span=(0, 17), match='(百度)www.baidu.com'>
```

可以看到，这里成功匹配到了原字符串。

这些是写正则表达式常用的几个知识点，熟练掌握它们对后面写正则表达式匹配非常有帮助。

3. search()

前面提到过，match()方法是从字符串的开头开始匹配的，一旦开头不匹配，那么整个匹配就失败了。我们看下面的例子：

```
import re

content = 'Extra stings Hello 1234567 World_This is a Regex Demo Extra stings'
result = re.match('Hello.*?(\d+).*?Demo', content)
print(result)
```

这里的字符串以 Extra 开头，但是正则表达式以 Hello 开头，整个正则表达式是字符串的一部分，但是这样匹配是失败的。运行结果如下：

```
None
```

因为 match()方法在使用时需要考虑到开头的内容，这在做匹配时并不方便。它更适合用来检测某个字符串是否符合某个正则表达式的规则。

这里就有另外一个方法 search()，它在匹配时会扫描整个字符串，然后返回第一个成功匹配的结果。也就是说，正则表达式可以是字符串的一部分，在匹配时，search()方法会依次扫描字符串，直到找到第一个符合规则的字符串，然后返回匹配内容，如果搜索完了还没有找到，就返回 None。

我们把上面代码中的 match()方法修改成 search()，再看下运行结果：

```
<_sre.SRE_Match object; span=(13, 53), match='Hello 1234567 World_This is a Regex Demo'>
1234567
```

这时就得到了匹配结果。

因此，为了匹配方便，我们可以尽量使用 search()方法。

下面再用几个实例来看看 search()方法的用法。

首先，这里有一段待匹配的 HTML 文本，接下来写几个正则表达式实例来实现相应信息的提取：

```
html = '''<div id="songs-list">
<h2 class="title">经典老歌</h2>
<p class="introduction">
经典老歌列表
</p>
<ul id="list" class="list-group">
<li data-view="2">一路上有你</li>
<li data-view="7">
<a href="/2.mp3" singer="任贤齐">沧海一声笑</a>
</li>
<li data-view="4" class="active">
<a href="/3.mp3" singer="齐秦">往事随风</a>
</li>
<li data-view="6"><a href="/4.mp3" singer="beyond">光辉岁月</a></li>
<li data-view="5"><a href="/5.mp3" singer="陈慧琳">记事本</a></li>
<li data-view="5">
<a href="/6.mp3" singer="邓丽君">但愿人长久</a>
</li>
</ul>
</div>'''
```

可以观察到，ul 节点里有许多 li 节点，其中 li 节点中有的包含 a 节点，有的不包含 a 节点，a 节点还有一些相应的属性——超链接和歌手名。

首先，我们尝试提取 class 为 active 的 li 节点内部的超链接包含的歌手名和歌名，此时需要提取第三个 li 节点下 a 节点的 singer 属性和文本。

此时正则表达式可以以 li 开头，然后寻找一个标志符 active，中间的部分可以用.*?来匹配。接下来，要提取 singer 这个属性值，所以还需要写入 singer="(.*?)"，这里需要提取的部分用小括号括起来，以便用 group()方法提取出来，它的两侧边界是双引号。然后还需要匹配 a 节点的文本，其中它的左边界是>，右边界是</a>。然后目标内容依然用(.*?)来匹配，所以最后的正则表达式就变成了：

```
<li.*?active.*?singer="(.*?)">(.*?)</a>
```

然后再调用 search()方法，它会搜索整个 HTML 文本，找到符合正则表达式的第一个内容返回。

另外，由于代码有换行，所以这里第三个参数需要传入 re.S。整个匹配代码如下：

```
result = re.search('<li.*?active.*?singer="(.*?)">(.*?)</a>', html, re.S)
if result:
    print(result.group(1), result.group(2))
```

由于需要获取的歌手和歌名都已经用小括号包围，所以可以用 group()方法获取。

运行结果如下：

```
齐秦往事随风
```

可以看到，这正是 class 为 active 的 li 节点内部的超链接包含的歌手名和歌名。

3

如果正则表达式不加 active（也就是匹配不带 class 为 active 的节点内容），那会怎样呢？我们将正则表达式中的 active 去掉，代码改写如下：

```
result = re.search('<li.*?singer="(.*?)">(.*?)</a>', html, re.S)
if result:
    print(result.group(1), result.group(2))
```

由于 search()方法会返回第一个符合条件的匹配目标，这里结果就变了：

```
任贤齐沧海一声笑
```

把 active 标签去掉后，从字符串开头开始搜索，此时符合条件的节点就变成了第二个 li 节点，后面的就不再匹配，所以运行结果就变成第二个 li 节点中的内容。

注意，在上面的两次匹配中，search()方法的第三个参数都加了 re.S，这使得.*?可以匹配换行，所以含有换行的 li 节点被匹配到了。如果我们将其去掉，结果会是什么？代码如下：

```
result = re.search('<li.*?singer="(.*?)">(.*?)</a>', html)
if result:
    print(result.group(1), result.group(2))
```

运行结果如下：

```
beyond 光辉岁月
```

可以看到，结果变成了第四个 li 节点的内容。这是因为第二个和第三个 li 节点都包含了换行符，去掉 re.S 之后，.*?已经不能匹配换行符，所以正则表达式不会匹配到第二个和第三个 li 节点，而第四个 li 节点中不包含换行符，所以成功匹配。

由于绝大部分的 HTML 文本都包含了换行符，所以尽量都需要加上 re.S 修饰符，以免出现匹配不到的问题。

4. findall()

前面我们介绍了 search()方法的用法，它可以返回匹配正则表达式的第一个内容，但是如果想要获取匹配正则表达式的所有内容，那该怎么办呢？这时就要借助 findall()方法了。该方法会搜索整个字符串，然后返回匹配正则表达式的所有内容。

还是上面的 HTML 文本，如果想获取所有 a 节点的超链接、歌手和歌名，就可以将 search()方法换成 findall()方法。如果有返回结果的话，就是列表类型，所以需要遍历一下来依次获取每组内容。代码如下：

```
results = re.findall('<li.*?href="(.*?)".*?singer="(.*?)">(.*?)</a>', html, re.S)
print(results)
```

```
print(type(results))
for result in results:
    print(result)
    print(result[0], result[1], result[2])
```

运行结果如下：

```
[('/2.mp3', '任贤齐', '沧海一声笑'), ('/3.mp3', '齐秦', '往事随风'), ('/4.mp3', 'beyond', '光辉岁月'),
    ('/5.mp3', '陈慧琳', '记事本'), ('/6.mp3', '邓丽君', '但愿人长久')]
<class 'list'>
('/2.mp3', '任贤齐', '沧海一声笑')
/2.mp3 任贤齐沧海一声笑
('/3.mp3', '齐秦', '往事随风')
/3.mp3 齐秦往事随风
('/4.mp3', 'beyond', '光辉岁月')
/4.mp3 beyond 光辉岁月
('/5.mp3', '陈慧琳', '记事本')
/5.mp3 陈慧琳记事本
('/6.mp3', '邓丽君', '但愿人长久')
/6.mp3 邓丽君但愿人长久
```

可以看到，返回的列表中的每个元素都是元组类型，我们用对应的索引依次取出即可。

如果只是获取第一个内容，可以用 search()方法。当需要提取多个内容时，可以用 findall()方法。

5. sub()

除了使用正则表达式提取信息外，有时候还需要借助它来修改文本。比如，想要把一串文本中的所有数字都去掉，如果只用字符串的 replace()方法，那就太烦琐了，这时可以借助 sub()方法。示例如下：

```
import re

content = '54aK54yr5oiR54ix5L2g'
content = re.sub('\d+', '', content)
print(content)
```

运行结果如下：

```
aKyroiRixLg
```

这里只需要给第一个参数传入\d+来匹配所有的数字，第二个参数为替换成的字符串（如果去掉该参数的话，可以赋值为空），第三个参数是原字符串。

在上面的 HTML 文本中，如果想获取所有 li 节点的歌名，直接用正则表达式来提取可能比较烦琐。比如，可以写成这样子：

```
results = re.findall('<li.*?>\s*?(<a.*?>)?(\w+)(</a>)?\s*?</li>', html, re.S)
for result in results:
    print(result[1])
```

运行结果如下：

```
一路上有你
沧海一声笑
往事随风
光辉岁月
```

```
记事本
但愿人长久
```

此时借助 sub()方法就比较简单了。可以先用 sub()方法将 a 节点去掉，只留下文本，然后再利用 findall()提取就好了：

```
html = re.sub('<a.*?>|</a>', '', html)
print(html)
results = re.findall('<li.*?>(.*?)</li>', html, re.S)
for result in results:
    print(result.strip())
```

运行结果如下：

```
<div id="songs-list">
<h2 class="title">经典老歌</h2>
<p class="introduction">
经典老歌列表
</p>
<ul id="list" class="list-group">
<li data-view="2">一路上有你</li>
<li data-view="7">
沧海一声笑
</li>
<li data-view="4" class="active">
往事随风
</li>
<li data-view="6">光辉岁月</li>
<li data-view="5">记事本</li>
<li data-view="5">
但愿人长久
</li>
</ul>
</div>
一路上有你
沧海一声笑
往事随风
光辉岁月
记事本
但愿人长久
```

可以看到，a 节点经过 sub()方法处理后就没有了，然后再通过 findall()方法直接提取即可。可以看到，在适当的时候，借助 sub()方法可以起到事半功倍的效果。

6. compile()

前面所讲的方法都是用来处理字符串的方法，最后再介绍一下 compile()方法，这个方法可以将正则字符串编译成正则表达式对象，以便在后面的匹配中复用。示例代码如下：

```
import re

content1 = '2016-12-15 12:00'
content2 = '2016-12-17 12:55'
content3 = '2016-12-22 13:21'
pattern = re.compile('\d{2}:\d{2}')
result1 = re.sub(pattern, '', content1)
result2 = re.sub(pattern, '', content2)
result3 = re.sub(pattern, '', content3)
print(result1, result2, result3)
```

例如，这里有 3 个日期，我们想分别将 3 个日期中的时间去掉，这时可以借助 sub()方法。该方法的第一个参数是正则表达式，但是这里没有必要重复写 3 个同样的正则表达式，此时可以借助 compile()方法将正则表达式编译成一个正则表达式对象，以便复用。

运行结果如下：

```
2016-12-15  2016-12-17  2016-12-22
```

另外，compile()还可以传入修饰符，例如 re.S 等修饰符，这样在 search()、findall()等方法中就不需要额外传了。所以，compile()方法可以说是给正则表达式做了一层封装，以便我们更好地复用。

到此为止，正则表达式的基本用法就介绍完了，后面会通过具体的实例来讲解正则表达式的用法。

3.4　抓取猫眼电影排行

本节中，我们利用 requests 库和正则表达式来抓取猫眼电影 TOP100 的相关内容。requests 比 urllib 使用更加方便，而且目前我们还没有系统学习 HTML 解析库，所以这里就选用正则表达式来作为解析工具。

1. 本节目标

本节中，我们要提取出猫眼电影 TOP100 的电影名称、时间、评分、图片等信息，提取的站点 URL 为 http://maoyan.com/board/4，提取的结果会以文件形式保存下来。

2. 准备工作

在本节开始之前，请确保已经正确安装好了 requests 库。如果没有安装，可以参考第 1 章的安装说明。

3. 抓取分析

我们需要抓取的目标站点为 http://maoyan.com/board/4，打开之后便可以查看到榜单信息，如图 3-11 所示。

图 3-11　榜单信息

排名第一的电影是霸王别姬，页面中显示的有效信息有影片名称、主演、上映时间、上映地区、评分、图片等信息。

将网页滚动到最下方，可以发现有分页的列表，直接点击第 2 页，观察页面的 URL 和内容发生了怎样的变化，如图 3-12 所示。

图 3-12　页面 URL 变化

可以发现页面的 URL 变成 http://maoyan.com/board/4?offset=10，比之前的 URL 多了一个参数，那就是 `offset=10`，而目前显示的结果是排行 11~20 名的电影，初步推断这是一个偏移量的参数。再点击下一页，发现页面的 URL 变成了 http://maoyan.com/board/4?offset=20，参数 `offset` 变成了 20，而显示的结果是排行 21~30 的电影。

由此可以总结出规律，`offset` 代表偏移量值，如果偏移量为 `n`，则显示的电影序号就是 `n+1` 到 `n+10`，每页显示 10 个。所以，如果想获取 TOP100 电影，只需要分开请求 10 次，而 10 次的 `offset` 参数分别设置为 0、10、20…90 即可，这样获取不同的页面之后，再用正则表达式提取出相关信息，就可以得到 TOP100 的所有电影信息了。

4. 抓取首页

接下来用代码实现这个过程。首先抓取第一页的内容。我们实现了 `get_one_page()` 方法，并给它传入 `url` 参数。然后将抓取的页面结果返回，再通过 `main()` 方法调用。初步代码实现如下：

```
import requests

def get_one_page(url):
    headers = {
        'User-Agent': 'Mozilla/5.0 (Macintosh; Intel Mac OS X 10_13_3) AppleWebKit/537.36 (KHTML, like Gecko)
            Chrome/65.0.3325.162 Safari/537.36'
    }
    response = requests.get(url, headers=headers)
    if response.status_code == 200:
        return response.text
    return None

def main():
```

```python
    url = 'http://maoyan.com/board/4'
    html = get_one_page(url)
    print(html)

main()
```

这样运行之后，就可以成功获取首页的源代码了。获取源代码后，就需要解析页面，提取出我们想要的信息。

5. 正则提取

接下来，回到网页看一下页面的真实源码。在开发者模式下的 Network 监听组件中查看源代码，如图 3-13 所示。

图 3-13　源代码

注意，这里不要在 Elements 选项卡中直接查看源码，因为那里的源码可能经过 JavaScript 操作而与原始请求不同，而是需要从 Network 选项卡部分查看原始请求得到的源码。

查看其中一个条目的源代码，如图 3-14 所示。

```html
            <dd>
                        <i class="board-index board-index-1">1</i>
    <a href="/films/1203" title="霸王别姬" class="image-link" data-act="boarditem-click" data-val="{movieId:1203}">
      <img src="//ms0.meituan.net/mywww/image/loading_2.e3d934bf.png" alt="" class="poster-default" />
      <img data-src="http://p1.meituan.net/movie/20803f59291c47e1e116c11963ce019e68711.jpg@160w_220h_1e_1c" alt="霸王别姬" clas
    </a>
    <div class="board-item-main">
      <div class="board-item-content">
              <div class="movie-item-info">
        <p class="name"><a href="/films/1203" title="霸王别姬" data-act="boarditem-click" data-val="{movieId:1203}">霸王别姬</a>
        <p class="star">
                主演：张国荣,张丰毅,巩俐
        </p>
<p class="releasetime">上映时间：1993-01-01(中国香港)</p>    </div>
    <div class="movie-item-number score-num">
<p class="score"><i class="integer">9.</i><i class="fraction">6</i></p>
    </div>

      </div>
    </div>

            </dd>
```

图 3-14　源代码

可以看到，一部电影信息对应的源代码是一个 dd 节点，我们用正则表达式来提取这里面的一些电影信息。首先，需要提取它的排名信息。而它的排名信息是在 class 为 board-index 的 i 节点内，这里利用非贪婪匹配来提取 i 节点内的信息，正则表达式写为：

```
<dd>.*?board-index.*?>(.*?)</i>
```

随后需要提取电影的图片。可以看到，后面有 a 节点，其内部有两个 img 节点。经过检查后发现，第二个 img 节点的 data-src 属性是图片的链接。这里提取第二个 img 节点的 data-src 属性，正则表达式可以改写如下：

```
<dd>.*?board-index.*?>(.*?)</i>.*?data-src="(.*?)"
```

再往后，需要提取电影的名称，它在后面的 p 节点内，class 为 name。所以，可以用 name 做一个标志位，然后进一步提取到其内 a 节点的正文内容，此时正则表达式改写如下：

```
<dd>.*?board-index.*?>(.*?)</i>.*?data-src="(.*?)".*?name.*?a.*?>(.*?)</a>
```

再提取主演、发布时间、评分等内容时，都是同样的原理。最后，正则表达式写为：


```
<dd>.*?board-index.*?>(.*?)</i>.*?data-src="(.*?)".*?name.*?a.*?>(.*?)</a>.*?star.*?>(.*?)</p>.*?releaset
    ime.*?>(.*?)</p>.*?integer.*?>(.*?)</i>.*?fraction.*?>(.*?)</i>.*?</dd>
```

这样一个正则表达式可以匹配一个电影的结果,里面匹配了 7 个信息。接下来,通过调用 findall() 方法提取出所有的内容。

接下来，我们再定义解析页面的方法 parse_one_page()，主要是通过正则表达式来从结果中提取出我们想要的内容，实现代码如下：

```
def parse_one_page(html):
    pattern = re.compile(
        '<dd>.*?board-index.*?>(.*?)</i>.*?data-src="(.*?)".*?name.*?a.*?>(.*?)</a>.*?star.*?>(.*?)</p>.
        *?releasetime.*?>(.*?)</p>.*?integer.*?>(.*?)</i>.*?fraction.*?>(.*?)</i>.*?</dd>',
        re.S)
    items = re.findall(pattern, html)
    print(items)
```

这样就可以成功地将一页的 10 个电影信息都提取出来，这是一个列表形式，输出结果如下：

```
[('1', 'http://p1.meituan.net/movie/20803f59291c47e1e116c11963ce019e68711.jpg@160w_220h_1e_1c',
    '霸王别姬', '\n                主演：张国荣,张丰毅,巩俐\n        ', '上映时间：1993-01-01(中国香港)',
    '9.', '6'), ('2', 'http://p0.meituan.net/movie/__40191813__4767047.jpg@160w_220h_1e_1c', '肖申克的救赎',
    '\n                主演：蒂姆·罗宾斯,摩根·弗里曼,鲍勃·冈顿\n        ', '上映时间：1994-10-14(美国)', '9.',
    '5'), ('3', 'http://p0.meituan.net/movie/fc9d78dd2ce84d20e53b6d1ae2eea4fb1515304.jpg@160w_220h_1e_1c',
    '这个杀手不太冷', '\n                主演：让·雷诺,加里·奥德曼,娜塔莉·波特曼\n        ', '上映时间：
    1994-09-14(法国)', '9.', '5'), ('4', 'http://p0.meituan.net/movie/23/6009725.jpg@160w_220h_1e_1c',
    '罗马假日', '\n                主演：格利高利·派克,奥黛丽·赫本,埃迪·艾伯特\n        ', '上映时间：
    1953-09-02(美国)', '9.', '1'), ('5', 'http://p0.meituan.net/movie/53/1541925.jpg@160w_220h_1e_1c',
    '阿甘正传', '\n                主演：汤姆·汉克斯,罗宾·怀特,加里·西尼斯\n        ', '上映时间：
    1994-07-06(美国)', '9.', '4'), ('6', 'http://p0.meituan.net/movie/11/324629.jpg@160w_220h_1e_1c',
    '泰坦尼克号', '\n                主演：莱昂纳多·迪卡普里奥,凯特·温丝莱特,比利·赞恩\n        ',
    '上映时间：1998-04-03', '9.', '5'), ('7', 'http://p0.meituan.net/movie/99/678407.jpg@160w_220h_1e_1c',
    '龙猫', '\n                主演：日高法子,坂本千夏,糸井重里\n        ', '上映时间：1988-04-16(日本)',
    '9.', '2'), ('8', 'http://p0.meituan.net/movie/92/8212889.jpg@160w_220h_1e_1c', '教父', '\n
    主演：马龙·白兰度,阿尔·帕西诺,詹姆斯·凯恩\n        ', '上映时间：1972-03-24(美国)', '9.', '3'), ('9',
    'http://p0.meituan.net/movie/62/109878.jpg@160w_220h_1e_1c', '唐伯虎点秋香', '\n
    主演：周星驰,巩俐,郑佩佩\n        ', '上映时间：1993-07-01(中国香港)', '9.', '2'), ('10',
    'http://p0.meituan.net/movie/9bf7d7b81001a9cf8adbac5a7cf7d766132425.jpg@160w_220h_1e_1c', '千与千寻',
    '\n                主演：柊瑠美,入野自由,夏木真理\n        ', '上映时间：2001-07-20(日本)',
    '9.', '3')]
```

但这样还不够，数据比较杂乱，我们再将匹配结果处理一下，遍历提取结果并生成字典，此时方法改写如下：

```
def parse_one_page(html):
    pattern = re.compile(
        '<dd>.*?board-index.*?>(.*?)</i>.*?data-src="(.*?)".*?name.*?a.*?>(.*?)</a>.*?star.*?>(.*?)</p>.
        *?releasetime.*?>(.*?)</p>.*?integer.*?>(.*?)</i>.*?fraction.*?>(.*?)</i>.*?</dd>',
        re.S)
    items = re.findall(pattern, html)
```

```
    for item in items:
        yield {
            'index': item[0],
            'image': item[1],
            'title': item[2].strip(),
            'actor': item[3].strip()[3:] if len(item[3]) > 3 else '',
            'time': item[4].strip()[5:] if len(item[4]) > 5 else '',
            'score': item[5].strip() + item[6].strip()
        }
```

这样就可以成功提取出电影的排名、图片、标题、演员、时间、评分等内容了，并把它赋值为一个个的字典，形成结构化数据。运行结果如下：

```
{'image': 'http://p1.meituan.net/movie/20803f59291c47e1e116c11963ce019e68711.jpg@160w_220h_1e_1c', 'actor': 
    '张国荣,张丰毅,巩俐', 'score': '9.6', 'index': '1', 'title': '霸王别姬', 'time': '1993-01-01(中国香港)'}
{'image': 'http://p0.meituan.net/movie/__40191813__4767047.jpg@160w_220h_1e_1c', 'actor': '蒂姆·罗宾斯,
    摩根·弗里曼,鲍勃·冈顿', 'score': '9.5', 'index': '2', 'title': '肖申克的救赎', 'time': '1994-10-14(美国)'}
{'image': 'http://p0.meituan.net/movie/fc9d78dd2ce84d20e53b6d1ae2eea4fb1515304.jpg@160w_220h_1e_1c', 'actor': 
    '让·雷诺,加里·奥德曼,娜塔莉·波特曼', 'score': '9.5', 'index': '3', 'title': '这个杀手不太冷', 'time': 
    '1994-09-14(法国)'}
{'image': 'http://p0.meituan.net/movie/23/6009725.jpg@160w_220h_1e_1c', 'actor': '格利高利·派克,
    奥黛丽·赫本,埃迪·艾伯特', 'score': '9.1', 'index': '4', 'title': '罗马假日', 'time': '1953-09-02(美国)'}
{'image': 'http://p0.meituan.net/movie/53/1541925.jpg@160w_220h_1e_1c', 'actor': '汤姆·汉克斯,罗宾·怀特,
    加里·西尼斯', 'score': '9.4', 'index': '5', 'title': '阿甘正传', 'time': '1994-07-06(美国)'}
{'image': 'http://p0.meituan.net/movie/11/324629.jpg@160w_220h_1e_1c', 'actor': '莱昂纳多·迪卡普里奥,
    凯特·温丝莱特,比利·赞恩', 'score': '9.5', 'index': '6', 'title': '泰坦尼克号', 'time': '1998-04-03'}
{'image': 'http://p0.meituan.net/movie/99/678407.jpg@160w_220h_1e_1c', 'actor': '日高法子,坂本千夏,
    糸井重里', 'score': '9.2', 'index': '7', 'title': '龙猫', 'time': '1988-04-16(日本)'}
{'image': 'http://p0.meituan.net/movie/92/8212889.jpg@160w_220h_1e_1c', 'actor': '马龙·白兰度,阿尔·帕西诺,
    詹姆斯·凯恩', 'score': '9.3', 'index': '8', 'title': '教父', 'time': '1972-03-24(美国)'}
{'image': 'http://p0.meituan.net/movie/62/109878.jpg@160w_220h_1e_1c', 'actor': '周星驰,巩俐,郑佩佩', 
    'score': '9.2', 'index': '9', 'title': '唐伯虎点秋香', 'time': '1993-07-01(中国香港)'}
{'image': 'http://p0.meituan.net/movie/9bf7d7b81001a9cf8adbac5a7cf7d766132425.jpg@160w_220h_1e_1c', 'actor': 
    '柊瑠美,入野自由,夏木真理', 'score': '9.3', 'index': '10', 'title': '千与千寻', 'time': '2001-07-20(日本)'}
```

到此为止，我们就成功提取了单页的电影信息。

6. 写入文件

随后，我们将提取的结果写入文件，这里直接写入到一个文本文件中。这里通过 JSON 库的 dumps()方法实现字典的序列化，并指定 ensure_ascii 参数为 False，这样可以保证输出结果是中文形式而不是 Unicode 编码。代码如下：

```
def write_to_file(content):
    with open('result.txt', 'a', encoding='utf-8') as f:
        print(type(json.dumps(content)))
        f.write(json.dumps(content, ensure_ascii=False)+'\n')
```

通过调用 write_to_file()方法即可实现将字典写入到文本文件的过程，此处的 content 参数就是一部电影的提取结果，是一个字典。

7. 整合代码

最后，实现 main()方法来调用前面实现的方法，将单页的电影结果写入到文件。相关代码如下：

```
def main():
    url = 'http://maoyan.com/board/4'
    html = get_one_page(url)
```

```
    for item in parse_one_page(html):
        write_to_file(item)
```

到此为止，我们就完成了单页电影的提取，也就是首页的 10 部电影可以成功提取并保存到文本文件中了。

8. 分页爬取

因为我们需要抓取的是 TOP100 的电影，所以还需要遍历一下，给这个链接传入 offset 参数，实现其他 90 部电影的爬取，此时添加如下调用即可：

```
if __name__ == '__main__':
    for i in range(10):
        main(offset=i * 10)
```

这里还需要将 main()方法修改一下，接收一个 offset 值作为偏移量，然后构造 URL 进行爬取。实现代码如下：

```
def main(offset):
    url = 'http://maoyan.com/board/4?offset=' + str(offset)
    html = get_one_page(url)
    for item in parse_one_page(html):
        print(item)
        write_to_file(item)
```

到此为止，我们的猫眼电影 TOP100 的爬虫就全部完成了，再稍微整理一下，完整的代码如下：

```
import json
import requests
from requests.exceptions import RequestException
import re
import time

def get_one_page(url):
    try:
        headers = {
            'User-Agent': 'Mozilla/5.0 (Macintosh; Intel Mac OS X 10_13_3) AppleWebKit/537.36 (KHTML, like
                Gecko) Chrome/65.0.3325.162 Safari/537.36'
        }
        response = requests.get(url, headers=headers)
        if response.status_code == 200:
            return response.text
        return None
    except RequestException:
        return None

def parse_one_page(html):
    pattern = re.compile('<dd>.*?board-index.*?>(\d+)</i>.*?data-src="(.*?)".*?name"><a'
                         + '.*?>(.*?)</a>.*?star">(.*?)</p>.*?releasetime">(.*?)</p>'
                         + '.*?integer">(.*?)</i>.*?fraction">(.*?)</i>.*?</dd>', re.S)
    items = re.findall(pattern, html)
    for item in items:
        yield {
            'index': item[0],
            'image': item[1],
            'title': item[2],
            'actor': item[3].strip()[3:],
            'time': item[4].strip()[5:],
            'score': item[5] + item[6]
```

```
        }

def write_to_file(content):
    with open('result.txt', 'a', encoding='utf-8') as f:
        f.write(json.dumps(content, ensure_ascii=False) + '\n')

def main(offset):
    url = 'http://maoyan.com/board/4?offset=' + str(offset)
    html = get_one_page(url)
    for item in parse_one_page(html):
        print(item)
        write_to_file(item)

if __name__ == '__main__':
    for i in range(10):
        main(offset=i * 10)
        time.sleep(1)
```

现在猫眼多了反爬虫，如果速度过快，则会无响应，所以这里又增加了一个延时等待。

9. 运行结果

最后，我们运行一下代码，输出结果类似如下：

```
{'index': '1', 'image': 'http://p1.meituan.net/movie/20803f59291c47e1e116c11963ce019e68711.jpg@160w_220h_1e_1c',
    'title': '霸王别姬', 'actor': '张国荣,张丰毅,巩俐', 'time': '1993-01-01(中国香港)', 'score': '9.6'}
{'index': '2', 'image': 'http://p0.meituan.net/movie/__40191813__4767047.jpg@160w_220h_1e_1c', 'title':
    '肖申克的救赎', 'actor': '蒂姆·罗宾斯,摩根·弗里曼,鲍勃·冈顿', 'time': '1994-10-14(美国)', 'score': '9.5'}
...
{'index': '98', 'image': 'http://p0.meituan.net/movie/76/7073389.jpg@160w_220h_1e_1c', 'title': '东京物语',
    'actor': '笠智众,原节子,杉村春子', 'time': '1953-11-03(日本)', 'score': '9.1'}
{'index': '99', 'image': 'http://p0.meituan.net/movie/52/3420293.jpg@160w_220h_1e_1c', 'title': '我爱你',
    'actor': '宋在河,李彩恩,吉海延', 'time': '2011-02-17(韩国)', 'score': '9.0'}
{'index': '100', 'image': 'http://p1.meituan.net/movie/__44335138__8470779.jpg@160w_220h_1e_1c', 'title':
    '迁徙的鸟', 'actor': '雅克·贝汉,菲利普·拉波洛,Philippe Labro', 'time': '2001-12-12(法国)', 'score': '9.1'}
```

这里省略了中间的部分输出结果。可以看到，这样就成功地把 TOP100 的电影信息爬取下来了。

这时我们再看下文本文件，结果如图 3-15 所示。

```
result.txt
{"index": "1", "image": "http://p1.meituan.net/movie/
20803f59291c47e1e116c11963ce019e68711.jpg@160w_220h_1e_1c", "title": "霸王别姬", "actor":
"张国荣,张丰毅,巩俐", "time": "1993-01-01(中国香港)", "score": "9.6"}
{"index": "2", "image": "http://p0.meituan.net/movie/
__40191813__4767047.jpg@160w_220h_1e_1c", "title": "肖申克的救赎", "actor": "蒂姆·罗宾斯,摩根
·弗里曼,鲍勃·冈顿", "time": "1994-10-14(美国)", "score": "9.5"}
{"index": "3", "image": "http://p0.meituan.net/movie/23/6009725.jpg@160w_220h_1e_1c",
"title": "罗马假日", "actor": "格利高利·派克,奥黛丽·赫本,埃迪·艾伯特", "time": "1953-09-02(美
国)", "score": "9.1"}
{"index": "4", "image": "http://p0.meituan.net/movie/
fc9d78dd2ce84d20e53b6d1ae2eea4fb1515304.jpg@160w_220h_1e_1c", "title": "这个杀手不太冷",
"actor": "让·雷诺,加里·奥德曼,娜塔莉·波特曼", "time": "1994-09-14(法国)", "score": "9.5"}
{"index": "5", "image": "http://p0.meituan.net/movie/11/324629.jpg@160w_220h_1e_1c",
"title": "泰坦尼克号", "actor": "莱昂纳多·迪卡普里奥,凯特·温丝莱特,比利·赞恩", "time":
"1998-04-03", "score": "9.5"}
{"index": "6", "image": "http://p0.meituan.net/movie/92/8212889.jpg@160w_220h_1e_1c",
"title": "教父", "actor": "马龙·白兰度,阿尔·帕西诺,詹姆斯·凯恩", "time": "1972-03-24(美国)",
"score": "9.3"}
{"index": "7", "image": "http://p0.meituan.net/movie/99/678407.jpg@160w_220h_1e_1c",
"title": "龙猫", "actor": "日高法子,坂本千夏,糸井重里", "time": "1988-04-16(日本)", "score":
"9.2"}
{"index": "8", "image": "http://p0.meituan.net/movie/62/109878.jpg@160w_220h_1e_1c",
"title": "唐伯虎点秋香", "actor": "周星驰,巩俐,郑佩佩", "time": "1993-07-01(中国香港)",
"score": "9.2"}
{"index": "9", "image": "http://p0.meituan.net/movie/
9bf7d7b81001a9cf8adbac5a7cf7d766132425.jpg@160w_220h_1e_1c", "title": "千与千寻",
"actor": "柊瑠美,入野自由,夏木真理", "time": "2001-07-20(日本)", "score": "9.3"}
```

图 3-15　运行结果

可以看到，电影信息也已全部保存到了文本文件中了，大功告成！

10. 本节代码

本节的代码地址为 https://github.com/Python3WebSpider/MaoYan。

本节中，我们通过爬取猫眼 TOP100 的电影信息练习了 requests 和正则表达式的用法。这是一个最基础的实例，希望大家可以通过这个实例对爬虫的实现有一个最基本的思路，也对这两个库的用法有更深一步的了解。

第 4 章

解析库的使用

上一章中，我们实现了一个最基本的爬虫，但提取页面信息时使用的是正则表达式，这还是比较烦琐，而且万一有地方写错了，可能导致匹配失败，所以使用正则表达式提取页面信息多多少少还是有些不方便。

对于网页的节点来说，它可以定义 id、class 或其他属性。而且节点之间还有层次关系，在网页中可以通过 XPath 或 CSS 选择器来定位一个或多个节点。那么，在页面解析时，利用 XPath 或 CSS 选择器来提取某个节点，然后再调用相应方法获取它的正文内容或者属性，不就可以提取我们想要的任意信息了吗？

在 Python 中，怎样实现这个操作呢？不用担心，这种解析库已经非常多，其中比较强大的库有 lxml、Beautiful Soup、pyquery 等，本章就来介绍这 3 个解析库的用法。有了它们，我们就不用再为正则表达式发愁，而且解析效率也会大大提高。

4.1 使用 XPath

XPath，全称 XML Path Language，即 XML 路径语言，它是一门在 XML 文档中查找信息的语言。它最初是用来搜寻 XML 文档的，但是它同样适用于 HTML 文档的搜索。

所以在做爬虫时，我们完全可以使用 XPath 来做相应的信息抽取。本节中，我们就来介绍 XPath 的基本用法。

1. XPath 概览

XPath 的选择功能十分强大，它提供了非常简洁明了的路径选择表达式。另外，它还提供了超过 100 个内建函数，用于字符串、数值、时间的匹配以及节点、序列的处理等。几乎所有我们想要定位的节点，都可以用 XPath 来选择。

XPath 于 1999 年 11 月 16 日成为 W3C 标准，它被设计为供 XSLT、XPointer 以及其他 XML 解析软件使用，更多的文档可以访问其官方网站：https://www.w3.org/TR/xpath/。

2. XPath 常用规则

表 4-1 列举了 XPath 的几个常用规则。

表 4-1 XPath 常用规则

表 达 式	描 述
nodename	选取此节点的所有子节点
/	从当前节点选取直接子节点
//	从当前节点选取子孙节点
.	选取当前节点
..	选取当前节点的父节点
@	选取属性

这里列出了 XPath 的常用匹配规则，示例如下：

```
//title[@lang='eng']
```

这就是一个 XPath 规则，它代表选择所有名称为 title，同时属性 lang 的值为 eng 的节点。

后面会通过 Python 的 lxml 库，利用 XPath 进行 HTML 的解析。

3. 准备工作

使用之前，首先要确保安装好 lxml 库，若没有安装，可以参考第 1 章的安装过程。

4. 实例引入

现在通过实例来感受一下使用 XPath 来对网页进行解析的过程，相关代码如下：

```
from lxml import etree
text = '''
<div>
<ul>
<li class="item-0"><a href="link1.html">first item</a></li>
<li class="item-1"><a href="link2.html">second item</a></li>
<li class="item-inactive"><a href="link3.html">third item</a></li>
<li class="item-1"><a href="link4.html">fourth item</a></li>
<li class="item-0"><a href="link5.html">fifth item</a>
</ul>
</div>
'''
html = etree.HTML(text)
result = etree.tostring(html)
print(result.decode('utf-8'))
```

这里首先导入 lxml 库的 etree 模块，然后声明了一段 HTML 文本，调用 HTML 类进行初始化，这样就成功构造了一个 XPath 解析对象。这里需要注意的是，HTML 文本中的最后一个 li 节点是没有闭合的，但是 etree 模块可以自动修正 HTML 文本。

这里我们调用 tostring()方法即可输出修正后的 HTML 代码，但是结果是 bytes 类型。这里利用 decode()方法将其转成 str 类型，结果如下：

```
<html><body><div>
<ul>
<li class="item-0"><a href="link1.html">first item</a></li>
<li class="item-1"><a href="link2.html">second item</a></li>
<li class="item-inactive"><a href="link3.html">third item</a></li>
```

```
<li class="item-1"><a href="link4.html">fourth item</a></li>
<li class="item-0"><a href="link5.html">fifth item</a>
</li></ul>
</div>
</body></html>
```

可以看到，经过处理之后，li 节点标签被补全，并且还自动添加了 body、html 节点。

另外，也可以直接读取文本文件进行解析，示例如下：

```
from lxml import etree

html = etree.parse('./test.html', etree.HTMLParser())
result = etree.tostring(html)
print(result.decode('utf-8'))
```

其中 test.html 的内容就是上面例子中的 HTML 代码，内容如下：

```
<div>
<ul>
<li class="item-0"><a href="link1.html">first item</a></li>
<li class="item-1"><a href="link2.html">second item</a></li>
<li class="item-inactive"><a href="link3.html">third item</a></li>
<li class="item-1"><a href="link4.html">fourth item</a></li>
<li class="item-0"><a href="link5.html">fifth item</a>
</ul>
</div>
```

这次的输出结果略有不同，多了一个 DOCTYPE 的声明，不过对解析无任何影响，结果如下：

```
<!DOCTYPE html PUBLIC "-//W3C//DTD HTML 4.0 Transitional//EN" "http://www.w3.org/TR/REC-html40/loose.dtd">
<html><body><div>
<ul>
<li class="item-0"><a href="link1.html">first item</a></li>
<li class="item-1"><a href="link2.html">second item</a></li>
<li class="item-inactive"><a href="link3.html">third item</a></li>
<li class="item-1"><a href="link4.html">fourth item</a></li>
<li class="item-0"><a href="link5.html">fifth item</a>
</li></ul>
</div></body></html>
```

5. 所有节点

我们一般会用//开头的 XPath 规则来选取所有符合要求的节点。这里以前面的 HTML 文本为例，如果要选取所有节点，可以这样实现：

```
from lxml import etree
html = etree.parse('./test.html', etree.HTMLParser())
result = html.xpath('//*')
print(result)
```

运行结果如下：

```
[<Element html at 0x10510d9c8>, <Element body at 0x10510da08>, <Element div at 0x10510da48>, <Element ul
    at 0x10510da88>, <Element li at 0x10510dac8>, <Element a at 0x10510db48>, <Element li at 0x10510db88>,
    <Element a at 0x10510dbc8>, <Element li at 0x10510dc08>, <Element a at 0x10510db08>, <Element li at
    0x10510dc48>, <Element a at 0x10510dc88>, <Element li at 0x10510dcc8>, <Element a at 0x10510dd08>]
```

这里使用*代表匹配所有节点，也就是整个 HTML 文本中的所有节点都会被获取。可以看到，返回形式是一个列表，每个元素是 Element 类型，其后跟了节点的名称，如 html、body、div、ul、li、 a 等，所有节点都包含在列表中了。

当然，此处匹配也可以指定节点名称。如果想获取所有 li 节点，示例如下：

```
from lxml import etree
html = etree.parse('./test.html', etree.HTMLParser())
result = html.xpath('//li')
print(result)
print(result[0])
```

这里要选取所有 li 节点，可以使用//，然后直接加上节点名称即可，调用时直接使用 xpath()方法即可。

运行结果：

```
[<Element li at 0x105849208>, <Element li at 0x105849248>, <Element li at 0x105849288>, <Element li at
    0x1058492c8>, <Element li at 0x105849308>]
<Element li at 0x105849208>
```

这里可以看到提取结果是一个列表形式，其中每个元素都是一个 Element 对象。如果要取出其中一个对象，可以直接用中括号加索引，如[0]。

6. 子节点

我们通过/或//即可查找元素的子节点或子孙节点。假如现在想选择 li 节点的所有直接 a 子节点，可以这样实现：

```
from lxml import etree

html = etree.parse('./test.html', etree.HTMLParser())
result = html.xpath('//li/a')
print(result)
```

这里通过追加/a 即选择了所有 li 节点的所有直接 a 子节点。因为//li 用于选中所有 li 节点，/a 用于选中 li 节点的所有直接子节点 a，二者组合在一起即获取所有 li 节点的所有直接 a 子节点。

运行结果如下：

```
[<Element a at 0x106ee8688>, <Element a at 0x106ee86c8>, <Element a at 0x106ee8708>, <Element a at 0x106ee8748>,
    <Element a at 0x106ee8788>]
```

此处的/用于选取直接子节点，如果要获取所有子孙节点，就可以使用//。例如，要获取 ul 节点下的所有子孙 a 节点，可以这样实现：

```
from lxml import etree

html = etree.parse('./test.html', etree.HTMLParser())
result = html.xpath('//ul//a')
print(result)
```

运行结果是相同的。

但是如果这里用//ul/a，就无法获取任何结果了。因为/用于获取直接子节点，而在 ul 节点下没有直接的 a 子节点，只有 li 节点，所以无法获取任何匹配结果，代码如下：

```
from lxml import etree

html = etree.parse('./test.html', etree.HTMLParser())
```

```
result = html.xpath('//ul/a')
print(result)
```

运行结果如下：

```
[]
```

因此，这里我们要注意/和//的区别，其中/用于获取直接子节点，//用于获取子孙节点。

7. 父节点

我们知道通过连续的/或//可以查找子节点或子孙节点，那么假如我们知道了子节点，怎样来查找父节点呢？这可以用..来实现。

比如，现在首先选中 href 属性为 link4.html 的 a 节点，然后再获取其父节点，然后再获取其 class 属性，相关代码如下：

```
from lxml import etree

html = etree.parse('./test.html', etree.HTMLParser())
result = html.xpath('//a[@href="link4.html"]/../@class')
print(result)
```

运行结果如下：

```
['item-1']
```

检查一下结果发现，这正是我们获取的目标 li 节点的 class。

同时，我们也可以通过 parent::来获取父节点，代码如下：

```
from lxml import etree

html = etree.parse('./test.html', etree.HTMLParser())
result = html.xpath('//a[@href="link4.html"]/parent::*/@class')
print(result)
```

8. 属性匹配

在选取的时候，我们还可以用@符号进行属性过滤。比如，这里如果要选取 class 为 item-0 的 li 节点，可以这样实现:

```
from lxml import etree
html = etree.parse('./test.html', etree.HTMLParser())
result = html.xpath('//li[@class="item-0"]')
print(result)
```

这里我们通过加入[@class="item-0"]，限制了节点的 class 属性为 item-0，而 HTML 文本中符合条件的 li 节点有两个，所以结果应该返回两个匹配到的元素。结果如下：

```
[<Element li at 0x10a399288>, <Element li at 0x10a3992c8>]
```

可见，匹配结果正是两个，至于是不是那正确的两个，后面再验证。

9. 文本获取

我们用 XPath 中的 text()方法获取节点中的文本，接下来尝试获取前面 li 节点中的文本，相关代码如下：

```
from lxml import etree

html = etree.parse('./test.html', etree.HTMLParser())
result = html.xpath('//li[@class="item-0"]/text()')
print(result)
```

运行结果如下：

```
['\n     ']
```

奇怪的是，我们并没有获取到任何文本，只获取到了一个换行符，这是为什么呢？因为 XPath 中 text()前面是/，而此处/的含义是选取直接子节点，很明显 li 的直接子节点都是 a 节点，文本都是在 a 节点内部的，所以这里匹配到的结果就是被修正的 li 节点内部的换行符，因为自动修正的 li 节点的尾标签换行了。

即选中的是这两个节点：

```
<li class="item-0"><a href="link1.html">first item</a></li>
<li class="item-0"><a href="link5.html">fifth item</a>
</li>
```

其中一个节点因为自动修正，li 节点的尾标签添加的时候换行了，所以提取文本得到的唯一结果就是 li 节点的尾标签和 a 节点的尾标签之间的换行符。

因此，如果想获取 li 节点内部的文本，就有两种方式，一种是先选取 a 节点再获取文本，另一种就是使用//。接下来，我们来看下二者的区别。

首先，选取到 a 节点再获取文本，代码如下：

```
from lxml import etree

html = etree.parse('./test.html', etree.HTMLParser())
result = html.xpath('//li[@class="item-0"]/a/text()')
print(result)
```

运行结果如下：

```
['first item', 'fifth item']
```

可以看到，这里的返回值是两个，内容都是属性为 item-0 的 li 节点的文本，这也印证了前面属性匹配的结果是正确的。

这里我们是逐层选取的，先选取了 li 节点，又利用/选取了其直接子节点 a，然后再选取其文本，得到的结果恰好是符合我们预期的两个结果。

再来看下用另一种方式（即使用//）选取的结果，代码如下：

```
from lxml import etree

html = etree.parse('./test.html', etree.HTMLParser())
result = html.xpath('//li[@class="item-0"]//text()')
print(result)
```

运行结果如下：

```
['first item', 'fifth item', '\n     ']
```

不出所料，这里的返回结果是3个。可想而知，这里是选取所有子孙节点的文本，其中前两个就是li的子节点a节点内部的文本，另外一个就是最后一个li节点内部的文本，即换行符。

所以说，如果要想获取子孙节点内部的所有文本，可以直接用//加text()的方式，这样可以保证获取到最全面的文本信息，但是可能会夹杂一些换行符等特殊字符。如果想获取某些特定子孙节点下的所有文本，可以先选取到特定的子孙节点，然后再调用text()方法获取其内部文本，这样可以保证获取的结果是整洁的。

10. 属性获取

我们知道用 text()可以获取节点内部文本，那么节点属性该怎样获取呢？其实还是用@符号就可以。例如，我们想获取所有li节点下所有a节点的href属性，代码如下：

```
from lxml import etree

html = etree.parse('./test.html', etree.HTMLParser())
result = html.xpath('//li/a/@href')
print(result)
```

这里我们通过@href即可获取节点的href属性。注意，此处和属性匹配的方法不同，属性匹配是中括号加属性名和值来限定某个属性，如[@href="link1.html"]，而此处的@href指的是获取节点的某个属性，二者需要做好区分。

运行结果如下：

```
['link1.html', 'link2.html', 'link3.html', 'link4.html', 'link5.html']
```

可以看到，我们成功获取了所有li节点下a节点的href属性，它们以列表形式返回。

11. 属性多值匹配

有时候，某些节点的某个属性可能有多个值，例如：

```
from lxml import etree
text = '''
<li class="li li-first"><a href="link.html">first item</a></li>
'''
html = etree.HTML(text)
result = html.xpath('//li[@class="li"]/a/text()')
print(result)
```

这里HTML文本中li节点的class属性有两个值li和li-first，此时如果还想用之前的属性匹配获取，就无法匹配了，此时的运行结果如下：

```
[]
```

这时就需要用contains()函数了，代码可以改写如下：

```
from lxml import etree
text = '''
<li class="li li-first"><a href="link.html">first item</a></li>
'''
html = etree.HTML(text)
result = html.xpath('//li[contains(@class, "li")]/a/text()')
print(result)
```

这样通过 contains()方法，第一个参数传入属性名称，第二个参数传入属性值，只要此属性包含所传入的属性值，就可以完成匹配了。

此时运行结果如下：

```
['first item']
```

此种方式在某个节点的某个属性有多个值时经常用到，如某个节点的 class 属性通常有多个。

12. 多属性匹配

另外，我们可能还遇到一种情况，那就是根据多个属性确定一个节点，这时就需要同时匹配多个属性。此时可以使用运算符 and 来连接，示例如下：


```
from lxml import etree
text = '''
<li class="li li-first" name="item"><a href="link.html">first item</a></li>
'''
html = etree.HTML(text)
result = html.xpath('//li[contains(@class, "li") and @name="item"]/a/text()')
print(result)
```

这里的 li 节点又增加了一个属性 name。要确定这个节点，需要同时根据 class 和 name 属性来选择，一个条件是 class 属性里面包含 li 字符串，另一个条件是 name 属性为 item 字符串，二者需要同时满足，需要用 and 操作符相连，相连之后置于中括号内进行条件筛选。运行结果如下：

```
['first item']
```

这里的 and 其实是 XPath 中的运算符。另外，还有很多运算符，如 or、mod 等，在此总结为表 4-2。

表 4-2 运算符及其介绍

<table>
<tr><th>运算符</th><th>描 述</th><th>实 例</th><th>返 回 值</th></tr>
<tr><td>or</td><td>或</td><td>age=19 or age=20</td><td>如果 age 是 19，则返回 true。如果 age 是 21，则返回 false</td></tr>
<tr><td>and</td><td>与</td><td>age>19 and age<21</td><td>如果 age 是 20，则返回 true。如果 age 是 18，则返回 false</td></tr>
<tr><td>mod</td><td>计算除法的余数</td><td>5 mod 2</td><td>1</td></tr>
<tr><td>|</td><td>计算两个节点集</td><td>//book | //cd</td><td>返回所有拥有 book 和 cd 元素的节点集</td></tr>
<tr><td>+</td><td>加法</td><td>6 + 4</td><td>10</td></tr>
<tr><td>-</td><td>减法</td><td>6 - 4</td><td>2</td></tr>
<tr><td>*</td><td>乘法</td><td>6 * 4</td><td>24</td></tr>
<tr><td>div</td><td>除法</td><td>8 div 4</td><td>2</td></tr>
<tr><td>=</td><td>等于</td><td>age=19</td><td>如果 age 是 19，则返回 true。如果 age 是 20，则返回 false</td></tr>
<tr><td>!=</td><td>不等于</td><td>age!=19</td><td>如果 age 是 18，则返回 true。如果 age 是 19，则返回 false</td></tr>
<tr><td><</td><td>小于</td><td>age<19</td><td>如果 age 是 18，则返回 true。如果 age 是 19，则返回 false</td></tr>
<tr><td><=</td><td>小于或等于</td><td>age<=19</td><td>如果 age 是 19，则返回 true。如果 age 是 20，则返回 false</td></tr>
<tr><td>></td><td>大于</td><td>age>19</td><td>如果 age 是 20，则返回 true。如果 age 是 19，则返回 false</td></tr>
<tr><td>>=</td><td>大于或等于</td><td>age>=19</td><td>如果 age 是 19，则返回 true。如果 age 是 18，则返回 false</td></tr>
</table>

此表参考来源：http://www.w3school.com.cn/xpath/xpath_operators.asp。

13. 按序选择

有时候，我们在选择的时候某些属性可能同时匹配了多个节点，但是只想要其中的某个节点，如第二个节点或者最后一个节点，这时该怎么办呢？

这时可以利用中括号传入索引的方法获取特定次序的节点，示例如下：

```
from lxml import etree

text = '''
<div>
<ul>
<li class="item-0"><a href="link1.html">first item</a></li>
<li class="item-1"><a href="link2.html">second item</a></li>
<li class="item-inactive"><a href="link3.html">third item</a></li>
<li class="item-1"><a href="link4.html">fourth item</a></li>
<li class="item-0"><a href="link5.html">fifth item</a>
</ul>
</div>
'''
html = etree.HTML(text)
result = html.xpath('//li[1]/a/text()')
print(result)
result = html.xpath('//li[last()]/a/text()')
print(result)
result = html.xpath('//li[position()<3]/a/text()')
print(result)
result = html.xpath('//li[last()-2]/a/text()')
print(result)
```

第一次选择时，我们选取了第一个 li 节点，中括号中传入数字 1 即可。注意，这里和代码中不同，序号是以 1 开头的，不是以 0 开头。

第二次选择时，我们选取了最后一个 li 节点，中括号中传入 last()即可，返回的便是最后一个 li 节点。

第三次选择时，我们选取了位置小于 3 的 li 节点，也就是位置序号为 1 和 2 的节点，得到的结果就是前两个 li 节点。

第四次选择时，我们选取了倒数第三个 li 节点，中括号中传入 last()-2 即可。因为 last()是最后一个，所以 last()-2 就是倒数第三个。

运行结果如下：

```
['first item']
['fifth item']
['first item', 'second item']
['third item']
```

这里我们使用了 last()、position()等函数。在 XPath 中，提供了 100 多个函数，包括存取、数值、字符串、逻辑、节点、序列等处理功能，它们的具体作用可以参考：http://www.w3school.com.cn/xpath/xpath_functions.asp。

14. 节点轴选择

XPath 提供了很多节点轴选择方法，包括获取子元素、兄弟元素、父元素、祖先元素等，示例如下：

```
from lxml import etree

text = '''
<div>
<ul>
<li class="item-0"><a href="link1.html"><span>first item</span></a></li>
<li class="item-1"><a href="link2.html">second item</a></li>
<li class="item-inactive"><a href="link3.html">third item</a></li>
<li class="item-1"><a href="link4.html">fourth item</a></li>
<li class="item-0"><a href="link5.html">fifth item</a>
</ul>
</div>
'''
html = etree.HTML(text)
result = html.xpath('//li[1]/ancestor::*')
print(result)
result = html.xpath('//li[1]/ancestor::div')
print(result)
result = html.xpath('//li[1]/attribute::*')
print(result)
result = html.xpath('//li[1]/child::a[@href="link1.html"]')
print(result)
result = html.xpath('//li[1]/descendant::span')
print(result)
result = html.xpath('//li[1]/following::*[2]')
print(result)
result = html.xpath('//li[1]/following-sibling::*')
print(result)
```

运行结果如下：

```
[<Element html at 0x107941808>, <Element body at 0x1079418c8>, <Element div at 0x107941908>,
    <Element ul at 0x107941948>]
[<Element div at 0x107941908>]
['item-0']
[<Element a at 0x1079418c8>]
[<Element span at 0x107941948>]
[<Element a at 0x1079418c8>]
[<Element li at 0x107941948>, <Element li at 0x107941988>, <Element li at 0x1079419c8>,
    <Element li at 0x107941a08>]
```

第一次选择时，我们调用了 ancestor 轴，可以获取所有祖先节点。其后需要跟两个冒号，然后是节点的选择器，这里我们直接使用*，表示匹配所有节点，因此返回结果是第一个 li 节点的所有祖先节点，包括 html、body、div 和 ul。

第二次选择时，我们又加了限定条件，这次在冒号后面加了 div，这样得到的结果就只有 div 这个祖先节点了。

第三次选择时，我们调用了 attribute 轴，可以获取所有属性值，其后跟的选择器还是*，这代表获取节点的所有属性，返回值就是 li 节点的所有属性值。

第四次选择时，我们调用了 child 轴，可以获取所有直接子节点。这里我们又加了限定条件，选取 href 属性为 link1.html 的 a 节点。

第五次选择时，我们调用了 descendant 轴，可以获取所有子孙节点。这里我们又加了限定条件获取 span 节点，所以返回的结果只包含 span 节点而不包含 a 节点。

第六次选择时，我们调用了 following 轴，可以获取当前节点之后的所有节点。这里我们虽然使用的是*匹配，但又加了索引选择，所以只获取了第二个后续节点。

第七次选择时，我们调用了 following-sibling 轴，可以获取当前节点之后的所有同级节点。这里我们使用*匹配，所以获取了所有后续同级节点。

以上是 XPath 轴的简单用法，更多轴的用法可以参考：http://www.w3school.com.cn/xpath/xpath_axes.asp。

15. 结语

到现在为止，我们基本上把可能用到的 XPath 选择器介绍完了。XPath 功能非常强大，内置函数非常多，熟练使用之后，可以大大提升 HTML 信息的提取效率。

如果想查询更多 XPath 的用法，可以查看：http://www.w3school.com.cn/xpath/index.asp。

如果想查询更多 Python lxml 库的用法，可以查看 http://lxml.de/。

4.2　使用 Beautiful Soup

前面介绍了正则表达式的相关用法，但是一旦正则表达式写的有问题，得到的可能就不是我们想要的结果了。而且对于一个网页来说，都有一定的特殊结构和层级关系，而且很多节点都有 id 或 class 来作区分，所以借助它们的结构和属性来提取不也可以吗？

这一节中，我们就来介绍一个强大的解析工具 Beautiful Soup，它借助网页的结构和属性等特性来解析网页。有了它，我们不用再去写一些复杂的正则表达式，只需要简单的几条语句，就可以完成网页中某个元素的提取。

废话不多说，接下来就来感受一下 Beautiful Soup 的强大之处吧。

1. 简介

简单来说，Beautiful Soup 就是 Python 的一个 HTML 或 XML 的解析库，可以用它来方便地从网页中提取数据。官方解释如下：

> Beautiful Soup 提供一些简单的、Python 式的函数来处理导航、搜索、修改分析树等功能。它是一个工具箱，通过解析文档为用户提供需要抓取的数据，因为简单，所以不需要多少代码就可以写出一个完整的应用程序。
>
> Beautiful Soup 自动将输入文档转换为 Unicode 编码，输出文档转换为 UTF-8 编码。你不需要考虑编码方式，除非文档没有指定一个编码方式，这时你仅仅需要说明一下原始编码方式就可以了。
>
> Beautiful Soup 已成为和 lxml、html6lib 一样出色的 Python 解释器，为用户灵活地提供不同的解析策略或强劲的速度。

所以说，利用它可以省去很多烦琐的提取工作，提高了解析效率。

2. 准备工作

在开始之前，请确保已经正确安装好了 Beautiful Soup 和 lxml，如果没有安装，可以参考第 1 章的内容。

3. 解析器

Beautiful Soup 在解析时实际上依赖解析器，它除了支持 Python 标准库中的 HTML 解析器外，还支持一些第三方解析器（比如 lxml）。表 4-3 列出了 Beautiful Soup 支持的解析器。

表 4-3 Beautiful Soup 支持的解析器

解析器	使用方法	优势	劣势
Python 标准库	`BeautifulSoup(markup, "html.parser")`	Python 的内置标准库、执行速度适中、文档容错能力强	Python 2.7.3 及 Python 3.2.2 之前的版本文档容错能力差
lxml HTML 解析器	`BeautifulSoup(markup, "lxml")`	速度快、文档容错能力强	需要安装 C 语言库
lxml XML 解析器	`BeautifulSoup(markup, "xml")`	速度快、唯一支持 XML 的解析器	需要安装 C 语言库
html5lib	`BeautifulSoup(markup, "html5lib")`	最好的容错性、以浏览器的方式解析文档、生成 HTML5 格式的文档	速度慢、不依赖外部扩展

通过以上对比可以看出，lxml 解析器有解析 HTML 和 XML 的功能，而且速度快，容错能力强，所以推荐使用它。

如果使用 lxml，那么在初始化 Beautiful Soup 时，可以把第二个参数改为 `lxml` 即可：

```
from bs4 import BeautifulSoup
soup = BeautifulSoup('<p>Hello</p>', 'lxml')
print(soup.p.string)
```

在后面，Beautiful Soup 的用法实例也统一用这个解析器来演示。

4. 基本用法

下面首先用实例来看看 Beautiful Soup 的基本用法：

```
html = """
<html><head><title>The Dormouse's story</title></head>
<body>
<p class="title" name="dromouse"><b>The Dormouse's story</b></p>
<p class="story">Once upon a time there were three little sisters; and their names were
<a href="http://example.com/elsie" class="sister" id="link1"><!-- Elsie --></a>,
<a href="http://example.com/lacie" class="sister" id="link2">Lacie</a> and
<a href="http://example.com/tillie" class="sister" id="link3">Tillie</a>;
and they lived at the bottom of a well.</p>
<p class="story">...</p>
"""
from bs4 import BeautifulSoup
soup = BeautifulSoup(html, 'lxml')
print(soup.prettify())
print(soup.title.string)
```

运行结果如下：

```
<html>
<head>
<title>
  The Dormouse's story
</title>
</head>
<body>
<p class="title" name="dromouse">
<b>
   The Dormouse's story
</b>
</p>
<p class="story">
  Once upon a time there were three little sisters; and their names were
<a class="sister" href="http://example.com/elsie" id="link1">
<!-- Elsie -->
</a>
  ,
<a class="sister" href="http://example.com/lacie" id="link2">
   Lacie
</a>
  and
<a class="sister" href="http://example.com/tillie" id="link3">
   Tillie
</a>
  ;
and they lived at the bottom of a well.
</p>
<p class="story">
  ...
</p>
</body>
</html>
The Dormouse's story
```

这里首先声明变量 html，它是一个 HTML 字符串。但是需要注意的是，它并不是一个完整的 HTML 字符串，因为 body 和 html 节点都没有闭合。接着，我们将它当作第一个参数传给 BeautifulSoup 对象，该对象的第二个参数为解析器的类型（这里使用 lxml），此时就完成了 BeaufulSoup 对象的初始化。然后，将这个对象赋值给 soup 变量。

接下来，就可以调用 soup 的各个方法和属性解析这串 HTML 代码了。

首先，调用 prettify()方法。这个方法可以把要解析的字符串以标准的缩进格式输出。这里需要注意的是，输出结果里面包含 body 和 html 节点，也就是说对于不标准的 HTML 字符串 BeautifulSoup，可以自动更正格式。这一步不是由 prettify()方法做的，而是在初始化 BeautifulSoup 时就完成了。

然后调用 soup.title.string，这实际上是输出 HTML 中 title 节点的文本内容。所以，soup.title 可以选出 HTML 中的 title 节点，再调用 string 属性就可以得到里面的文本了，所以我们可以通过简单调用几个属性完成文本提取，这是不是非常方便？

5. 节点选择器

直接调用节点的名称就可以选择节点元素，再调用 string 属性就可以得到节点内的文本了，这种选择方式速度非常快。如果单个节点结构层次非常清晰，可以选用这种方式来解析。

- **选择元素**

下面再用一个例子详细说明选择元素的方法：

```
html = """
<html><head><title>The Dormouse's story</title></head>
<body>
<p class="title" name="dromouse"><b>The Dormouse's story</b></p>
<p class="story">Once upon a time there were three little sisters; and their names were
<a href="http://example.com/elsie" class="sister" id="link1"><!-- Elsie --></a>,
<a href="http://example.com/lacie" class="sister" id="link2">Lacie</a> and
<a href="http://example.com/tillie" class="sister" id="link3">Tillie</a>;
and they lived at the bottom of a well.</p>
<p class="story">...</p>
"""
from bs4 import BeautifulSoup
soup = BeautifulSoup(html, 'lxml')
print(soup.title)
print(type(soup.title))
print(soup.title.string)
print(soup.head)
print(soup.p)
```

运行结果如下：

```
<title>The Dormouse's story</title>
<class 'bs4.element.Tag'>
The Dormouse's story
<head><title>The Dormouse's story</title></head>
<p class="title" name="dromouse"><b>The Dormouse's story</b></p>
```

这里依然选用刚才的 HTML 代码，首先打印输出 `title` 节点的选择结果，输出结果正是 `title` 节点加里面的文字内容。接下来，输出它的类型，是 `bs4.element.Tag` 类型，这是 Beautiful Soup 中一个重要的数据结构。经过选择器选择后，选择结果都是这种 `Tag` 类型。`Tag` 具有一些属性，比如 `string` 属性，调用该属性，可以得到节点的文本内容，所以接下来的输出结果正是节点的文本内容。

接下来，我们又尝试选择了 `head` 节点，结果也是节点加其内部的所有内容。最后，选择了 `p` 节点。不过这次情况比较特殊，我们发现结果是第一个 `p` 节点的内容，后面的几个 `p` 节点并没有选到。也就是说，当有多个节点时，这种选择方式只会选择到第一个匹配的节点，其他的后面节点都会忽略。

- **提取信息**

上面演示了调用 `string` 属性来获取文本的值，那么如何获取节点属性的值呢？如何获取节点名呢？下面我们来统一梳理一下信息的提取方式。

(1) 获取名称

可以利用 `name` 属性获取节点的名称。这里还是以上面的文本为例，选取 `title` 节点，然后调用 `name` 属性就可以得到节点名称：

```
print(soup.title.name)
```

运行结果如下：

```
title
```

(2) 获取属性

每个节点可能有多个属性，比如 id 和 class 等，选择这个节点元素后，可以调用 attrs 获取所有属性：

```
print(soup.p.attrs)
print(soup.p.attrs['name'])
```

运行结果如下：

```
{'class': ['title'], 'name': 'dromouse'}
dromouse
```

可以看到，attrs 的返回结果是字典形式，它把选择的节点的所有属性和属性值组合成一个字典。接下来，如果要获取 name 属性，就相当于从字典中获取某个键值，只需要用中括号加属性名就可以了。比如，要获取 name 属性，就可以通过 attrs['name']来得到。

其实这样有点烦琐，还有一种更简单的获取方式：可以不用写 attrs，直接在节点元素后面加中括号，传入属性名就可以获取属性值了。样例如下：

```
print(soup.p['name'])
print(soup.p['class'])
```

运行结果如下：

```
dromouse
['title']
```

这里需要注意的是，有的返回结果是字符串，有的返回结果是字符串组成的列表。比如，name 属性的值是唯一的，返回的结果就是单个字符串。而对于 class，一个节点元素可能有多个 class，所以返回的是列表。在实际处理过程中，我们要注意判断类型。

(3)获取内容

可以利用 string 属性获取节点元素包含的文本内容，比如要获取第一个 p 节点的文本：

```
print(soup.p.string)
```

运行结果如下：

```
The Dormouse's story
```

再次注意一下，这里选择到的 p 节点是第一个 p 节点，获取的文本也是第一个 p 节点里面的文本。

- **嵌套选择**

在上面的例子中，我们知道每一个返回结果都是 bs4.element.Tag 类型，它同样可以继续调用节点进行下一步的选择。比如，我们获取了 head 节点元素，我们可以继续调用 head 来选取其内部的 head 节点元素：

```
html = """
<html><head><title>The Dormouse's story</title></head>
<body>
"""
from bs4 import BeautifulSoup
soup = BeautifulSoup(html, 'lxml')
print(soup.head.title)
```

```
print(type(soup.head.title))
print(soup.head.title.string)
```

运行结果如下：

```
<title>The Dormouse's story</title>
<class 'bs4.element.Tag'>
The Dormouse's story
```

第一行结果是调用 head 之后再次调用 title 而选择的 title 节点元素。然后打印输出了它的类型，可以看到，它仍然是 bs4.element.Tag 类型。也就是说，我们在 Tag 类型的基础上再次选择得到的依然还是 Tag 类型，每次返回的结果都相同，所以这样就可以做嵌套选择了。

最后，输出它的 string 属性，也就是节点里的文本内容。

- **关联选择**

在做选择的时候，有时候不能做到一步就选到想要的节点元素，需要先选中某一个节点元素，然后以它为基准再选择它的子节点、父节点、兄弟节点等，这里就来介绍如何选择这些节点元素。

(1) 子节点和子孙节点

选取节点元素之后，如果想要获取它的直接子节点，可以调用 contents 属性，示例如下：

```
html = """
<html>
<head>
<title>The Dormouse's story</title>
</head>
<body>
<p class="story">
    Once upon a time there were three little sisters; and their names were
    <a href="http://example.com/elsie" class="sister" id="link1">
<span>Elsie</span>
</a>
<a href="http://example.com/lacie" class="sister" id="link2">Lacie</a>
and
<a href="http://example.com/tillie" class="sister" id="link3">Tillie</a>
and they lived at the bottom of a well.
</p>
<p class="story">...</p>
"""
from bs4 import BeautifulSoup
soup = BeautifulSoup(html, 'lxml')
print(soup.p.contents)
```

运行结果如下：

```
['\n        Once upon a time there were three little sisters; and their names were\n        ', <a class="sister"
    href="http://example.com/elsie" id="link1">
<span>Elsie</span>
</a>, '\n', <a class="sister" href="http://example.com/lacie" id="link2">Lacie</a>, ' \n        and\n        ',
<a class="sister" href="http://example.com/tillie" id="link3">Tillie</a>, '\n            and they lived at
    the bottom of a well.\n        ']
```

可以看到，返回结果是列表形式。p 节点里既包含文本，又包含节点，最后会将它们以列表形式统一返回。

需要注意的是，列表中的每个元素都是 p 节点的直接子节点。比如第一个 a 节点里面包含一层 span 节点，这相当于孙子节点了，但是返回结果并没有单独把 span 节点选出来。所以说，contents 属性得到的结果是直接子节点的列表。

同样，我们可以调用 children 属性得到相应的结果：

```
from bs4 import BeautifulSoup
soup = BeautifulSoup(html, 'lxml')
print(soup.p.children)
for i, child in enumerate(soup.p.children):
    print(i, child)
```

运行结果如下：

```
<list_iterator object at 0x1064f7dd8>
0
            Once upon a time there were three little sisters; and their names were

1 <a class="sister" href="http://example.com/elsie" id="link1">
<span>Elsie</span>
</a>
2

3 <a class="sister" href="http://example.com/lacie" id="link2">Lacie</a>
4
            and

5 <a class="sister" href="http://example.com/tillie" id="link3">Tillie</a>
6
            and they lived at the bottom of a well.
```

还是同样的 HTML 文本，这里调用了 children 属性来选择，返回结果是生成器类型。接下来，我们用 for 循环输出相应的内容。

如果要得到所有的子孙节点的话，可以调用 descendants 属性：

```
from bs4 import BeautifulSoup
soup = BeautifulSoup(html, 'lxml')
print(soup.p.descendants)
for i, child in enumerate(soup.p.descendants):
    print(i, child)
```

运行结果如下：

```
<generator object descendants at 0x10650e678>
0
            Once upon a time there were three little sisters; and their names were

1 <a class="sister" href="http://example.com/elsie" id="link1">
<span>Elsie</span>
</a>
2

3 <span>Elsie</span>
4 Elsie
5

6

7 <a class="sister" href="http://example.com/lacie" id="link2">Lacie</a>
8 Lacie
9
```

```
            and

10 <a class="sister" href="http://example.com/tillie" id="link3">Tillie</a>
11 Tillie
12
            and they lived at the bottom of a well.
```

此时返回结果还是生成器。遍历输出一下可以看到，这次的输出结果就包含了 span 节点。descendants 会递归查询所有子节点，得到所有的子孙节点。

(2) 父节点和祖先节点

如果要获取某个节点元素的父节点，可以调用 parent 属性：

```
html = """
<html>
<head>
<title>The Dormouse's story</title>
</head>
<body>
<p class="story">
            Once upon a time there were three little sisters; and their names were
<a href="http://example.com/elsie" class="sister" id="link1">
<span>Elsie</span>
</a>
</p>
<p class="story">...</p>
"""
from bs4 import BeautifulSoup
soup = BeautifulSoup(html, 'lxml')
print(soup.a.parent)
```

运行结果如下：

```
<p class="story">
            Once upon a time there were three little sisters; and their names were
<a class="sister" href="http://example.com/elsie" id="link1">
<span>Elsie</span>
</a>
</p>
```

这里我们选择的是第一个 a 节点的父节点元素。很明显，它的父节点是 p 节点，输出结果便是 p 节点及其内部的内容。

需要注意的是，这里输出的仅仅是 a 节点的直接父节点，而没有再向外寻找父节点的祖先节点。如果想获取所有的祖先节点，可以调用 parents 属性：

```
html = """
<html>
<body>
<p class="story">
<a href="http://example.com/elsie" class="sister" id="link1">
<span>Elsie</span>
</a>
</p>
"""
from bs4 import BeautifulSoup
soup = BeautifulSoup(html, 'lxml')
print(type(soup.a.parents))
print(list(enumerate(soup.a.parents)))
```

运行结果如下：

```
<class 'generator'>
[(0, <p class="story">
<a class="sister" href="http://example.com/elsie" id="link1">
<span>Elsie</span>
</a>
</p>), (1, <body>
<p class="story">
<a class="sister" href="http://example.com/elsie" id="link1">
<span>Elsie</span>
</a>
</p>
</body>), (2, <html>
<body>
<p class="story">
<a class="sister" href="http://example.com/elsie" id="link1">
<span>Elsie</span>
</a>
</p>
</body></html>), (3, <html>
<body>
<p class="story">
<a class="sister" href="http://example.com/elsie" id="link1">
<span>Elsie</span>
</a>
</p>
</body></html>)]
```

可以发现，返回结果是生成器类型。这里用列表输出了它的索引和内容，而列表中的元素就是 a 节点的祖先节点。

(3) 兄弟节点

上面说明了子节点和父节点的获取方式，如果要获取同级的节点（也就是兄弟节点），应该怎么办呢？示例如下：

```
html = """
<html>
<body>
<p class="story">
            Once upon a time there were three little sisters; and their names were
<a href="http://example.com/elsie" class="sister" id="link1">
<span>Elsie</span>
</a>
            Hello
<a href="http://example.com/lacie" class="sister" id="link2">Lacie</a>
            and
<a href="http://example.com/tillie" class="sister" id="link3">Tillie</a>
            and they lived at the bottom of a well.
</p>
"""
from bs4 import BeautifulSoup
soup = BeautifulSoup(html, 'lxml')
print('Next Sibling', soup.a.next_sibling)
print('Prev Sibling', soup.a.previous_sibling)
print('Next Siblings', list(enumerate(soup.a.next_siblings)))
print('Prev Siblings', list(enumerate(soup.a.previous_siblings)))
```

运行结果如下：

```
Next Sibling
            Hello

Prev Sibling
            Once upon a time there were three little sisters; and their names were

Next Siblings [(0, '\n            Hello\n            '), (1, <a class="sister" href="http://example.com/lacie"
    id="link2">Lacie</a>), (2, ' \n  and\n          '), (3, <a class="sister" href="http://example.com/tillie"
    id="link3">Tillie</a>), (4, '\n            and they lived at the bottom of a well.\n          ')]
Prev Siblings [(0, '\n            Once upon a time there were three little sisters; and their names were\n
           ')]
```


可以看到，这里调用了 4 个属性，其中 next_sibling 和 previous_sibling 分别获取节点的下一个和上一个兄弟元素，next_siblings 和 previous_siblings 则分别返回后面和前面的兄弟节点。

(4) 提取信息

前面讲解了关联元素节点的选择方法，如果想要获取它们的一些信息，比如文本、属性等，也用同样的方法，示例如下：

```
html = """
<html>
<body>
<p class="story">
            Once upon a time there were three little sisters; and their names were
<a href="http://example.com/elsie" class="sister" id="link1">Bob</a><a href="http://example.com/lacie"
class="sister" id="link2">Lacie</a>
</p>
"""
from bs4 import BeautifulSoup
soup = BeautifulSoup(html, 'lxml')
print('Next Sibling:')
print(type(soup.a.next_sibling))
print(soup.a.next_sibling)
print(soup.a.next_sibling.string)
print('Parent:')
print(type(soup.a.parents))
print(list(soup.a.parents)[0])
print(list(soup.a.parents)[0].attrs['class'])
```

运行结果如下：

```
Next Sibling:
<class 'bs4.element.Tag'>
<a class="sister" href="http://example.com/lacie" id="link2">Lacie</a>
Lacie
Parent:
<class 'generator'>
<p class="story">
            Once upon a time there were three little sisters; and their names were
<a class="sister" href="http://example.com/elsie" id="link1">Bob</a><a class="sister"
href="http://example.com/lacie" id="link2">Lacie</a>
</p>
['story']
```

如果返回结果是单个节点，那么可以直接调用 string、attrs 等属性获得其文本和属性；如果返回结果是多个节点的生成器，则可以转为列表后取出某个元素，然后再调用 string、attrs 等属性获取其对应节点的文本和属性。

6. 方法选择器

前面所讲的选择方法都是通过属性来选择的，这种方法非常快，但是如果进行比较复杂的选择的话，它就比较烦琐，不够灵活了。幸好，Beautiful Soup 还为我们提供了一些查询方法，比如 find_all() 和 find()等，调用它们，然后传入相应的参数，就可以灵活查询了。

- **find_all()**

find_all，顾名思义，就是查询所有符合条件的元素。给它传入一些属性或文本，就可以得到符合条件的元素，它的功能十分强大。

它的 API 如下：

```
find_all(name , attrs , recursive , text , **kwargs)
```

(1) name

我们可以根据节点名来查询元素，示例如下：

```
html='''
<div class="panel">
<div class="panel-heading">
<h4>Hello</h4>
</div>
<div class="panel-body">
<ul class="list" id="list-1">
<li class="element">Foo</li>
<li class="element">Bar</li>
<li class="element">Jay</li>
</ul>
<ul class="list list-small" id="list-2">
<li class="element">Foo</li>
<li class="element">Bar</li>
</ul>
</div>
</div>
'''
from bs4 import BeautifulSoup
soup = BeautifulSoup(html, 'lxml')
print(soup.find_all(name='ul'))
print(type(soup.find_all(name='ul')[0]))
```

运行结果如下：

```
[<ul class="list" id="list-1">
<li class="element">Foo</li>
<li class="element">Bar</li>
<li class="element">Jay</li>
</ul>, <ul class="list list-small" id="list-2">
<li class="element">Foo</li>
<li class="element">Bar</li>
</ul>]
<class 'bs4.element.Tag'>
```

这里我们调用了 find_all()方法，传入 name 参数，其参数值为 ul。也就是说，我们想要查询所有 ul 节点，返回结果是列表类型，长度为 2，每个元素依然都是 bs4.element.Tag 类型。

因为都是 Tag 类型，所以依然可以进行嵌套查询。还是同样的文本，这里查询出所有 ul 节点后，再继续查询其内部的 li 节点：

```
for ul in soup.find_all(name='ul'):
    print(ul.find_all(name='li'))
```

运行结果如下：

```
[<li class="element">Foo</li>, <li class="element">Bar</li>, <li class="element">Jay</li>]
[<li class="element">Foo</li>, <li class="element">Bar</li>]
```

返回结果是列表类型，列表中的每个元素依然还是 Tag 类型。

接下来，就可以遍历每个 li，获取它的文本了：

```
for ul in soup.find_all(name='ul'):
    print(ul.find_all(name='li'))
    for li in ul.find_all(name='li'):
        print(li.string)
```

运行结果如下：

```
[<li class="element">Foo</li>, <li class="element">Bar</li>, <li class="element">Jay</li>]
Foo
Bar
Jay
[<li class="element">Foo</li>, <li class="element">Bar</li>]
Foo
Bar
```

(2) attrs

除了根据节点名查询，我们也可以传入一些属性来查询，示例如下：

```
html='''
<div class="panel">
<div class="panel-heading">
<h4>Hello</h4>
</div>
<div class="panel-body">
<ul class="list" id="list-1" name="elements">
<li class="element">Foo</li>
<li class="element">Bar</li>
<li class="element">Jay</li>
</ul>
<ul class="list list-small" id="list-2">
<li class="element">Foo</li>
<li class="element">Bar</li>
</ul>
</div>
</div>
'''
from bs4 import BeautifulSoup
soup = BeautifulSoup(html, 'lxml')
print(soup.find_all(attrs={'id': 'list-1'}))
print(soup.find_all(attrs={'name': 'elements'}))
```

运行结果如下：

```
[<ul class="list" id="list-1" name="elements">
<li class="element">Foo</li>
<li class="element">Bar</li>
<li class="element">Jay</li>
</ul>]
[<ul class="list" id="list-1" name="elements">
<li class="element">Foo</li>
<li class="element">Bar</li>
<li class="element">Jay</li>
</ul>]
```

这里查询的时候传入的是 attrs 参数，参数的类型是字典类型。比如，要查询 id 为 list-1 的节点，可以传入 attrs={'id': 'list-1'}的查询条件，得到的结果是列表形式，包含的内容就是符合 id 为 list-1 的所有节点。在上面的例子中，符合条件的元素个数是 1，所以结果是长度为 1 的列表。

对于一些常用的属性，比如 id 和 class 等，我们可以不用 attrs 来传递。比如，要查询 id 为 list-1 的节点，可以直接传入 id 这个参数。还是上面的文本，我们换一种方式来查询：

```
from bs4 import BeautifulSoup
soup = BeautifulSoup(html, 'lxml')
print(soup.find_all(id='list-1'))
print(soup.find_all(class_='element'))
```

运行结果如下：

```
[<ul class="list" id="list-1">
<li class="element">Foo</li>
<li class="element">Bar</li>
<li class="element">Jay</li>
</ul>]
[<li class="element">Foo</li>, <li class="element">Bar</li>, <li class="element">Jay</li>, <li
    class="element">Foo</li>, <li class="element">Bar</li>]
```

这里直接传入 id='list-1'，就可以查询 id 为 list-1 的节点元素了。而对于 class 来说，由于 class 在 Python 里是一个关键字，所以后面需要加一个下划线，即 class_='element'，返回的结果依然还是 Tag 组成的列表。

(3) text

text 参数可用来匹配节点的文本，传入的形式可以是字符串，可以是正则表达式对象，示例如下：

```
import re
html='''
<div class="panel">
<div class="panel-body">
<a>Hello, this is a link</a>
<a>Hello, this is a link, too</a>
</div>
</div>
'''
from bs4 import BeautifulSoup
soup = BeautifulSoup(html, 'lxml')
print(soup.find_all(text=re.compile('link')))
```

运行结果如下：

```
['Hello, this is a link', 'Hello, this is a link, too']
```

这里有两个 a 节点，其内部包含文本信息。这里在 find_all()方法中传入 text 参数，该参数为正则表达式对象，结果返回所有匹配正则表达式的节点文本组成的列表。

- **find()**

除了 find_all()方法，还有 find()方法，只不过后者返回的是单个元素，也就是第一个匹配的元素，而前者返回的是所有匹配的元素组成的列表。示例如下：

```
html='''
<div class="panel">
<div class="panel-heading">
<h4>Hello</h4>
</div>
<div class="panel-body">
<ul class="list" id="list-1">
<li class="element">Foo</li>
<li class="element">Bar</li>
<li class="element">Jay</li>
</ul>
<ul class="list list-small" id="list-2">
<li class="element">Foo</li>
<li class="element">Bar</li>
</ul>
</div>
</div>
'''
from bs4 import BeautifulSoup
soup = BeautifulSoup(html, 'lxml')
print(soup.find(name='ul'))
print(type(soup.find(name='ul')))
print(soup.find(class_='list'))
```

运行结果如下：

```
<ul class="list" id="list-1">
<li class="element">Foo</li>
<li class="element">Bar</li>
<li class="element">Jay</li>
</ul>
<class 'bs4.element.Tag'>
<ul class="list" id="list-1">
<li class="element">Foo</li>
<li class="element">Bar</li>
<li class="element">Jay</li>
</ul>
```

这里的返回结果不再是列表形式，而是第一个匹配的节点元素，类型依然是 Tag 类型。

另外，还有许多查询方法，其用法与前面介绍的 find_all()、find()方法完全相同，只不过查询范围不同，这里简单说明一下。

- **find_parents()**和 **find_parent()**：前者返回所有祖先节点，后者返回直接父节点。
- **find_next_siblings()**和 **find_next_sibling()**：前者返回后面所有的兄弟节点，后者返回后面第一个兄弟节点。
- **find_previous_siblings()**和 **find_previous_sibling()**：前者返回前面所有的兄弟节点，后者返回前面第一个兄弟节点。

- **find_all_next()和 find_next()**：前者返回节点后所有符合条件的节点，后者返回第一个符合条件的节点。
- **find_all_previous()和 find_previous()**：前者返回节点后所有符合条件的节点，后者返回第一个符合条件的节点。

7. CSS 选择器

Beautiful Soup 还提供了另外一种选择器，那就是 CSS 选择器。如果对 Web 开发熟悉的话，那么对 CSS 选择器肯定也不陌生。如果不熟悉的话，可以参考 http://www.w3school.com.cn/cssref/css_selectors.asp 了解。

使用 CSS 选择器时，只需要调用 select()方法，传入相应的 CSS 选择器即可，示例如下：

```
html='''
<div class="panel">
<div class="panel-heading">
<h4>Hello</h4>
</div>
<div class="panel-body">
<ul class="list" id="list-1">
<li class="element">Foo</li>
<li class="element">Bar</li>
<li class="element">Jay</li>
</ul>
<ul class="list list-small" id="list-2">
<li class="element">Foo</li>
<li class="element">Bar</li>
</ul>
</div>
</div>
'''
from bs4 import BeautifulSoup
soup = BeautifulSoup(html, 'lxml')
print(soup.select('.panel .panel-heading'))
print(soup.select('ul li'))
print(soup.select('#list-2 .element'))
print(type(soup.select('ul')[0]))
```

运行结果如下：

```
[<div class="panel-heading">
<h4>Hello</h4>
</div>]
[<li class="element">Foo</li>, <li class="element">Bar</li>, <li class="element">Jay</li>, <li
    class="element">Foo</li>, <li class="element">Bar</li>]
[<li class="element">Foo</li>, <li class="element">Bar</li>]
<class 'bs4.element.Tag'>
```

这里我们用了 3 次 CSS 选择器，返回的结果均是符合 CSS 选择器的节点组成的列表。例如，select('ul li')则是选择所有 ul 节点下面的所有 li 节点，结果便是所有的 li 节点组成的列表。

最后一句打印输出了列表中元素的类型。可以看到，类型依然是 Tag 类型。

- **嵌套选择**

select()方法同样支持嵌套选择。例如，先选择所有 ul 节点，再遍历每个 ul 节点，选择其 li 节点，样例如下：

```
from bs4 import BeautifulSoup
soup = BeautifulSoup(html, 'lxml')
for ul in soup.select('ul'):
    print(ul.select('li'))
```

运行结果如下：

```
[<li class="element">Foo</li>, <li class="element">Bar</li>, <li class="element">Jay</li>]
[<li class="element">Foo</li>, <li class="element">Bar</li>]
```

可以看到，这里正常输出了所有 ul 节点下所有 li 节点组成的列表。

- **获取属性**

我们知道节点类型是 Tag 类型，所以获取属性还可以用原来的方法。仍然是上面的 HTML 文本，这里尝试获取每个 ul 节点的 id 属性：

```
from bs4 import BeautifulSoup
soup = BeautifulSoup(html, 'lxml')
for ul in soup.select('ul'):
    print(ul['id'])
    print(ul.attrs['id'])
```

运行结果如下：

```
list-1
list-1
list-2
list-2
```

可以看到，直接传入中括号和属性名，以及通过 attrs 属性获取属性值，都可以成功。

- **获取文本**

要获取文本，当然也可以用前面所讲的 string 属性。此外，还有一个方法，那就是 get_text()，示例如下：

```
from bs4 import BeautifulSoup
soup = BeautifulSoup(html, 'lxml')
for li in soup.select('li'):
    print('Get Text:', li.get_text())
    print('String:', li.string)
```

运行结果如下：

```
Get Text: Foo
String: Foo
Get Text: Bar
String: Bar
Get Text: Jay
String: Jay
Get Text: Foo
String: Foo
Get Text: Bar
String: Bar
```

可以看到，二者的效果完全一致。

到此，Beautiful Soup 的用法基本就介绍完了，最后做一下简单的总结。

- 推荐使用 lxml 解析库，必要时使用 html.parser。
- 节点选择筛选功能弱但是速度快。
- 建议使用 find()或者 find_all()查询匹配单个结果或者多个结果。
- 如果对 CSS 选择器熟悉的话，可以使用 select()方法选择。

4.3　使用 pyquery

在上一节中，我们介绍了 Beautiful Soup 的用法，它是一个非常强大的网页解析库，你是否觉得它的一些方法用起来有点不适应？有没有觉得它的 CSS 选择器的功能没有那么强大？

如果你对 Web 有所涉及，如果你比较喜欢用 CSS 选择器，如果你对 jQuery 有所了解，那么这里有一个更适合你的解析库——pyquery。

接下来，我们就来感受一下 pyquery 的强大之处。

1. 准备工作

在开始之前，请确保已经正确安装好了 pyquery。若没有安装，可以参考第 1 章的安装过程。

2. 初始化

像 Beautiful Soup 一样，初始化 pyquery 的时候，也需要传入 HTML 文本来初始化一个 PyQuery 对象。它的初始化方式有多种，比如直接传入字符串，传入 URL，传入文件名，等等。下面我们来详细介绍一下。

- **字符串初始化**

首先，我们用一个实例来感受一下：

```
html = '''
<div>
<ul>
<li class="item-0">first item</li>
<li class="item-1"><a href="link2.html">second item</a></li>
<li class="item-0 active"><a href="link3.html"><span class="bold">third item</span></a></li>
<li class="item-1 active"><a href="link4.html">fourth item</a></li>
<li class="item-0"><a href="link5.html">fifth item</a></li>
</ul>
</div>
'''
from pyquery import PyQuery as pq
doc = pq(html)
print(doc('li'))
```

运行结果如下：

```
<li class="item-0">first item</li>
<li class="item-1"><a href="link2.html">second item</a></li>
<li class="item-0 active"><a href="link3.html"><span class="bold">third item</span></a></li>
<li class="item-1 active"><a href="link4.html">fourth item</a></li>
<li class="item-0"><a href="link5.html">fifth item</a></li>
```

这里首先引入 PyQuery 这个对象，取别名为 pq。然后声明了一个长 HTML 字符串，并将其当作参数传递给 PyQuery 类，这样就成功完成了初始化。接下来，将初始化的对象传入 CSS 选择器。在这个实例中，我们传入 li 节点，这样就可以选择所有的 li 节点。

- **URL 初始化**

初始化的参数不仅可以以字符串的形式传递，还可以传入网页的 URL，此时只需要指定参数为 url 即可：

```
from pyquery import PyQuery as pq
doc = pq(url='https://cuiqingcai.com')
print(doc('title'))
```

运行结果如下：

```
<title>静觅丨崔庆才的个人博客</title>
```

这样的话，PyQuery 对象会首先请求这个 URL，然后用得到的 HTML 内容完成初始化，这其实就相当于用网页的源代码以字符串的形式传递给 PyQuery 类来初始化。

它与下面的功能是相同的：

```
from pyquery import PyQuery as pq
import requests
doc = pq(requests.get('https://cuiqingcai.com').text)
print(doc('title'))
```

- **文件初始化**

当然，除了传递 URL，还可以传递本地的文件名，此时将参数指定为 filename 即可：

```
from pyquery import PyQuery as pq
doc = pq(filename='demo.html')
print(doc('li'))
```

当然，这里需要有一个本地 HTML 文件 demo.html，其内容是待解析的 HTML 字符串。这样它会首先读取本地的文件内容，然后用文件内容以字符串的形式传递给 PyQuery 类来初始化。

以上 3 种初始化方式均可，当然最常用的初始化方式还是以字符串形式传递。

3. 基本 CSS 选择器

首先，用一个实例来感受 pyquery 的 CSS 选择器的用法：

```
html = '''
<div id="container">
<ul class="list">
<li class="item-0">first item</li>
<li class="item-1"><a href="link2.html">second item</a></li>
<li class="item-0 active"><a href="link3.html"><span class="bold">third item</span></a></li>
<li class="item-1 active"><a href="link4.html">fourth item</a></li>
<li class="item-0"><a href="link5.html">fifth item</a></li>
</ul>
</div>
'''
from pyquery import PyQuery as pq
doc = pq(html)
print(doc('#container .list li'))
print(type(doc('#container .list li')))
```

运行结果如下：

```
<li class="item-0">first item</li>
<li class="item-1"><a href="link2.html">second item</a></li>
<li class="item-0 active"><a href="link3.html"><span class="bold">third item</span></a></li>
<li class="item-1 active"><a href="link4.html">fourth item</a></li>
<li class="item-0"><a href="link5.html">fifth item</a></li>
<class 'pyquery.pyquery.PyQuery'>
```

这里我们初始化 PyQuery 对象之后，传入了一个 CSS 选择器#container .list li，它的意思是先选取 id 为 container 的节点，然后再选取其内部的 class 为 list 的节点内部的所有 li 节点。然后，打印输出。可以看到，我们成功获取到了符合条件的节点。

最后，将它的类型打印输出。可以看到，它的类型依然是 PyQuery 类型。

4. 查找节点

下面我们介绍一些常用的查询函数，这些函数和 jQuery 中函数的用法完全相同。

- **子节点**

查找子节点时，需要用到 find()方法，此时传入的参数是 CSS 选择器。这里还是以前面的 HTML 为例：

```
from pyquery import PyQuery as pq
doc = pq(html)
items = doc('.list')
print(type(items))
print(items)
lis = items.find('li')
print(type(lis))
print(lis)
```

运行结果如下：

```
<class 'pyquery.pyquery.PyQuery'>
<ul class="list">
<li class="item-0">first item</li>
<li class="item-1"><a href="link2.html">second item</a></li>
<li class="item-0 active"><a href="link3.html"><span class="bold">third item</span></a></li>
<li class="item-1 active"><a href="link4.html">fourth item</a></li>
<li class="item-0"><a href="link5.html">fifth item</a></li>
</ul>
<class 'pyquery.pyquery.PyQuery'>
<li class="item-0">first item</li>
<li class="item-1"><a href="link2.html">second item</a></li>
<li class="item-0 active"><a href="link3.html"><span class="bold">third item</span></a></li>
<li class="item-1 active"><a href="link4.html">fourth item</a></li>
<li class="item-0"><a href="link5.html">fifth item</a></li>
```

首先，我们选取 class 为 list 的节点，然后调用了 find()方法，传入 CSS 选择器，选取其内部的 li 节点，最后打印输出。可以发现，find()方法会将符合条件的所有节点选择出来，结果的类型是 PyQuery 类型。

其实 find()的查找范围是节点的所有子孙节点，而如果我们只想查找子节点，那么可以用 children()方法：

```
lis = items.children()
print(type(lis))
print(lis)
```

运行结果如下：

```
<class 'pyquery.pyquery.PyQuery'>
<li class="item-0">first item</li>
<li class="item-1"><a href="link2.html">second item</a></li>
<li class="item-0 active"><a href="link3.html"><span class="bold">third item</span></a></li>
<li class="item-1 active"><a href="link4.html">fourth item</a></li>
<li class="item-0"><a href="link5.html">fifth item</a></li>
```

如果要筛选所有子节点中符合条件的节点，比如想筛选出子节点中 class 为 active 的节点，可以向 children()方法传入 CSS 选择器.active：

```
lis = items.children('.active')
print(lis)
```

运行结果如下：

```
<li class="item-0 active"><a href="link3.html"><span class="bold">third item</span></a></li>
<li class="item-1 active"><a href="link4.html">fourth item</a></li>
```

可以看到，输出结果已经做了筛选，留下了 class 为 active 的节点。

- **父节点**

我们可以用 parent()方法来获取某个节点的父节点，示例如下：

```
html = '''
<div class="wrap">
<div id="container">
<ul class="list">
<li class="item-0">first item</li>
<li class="item-1"><a href="link2.html">second item</a></li>
<li class="item-0 active"><a href="link3.html"><span class="bold">third item</span></a></li>
<li class="item-1 active"><a href="link4.html">fourth item</a></li>
<li class="item-0"><a href="link5.html">fifth item</a></li>
</ul>
</div>
</div>
'''
from pyquery import PyQuery as pq
doc = pq(html)
items = doc('.list')
container = items.parent()
print(type(container))
print(container)
```

运行结果如下：

```
<class 'pyquery.pyquery.PyQuery'>
<div id="container">
<ul class="list">
<li class="item-0">first item</li>
<li class="item-1"><a href="link2.html">second item</a></li>
<li class="item-0 active"><a href="link3.html"><span class="bold">third item</span></a></li>
<li class="item-1 active"><a href="link4.html">fourth item</a></li>
<li class="item-0"><a href="link5.html">fifth item</a></li>
</ul>
</div>
```

这里我们首先用.list 选取 class 为 list 的节点，然后调用 parent()方法得到其父节点，其类型依然是 PyQuery 类型。

这里的父节点是该节点的直接父节点，也就是说，它不会再去查找父节点的父节点，即祖先节点。

但是如果想获取某个祖先节点，该怎么办呢？这时可以用 parents()方法：

```
from pyquery import PyQuery as pq
doc = pq(html)
items = doc('.list')
parents = items.parents()
print(type(parents))
print(parents)
```

运行结果如下：

```
<class 'pyquery.pyquery.PyQuery'>
<div class="wrap">
<div id="container">
<ul class="list">
<li class="item-0">first item</li>
<li class="item-1"><a href="link2.html">second item</a></li>
<li class="item-0 active"><a href="link3.html"><span class="bold">third item</span></a></li>
<li class="item-1 active"><a href="link4.html">fourth item</a></li>
<li class="item-0"><a href="link5.html">fifth item</a></li>
</ul>
</div>
</div>
<div id="container">
<ul class="list">
<li class="item-0">first item</li>
<li class="item-1"><a href="link2.html">second item</a></li>
<li class="item-0 active"><a href="link3.html"><span class="bold">third item</span></a></li>
<li class="item-1 active"><a href="link4.html">fourth item</a></li>
<li class="item-0"><a href="link5.html">fifth item</a></li>
</ul>
</div>
```

可以看到，输出结果有两个：一个是 class 为 wrap 的节点，一个是 id 为 container 的节点。也就是说，parents()方法会返回所有的祖先节点。

如果想要筛选某个祖先节点的话，可以向 parents()方法传入 CSS 选择器，这样就会返回祖先节点中符合 CSS 选择器的节点：

```
parent = items.parents('.wrap')
print(parent)
```

运行结果如下：

```
<div class="wrap">
<div id="container">
<ul class="list">
<li class="item-0">first item</li>
<li class="item-1"><a href="link2.html">second item</a></li>
<li class="item-0 active"><a href="link3.html"><span class="bold">third item</span></a></li>
<li class="item-1 active"><a href="link4.html">fourth item</a></li>
<li class="item-0"><a href="link5.html">fifth item</a></li>
</ul>
</div>
</div>
```

可以看到，输出结果少了一个节点，只保留了 class 为 wrap 的节点。

- **兄弟节点**

前面我们说明了子节点和父节点的用法，还有一种节点，那就是兄弟节点。如果要获取兄弟节点，可以使用 siblings()方法。这里还是以上面的 HTML 代码为例：

```
from pyquery import PyQuery as pq
doc = pq(html)
li = doc('.list .item-0.active')
print(li.siblings())
```

这里首先选择 class 为 list 的节点内部 class 为 item-0 和 active 的节点，也就是第三个 li 节点。那么，很明显，它的兄弟节点有 4 个，那就是第一、二、四、五个 li 节点。

运行结果如下：

```
<li class="item-1"><a href="link2.html">second item</a></li>
<li class="item-0">first item</li>
<li class="item-1 active"><a href="link4.html">fourth item</a></li>
<li class="item-0"><a href="link5.html">fifth item</a></li>
```

可以看到，这正是我们刚才所说的 4 个兄弟节点。

如果要筛选某个兄弟节点，我们依然可以向 siblings 方法传入 CSS 选择器，这样就会从所有兄弟节点中挑选出符合条件的节点了：

```
from pyquery import PyQuery as pq
doc = pq(html)
li = doc('.list .item-0.active')
print(li.siblings('.active'))
```

这里我们筛选了 class 为 active 的节点，通过刚才的结果可以观察到，class 为 active 的兄弟节点只有第四个 li 节点，所以结果应该是一个。

我们再看一下运行结果：

```
<li class="item-1 active"><a href="link4.html">fourth item</a></li>
```

5. 遍历

刚才可以观察到，pyquery 的选择结果可能是多个节点，也可能是单个节点，类型都是 PyQuery 类型，并没有返回像 Beautiful Soup 那样的列表。

对于单个节点来说，可以直接打印输出，也可以直接转成字符串：

```
from pyquery import PyQuery as pq
doc = pq(html)
li = doc('.item-0.active')
print(li)
print(str(li))
```

运行结果如下：

```
<li class="item-0 active"><a href="link3.html"><span class="bold">third item</span></a></li>
<li class="item-0 active"><a href="link3.html"><span class="bold">third item</span></a></li>
```

对于多个节点的结果，我们就需要遍历来获取了。例如，这里把每一个 li 节点进行遍历，需要调用 items()方法：

```
from pyquery import PyQuery as pq
doc = pq(html)
lis = doc('li').items()
print(type(lis))
for li in lis:
    print(li, type(li))
```

运行结果如下：

```
<class 'generator'>
<li class="item-0">first item</li>
<class 'pyquery.pyquery.PyQuery'>
<li class="item-1"><a href="link2.html">second item</a></li>
<class 'pyquery.pyquery.PyQuery'>
<li class="item-0 active"><a href="link3.html"><span class="bold">third item</span></a></li>
<class 'pyquery.pyquery.PyQuery'>
<li class="item-1 active"><a href="link4.html">fourth item</a></li>
<class 'pyquery.pyquery.PyQuery'>
<li class="item-0"><a href="link5.html">fifth item</a></li>
<class 'pyquery.pyquery.PyQuery'>
```

可以发现，调用 items()方法后，会得到一个生成器，遍历一下，就可以逐个得到 li 节点对象了，它的类型也是 PyQuery 类型。每个 li 节点还可以调用前面所说的方法进行选择，比如继续查询子节点，寻找某个祖先节点等，非常灵活。

6. 获取信息

提取到节点之后，我们的最终目的当然是提取节点所包含的信息了。比较重要的信息有两类，一是获取属性，二是获取文本，下面分别进行说明。

- **获取属性**

提取到某个 PyQuery 类型的节点后，就可以调用 attr()方法来获取属性：

```
html = '''
<div class="wrap">
<div id="container">
<ul class="list">
<li class="item-0">first item</li>
<li class="item-1"><a href="link2.html">second item</a></li>
<li class="item-0 active"><a href="link3.html"><span class="bold">third item</span></a></li>
<li class="item-1 active"><a href="link4.html">fourth item</a></li>
<li class="item-0"><a href="link5.html">fifth item</a></li>
</ul>
</div>
</div>
'''
from pyquery import PyQuery as pq
doc = pq(html)
a = doc('.item-0.active a')
print(a, type(a))
print(a.attr('href'))
```

运行结果如下：

```
<a href="link3.html"><span class="bold">third item</span></a><class 'pyquery.pyquery.PyQuery'>
    link3.html
```

这里首先选中 class 为 item-0 和 active 的 li 节点内的 a 节点，它的类型是 PyQuery 类型。

然后调用 attr()方法。在这个方法中传入属性的名称，就可以得到这个属性值了。

此外，也可以通过调用 attr 属性来获取属性，用法如下：

```
print(a.attr.href)
```

结果如下：

```
link3.html
```

这两种方法的结果完全一样。

如果选中的是多个元素，然后调用 attr()方法，会出现怎样的结果呢？我们用实例来测试一下：

```
a = doc('a')
print(a, type(a))
print(a.attr('href'))
print(a.attr.href)
```

运行结果如下：

```
<a href="link2.html">second item</a><a href="link3.html"><span class="bold">third item</span></a><a
    href="link4.html">fourth item</a><a href="link5.html">fifth item</a><class 'pyquery.pyquery.PyQuery'>
link2.html
link2.html
```

照理来说，我们选中的 a 节点应该有 4 个，而且打印结果也应该是 4 个，但是当我们调用 attr()方法时，返回结果却只是第一个。这是因为，当返回结果包含多个节点时，调用 attr()方法，只会得到第一个节点的属性。

那么，遇到这种情况时，如果想获取所有的 a 节点的属性，就要用到前面所说的遍历了：

```
from pyquery import PyQuery as pq
doc = pq(html)
a = doc('a')
for item in a.items():
    print(item.attr('href'))
```

此时的运行结果如下：

```
link2.html
link3.html
link4.html
link5.html
```

因此，在进行属性获取时，可以观察返回节点是一个还是多个，如果是多个，则需要遍历才能依次获取每个节点的属性。

- **获取文本**

获取节点之后的另一个主要操作就是获取其内部的文本了，此时可以调用 text()方法来实现：

```
html = '''
<div class="wrap">
<div id="container">
<ul class="list">
<li class="item-0">first item</li>
```

```
<li class="item-1"><a href="link2.html">second item</a></li>
<li class="item-0 active"><a href="link3.html"><span class="bold">third item</span></a></li>
<li class="item-1 active"><a href="link4.html">fourth item</a></li>
<li class="item-0"><a href="link5.html">fifth item</a></li>
</ul>
</div>
</div>
'''
from pyquery import PyQuery as pq
doc = pq(html)
a = doc('.item-0.active a')
print(a)
print(a.text())
```

运行结果如下：

```
<a href="link3.html"><span class="bold">third item</span></a>
third item
```

这里首先选中一个 a 节点，然后调用 text()方法，就可以获取其内部的文本信息。此时它会忽略掉节点内部包含的所有 HTML，只返回纯文字内容。

但如果想要获取这个节点内部的 HTML 文本，就要用 html()方法了：

```
from pyquery import PyQuery as pq
doc = pq(html)
li = doc('.item-0.active')
print(li)
print(li.html())
```

这里我们选中了第三个 li 节点，然后调用了 html()方法，它返回的结果应该是 li 节点内的所有 HTML 文本。

运行结果如下：

```
<a href="link3.html"><span class="bold">third item</span></a>
```

这里同样有一个问题，如果我们选中的结果是多个节点，text()或 html()会返回什么内容？我们用实例来看一下：

```
html = '''
<div class="wrap">
<div id="container">
<ul class="list">
<li class="item-1"><a href="link2.html">second item</a></li>
<li class="item-0 active"><a href="link3.html"><span class="bold">third item</span></a></li>
<li class="item-1 active"><a href="link4.html">fourth item</a></li>
<li class="item-0"><a href="link5.html">fifth item</a></li>
</ul>
</div>
</div>
'''
from pyquery import PyQuery as pq
doc = pq(html)
li = doc('li')
print(li.html())
print(li.text())
print(type(li.text()))
```

运行结果如下：

```
<a href="link2.html">second item</a>
second item third item fourth item fifth item
<class 'str'>
```

结果可能比较出乎意料，html()方法返回的是第一个 li 节点的内部 HTML 文本，而 text()则返回了所有的 li 节点内部的纯文本，中间用一个空格分割开，即返回结果是一个字符串。

所以这个地方值得注意，如果得到的结果是多个节点，并且想要获取每个节点的内部 HTML 文本，则需要遍历每个节点。而 text()方法不需要遍历就可以获取，它将所有节点取文本之后合并成一个字符串。

7. 节点操作

pyquery 提供了一系列方法来对节点进行动态修改，比如为某个节点添加一个 class，移除某个节点等，这些操作有时候会为提取信息带来极大的便利。

由于节点操作的方法太多，下面举几个典型的例子来说明它的用法。

- **addClass 和 removeClass**

我们先用实例来感受一下：

```
html = '''
<div class="wrap">
<div id="container">
<ul class="list">
<li class="item-0">first item</li>
<li class="item-1"><a href="link2.html">second item</a></li>
<li class="item-0 active"><a href="link3.html"><span class="bold">third item</span></a></li>
<li class="item-1 active"><a href="link4.html">fourth item</a></li>
<li class="item-0"><a href="link5.html">fifth item</a></li>
</ul>
</div>
</div>
'''
from pyquery import PyQuery as pq
doc = pq(html)
li = doc('.item-0.active')
print(li)
li.removeClass('active')
print(li)
li.addClass('active')
print(li)
```

首先选中了第三个 li 节点，然后调用 removeClass()方法，将 li 节点的 active 这个 class 移除，后来又调用 addClass()方法，将 class 添加回来。每执行一次操作，就打印输出当前 li 节点的内容。

运行结果如下：

```
<li class="item-0 active"><a href="link3.html"><span class="bold">third item</span></a></li>
<li class="item-0"><a href="link3.html"><span class="bold">third item</span></a></li>
<li class="item-0 active"><a href="link3.html"><span class="bold">third item</span></a></li>
```

可以看到，一共输出了 3 次。第二次输出时，li 节点的 active 这个 class 被移除了，第三次 class 又添加回来了。

所以说，addClass()和 removeClass()这些方法可以动态改变节点的 class 属性。

- **attr、text 和 html**

当然，除了操作 class 这个属性外，也可以用 attr()方法对属性进行操作。此外，还可以用 text()和 html()方法来改变节点内部的内容。示例如下：

```
html = '''
<ul class="list">
<li class="item-0 active"><a href="link3.html"><span class="bold">third item</span></a></li>
</ul>
'''
from pyquery import PyQuery as pq
doc = pq(html)
li = doc('.item-0.active')
print(li)
li.attr('name', 'link')
print(li)
li.text('changed item')
print(li)
li.html('<span>changed item</span>')
print(li)
```

这里我们首先选中 li 节点，然后调用 attr()方法来修改属性，其中该方法的第一个参数为属性名，第二个参数为属性值。接着，调用 text()和 html()方法来改变节点内部的内容。三次操作后，分别打印输出当前的 li 节点。

运行结果如下：

```
<li class="item-0 active"><a href="link3.html"><span class="bold">third item</span></a></li>
<li class="item-0 active" name="link"><a href="link3.html"><span class="bold">third item</span></a></li>
<li class="item-0 active" name="link">changed item</li>
<li class="item-0 active" name="link"><span>changed item</span></li>
```

可以发现，调用 attr()方法后，li 节点多了一个原本不存在的属性 name，其值为 link。接着调用 text()方法，传入文本之后，li 节点内部的文本全被改为传入的字符串文本了。最后，调用 html()方法传入 HTML 文本后，li 节点内部又变为传入的 HTML 文本了。

所以说，如果 attr()方法只传入第一个参数的属性名，则是获取这个属性值；如果传入第二个参数，可以用来修改属性值。text()和 html()方法如果不传参数，则是获取节点内纯文本和 HTML 文本；如果传入参数，则进行赋值。

- **remove()**

顾名思义，remove()方法就是移除，它有时会为信息的提取带来非常大的便利。下面有一段 HTML 文本：

```
html = '''
<div class="wrap">
    Hello, World
<p>This is a paragraph.</p>
</div>
'''
from pyquery import PyQuery as pq
doc = pq(html)
wrap = doc('.wrap')
print(wrap.text())
```

现在想提取 Hello, World 这个字符串，而不要 p 节点内部的字符串，需要怎样操作呢？

这里直接先尝试提取 class 为 wrap 的节点的内容，看看是不是我们想要的。运行结果如下：

```
Hello, World This is a paragraph.
```

这个结果还包含了内部的 p 节点的内容，也就是说 text()把所有的纯文本全提取出来了。如果我们想去掉 p 节点内部的文本，可以选择再把 p 节点内的文本提取一遍，然后从整个结果中移除这个子串，但这个做法明显比较烦琐。

这时 remove()方法就可以派上用场了，我们可以接着这么做:

```
wrap.find('p').remove()
print(wrap.text())
```

首先选中 p 节点，然后调用了 remove()方法将其移除，然后这时 wrap 内部就只剩下 Hello, World 这句话了，然后再利用 text()方法提取即可。

另外，其实还有很多节点操作的方法，比如 append()、empty()和 prepend()等方法，它们和 jQuery 的用法完全一致，详细的用法可以参考官方文档：http://pyquery.readthedocs.io/en/latest/api.html。

8. 伪类选择器

CSS 选择器之所以强大，还有一个很重要的原因，那就是它支持多种多样的伪类选择器，例如选择第一个节点、最后一个节点、奇偶数节点、包含某一文本的节点等。示例如下：

```
html = '''
<div class="wrap">
<div id="container">
<ul class="list">
<li class="item-0">first item</li>
<li class="item-1"><a href="link2.html">second item</a></li>
<li class="item-0 active"><a href="link3.html"><span class="bold">third item</span></a></li>
<li class="item-1 active"><a href="link4.html">fourth item</a></li>
<li class="item-0"><a href="link5.html">fifth item</a></li>
</ul>
</div>
</div>
'''
from pyquery import PyQuery as pq
doc = pq(html)
li = doc('li:first-child')
print(li)
li = doc('li:last-child')
print(li)
li = doc('li:nth-child(2)')
print(li)
li = doc('li:gt(2)')
print(li)
li = doc('li:nth-child(2n)')
print(li)
li = doc('li:contains(second)')
print(li)
```

这里我们使用了 CSS3 的伪类选择器，依次选择了第一个 li 节点、最后一个 li 节点、第二个 li 节点、第三个 li 之后的 li 节点、偶数位置的 li 节点、包含 second 文本的 li 节点。

关于 CSS 选择器的更多用法，可以参考 http://www.w3school.com.cn/css/index.asp。

到此为止，pyquery 的常用用法就介绍完了。如果想查看更多的内容，可以参考 pyquery 的官方文档：http://pyquery.readthedocs.io。我们相信有了它，解析网页不再是难事。

第5章

数据存储

用解析器解析出数据之后，接下来就是存储数据了。保存的形式可以多种多样，最简单的形式是直接保存为文本文件，如 TXT、JSON、CSV 等。另外，还可以保存到数据库中，如关系型数据库 MySQL，非关系型数据库 MongoDB、Redis 等。

5.1 文件存储

文件存储形式多种多样，比如可以保存成 TXT 纯文本形式，也可以保存为 JSON 格式、CSV 格式等，本节就来了解一下文本文件的存储方式。

5.1.1 TXT 文本存储

将数据保存到 TXT 文本的操作非常简单，而且 TXT 文本几乎兼容任何平台，但是这有个缺点，那就是不利于检索。所以如果对检索和数据结构要求不高，追求方便第一的话，可以采用 TXT 文本存储。本节中，我们就来看下如何利用 Python 保存 TXT 文本文件。

1. 本节目标

本节中，我们要保存知乎上“发现”页面的“热门话题”部分，将其问题和答案统一保存成文本形式。

2. 基本实例

首先，可以用 requests 将网页源代码获取下来，然后使用 pyquery 解析库解析，接下来将提取的标题、回答者、回答保存到文本，代码如下：

```
import requests
from pyquery import PyQuery as pq

url = 'https://www.zhihu.com/explore'
headers = {
    'User-Agent': 'Mozilla/5.0 (Macintosh; Intel Mac OS X 10_12_3) AppleWebKit/537.36 (KHTML, like Gecko)
        Chrome/58.0.3029.110 Safari/537.36'
}
html = requests.get(url, headers=headers).text
doc = pq(html)
items = doc('.explore-tab .feed-item').items()
for item in items:
    question = item.find('h2').text()
```

```
        author = item.find('.author-link-line').text()
        answer = pq(item.find('.content').html()).text()
        file = open('explore.txt', 'a', encoding='utf-8')
        file.write('\n'.join([question, author, answer]))
        file.write('\n' + '=' * 50 + '\n')
        file.close()
```

这里主要是为了演示文件保存的方式，因此 requests 异常处理部分在此省去。首先，用 requests 提取知乎的“发现”页面，然后将热门话题的问题、回答者、答案全文提取出来，然后利用 Python 提供的 open()方法打开一个文本文件，获取一个文件操作对象，这里赋值为 file，接着利用 file 对象的 write()方法将提取的内容写入文件，最后调用 close()方法将其关闭，这样抓取的内容即可成功写入文本中了。

运行程序，可以发现在本地生成了一个 explore.txt 文件，其内容如图 5-1 所示。

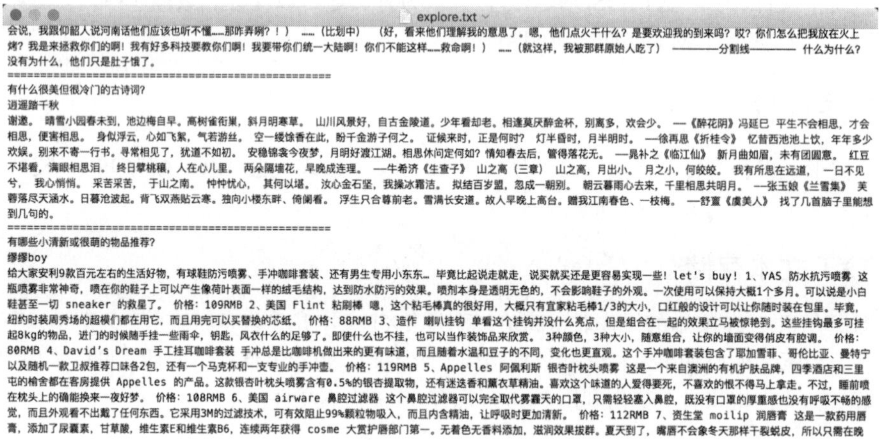

```
explore.txt
会说，我跟仰韶人说河南话他们应该也听不懂……那咋弄咧？！） …… （比划中） （好，看来他们理解我的意思了。嗯，他们点火干什么？是要欢迎我的到来吗？哎？你们怎么把我放在火上烤？我是来拯救你们的啊！我有好多科技要教你们啊！我要带你们统一大陆啊！你们不能这样……救命啊！） …… （就这样，我被那群原始人吃了） ————分割线———— 什么为什么？没有为什么，他们只是肚子饿了。
==================================================
有什么很美但很冷门的古诗词？
逍遥踏千秋
谢邀。 晴雪小园春未到，池边梅自早。高树雀衔巢，斜月明寒草。 山川风景好，自古金陵道。少年看却老。相逢莫厌醉金杯，别离多，欢会少。 —《醉花阴》冯延巳 平生不会相思，才会相思，便害相思。 身似浮云，心如飞絮，气若游丝。 空一缕馀香在此，盼千金游子何之。 证候来时，正是何时？ 灯半昏时，月半明时。 —徐再思《折桂令》 忆昔西池池上饮，年年多少欢娱。别来不寄一行书。寻常相见了，犹道不如初。 安稳锦衾今夜梦，月明好渡江湖。相思休问定何如？情知春去后，管得落花无。 —晁补之《临江仙》 新月曲如眉，未有团圆意。 红豆不堪看，满眼相思泪。 终日擘桃穰，人在心儿里。 两朵隔墙花，早晚成连理。 —牛希济《生查子》 山之高（三章） 山之高，月出小。 月之小，何皎皎。 我有所思在远道， 一日不见兮， 我心悄悄。 采苦采苦， 于山之南。 忡忡忧心， 其何以堪。 汝心金石坚，我操冰霜洁。 拟结百岁盟，忽成一朝别。 朝云暮雨心去来，千里相思共明月。 —张玉娘《兰雪集》 美蓉落尽天涵水。日暮沧波起。背飞双燕贴云寒。独向小楼东畔、倚阑看。 浮生只合尊前老。雪满长安道。故人早晚上高台。赠我江南春色、一枝梅。 —舒亶《虞美人》 找了几首脑子里能想到几句的。
==================================================
有哪些小清新或很萌的物品推荐？
缪缪boy
给大家安利9款百元左右的生活好物，有球鞋防污喷雾、手冲咖啡套装、还有男生专用小东东… 毕竟比起说走就走，说买就买还是更容易实现一些！ let's buy! 1、YAS 防水抗污喷雾 这瓶喷雾非常神奇，喷在你的鞋子上可以产生像荷叶表面一样的绒毛结构，达到防水防污的效果。喷剂本身是透明无色的，不会影响鞋子的外观。一次使用可以保持大概1个多月。可以说是小白鞋甚至一切 sneaker 的救星了。 价格：109RMB 2、美国 Flint 粘刷棒 嗯，这个粘毛棒真的很好用，大概只有宜家粘毛棒1/3的大小，口红般的设计可以让你随时装在包里。毕竟，纽约时装周秀场的超模们都在用它，而且用完可以买替换的芯纸。 价格：88RMB 3、造作 喇叭挂钩 单看这个挂钩并没什么亮点，但是组合在一起的效果立马被惊艳到。这些挂钩最多可挂起8kg的物品，进门的时候随手挂一些雨伞，钥匙，风衣什么的足够了。即使什么也不挂，也可以当作装饰品来欣赏。 3种颜色，3种大小，随意组合，让你的墙面变得俏皮有腔调。 价格：80RMB 4、David's Dream 手工挂耳咖啡套装 手冲总是比咖啡机做出来的更有味道，而且随着水温和豆子的不同，变化也更直观。这个手冲咖啡套装包含了耶加雪菲、哥伦比亚、曼特宁以及随机一款卫叔推荐口味各2包，还有一个马克杯和一支专业的手冲壶。 价格：119RMB 5、Appelles 阿佩利斯 银杏叶枕头喷雾 这是一个来自澳洲的有机护肤品牌，四季酒店和三里屯的榆舍都在客房提供 Appelles 的产品。这款银杏叶枕头喷雾含有0.5%的银杏提取物，还有迷迭香和薰衣草精油。喜欢这个味道的人爱得要死，不喜欢的恨不得马上拿走。不过，睡前喷在枕头上的确能换来一夜好梦。 价格：108RMB 6、美国 airware 鼻腔过滤器 这个鼻腔过滤器可以完全取代雾霾天的口罩，只需轻轻塞入鼻腔，既没有口罩的厚重感也没有呼吸不畅的感觉，而且外观看不出戴了任何东西。它采用3M的过滤技术，可有效阻止99%颗粒物吸入，而且内含精油，让呼吸时更加清新。 价格：112RMB 7、资生堂 moilip 润唇膏 这是一款药用唇膏，添加了尿囊素，甘草酸，维生素E和维生素B6，连续两年获得 cosme 大赏护唇部门第一。无着色无香料添加，滋润效果拔群。夏天到了，嘴唇不会象冬天那样干裂蜕皮，所以只需在晚
```

图 5-1 文件内容

这样热门问答的内容就被保存成文本形式了。

这里 open()方法的第一个参数即要保存的目标文件名称，第二个参数为 a，代表以追加方式写入到文本。另外，我们还指定了文件的编码为 utf-8。最后，写入完成后，还需要调用 close()方法来关闭文件对象。

3. 打开方式

在刚才的实例中，open()方法的第二个参数设置成了 a，这样在每次写入文本时不会清空源文件，而是在文件末尾写入新的内容，这是一种文件打开方式。关于文件的打开方式，其实还有其他几种，这里简要介绍一下。

- **r**：以只读方式打开文件。文件的指针将会放在文件的开头。这是默认模式。
- **rb**：以二进制只读方式打开一个文件。文件指针将会放在文件的开头。
- **r+**：以读写方式打开一个文件。文件指针将会放在文件的开头。
- **rb+**：以二进制读写方式打开一个文件。文件指针将会放在文件的开头。

- w：以写入方式打开一个文件。如果该文件已存在，则将其覆盖。如果该文件不存在，则创建新文件。
- wb：以二进制写入方式打开一个文件。如果该文件已存在，则将其覆盖。如果该文件不存在，则创建新文件。
- w+：以读写方式打开一个文件。如果该文件已存在，则将其覆盖。如果该文件不存在，则创建新文件。
- wb+：以二进制读写格式打开一个文件。如果该文件已存在，则将其覆盖。如果该文件不存在，则创建新文件。
- a：以追加方式打开一个文件。如果该文件已存在，文件指针将会放在文件结尾。也就是说，新的内容将会被写入到已有内容之后。如果该文件不存在，则创建新文件来写入。
- ab：以二进制追加方式打开一个文件。如果该文件已存在，则文件指针将会放在文件结尾。也就是说，新的内容将会被写入到已有内容之后。如果该文件不存在，则创建新文件来写入。
- a+：以读写方式打开一个文件。如果该文件已存在，文件指针将会放在文件的结尾。文件打开时会是追加模式。如果该文件不存在，则创建新文件来读写。
- ab+：以二进制追加方式打开一个文件。如果该文件已存在，则文件指针将会放在文件结尾。如果该文件不存在，则创建新文件用于读写。

4. 简化写法

另外，文件写入还有一种简写方法，那就是使用 with as 语法。在 with 控制块结束时，文件会自动关闭，所以就不需要再调用 close()方法了。这种保存方式可以简写如下：

```
with open('explore.txt', 'a', encoding='utf-8') as file:
    file.write('\n'.join([question, author, answer]))
    file.write('\n' + '=' * 50 + '\n')
```

如果想保存时将原文清空，那么可以将第二个参数改写为 w，代码如下：

```
with open('explore.txt', 'w', encoding='utf-8') as file:
    file.write('\n'.join([question, author, answer]))
    file.write('\n' + '=' * 50 + '\n')
```

上面便是利用 Python 将结果保存为 TXT 文件的方法，这种方法简单易用，操作高效，是一种最基本的保存数据的方法。

5.1.2 JSON 文件存储

JSON，全称为 JavaScript Object Notation, 也就是 JavaScript 对象标记，它通过对象和数组的组合来表示数据，构造简洁但是结构化程度非常高，是一种轻量级的数据交换格式。本节中，我们就来了解如何利用 Python 保存数据到 JSON 文件。

1. 对象和数组

在 JavaScript 语言中，一切都是对象。因此，任何支持的类型都可以通过 JSON 来表示，例如字符串、数字、对象、数组等，但是对象和数组是比较特殊且常用的两种类型，下面简要介绍一下它们。

- 对象：它在 JavaScript 中是使用花括号{}包裹起来的内容，数据结构为{key1：value1, key2：value2, ...}的键值对结构。在面向对象的语言中，key 为对象的属性，value 为对应的值。键名可以使用整数和字符串来表示。值的类型可以是任意类型。
- 数组：数组在 JavaScript 中是方括号[]包裹起来的内容，数据结构为["java", "javascript", "vb", ...]的索引结构。在 JavaScript 中，数组是一种比较特殊的数据类型，它也可以像对象那样使用键值对，但还是索引用得多。同样，值的类型可以是任意类型。

所以，一个 JSON 对象可以写为如下形式：

```
[{
    "name": "Bob",
    "gender": "male",
    "birthday": "1992-10-18"
}, {
     "name": "Selina",
    "gender": "female",
    "birthday": "1995-10-18"
}]
```

由中括号包围的就相当于列表类型，列表中的每个元素可以是任意类型，这个示例中它是字典类型，由大括号包围。

JSON 可以由以上两种形式自由组合而成，可以无限次嵌套，结构清晰，是数据交换的极佳方式。

2. 读取 JSON

Python 为我们提供了简单易用的 JSON 库来实现 JSON 文件的读写操作，我们可以调用 JSON 库的 loads()方法将 JSON 文本字符串转为 JSON 对象，可以通过 dumps()方法将 JSON 对象转为文本字符串。

例如，这里有一段 JSON 形式的字符串，它是 str 类型，我们用 Python 将其转换为可操作的数据结构，如列表或字典：

```
import json

str = '''
[{
    "name": "Bob",
    "gender": "male",
    "birthday": "1992-10-18"
}, {
    "name": "Selina",
    "gender": "female",
    "birthday": "1995-10-18"
}]
'''
print(type(str))
data = json.loads(str)
print(data)
print(type(data))
```

运行结果如下：

```
<class 'str'>
[{'name': 'Bob', 'gender': 'male', 'birthday': '1992-10-18'}, {'name': 'Selina', 'gender': 'female',
    'birthday': '1995-10-18'}]
<class 'list'>
```

这里使用 loads()方法将字符串转为 JSON 对象。由于最外层是中括号，所以最终的类型是列表类型。

这样一来，我们就可以用索引来获取对应的内容了。例如，如果想取第一个元素里的 name 属性，就可以使用如下方式：

```
data[0]['name']
data[0].get('name')
```

得到的结果都是：

```
Bob
```

通过中括号加 0 索引，可以得到第一个字典元素，然后再调用其键名即可得到相应的键值。获取键值时有两种方式，一种是中括号加键名，另一种是通过 get()方法传入键名。这里推荐使用 get()方法，这样如果键名不存在，则不会报错，会返回 None。另外，get()方法还可以传入第二个参数（即默认值），示例如下：

```
data[0].get('age')
data[0].get('age', 25)
```

运行结果如下：

```
None
25
```

这里我们尝试获取年龄 age，其实在原字典中该键名不存在，此时默认会返回 None。如果传入第二个参数（即默认值），那么在不存在的情况下返回该默认值。

值得注意的是，JSON 的数据需要用双引号来包围，不能使用单引号。例如，若使用如下形式表示，则会出现错误：

```
import json

str = '''
[{
    'name': 'Bob',
    'gender': 'male',
    'birthday': '1992-10-18'
}]
'''
data = json.loads(str)
```

运行结果如下：

```
json.decoder.JSONDecodeError: Expecting property name enclosed in double quotes: line 3 column 5 (char 8)
```

这里会出现 JSON 解析错误的提示。这是因为这里数据用单引号来包围，请千万注意 JSON 字符串的表示需要用双引号，否则 loads()方法会解析失败。

如果从 JSON 文本中读取内容，例如这里有一个 data.json 文本文件，其内容是刚才定义的 JSON 字符串，我们可以先将文本文件内容读出，然后再利用 loads()方法转化：

```
import json

with open('data.json', 'r') as file:
```

```
    str = file.read()
    data = json.loads(str)
    print(data)
```

运行结果如下：

```
[{'name': 'Bob', 'gender': 'male', 'birthday': '1992-10-18'}, {'name': 'Selina', 'gender': 'female',
  'birthday': '1995-10-18'}]
```

3. 输出 JSON

另外，我们还可以调用 dumps()方法将 JSON 对象转化为字符串。例如，将上例中的列表重新写入文本：

```
import json

data = [{
    'name': 'Bob',
    'gender': 'male',
    'birthday': '1992-10-18'
}]
with open('data.json', 'w') as file:
    file.write(json.dumps(data))
```

利用 dumps()方法，我们可以将 JSON 对象转为字符串，然后再调用文件的 write()方法写入文本，结果如图 5-2 所示。

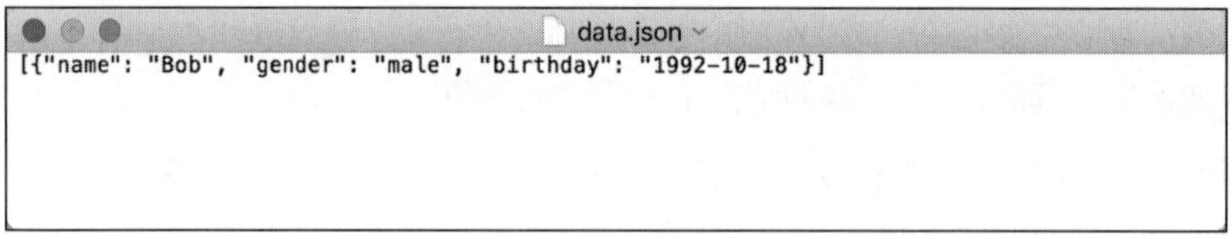

```
data.json
[{"name": "Bob", "gender": "male", "birthday": "1992-10-18"}]
```

图 5-2　写入结果

另外，如果想保存 JSON 的格式，可以再加一个参数 indent，代表缩进字符个数。示例如下：

```
with open('data.json', 'w') as file:
    file.write(json.dumps(data, indent=2))
```

此时写入结果如图 5-3 所示。

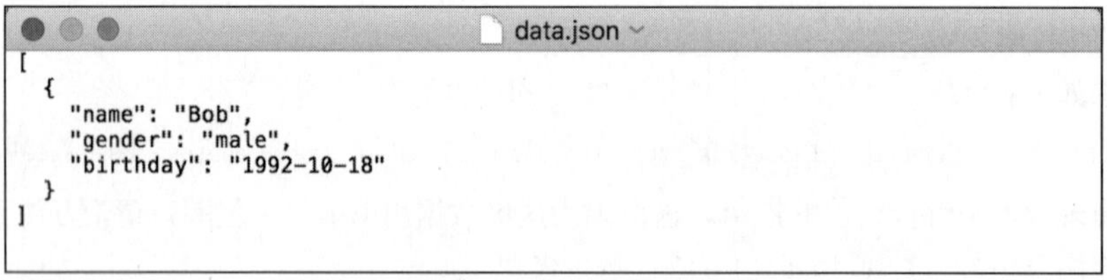

```
data.json
[
  {
    "name": "Bob",
    "gender": "male",
    "birthday": "1992-10-18"
  }
]
```

图 5-3　写入结果

这样得到的内容会自动带缩进，格式会更加清晰。

另外，如果 JSON 中包含中文字符，会怎么样呢？例如，我们将之前的 JSON 的部分值改为中文，再用之前的方法写入到文本：

```
import json

data = [{
    'name': '王伟',
    'gender': '男',
    'birthday': '1992-10-18'
}]
with open('data.json ', 'w') as file:
    file.write(json.dumps(data, indent=2))
```

写入结果如图 5-4 所示。

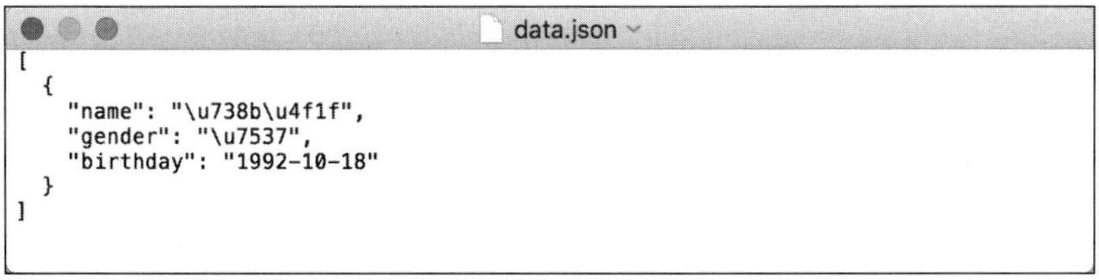

```
data.json
[
  {
    "name": "\u738b\u4f1f",
    "gender": "\u7537",
    "birthday": "1992-10-18"
  }
]
```

图 5-4　写入结果

可以看到，中文字符都变成了 Unicode 字符，这并不是我们想要的结果。

为了输出中文，还需要指定参数 ensure_ascii 为 False，另外还要规定文件输出的编码：

```
with open('data.json ', 'w', encoding='utf-8') as file:
    file.write(json.dumps(data, indent=2, ensure_ascii=False))
```

写入结果如图 5-5 所示。

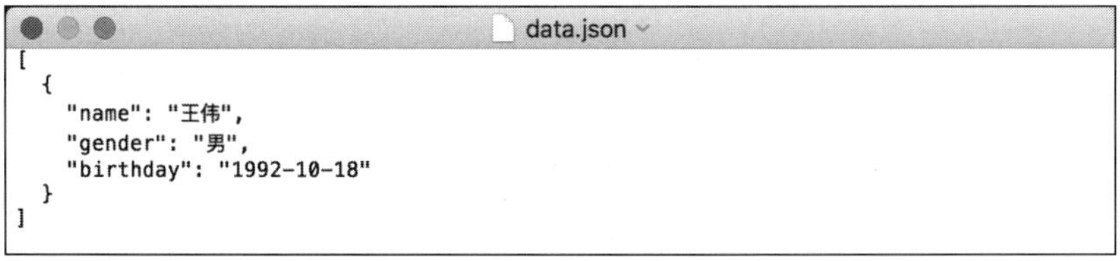

```
data.json
[
  {
    "name": "王伟",
    "gender": "男",
    "birthday": "1992-10-18"
  }
]
```

图 5-5　写入结果

可以发现，这样就可以输出 JSON 为中文了。

本节中，我们了解了用 Python 进行 JSON 文件读写的方法，后面做数据解析时经常会用到，建议熟练掌握。

5.1.3　CSV 文件存储

CSV，全称为 Comma-Separated Values，中文可以叫作逗号分隔值或字符分隔值，其文件以纯文本形式存储表格数据。该文件是一个字符序列，可以由任意数目的记录组成，记录间以某种换行符分隔。每条记录由字段组成，字段间的分隔符是其他字符或字符串，最常见的是逗号或制表符。不过所有记录都有完全相同的字段序列，相当于一个结构化表的纯文本形式。它比 Excel 文件更加简洁，XLS 文本是电子表格，它包含了文本、数值、公式和格式等内容，而 CSV 中不包含这些内容，就是特定字符分隔的纯文本，结构简单清晰。所以，有时候用 CSV 来保存数据是比较方便的。本节中，我们来讲解 Python 读取和写入 CSV 文件的过程。

1. 写入

这里先看一个最简单的例子：

```
import csv

with open('data.csv', 'w') as csvfile:
    writer = csv.writer(csvfile)
    writer.writerow(['id', 'name', 'age'])
    writer.writerow(['10001', 'Mike', 20])
    writer.writerow(['10002', 'Bob', 22])
    writer.writerow(['10003', 'Jordan', 21])
```

首先，打开 data.csv 文件，然后指定打开的模式为 w（即写入），获得文件句柄，随后调用 csv 库的 writer()方法初始化写入对象，传入该句柄，然后调用 writerow()方法传入每行的数据即可完成写入。

运行结束后，会生成一个名为 data.csv 的文件，此时数据就成功写入了。直接以文本形式打开的话，其内容如下：

```
id,name,age
10001,Mike,20
10002,Bob,22
10003,Jordan,21
```

可以看到，写入的文本默认以逗号分隔，调用一次 writerow()方法即可写入一行数据。用 Excel 打开的结果如图 5-6 所示。

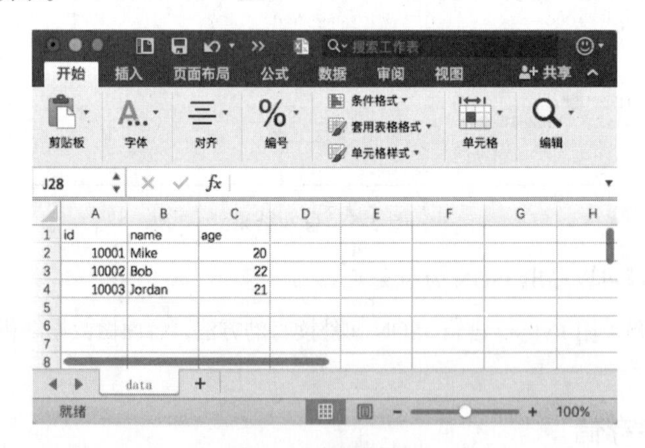

图 5-6　打开结果

如果想修改列与列之间的分隔符，可以传入 delimiter 参数，其代码如下：

```
import csv

with open('data.csv', 'w') as csvfile:
    writer = csv.writer(csvfile, delimiter=' ')
    writer.writerow(['id', 'name', 'age'])
```

```
    writer.writerow(['10001', 'Mike', 20])
    writer.writerow(['10002', 'Bob', 22])
    writer.writerow(['10003', 'Jordan', 21])
```

这里在初始化写入对象时传入 delimiter 为空格，此时输出结果的每一列就是以空格分隔了，内容如下：

```
id name age
10001 Mike 20
10002 Bob 22
10003 Jordan 21
```

另外，我们也可以调用 writerows()方法同时写入多行，此时参数就需要为二维列表，例如：

```
import csv

with open('data.csv', 'w') as csvfile:
    writer = csv.writer(csvfile)
    writer.writerow(['id', 'name', 'age'])
    writer.writerows([['10001', 'Mike', 20], ['10002', 'Bob', 22], ['10003', 'Jordan', 21]])
```

输出效果是相同的，内容如下：

```
id,name,age
10001,Mike,20
10002,Bob,22
10003,Jordan,21
```

但是一般情况下，爬虫爬取的都是结构化数据，我们一般会用字典来表示。在 csv 库中也提供了字典的写入方式，示例如下：

```
import csv

with open('data.csv', 'w') as csvfile:
    fieldnames = ['id', 'name', 'age']
    writer = csv.DictWriter(csvfile, fieldnames=fieldnames)
    writer.writeheader()
    writer.writerow({'id': '10001', 'name': 'Mike', 'age': 20})
    writer.writerow({'id': '10002', 'name': 'Bob', 'age': 22})
    writer.writerow({'id': '10003', 'name': 'Jordan', 'age': 21})
```

这里先定义 3 个字段，用 fieldnames 表示，然后将其传给 DictWriter 来初始化一个字典写入对象，接着可以调用 writeheader()方法先写入头信息，然后再调用 writerow()方法传入相应字典即可。最终写入的结果是完全相同的，内容如下：

```
id,name,age
10001,Mike,20
10002,Bob,22
10003,Jordan,21
```

这样就可以完成字典到 CSV 文件的写入了。

另外，如果想追加写入的话，可以修改文件的打开模式，即将 open()函数的第二个参数改成 a，代码如下：

```
import csv

with open('data.csv', 'a') as csvfile:
    fieldnames = ['id', 'name', 'age']
```

```
    writer = csv.DictWriter(csvfile, fieldnames=fieldnames)
    writer.writerow({'id': '10004', 'name': 'Durant', 'age': 22})
```

这样在上面的基础上再执行这段代码，文件内容便会变成：

```
id,name,age
10001,Mike,20
10002,Bob,22
10003,Jordan,21
10004,Durant,22
```

可见，数据被追加写入到文件中。

如果要写入中文内容的话，可能会遇到字符编码的问题，此时需要给 open()参数指定编码格式。比如，这里再写入一行包含中文的数据，代码需要改写如下：

```
import csv

with open('data.csv', 'a', encoding='utf-8') as csvfile:
    fieldnames = ['id', 'name', 'age']
    writer = csv.DictWriter(csvfile, fieldnames=fieldnames)
    writer.writerow({'id': '10005', 'name': '王伟', 'age': 22})
```

这里需要给 open()函数指定编码，否则可能发生编码错误。

另外，如果接触过 pandas 等库的话，可以调用 DataFrame 对象的 to_csv()方法来将数据写入 CSV 文件中。

2. 读取

我们同样可以使用 csv 库来读取 CSV 文件。例如，将刚才写入的文件内容读取出来，相关代码如下：

```
import csv

with open('data.csv', 'r', encoding='utf-8') as csvfile:
    reader = csv.reader(csvfile)
    for row in reader:
        print(row)
```

运行结果如下：

```
['id', 'name', 'age']
['10001', 'Mike', '20']
['10002', 'Bob', '22']
['10003', 'Jordan', '21']
['10004', 'Durant', '22']
['10005', '王伟', '22']
```

这里我们构造的是 Reader 对象，通过遍历输出了每行的内容，每一行都是一个列表形式。注意，如果 CSV 文件中包含中文的话，还需要指定文件编码。

另外，如果接触过 pandas 的话，可以利用 read_csv()方法将数据从 CSV 中读取出来，例如：

```
import pandas as pd

df = pd.read_csv('data.csv')
print(df)
```

运行结果如下：

```
       id    name  age
0  10001    Mike   20
1  10002     Bob   22
2  10003  Jordan   21
3  10004  Durant   22
4  10005     王伟   22
```

在做数据分析的时候，此种方法用得比较多，也是一种比较方便地读取 CSV 文件的方法。

本节中，我们了解了 CSV 文件的写入和读取方式。这也是一种常用的数据存储方式，需要熟练掌握。

5.2 关系型数据库存储

5

关系型数据库是基于关系模型的数据库，而关系模型是通过二维表来保存的，所以它的存储方式就是行列组成的表，每一列是一个字段，每一行是一条记录。表可以看作某个实体的集合，而实体之间存在联系，这就需要表与表之间的关联关系来体现，如主键外键的关联关系。多个表组成一个数据库，也就是关系型数据库。

关系型数据库有多种，如 SQLite、MySQL、Oracle、SQL Server、DB2 等。

5.2.1 MySQL 的存储

本节中，我们主要介绍 Python 3 下 MySQL 的存储。

在 Python 2 中，连接 MySQL 的库大多是使用 MySQLdb，但是此库的官方并不支持 Python 3，所以这里推荐使用的库是 PyMySQL。

本节中，我们就来讲解使用 PyMySQL 操作 MySQL 数据库的方法。

1. 准备工作

在开始之前，请确保已经安装好了 MySQL 数据库并保证它能正常运行，而且需要安装好 PyMySQL 库。如果没有安装，可以参考第 1 章。

2. 连接数据库

这里，首先尝试连接一下数据库。假设当前的 MySQL 运行在本地，用户名为 root，密码为 123456，运行端口为 3306。这里利用 PyMySQL 先连接 MySQL，然后创建一个新的数据库，名字叫作 spiders，代码如下：

```
import pymysql

db = pymysql.connect(host='localhost',user='root', password='123456', port=3306)
cursor = db.cursor()
cursor.execute('SELECT VERSION()')
data = cursor.fetchone()
print('Database version:', data)
cursor.execute("CREATE DATABASE spiders DEFAULT CHARACTER SET utf8")
db.close()
```

运行结果如下：

```
Database version: ('5.6.22',)
```

这里通过 PyMySQL 的 connect()方法声明一个 MySQL 连接对象 db，此时需要传入 MySQL 运行的 host（即 IP）。由于 MySQL 在本地运行，所以传入的是 localhost。如果 MySQL 在远程运行，则传入其公网 IP 地址。后续的参数 user 即用户名，password 即密码，port 即端口（默认为 3306）。

连接成功后，需要再调用 cursor()方法获得 MySQL 的操作游标，利用游标来执行 SQL 语句。这里我们执行了两句 SQL，直接用 execute()方法执行即可。第一句 SQL 用于获得 MySQL 的当前版本，然后调用 fetchone()方法获得第一条数据，也就得到了版本号。第二句 SQL 执行创建数据库的操作，数据库名叫作 spiders，默认编码为 UTF-8。由于该语句不是查询语句，所以直接执行后就成功创建了数据库 spiders。接着，再利用这个数据库进行后续的操作。

3. 创建表

一般来说，创建数据库的操作只需要执行一次就好了。当然，我们也可以手动创建数据库。以后，我们的操作都在 spiders 数据库上执行。

创建数据库后，在连接时需要额外指定一个参数 db。

接下来，新创建一个数据表 students，此时执行创建表的 SQL 语句即可。这里指定 3 个字段，结构如表 5-1 所示。

表 5-1 数据表 students

字段名	含义	类型
id	学号	varchar
name	姓名	varchar
age	年龄	int

创建该表的示例代码如下：

```
import pymysql

db = pymysql.connect(host='localhost', user='root', password='123456', port=3306, db='spiders')
cursor = db.cursor()
sql = 'CREATE TABLE IF NOT EXISTS students (id VARCHAR(255) NOT NULL, name VARCHAR(255) NOT NULL, age INT NOT
    NULL, PRIMARY KEY (id))'
cursor.execute(sql)
db.close()
```

运行之后，我们便创建了一个名为 students 的数据表。

当然，为了演示，这里只指定了最简单的几个字段。实际上，在爬虫过程中，我们会根据爬取结果设计特定的字段。

4. 插入数据

下一步就是向数据库中插入数据了。例如，这里爬取了一个学生信息，学号为 20120001，名字为 Bob，年龄为 20，那么如何将该条数据插入数据库呢？示例代码如下：

```
import pymysql

id = '20120001'
```

```
user = 'Bob'
age = 20

db = pymysql.connect(host='localhost', user='root', password='123456', port=3306, db='spiders')
cursor = db.cursor()
sql = 'INSERT INTO students(id, name, age) values(%s, %s, %s)'
try:
    cursor.execute(sql, (id, user, age))
    db.commit()
except:
    db.rollback()
db.close()
```

这里首先构造了一个 SQL 语句，其 Value 值没有用字符串拼接的方式来构造，如：

```
sql = 'INSERT INTO students(id, name, age) values(' + id + ', ' + name + ', ' + age + ')'
```

这样的写法烦琐而且不直观，所以我们选择直接用格式化符%s 来实现。有几个 Value 写几个%s，我们只需要在 execute()方法的第一个参数传入该 SQL 语句，Value 值用统一的元组传过来就好了。这样的写法既可以避免字符串拼接的麻烦，又可以避免引号冲突的问题。

之后值得注意的是，需要执行 db 对象的 commit()方法才可实现数据插入，这个方法才是真正将语句提交到数据库执行的方法。对于数据插入、更新、删除操作，都需要调用该方法才能生效。

接下来，我们加了一层异常处理。如果执行失败，则调用 rollback()执行数据回滚，相当于什么都没有发生过。

这里涉及事务的问题。事务机制可以确保数据的一致性，也就是这件事要么发生了，要么没有发生。比如插入一条数据，不会存在插入一半的情况，要么全部插入，要么都不插入，这就是事务的原子性。另外，事务还有 3 个属性——一致性、隔离性和持久性。这 4 个属性通常称为 ACID 特性，具体如表 5-2 所示。

表 5-2 事务的 4 个属性

属 性	解 释
原子性（atomicity）	事务是一个不可分割的工作单位，事务中包括的诸操作要么都做，要么都不做
一致性（consistency）	事务必须使数据库从一个一致性状态变到另一个一致性状态。一致性与原子性是密切相关的
隔离性（isolation）	一个事务的执行不能被其他事务干扰，即一个事务内部的操作及使用的数据对并发的其他事务是隔离的，并发执行的各个事务之间不能互相干扰
持久性（durability）	持续性也称永久性（permanence），指一个事务一旦提交，它对数据库中数据的改变就应该是永久性的。接下来的其他操作或故障不应该对其有任何影响

插入、更新和删除操作都是对数据库进行更改的操作，而更改操作都必须为一个事务，所以这些操作的标准写法就是：

```
try:
    cursor.execute(sql)
    db.commit()
except:
    db.rollback()
```

这样便可以保证数据的一致性。这里的 commit()和 rollback()方法就为事务的实现提供了支持。

上面数据插入的操作是通过构造 SQL 语句实现的，但是很明显，这有一个极其不方便的地方，比如突然增加了性别字段 gender，此时 SQL 语句就需要改成：

```
INSERT INTO students(id, name, age, gender) values(%s, %s, %s, %s)
```

相应的元组参数则需要改成：

```
(id, name, age, gender)
```

这显然不是我们想要的。在很多情况下，我们要达到的效果是插入方法无需改动，做成一个通用方法，只需要传入一个动态变化的字典就好了。比如，构造这样一个字典：

```
{
    'id': '20120001',
    'name': 'Bob',
    'age': 20
}
```

然后 SQL 语句会根据字典动态构造，元组也动态构造，这样才能实现通用的插入方法。所以，这里我们需要改写一下插入方法：

```
data = {
    'id': '20120001',
    'name': 'Bob',
    'age': 20
}
table = 'students'
keys = ', '.join(data.keys())
values = ', '.join(['%s'] * len(data))
sql = 'INSERT INTO {table}({keys}) VALUES ({values})'.format(table=table, keys=keys, values=values)
try:
   if cursor.execute(sql, tuple(data.values())):
       print('Successful')
       db.commit()
except:
    print('Failed')
    db.rollback()
db.close()
```

这里我们传入的数据是字典，并将其定义为 data 变量。表名也定义成变量 table。接下来，就需要构造一个动态的 SQL 语句了。

首先，需要构造插入的字段 id、name 和 age。这里只需要将 data 的键名拿过来，然后用逗号分隔即可。所以', '.join(data.keys())的结果就是 id, name, age，然后需要构造多个%s 当作占位符，有几个字段构造几个即可。比如，这里有三个字段，就需要构造%s, %s, %s。这里首先定义了长度为 1 的数组['%s']，然后用乘法将其扩充为['%s', '%s', '%s']，再调用 join()方法，最终变成%s, %s, %s。最后，我们再利用字符串的 format()方法将表名、字段名和占位符构造出来。最终的 SQL 语句就被动态构造成了：

```
INSERT INTO students(id, name, age) VALUES (%s, %s, %s)
```

最后，为 execute()方法的第一个参数传入 sql 变量，第二个参数传入 data 的键值构造的元组，就可以成功插入数据了。

如此以来，我们便实现了传入一个字典来插入数据的方法，不需要再去修改 SQL 语句和插入操作了。

5. 更新数据

数据更新操作实际上也是执行 SQL 语句，最简单的方式就是构造一个 SQL 语句，然后执行：

```
sql = 'UPDATE students SET age = %s WHERE name = %s'
try:
    cursor.execute(sql, (25, 'Bob'))
    db.commit()
except:
    db.rollback()
db.close()
```

这里同样用占位符的方式构造 SQL，然后执行 execute()方法，传入元组形式的参数，同样执行 commit()方法执行操作。如果要做简单的数据更新的话，完全可以使用此方法。

但是在实际的数据抓取过程中，大部分情况下需要插入数据，但是我们关心的是会不会出现重复数据，如果出现了，我们希望更新数据而不是重复保存一次。另外，就像前面所说的动态构造 SQL 的问题，所以这里可以再实现一种去重的方法，如果数据存在，则更新数据；如果数据不存在，则插入数据。另外，这种做法支持灵活的字典传值。示例如下：

```
data = {
    'id': '20120001',
    'name': 'Bob',
    'age': 21
}

table = 'students'
keys = ', '.join(data.keys())
values = ', '.join(['%s'] * len(data))

sql = 'INSERT INTO {table}({keys}) VALUES ({values}) ON DUPLICATE KEY UPDATE'.format(table=table, keys=keys,
    values=values)
update = ','.join([" {key} = %s".format(key=key) for key in data])
sql += update
try:
    if cursor.execute(sql, tuple(data.values())*2):
        print('Successful')
        db.commit()
except:
    print('Failed')
    db.rollback()
db.close()
```

这里构造的 SQL 语句其实是插入语句，但是我们在后面加了 ON DUPLICATE KEY UPDATE。这行代码的意思是如果主键已经存在，就执行更新操作。比如，我们传入的数据 id 仍然为 20120001，但是年龄有所变化，由 20 变成了 21，此时这条数据不会被插入，而是直接更新 id 为 20120001 的数据。完整的 SQL 构造出来是这样的：

```
INSERT INTO students(id, name, age) VALUES (%s, %s, %s) ON DUPLICATE KEY UPDATE id = %s, name = %s, age = %s
```

这里就变成了 6 个%s。所以在后面的 execute()方法的第二个参数元组就需要乘以 2 变成原来的 2 倍。

如此一来，我们就可以实现主键不存在便插入数据，存在则更新数据的功能了。

6. 删除数据

删除操作相对简单，直接使用DELETE语句即可，只是需要指定要删除的目标表名和删除条件，而且仍然需要使用db的commit()方法才能生效。示例如下：

```
table = 'students'
condition = 'age > 20'

sql = 'DELETE FROM  {table} WHERE {condition}'.format(table=table, condition=condition)
try:
    cursor.execute(sql)
    db.commit()
except:
    db.rollback()

db.close()
```

因为删除条件有多种多样，运算符有大于、小于、等于、LIKE等，条件连接符有AND、OR等，所以不再继续构造复杂的判断条件。这里直接将条件当作字符串来传递，以实现删除操作。

7. 查询数据

说完插入、修改和删除等操作，还剩下非常重要的一个操作，那就是查询。查询会用到SELECT语句，示例如下：

```
sql = 'SELECT * FROM students WHERE age >= 20'

try:
    cursor.execute(sql)
    print('Count:', cursor.rowcount)
    one = cursor.fetchone()
    print('One:', one)
    results = cursor.fetchall()
    print('Results:', results)
    print('Results Type:', type(results))
    for row in results:
        print(row)
except:
    print('Error')
```

运行结果如下：

```
Count: 4
One: ('20120001', 'Bob', 25)
Results: (('20120011', 'Mary', 21), ('20120012', 'Mike', 20), ('20120013', 'James', 22))
Results Type: <class 'tuple'>
('20120011', 'Mary', 21)
('20120012', 'Mike', 20)
('20120013', 'James', 22)
```

这里我们构造了一条SQL语句，将年龄20岁及以上的学生查询出来，然后将其传给execute()方法。注意，这里不再需要db的commit()方法。接着，调用cursor的rowcount属性获取查询结果的条数，当前示例中是4条。

然后我们调用了fetchone()方法，这个方法可以获取结果的第一条数据，返回结果是元组形式，元组的元素顺序跟字段一一对应，即第一个元素就是第一个字段 id，第二个元素就是第二个字段 name，以此类推。随后，我们又调用了 fetchall()方法，它可以得到结果的所有数据。然后将其结果和类型打印出来，它是二重元组，每个元素都是一条记录，我们将其遍历输出出来。

但是这里需要注意一个问题，这里显示的是 3 条数据而不是 4 条，fetchall()方法不是获取所有数据吗？这是因为它的内部实现有一个偏移指针用来指向查询结果，最开始偏移指针指向第一条数据，取一次之后，指针偏移到下一条数据，这样再取的话，就会取到下一条数据了。我们最初调用了一次 fetchone()方法，这样结果的偏移指针就指向下一条数据，fetchall()方法返回的是偏移指针指向的数据一直到结束的所有数据，所以该方法获取的结果就只剩 3 个了。

此外，我们还可以用 while 循环加 fetchone()方法来获取所有数据，而不是用 fetchall()全部一起获取出来。fetchall()会将结果以元组形式全部返回，如果数据量很大，那么占用的开销会非常高。因此，推荐使用如下方法来逐条取数据：

```
sql = 'SELECT * FROM students WHERE age >= 20'
try:
    cursor.execute(sql)
    print('Count:', cursor.rowcount)
    row = cursor.fetchone()
    while row:
        print('Row:', row)
        row = cursor.fetchone()
except:
    print('Error')
```

这样每循环一次，指针就会偏移一条数据，随用随取，简单高效。

本节中，我们介绍了如何使用 PyMySQL 操作 MySQL 数据库以及一些 SQL 语句的构造方法，后面会在实战案例中应用这些操作来存储数据。

5.3 非关系型数据库存储

NoSQL，全称 Not Only SQL，意为不仅仅是 SQL，泛指非关系型数据库。NoSQL 是基于键值对的，而且不需要经过 SQL 层的解析，数据之间没有耦合性，性能非常高。

非关系型数据库又可细分如下。

- **键值存储数据库**：代表有 Redis、Voldemort 和 Oracle BDB 等。
- **列存储数据库**：代表有 Cassandra、HBase 和 Riak 等。
- **文档型数据库**：代表有 CouchDB 和 MongoDB 等。
- **图形数据库**：代表有 Neo4J、InfoGrid 和 Infinite Graph 等。

对于爬虫的数据存储来说，一条数据可能存在某些字段提取失败而缺失的情况，而且数据可能随时调整。另外，数据之间还存在嵌套关系。如果使用关系型数据库存储，一是需要提前建表，二是如果存在数据嵌套关系的话，需要进行序列化操作才可以存储，这非常不方便。如果用了非关系型数据库，就可以避免一些麻烦，更简单高效。

本节中，我们主要介绍 MongoDB 和 Redis 的数据存储操作。

5.3.1 MongoDB 存储

MongoDB 是由 C++语言编写的非关系型数据库，是一个基于分布式文件存储的开源数据库系统，其内容存储形式类似 JSON 对象，它的字段值可以包含其他文档、数组及文档数组，非常灵活。在这一节中，我们就来看看 Python 3 下 MongoDB 的存储操作。

1. 准备工作

在开始之前，请确保已经安装好了 MongoDB 并启动了其服务，并且安装好了 Python 的 PyMongo 库。如果没有安装，可以参考第 1 章。

2. 连接 MongoDB

连接 MongoDB 时，我们需要使用 PyMongo 库里面的 `MongoClient`。一般来说，传入 MongoDB 的 IP 及端口即可，其中第一个参数为地址 `host`，第二个参数为端口 `port`（如果不给它传递参数，默认是 27017）：

```
import pymongo
client = pymongo.MongoClient(host='localhost', port=27017)
```

这样就可以创建 MongoDB 的连接对象了。

另外，`MongoClient` 的第一个参数 `host` 还可以直接传入 MongoDB 的连接字符串，它以 `mongodb` 开头，例如：

```
client = MongoClient('mongodb://localhost:27017/')
```

这也可以达到同样的连接效果。

3. 指定数据库

MongoDB 中可以建立多个数据库，接下来我们需要指定操作哪个数据库。这里我们以 test 数据库为例来说明，下一步需要在程序中指定要使用的数据库：

```
db = client.test
```

这里调用 `client` 的 `test` 属性即可返回 test 数据库。当然，我们也可以这样指定：

```
db = client['test']
```

这两种方式是等价的。

4. 指定集合

MongoDB 的每个数据库又包含许多集合（collection），它们类似于关系型数据库中的表。

下一步需要指定要操作的集合，这里指定一个集合名称为 students。与指定数据库类似，指定集合也有两种方式：

```
collection = db.students
collection = db['students']
```

这样我们便声明了一个 `Collection` 对象。

5. 插入数据

接下来，便可以插入数据了。对于 students 这个集合，新建一条学生数据，这条数据以字典形式表示：

```
student = {
    'id': '20170101',
    'name': 'Jordan',
    'age': 20,
    'gender': 'male'
}
```

这里指定了学生的学号、姓名、年龄和性别。接下来，直接调用 collection 的 insert()方法即可插入数据，代码如下：

```
result = collection.insert(student)
print(result)
```

在 MongoDB 中，每条数据其实都有一个_id 属性来唯一标识。如果没有显式指明该属性，MongoDB 会自动产生一个 ObjectId 类型的_id 属性。insert()方法会在执行后返回_id 值。

运行结果如下：

```
5932a68615c2606814c91f3d
```

当然，我们也可以同时插入多条数据，只需要以列表形式传递即可，示例如下：

```
student1 = {
    'id': '20170101',
    'name': 'Jordan',
    'age': 20,
    'gender': 'male'
}

student2 = {
    'id': '20170202',
    'name': 'Mike',
    'age': 21,
    'gender': 'male'
}

result = collection.insert([student1, student2])
print(result)
```

返回结果是对应的_id 的集合：

```
[ObjectId('5932a80115c2606a59e8a048'), ObjectId('5932a80115c2606a59e8a049')]
```

实际上，在 PyMongo 3.x 版本中，官方已经不推荐使用 insert()方法了。当然，继续使用也没有什么问题。官方推荐使用 insert_one()和 insert_many()方法来分别插入单条记录和多条记录，示例如下：

```
student = {
    'id': '20170101',
    'name': 'Jordan',
    'age': 20,
    'gender': 'male'
}
```

```
result = collection.insert_one(student)
print(result)
print(result.inserted_id)
```

运行结果如下：

```
<pymongo.results.InsertOneResult object at 0x10d68b558>
5932ab0f15c2606f0c1cf6c5
```

与 insert()方法不同，这次返回的是 InsertOneResult 对象，我们可以调用其 inserted_id 属性获取_id。

对于 insert_many()方法，我们可以将数据以列表形式传递，示例如下：

```
student1 = {
    'id': '20170101',
    'name': 'Jordan',
    'age': 20,
    'gender': 'male'
}

student2 = {
    'id': '20170202',
    'name': 'Mike',
    'age': 21,
    'gender': 'male'
}

result = collection.insert_many([student1, student2])
print(result)
print(result.inserted_ids)
```

运行结果如下：

```
<pymongo.results.InsertManyResult object at 0x101dea558>
[ObjectId('5932abf415c2607083d3b2ac'), ObjectId('5932abf415c2607083d3b2ad')]
```

该方法返回的类型是 InsertManyResult，调用 inserted_ids 属性可以获取插入数据的_id 列表。

6. 查询

插入数据后，我们可以利用 find_one()或 find()方法进行查询，其中 find_one()查询得到的是单个结果，find()则返回一个生成器对象。示例如下：

```
result = collection.find_one({'name': 'Mike'})
print(type(result))
print(result)
```

这里我们查询 name 为 Mike 的数据，它的返回结果是字典类型，运行结果如下：

```
<class 'dict'>
{'_id': ObjectId('5932a80115c2606a59e8a049'), 'id': '20170202', 'name': 'Mike', 'age': 21, 'gender': 'male'}
```

可以发现，它多了_id 属性，这就是 MongoDB 在插入过程中自动添加的。

此外，我们也可以根据 ObjectId 来查询，此时需要使用 bson 库里面的 objectid：

```
from bson.objectid import ObjectId
```

```
result = collection.find_one({'_id': ObjectId('593278c115c2602667ec6bae')})
print(result)
```

其查询结果依然是字典类型，具体如下：

```
{'_id': ObjectId('593278c115c2602667ec6bae'), 'id': '20170101', 'name': 'Jordan', 'age': 20, 'gender': 'male'}
```

当然，如果查询结果不存在，则会返回 None。

对于多条数据的查询，我们可以使用 find()方法。例如，这里查找年龄为 20 的数据，示例如下：

```
results = collection.find({'age': 20})
print(results)
for result in results:
    print(result)
```

运行结果如下：

```
<pymongo.cursor.Cursor object at 0x1032d5128>
{'_id': ObjectId('593278c115c2602667ec6bae'), 'id': '20170101', 'name': 'Jordan', 'age': 20, 'gender': 'male'}
{'_id': ObjectId('593278c815c2602678bb2b8d'), 'id': '20170102', 'name': 'Kevin', 'age': 20, 'gender': 'male'}
{'_id': ObjectId('593278d815c260269d7645a8'), 'id': '20170103', 'name': 'Harden', 'age': 20, 'gender': 'male'}
```

返回结果是 Cursor 类型，它相当于一个生成器，我们需要遍历取到所有的结果，其中每个结果都是字典类型。

如果要查询年龄大于 20 的数据，则写法如下：

```
results = collection.find({'age': {'$gt': 20}})
```

这里查询的条件键值已经不是单纯的数字了，而是一个字典，其键名为比较符号$gt，意思是大于，键值为 20。

这里将比较符号归纳为表 5-3。

表 5-3 比较符号

符 号	含 义	示 例
$lt	小于	{'age': {'$lt': 20}}
$gt	大于	{'age': {'$gt': 20}}
$lte	小于等于	{'age': {'$lte': 20}}
$gte	大于等于	{'age': {'$gte': 20}}
$ne	不等于	{'age': {'$ne': 20}}
$in	在范围内	{'age': {'$in': [20, 23]}}
$nin	不在范围内	{'age': {'$nin': [20, 23]}}

另外，还可以进行正则匹配查询。例如，查询名字以 M 开头的学生数据，示例如下：

```
results = collection.find({'name': {'$regex': '^M.*'}})
```

这里使用$regex 来指定正则匹配，^M.*代表以 M 开头的正则表达式。

这里将一些功能符号再归类为表 5-4。

表 5-4　功能符号

符　号	含　义	示　例	示例含义
$regex	匹配正则表达式	{'name': {'$regex': '^M.*'}}	name 以 M 开头
$exists	属性是否存在	{'name': {'$exists': True}}	name 属性存在
$type	类型判断	{'age': {'$type': 'int'}}	age 的类型为 int
$mod	数字模操作	{'age': {'$mod': [5, 0]}}	年龄模 5 余 0
$text	文本查询	{'$text': {'$search': 'Mike'}}	text 类型的属性中包含 Mike 字符串
$where	高级条件查询	{'$where': 'obj.fans_count == obj.follows_count'}	自身粉丝数等于关注数

关于这些操作的更详细用法，可以在 MongoDB 官方文档找到：https://docs.mongodb.com/manual/reference/operator/query/。

7. 计数

要统计查询结果有多少条数据，可以调用 count()方法。比如，统计所有数据条数：

```
count = collection.find().count()
print(count)
```

或者统计符合某个条件的数据：

```
count = collection.find({'age': 20}).count()
print(count)
```

运行结果是一个数值，即符合条件的数据条数。

8. 排序

排序时，直接调用 sort()方法，并在其中传入排序的字段及升降序标志即可。示例如下：

```
results = collection.find().sort('name', pymongo.ASCENDING)
print([result['name'] for result in results])
```

运行结果如下：

```
['Harden', 'Jordan', 'Kevin', 'Mark', 'Mike']
```

这里我们调用 pymongo.ASCENDING 指定升序。如果要降序排列，可以传入 pymongo.DESCENDING。

9. 偏移

在某些情况下，我们可能想只取某几个元素，这时可以利用 skip()方法偏移几个位置，比如偏移 2，就忽略前两个元素，得到第三个及以后的元素：

```
results = collection.find().sort('name', pymongo.ASCENDING).skip(2)
print([result['name'] for result in results])
```

运行结果如下：

```
['Kevin', 'Mark', 'Mike']
```

另外，还可以用 limit()方法指定要取的结果个数，示例如下：

```
results = collection.find().sort('name', pymongo.ASCENDING).skip(2).limit(2)
print([result['name'] for result in results])
```

运行结果如下：

```
['Kevin', 'Mark']
```

如果不使用 limit()方法，原本会返回三个结果，加了限制后，会截取两个结果返回。

值得注意的是，在数据库数量非常庞大的时候，如千万、亿级别，最好不要使用大的偏移量来查询数据，因为这样很可能导致内存溢出。此时可以使用类似如下操作来查询：

```
from bson.objectid import ObjectId
collection.find({'_id': {'$gt': ObjectId('593278c815c2602678bb2b8d')}})
```

这时需要记录好上次查询的_id。

10. 更新

对于数据更新，我们可以使用 update()方法，指定更新的条件和更新后的数据即可。例如：

```
condition = {'name': 'Kevin'}
student = collection.find_one(condition)
student['age'] = 25
result = collection.update(condition, student)
print(result)
```

这里我们要更新 name 为 Kevin 的数据的年龄：首先指定查询条件，然后将数据查询出来，修改年龄后调用 update()方法将原条件和修改后的数据传入。

运行结果如下：

```
{'ok': 1, 'nModified': 1, 'n': 1, 'updatedExisting': True}
```

返回结果是字典形式，ok 代表执行成功，nModified 代表影响的数据条数。

另外，我们也可以使用$set 操作符对数据进行更新，代码如下：

```
result = collection.update(condition, {'$set': student})
```

这样可以只更新 student 字典内存在的字段。如果原先还有其他字段，则不会更新，也不会删除。而如果不用$set 的话，则会把之前的数据全部用 student 字典替换；如果原本存在其他字段，则会被删除。

另外，update()方法其实也是官方不推荐使用的方法。这里也分为 update_one()方法和 update_many()方法，用法更加严格，它们的第二个参数需要使用$类型操作符作为字典的键名，示例如下：

```
condition = {'name': 'Kevin'}
student = collection.find_one(condition)
student['age'] = 26
result = collection.update_one(condition, {'$set': student})
print(result)
print(result.matched_count, result.modified_count)
```

这里调用了 update_one()方法，第二个参数不能再直接传入修改后的字典，而是需要使用{'$set': student}这样的形式，其返回结果是 UpdateResult 类型。然后分别调用 matched_count 和 modified_count 属性，可以获得匹配的数据条数和影响的数据条数。

运行结果如下：

```
<pymongo.results.UpdateResult object at 0x10d17b678>
1 0
```

我们再看一个例子：

```
condition = {'age': {'$gt': 20}}
result = collection.update_one(condition, {'$inc': {'age': 1}})
print(result)
print(result.matched_count, result.modified_count)
```

这里指定查询条件为年龄大于 20，然后更新条件为{'$inc': {'age': 1}}，也就是年龄加 1，执行之后会将第一条符合条件的数据年龄加 1。

运行结果如下：

```
<pymongo.results.UpdateResult object at 0x10b8874c8>
1 1
```

可以看到匹配条数为 1 条，影响条数也为 1 条。

如果调用 update_many()方法，则会将所有符合条件的数据都更新，示例如下：

```
condition = {'age': {'$gt': 20}}
result = collection.update_many(condition, {'$inc': {'age': 1}})
print(result)
print(result.matched_count, result.modified_count)
```

这时匹配条数就不再为 1 条了，运行结果如下：

```
<pymongo.results.UpdateResult object at 0x10c6384c8>
3 3
```

可以看到，这时所有匹配到的数据都会被更新。

11. 删除

删除操作比较简单，直接调用 remove()方法指定删除的条件即可，此时符合条件的所有数据均会被删除。示例如下：

```
result = collection.remove({'name': 'Kevin'})
print(result)
```

运行结果如下：

```
{'ok': 1, 'n': 1}
```

另外，这里依然存在两个新的推荐方法——delete_one()和 delete_many()。示例如下：

```
result = collection.delete_one({'name': 'Kevin'})
print(result)
print(result.deleted_count)
result = collection.delete_many({'age': {'$lt': 25}})
print(result.deleted_count)
```

运行结果如下：

```
<pymongo.results.DeleteResult object at 0x10e6ba4c8>
1
4
```

delete_one()即删除第一条符合条件的数据，delete_many()即删除所有符合条件的数据。它们的返回结果都是 DeleteResult 类型，可以调用 deleted_count 属性获取删除的数据条数。

12. 其他操作

另外，PyMongo 还提供了一些组合方法，如 find_one_and_delete()、find_one_and_replace()和 find_one_and_update()，它们是查找后删除、替换和更新操作，其用法与上述方法基本一致。

另外，还可以对索引进行操作，相关方法有 create_index()、create_indexes()和 drop_index()等。

关于 PyMongo 的详细用法，可以参见官方文档：http://api.mongodb.com/python/current/api/pymongo/collection.html。

另外，还有对数据库和集合本身等的一些操作，这里不再一一讲解，可以参见官方文档：http://api.mongodb.com/python/current/api/pymongo/。

本节讲解了使用 PyMongo 操作 MongoDB 进行数据增删改查的方法，后面我们会在实战案例中应用这些操作进行数据存储。

5.3.2　Redis 存储

Redis 是一个基于内存的高效的键值型非关系型数据库，存取效率极高，而且支持多种存储数据结构，使用也非常简单。本节中，我们就来介绍一下 Python 的 Redis 操作，主要介绍 redis-py 这个库的用法。

1. 准备工作

在开始之前，请确保已经安装好了 Redis 及 redis-py 库。如果要做数据导入/导出操作的话，还需要安装 RedisDump。如果没有安装，可以参考第 1 章。

2. Redis 和 StrictRedis

redis-py 库提供两个类 Redis 和 StrictRedis 来实现 Redis 的命令操作。

StrictRedis 实现了绝大部分官方的命令，参数也一一对应，比如 set()方法就对应 Redis 命令的 set 方法。而 Redis 是 StrictRedis 的子类，它的主要功能是用于向后兼容旧版本库里的几个方法。为了做兼容，它将方法做了改写，比如 lrem()方法就将 value 和 num 参数的位置互换，这和 Redis 命令行的命令参数不一致。

官方推荐使用 StrictRedis，所以本节中我们也用 StrictRedis 类的相关方法作演示。

3. 连接 Redis

现在我们已经在本地安装了 Redis 并运行在 6379 端口，密码设置为 foobared。那么，可以用如下示例连接 Redis 并测试：

```
from redis import StrictRedis

redis = StrictRedis(host='localhost', port=6379, db=0, password='foobared')
```

```
redis.set('name', 'Bob')
print(redis.get('name'))
```

这里我们传入了 Redis 的地址、运行端口、使用的数据库和密码信息。在默认不传的情况下，这 4 个参数分别为 localhost、6379、0 和 None。首先声明了一个 StrictRedis 对象，接下来调用 set()方法，设置一个键值对，然后将其获取并打印。

运行结果如下：

```
b'Bob'
```

这说明我们连接成功，并可以执行 set()和 get()操作了。

当然，我们还可以使用 ConnectionPool 来连接，示例如下：

```
from redis import StrictRedis, ConnectionPool

pool = ConnectionPool(host='localhost', port=6379, db=0, password='foobared')
redis = StrictRedis(connection_pool=pool)
```

这样的连接效果是一样的。观察源码可以发现，StrictRedis 内其实就是用 host 和 port 等参数又构造了一个 ConnectionPool，所以直接将 ConnectionPool 当作参数传给 StrictRedis 也一样。

另外，ConnectionPool 还支持通过 URL 来构建。URL 的格式支持有如下 3 种：

```
redis://[:password]@host:port/db
rediss://[:password]@host:port/db
unix://[:password]@/path/to/socket.sock?db=db
```

这 3 种 URL 分别表示创建 Redis TCP 连接、Redis TCP+SSL 连接、Redis UNIX socket 连接。我们只需要构造上面任意一种 URL 即可，其中 password 部分如果有则可以写，没有则可以省略。下面再用 URL 连接演示一下：

```
url = 'redis://:foobared@localhost:6379/0'
pool = ConnectionPool.from_url(url)
redis = StrictRedis(connection_pool=pool)
```

这里我们使用第一种连接字符串进行连接。首先，声明一个 Redis 连接字符串，然后调用 from_url()方法创建 ConnectionPool，接着将其传给 StrictRedis 即可完成连接，所以使用 URL 的连接方式还是比较方便的。

4. 键操作

表 5-5 总结了键的一些判断和操作方法。

表 5-5　键的一些判断和操作方法

方　法	作　用	参数说明	示　例	示例说明	示例结果
exists(name)	判断一个键是否存在	name：键名	redis.exists('name')	是否存在 name 这个键	True
delete(name)	删除一个键	name：键名	redis.delete('name')	删除 name 这个键	1
type(name)	判断键类型	name：键名	redis.type('name')	判断 name 这个键类型	b'string'

（续）

方　法	作　用	参数说明	示　例	示例说明	示例结果
keys(pattern)	获取所有符合规则的键	pattern：匹配规则	redis.keys('n*')	获取所有以 n 开头的键	[b'name']
randomkey()	获取随机的一个键		randomkey()	获取随机的一个键	b'name'
rename(src, dst)	重命名键	src：原键名；dst：新键名	redis.rename('name', 'nickname')	将 name 重命名为 nickname	True
dbsize()	获取当前数据库中键的数目		dbsize()	获取当前数据库中键的数目	100
expire(name, time)	设定键的过期时间，单位为秒	name：键名；time：秒数	redis.expire('name', 2)	将 name 键的过期时间设置为 2 秒	True
ttl(name)	获取键的过期时间，单位为秒，-1 表示永久不过期	name：键名	redis.ttl('name')	获取 name 这个键的过期时间	-1
move(name, db)	将键移动到其他数据库	name：键名；db：数据库代号	move('name', 2)	将 name 移动到 2 号数据库	True
flushdb()	删除当前选择数据库中的所有键		flushdb()	删除当前选择数据库中的所有键	True
flushall()	删除所有数据库中的所有键		flushall()	删除所有数据库中的所有键	True

5. 字符串操作

Redis 支持最基本的键值对形式存储，用法总结如表 5-6 所示。

表 5-6　键值对形式存储

方　法	作　用	参数说明	示　例	示例说明	示例结果
set(name, value)	给数据库中键为 name 的 string 赋予值 value	name：键名；value：值	redis.set('name', 'Bob')	给 name 这个键的 value 赋值为 Bob	True
get(name)	返回数据库中键为 name 的 string 的 value	name：键名	redis.get('name')	返回 name 这个键的 value	b'Bob'
getset(name, value)	给数据库中键为 name 的 string 赋予值 value 并返回上次的 value	name：键名；value：新值	redis.getset('name', 'Mike')	赋值 name 为 Mike 并得到上次的 value	b'Bob'
mget(keys, *args)	返回多个键对应的 value	keys：键的列表	redis.mget(['name', 'nickname'])	返回 name 和 nickname 的 value	[b'Mike', b'Miker']

（续）

方　法	作　用	参数说明	示　例	示例说明	示例结果
setnx(name, value)	如果不存在这个键值对，则更新value，否则不变	name：键名	redis.setnx('newname', 'James')	如果newname这个键不存在，则设置值为James	第一次运行结果是True，第二次运行结果是False
setex(name, time, value)	设置可以对应的值为string类型的value，并指定此键值对应的有效期	name：键名；time：有效期；value：值	redis.setex('name', 1, 'James')	将name这个键的值设为James，有效期为1秒	True
setrange(name, offset, value)	设置指定键的value值的子字符串	name：键名；offset：偏移量；value：值	redis.set('name', 'Hello') redis.setrange('name', 6, 'World')	设置name为Hello字符串，并在index为6的位置补World	11，修改后的字符串长度
mset(mapping)	批量赋值	mapping：字典	redis.mset({'name1': 'Durant', 'name2': 'James'})	将name1设为Durant，name2设为James	True
msetnx(mapping)	键均不存在时才批量赋值	mapping：字典	redis.msetnx({'name3': 'Smith', 'name4': 'Curry'})	在name3和name4均不存在的情况下才设置二者值	True
incr(name, amount=1)	键为name的value增值操作，默认为1，键不存在则被创建并设为amount	name：键名；amount：增长的值	redis.incr('age', 1)	age对应的值增1，若不存在，则会创建并设置为1	1，即修改后的值
decr(name, amount=1)	键为name的value减值操作，默认为1，键不存在则被创建并将value设置为-amount	name：键名；amount：减少的值	redis.decr('age', 1)	age对应的值减1，若不存在，则会创建并设置为-1	-1，即修改后的值
append(key, value)	键为name的string的值附加value	key：键名	redis.append('nickname', 'OK')	向键为nickname的值后追加OK	13，即修改后的字符串长度
substr(name, start, end=-1)	返回键为name的string的子串	name：键名；start：起始索引；end：终止索引，默认为-1，表示截取到末尾	redis.substr('name', 1, 4)	返回键为name的值的字符串，截取索引为1~4的字符	b'ello'
getrange(key, start, end)	获取键的value值从start到end的子字符串	key：键名；start：起始索引；end：终止索引	redis.getrange('name', 1, 4)	返回键为name的值的字符串，截取索引为1~4的字符	b'ello'

6. 列表操作

Redis 还提供了列表存储，列表内的元素可以重复，而且可以从两端存储，用法如表 5-7 所示。

表 5-7 列表操作

方法	作用	参数说明	示例	示例说明	示例结果
rpush(name, *values)	在键为 name 的列表末尾添加值为 value 的元素，可以传多个	name：键名；values：值	redis.rpush('list', 1, 2, 3)	向键为 list 的列表尾添加 1、2、3	3，列表大小
lpush(name, *values)	在键为 name 的列表头添加值为 value 的元素，可以传多个	name：键名；values：值	redis.lpush('list', 0)	向键为 list 的列表头部添加 0	4，列表大小
llen(name)	返回键为 name 的列表的长度	name：键名	redis.llen('list')	返回键为 list 的列表的长度	4
lrange(name, start, end)	返回键为 name 的列表中 start 至 end 之间的元素	name：键名；start：起始索引；end：终止索引	redis.lrange('list', 1, 3)	返回起始索引为 1 终止索引为 3 的索引范围对应的列表	[b'3', b'2', b'1']
ltrim(name, start, end)	截取键为 name 的列表，保留索引为 start 到 end 的内容	name：键名；start：起始索引；end：终止索引	ltrim('list', 1, 3)	保留键为 list 的索引为 1 到 3 的元素	True
lindex(name, index)	返回键为 name 的列表中 index 位置的元素	name：键名；index：索引	redis.lindex('list', 1)	返回键为 list 的列表索引为 1 的元素	b'2'
lset(name, index, value)	给键为 name 的列表中 index 位置的元素赋值，越界则报错	name：键名；index：索引位置；value：值	redis.lset('list', 1, 5)	将键为 list 的列表中索引为 1 的位置赋值为 5	True
lrem(name, count, value)	删除 count 个键的列表中值为 value 的元素	name：键名；count：删除个数；value：值	redis.lrem('list', 2, 3)	将键为 list 的列表删除两个 3	1，即删除的个数
lpop(name)	返回并删除键为 name 的列表中的首元素	name：键名	redis.lpop('list')	返回并删除名为 list 的列表中的第一个元素	b'5'
rpop(name)	返回并删除键为 name 的列表中的尾元素	name：键名	redis.rpop('list')	返回并删除名为 list 的列表中的最后一个元素	b'2'
blpop(keys, timeout=0)	返回并删除名称在 keys 中的 list 中的首个元素，如果列表为空，则会一直阻塞等待	keys：键列表；timeout：超时等待时间，0 为一直等待	redis.blpop('list')	返回并删除键为 list 的列表中的第一个元素	[b'5']

（续）

方　法	作　用	参数说明	示　例	示例说明	示例结果
brpop(keys, timeout=0)	返回并删除键为 name 的列表中的尾元素，如果 list 为空，则会一直阻塞等待	keys：键列表；timeout：超时等待时间，0 为一直等待	redis.brpop('list')	返回并删除名为 list 的列表中的最后一个元素	[b'2']
rpoplpush(src, dst)	返回并删除名称为 src 的列表的尾元素，并将该元素添加到名称为 dst 的列表头部	src：源列表的键；dst：目标列表的 key	redis.rpoplpush('list', 'list2')	将键为 list 的列表尾元素删除并将其添加到键为 list2 的列表头部，然后返回	b'2'

7. 集合操作

Redis 还提供了集合存储，集合中的元素都是不重复的，用法如表 5-8 所示。

表 5-8　集合操作

方　法	作　用	参数说明	示　例	示例说明	示例结果
sadd(name, *values)	向键为 name 的集合中添加元素	name：键名；values：值，可为多个	redis.sadd('tags', 'Book', 'Tea', 'Coffee')	向键为 tags 的集合中添加 Book、Tea 和 Coffee 这 3 个内容	3，即插入的数据个数
srem(name, *values)	从键为 name 的集合中删除元素	name：键名；values：值，可为多个	redis.srem('tags', 'Book')	从键为 tags 的集合中删除 Book	1，即删除的数据个数
spop(name)	随机返回并删除键为 name 的集合中的一个元素	name：键名	redis.spop('tags')	从键为 tags 的集合中随机删除并返回该元素	b'Tea'
smove(src, dst, value)	从 src 对应的集合中移除元素并将其添加到 dst 对应的集合中	src：源集合；dst：目标集合；value：元素值	redis.smove('tags', 'tags2', 'Coffee')	从键为 tags 的集合中删除元素 Coffee 并将其添加到键为 tags2 的集合	True
scard(name)	返回键为 name 的集合的元素个数	name：键名	redis.scard('tags')	获取键为 tags 的集合中的元素个数	3
sismember(name, value)	测试 member 是否是键为 name 的集合的元素	name：键值	redis.sismember('tags', 'Book')	判断 Book 是否是键为 tags 的集合元素	True
sinter(keys, *args)	返回所有给定键的集合的交集	keys：键列表	redis.sinter(['tags', 'tags2'])	返回键为 tags 的集合和键为 tags2 的集合的交集	{b'Coffee'}

（续）

方　　法	作　　用	参数说明	示　　例	示例说明	示例结果
sinterstore(dest, keys, *args)	求交集并将交集保存到 dest 的集合	dest：结果集合；keys：键列表	redis.sinterstore('inttag', ['tags', 'tags2'])	求键为 tags 的集合和键为 tags2 的集合的交集并将其保存为 inttag	1
sunion(keys, *args)	返回所有给定键的集合的并集	keys：键列表	redis.sunion(['tags', 'tags2'])	返回键为 tags 的集合和键为 tags2 的集合的并集	{b'Coffee', b'Book', b'Pen'}
sunionstore(dest, keys, *args)	求并集并将并集保存到 dest 的集合	dest：结果集合；keys：键列表	redis.sunionstore('inttag', ['tags', 'tags2'])	求键为 tags 的集合和键为 tags2 的集合的并集并将其保存为 inttag	3
sdiff(keys, *args)	返回所有给定键的集合的差集	keys：键列表	redis.sdiff(['tags', 'tags2'])	返回键为 tags 的集合和键为 tags2 的集合的差集	{b'Book', b'Pen'}
sdiffstore(dest, keys, *args)	求差集并将差集保存到 dest 集合	dest：结果集合；keys：键列表	redis.sdiffstore('inttag', ['tags', 'tags2'])	求键为 tags 的集合和键为 tags2 的集合的差集并将其保存为 inttag	3
smembers(name)	返回键为 name 的集合的所有元素	name：键名	redis.smembers('tags')	返回键为 tags 的集合的所有元素	{b'Pen', b'Book', b'Coffee'}
srandmember(name)	随机返回键为 name 的集合中的一个元素，但不删除元素	name：键值	redis.srandmember('tags')	随机返回键为 tags 的集合中的一个元素	Srandmember(name)

8. 有序集合操作

有序集合比集合多了一个分数字段，利用它可以对集合中的数据进行排序，其用法总结如表 5-9 所示。

表 5-9　有序集合操作

方　　法	作　　用	参数说明	示　　例	示例说明	示例结果
zadd(name, *args, **kwargs)	向键为 name 的 zset 中添加元素 member，score 用于排序。如果该元素存在，则更新其顺序	name：键名；args：可变参数	redis.zadd('grade', 100, 'Bob', 98, 'Mike')	向键为grade的zset中添加 Bob（其 score 为 100），并添加 Mike（其 score 为 98）	2，即添加的元素个数
zrem(name, *values)	删除键为 name 的 zset 中的元素	name：键名；values：元素	redis.zrem('grade', 'Mike')	从键为 grade 的 zset 中删除 Mike	1，即删除的元素个数

（续）

方 法	作 用	参数说明	示 例	示例说明	示例结果
zincrby(name, value, amount=1)	如果在键为 name 的 zset 中已经存在元素 value，则将该元素的 score 增加 amount；否则向该集合中添加该元素，其 score 的值为 amount	name：键名；value：元素；amount：增长的 score 值	redis.zincrby('grade', 'Bob', -2)	键为 grade 的 zset 中 Bob 的 score 减 2	98.0，即修改后的值
zrank(name, value)	返回键为 name 的 zset 中元素的排名，按 score 从小到大排序，即名次	name：键名；value：元素值	redis.zrank('grade', 'Amy')	得到键为 grade 的 zset 中 Amy 的排名	1
zrevrank(name, value)	返回键为 name 的 zset 中元素的倒数排名（按 score 从大到小排序），即名次	name：键名；value：元素值	redis.zrevrank('grade', 'Amy')	得到键为 grade 的 zset 中 Amy 的倒数排名	2
zrevrange(name, start, end, withscores=False)	返回键为 name 的 zset（按 score 从大到小排序）中 index 从 start 到 end 的所有元素	name：键值；start：开始索引；end：结束索引；withscores：是否带 score	redis.zrevrange('grade', 0, 3)	返回键为 grade 的 zset 中前四名元素	[b'Bob', b'Mike', b'Amy', b'James']
zrangebyscore(name, min, max, start=None, num=None, withscores=False)	返回键为 name 的 zset 中 score 在给定区间的元素	name：键名；min：最低 score；max：最高 score；start：起始索引；num：个数；withscores：是否带 score	redis.zrangebyscore('grade', 80, 95)	返回键为 grade 的 zset 中 score 在 80 和 95 之间的元素	[b'Bob', b'Mike', b'Amy', b'James']
zcount(name, min, max)	返回键为 name 的 zset 中 score 在给定区间的数量	name：键名；min：最低 score；max：最高 score	redis.zcount('grade', 80, 95)	返回键为 grade 的 zset 中 score 在 80 到 95 的元素个数	2
zcard(name)	返回键为 name 的 zset 的元素个数	name：键名	redis.zcard('grade')	获取键为 grade 的 zset 中元素的个数	3
zremrangebyrank(name, min, max)	删除键为 name 的 zset 中排名在给定区间的元素	name：键名；min：最低位次；max：最高位次	redis.zremrangebyrank('grade', 0, 0)	删除键为 grade 的 zset 中排名第一的元素	1，即删除的元素个数
zremrangebyscore(name, min, max)	删除键为 name 的 zset 中 score 在给定区间的元素	name：键名；min：最低 score；max：最高 score	redis.zremrangebyscore('grade', 80, 90)	删除 score 在 80 到 90 之间的元素	1，即删除的元素个数

9. 散列操作

Redis 还提供了散列表的数据结构，我们可以用 name 指定一个散列表的名称，表内存储了各个键值对，用法总结如表 5-10 所示。

表 5-10 散列操作

方法	作用	参数说明	示例	示例说明	示例结果
hset(name, key, value)	向键为 name 的散列表中添加映射	name：键名；key：映射键名；value：映射键值	hset('price', 'cake', 5)	向键为 price 的散列表中添加映射关系，cake 的值为 5	1，即添加的映射个数
hsetnx(name, key, value)	如果映射键名不存在，则向键为 name 的散列表中添加映射	name：键名；key：映射键名；value：映射键值	hsetnx('price', 'book', 6)	向键为 price 的散列表中添加映射关系，book 的值为 6	1，即添加的映射个数
hget(name, key)	返回键为 name 的散列表中 key 对应的值	name：键名；key：映射键名	redis.hget('price', 'cake')	获取键为 price 的散列表中键名为 cake 的值	5
hmget(name, keys, *args)	返回键为 name 的散列表中各个键对应的值	name：键名；keys：映射键名列表	redis.hmget('price', ['apple', 'orange'])	获取键为 price 的散列表中 apple 和 orange 的值	[b'3', b'7']
hmset(name, mapping)	向键为 name 的散列表中批量添加映射	name：键名；mapping：映射字典	redis.hmset('price', {'banana': 2, 'pear': 6})	向键为 price 的散列表中批量添加映射	True
hincrby(name, key, amount=1)	将键为 name 的散列表中映射的值增加 amount	name：键名；key：映射键名；amount：增长量	redis.hincrby('price', 'apple', 3)	key 为 price 的散列表中 apple 的值增加 3	6，修改后的值
hexists(name, key)	键为 name 的散列表中是否存在键名为键的映射	name：键名；key：映射键名	redis.hexists('price', 'banana')	键为 price 的散列表中 banana 的值是否存在	True
hdel(name, *keys)	在键为 name 的散列表中，删除键名为键的映射	name：键名；keys：映射键名	redis.hdel('price', 'banana')	从键为 price 的散列表中删除键名为 banana 的映射	True
hlen(name)	从键为 name 的散列表中获取映射个数	name：键名	redis.hlen('price')	从键为 price 的散列表中获取映射个数	6
hkeys(name)	从键为 name 的散列表中获取所有映射键名	name：键名	redis.hkeys('price')	从键为 price 的散列表中获取所有映射键名	[b'cake', b'book', b'banana', b'pear']

（续）

方 法	作 用	参数说明	示 例	示例说明	示例结果
hvals(name)	从键为 name 的散列表中获取所有映射键值	name：键名	redis.hvals('price')	从键为 price 的散列表中获取所有映射键值	[b'5', b'6', b'2', b'6']
hgetall(name)	从键为 name 的散列表中获取所有映射键值对	name：键名	redis.hgetall('price')	从键为 price 的散列表中获取所有映射键值对	{b'cake': b'5', b'book': b'6', b'orange': b'7', b'pear': b'6'}

10. RedisDump

RedisDump 提供了强大的 Redis 数据的导入和导出功能，现在就来看下它的具体用法。

首先，确保已经安装好了 RedisDump。

RedisDump 提供了两个可执行命令：redis-dump 用于导出数据，redis-load 用于导入数据。

- **redis-dump**

首先，可以输入如下命令查看所有可选项：

```
redis-dump -h
```

运行结果如下：

```
Usage: redis-dump [global options] COMMAND [command options]
    -u, --uri=S                      Redis URI (e.g. redis://hostname[:port])
    -d, --database=S                 Redis database (e.g. -d 15)
    -s, --sleep=S                    Sleep for S seconds after dumping (for debugging)
    -c, --count=S                    Chunk size (default: 10000)
    -f, --filter=S                   Filter selected keys (passed directly to redis' KEYS command)
    -O, --without_optimizations      Disable run time optimizations
    -V, --version                    Display version
    -D, --debug
        --nosafe
```

其中-u 代表 Redis 连接字符串，-d 代表数据库代号，-s 代表导出之后的休眠时间，-c 代表分块大小，默认是 10000，-f 代表导出时的过滤器，-O 代表禁用运行时优化，-V 用于显示版本，-D 表示开启调试。

我们拿本地的 Redis 做测试，运行在 6379 端口上，密码为 foobared，导出命令如下：

```
redis-dump -u :foobared@localhost:6379
```

如果没有密码的话，可以不加密码前缀，命令如下：

```
redis-dump -u localhost:6379
```

运行之后，可以将本地 0 至 15 号数据库的所有数据输出出来，例如：

```
{"db":0,"key":"name","ttl":-1,"type":"string","value":"James","size":5}
{"db":0,"key":"name2","ttl":-1,"type":"string","value":"Durant","size":6}
{"db":0,"key":"name3","ttl":-1,"type":"string","value":"Durant","size":6}
```

```
{"db":0,"key":"name4","ttl":-1,"type":"string","value":"HelloWorld","size":10}
{"db":0,"key":"name5","ttl":-1,"type":"string","value":"James","size":5}
{"db":0,"key":"name6","ttl":-1,"type":"string","value":"James","size":5}
{"db":0,"key":"age","ttl":-1,"type":"string","value":"1","size":1}
{"db":0,"key":"age2","ttl":-1,"type":"string","value":"-5","size":2}
```

每条数据都包含 6 个字段，其中 db 即数据库代号，key 即键名，ttl 即该键值对的有效时间，type 即键值类型，value 即内容，size 即占用空间。

如果想要将其输出为 JSON 行文件，可以使用如下命令：

```
redis-dump -u :foobared@localhost:6379 > ./redis_data.jl
```

这样就可以成功将 Redis 的所有数据库的所有数据导出成 JSON 行文件了。

另外，可以使用-d 参数指定某个数据库的导出，例如只导出 1 号数据库的内容：

```
redis-dump -u :foobared@localhost:6379 -d 1 > ./redis.data.jl
```

如果只想导出特定的内容，比如想导出以 adsl 开头的数据，可以加入-f 参数用来过滤，命令如下：

```
redis-dump -u :foobared@localhost:6379 -f adsl:* > ./redis.data.jl
```

其中-f 参数即 Redis 的 keys 命令的参数，可以写一些过滤规则。

- **redis-load**

同样，我们可以首先输入如下命令查看所有可选项：

```
redis-load -h
```

运行结果如下：

```
redis-load --help
  Try: redis-load [global options] COMMAND [command options]
    -u, --uri=S                    Redis URI (e.g. redis://hostname[:port])
    -d, --database=S               Redis database (e.g. -d 15)
    -s, --sleep=S                  Sleep for S seconds after dumping (for debugging)
    -n, --no_check_utf8
    -V, --version                  Display version
    -D, --debug
        --nosafe
```

其中-u 代表 Redis 连接字符串，-d 代表数据库代号，默认是全部，-s 代表导出之后的休眠时间，-n 代表不检测 UTF-8 编码，-V 表示显示版本，-D 表示开启调试。

我们可以将 JSON 行文件导入到 Redis 数据库中：

```
< redis_data.json redis-load -u :foobared@localhost:6379
```

这样就可以成功将 JSON 行文件导入到数据库中了。

另外，下面的命令同样可以达到同样的效果：

```
cat redis_data.json | redis-load -u :foobared@localhost:6379
```

本节中，我们不仅了解了 redis-py 对 Redis 数据库的一些基本操作，还演示了 RedisDump 对数据的导入导出操作。由于其便捷性和高效性，后面我们会利用 Redis 实现很多架构，如维护代理池、Cookies 池、ADSL 拨号代理池、Scrapy-Redis 分布式架构等，所以 Redis 的操作需要好好掌握。

第6章

Ajax 数据爬取

有时候我们在用 requests 抓取页面的时候，得到的结果可能和在浏览器中看到的不一样：在浏览器中可以看到正常显示的页面数据，但是使用 requests 得到的结果并没有。这是因为 requests 获取的都是原始的 HTML 文档，而浏览器中的页面则是经过 JavaScript 处理数据后生成的结果，这些数据的来源有多种，可能是通过 Ajax 加载的，可能是包含在 HTML 文档中的，也可能是经过 JavaScript 和特定算法计算后生成的。

对于第一种情况，数据加载是一种异步加载方式，原始的页面最初不会包含某些数据，原始页面加载完后，会再向服务器请求某个接口获取数据，然后数据才被处理从而呈现到网页上，这其实就是发送了一个 Ajax 请求。

照 Web 发展的趋势来看，这种形式的页面越来越多。网页的原始 HTML 文档不会包含任何数据，数据都是通过 Ajax 统一加载后再呈现出来的，这样在 Web 开发上可以做到前后端分离，而且降低服务器直接渲染页面带来的压力。

所以如果遇到这样的页面，直接利用 requests 等库来抓取原始页面，是无法获取到有效数据的，这时需要分析网页后台向接口发送的 Ajax 请求，如果可以用 requests 来模拟 Ajax 请求，那么就可以成功抓取了。

所以，本章我们的主要目的是了解什么是 Ajax 以及如何去分析和抓取 Ajax 请求。

6.1 什么是 Ajax

Ajax，全称为 Asynchronous JavaScript and XML，即异步的 JavaScript 和 XML。它不是一门编程语言，而是利用 JavaScript 在保证页面不被刷新、页面链接不改变的情况下与服务器交换数据并更新部分网页的技术。

对于传统的网页，如果想更新其内容，那么必须要刷新整个页面，但有了 Ajax，便可以在页面不被全部刷新的情况下更新其内容。在这个过程中，页面实际上是在后台与服务器进行了数据交互，获取到数据之后，再利用 JavaScript 改变网页，这样网页内容就会更新了。

可以到 W3School 上体验几个示例来感受一下：http://www.w3school.com.cn/ajax/ajax_xmlhttprequest_send.asp。

1. 实例引入

浏览网页的时候，我们会发现很多网页都有下滑查看更多的选项。比如，拿微博来说，以我的主页为例：https://m.weibo.cn/u/2830678474，切换到微博页面，一直下滑，可以发现下滑几个微博之后，再向下就没有了，转而会出现一个加载的动画，不一会儿下方就继续出现了新的微博内容，这个过程其实就是 Ajax 加载的过程，如图 6-1 所示。

图 6-1　页面加载过程

我们注意到页面其实并没有整个刷新，也就意味着页面的链接没有变化，但是网页中却多了新内容，也就是后面刷出来的新微博。这就是通过 Ajax 获取新数据并呈现的过程。

2. 基本原理

初步了解了 Ajax 之后，我们再来详细了解它的基本原理。发送 Ajax 请求到网页更新的这个过程可以简单分为以下 3 步：

(1) 发送请求；
(2) 解析内容；
(3) 渲染网页。

下面我们分别来详细介绍这几个过程。

- **发送请求**

我们知道 JavaScript 可以实现页面的各种交互功能，Ajax 也不例外，它也是由 JavaScript 实现的，实际上执行了如下代码：

```
var xmlhttp;
if (window.XMLHttpRequest) {
    // code for IE7+, Firefox, Chrome, Opera, Safari
    xmlhttp=new XMLHttpRequest();
} else {// code for IE6, IE5
    xmlhttp=new ActiveXObject("Microsoft.XMLHTTP");
}
```

```
xmlhttp.onreadystatechange=function() {
    if (xmlhttp.readyState==4 && xmlhttp.status==200) {
        document.getElementById("myDiv").innerHTML=xmlhttp.responseText;
    }
}
xmlhttp.open("POST","/ajax/",true);
xmlhttp.send();
```

这是 JavaScript 对 Ajax 最底层的实现，实际上就是新建了 XMLHttpRequest 对象，然后调用 onreadystatechange 属性设置了监听，然后调用 open()和 send()方法向某个链接（也就是服务器）发送了请求。前面用 Python 实现请求发送之后，可以得到响应结果，但这里请求的发送变成 JavaScript 来完成。由于设置了监听，所以当服务器返回响应时，onreadystatechange 对应的方法便会被触发，然后在这个方法里面解析响应内容即可。

● **解析内容**

得到响应之后，onreadystatechange 属性对应的方法便会被触发，此时利用 xmlhttp 的 responseText 属性便可取到响应内容。这类似于 Python 中利用 requests 向服务器发起请求，然后得到响应的过程。那么返回内容可能是 HTML，可能是 JSON，接下来只需要在方法中用 JavaScript 进一步处理即可。比如，如果是 JSON 的话，可以进行解析和转化。

● **渲染网页**

JavaScript 有改变网页内容的能力，解析完响应内容之后，就可以调用 JavaScript 来针对解析完的内容对网页进行下一步处理了。比如，通过 document.getElementById().innerHTML 这样的操作，便可以对某个元素内的源代码进行更改，这样网页显示的内容就改变了，这样的操作也被称作 DOM 操作，即对 Document 网页文档进行操作，如更改、删除等。

上例中，document.getElementById("myDiv").innerHTML=xmlhttp.responseText 便将 ID 为 myDiv 的节点内部的 HTML 代码更改为服务器返回的内容，这样 myDiv 元素内部便会呈现出服务器返回的新数据，网页的部分内容看上去就更新了。

我们观察到，这 3 个步骤其实都是由 JavaScript 完成的，它完成了整个请求、解析和渲染的过程。

再回想微博的下拉刷新，这其实就是 JavaScript 向服务器发送了一个 Ajax 请求，然后获取新的微博数据，将其解析，并将其渲染在网页中。

因此，我们知道，真实的数据其实都是一次次 Ajax 请求得到的，如果想要抓取这些数据，需要知道这些请求到底是怎么发送的，发往哪里，发了哪些参数。如果我们知道了这些，不就可以用 Python 模拟这个发送操作，获取到其中的结果了吗?

在下一节中，我们就来了解哪里可以看到这些后台 Ajax 操作，了解它到底是怎么发送的，发送了什么参数。

6.2 Ajax 分析方法

这里还以前面的微博为例，我们知道拖动刷新的内容由 Ajax 加载，而且页面的 URL 没有变化，那么应该到哪里去查看这些 Ajax 请求呢?

1. 查看请求

这里还需要借助浏览器的开发者工具，下面以 Chrome 浏览器为例来介绍。

首先，用 Chrome 浏览器打开微博的链接 https://m.weibo.cn/u/2830678474，随后在页面中点击鼠标右键，从弹出的快捷菜单中选择“检查”选项，此时便会弹出开发者工具，如图 6-2 所示。

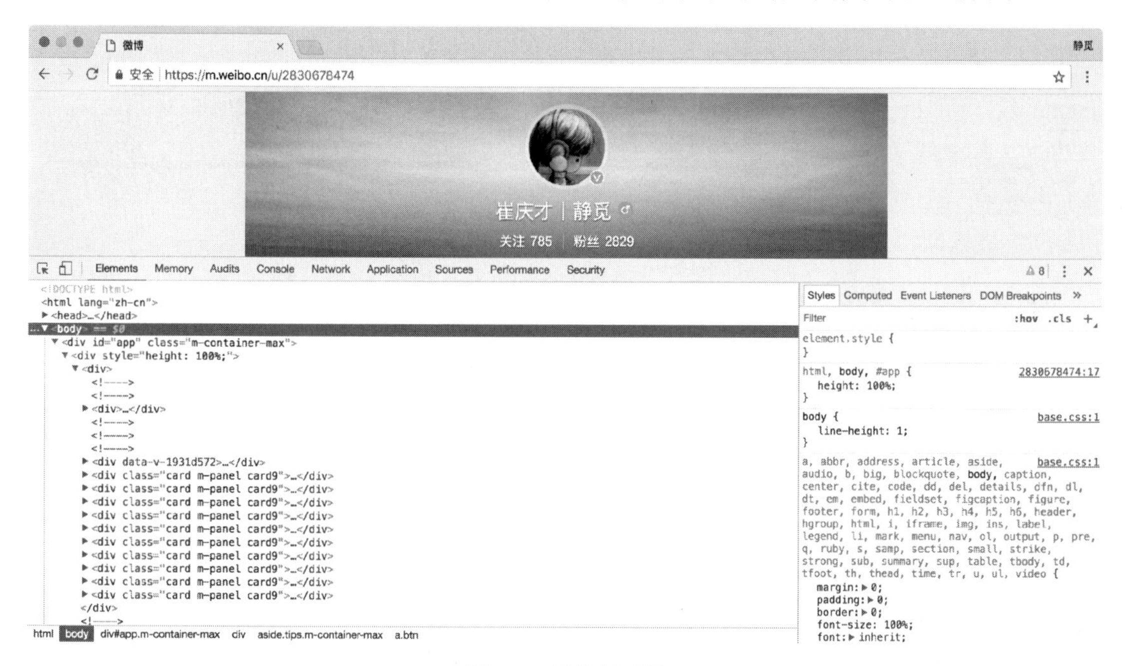

图 6-2　开发者工具

此时在 Elements 选项卡中便会观察到网页的源代码，右侧便是节点的样式。

不过这不是我们想要寻找的内容。切换到 Network 选项卡，随后重新刷新页面，可以发现这里出现了非常多的条目，如图 6-3 所示。

Name	Status	Type	Initiator	Size	Ti...	Waterfall
2830678474 /u	200 OK	document	Other	4.9 KB 4.3 KB	4... 4...	
base.css h5.sinaimg.cn/marvel/v1.3.1/css/lib	200	stylesheet	2830678474 Parser	20.1 KB 53.0 KB	7... 2...	
cards.css h5.sinaimg.cn/marvel/v1.3.1/css/card	200	stylesheet	2830678474 Parser	9.9 KB 48.7 KB	7... 4...	
app.0d739b85.css h5.sinaimg.cn/m/v8/css	200	stylesheet	2830678474 Parser	6.1 KB 15.5 KB	8... 5...	
vendor.5387679c.js h5.sinaimg.cn/m/v8/js	200	script	2830678474 Parser	108 KB 269 KB	9... 5...	
app.29fc1896.js h5.sinaimg.cn/m/v8/js	200	script	2830678474 Parser	14.0 KB 41.6 KB	8... 4...	
wbp.js h5.sinaimg.cn/upload/1005/16/2017/11/30	200	script	2830678474 Parser	1.6 KB 2.4 KB	8... 4...	

图 6-3　Network 面板结果

前面也提到过，这里其实就是在页面加载过程中浏览器与服务器之间发送请求和接收响应的所有记录。

Ajax 其实有其特殊的请求类型，它叫作 xhr。在图 6-4 中，我们可以发现一个名称以 getIndex 开头的请求，其 Type 为 xhr，这就是一个 Ajax 请求。用鼠标点击这个请求，可以查看这个请求的详细信息。

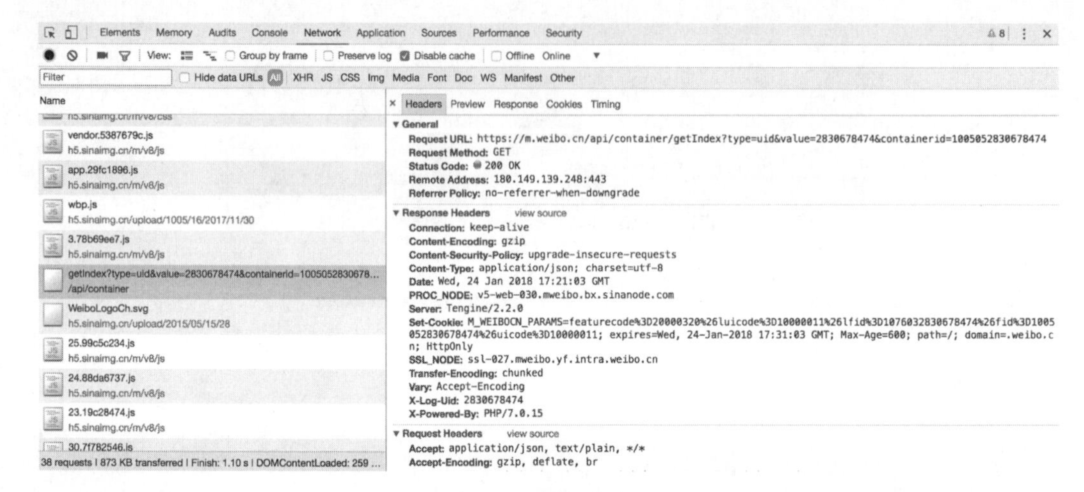

图 6-4　详细信息

在右侧可以观察到其 Request Headers、URL 和 Response Headers 等信息。其中 Request Headers 中有一个信息为 X-Requested-With:XMLHttpRequest，这就标记了此请求是 Ajax 请求，如图 6-5 所示。

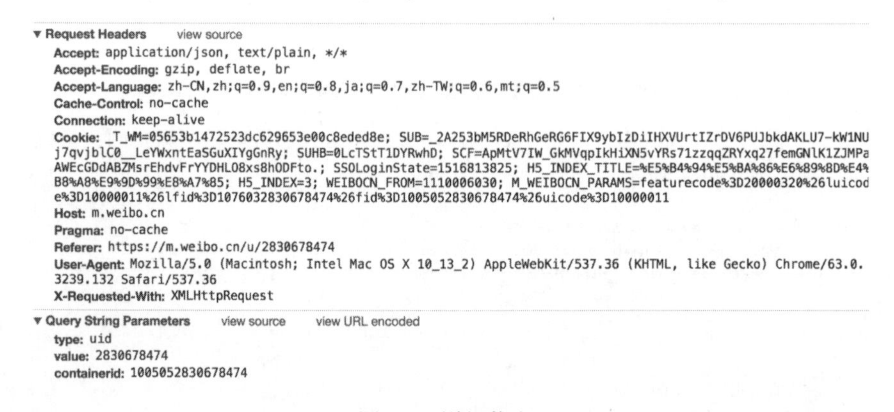

图 6-5　详细信息

随后点击一下 Preview，即可看到响应的内容，它是 JSON 格式的。这里 Chrome 为我们自动做了解析，点击箭头即可展开和收起相应内容，如图 6-6 所示。

观察可以发现，这里的返回结果是我的个人信息，如昵称、简介、头像等，这也是用来渲染个人主页所使用的数据。JavaScript 接收到这些数据之后，再执行相应的渲染方法，整个页面就渲染出来了。

```
× Headers Preview Response Cookies Timing
▼{ok: 1, data: {userInfo: {id: 2830678474, screen_name: "崔庆才丨静觅",…},…}}
  ▼data: {userInfo: {id: 2830678474, screen_name: "崔庆才丨静觅",…},…}
     fans_scheme: "https://m.weibo.cn/p/index?containerid=231016&luicode=10000011&lfid=1005052830678474&featureco
     follow_scheme: "https://m.weibo.cn/feature/download/index?luicode=10000011&lfid=1005052830678474&featurecode
     scheme: "sinaweibo://userinfo?uid=2830678474&luicode=10000011&lfid=1076032830678474&featurecode=20000320"
     showAppTips: 1
   ▶tabsInfo: {selectedTab: 1, tabs: [{title: "主页", tab_type: "profile", containerid: "2302832830678474"},…]}
   ▼userInfo: {id: 2830678474, screen_name: "崔庆才丨静觅",…}
      avatar_hd: "https://ww3.sinaimg.cn/orj480/a8b8b9cajw8exsgha3l4uj20cq0crmy5.jpg"
      close_blue_v: false
      cover_image_phone: "https://tva1.sinaimg.cn/crop.0.0.640.640.640/549d0121tw1egm1kjly3jj20hs0hsq4f.jpg"
      description: "cuiqingcai.com"
      follow_count: 785
      follow_me: false
      followers_count: 2829
      following: false
      gender: "m"
      id: 2830678474
      like: false
      like_me: false
      mbrank: 0
      mbtype: 0
      profile_image_url: "https://tva3.sinaimg.cn/crop.0.0.458.458.180/a8b8b9cajw8exsgha3l4uj20cq0crmy5.jpg"
      profile_url: "https://m.weibo.cn/u/2830678474?uid=2830678474&luicode=10000011&lfid=1005052830678474&featur
      screen_name: "崔庆才丨静觅"
      statuses_count: 756
```


图 6-6　JSON 结果

另外，也可以切换到 Response 选项卡，从中观察到真实的返回数据，如图 6-7 所示。


```
× Headers Preview Response Cookies Timing
1 {"ok":1,"data":{"userInfo":{"id":2830678474,"screen_name":"\u5d14\u5e86\u624d\u4e28\u9759\u89c5","profile_ima
```


图 6-7　Response 内容

接下来，切回到第一个请求，观察一下它的 Response 是什么，如图 6-8 所示。

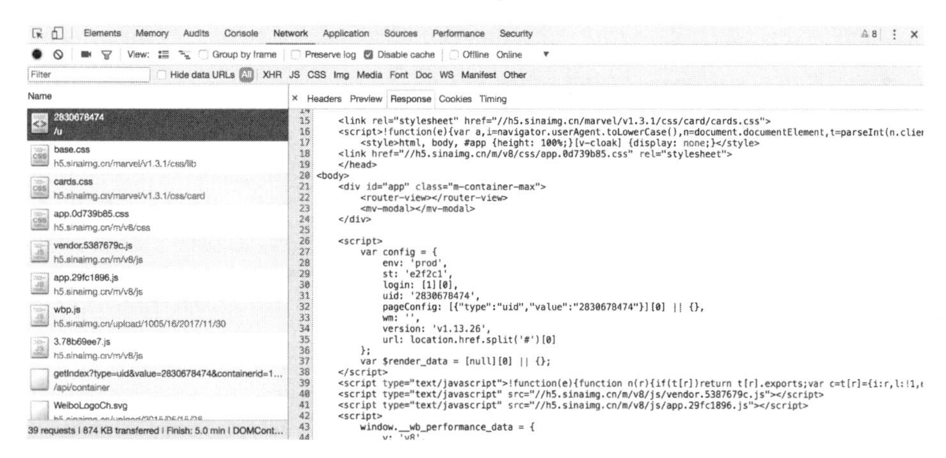

图 6-8　Response 内容

这是最原始的链接 https://m.weibo.cn/u/2830678474 返回的结果，其代码只有不到 50 行，结构也非常简单，只是执行了一些 JavaScript。

所以说，我们看到的微博页面的真实数据并不是最原始的页面返回的，而是后来执行 JavaScript 后再次向后台发送了 Ajax 请求，浏览器拿到数据后再进一步渲染出来的。

2. 过滤请求

接下来，再利用 Chrome 开发者工具的筛选功能筛选出所有的 Ajax 请求。在请求的上方有一层筛选栏，直接点击 XHR，此时在下方显示的所有请求便都是 Ajax 请求了，如图 6-9 所示。

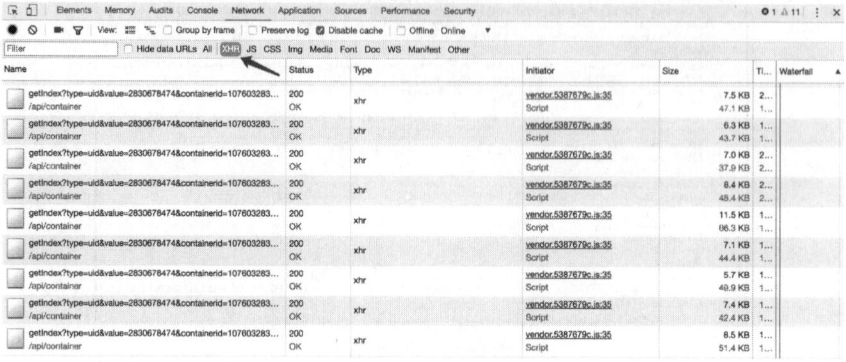

图 6-9　Ajax 请求

接下来，不断滑动页面，可以看到页面底部有一条条新的微博被刷出，而开发者工具下方也一个个地出现 Ajax 请求，这样我们就可以捕获到所有的 Ajax 请求了。

随意点开一个条目，都可以清楚地看到其 Request URL、Request Headers、Response Headers、Response Body 等内容，此时想要模拟请求和提取就非常简单了。

图 6-10 所示的内容便是我的某一页微博的列表信息。

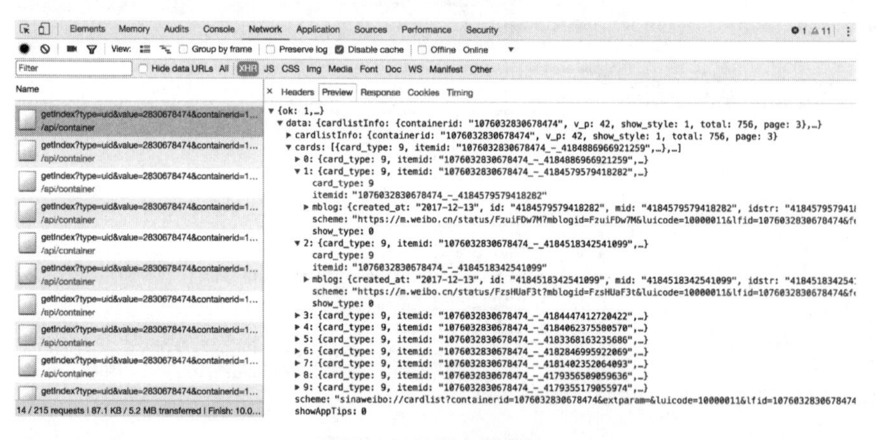

图 6-10　微博列表信息

到现在为止，我们已经可以分析出 Ajax 请求的一些详细信息了，接下来只需要用程序模拟这些 Ajax 请求，就可以轻松提取我们所需要的信息了。

在下一节中，我们用 Python 实现 Ajax 请求的模拟，从而实现数据的抓取。

6.3　Ajax 结果提取

这里仍然以微博为例，接下来用 Python 来模拟这些 Ajax 请求，把我发过的微博爬取下来。

1. 分析请求

打开 Ajax 的 XHR 过滤器，然后一直滑动页面以加载新的微博内容。可以看到，会不断有 Ajax 请求发出。

选定其中一个请求，分析它的参数信息。点击该请求，进入详情页面，如图 6-11 所示。

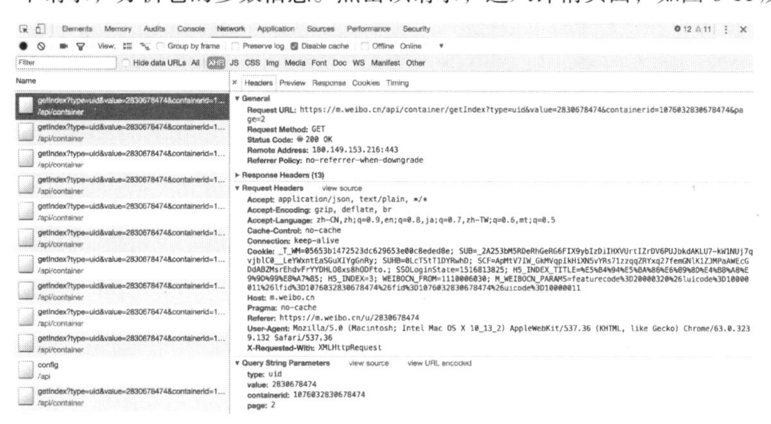

图 6-11 详情页面

可以发现，这是一个 GET 类型的请求，请求链接为 https://m.weibo.cn/api/container/getIndex?type=uid&value=2830678474&containerid=1076032830678474&page=2。请求的参数有 4 个：`type`、`value`、`containerid` 和 `page`。

随后再看看其他请求，可以发现，它们的 `type`、`value` 和 `containerid` 始终如一。`type` 始终为 `uid`，`value` 的值就是页面链接中的数字，其实这就是用户的 `id`。另外，还有 `containerid`。可以发现，它就是 107603 加上用户 `id`。改变的值就是 `page`，很明显这个参数是用来控制分页的，`page=1` 代表第一页，`page=2` 代表第二页，以此类推。

2. 分析响应

随后，观察这个请求的响应内容，如图 6-12 所示。

× Headers Preview Response Cookies Timing


```
▼ {ok: 1,…}
  ▼ data: {cardlistInfo: {containerid: "1076032830678474", v_p: 42, show_style: 1, total: 756, page: 3},…}
    ▼ cardlistInfo: {containerid: "1076032830678474", v_p: 42, show_style: 1, total: 756, page: 3}
        containerid: "1076032830678474"
        page: 3
        show_style: 1
        total: 756
        v_p: 42
    ▼ cards: [{card_type: 9, itemid: "1076032830678474_-_4184886966921259",…},…]
      ▶ 0: {card_type: 9, itemid: "1076032830678474_-_4184886966921259",…}
      ▶ 1: {card_type: 9, itemid: "1076032830678474_-_4184579579418282",…}
      ▶ 2: {card_type: 9, itemid: "1076032830678474_-_4184518342541099",…}
      ▶ 3: {card_type: 9, itemid: "1076032830678474_-_4184447412720422",…}
      ▶ 4: {card_type: 9, itemid: "1076032830678474_-_4184062375580570",…}
      ▶ 5: {card_type: 9, itemid: "1076032830678474_-_4183368163235686",…}
      ▶ 6: {card_type: 9, itemid: "1076032830678474_-_4182846995922069",…}
      ▶ 7: {card_type: 9, itemid: "1076032830678474_-_4181402352064093",…}
      ▶ 8: {card_type: 9, itemid: "1076032830678474_-_4179356509059636",…}
      ▶ 9: {card_type: 9, itemid: "1076032830678474_-_4179355179055974",…}
      scheme: "sinaweibo://cardlist?containerid=1076032830678474&extparam=&luicode=10000011&lfid=1076032830678474&fea
      showAppTips: 0
    ok: 1
```


图 6-12 响应内容

这个内容是 JSON 格式的，浏览器开发者工具自动做了解析以方便我们查看。可以看到，最关键的两部分信息就是 `cardlistInfo` 和 `cards`：前者包含一个比较重要的信息 `total`，观察后可以发现，它其实是微博的总数量，我们可以根据这个数字来估算分页数；后者则是一个列表，它包含 10 个元素，展开其中一个看一下，如图 6-13 所示。

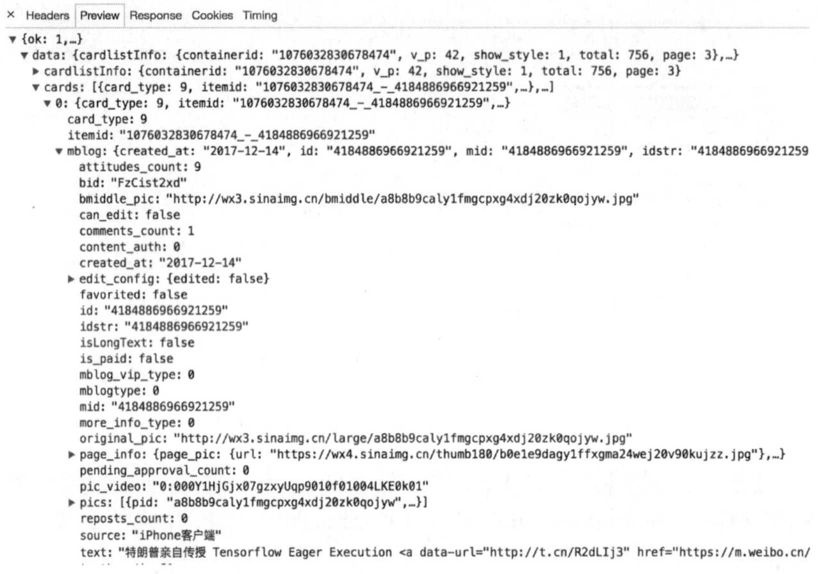

```
× Headers Preview Response Cookies Timing
▼ {ok: 1,…}
  ▼ data: {cardlistInfo: {containerid: "1076032830678474", v_p: 42, show_style: 1, total: 756, page: 3},…}
    ▶ cardlistInfo: {containerid: "1076032830678474", v_p: 42, show_style: 1, total: 756, page: 3}
    ▼ cards: [{card_type: 9, itemid: "1076032830678474_-_4184886966921259",…},…]
      ▼ 0: {card_type: 9, itemid: "1076032830678474_-_4184886966921259",…}
          card_type: 9
          itemid: "1076032830678474_-_4184886966921259"
        ▼ mblog: {created_at: "2017-12-14", id: "4184886966921259", mid: "4184886966921259", idstr: "4184886966921259
            attitudes_count: 9
            bid: "FzCist2xd"
            bmiddle_pic: "http://wx3.sinaimg.cn/bmiddle/a8b8b9caly1fmgcpxg4xdj20zk0qojyw.jpg"
            can_edit: false
            comments_count: 1
            content_auth: 0
            created_at: "2017-12-14"
          ▶ edit_config: {edited: false}
            favorited: false
            id: "4184886966921259"
            idstr: "4184886966921259"
            isLongText: false
            is_paid: false
            mblog_vip_type: 0
            mblogtype: 0
            mid: "4184886966921259"
            more_info_type: 0
            original_pic: "http://wx3.sinaimg.cn/large/a8b8b9caly1fmgcpxg4xdj20zk0qojyw.jpg"
          ▶ page_info: {page_pic: {url: "https://wx4.sinaimg.cn/thumb180/b0e1e9dagy1ffxgma24wej20v90kujzz.jpg"},…}
            pending_approval_count: 0
            pic_video: "0:000Y1HjGjx07gzxyUqp9010f01004LKE0k01"
          ▶ pics: [{pid: "a8b8b9caly1fmgcpxg4xdj20zk0qojyw",…}]
            reposts_count: 0
            source: "iPhone客户端"
            text: "特朗普亲自传授 Tensorflow Eager Execution <a data-url="http://t.cn/R2dLIj3" href="https://m.weibo.cn/
```


图 6-13　列表内容

可以发现，这个元素有一个比较重要的字段 `mblog`。展开它，可以发现它包含的正是微博的一些信息，比如 `attitudes_count`（赞数目）、`comments_count`（评论数目）、`reposts_count`（转发数目）、`created_at`（发布时间）、`text`（微博正文）等，而且它们都是一些格式化的内容。

这样我们请求一个接口，就可以得到 10 条微博，而且请求时只需要改变 page 参数即可。

这样的话，我们只需要简单做一个循环，就可以获取所有微博了。

3. 实战演练

这里我们用程序模拟这些 Ajax 请求，将我的前 10 页微博全部爬取下来。

首先，定义一个方法来获取每次请求的结果。在请求时，page 是一个可变参数，所以我们将它作为方法的参数传递进来，相关代码如下：

```
from urllib.parse import urlencode
import requests
base_url = 'https://m.weibo.cn/api/container/getIndex?'

headers = {
    'Host': 'm.weibo.cn',
    'Referer': 'https://m.weibo.cn/u/2830678474',
    'User-Agent': 'Mozilla/5.0 (Macintosh; Intel Mac OS X 10_12_3) AppleWebKit/537.36 (KHTML, like Gecko)
        Chrome/58.0.3029.110 Safari/537.36',
```

```
    'X-Requested-With': 'XMLHttpRequest',
}

def get_page(page):
    params = {
        'type': 'uid',
        'value': '2830678474',
        'containerid': '1076032830678474',
        'page': page
    }
    url = base_url + urlencode(params)
    try:
        response = requests.get(url, headers=headers)
        if response.status_code == 200:
            return response.json()
    except requests.ConnectionError as e:
        print('Error', e.args)
```

首先，这里定义了 base_url 来表示请求的 URL 的前半部分。接下来，构造参数字典，其中 type、value 和 containerid 是固定参数，page 是可变参数。接下来，调用 urlencode()方法将参数转化为 URL 的 GET 请求参数，即类似于 type=uid&value=2830678474&containerid=1076032830678474&page=2 这样的形式。随后，base_url 与参数拼合形成一个新的 URL。接着，我们用 requests 请求这个链接，加入 headers 参数。然后判断响应的状态码，如果是 200，则直接调用 json()方法将内容解析为 JSON 返回，否则不返回任何信息。如果出现异常，则捕获并输出其异常信息。

随后，我们需要定义一个解析方法，用来从结果中提取想要的信息，比如这次想保存微博的 id、正文、赞数、评论数和转发数这几个内容，那么可以先遍历 cards，然后获取 mblog 中的各个信息，赋值为一个新的字典返回即可：

```
from pyquery import PyQuery as pq

def parse_page(json):
    if json:
        items = json.get('data').get('cards')
        for item in items:
            item = item.get('mblog')
            weibo = {}
            weibo['id'] = item.get('id')
            weibo['text'] = pq(item.get('text')).text()
            weibo['attitudes'] = item.get('attitudes_count')
            weibo['comments'] = item.get('comments_count')
            weibo['reposts'] = item.get('reposts_count')
            yield weibo
```

这里我们借助 pyquery 将正文中的 HTML 标签去掉。

最后，遍历一下 page，一共 10 页，将提取到的结果打印输出即可：

```
if __name__ == '__main__':
    for page in range(1, 11):
        json = get_page(page)
        results = parse_page(json)
        for result in results:
            print(result)
```

另外，我们还可以加一个方法将结果保存到 MongoDB 数据库：

```
from pymongo import MongoClient

client = MongoClient()
db = client['weibo']
collection = db['weibo']

def save_to_mongo(result):
    if collection.insert(result):
        print('Saved to Mongo')
```

这样所有功能就实现完成了。运行程序后，样例输出结果如下：

```
{'id': '4134879836735238', 'text': '惊不惊喜，刺不刺激，意不意外，感不感动', 'attitudes': 3,
    'comments': 1, 'reposts': 0}
Saved to Mongo
{'id': '4143853554221385', 'text': '曾经梦想仗剑走天涯，后来过安检给收走了。分享单曲远走高飞',
    'attitudes': 5, 'comments': 1, 'reposts': 0}
Saved to Mongo
```

查看一下 MongoDB，相应的数据也被保存到 MongoDB，如图 6-14 所示。

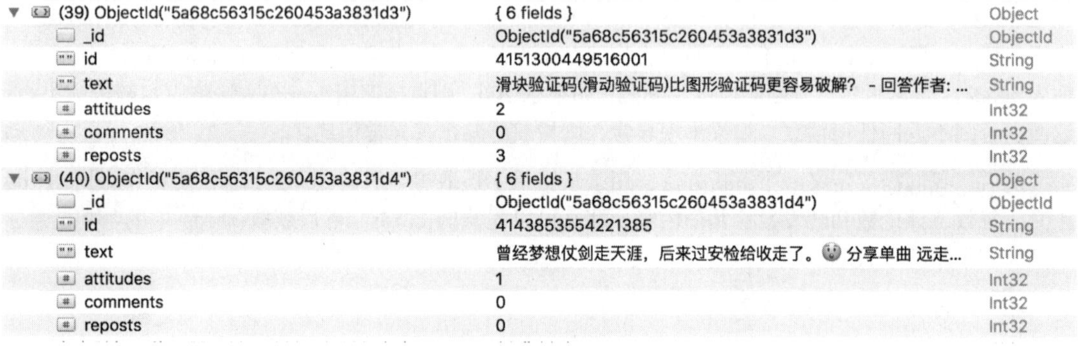

(39) ObjectId("5a68c56315c260453a3831d3")	{ 6 fields }	Object
_id	ObjectId("5a68c56315c260453a3831d3")	ObjectId
id	4151300449516001	String
text	滑块验证码(滑动验证码)比图形验证码更容易破解？ - 回答作者: ...	String
attitudes	2	Int32
comments	0	Int32
reposts	3	Int32
(40) ObjectId("5a68c56315c260453a3831d4")	{ 6 fields }	Object
_id	ObjectId("5a68c56315c260453a3831d4")	ObjectId
id	4143853554221385	String
text	曾经梦想仗剑走天涯，后来过安检给收走了。分享单曲 远走...	String
attitudes	1	Int32
comments	0	Int32
reposts	0	Int32

图 6-14　保存结果

这样，我们就顺利通过分析 Ajax 并编写爬虫爬取下来微博列表。最后，给出本节的代码地址：https://github.com/Python3WebSpider/WeiboList。

本节的目的是为了演示 Ajax 的模拟请求过程，爬取的结果不是重点。该程序仍有很多可以完善的地方，如页码的动态计算、微博查看全文等，若感兴趣，可以尝试一下。

通过这个实例，我们主要学会了怎样去分析 Ajax 请求，怎样用程序来模拟抓取 Ajax 请求。了解了抓取原理之后，下一节的 Ajax 实战演练会更加得心应手。

6.4　分析 Ajax 爬取今日头条街拍美图

本节中，我们以今日头条为例来尝试通过分析 Ajax 请求来抓取网页数据的方法。这次要抓取的目标是今日头条的街拍美图，抓取完成之后，将每组图片分文件夹下载到本地并保存下来。

1. 准备工作

在本节开始之前，请确保已经安装好 requests 库。如果没有安装，可以参考第 1 章。

2. 抓取分析

在抓取之前，首先要分析抓取的逻辑。打开今日头条的首页 http://www.toutiao.com/，如图 6-15 所示。

图 6-15　首页内容

右上角有一个搜索入口，这里尝试抓取街拍美图，所以输入"街拍"二字搜索一下，结果如图 6-16 所示。

图 6-16　搜索结果

这时打开开发者工具，查看所有的网络请求。首先，打开第一个网络请求，这个请求的 URL 就是当前的链接 http://www.toutiao.com/search/?keyword=街拍，打开 Preview 选项卡查看 Response Body。

如果页面中的内容是根据第一个请求得到的结果渲染出来的，那么第一个请求的源代码中必然会包含页面结果中的文字。为了验证，我们可以尝试搜索一下搜索结果的标题，比如“路人”二字，如图 6-17 所示。

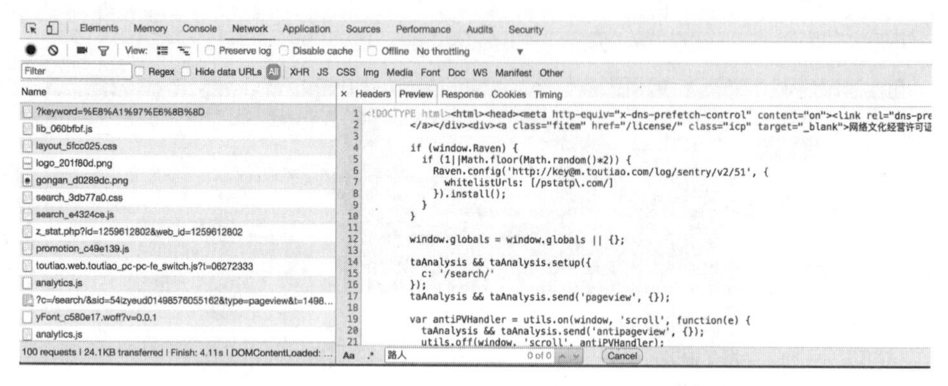

图 6-17　搜索结果

我们发现，网页源代码中并没有包含这两个字，搜索匹配结果数目为 0。因此，可以初步判断这些内容是由 Ajax 加载，然后用 JavaScript 渲染出来的。接下来，我们可以切换到 XHR 过滤选项卡，查看一下有没有 Ajax 请求。

不出所料，此处出现了一个比较常规的 Ajax 请求，看看它的结果是否包含了页面中的相关数据。

点击 `data` 字段展开，发现这里有许多条数据。点击第一条展开，可以发现有一个 `title` 字段，它的值正好就是页面中第一条数据的标题。再检查一下其他数据，也正好是一一对应的，如图 6-18 所示。

图 6-18　对比结果

这就确定了这些数据确实是由 Ajax 加载的。

我们的目的是要抓取其中的美图，这里一组图就对应前面 data 字段中的一条数据。每条数据还有一个 image_detail 字段，它是列表形式，这其中就包含了组图的所有图片列表，如图 6-19 所示。

```
▶ highlight: {source: [], abstract: [], title: [[2, 2], [5, 2]]}
  id: 6424016000043778000
▼ image_detail: [{url: "http://p3.pstatp.com/large/22d1000035dd9b85559d", width: 1024,…},…]
  ▶ 0: {url: "http://p3.pstatp.com/large/22d1000035dd9b85559d", width: 1024,…}
  ▶ 1: {url: "http://p3.pstatp.com/large/21390004987482da8767", width: 1024,…}
  ▶ 2: {url: "http://p3.pstatp.com/large/22d1000035e68f0a3c27", width: 1024,…}
  ▶ 3: {url: "http://p3.pstatp.com/large/22ce0001063d416bddf1", width: 1024,…}
  ▶ 4: {url: "http://p9.pstatp.com/large/22ce000106429ed3ab7a", width: 1024,…}
  ▶ 5: {url: "http://p3.pstatp.com/large/21390004987828322e31", width: 1024,…}
  ▶ 6: {url: "http://p3.pstatp.com/large/22d1000035f149ebd635", width: 1024,…}
▶ image_list: [{url: "http://p3.pstatp.com/list/190x124/21390004987482da8767"},…]
  item_id: "6424019077261427202"
  item_seo_url: "/group/6424016000043778305/"
  item_source_url: "/group/6424016000043778305/"
  keywords: "牛仔,破洞牛仔裤,牛仔裤,休闲裤,直筒牛仔裤"
```


图 6-19　图片列表信息

因此，我们只需要将列表中的 url 字段提取出来并下载下来就好了。每一组图都建立一个文件夹，文件夹的名称就为组图的标题。

接下来，就可以直接用 Python 来模拟这个 Ajax 请求，然后提取出相关美图链接并下载。但是在这之前，我们还需要分析一下 URL 的规律。

切换回 Headers 选项卡，观察一下它的请求 URL 和 Headers 信息，如图 6-20 所示。

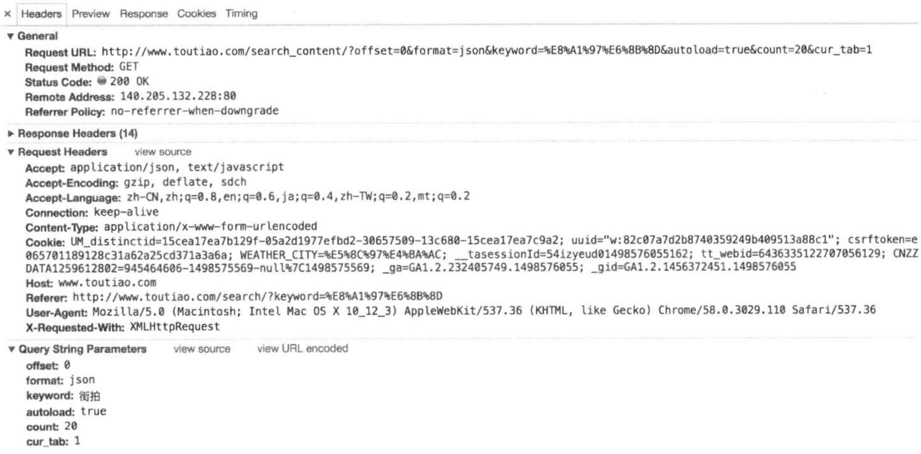

```
× Headers  Preview  Response  Cookies  Timing
▼ General
  Request URL: http://www.toutiao.com/search_content/?offset=0&format=json&keyword=%E8%A1%97%E6%8B%8D&autoload=true&count=20&cur_tab=1
  Request Method: GET
  Status Code: ● 200 OK
  Remote Address: 140.205.132.228:80
  Referrer Policy: no-referrer-when-downgrade
▶ Response Headers (14)
▼ Request Headers      view source
  Accept: application/json, text/javascript
  Accept-Encoding: gzip, deflate, sdch
  Accept-Language: zh-CN,zh;q=0.8,en;q=0.6,ja;q=0.4,zh-TW;q=0.2,mt;q=0.2
  Connection: keep-alive
  Content-Type: application/x-www-form-urlencoded
  Cookie: UM_distinctid=15cea17ea7b129f-05a2d1977efbd2-30657509-13c680-15cea17ea7c9a2; uuid="w:82c07a7d2b8740359249b409513a88c1"; csrftoken=e065701189128c31a62a25cd371a3a6a; WEATHER_CITY=%E5%8C%97%E4%BA%AC; __tasessionId=54izyeud01498576055162; tt_webid=6436335122707056129; CNZZDATA1259612802=945464606-1498575569-null%7C1498575569; _ga=GA1.2.232405749.1498576055; _gid=GA1.2.1456372451.1498576055
  Host: www.toutiao.com
  Referer: http://www.toutiao.com/search/?keyword=%E8%A1%97%E6%8B%8D
  User-Agent: Mozilla/5.0 (Macintosh; Intel Mac OS X 10_12_3) AppleWebKit/537.36 (KHTML, like Gecko) Chrome/58.0.3029.110 Safari/537.36
  X-Requested-With: XMLHttpRequest
▼ Query String Parameters      view source      view URL encoded
  offset: 0
  format: json
  keyword: 街拍
  autoload: true
  count: 20
  cur_tab: 1
```


图 6-20 请求信息

可以看到，这是一个 GET 请求，请求 URL 的参数有 offset、format、keyword、autoload、count 和 cur_tab。我们需要找出这些参数的规律，因为这样才可以方便地用程序构造出来。

接下来，可以滑动页面，多加载一些新结果。在加载的同时可以发现，Network 中又出现了许多 Ajax 请求，如图 6-21 所示。

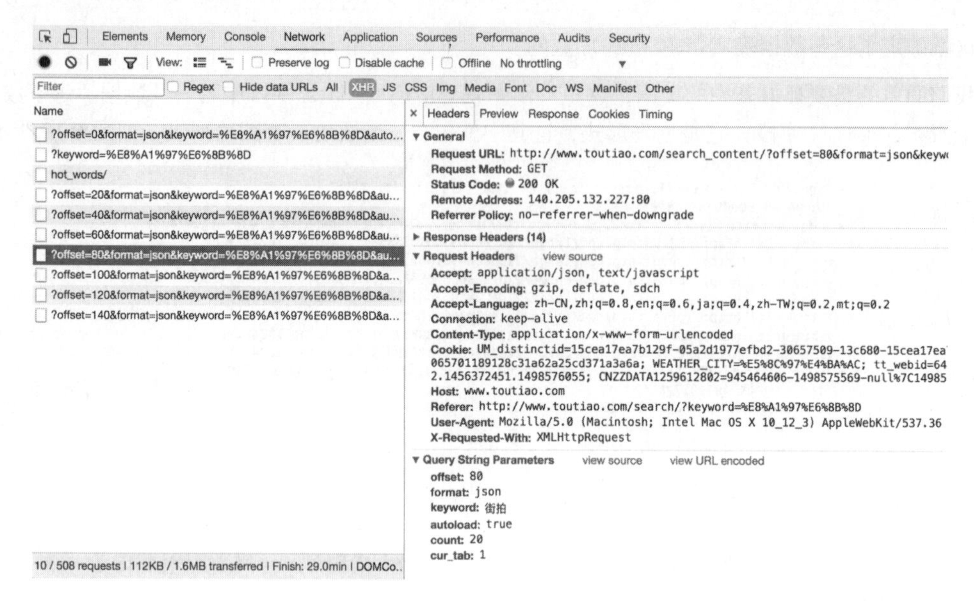

图 6-21　Ajax 请求

这里观察一下后续链接的参数，发现变化的参数只有 offset，其他参数都没有变化，而且第二次请求的 offset 值为 20，第三次为 40，第四次为 60，所以可以发现规律，这个 offset 值就是偏移量，进而可以推断出 count 参数就是一次性获取的数据条数。因此，我们可以用 offset 参数来控制数据分页。这样一来，我们就可以通过接口批量获取数据了，然后将数据解析，将图片下载下来即可。

3. 实战演练

我们刚才已经分析了一下 Ajax 请求的逻辑，下面就用程序来实现美图下载吧。

首先，实现方法 get_page()来加载单个 Ajax 请求的结果。其中唯一变化的参数就是 offset，所以我们将它当作参数传递，实现如下：

```
import requests
from urllib.parse import urlencode

def get_page(offset):
    params = {
        'offset': offset,
        'format': 'json',
        'keyword': '街拍',
        'autoload': 'true',
        'count': '20',
        'cur_tab': '1',
    }
    url = 'http://www.toutiao.com/search_content/?' + urlencode(params)
    try:
        response = requests.get(url)
        if response.status_code == 200:
            return response.json()
    except requests.ConnectionError:
        return None
```

这里我们用 urlencode()方法构造请求的 GET 参数，然后用 requests 请求这个链接，如果返回状态码为 200，则调用 response 的 json()方法将结果转为 JSON 格式，然后返回。

接下来，再实现一个解析方法：提取每条数据的 image_detail 字段中的每一张图片链接，将图片链接和图片所属的标题一并返回，此时可以构造一个生成器。实现代码如下：

```
def get_images(json):
    if json.get('data'):
        for item in json.get('data'):
            title = item.get('title')
            images = item.get('image_detail')
            for image in images:
                yield {
                    'image': image.get('url'),
                    'title': title
                }
```

接下来，实现一个保存图片的方法 save_image()，其中 item 就是前面 get_images()方法返回的一个字典。在该方法中，首先根据 item 的 title 来创建文件夹，然后请求这个图片链接，获取图片的二进制数据，以二进制的形式写入文件。图片的名称可以使用其内容的 MD5 值，这样可以去除重复。相关代码如下：


```
import os
from hashlib import md5

def save_image(item):
    if not os.path.exists(item.get('title')):
        os.mkdir(item.get('title'))
    try:
        response = requests.get(item.get('image'))
        if response.status_code == 200:
            file_path = '{0}/{1}.{2}'.format(item.get('title'), md5(response.content).hexdigest(), 'jpg')
            if not os.path.exists(file_path):
                with open(file_path, 'wb') as f:
                    f.write(response.content)
            else:
                print('Already Downloaded', file_path)
    except requests.ConnectionError:
        print('Failed to Save Image')
```

最后，只需要构造一个 offset 数组，遍历 offset，提取图片链接，并将其下载即可：

```
from multiprocessing.pool import Pool

def main(offset):
    json = get_page(offset)
    for item in get_images(json):
        print(item)
        save_image(item)


GROUP_START = 1
GROUP_END = 20

if __name__ == '__main__':
    pool = Pool()
    groups = ([x * 20 for x in range(GROUP_START, GROUP_END + 1)])
```

```
    pool.map(main, groups)
    pool.close()
    pool.join()
```

这里定义了分页的起始页数和终止页数，分别为 GROUP_START 和 GROUP_END，还利用了多进程的线程池，调用其 map()方法实现多进程下载。

这样整个程序就完成了，运行之后可以发现街拍美图都分文件夹保存下来了，如图 6-22 所示。

图 6-22　保存结果

最后，我们给出本节的代码地址：https://github.com/Python3WebSpider/Jiepai。

通过本节，我们了解了 Ajax 分析的流程、Ajax 分页的模拟以及图片的下载过程。

本节的内容需要熟练掌握，在后面的实战中我们还会用到很多次这样的分析和抓取。

第 7 章 动态渲染页面爬取

在前一章中，我们了解了 Ajax 的分析和抓取方式，这其实也是 JavaScript 动态渲染的页面的一种情形，通过直接分析 Ajax，我们仍然可以借助 requests 或 urllib 来实现数据爬取。

不过 JavaScript 动态渲染的页面不止 Ajax 这一种。比如中国青年网(详见 http://news.youth.cn/gn/)，它的分页部分是由 JavaScript 生成的，并非原始 HTML 代码，这其中并不包含 Ajax 请求。比如 ECharts 的官方实例(详见 http://echarts.baidu.com/demo.html#bar-negative)，其图形都是经过 JavaScript 计算之后生成的。再有淘宝这种页面，它即使是 Ajax 获取的数据，但是其 Ajax 接口含有很多加密参数，我们难以直接找出其规律，也很难直接分析 Ajax 来抓取。

为了解决这些问题，我们可以直接使用模拟浏览器运行的方式来实现，这样就可以做到在浏览器中看到是什么样，抓取的源码就是什么样，也就是可见即可爬。这样我们就不用再去管网页内部的 JavaScript 用了什么算法渲染页面，不用管网页后台的 Ajax 接口到底有哪些参数。

Python 提供了许多模拟浏览器运行的库，如 Selenium、Splash、PyV8、Ghost 等。本章中，我们就来介绍一下 Selenium 和 Splash 的用法。有了它们，就不用再为动态渲染的页面发愁了。

7.1 Selenium 的使用

Selenium 是一个自动化测试工具，利用它可以驱动浏览器执行特定的动作，如点击、下拉等操作，同时还可以获取浏览器当前呈现的页面的源代码，做到可见即可爬。对于一些 JavaScript 动态渲染的页面来说，此种抓取方式非常有效。本节中，就让我们来感受一下它的强大之处吧。

1. 准备工作

本节以 Chrome 为例来讲解 Selenium 的用法。在开始之前，请确保已经正确安装好了 Chrome 浏览器并配置好了 ChromeDriver。另外，还需要正确安装好 Python 的 Selenium 库，详细的安装和配置过程可以参考第 1 章。

2. 基本使用

准备工作做好之后，首先来大体看一下 Selenium 有一些怎样的功能。示例如下：

```
from selenium import webdriver
from selenium.webdriver.common.by import By
from selenium.webdriver.common.keys import Keys
from selenium.webdriver.support import expected_conditions as EC
```

```
from selenium.webdriver.support.wait import WebDriverWait

browser = webdriver.Chrome()
try:
    browser.get('https://www.baidu.com')
    input = browser.find_element_by_id('kw')
    input.send_keys('Python')
    input.send_keys(Keys.ENTER)
    wait = WebDriverWait(browser, 10)
    wait.until(EC.presence_of_element_located((By.ID, 'content_left')))
    print(browser.current_url)
    print(browser.get_cookies())
    print(browser.page_source)
finally:
    browser.close()
```

运行代码后发现，会自动弹出一个 Chrome 浏览器。浏览器首先会跳转到百度，然后在搜索框中输入 Python，接着跳转到搜索结果页，如图 7-1 所示。

图 7-1　运行结果

搜索结果加载出来后，控制台分别会输出当前的 URL、当前的 Cookies 和网页源代码：

```
https://www.baidu.com/s?ie=utf-8&f=8&rsv_bp=0&rsv_idx=1&tn=baidu&wd=Python&rsv_pq=c94d0df9000a72d0&rsv_t=
    07099xvun1ZmC0bf6eQvygJ43IUTTUOl5FCJVPgwG2YREs70GplJjH2F%2BCQ&rqlang=cn&rsv_enter=1&rsv_sug3=6&rsv_sug2=0
    &inputT=87&rsv_sug4=87
[{'secure': False, 'value': 'B490B5EBF6F3CD402E515D22BCDA1598', 'domain': '.baidu.com', 'path': '/',
    'httpOnly': False, 'name': 'BDORZ', 'expiry': 1491688071.707553}, {'secure': False, 'value':
    '22473_1441_21084_17001', 'domain': '.baidu.com', 'path': '/', 'httpOnly': False, 'name': 'H_PS_PSSID'},
{'secure': False, 'value': '12883875381399993259_00_0_I_R_2_0303_C02F_N_I_I_0', 'domain': '.www.baidu.com',
    'path': '/', 'httpOnly': False, 'name': '__bsi', 'expiry': 1491601676.69722}]
<!DOCTYPE html><!--STATUS OK-->...</html>
```

源代码过长，在此省略。可以看到，我们得到的当前 URL、Cookies 和源代码都是浏览器中的真实内容。

所以说，如果用 Selenium 来驱动浏览器加载网页的话，就可以直接拿到 JavaScript 渲染的结果了，不用担心使用的是什么加密系统。

下面来详细了解一下 Selenium 的用法。

3. 声明浏览器对象

Selenium 支持非常多的浏览器，如 Chrome、Firefox、Edge 等，还有 Android、BlackBerry 等手机端的浏览器。另外，也支持无界面浏览器 PhantomJS。

此外，我们可以用如下方式初始化：

```
from selenium import webdriver

browser = webdriver.Chrome()
browser = webdriver.Firefox()
browser = webdriver.Edge()
browser = webdriver.PhantomJS()
browser = webdriver.Safari()
```

这样就完成了浏览器对象的初始化并将其赋值为 browser 对象。接下来，我们要做的就是调用 browser 对象，让其执行各个动作以模拟浏览器操作。

4. 访问页面

我们可以用 get()方法来请求网页，参数传入链接 URL 即可。比如，这里用 get()方法访问淘宝，然后打印出源代码，代码如下：

```
from selenium import webdriver

browser = webdriver.Chrome()
browser.get('https://www.taobao.com')
print(browser.page_source)
browser.close()
```

运行后发现，弹出了 Chrome 浏览器并且自动访问了淘宝，然后控制台输出了淘宝页面的源代码，随后浏览器关闭。

通过这几行简单的代码，我们可以实现浏览器的驱动并获取网页源码，非常便捷。

5. 查找节点

Selenium 可以驱动浏览器完成各种操作，比如填充表单、模拟点击等。比如，我们想要完成向某个输入框输入文字的操作，总需要知道这个输入框在哪里吧？而 Selenium 提供了一系列查找节点的方法，我们可以用这些方法来获取想要的节点，以便下一步执行一些动作或者提取信息。

- **单个节点**

比如，想要从淘宝页面中提取搜索框这个节点，首先要观察它的源代码，如图 7-2 所示。

图 7-2　源代码

可以发现，它的 id 是 q，name 也是 q。此外，还有许多其他属性，此时我们就可以用多种方式获取它了。比如，find_element_by_name()是根据 name 值获取，find_element_by_id()是根据 id 获取。另外，还有根据 XPath、CSS 选择器等获取的方式。

我们用代码实现一下：

```
from selenium import webdriver

browser = webdriver.Chrome()
browser.get('https://www.taobao.com')
input_first = browser.find_element_by_id('q')
input_second = browser.find_element_by_css_selector('#q')
input_third = browser.find_element_by_xpath('//*[@id="q"]')
print(input_first, input_second, input_third)
browser.close()
```

这里我们使用 3 种方式获取输入框，分别是根据 ID、CSS 选择器和 XPath 获取，它们返回的结果完全一致。运行结果如下：

```
<selenium.webdriver.remote.webelement.WebElement (session="5e53d9e1c8646e44c14c1c2880d424af",
    element="0.5649563096161541-1")>
<selenium.webdriver.remote.webelement.WebElement (session="5e53d9e1c8646e44c14c1c2880d424af",
    element="0.5649563096161541-1")>
<selenium.webdriver.remote.webelement.WebElement (session="5e53d9e1c8646e44c14c1c2880d424af",
    element="0.5649563096161541-1")>
```

可以看到，这 3 个节点都是 WebElement 类型，是完全一致的。

这里列出所有获取单个节点的方法：

```
find_element_by_id
find_element_by_name
find_element_by_xpath
find_element_by_link_text
find_element_by_partial_link_text
find_element_by_tag_name
find_element_by_class_name
find_element_by_css_selector
```

另外，Selenium 还提供了通用方法 find_element()，它需要传入两个参数：查找方式 By 和值。实际上，它就是 find_element_by_id()这种方法的通用函数版本，比如 find_element_by_id(id)就等价于 find_element(By.ID, id)，二者得到的结果完全一致。我们用代码实现一下：

```
from selenium import webdriver
from selenium.webdriver.common.by import By

browser = webdriver.Chrome()
browser.get('https://www.taobao.com')
input_first = browser.find_element(By.ID, 'q')
print(input_first)
browser.close()
```

实际上，这种查找方式的功能和上面列举的查找函数完全一致，不过参数更加灵活。

● **多个节点**

如果查找的目标在网页中只有一个，那么完全可以用 find_element()方法。但如果有多个节点，再用 find_element()方法查找，就只能得到第一个节点了。如果要查找所有满足条件的节点，需要用 find_elements()这样的方法。注意，在这个方法的名称中，element 多了一个 s，注意区分。

比如，要查找淘宝左侧导航条的所有条目，如图 7-3 所示。

图 7-3 导航栏

就可以这样来实现：

```
from selenium import webdriver

browser = webdriver.Chrome()
browser.get('https://www.taobao.com')
lis = browser.find_elements_by_css_selector('.service-bd li')
print(lis)
browser.close()
```

运行结果如下：

```
[<selenium.webdriver.remote.webelement.WebElement (session="c26290835d4457ebf7d96bfab3740d19",
    element="0.09221044033125603-1")>, <selenium.webdriver.remote.webelement.WebElement
    (session="c26290835d4457ebf7d96bfab3740d19", element="0.09221044033125603-2")>,
<selenium.webdriver.remote.webelement.WebElement (session="c26290835d4457ebf7d96bfab3740d19",
    element="0.09221044033125603-3")>...<selenium.webdriver.remote.webelement.WebElement
    (session="c26290835d4457ebf7d96bfab3740d19", element="0.09221044033125603-16")>]
```

这里简化了输出结果，中间部分省略。

可以看到，得到的内容变成了列表类型，列表中的每个节点都是 WebElement 类型。

也就是说，如果我们用 find_element()方法，只能获取匹配的第一个节点，结果是 WebElement 类型。如果用 find_elements()方法，则结果是列表类型，列表中的每个节点是 WebElement 类型。

这里列出所有获取多个节点的方法：

```
find_elements_by_id
find_elements_by_name
find_elements_by_xpath
find_elements_by_link_text
find_elements_by_partial_link_text
find_elements_by_tag_name
find_elements_by_class_name
find_elements_by_css_selector
```

当然，我们也可以直接用 find_elements()方法来选择，这时可以这样写：

```
lis = browser.find_elements(By.CSS_SELECTOR, '.service-bd li')
```

结果是完全一致的。

6. 节点交互

Selenium 可以驱动浏览器来执行一些操作，也就是说可以让浏览器模拟执行一些动作。比较常见的用法有：输入文字时用 send_keys()方法，清空文字时用 clear()方法，点击按钮时用 click()方法。示例如下：

```
from selenium import webdriver
import time

browser = webdriver.Chrome()
browser.get('https://www.taobao.com')
input = browser.find_element_by_id('q')
input.send_keys('iPhone')
time.sleep(1)
input.clear()
input.send_keys('iPad')
```

```
button = browser.find_element_by_class_name('btn-search')
button.click()
```

这里首先驱动浏览器打开淘宝，然后用 find_element_by_id()方法获取输入框，然后用 send_keys()方法输入 iPhone 文字，等待一秒后用 clear()方法清空输入框，再次调用 send_keys()方法输入 iPad 文字，之后再用 find_element_by_class_name()方法获取搜索按钮，最后调用 click()方法完成搜索动作。

通过上面的方法，我们就完成了一些常见节点的动作操作，更多的操作可以参见官方文档的交互动作介绍：http://selenium-python.readthedocs.io/api.html#module-selenium.webdriver.remote.webelement。

7. 动作链

在上面的实例中，一些交互动作都是针对某个节点执行的。比如，对于输入框，我们就调用它的输入文字和清空文字方法；对于按钮，就调用它的点击方法。其实，还有另外一些操作，它们没有特定的执行对象，比如鼠标拖曳、键盘按键等，这些动作用另一种方式来执行，那就是动作链。

比如，现在实现一个节点的拖曳操作，将某个节点从一处拖曳到另外一处，可以这样实现：

```
from selenium import webdriver
from selenium.webdriver import ActionChains

browser = webdriver.Chrome()
url = 'http://www.runoob.com/try/try.php?filename=jqueryui-api-droppable'
browser.get(url)
browser.switch_to.frame('iframeResult')
source = browser.find_element_by_css_selector('#draggable')
target = browser.find_element_by_css_selector('#droppable')
actions = ActionChains(browser)
actions.drag_and_drop(source, target)
actions.perform()
```

首先，打开网页中的一个拖曳实例，然后依次选中要拖曳的节点和拖曳到的目标节点，接着声明 ActionChains 对象并将其赋值为 actions 变量，然后通过调用 actions 变量的 drag_and_drop()方法，再调用 perform()方法执行动作，此时就完成了拖曳操作，如图 7-4 和图 7-5 所示。

图 7-4　拖曳前的页面　　　　图 7-5　拖曳后的页面

更多的动作链操作可以参考官方文档：http://selenium-python.readthedocs.io/api.html#module-selenium.webdriver.common.action_chains。

8. 执行 JavaScript

对于某些操作，Selenium API 并没有提供。比如，下拉进度条，它可以直接模拟运行 JavaScript，此时使用 execute_script()方法即可实现，代码如下：

```
from selenium import webdriver

browser = webdriver.Chrome()
browser.get('https://www.zhihu.com/explore')
browser.execute_script('window.scrollTo(0, document.body.scrollHeight)')
browser.execute_script('alert("To Bottom")')
```

这里就利用 execute_script()方法将进度条下拉到最底部，然后弹出 alert 提示框。

所以说有了这个方法，基本上 API 没有提供的所有功能都可以用执行 JavaScript 的方式来实现了。

9. 获取节点信息

前面说过，通过 page_source 属性可以获取网页的源代码，接着就可以使用解析库（如正则表达式、Beautiful Soup、pyquery 等）来提取信息了。

不过，既然 Selenium 已经提供了选择节点的方法，返回的是 WebElement 类型，那么它也有相关的方法和属性来直接提取节点信息，如属性、文本等。这样的话，我们就可以不用通过解析源代码来提取信息了，非常方便。

接下来，就看看通过怎样的方式来获取节点信息吧。

- **获取属性**

我们可以使用 get_attribute()方法来获取节点的属性，但是其前提是先选中这个节点，示例如下：

```
from selenium import webdriver
from selenium.webdriver import ActionChains

browser = webdriver.Chrome()
url = 'https://www.zhihu.com/explore'
browser.get(url)
logo = browser.find_element_by_id('zh-top-link-logo')
print(logo)
print(logo.get_attribute('class'))
```

运行之后，程序便会驱动浏览器打开知乎页面，然后获取知乎的 logo 节点，最后打印出它的 class。

控制台的输出结果如下：

```
<selenium.webdriver.remote.webelement.WebElement (session="e08c0f28d7f44d75ccd50df6bb676104",
    element="0.7236390660048155-1")>
zu-top-link-logo
```

通过 get_attribute()方法，然后传入想要获取的属性名，就可以得到它的值了。

- **获取文本值**

每个 WebElement 节点都有 text 属性，直接调用这个属性就可以得到节点内部的文本信息，这相当于 Beautiful Soup 的 get_text()方法、pyquery 的 text()方法，示例如下：

```
from selenium import webdriver

browser = webdriver.Chrome()
url = 'https://www.zhihu.com/explore'
browser.get(url)
```

```
input = browser.find_element_by_class_name('zu-top-add-question')
print(input.text)
```

这里依然先打开知乎页面，然后获取“提问”按钮这个节点，再将其文本值打印出来。

控制台的输出结果如下：

```
提问
```

- **获取 id、位置、标签名和大小**

另外，WebElement 节点还有一些其他属性，比如 id 属性可以获取节点 id，location 属性可以获取该节点在页面中的相对位置，tag_name 属性可以获取标签名称，size 属性可以获取节点的大小，也就是宽高，这些属性有时候还是很有用的。示例如下：

```
from selenium import webdriver

browser = webdriver.Chrome()
url = 'https://www.zhihu.com/explore'
browser.get(url)
input = browser.find_element_by_class_name('zu-top-add-question')
print(input.id)
print(input.location)
print(input.tag_name)
print(input.size)
```

这里首先获得“提问”按钮这个节点，然后调用其 id、location、tag_name、size 属性来获取对应的属性值。

10. 切换 Frame

我们知道网页中有一种节点叫作 iframe，也就是子 Frame，相当于页面的子页面，它的结构和外部网页的结构完全一致。Selenium 打开页面后，它默认是在父级 Frame 里面操作，而此时如果页面中还有子 Frame，它是不能获取到子 Frame 里面的节点的。这时就需要使用 switch_to.frame()方法来切换 Frame。示例如下：

```
import time
from selenium import webdriver
from selenium.common.exceptions import NoSuchElementException

browser = webdriver.Chrome()
url = 'http://www.runoob.com/try/try.php?filename=jqueryui-api-droppable'
browser.get(url)
browser.switch_to.frame('iframeResult')
try:
    logo = browser.find_element_by_class_name('logo')
except NoSuchElementException:
    print('NO LOGO')
browser.switch_to.parent_frame()
logo = browser.find_element_by_class_name('logo')
print(logo)
print(logo.text)
```

控制台的输出如下：

```
NO LOGO
<selenium.webdriver.remote.webelement.WebElement (session="4bb8ac03ced4ecbdefef03ffdc0e4ccd",
```

```
    element="0.13792611320464965-2")>
RUNOOB.COM
```

这里还是以前面演示动作链操作的网页为实例，首先通过 switch_to.frame()方法切换到子 Frame 里面，然后尝试获取父级 Frame 里的 logo 节点（这是不能找到的），如果找不到的话，就会抛出 NoSuchElementException 异常，异常被捕捉之后，就会输出 NO LOGO。接下来，重新切换回父级 Frame，然后再次重新获取节点，发现此时可以成功获取了。

所以，当页面中包含子 Frame 时，如果想获取子 Frame 中的节点，需要先调用 switch_to.frame()方法切换到对应的 Frame，然后再进行操作。

11. 延时等待

在 Selenium 中，get()方法会在网页框架加载结束后结束执行，此时如果获取 page_source，可能并不是浏览器完全加载完成的页面，如果某些页面有额外的 Ajax 请求，我们在网页源代码中也不一定能成功获取到。所以，这里需要延时等待一定时间，确保节点已经加载出来。

这里等待的方式有两种：一种是隐式等待，一种是显式等待。

- **隐式等待**

当使用隐式等待执行测试的时候，如果 Selenium 没有在 DOM 中找到节点，将继续等待，超出设定时间后，则抛出找不到节点的异常。换句话说，当查找节点而节点并没有立即出现的时候，隐式等待将等待一段时间再查找 DOM，默认的时间是 0。示例如下：

```
from selenium import webdriver

browser = webdriver.Chrome()
browser.implicitly_wait(10)
browser.get('https://www.zhihu.com/explore')
input = browser.find_element_by_class_name('zu-top-add-question')
print(input)
```

这里我们用 implicitly_wait()方法实现了隐式等待。

- **显式等待**

隐式等待的效果其实并没有那么好，因为我们只规定了一个固定时间，而页面的加载时间会受到网络条件的影响。

这里还有一种更合适的显式等待方法，它指定要查找的节点，然后指定一个最长等待时间。如果在规定时间内加载出来了这个节点，就返回查找的节点；如果到了规定时间依然没有加载出该节点，则抛出超时异常。示例如下：

```
from selenium import webdriver
from selenium.webdriver.common.by import By
from selenium.webdriver.support.ui import WebDriverWait
from selenium.webdriver.support import expected_conditions as EC

browser = webdriver.Chrome()
browser.get('https://www.taobao.com/')
wait = WebDriverWait(browser, 10)
input = wait.until(EC.presence_of_element_located((By.ID, 'q')))
```

```
button = wait.until(EC.element_to_be_clickable((By.CSS_SELECTOR, '.btn-search')))
print(input, button)
```

这里首先引入 WebDriverWait 这个对象，指定最长等待时间，然后调用它的 until()方法，传入要等待条件 expected_conditions。比如，这里传入了 presence_of_element_located 这个条件，代表节点出现的意思，其参数是节点的定位元组，也就是 ID 为 q 的节点搜索框。

这样可以做到的效果就是，在 10 秒内如果 ID 为 q 的节点（即搜索框）成功加载出来，就返回该节点；如果超过 10 秒还没有加载出来，就抛出异常。

对于按钮，可以更改一下等待条件，比如改为 element_to_be_clickable，也就是可点击，所以查找按钮时查找 CSS 选择器为.btn-search 的按钮，如果 10 秒内它是可点击的，也就是成功加载出来了，就返回这个按钮节点；如果超过 10 秒还不可点击，也就是没有加载出来，就抛出异常。

运行代码，在网速较佳的情况下是可以成功加载出来的。

控制台的输出如下：

```
<selenium.webdriver.remote.webelement.WebElement (session="07dd2fbc2d5b1ce40e82b9754aba8fa8",
    element="0.5642646294074107-1")>
<selenium.webdriver.remote.webelement.WebElement (session="07dd2fbc2d5b1ce40e82b9754aba8fa8",
    element="0.5642646294074107-2")>
```

可以看到，控制台成功输出了两个节点，它们都是 WebElement 类型。

如果网络有问题，10 秒内没有成功加载，那就抛出 TimeoutException 异常，此时控制台的输出如下：

```
TimeoutException Traceback (most recent call last)
<ipython-input-4-f3d73973b223> in <module>()
      7 browser.get('https://www.taobao.com/')
      8 wait = WebDriverWait(browser, 10)
----> 9 input = wait.until(EC.presence_of_element_located((By.ID, 'q')))
```

关于等待条件，其实还有很多，比如判断标题内容，判断某个节点内是否出现了某文字等。表 7-1 列出了所有的等待条件。

表 7-1　等待条件及其含义

等待条件	含　义
title_is	标题是某内容
title_contains	标题包含某内容
presence_of_element_located	节点加载出来，传入定位元组，如(By.ID, 'p')
visibility_of_element_located	节点可见，传入定位元组
visibility_of	可见，传入节点对象
presence_of_all_elements_located	所有节点加载出来
text_to_be_present_in_element	某个节点文本包含某文字
text_to_be_present_in_element_value	某个节点值包含某文字
frame_to_be_available_and_switch_to_it	加载并切换
invisibility_of_element_located	节点不可见

（续）

等待条件	含　义
element_to_be_clickable	节点可点击
staleness_of	判断一个节点是否仍在 DOM，可判断页面是否已经刷新
element_to_be_selected	节点可选择，传节点对象
element_located_to_be_selected	节点可选择，传入定位元组
element_selection_state_to_be	传入节点对象以及状态，相等返回 True，否则返回 False
element_located_selection_state_to_be	传入定位元组以及状态，相等返回 True，否则返回 False
alert_is_present	是否出现警告

关于更多等待条件的参数及用法，可以参考官方文档：http://selenium-python.readthedocs.io/api.html#module-selenium.webdriver.support.expected_conditions。

12. 前进和后退

平常使用浏览器时都有前进和后退功能，Selenium 也可以完成这个操作，它使用 back()方法后退，使用 forward()方法前进。示例如下：

```
import time
from selenium import webdriver

browser = webdriver.Chrome()
browser.get('https://www.baidu.com/')
browser.get('https://www.taobao.com/')
browser.get('https://www.python.org/')
browser.back()
time.sleep(1)
browser.forward()
browser.close()
```

这里我们连续访问 3 个页面，然后调用 back()方法回到第二个页面，接下来再调用 forward()方法又可以前进到第三个页面。

13. Cookies

使用 Selenium，还可以方便地对 Cookies 进行操作，例如获取、添加、删除 Cookies 等。示例如下：

```
from selenium import webdriver

browser = webdriver.Chrome()
browser.get('https://www.zhihu.com/explore')
print(browser.get_cookies())
browser.add_cookie({'name': 'name', 'domain': 'www.zhihu.com', 'value': 'germey'})
print(browser.get_cookies())
browser.delete_all_cookies()
print(browser.get_cookies())
```

首先，我们访问了知乎。加载完成后，浏览器实际上已经生成 Cookies 了。接着，调用 get_cookies()方法获取所有的 Cookies。然后，我们添加一个 Cookie，这里传入一个字典，有 name、domain 和 value 等内容。接下来，再次获取所有的 Cookies。可以发现，结果就多了这一项新加的 Cookie。最后，调用 delete_all_cookies()方法删除所有的 Cookies。再重新获取，发现结果就为空了。

控制台的输出如下：

```
[{'secure': False, 'value':
    '"NGM0ZTM5NDAwMWEyNDQwNDk5ODlkZWY3OTkxY2I0NDY=|1491604091|236e34290a6f407bfbb517888849ea509ac366d0"',
    'domain': '.zhihu.com', 'path': '/', 'httpOnly': False, 'name': 'l_cap_id', 'expiry': 1494196091.403418}]
[{'secure': False, 'value': 'germey', 'domain': '.www.zhihu.com', 'path': '/', 'httpOnly': False, 'name':
    'name'}, {'secure': False, 'value':
    '"NGM0ZTM5NDAwMWEyNDQwNDk5ODlkZWY3OTkxY2I0NDY=|1491604091|236e34290a6f407bfbb517888849ea509ac366d0"',
    'domain': '.zhihu.com', 'path': '/', 'httpOnly': False, 'name': 'l_cap_id', 'expiry': 1494196091.403418}]
[]
```

14. 选项卡管理

在访问网页的时候，会开启一个个选项卡。在 Selenium 中，我们也可以对选项卡进行操作。示例如下：

```
import time
from selenium import webdriver

browser = webdriver.Chrome()
browser.get('https://www.baidu.com')
browser.execute_script('window.open()')
print(browser.window_handles)
browser.switch_to_window(browser.window_handles[1])
browser.get('https://www.taobao.com')
time.sleep(1)
browser.switch_to_window(browser.window_handles[0])
browser.get('https://python.org')
```

控制台的输出如下：

```
['CDwindow-4f58e3a7-7167-4587-bedf-9cd8c867f435', 'CDwindow-6e05f076-6d77-453a-a36c-32baacc447df']
```

首先访问了百度，然后调用了`execute_script()`方法，这里传入`window.open()`这个 JavaScript 语句新开启一个选项卡。接下来，我们想切换到该选项卡。这里调用`window_handles`属性获取当前开启的所有选项卡，返回的是选项卡的代号列表。要想切换选项卡，只需要调用`switch_to_window()`方法即可，其中参数是选项卡的代号。这里我们将第二个选项卡代号传入，即跳转到第二个选项卡，接下来在第二个选项卡下打开一个新页面，然后切换回第一个选项卡重新调用`switch_to_window()`方法，再执行其他操作即可。

15. 异常处理

在使用 Selenium 的过程中，难免会遇到一些异常，例如超时、节点未找到等错误，一旦出现此类错误，程序便不会继续运行了。这里我们可以使用`try except`语句来捕获各种异常。

首先，演示一下节点未找到的异常，示例如下：

```
from selenium import webdriver

browser = webdriver.Chrome()
browser.get('https://www.baidu.com')
browser.find_element_by_id('hello')
```

这里首先打开百度页面，然后尝试选择一个并不存在的节点，此时就会遇到异常。

运行之后控制台的输出如下：

```
NoSuchElementException Traceback (most recent call last)
<ipython-input-23-978945848a1b> in <module>()
      3 browser = webdriver.Chrome()
      4 browser.get('https://www.baidu.com')
----> 5 browser.find_element_by_id('hello')
```

可以看到，这里抛出了 NoSuchElementException 异常，这通常是节点未找到的异常。为了防止程序遇到异常而中断，我们需要捕获这些异常，示例如下：

```
from selenium import webdriver
from selenium.common.exceptions import TimeoutException, NoSuchElementException

browser = webdriver.Chrome()
try:
    browser.get('https://www.baidu.com')
except TimeoutException:
    print('Time Out')
try:
    browser.find_element_by_id('hello')
except NoSuchElementException:
    print('No Element')
finally:
    browser.close()
```

这里我们使用 try except 来捕获各类异常。比如，我们对 find_element_by_id()查找节点的方法捕获 NoSuchElementException 异常，这样一旦出现这样的错误，就进行异常处理，程序也不会中断了。

控制台的输出如下：

```
No Element
```

关于更多的异常类，可以参考官方文档：http://selenium-python.readthedocs.io/api.html#module-selenium.common.exceptions。

现在，我们基本对 Selenium 的常规用法有了大体的了解。使用 Selenium，处理 JavaScript 不再是难事。

7.2　Splash 的使用

Splash 是一个 JavaScript 渲染服务，是一个带有 HTTP API 的轻量级浏览器，同时它对接了 Python 中的 Twisted 和 QT 库。利用它，我们同样可以实现动态渲染页面的抓取。

1. 功能介绍

利用 Splash，我们可以实现如下功能：

- 异步方式处理多个网页渲染过程；
- 获取渲染后的页面的源代码或截图；
- 通过关闭图片渲染或者使用 Adblock 规则来加快页面渲染速度；
- 可执行特定的 JavaScript 脚本；
- 可通过 Lua 脚本来控制页面渲染过程；
- 获取渲染的详细过程并通过 HAR（HTTP Archive）格式呈现。

接下来，我们来了解一下它的具体用法。

2. 准备工作

在开始之前，请确保已经正确安装好了 Splash 并可以正常运行服务。如果没有安装，可以参考第 1 章。

3. 实例引入

首先，通过 Splash 提供的 Web 页面来测试其渲染过程。例如，我们在本机 8050 端口上运行了 Splash 服务，打开 http://localhost:8050/即可看到其 Web 页面，如图 7-6 所示。

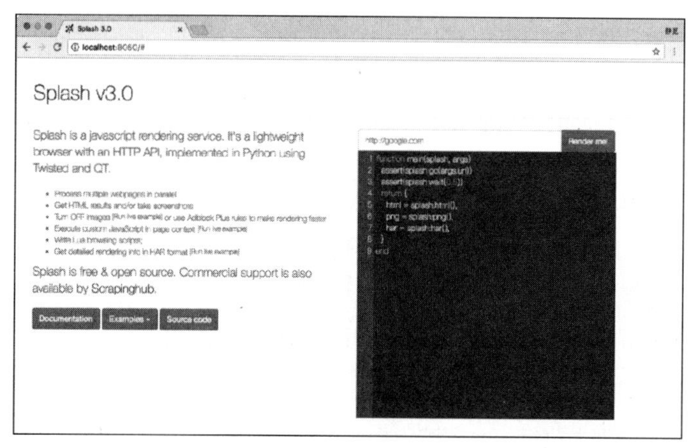

图 7-6 Web 页面

在图 7-6 右侧，呈现的是一个渲染示例。可以看到，上方有一个输入框，默认是 http://google.com，这里换成百度测试一下，将内容更改为 https://www.baidu.com，然后点击 Render me 按钮开始渲染，结果如图 7-7 所示。

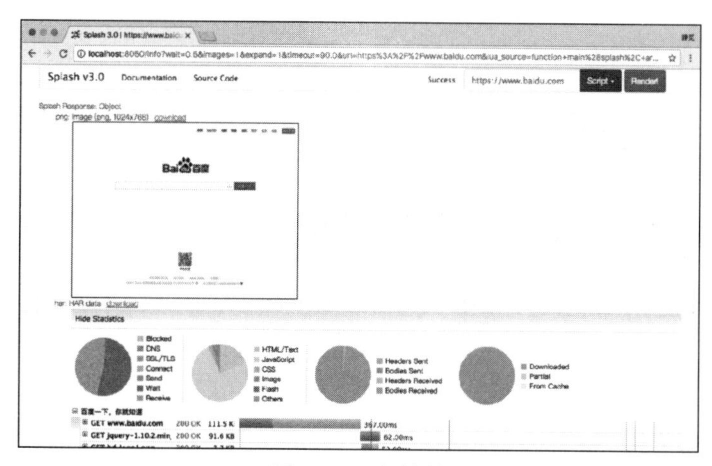

图 7-7 运行结果

可以看到，网页的返回结果呈现了渲染截图、HAR 加载统计数据、网页的源代码。

通过 HAR 的结果可以看到，Splash 执行了整个网页的渲染过程，包括 CSS、JavaScript 的加载等过程，呈现的页面和我们在浏览器中得到的结果完全一致。

那么，这个过程由什么来控制呢？重新返回首页，可以看到实际上是有一段脚本，内容如下：

```
function main(splash, args)
    assert(splash:go(args.url))
    assert(splash:wait(0.5))
    return {
        html = splash:html(),
        png = splash:png(),
        har = splash:har(),
    }
end
```

这个脚本实际上是用 Lua 语言写的脚本。即使不懂这个语言的语法，但从脚本的表面意思，我们也可以大致了解到它首先调用 go()方法去加载页面，然后调用 wait()方法等待了一定时间，最后返回了页面的源码、截图和 HAR 信息。

到这里，我们大体了解了 Splash 是通过 Lua 脚本来控制了页面的加载过程的，加载过程完全模拟浏览器，最后可返回各种格式的结果，如网页源码和截图等。

接下来，我们就来了解 Lua 脚本的写法以及相关 API 的用法。

4. Splash Lua 脚本

Splash 可以通过 Lua 脚本执行一系列渲染操作，这样我们就可以用 Splash 来模拟类似 Chrome、PhantomJS 的操作了。

首先，我们来了解一下 Splash Lua 脚本的入口和执行方式。

- **入口及返回值**

首先，来看一个基本实例：

```
function main(splash, args)
    splash:go("http://www.baidu.com")
    splash:wait(0.5)
    local title = splash:evaljs("document.title")
    return {title=title}
end
```

我们将代码粘贴到刚才打开的 http://localhost:8050/的代码编辑区域，然后点击 Render me!按钮来测试一下。

我们看到它返回了网页的标题，如图 7-8 所示。这里我们通过 evaljs()方法传入 JavaScript 脚本，而 document.title 的执行结果就是返回网页标题，执行完毕后将其赋值给一个 title 变量，随后将其返回。

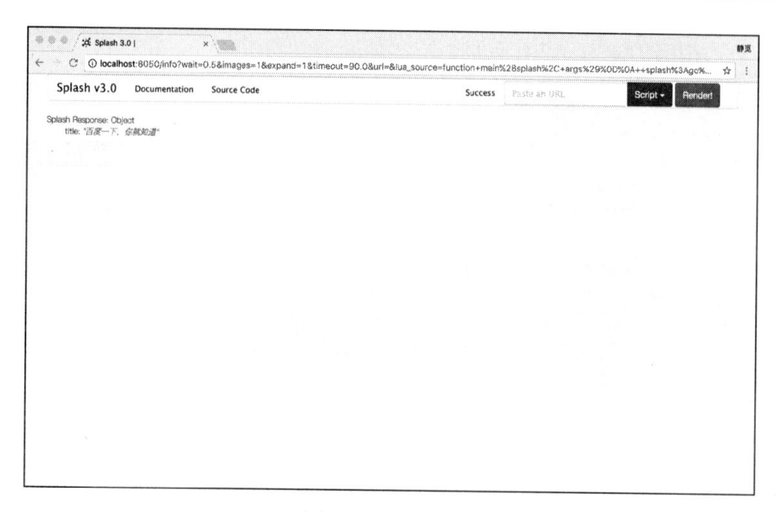

图 7-8 运行结果

注意，我们在这里定义的方法名称叫作 main()。这个名称必须是固定的，Splash 会默认调用这个方法。

该方法的返回值既可以是字典形式，也可以是字符串形式，最后都会转化为 Splash HTTP Response，例如：

```
function main(splash)
    return {hello="world!"}
end
```

返回了一个字典形式的内容。例如：

```
function main(splash)
    return 'hello'
end
```

返回了一个字符串形式的内容。

- **异步处理**

Splash 支持异步处理，但是这里并没有显式指明回调方法，其回调的跳转是在 Splash 内部完成的。示例如下：

```
function main(splash, args)
    local example_urls = {"www.baidu.com", "www.taobao.com", "www.zhihu.com"}
    local urls = args.urls or example_urls
    local results = {}
    for index, url in ipairs(urls) do
        local ok, reason = splash:go("http://" .. url)
        if ok then
            splash:wait(2)
            results[url] = splash:png()
        end
    end
    return results
end
```

运行结果是3个站点的截图，如图7-9所示。

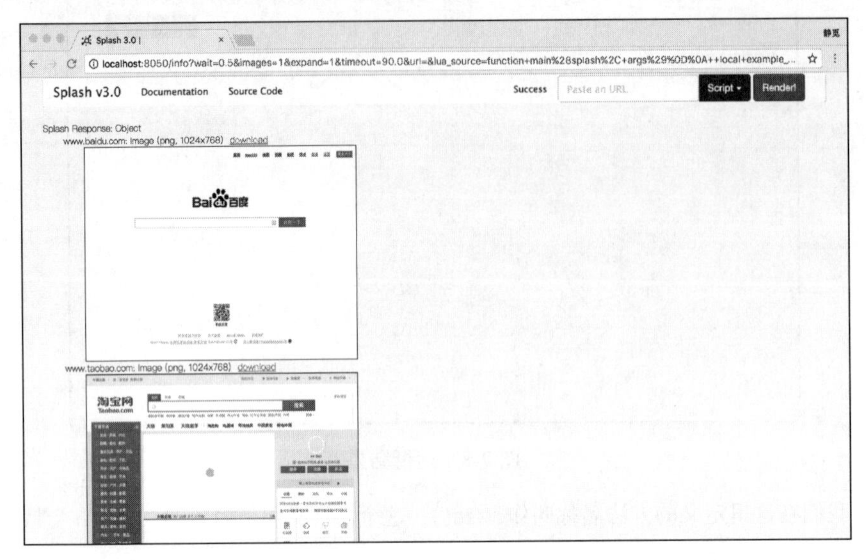

图7-9 运行结果

在脚本内调用的wait()方法类似于Python中的sleep()，其参数为等待的秒数。当Splash执行到此方法时，它会转而去处理其他任务，然后在指定的时间过后再回来继续处理。

这里值得注意的是，Lua脚本中的字符串拼接和Python不同，它使用的是..操作符，而不是+。如果有必要，可以简单了解一下Lua脚本的语法，详见http://www.runoob.com/lua/lua-basic-syntax.html。

另外，这里做了加载时的异常检测。go()方法会返回加载页面的结果状态，如果页面出现4xx或5xx状态码，ok变量就为空，就不会返回加载后的图片。

5. Splash对象属性

我们注意到，前面例子中main()方法的第一个参数是splash，这个对象非常重要，它类似于Selenium中的WebDriver对象，我们可以调用它的一些属性和方法来控制加载过程。接下来，先看下它的属性。

- **args**

该属性可以获取加载时配置的参数，比如URL，如果为GET请求，它还可以获取GET请求参数；如果为POST请求，它可以获取表单提交的数据。Splash也支持使用第二个参数直接作为args，例如：

```
function main(splash, args)
    local url = args.url
end
```

这里第二个参数args就相当于splash.args属性，以上代码等价于：

```
function main(splash)
    local url = splash.args.url
end
```

- **js_enabled**

这个属性是Splash的JavaScript执行开关，可以将其配置为true或false来控制是否执行JavaScript代码，默认为true。例如，这里禁止执行JavaScript代码：

```
function main(splash, args)
    splash:go("https://www.baidu.com")
    splash.js_enabled = false
    local title = splash:evaljs("document.title")
    return {title=title}
end
```

接着我们重新调用了evaljs()方法执行JavaScript代码，此时运行结果就会抛出异常：

```
{
    "error": 400,
    "type": "ScriptError",
    "info": {
        "type": "JS_ERROR",
        "js_error_message": null,
        "source": "[string \"function main(splash, args)\r...\"]",
        "message": "[string \"function main(splash, args)\r...\"]:4: unknown JS error: None",
        "line_number": 4,
        "error": "unknown JS error: None",
        "splash_method": "evaljs"
    },
    "description": "Error happened while executing Lua script"
}
```

不过一般来说，不用设置此属性，默认开启即可。

- **resource_timeout**

此属性可以设置加载的超时时间，单位是秒。如果设置为0或nil（类似Python中的None），代表不检测超时。示例如下：

```
function main(splash)
    splash.resource_timeout = 0.1
    assert(splash:go('https://www.taobao.com'))
    return splash:png()
end
```

例如，这里将超时时间设置为0.1秒。如果在0.1秒之内没有得到响应，就会抛出异常，错误如下：

```
{
    "error": 400,
    "type": "ScriptError",
    "info": {
        "error": "network5",
        "type": "LUA_ERROR",
        "line_number": 3,
        "source": "[string \"function main(splash)\r...\"]",
        "message": "Lua error: [string \"function main(splash)\r...\"]:3: network5"
    },
    "description": "Error happened while executing Lua script"
}
```

此属性适合在网页加载速度较慢的情况下设置。如果超过了某个时间无响应，则直接抛出异常并忽略即可。

7

- **images_enabled**

此属性可以设置图片是否加载，默认情况下是加载的。禁用该属性后，可以节省网络流量并提高网页加载速度。但是需要注意的是，禁用图片加载可能会影响 JavaScript 渲染。因为禁用图片之后，它的外层 DOM 节点的高度会受影响，进而影响 DOM 节点的位置。因此，如果 JavaScript 对图片节点有操作的话，其执行就会受到影响。

另外值得注意的是，Splash 使用了缓存。如果一开始加载出来了网页图片，然后禁用了图片加载，再重新加载页面，之前加载好的图片可能还会显示出来，这时直接重启 Splash 即可。

禁用图片加载的示例如下：

```
function main(splash, args)
    splash.images_enabled = false
    assert(splash:go('https://www.jd.com'))
    return {png=splash:png()}
end
```

这样返回的页面截图就不会带有任何图片，加载速度也会快很多。

- **plugins_enabled**

此属性可以控制浏览器插件（如 Flash 插件）是否开启。默认情况下，此属性是 false，表示不开启。可以使用如下代码控制其开启和关闭：

```
splash.plugins_enabled = true/false
```

- **scroll_position**

通过设置此属性，我们可以控制页面上下或左右滚动。这是一个比较常用的属性，示例如下：

```
function main(splash, args)
    assert(splash:go('https://www.taobao.com'))
    splash.scroll_position = {y=400}
    return {png=splash:png()}
end
```

这样我们就可以控制页面向下滚动 400 像素值，结果如图 7-10 所示。

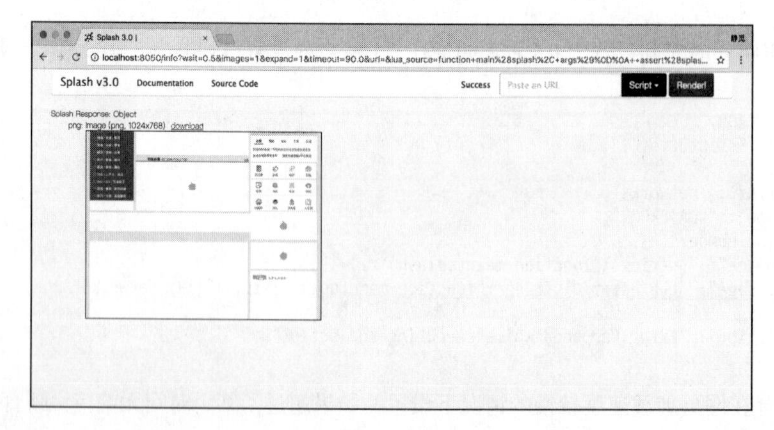

图 7-10　运行结果

如果要让页面左右滚动，可以传入 x 参数，代码如下：

```
splash.scroll_position = {x=100, y=200}
```

6. Splash 对象的方法

除了前面介绍的属性外，Splash 对象还有如下方法。

- **go()**

该方法用来请求某个链接，而且它可以模拟 GET 和 POST 请求，同时支持传入请求头、表单等数据，其用法如下：

```
ok, reason = splash:go{url, baseurl=nil, headers=nil, http_method="GET", body=nil, formdata=nil}
```

其参数说明如下。

- **url**：请求的 URL。
- **baseurl**：可选参数，默认为空，表示资源加载相对路径。
- **headers**：可选参数，默认为空，表示请求头。
- **http_method**：可选参数，默认为 GET，同时支持 POST。
- **body**：可选参数，默认为空，发 POST 请求时的表单数据，使用的 Content-type 为 application/json。
- **formdata**：可选参数，默认为空，POST 的时候的表单数据，使用的 Content-type 为 application/x-www-form-urlencoded。

该方法的返回结果是结果 ok 和原因 reason 的组合，如果 ok 为空，代表网页加载出现了错误，此时 reason 变量中包含了错误的原因，否则证明页面加载成功。示例如下：

```
function main(splash, args)
    local ok, reason = splash:go{"http://httpbin.org/post", http_method="POST", body="name=Germey"}
    if ok then
        return splash:html()
    end
end
```

这里我们模拟了一个 POST 请求，并传入了 POST 的表单数据，如果成功，则返回页面的源代码。

运行结果如下：

```
<html><head></head><body><pre style="word-wrap: break-word; white-space: pre-wrap;">{
  "args": {},
  "data": "",
  "files": {},
  "form": {
    "name": "Germey"
  },
  "headers": {
    "Accept": "text/html,application/xhtml+xml,application/xml;q=0.9,*/*;q=0.8",
    "Accept-Encoding": "gzip, deflate",
    "Accept-Language": "en,*",
    "Connection": "close",
    "Content-Length": "11",
    "Content-Type": "application/x-www-form-urlencoded",
    "Host": "httpbin.org",
```

```
    "Origin": "null",
    "User-Agent": "Mozilla/5.0 (X11; Linux x86_64) AppleWebKit/602.1 (KHTML, like Gecko) splash Version/9.0
        Safari/602.1"
  },
  "json": null,
  "origin": "60.207.237.85",
  "url": "http://httpbin.org/post"
}
</pre></body></html>
```

可以看到，我们成功实现了 POST 请求并发送了表单数据。

- **wait()**

此方法可以控制页面的等待时间，使用方法如下：

```
ok, reason = splash:wait{time, cancel_on_redirect=false, cancel_on_error=true}
```

参数说明如下。

- **time**：等待的秒数。
- **cancel_on_redirect**：可选参数，默认为 false，表示如果发生了重定向就停止等待，并返回重定向结果。
- **cancel_on_error**：可选参数，默认为 false，表示如果发生了加载错误，就停止等待。

返回结果同样是结果 ok 和原因 reason 的组合。

我们用一个实例感受一下：

```
function main(splash)
    splash:go("https://www.taobao.com")
    splash:wait(2)
    return {html=splash:html()}
end
```

这可以实现访问淘宝并等待 2 秒，随后返回页面源代码的功能。

- **jsfunc()**

此方法可以直接调用 JavaScript 定义的方法，但是所调用的方法需要用双中括号包围，这相当于实现了 JavaScript 方法到 Lua 脚本的转换。示例如下：

```
function main(splash, args)
    local get_div_count = splash:jsfunc([[
    function () {
        var body = document.body;
        var divs = body.getElementsByTagName('div');
        return divs.length;
    }
    ]])
    splash:go("https://www.baidu.com")
    return ("There are %s DIVs"):format(
        get_div_count())
end
```

运行结果如下：

```
There are 21 DIVs
```

首先，我们声明了一个 JavaScript 定义的方法，然后在页面加载成功后调用了此方法计算出了页面中 div 节点的个数。

关于 JavaScript 到 Lua 脚本的更多转换细节，可以参考官方文档：https://splash.readthedocs.io/en/stable/scripting-ref.html#splash-jsfunc。

- **evaljs()**

此方法可以执行 JavaScript 代码并返回最后一条 JavaScript 语句的返回结果，使用方法如下：

```
result = splash:evaljs(js)
```

比如，可以用下面的代码来获取页面标题：

```
local title = splash:evaljs("document.title")
```

- **runjs()**

此方法可以执行 JavaScript 代码，它与 evaljs()的功能类似，但是更偏向于执行某些动作或声明某些方法。例如：

```
function main(splash, args)
    splash:go("https://www.baidu.com")
    splash:runjs("foo = function() { return 'bar' }")
    local result = splash:evaljs("foo()")
    return result
end
```

这里我们用 runjs()先声明了一个 JavaScript 定义的方法，然后通过 evaljs()来调用得到的结果。

运行结果如下：

```
bar
```

- **autoload()**

此方法可以设置每个页面访问时自动加载的对象，使用方法如下：

```
ok, reason = splash:autoload{source_or_url, source=nil, url=nil}
```

参数说明如下。

- **source_or_url**：JavaScript 代码或者 JavaScript 库链接。
- **source**：JavaScript 代码。
- **url**：JavaScript 库链接

但是此方法只负责加载 JavaScript 代码或库，不执行任何操作。如果要执行操作，可以调用 evaljs() 或 runjs()方法。示例如下：

```
function main(splash, args)
    splash:autoload([[
        function get_document_title(){
            return document.title;
        }
    ]])
    splash:go("https://www.baidu.com")
    return splash:evaljs("get_document_title()")
end
```

这里我们调用 autoload()方法声明了一个 JavaScript 方法，然后通过 evaljs()方法来执行此 JavaScript 方法。

运行结果如下：

```
百度一下，你就知道
```

另外，我们也可以使用 autoload()方法加载某些方法库，如 jQuery，示例如下：

```
function main(splash, args)
    assert(splash:autoload("https://code.jquery.com/jquery-2.1.3.min.js"))
    assert(splash:go("https://www.taobao.com"))
    local version = splash:evaljs("$.fn.jquery")
    return 'JQuery version: ' .. version
end
```

运行结果如下：

```
JQuery version: 2.1.3
```

- **call_later()**

此方法可以通过设置定时任务和延迟时间来实现任务延时执行，并且可以在执行前通过 cancel()方法重新执行定时任务。示例如下：

```
function main(splash, args)
    local snapshots = {}
    local timer = splash:call_later(function()
        snapshots["a"] = splash:png()
        splash:wait(1.0)
        snapshots["b"] = splash:png()
    end, 0.2)
    splash:go("https://www.taobao.com")
    splash:wait(3.0)
    return snapshots
end
```

这里我们设置了一个定时任务，0.2 秒的时候获取网页截图，然后等待 1 秒，1.2 秒时再次获取网页截图，访问的页面是淘宝，最后将截图结果返回。运行结果如图 7-11 所示。

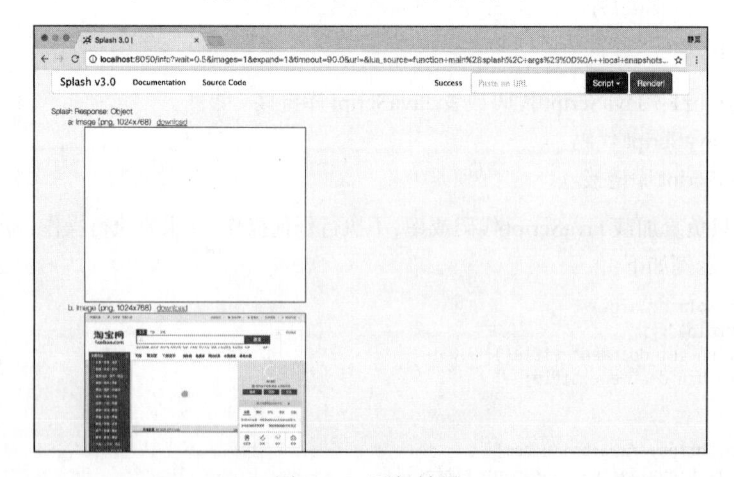

图 7-11　运行结果

可以发现，第一次截图时网页还没有加载出来，截图为空，第二次网页便加载成功了。

- **http_get()**

此方法可以模拟发送HTTP的GET请求，使用方法如下：

```
response = splash:http_get{url, headers=nil, follow_redirects=true}
```

参数说明如下。

- **url**：请求URL。
- **headers**：可选参数，默认为空，请求头。
- **follow_redirects**：可选参数，表示是否启动自动重定向，默认为true。

示例如下：

```
function main(splash, args)
    local treat = require("treat")
    local response = splash:http_get("http://httpbin.org/get")
        return {
            html=treat.as_string(response.body),
            url=response.url,
            status=response.status
        }
end
```

运行结果如下：

```
Splash Response: Object
html: String (length 355)
{
  "args": {},
  "headers": {
    "Accept-Encoding": "gzip, deflate",
    "Accept-Language": "en,*",
    "Connection": "close",
    "Host": "httpbin.org",
    "User-Agent": "Mozilla/5.0 (X11; Linux x86_64) AppleWebKit/602.1 (KHTML, like Gecko) splash Version/9.0
        Safari/602.1"
  },
  "origin": "60.207.237.85",
  "url": "http://httpbin.org/get"
}
status: 200
url: "http://httpbin.org/get"
```

- **http_post()**

和http_get()方法类似，此方法用来模拟发送POST请求，不过多了一个参数body，使用方法如下：

```
response = splash:http_post{url, headers=nil, follow_redirects=true, body=nil}
```

参数说明如下。

- **url**：请求URL。
- **headers**：可选参数，默认为空，请求头。
- **follow_redirects**：可选参数，表示是否启动自动重定向，默认为true。
- **body**：可选参数，即表单数据，默认为空。

我们用实例感受一下：

```
function main(splash, args)
    local treat = require("treat")
    local json = require("json")
    local response = splash:http_post{"http://httpbin.org/post",
            body=json.encode({name="Germey"}),
            headers={["content-type"]="application/json"}
        }
        return {
            html=treat.as_string(response.body),
            url=response.url,
            status=response.status
        }
end
```

运行结果如下：

```
Splash Response: Object
html: String (length 533)
{
  "args": {},
  "data": "{\"name\": \"Germey\"}",
  "files": {},
  "form": {},
  "headers": {
    "Accept-Encoding": "gzip, deflate",
    "Accept-Language": "en,*",
    "Connection": "close",
    "Content-Length": "18",
    "Content-Type": "application/json",
    "Host": "httpbin.org",
    "User-Agent": "Mozilla/5.0 (X11; Linux x86_64) AppleWebKit/602.1 (KHTML, like Gecko) splash Version/9.0
        Safari/602.1"
  },
  "json": {
    "name": "Germey"
  },
  "origin": "60.207.237.85",
  "url": "http://httpbin.org/post"
}
status: 200
url: "http://httpbin.org/post"
```

可以看到，这里我们成功模拟提交了 POST 请求并发送了表单数据。

- **set_content()**

此方法用来设置页面的内容，示例如下：

```
function main(splash)
    assert(splash:set_content("<html><body><h1>hello</h1></body></html>"))
    return splash:png()
end
```

运行结果如图 7-12 所示。

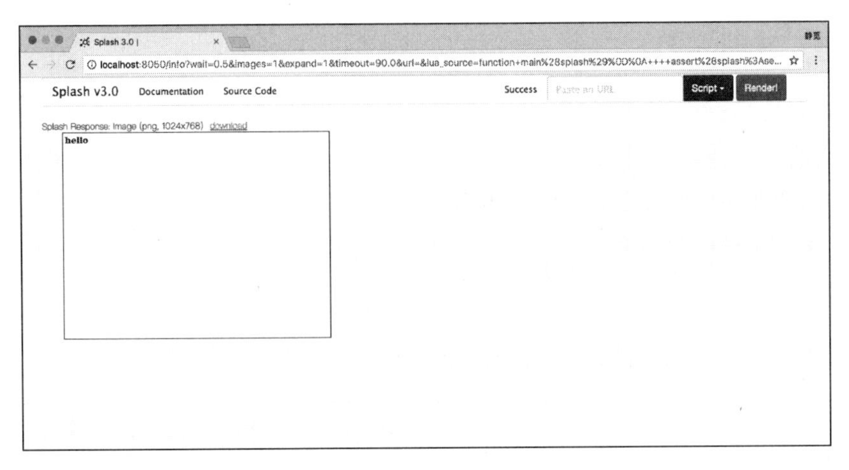

图 7-12 运行结果

- **html()**

此方法用来获取网页的源代码，它是非常简单又常用的方法。示例如下：

```
function main(splash, args)
    splash:go("https://httpbin.org/get")
    return splash:html()
end
```

运行结果如下：

```
<html><head></head><body><pre style="word-wrap: break-word; white-space: pre-wrap;">{
  "args": {},
  "headers": {
    "Accept": "text/html,application/xhtml+xml,application/xml;q=0.9,*/*;q=0.8",
    "Accept-Encoding": "gzip, deflate",
    "Accept-Language": "en,*",
    "Connection": "close",
    "Host": "httpbin.org",
    "User-Agent": "Mozilla/5.0 (X11; Linux x86_64) AppleWebKit/602.1 (KHTML, like Gecko) splash Version/9.0
        Safari/602.1"
  },
  "origin": "60.207.237.85",
  "url": "https://httpbin.org/get"
}
</pre></body></html>
```

- **png()**

此方法用来获取 PNG 格式的网页截图，示例如下：

```
function main(splash, args)
    splash:go("https://www.taobao.com")
    return splash:png()
end
```

- **jpeg()**

此方法用来获取 JPEG 格式的网页截图，示例如下：

```
function main(splash, args)
    splash:go("https://www.taobao.com")
    return splash:jpeg()
end
```

- **har()**

此方法用来获取页面加载过程描述，示例如下：

```
function main(splash, args)
    splash:go("https://www.baidu.com")
    return splash:har()
end
```

运行结果如图7-13所示，其中显示了页面加载过程中每个请求记录的详情。

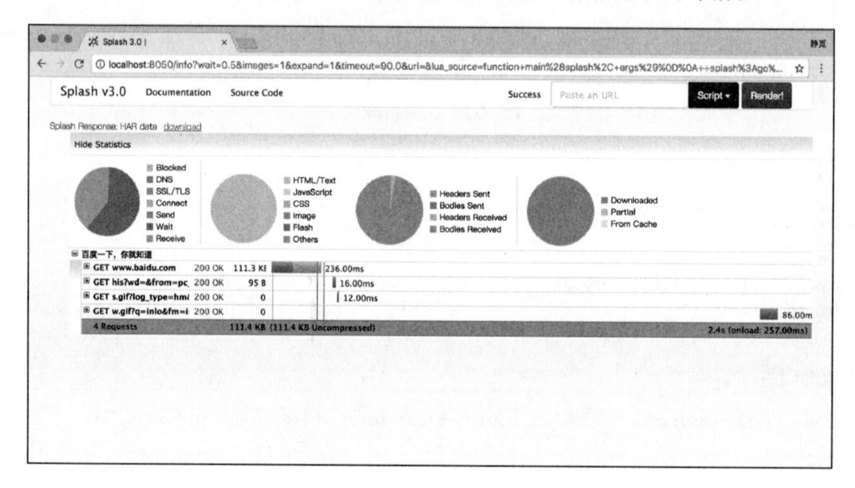

图7-13　运行结果

- **url()**

此方法可以获取当前正在访问的URL，示例如下：

```
function main(splash, args)
    splash:go("https://www.baidu.com")
    return splash:url()
end
```

运行结果如下：

```
https://www.baidu.com/
```

- **get_cookies()**

此方法可以获取当前页面的Cookies，示例如下：

```
function main(splash, args)
    splash:go("https://www.baidu.com")
    return splash:get_cookies()
end
```

运行结果如下：

```
Splash Response: Array[2]
0: Object
domain: ".baidu.com"
expires: "2085-08-21T20:13:23Z"
httpOnly: false
name: "BAIDUID"
path: "/"
secure: false
value: "C1263A470B02DEF45593B062451C9722:FG=1"
1: Object
domain: ".baidu.com"
expires: "2085-08-21T20:13:23Z"
httpOnly: false
name: "BIDUPSID"
path: "/"
secure: false
value: "C1263A470B02DEF45593B062451C9722"
```

- **add_cookie()**

此方法可以为当前页面添加 Cookie，用法如下：

```
cookies = splash:add_cookie{name, value, path=nil, domain=nil, expires=nil, httpOnly=nil, secure=nil}
```

该方法的各个参数代表 Cookie 的各个属性。

示例如下：

```
function main(splash)
    splash:add_cookie{"sessionid", "237465ghgfsd", "/", domain="http://example.com"}
    splash:go("http://example.com/")
    return splash:html()
end
```

- **clear_cookies()**

此方法可以清除所有的 Cookies，示例如下：

```
function main(splash)
    splash:go("https://www.baidu.com/")
    splash:clear_cookies()
    return splash:get_cookies()
end
```

这里我们清除了所有的 Cookies，然后调用 get_cookies()将结果返回。

运行结果如下：

```
Splash Response: Array[0]
```

可以看到，Cookies 被全部清空，没有任何结果。

- **get_viewport_size()**

此方法可以获取当前浏览器页面的大小，即宽高，示例如下：

```
function main(splash)
    splash:go("https://www.baidu.com/")
    return splash:get_viewport_size()
end
```

7

运行结果如下：

```
Splash Response: Array[2]
0: 1024
1: 768
```

- **set_viewport_size()**

此方法可以设置当前浏览器页面的大小，即宽高，用法如下：

```
splash:set_viewport_size(width, height)
```

例如，这里访问一个宽度自适应的页面：

```
function main(splash)
    splash:set_viewport_size(400, 700)
    assert(splash:go("https://cuiqingcai.com"))
    return splash:png()
end
```

运行结果如图 7-14 所示。

图 7-14 运行结果

- **set_viewport_full()**

此方法可以设置浏览器全屏显示，示例如下：

```
function main(splash)
    splash:set_viewport_full()
    assert(splash:go("https://cuiqingcai.com"))
    return splash:png()
end
```

- **set_user_agent()**

此方法可以设置浏览器的 User-Agent，示例如下：

```
function main(splash)
    splash:set_user_agent('Splash')
    splash:go("http://httpbin.org/get")
    return splash:html()
end
```

这里我们将浏览器的 User-Agent 设置为 Splash，运行结果如下：

```
<html><head></head><body><pre style="word-wrap: break-word; white-space: pre-wrap;">{
  "args": {},
  "headers": {
    "Accept": "text/html,application/xhtml+xml,application/xml;q=0.9,*/*;q=0.8",
    "Accept-Encoding": "gzip, deflate",
    "Accept-Language": "en,*",
    "Connection": "close",
    "Host": "httpbin.org",
    "User-Agent": "Splash"
  },
  "origin": "60.207.237.85",
  "url": "http://httpbin.org/get"
}
</pre></body></html>
```

可以看到，此处 User-Agent 被成功设置。

- **set_custom_headers()**

此方法可以设置请求头，示例如下：

```
function main(splash)
    splash:set_custom_headers({
        ["User-Agent"] = "Splash",
        ["Site"] = "Splash",
    })
    splash:go("http://httpbin.org/get")
    return splash:html()
end
```

这里我们设置了请求头中的 User-Agent 和 Site 属性，运行结果如下：

```
<html><head></head><body><pre style="word-wrap: break-word; white-space: pre-wrap;">{
  "args": {},
  "headers": {
    "Accept": "text/html,application/xhtml+xml,application/xml;q=0.9,*/*;q=0.8",
    "Accept-Encoding": "gzip, deflate",
    "Accept-Language": "en,*",
    "Connection": "close",
    "Host": "httpbin.org",
    "Site": "Splash",
    "User-Agent": "Splash"
  },
  "origin": "60.207.237.85",
  "url": "http://httpbin.org/get"
}
</pre></body></html>
```

- **select()**

该方法可以选中符合条件的第一个节点，如果有多个节点符合条件，则只会返回一个，其参数是 CSS 选择器。示例如下：

7

```
function main(splash)
    splash:go("https://www.baidu.com/")
    input = splash:select("#kw")
    input:send_text('Splash')
    splash:wait(3)
    return splash:png()
end
```

这里我们首先访问了百度，然后选中了搜索框，随后调用了 send_text()方法填写了文本，然后返回网页截图。

结果如图 7-15 所示，可以看到，我们成功填写了输入框。

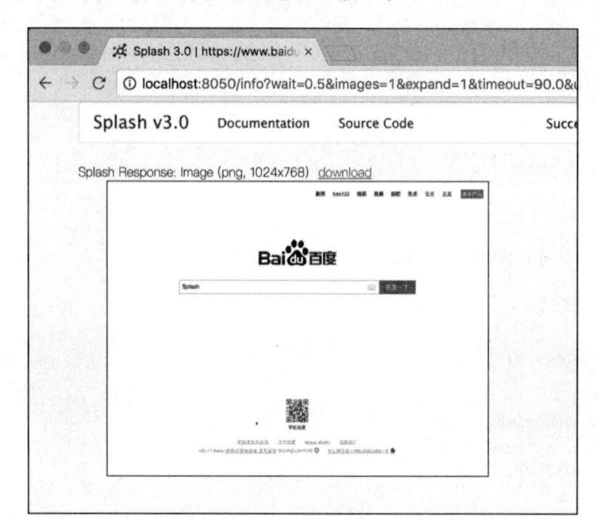

图 7-15 运行结果

- **select_all()**

此方法可以选中所有符合条件的节点，其参数是 CSS 选择器。示例如下：

```
function main(splash)
    local treat = require('treat')
    assert(splash:go("http://quotes.toscrape.com/"))
    assert(splash:wait(0.5))
    local texts = splash:select_all('.quote .text')
    local results = {}
    for index, text in ipairs(texts) do
        results[index] = text.node.innerHTML
    end
    return treat.as_array(results)
end
```

这里我们通过 CSS 选择器选中了节点的正文内容，随后遍历了所有节点，将其中的文本获取下来。

运行结果如下：

```
Splash Response: Array[10]
0: "“The world as we have created it is a process of our thinking. It cannot be changed without changing our
    thinking.”"
```

```
1: "“It is our choices, Harry, that show what we truly are, far more than our abilities.”"
2: “There are only two ways to live your life. One is as though nothing is a miracle. The other is as though
    everything is a miracle.”
3: "“The person, be it gentleman or lady, who has not pleasure in a good novel, must be intolerably stupid.”"
4: "“Imperfection is beauty, madness is genius and it's better to be absolutely ridiculous than absolutely
    boring.”"
5: "“Try not to become a man of success. Rather become a man of value.”"
6: "“It is better to be hated for what you are than to be loved for what you are not.”"
7: "“I have not failed. I've just found 10,000 ways that won't work.”"
8: "“A woman is like a tea bag; you never know how strong it is until it's in hot water.”"
9: "“A day without sunshine is like, you know, night.”"
```

可以发现，我们成功地将 10 个节点的正文内容获取了下来。

- **mouse_click()**

此方法可以模拟鼠标点击操作，传入的参数为坐标值 x 和 y。此外，也可以直接选中某个节点，然后调用此方法，示例如下：

```
function main(splash)
    splash:go("https://www.baidu.com/")
    input = splash:select("#kw")
    input:send_text('Splash')
    submit = splash:select('#su')
    submit:mouse_click()
    splash:wait(3)
    return splash:png()
end
```

这里我们首先选中页面的输入框，输入了文本，然后选中“提交”按钮，调用了 mouse_click() 方法提交查询，然后页面等待三秒，返回截图，结果如图 7-16 所示。

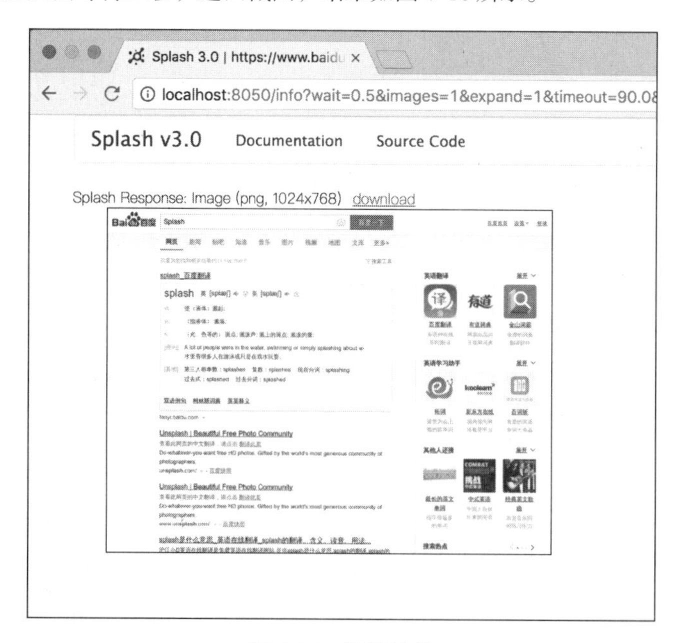

图 7-16 运行结果

可以看到，这里我们成功获取了查询后的页面内容，模拟了百度搜索操作。

前面介绍了Splash的常用API操作，还有一些API在这不再一一介绍，更加详细和权威的说明可以参见官方文档https://splash.readthedocs.io/en/stable/scripting-ref.html，此页面介绍了Splash对象的所有API操作。另外，还有针对页面元素的API操作，链接为https://splash.readthedocs.io/en/stable/scripting-element-object.html。

7. Splash API调用

前面说明了Splash Lua脚本的用法，但这些脚本是在Splash页面中测试运行的，如何才能利用Splash渲染页面呢？怎样才能和Python程序结合使用并抓取JavaScript渲染的页面呢？

其实Splash给我们提供了一些HTTP API接口，我们只需要请求这些接口并传递相应的参数即可，下面简要介绍这些接口。

- **render.html**

此接口用于获取JavaScript渲染的页面的HTML代码，接口地址就是Splash的运行地址加此接口名称，例如http://localhost:8050/render.html。可以用`curl`来测试一下：

```
curl http://localhost:8050/render.html?url=https://www.baidu.com
```

我们给此接口传递了一个`url`参数来指定渲染的URL，返回结果即页面渲染后的源代码。

如果用Python实现的话，代码如下：

```
import requests
url = 'http://localhost:8050/render.html?url=https://www.baidu.com'
response = requests.get(url)
print(response.text)
```

这样就可以成功输出百度页面渲染后的源代码了。

另外，此接口还可以指定其他参数，比如通过`wait`指定等待秒数。如果要确保页面完全加载出来，可以增加等待时间，例如：

```
import requests
url = 'http://localhost:8050/render.html?url=https://www.taobao.com&wait=5'
response = requests.get(url)
print(response.text)
```

此时得到响应的时间就会相应变长，比如这里会等待5秒多钟才能获取淘宝页面的源代码。

另外，此接口还支持代理设置、图片加载设置、Headers设置、请求方法设置，具体的用法可以参见官方文档https://splash.readthedocs.io/en/stable/api.html#render-html。

- **render.png**

此接口可以获取网页截图，其参数比render.html多了几个，比如通过`width`和`height`来控制宽高，它返回的是PNG格式的图片二进制数据。示例如下：

```
curl http://localhost:8050/render.png?url=https://www.taobao.com&wait=5&width=1000&height=700
```

这里我们传入了`width`和`height`来设置页面大小为1000像素×700像素。

如果用 Python 实现，可以将返回的二进制数据保存为 PNG 格式的图片，具体如下：

```
import requests

url = 'http://localhost:8050/render.png?url=https://www.jd.com&wait=5&width=1000&height=700'
response = requests.get(url)
with open('taobao.png', 'wb') as f:
    f.write(response.content)
```

得到的图片如图 7-17 所示。

图 7-17 运行结果

这样我们就成功获取了京东首页渲染完成后的页面截图，详细的参数设置可以参考官网文档 https://splash.readthedocs.io/en/stable/api.html#render-png。

- **render.jpeg**

此接口和 render.png 类似，不过它返回的是 JPEG 格式的图片二进制数据。

另外，此接口比 render.png 多了参数 `quality`，它用来设置图片质量。

- **render.har**

此接口用于获取页面加载的 HAR 数据，示例如下：

```
curl http://localhost:8050/render.har?url=https://www.jd.com&wait=5
```

它的返回结果（如图 7-18 所示）非常多，是一个 JSON 格式的数据，其中包含页面加载过程中的 HAR 数据。

```
CQC — -zsh — 80×24
→ ~ curl http://localhost:8050/render.har\?url\=https://www.jd.com\&wait\=5
{"log": {"version": "1.2", "browser": {"version": "602.1", "comment": "PyQt 5.9,
 Qt 5.9.1", "name": "QWebKit"}, "entries": [{"request": {"headers": [{"value": "
Mozilla/5.0 (X11; Linux x86_64) AppleWebKit/602.1 (KHTML, like Gecko) splash Ver
sion/9.0 Safari/602.1", "name": "User-Agent"}, {"value": "text/html,application/
xhtml+xml,application/xml;q=0.9,*/*;q=0.8", "name": "Accept"}], "cookies": [], "
method": "GET", "queryString": [], "bodySize": -1, "url": "https://www.jd.com/",
 "httpVersion": "HTTP/1.1", "headersSize": 188}, "time": 134, "cache": {}, "star
tedDateTime": "2017-08-03T19:02:03.768169Z", "_splash_processing_state": "finish
ed", "pageref": "1", "response": {"headers": [{"value": "JDWS/2.0", "name": "Ser
ver"}, {"value": "Thu, 03 Aug 2017 19:02:03 GMT", "name": "Date"}, {"value": "te
xt/html; charset=utf-8", "name": "Content-Type"}, {"value": "keep-alive", "name"
: "Connection"}, {"value": "Accept-Encoding", "name": "Vary"}, {"value": "Thu, 0
3 Aug 2017 19:01:50 GMT", "name": "Expires"}, {"value": "max-age=30", "name": "C
ache-Control"}, {"value": "gzip", "name": "Content-Encoding"}, {"value": "101.11
4", "name": "ser"}, {"value": "BJ-M-YZ-NX-76(HIT), http/1.1 BJ-GWBN-1-JCS-159 (
[cRs f ])", "name": "Via"}, {"value": "16", "name": "Age"}, {"value": "max-age=3
60", "name": "Strict-Transport-Security"}], "status": 200, "content": {"mimeType
": "text/html; charset=utf-8", "size": 0}, "url": "https://www.jd.com/", "httpVe
rsion": "HTTP/1.1", "headersSize": 361, "redirectURL": "", "ok": true, "statusTe
xt": "OK", "bodySize": 121873, "cookies": []}, "timings": {"ssl": -1, "connect":
 -1, "dns": -1, "wait": 96, "blocked": -1, "send": 1, "receive": 37}}, {"request
": {"headers": [{"value": "Mozilla/5.0 (X11; Linux x86_64) AppleWebKit/602.1 (KH
TML, like Gecko) splash Version/9.0 Safari/602.1", "name": "User-Agent"}, {"valu
```


图 7-18 运行结果

- **render.json**

此接口包含了前面接口的所有功能，返回结果是 JSON 格式，示例如下：

```
curl http://localhost:8050/render.json?url=https://httpbin.org
```

结果如下：

```
{"title": "httpbin(1): HTTP Client Testing Service", "url": "https://httpbin.org/", "requestedUrl":
    "https://httpbin.org/", "geometry": [0, 0, 1024, 768]}
```

可以看到，这里以 JSON 形式返回了相应的请求数据。

我们可以通过传入不同参数控制其返回结果。比如，传入 html=1，返回结果即会增加源代码数据；传入 png=1，返回结果即会增加页面 PNG 截图数据；传入 har=1，则会获得页面 HAR 数据。例如：

```
curl http://localhost:8050/render.json?url=https://httpbin.org&html=1&har=1
```

这样返回的 JSON 结果会包含网页源代码和 HAR 数据。

此外还有更多参数设置，具体可以参考官方文档：https://splash.readthedocs.io/en/stable/api.html#render-json。

- **execute**

此接口才是最为强大的接口。前面说了很多 Splash Lua 脚本的操作，用此接口便可实现与 Lua 脚本的对接。

前面的 render.html 和 render.png 等接口对于一般的 JavaScript 渲染页面是足够了，但是如果要实现一些交互操作的话，它们还是无能为力，这里就需要使用 execute 接口了。

我们先实现一个最简单的脚本，直接返回数据：

```
function main(splash)
    return 'hello'
end
```

然后将此脚本转化为URL编码后的字符串，拼接到execute接口后面，示例如下：

```
curl http://localhost:8050/execute?lua_source=function+main%28splash%29%0D%0A++return+%27hello%27%0D%0Aend
```

运行结果如下：

```
hello
```

这里我们通过`lua_source`参数传递了转码后的Lua脚本，通过execute接口获取了最终脚本的执行结果。

这里我们更加关心的肯定是如何用Python来实现，上例用Python实现的话，代码如下：

```
import requests
from urllib.parse import quote

lua = '''
function main(splash)
    return 'hello'
end
'''

url = 'http://localhost:8050/execute?lua_source=' + quote(lua)
response = requests.get(url)
print(response.text)
```

运行结果如下：

```
hello
```

这里我们用Python中的三引号将Lua脚本包括起来，然后用urllib.parse模块里的`quote()`方法将脚本进行URL转码，随后构造了Splash请求URL，将其作为`lua_source`参数传递，这样运行结果就会显示Lua脚本执行后的结果。

我们再通过实例看一下：

```
import requests
from urllib.parse import quote

lua = '''
function main(splash, args)
    local treat = require("treat")
    local response = splash:http_get("http://httpbin.org/get")
        return {
            html=treat.as_string(response.body),
            url=response.url,
            status=response.status
        }
end
'''

url = 'http://localhost:8050/execute?lua_source=' + quote(lua)
response = requests.get(url)
print(response.text)
```

运行结果如下：

```
{"url": "http://httpbin.org/get", "status": 200, "html": "{\n  \"args\": {}, \n  \"headers\": {\n
    \"Accept-Encoding\": \"gzip, deflate\", \n    \"Accept-Language\": \"en,*\", \n    \"Connection\":
    \"close\", \n    \"Host\": \"httpbin.org\", \n    \"User-Agent\": \"Mozilla/5.0 (X11; Linux x86_64)
```

```
AppleWebKit/602.1 (KHTML, like Gecko) splash Version/9.0 Safari/602.1\"\n  }, \n  \"origin\":
\"60.207.237.85\", \n  \"url\": \"http://httpbin.org/get\"\n}\n"}
```

可以看到，返回结果是 JSON 形式，我们成功获取了请求的 URL、状态码和网页源代码。

如此一来，我们之前所说的 Lua 脚本均可以用此方式与 Python 进行对接，所有网页的动态渲染、模拟点击、表单提交、页面滑动、延时等待后的一些结果均可以自由控制，获取页面源码和截图也都不在话下。

到现在为止，我们可以用 Python 和 Splash 实现 JavaScript 渲染的页面的抓取了。除了 Selenium，本节所说的 Splash 同样可以做到非常强大的渲染功能，同时它也不需要浏览器即可渲染，使用非常方便。

7.3　Splash 负载均衡配置

用 Splash 做页面抓取时，如果爬取的量非常大，任务非常多，用一个 Splash 服务来处理的话，未免压力太大了，此时可以考虑搭建一个负载均衡器来把压力分散到各个服务器上。这相当于多台机器多个服务共同参与任务的处理，可以减小单个 Splash 服务的压力。

1. 配置 Splash 服务

要搭建 Splash 负载均衡，首先要有多个 Splash 服务。假如这里在 4 台远程主机的 8050 端口上都开启了 Splash 服务，它们的服务地址分别为 41.159.27.223:8050、41.159.27.221:8050、41.159.27.9:8050 和 41.159.117.119:8050，这 4 个服务完全一致，都是通过 Docker 的 Splash 镜像开启的。访问其中任何一个服务时，都可以使用 Splash 服务。

2. 配置负载均衡

接下来，可以选用任意一台带有公网 IP 的主机来配置负载均衡。首先，在这台主机上装好 Nginx，然后修改 Nginx 的配置文件 nginx.conf，添加如下内容：

```
http {
    upstream splash {
        least_conn;
        server 41.159.27.223:8050;
        server 41.159.27.221:8050;
        server 41.159.27.9:8050;
        server 41.159.117.119:8050;
    }
    server {
        listen 8050;
        location / {
            proxy_pass http://splash;
        }
    }
}
```

这样我们通过 upstream 字段定义了一个名字叫作 splash 的服务集群配置。其中 least_conn 代表最少链接负载均衡，它适合处理请求处理时间长短不一造成服务器过载的情况。

当然，我们也可以不指定配置，具体如下：

```
upstream splash {
    server 41.159.27.223:8050;
    server 41.159.27.221:8050;
    server 41.159.27.9:8050;
    server 41.159.117.119:8050;
}
```

这样默认以轮询策略实现负载均衡，每个服务器的压力相同。此策略适合服务器配置相当、无状态且短平快的服务使用。

另外，我们还可以指定权重，配置如下：

```
upstream splash {
    server 41.159.27.223:8050 weight=4;
    server 41.159.27.221:8050 weight=2;
    server 41.159.27.9:8050 weight=2;
    server 41.159.117.119:8050 weight=1;
}
```

这里 weight 参数指定各个服务的权重，权重越高，分配到处理的请求越多。假如不同的服务器配置差别比较大的话，可以使用此种配置。

最后，还有一种 IP 散列负载均衡，配置如下：

```
upstream splash {
    ip_hash;
    server 41.159.27.223:8050;
    server 41.159.27.221:8050;
    server 41.159.27.9:8050;
    server 41.159.117.119:8050;
}
```

服务器根据请求客户端的 IP 地址进行散列计算，确保使用同一个服务器响应请求，这种策略适合有状态的服务，比如用户登录后访问某个页面的情形。对于 Splash 来说，不需要应用此设置。

我们可以根据不同的情形选用不同的配置，配置完成后重启一下 Nginx 服务：

```
sudo nginx -s reload
```

这样直接访问 Nginx 所在服务器的 8050 端口，即可实现负载均衡了。

3. 配置认证

现在 Splash 是可以公开访问的，如果不想让其公开访问，还可以配置认证，这仍然借助于 Nginx。可以在 server 的 location 字段中添加 auth_basic 和 auth_basic_user_file 字段，具体配置如下：

```
http {
    upstream splash {
        least_conn;
        server 41.159.27.223:8050;
        server 41.159.27.221:8050;
        server 41.159.27.9:8050;
        server 41.159.117.119:8050;
    }
    server {
        listen 8050;
        location / {
            proxy_pass http://splash;
```

```
            auth_basic "Restricted";
            auth_basic_user_file /etc/nginx/conf.d/.htpasswd;
        }
    }
}
```

这里使用的用户名和密码配置放置在/etc/nginx/conf.d 目录下，我们需要使用 htpasswd 命令创建。例如，创建一个用户名为 admin 的文件，相关命令如下：

```
htpasswd -c .htpasswd admin
```

接下来就会提示我们输入密码，输入两次之后，就会生成密码文件，其内容如下：

```
cat .htpasswd
admin:5ZBxQr0rCqwbc
```

配置完成后，重启一下 Nginx 服务：

```
sudo nginx -s reload
```

这样访问认证就成功配置好了。

4. 测试

最后，我们可以用代码来测试一下负载均衡的配置，看看到底是不是每次请求会切换 IP。利用 http://httpbin.org/get 测试即可，实现代码如下：

```
import requests
from urllib.parse import quote
import re

lua = '''
function main(splash, args)
  local treat = require("treat")
  local response = splash:http_get("http://httpbin.org/get")
  return treat.as_string(response.body)
end
'''

url = 'http://splash:8050/execute?lua_source=' + quote(lua)
response = requests.get(url, auth=('admin', 'admin'))
ip = re.search('(\d+\.\d+\.\d+\.\d+)', response.text).group(1)
print(ip)
```

这里 URL 中的 splash 字符串请自行替换成自己的 Nginx 服务器 IP。这里我修改了 Hosts，设置了 splash 为 Nginx 服务器 IP。

多次运行代码之后，可以发现每次请求的 IP 都会变化，比如第一次的结果：

```
41.159.27.223
```

第二次的结果：

```
41.159.27.9
```

这就说明负载均衡已经成功实现了。

本节中，我们成功实现了负载均衡的配置。配置负载均衡后，可以多个 Splash 服务共同合作，减轻单个服务的负载，这还是比较有用的。

7.4 使用 Selenium 爬取淘宝商品

在前一章中，我们已经成功尝试分析 Ajax 来抓取相关数据，但是并不是所有页面都可以通过分析 Ajax 来完成抓取。比如，淘宝，它的整个页面数据确实也是通过 Ajax 获取的，但是这些 Ajax 接口参数比较复杂，可能会包含加密密钥等，所以如果想自己构造 Ajax 参数，还是比较困难的。对于这种页面，最方便快捷的抓取方法就是通过 Selenium。本节中，我们就用 Selenium 来模拟浏览器操作，抓取淘宝的商品信息，并将结果保存到 MongoDB。

1. 本节目标

本节中，我们要利用 Selenium 抓取淘宝商品并用 pyquery 解析得到商品的图片、名称、价格、购买人数、店铺名称和店铺所在地信息，并将其保存到 MongoDB。

2. 准备工作

本节中，我们首先以 Chrome 为例来讲解 Selenium 的用法。在开始之前，请确保已经正确安装好 Chrome 浏览器并配置好了 ChromeDriver；另外，还需要正确安装 Python 的 Selenium 库；最后，还对接了 PhantomJS 和 Firefox，请确保安装好 PhantomJS 和 Firefox 并配置好了 GeckoDriver。如果环境没有配置好，可参考第 1 章。

3. 接口分析

首先，我们来看下淘宝的接口，看看它比一般 Ajax 多了怎样的内容。

打开淘宝页面，搜索商品，比如 iPad，此时打开开发者工具，截获 Ajax 请求，我们可以发现获取商品列表的接口，如图 7-19 所示。

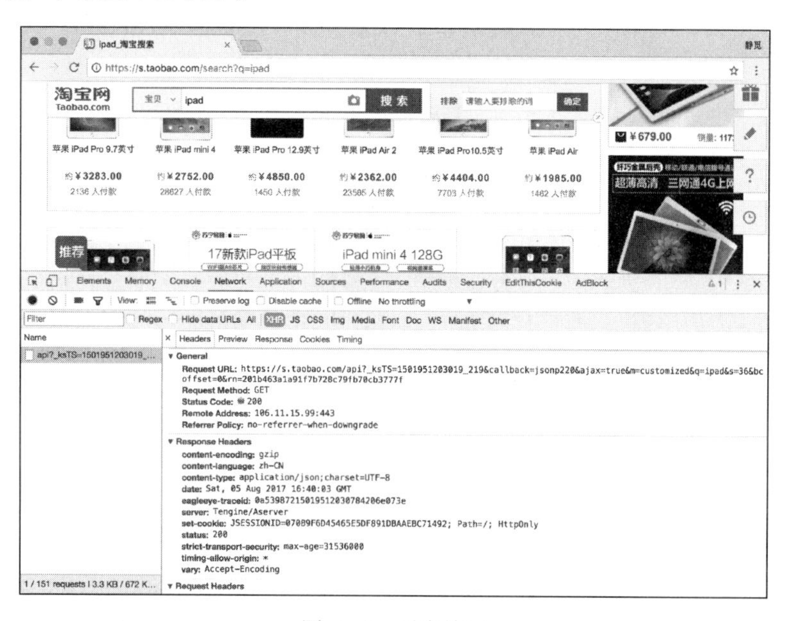

图 7-19 列表接口

它的链接包含了几个 GET 参数，如果要想构造 Ajax 链接，直接请求再好不过了，它的返回内容是 JSON 格式，如图 7-20 所示。

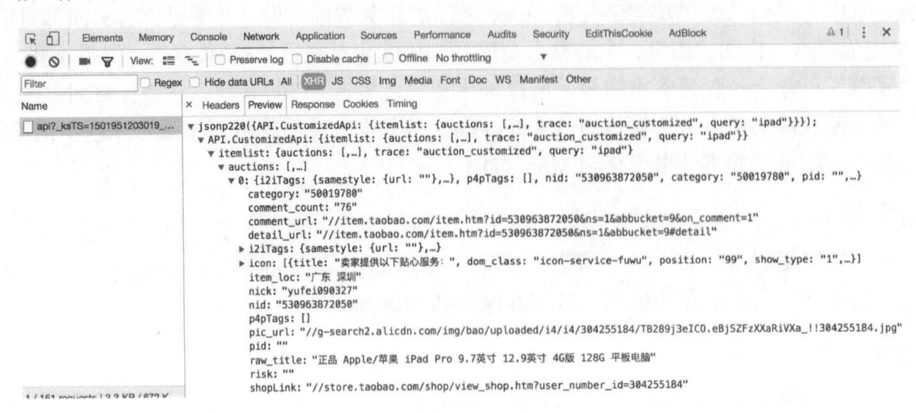

图 7-20　JSON 数据

但是这个 Ajax 接口包含几个参数，其中 _ksTS、rn 参数不能直接发现其规律，如果要去探寻它的生成规律，也不是做不到，但这样相对会比较烦琐，所以如果直接用 Selenium 来模拟浏览器的话，就不需要再关注这些接口参数了，只要在浏览器里面可以看到的，都可以爬取。这也是我们选用 Selenium 爬取淘宝的原因。

4. 页面分析

本节的目标是爬取商品信息。图 7-21 是一个商品条目，其中包含商品的基本信息，包括商品图片、名称、价格、购买人数、店铺名称和店铺所在地，我们要做的就是将这些信息都抓取下来。

图 7-21　商品条目

抓取入口就是淘宝的搜索页面，这个链接可以通过直接构造参数访问。例如，如果搜索 iPad，就可以直接访问 https://s.taobao.com/search?q=iPad，呈现的就是第一页的搜索结果，如图 7-22 所示。

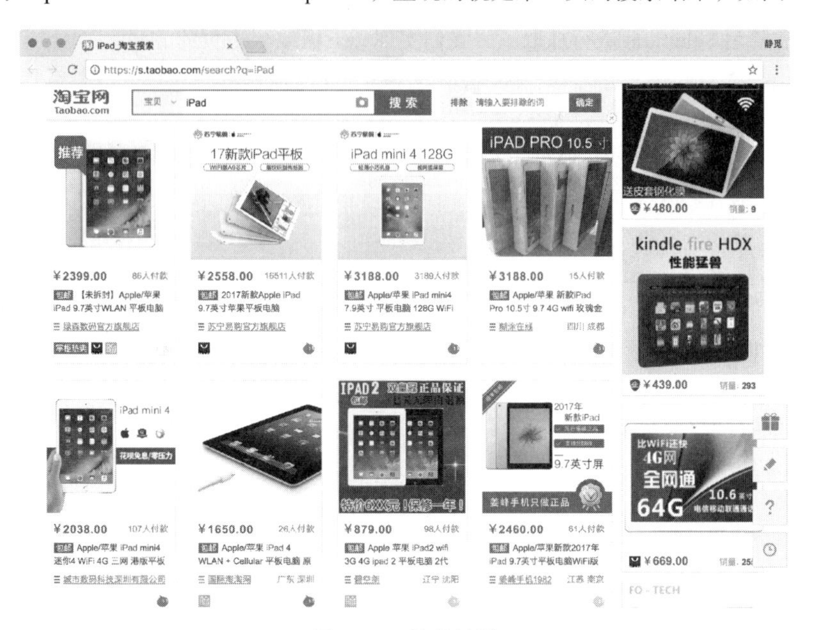

图 7-22　搜索结果

在页面下方，有一个分页导航，其中既包括前 5 页的链接，也包括下一页的链接，同时还有一个输入任意页码跳转的链接，如图 7-23 所示。

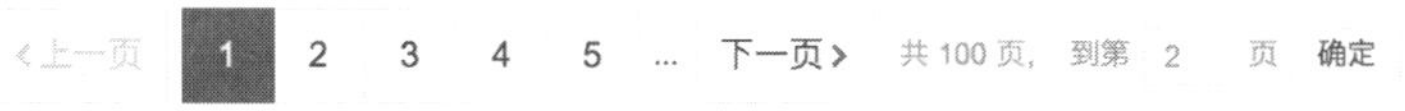

<上一页　1　2　3　4　5　...　下一页>　共 100 页，到第　2　页　确定

图 7-23　分页导航

这里商品的搜索结果一般最大都为 100 页，要获取每一页的内容，只需要将页码从 1 到 100 顺序遍历即可，页码数是确定的。所以，直接在页面跳转文本框中输入要跳转的页码，然后点击“确定”按钮即可跳转到页码对应的页面。

这里不直接点击“下一页”的原因是：一旦爬取过程中出现异常退出，比如到 50 页退出了，此时点击“下一页”时，就无法快速切换到对应的后续页面了。此外，在爬取过程中，也需要记录当前的页码数，而且一旦点击“下一页”之后页面加载失败，还需要做异常检测，检测当前页面是加载到了第几页。整个流程相对比较复杂，所以这里我们直接用跳转的方式来爬取页面。

当我们成功加载出某一页商品列表时，利用 Selenium 即可获取页面源代码，然后再用相应的解析库解析即可。这里我们选用 pyquery 进行解析。下面我们用代码来实现整个抓取过程。

5. 获取商品列表

首先，需要构造一个抓取的 URL：https://s.taobao.com/search?q=iPad。这个 URL 非常简洁，参数

q 就是要搜索的关键字。只要改变这个参数，即可获取不同商品的列表。这里我们将商品的关键字定义成一个变量，然后构造出这样的一个 URL。

然后，就需要用 Selenium 进行抓取了。我们实现如下抓取列表页的方法：

```
from selenium import webdriver
from selenium.common.exceptions import TimeoutException
from selenium.webdriver.common.by import By
from selenium.webdriver.support import expected_conditions as EC
from selenium.webdriver.support.wait import WebDriverWait
from urllib.parse import quote

browser = webdriver.Chrome()
wait = WebDriverWait(browser, 10)
KEYWORD = 'iPad'

def index_page(page):
    """
    抓取索引页
    :param page: 页码
    """
    print('正在爬取第', page, '页')
    try:
        url = 'https://s.taobao.com/search?q=' + quote(KEYWORD)
        browser.get(url)
        if page > 1:
            input = wait.until(
                EC.presence_of_element_located((By.CSS_SELECTOR, '#mainsrp-pager div.form > input')))
            submit = wait.until(
                EC.element_to_be_clickable((By.CSS_SELECTOR, '#mainsrp-pager div.form >
                    span.btn.J_Submit')))
            input.clear()
            input.send_keys(page)
            submit.click()
        wait.until(
            EC.text_to_be_present_in_element((By.CSS_SELECTOR, '#mainsrp-pager li.item.active > span'),
                str(page)))
        wait.until(EC.presence_of_element_located((By.CSS_SELECTOR, '.m-itemlist .items .item')))
        get_products()
    except TimeoutException:
        index_page(page)
```

这里首先构造了一个 WebDriver 对象，使用的浏览器是 Chrome，然后指定一个关键词，如 iPad，接着定义了 index_page()方法，用于抓取商品列表页。

在该方法里，我们首先访问了搜索商品的链接，然后判断了当前的页码，如果大于 1，就进行跳页操作，否则等待页面加载完成。

等待加载时，我们使用了 WebDriverWait 对象，它可以指定等待条件，同时指定一个最长等待时间，这里指定为最长 10 秒。如果在这个时间内成功匹配了等待条件，也就是说页面元素成功加载出来了，就立即返回相应结果并继续向下执行，否则到了最大等待时间还没有加载出来时，就直接抛出超时异常。

比如，我们最终要等待商品信息加载出来，就指定了 presence_of_element_located 这个条件，然后传入了.m-itemlist .items .item 这个选择器，而这个选择器对应的页面内容就是每个商品的信息块，可以到网页里面查看一下。如果加载成功，就会执行后续的 get_products()方法，提取商品信息。

关于翻页操作，这里首先获取页码输入框，赋值为 input，然后获取“确定”按钮，赋值为 submit，分别是图 7-24 中的两个元素。

到第 2 页 确定

图 7-24　跳转选项

首先，我们清空了输入框，此时调用 clear()方法即可。随后，调用 send_keys()方法将页码填充到输入框中，然后点击“确定”按钮即可。

那么，怎样知道有没有跳转到对应的页码呢？我们可以注意到，成功跳转某一页后，页码都会高亮显示，如图 7-25 所示。

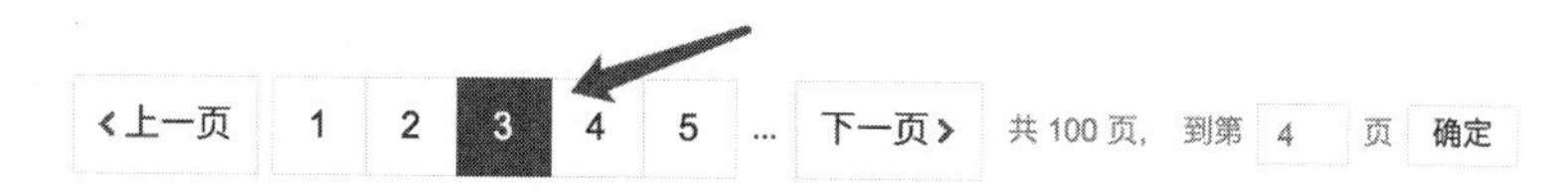

图 7-25　页码高亮显示

我们只需要判断当前高亮的页码数是当前的页码数即可，所以这里使用了另一个等待条件 text_to_be_present_in_element，它会等待指定的文本出现在某一个节点里面时即返回成功。这里我们将高亮的页码节点对应的 CSS 选择器和当前要跳转的页码通过参数传递给这个等待条件，这样它就会检测当前高亮的页码节点是不是我们传过来的页码数，如果是，就证明页面成功跳转到了这一页，页面跳转成功。

这样刚才实现的 index_page()方法就可以传入对应的页码，待加载出对应页码的商品列表后，再去调用 get_products()方法进行页面解析。

6. 解析商品列表

接下来，我们就可以实现 get_products()方法来解析商品列表了。这里我们直接获取页面源代码，然后用 pyquery 进行解析，实现如下：

```
from pyquery import PyQuery as pq
def get_products():
    """
    提取商品数据
    """
    html = browser.page_source
    doc = pq(html)
    items = doc('#mainsrp-itemlist .items .item').items()
    for item in items:
        product = {
            'image': item.find('.pic .img').attr('data-src'),
            'price': item.find('.price').text(),
            'deal': item.find('.deal-cnt').text(),
            'title': item.find('.title').text(),
            'shop': item.find('.shop').text(),
            'location': item.find('.location').text()
```

```
    }
    print(product)
    save_to_mongo(product)
```

首先，调用 page_source 属性获取页码的源代码，然后构造了 PyQuery 解析对象，接着提取了商品列表，此时使用的 CSS 选择器是#mainsrp-itemlist .items .item，它会匹配整个页面的每个商品。它的匹配结果是多个，所以这里我们又对它进行了一次遍历，用 for 循环将每个结果分别进行解析，每次循环把它赋值为 item 变量，每个 item 变量都是一个 PyQuery 对象，然后再调用它的 find()方法，传入 CSS 选择器，就可以获取单个商品的特定内容了。

比如，查看一下商品信息的源码，如图 7-26 所示。

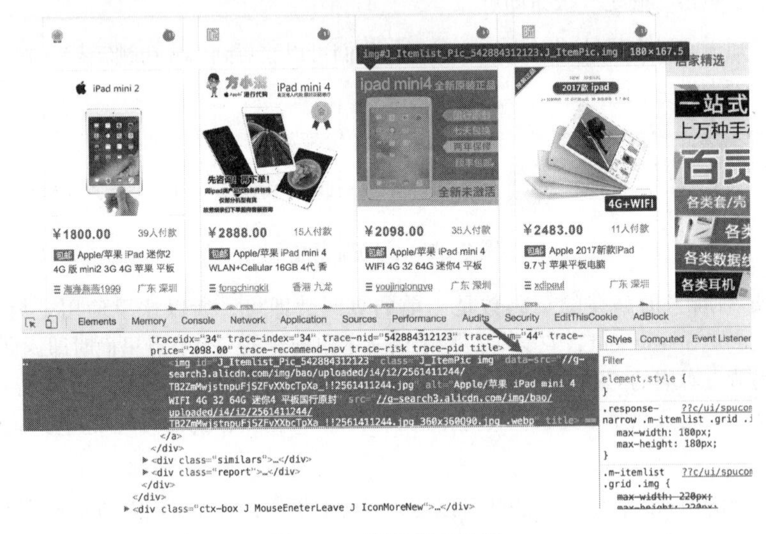

图 7-26　商品信息源码

可以发现，它是一个 img 节点，包含 id、class、data-src、alt 和 src 等属性。这里之所以可以看到这张图片，是因为它的 src 属性被赋值为图片的 URL。把它的 src 属性提取出来，就可以获取商品的图片了。不过我们还注意 data-src 属性，它的内容也是图片的 URL，观察后发现此 URL 是图片的完整大图，而 src 是压缩后的小图，所以这里抓取 data-src 属性来作为商品的图片。

因此，我们需要先利用 find()方法找到图片的这个节点，然后再调用 attr()方法获取商品的 data-src 属性，这样就成功提取了商品图片链接。然后用同样的方法提取商品的价格、成交量、名称、店铺和店铺所在地等信息，接着将所有提取结果赋值为一个字典 product，随后调用 save_to_mongo()将其保存到 MongoDB 即可。

7. 保存到 MongoDB

接下来，我们将商品信息保存到 MongoDB，实现代码如下：

```
MONGO_URL = 'localhost'
MONGO_DB = 'taobao'
MONGO_COLLECTION = 'products'
client = pymongo.MongoClient(MONGO_URL)
```

```
db = client[MONGO_DB]
def save_to_mongo(result):
    """
    保存至 MongoDB
    :param result: 结果
    """
    try:
        if db[MONGO_COLLECTION].insert(result):
            print('存储到 MongoDB 成功')
    except Exception:
        print('存储到 MongoDB 失败')
```

这里首先创建了一个 MongoDB 的连接对象，然后指定了数据库，随后指定了 Collection 的名称，接着直接调用 insert()方法将数据插入到 MongoDB。此处的 result 变量就是在 get_products()方法里传来的 product，包含单个商品的信息。

8. 遍历每页

刚才我们所定义的 get_index()方法需要接收参数 page，page 代表页码。这里我们实现页码遍历即可，代码如下：

```
MAX_PAGE = 100
def main():
    """
    遍历每一页
    """
    for i in range(1, MAX_PAGE + 1):
        index_page(i)
```

其实现非常简单，只需要调用一个 for 循环即可。这里定义最大的页码数为 100，range()方法的返回结果就是 1 到 100 的列表，顺序遍历，调用 index_page()方法即可。

这样我们的淘宝商品爬虫就完成了，最后调用 main()方法即可运行。

9. 运行

运行代码，可以发现首先会弹出一个 Chrome 浏览器，然后会访问淘宝页面，接着控制台便会输出相应的提取结果，如图 7-27 所示。

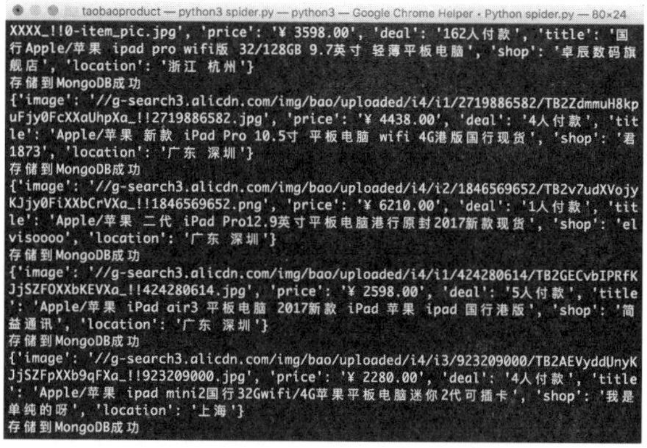

```
taobaoproduct — python3 spider.py — python3 — Google Chrome Helper · Python spider.py — 80×24
XXXX_!!0-item_pic.jpg', 'price': '¥ 3598.00', 'deal': '162人付款', 'title': '国
行Apple/苹果 ipad pro wifi版 32/128GB 9.7英寸 轻薄平板电脑', 'shop': '卓辰数码旗
舰店', 'location': '浙江 杭州'}
存储到MongoDB成功
{'image': '//g-search3.alicdn.com/img/bao/uploaded/i4/i1/2719886582/TB2ZdmmuH8kp
uFjy0FcXXaUhpXa_!!2719886582.jpg', 'price': '¥ 4438.00', 'deal': '4人付款', 'tit
le': 'Apple/苹果 新款 iPad Pro 10.5寸 平板电脑 wifi 4G港版国行现货', 'shop': '君
1873', 'location': '广东 深圳'}
存储到MongoDB成功
{'image': '//g-search3.alicdn.com/img/bao/uploaded/i4/i2/1846569652/TB2v7udXVojy
KJjy0FiXXbCrVXa_!!1846569652.png', 'price': '¥ 6210.00', 'deal': '1人付款', 'tit
le': 'Apple/苹果 二代 iPad Pro12.9英寸平板电脑港行原封2017新款现货', 'shop': 'el
visoooo', 'location': '广东 深圳'}
存储到MongoDB成功
{'image': '//g-search3.alicdn.com/img/bao/uploaded/i4/i1/424280614/TB2GECvbIPRfK
JjSZFOXXbKEVXa_!!424280614.jpg', 'price': '¥ 2598.00', 'deal': '5人付款', 'title
': 'Apple/苹果 iPad air3 平板电脑 2017新款 iPad 苹果 ipad 国行港版', 'shop': '简
益通讯', 'location': '广东 深圳'}
存储到MongoDB成功
{'image': '//g-search3.alicdn.com/img/bao/uploaded/i4/i3/923209000/TB2AEVyddUnyK
JjSZFpXXb9qFXa_!!923209000.jpg', 'price': '¥ 2280.00', 'deal': '4人付款', 'title
': 'Apple/苹果 ipad mini2国行32Gwifi/4G苹果平板电脑迷你2代可插卡', 'shop': '我是
单纯的呀', 'location': '上海'}
存储到MongoDB成功
```

图 7-27 运行结果

可以发现，这些商品信息的结果都是字典形式，它们被存储到 MongoDB 里面。

再看一下 MongoDB 中的结果，如图 7-28 所示。

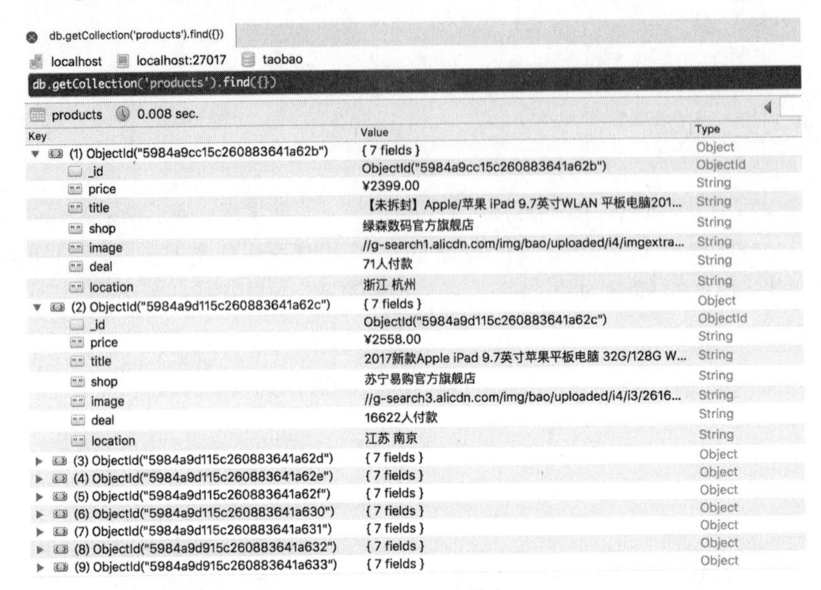

图 7-28　保存结果

可以看到，所有的信息都保存到 MongoDB 里了，这说明爬取成功。

10. Chrome Headless 模式

从 Chrome 59 版本开始，已经开始支持 Headless 模式，也就是无界面模式，这样爬取的时候就不会弹出浏览器了。如果要使用此模式，请把 Chrome 升级到 59 版本及以上。启用 Headless 模式的方式如下：

```
chrome_options = webdriver.ChromeOptions()
chrome_options.add_argument('--headless')
browser = webdriver.Chrome(chrome_options=chrome_options)
```

首先，创建 ChromeOptions 对象，接着添加 headless 参数，然后在初始化 Chrome 对象的时候通过 chrome_options 传递这个 ChromeOptions 对象，这样我们就可以成功启用 Chrome 的 Headless 模式了。

11. 对接 Firefox

要对接 Firefox 浏览器，非常简单，只需要更改一处即可：

```
browser = webdriver.Firefox()
```

这里更改了 browser 对象的创建方式，这样爬取的时候就会使用 Firefox 浏览器了。

12. 对接 PhantomJS

如果不想使用 Chrome 的 Headless 模式，还可以使用 PhantomJS（它是一个无界面浏览器）来抓取。抓取时，同样不会弹出窗口，还是只需要将 WebDriver 的声明修改一下即可：

```
browser = webdriver.PhantomJS()
```

另外，它还支持命令行配置。比如，可以设置缓存和禁用图片加载的功能，进一步提高爬取效率：

```
SERVICE_ARGS = ['--load-images=false', '--disk-cache=true']
browser = webdriver.PhantomJS(service_args=SERVICE_ARGS)
```

最后，给出本节的代码地址：https://github.com/Python3WebSpider/TaobaoProduct。

本节中，我们用 Selenium 演示了淘宝页面的抓取。利用它，我们不用去分析 Ajax 请求，真正做到可见即可爬。

第 8 章 验证码的识别

目前，许多网站采取各种各样的措施来反爬虫，其中一个措施便是使用验证码。随着技术的发展，验证码的花样越来越多。验证码最初是几个数字组合的简单的图形验证码，后来加入了英文字母和混淆曲线。有的网站还可能看到中文字符的验证码，这使得识别愈发困难。

后来 12306 验证码的出现使得行为验证码开始发展起来，用过 12306 的用户肯定多少为它的验证码头疼过。我们需要识别文字，点击与文字描述相符的图片，验证码完全正确，验证才能通过。现在这种交互式验证码越来越多，如极验滑动验证码需要滑动拼合滑块才可以完成验证，点触验证码需要完全点击正确结果才可以完成验证，另外还有滑动宫格验证码、计算题验证码等。

验证码变得越来越复杂，爬虫的工作也变得愈发艰难。有时候我们必须通过验证码的验证才可以访问页面。本章就专门针对验证码的识别做统一讲解。

本章涉及的验证码有普通图形验证码、极验滑动验证码、点触验证码、微博宫格验证码，这些验证码识别的方式和思路各有不同。了解这几个验证码的识别方式之后，我们可以举一反三，用类似的方法识别其他类型验证码。

8.1 图形验证码的识别

我们首先识别最简单的一种验证码，即图形验证码。这种验证码最早出现，现在也很常见，一般由 4 位字母或者数字组成。例如，中国知网的注册页面有类似的验证码，链接为 http://my.cnki.net/elibregister/commonRegister.aspx，页面如图 8-1 所示。

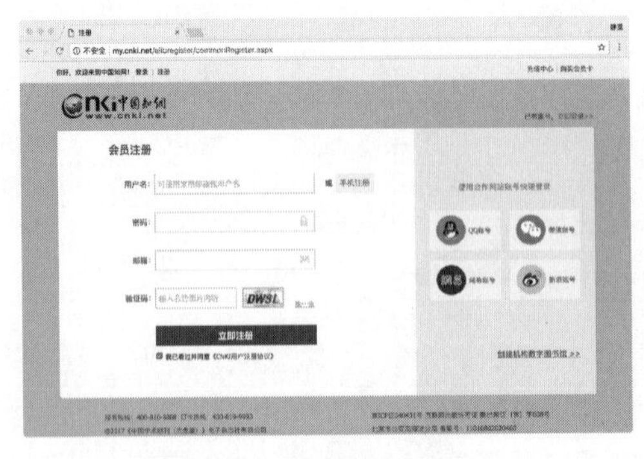

图 8-1 知网注册页面

表单的最后一项就是图形验证码，我们必须完全正确输入图中的字符才可以完成注册。

1. 本节目标

以知网的验证码为例，讲解利用 OCR 技术识别图形验证码的方法。

2. 准备工作

识别图形验证码需要库 tesserocr。安装此库可以参考第 1 章的安装说明。

3. 获取验证码

为了便于实验，我们先将验证码的图片保存到本地。

打开开发者工具，找到验证码元素。验证码元素是一张图片，它的 src 属性是 CheckCode.aspx。我们直接打开这个链接 http://my.cnki.net/elibregister/CheckCode.aspx，就可以看到一个验证码，右键保存即可，将其命名为 code.jpg，如图 8-2 所示。

图 8-2　验证码

这样我们就可以得到一张验证码图片，以供测试识别使用。

4. 识别测试

接下来新建一个项目，将验证码图片放到项目根目录下，用 tesserocr 库识别该验证码，代码如下所示：

```
import tesserocr
from PIL import Image

image = Image.open('code.jpg')
result = tesserocr.image_to_text(image)
print(result)
```

在这里我们新建了一个 Image 对象，调用了 tesserocr 的 image_to_text()方法。传入该 Image 对象即可完成识别，实现过程非常简单，结果如下所示：

```
JR42
```

另外，tesserocr 还有一个更加简单的方法，这个方法可直接将图片文件转为字符串，代码如下所示：

```
import tesserocr
print(tesserocr.file_to_text('image.png'))
```

不过，此种方法的识别效果不如上一种方法好。

5. 验证码处理

接下来我们换一个验证码，将其命名为 code2.jpg，如图 8-3 所示。

图 8-3　验证码

重新用如下的代码来测试：

```
import tesserocr
from PIL import Image

image = Image.open('code2.jpg')
result = tesserocr.image_to_text(image)
print(result)
```

可以看到如下输出结果：

```
FFKT
```

这次识别和实际结果有偏差，这是因为验证码内的多余线条干扰了图片的识别。

对于这种情况，我们还需要做一下额外的处理，如转灰度、二值化等操作。

我们可以利用 Image 对象的 convert()方法参数传入 L，即可将图片转化为灰度图像，代码如下所示：

```
image = image.convert('L')
image.show()
```

传入 1 即可将图片进行二值化处理，如下所示：

```
image = image.convert('1')
image.show()
```

我们还可以指定二值化的阈值。上面的方法采用的是默认阈值 127。不过我们不能直接转化原图，要将原图先转为灰度图像，然后再指定二值化阈值，代码如下所示：

```
image = image.convert('L')
threshold = 80
table = []
for i in range(256):
    if i < threshold:
        table.append(0)
    else:
        table.append(1)

image = image.point(table, '1')
image.show()
```

在这里，变量 threshold 代表二值化阈值，阈值设置为 80。之后我们看看结果，如图 8-4 所示。

PFRT

图 8-4　处理结果

我们发现原来验证码中的线条已经去除，整个验证码变得黑白分明。这时重新识别验证码，代码如下所示：

```
import tesserocr
from PIL import Image

image = Image.open('code2.jpg')

image = image.convert('L')
threshold = 127
table = []
for i in range(256):
    if i < threshold:
        table.append(0)
    else:
        table.append(1)

image = image.point(table, '1')
result = tesserocr.image_to_text(image)
print(result)
```

即可发现运行结果变成如下所示：

```
PFRT
```

那么，针对一些有干扰的图片，我们做一些灰度和二值化处理，这会提高图片识别的正确率。

6. 本节代码

本节代码地址为：https://github.com/Python3WebSpider/CrackImageCode。

7. 结语

本节我们了解了利用 tesserocr 识别验证码的过程。我们可以直接用简单的图形验证码得到结果，也可以对验证码图片做预处理来提高识别的准确度。

8.2 极验滑动验证码的识别

上节我们了解了可以直接利用 tesserocr 来识别简单的图形验证码。近几年出现了一些新型验证码，其中比较有代表性的就是极验验证码，它需要拖动拼合滑块才可以完成验证，相对图形验证码来说识别难度上升了几个等级。本节将讲解极验验证码的识别过程。

1. 本节目标

我们的目标是用程序来识别并通过极验验证码的验证，包括分析识别思路、识别缺口位置、生成滑块拖动路径、模拟实现滑块拼合通过验证等步骤。

2. 准备工作

本次我们使用的 Python 库是 Selenium，浏览器为 Chrome。请确保已经正确安装 Selenium 库、Chrome 浏览器，并配置 ChromeDriver，相关流程可以参考第 1 章的说明。

3. 了解极验验证码

极验验证码官网为：http://www.geetest.com/。它是一个专注于提供验证安全的系统，主要验证方式是拖动滑块拼合图像。若图像完全拼合，则验证成功，即表单成功提交，否则需要重新验证，如图 8-5 和图 8-6 所示。

图 8-5　验证码示例

图 8-6　验证码示例

现在极验验证码已经更新到 3.0 版本。截至 2017 年 7 月，全球有 16 万家企业使用极验，每天服务响应超过 4 亿次。极验验证码广泛应用于直播视频、金融服务、电子商务、游戏娱乐、政府企业等各大类型网站。下面图中是斗鱼、魅族的登录页面，它们都对接了极验验证码，如图 8-7 和图 8-8 所示。

图 8-7　斗鱼登录页面

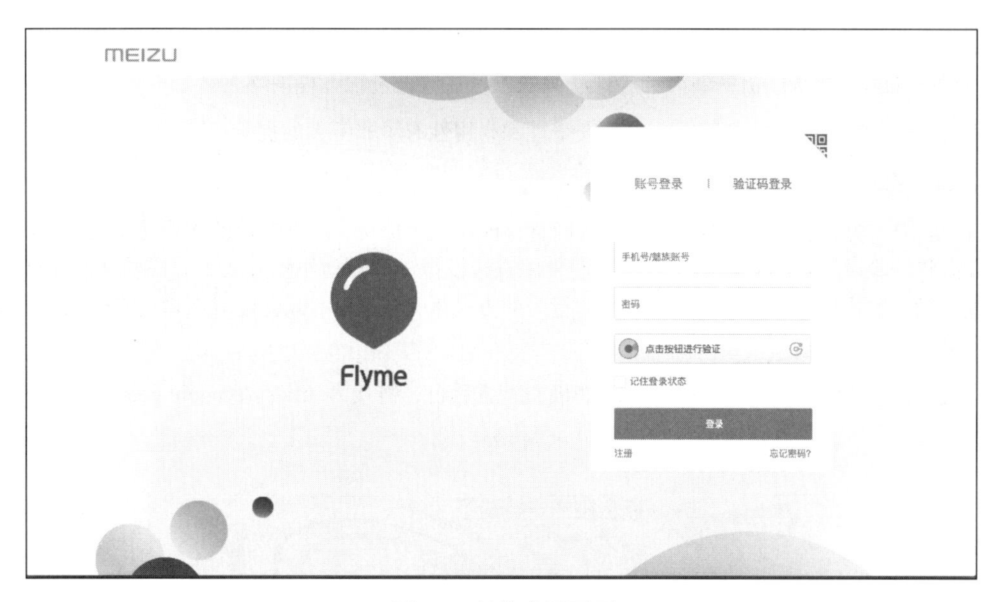

图 8-8　魅族登录页面

4. 极验验证码特点

极验验证码相较于图形验证码来说识别难度更大。对于极验验证码 3.0 版本，我们首先点击按钮进行智能验证。如果验证不通过，则会弹出滑动验证的窗口，拖动滑块拼合图像进行验证。之后三个加密参数会生成，通过表单提交到后台，后台还会进行一次验证。

极验验证码还增加了机器学习的方法来识别拖动轨迹。官方网站的安全防护有如下几点说明。

- **三角防护之防模拟**。恶意程序模仿人类行为轨迹对验证码进行识别。针对模拟，极验验证码拥有超过 4000 万人机行为样本的海量数据。利用机器学习和神经网络，构建线上线下的多重静态、动态防御模型。识别模拟轨迹，界定人机边界。
- **三角防护之防伪造**。恶意程序通过伪造设备浏览器环境对验证码进行识别。针对伪造，极验验证码利用设备基因技术。深度分析浏览器的实际性能来辨识伪造信息。同时根据伪造事件不断更新黑名单，大幅提高防伪造能力。
- **三角防护之防暴力**。恶意程序短时间内进行密集的攻击，对验证码进行暴力识别。针对暴力，极验验证码拥有多种验证形态，每一种验证形态都有利用神经网络生成的海量图库储备，每一张图片都是独一无二的，且图库不断更新，极大程度提高了暴力识别的成本。

另外，极验验证码的验证相对于普通验证方式更加方便，体验更加友好，其官方网站说明如下。

- 点击一下，验证只需要 0.4 秒。极验验证码始终专注于去验证化实践，让验证环节不再打断产品本身的交互流程，最终达到优化用户体验和提高用户转化率的效果。
- 全平台兼容，适用各种交互场景。极验验证码兼容所有主流浏览器甚至古老的 IE6，也可以轻松应用在 iOS 和 Android 移动端平台，满足各种业务需求，保护网站资源不被滥用和盗取。

- 面向未来，懂科技，更懂人性。极验验证码在保障安全同时不断致力于提升用户体验、精雕细琢的验证面板、流畅顺滑的验证动画效果，让验证过程不再枯燥乏味。

相比一般验证码，极验验证码的验证安全性和易用性有了非常大的提高。

5. 识别思路

对于应用了极验验证码的网站，如果我们直接模拟表单提交，加密参数的构造是个问题，需要分析其加密和校验逻辑，相对烦琐。所以我们采用直接模拟浏览器动作的方式来完成验证。在 Python 中，我们可以使用 Selenium 来完全模拟人的行为的方式来完成验证，此验证成本相比直接去识别加密算法少很多。

首先找到一个带有极验验证的网站，如极验官方后台，链接为 https://account.geetest.com/login。在登录按钮上方有一个极验验证按钮，如图 8-9 所示。

图 8-9　验证按钮

此按钮为智能验证按钮。一般来说，如果是同一个会话，一段时间内第二次点击会直接通过验证。如果智能识别不通过，则会弹出滑动验证窗口，我们要拖动滑块拼合图像完成二步验证，如图 8-10 所示。

图 8-10　拖动示例

验证成功后，验证按钮变成如图 8-11 所示的状态。

图 8-11　验证成功结果

接下来，我们便可以提交表单了。

所以，识别验证需要完成如下三步。

(1) 模拟点击验证按钮。
(2) 识别滑动缺口的位置。
(3) 模拟拖动滑块。

第(1)步操作最简单，我们可以直接用 Selenium 模拟点击按钮。

第(2)步操作识别缺口的位置比较关键，这里需要用到图像的相关处理方法。首先观察缺口的样子，如图 8-12 和图 8-13 所示。

图 8-12　缺口示例

图 8-13 缺口示例

缺口的四周边缘有明显的断裂边缘，边缘和边缘周围有明显的区别。我们可以实现一个边缘检测算法来找出缺口的位置。对于极验验证码来说，我们可以利用和原图对比检测的方式来识别缺口的位置，因为在没有滑动滑块之前，缺口并没有呈现，如图 8-14 所示。

图 8-14　初始状态

我们可以同时获取两张图片。设定一个对比阈值，然后遍历两张图片，找出相同位置像素 RGB 差距超过此阈值的像素点，那么此像素点的位置就是缺口的位置。

第(3)步操作看似简单，但其中的坑比较多。极验验证码增加了机器轨迹识别，匀速移动、随机速度移动等方法都不能通过验证，只有完全模拟人的移动轨迹才可以通过验证。人的移动轨迹一般是先加速后减速，我们需要模拟这个过程才能成功。

有了基本的思路之后，我们就用程序来实现极验验证码的识别过程吧。

6. 初始化

这次我们选定的链接为 https://account.geetest.com/login，也就是极验的管理后台登录页面。在这里我们首先初始化一些配置，如 Selenium 对象的初始化及一些参数的配置，如下所示：

```
EMAIL = 'test@test.com'
PASSWORD = '123456'

class CrackGeetest():
    def __init__(self):
        self.url = 'https://account.geetest.com/login'
        self.browser = webdriver.Chrome()
        self.wait = WebDriverWait(self.browser, 20)
        self.email = EMAIL
        self.password = PASSWORD
```

其中，EMAIL 和 PASSWORD 就是登录极验需要的用户名和密码，如果没有需先注册。

7. 模拟点击

实现第一步的操作，也就是模拟点击初始的验证按钮。我们定义一个方法来获取这个按钮，利用显式等待的方法来实现，如下所示：

```
def get_geetest_button(self):
    """
    获取初始验证按钮
    :return: 按钮对象
    """
    button = self.wait.until(EC.element_to_be_clickable((By.CLASS_NAME, 'geetest_radar_tip')))
    return button
```

获取一个 WebElement 对象，调用它的 click()方法即可模拟点击，代码如下所示：

```
# 点击验证按钮
button = self.get_geetest_button()
button.click()
```

第一步的工作就完成了。

8. 识别缺口

接下来识别缺口的位置。首先获取前后两张比对图片，二者不一致的地方即为缺口。获取不带缺口的图片，利用 Selenium 选取图片元素，得到其所在位置和宽高，然后获取整个网页的截图，图片裁切出来即可，代码实现如下：

```
def get_position(self):
    """
    获取验证码位置
    :return: 验证码位置元组
    """
    img = self.wait.until(EC.presence_of_element_located((By.CLASS_NAME, 'geetest_canvas_img')))
    time.sleep(2)
    location = img.location
    size = img.size
    top, bottom, left, right = location['y'], location['y'] + size['height'], location['x'],
        location['x'] + size[
        'width']
    return (top, bottom, left, right)

def get_geetest_image(self, name='captcha.png'):
    """
    获取验证码图片
    :return: 图片对象
    """
    top, bottom, left, right = self.get_position()
    print('验证码位置', top, bottom, left, right)
    screenshot = self.get_screenshot()
    captcha = screenshot.crop((left, top, right, bottom))
    return captcha
```

这里 get_position()函数首先获取图片对象，获取它的位置和宽高，随后返回其左上角和右下角的坐标。get_geetest_image()方法获取网页截图，调用了 crop()方法将图片裁切出来，返回的是 Image 对象。

8

接下来我们需要获取第二张图片，也就是带缺口的图片。要使得图片出现缺口，只需要点击下方的滑块即可。这个动作触发之后，图片中的缺口就会显现，如下所示：

```
def get_slider(self):
    """
    获取滑块
    :return: 滑块对象
    """
    slider = self.wait.until(EC.element_to_be_clickable((By.CLASS_NAME, 'geetest_slider_button')))
    return slider
```

这里利用 get_slider()方法获取滑块对象，调用 click()方法即可触发点击，缺口图片即可呈现，如下所示：

```
# 点按呼出缺口
slider = self.get_slider()
slider.click()
```

调用 get_geetest_image()方法将第二张图片获取下来即可。

现在我们已经得到两张图片对象，分别赋值给变量 image1 和 image2。接下来对比图片获取缺口。我们在这里遍历图片的每个坐标点，获取两张图片对应像素点的 RGB 数据。如果二者的 RGB 数据差距在一定范围内，那就代表两个像素相同，继续比对下一个像素点。如果差距超过一定范围，则代表像素点不同，当前位置即为缺口位置，代码实现如下：

```
def is_pixel_equal(self, image1, image2, x, y):
    """
```

```
        判断两个像素是否相同
        :param image1: 图片 1
        :param image2: 图片 2
        :param x: 位置 x
        :param y: 位置 y
        :return: 像素是否相同
        """
        # 取两个图片的像素点
        pixel1 = image1.load()[x, y]
        pixel2 = image2.load()[x, y]
        threshold = 60
        if abs(pixel1[0] - pixel2[0]) < threshold and abs(pixel1[1] - pixel2[1]) < threshold and abs(
            pixel1[2] - pixel2[2]) < threshold:
            return True
        else:
            return False

    def get_gap(self, image1, image2):
        """
        获取缺口偏移量
        :param image1: 不带缺口图片
        :param image2: 带缺口图片
        :return:
        """
        left = 60
        for i in range(left, image1.size[0]):
            for j in range(image1.size[1]):
                if not self.is_pixel_equal(image1, image2, i, j):
                    left = i
                    return left
        return left
```

get_gap()方法即获取缺口位置的方法。此方法的参数是两张图片，一张为带缺口图片，另一张为不带缺口图片。这里遍历两张图片的每个像素，利用 is_pixel_equal()方法判断两张图片同一位置的像素是否相同。比较两张图 RGB 的绝对值是否均小于定义的阈值 threshold。如果绝对值均在阈值之内，则代表像素点相同，继续遍历。否则代表不相同的像素点，即缺口的位置。

两张对比图片如图 8-15 和图 8-16 所示。

图 8-15　初始状态

图 8-16　后续状态

两张图片有两处明显不同的地方：一个就是待拼合的滑块，一个就是缺口。滑块的位置会出现在左边位置，缺口会出现在与滑块同一水平线的位置，所以缺口一般会在滑块的右侧。如果要寻找缺口，直接从滑块右侧寻找即可。我们直接设置遍历的起始横坐标为 60，也就是从滑块的右侧开始识别，这样识别出的结果就是缺口的位置。

现在，我们获取了缺口的位置。完成验证还剩下最后一步——模拟拖动。

9. 模拟拖动

模拟拖动过程不复杂，但其中的坑比较多。现在我们只需要调用拖动的相关函数将滑块拖动到对应位置，是吗？如果是匀速拖动，极验必然会识别出它是程序的操作，因为人无法做到完全匀速拖动。极验验证码利用机器学习模型，筛选此类数据为机器操作，验证码识别失败。

我们尝试分段模拟，将拖动过程划分几段，每段设置一个平均速度，速度围绕该平均速度小幅度随机抖动，这样也无法完成验证。

最后，完全模拟加速减速的过程通过了验证。前段滑块做匀加速运动，后段滑块做匀减速运动，利用物理学的加速度公式即可完成验证。

滑块滑动的加速度用 a 来表示，当前速度用 v 表示，初速度用 v0 表示，位移用 x 表示，所需时间用 t 表示，它们之间满足如下关系：

```
x = v0 * t + 0.5 * a * t * t
v = v0 + a * t
```

利用这两个公式可以构造轨迹移动算法，计算出先加速后减速的运动轨迹，代码实现如下所示：

```
def get_track(self, distance):
    """
    根据偏移量获取移动轨迹
    :param distance: 偏移量
    :return: 移动轨迹
    """
    # 移动轨迹
    track = []
    # 当前位移
    current = 0
    # 减速阈值
    mid = distance * 4 / 5
    # 计算间隔
    t = 0.2
    # 初速度
    v = 0

    while current < distance:
        if current < mid:
            # 加速度为正 2
            a = 2
        else:
            # 加速度为负 3
            a = -3
        # 初速度 v0
        v0 = v
        # 当前速度 v = v0 + at
        v = v0 + a * t
        # 移动距离 x = v0t + 1/2 * a * t^2
        move = v0 * t + 1 / 2 * a * t * t
        # 当前位移
        current += move
        # 加入轨迹
        track.append(round(move))
    return track
```

这里定义了 get_track()方法，传入的参数为移动的总距离，返回的是运动轨迹。运动轨迹用 track 表示，它是一个列表，列表的每个元素代表每次移动多少距离。

首先定义变量 mid，即减速的阈值，也就是加速到什么位置开始减速。在这里 mid 值为 4/5，即模拟前 4/5 路程是加速过程，后 1/5 路程是减速过程。

接着定义当前位移的距离变量 current，初始为 0，然后进入 while 循环，循环的条件是当前位移小于总距离。在循环里我们分段定义了加速度，其中加速过程的加速度定义为 2，减速过程的加速度定义为-3。之后套用位移公式计算出某个时间段内的位移，将当前位移更新并记录到轨迹里即可。

直到运动轨迹达到总距离时，循环终止。最后得到的 track 记录了每个时间间隔移动了多少位移，这样滑块的运动轨迹就得到了。

最后按照该运动轨迹拖动滑块即可，方法实现如下所示：

```
def move_to_gap(self, slider, tracks):
    """
    拖动滑块到缺口处
    :param slider: 滑块
    :param tracks: 轨迹
    :return:
    """
    ActionChains(self.browser).click_and_hold(slider).perform()
    for x in tracks:
        ActionChains(self.browser).move_by_offset(xoffset=x, yoffset=0).perform()
    time.sleep(0.5)
    ActionChains(self.browser).release().perform()
```

这里传入的参数为滑块对象和运动轨迹。首先调用 ActionChains 的 click_and_hold()方法按住拖动底部滑块，遍历运动轨迹获取每小段位移距离，调用 move_by_offset()方法移动此位移，最后调用 release()方法松开鼠标即可。

经过测试，验证通过，识别完成，效果如图 8-17 所示。

图 8-17　识别成功结果

最后，完善表单，模拟点击登录按钮，成功登录后即跳转到后台。

至此，极验验证码的识别工作全部完成。此识别方法同样适用于其他使用极验验证码 3.0 的网站，原理都是相同的。

10. 本节代码

本节代码地址为：https://github.com/Python3WebSpider/CrackGeetest。

11. 结语

本节我们分析并实现了极验验证码的识别，其关键在于识别的思路，如如何识别缺口位置、如何生成运动轨迹等。如果再遇到类似原理的验证码，我们可以利用这条思路完成识别过程。

8.3 点触验证码的识别

除了极验验证码，还有另一种常见且应用广泛的验证码，即点触验证码。

可能你对这个名字比较陌生，但是肯定见过类似的验证码，比如 12306 就是典型的点触验证码，如图 8-18 所示。

图 8-18 12306 验证码

直接点击图中符合要求的图。所有答案均正确，验证才会成功。如果有一个答案错误，验证就会失败。这种验证码就称为点触验证码。

还有一个专门提供点触验证码服务的站点 TouClick，其官方网站为 https://www.touclick.com/。本节就以 TouClick 为例讲解此类验证码的识别过程。

1. 本节目标

我们的目标是用程序来识别并通过点触验证码的验证。

2. 准备工作

我们使用的 Python 库是 Selenium，使用的浏览器为 Chrome。请确保已经正确安装好 Selenium 库、Chrome 浏览器，并配置好 ChromeDriver，相关流程可以参考第 1 章的说明。

3. 了解点触验证码

TouClick 官方网站的验证码样式如图 8-19 所示。

8

图 8-19　验证码样式

与 12306 站点相似，不过这次是点击图片中的文字而非图片。点触验证码有很多种，它们的交互形式略有不同，但其基本原理都是类似的。

接下来，我们统一实现此类点触验证码的识别过程。

4. 识别思路

如果依靠图像识别点触验证码，则识别难度非常大。例如，12306 的识别难点有两点，第一点是文字识别，如图 8-20 所示。

图 8-20　12306 验证码

点击图中所有漏斗，“漏斗”二字经过变形、放缩、模糊处理，如果要借助前面的 OCR 技术来识别，识别的精准度会大打折扣，甚至得不到任何结果。

第二点是图像的识别。我们需要将图像重新转化文字，可以借助各种识图接口，但识别的准确率非常低，经常会出现匹配不正确或无法匹配的情况。而且图片清晰度不够，识别难度会更大，更何况需要同时正确识别八张图片，验证才能通过。

综上所述，此种方法基本是不可行的。

我们再以 TouClick 为例，如图 8-21 所示。

我们需要从这幅图片中识别出“植株”二字，但是图片背景或多或少会有干扰，导致 OCR 几乎不会识别出结果。如果直接识别白色的文字不就好了吗？但是如果换一张验证码呢？文字颜色就又不同了，因此此方法是不可行的，如图 8-22 所示。

图 8-21 验证码示例

图 8-22 验证码示例

这张验证码图片的文字变成了蓝色，有白色阴影，识别的难度会大大增加。

那么，此类验证码该如何识别？互联网上有很多验证码服务平台，平台 7×24 小时提供验证码识别服务，一张图片几秒就会获得识别结果，准确率可达 90%以上。

我个人比较推荐的一个平台是超级鹰，其官网为 https://www.chaojiying.com。其提供的服务种类非常广泛，可识别的验证码类型非常多，其中就包括点触验证码。

超级鹰平台同样支持简单的图形验证码识别。如果 OCR 识别有难度，同样可以用本节介绍的方法借助此平台来识别。超级鹰平台提供了如下一些服务。

- **英文数字**：提供最多 20 位英文数字的混合识别。
- **中文汉字**：提供最多 7 个汉字的识别。
- **纯英文**：提供最多 12 位的英文的识别。
- **纯数字**：提供最多 11 位的数字的识别。
- **任意特殊字符**：提供不定长汉字英文数字、拼音首字母、计算题、成语混合、集装箱号等字符的识别。
- **坐标选择识别**：如复杂计算题、选择题四选一、问答题、点击相同的字、物品、动物等返回多个坐标的识别。

具体如有变动以官网为准：https://www.chaojiying.com/price.html。

这里需要处理的就是坐标多选识别的情况。我们先将验证码图片提交给平台，平台会返回识别结果在图片中的坐标位置，然后我们再解析坐标模拟点击。

下面我们就用程序来实现。

5. 注册账号

先注册超级鹰账号并申请软件 ID，注册页面链接为 https://www.chaojiying.com/user/reg/。在后台开发商中心添加软件 ID。最后充值一些题分，充值多少可以根据价格和识别量自行决定。

6. 获取 API

在官方网站下载对应的 Python API，链接为：https://www.chaojiying.com/api-14.html。此 API 是 Python 2 版本的，是用 requests 库来实现的。我们可以简单更改几个地方，即可将其修改为 Python 3 版本。

修改之后的 API 如下所示：

```
import requests
from hashlib import md5

class Chaojiying(object):

    def __init__(self, username, password, soft_id):
        self.username = username
        self.password = md5(password.encode('utf-8')).hexdigest()
        self.soft_id = soft_id
        self.base_params = {
            'user': self.username,
            'pass2': self.password,
            'softid': self.soft_id,
        }
        self.headers = {
            'Connection': 'Keep-Alive',
            'User-Agent': 'Mozilla/4.0 (compatible; MSIE 8.0; Windows NT 5.1; Trident/4.0)',
        }


    def post_pic(self, im, codetype):
        """
        im: 图片字节
        codetype: 题目类型参考 http://www.chaojiying.com/price.html
        """
        params = {
            'codetype': codetype,
        }
        params.update(self.base_params)
        files = {'userfile': ('ccc.jpg', im)}
        r = requests.post('http://upload.chaojiying.net/Upload/Processing.php', data=params, files=files,
            headers=self.headers)
        return r.json()

    def report_error(self, im_id):
        """
        im_id:报错题目的图片 ID
        """
        params = {
            'id': im_id,
        }
        params.update(self.base_params)
        r = requests.post('http://upload.chaojiying.net/Upload/ReportError.php', data=params,
            headers=self.headers)
        return r.json()
```

这里定义了一个 Chaojiying 类，其构造函数接收三个参数，分别是超级鹰的用户名、密码以及软件 ID，保存以备使用。

最重要的一个方法叫作 post_pic()，它需要传入图片对象和验证码的代号。该方法会将图片对象和相关信息发给超级鹰的后台进行识别，然后将识别成功的 JSON 返回。

另一个方法叫作 report_error()，它是发生错误的时候的回调。如果验证码识别错误，调用此方法会返回相应的题分。

接下来，以 TouClick 的官网为例，来演示点触验证码的识别过程，链接为 http://admin.touclick.com/。

7. 初始化

首先初始化一些变量，如 WebDriver、Chaojiying 对象等，代码实现如下所示：

```
EMAIL = 'cqc@cuiqingcai.com'
PASSWORD = ''
# 超级鹰用户名、密码、软件 ID、验证码类型
CHAOJIYING_USERNAME = 'Germey'
CHAOJIYING_PASSWORD = ''
CHAOJIYING_SOFT_ID = 893590
CHAOJIYING_KIND = 9102

class CrackTouClick():
    def __init__(self):
        self.url = 'http://admin.touclick.com/login.html'
        self.browser = webdriver.Chrome()
        self.wait = WebDriverWait(self.browser, 20)
        self.email = EMAIL
        self.password = PASSWORD
        self.chaojiying = Chaojiying(CHAOJIYING_USERNAME, CHAOJIYING_PASSWORD, CHAOJIYING_SOFT_ID)
```

这里的账号和密码请自行修改。

8. 获取验证码

接下来的第一步就是完善相关表单，模拟点击呼出验证码，代码实现如下所示：

```
def open(self):
    """
    打开网页输入用户名密码
    :return: None
    """
    self.browser.get(self.url)
    email = self.wait.until(EC.presence_of_element_located((By.ID, 'email')))
    password = self.wait.until(EC.presence_of_element_located((By.ID, 'password')))
    email.send_keys(self.email)
    password.send_keys(self.password)

def get_touclick_button(self):
    """
    获取初始验证按钮
    :return:
    """
    button = self.wait.until(EC.element_to_be_clickable((By.CLASS_NAME, 'touclick-hod-wrap')))
    return button
```

open()方法负责填写表单，get_touclick_button()方法获取验证码按钮，之后触发点击即可。

接下来，类似极验验证码图像获取一样，获取验证码图片的位置和大小，从网页截图里截取相应的验证码图片，代码实现如下所示：

```
def get_touclick_element(self):
    """
    获取验证图片对象
    :return: 图片对象
    """
    element = self.wait.until(EC.presence_of_element_located((By.CLASS_NAME, 'touclick-pub-content')))
    return element

def get_position(self):
    """
    获取验证码位置
    :return: 验证码位置元组
    """
    element = self.get_touclick_element()
    time.sleep(2)
    location = element.location
    size = element.size
    top, bottom, left, right = location['y'], location['y'] + size['height'], location['x'], location['x']
        + size['width']
    return (top, bottom, left, right)

def get_screenshot(self):
    """
    获取网页截图
    :return: 截图对象
    """
    screenshot = self.browser.get_screenshot_as_png()
    screenshot = Image.open(BytesIO(screenshot))
    return screenshot

def get_touclick_image(self, name='captcha.png'):
    """
    获取验证码图片
    :return: 图片对象
    """
    top, bottom, left, right = self.get_position()
    print('验证码位置', top, bottom, left, right)
    screenshot = self.get_screenshot()
    captcha = screenshot.crop((left, top, right, bottom))
    return captcha
```

get_touclick_image()方法即为从网页截图中截取对应的验证码图片，其中验证码图片的相对位置坐标由 get_position()方法返回得到。最后我们得到的是 Image 对象。

9. 识别验证码

调用 Chaojiying 对象的 post_pic()方法，即可把图片发送给超级鹰后台，这里发送的图像是字节流格式，代码实现如下所示：

```
image = self.get_touclick_image()
bytes_array = BytesIO()
image.save(bytes_array, format='PNG')
# 识别验证码
```

```
result = self.chaojiying.post_pic(bytes_array.getvalue(), CHAOJIYING_KIND)
print(result)
```

运行之后，result 变量就是超级鹰后台的识别结果。可能运行需要等待几秒。

返回的结果是一个 JSON。如果识别成功，典型的返回结果如下所示：

```
{'err_no': 0, 'err_str': 'OK', 'pic_id': '6002001380949200001', 'pic_str': '132,127|56,77', 'md5':
    '1f8e1d4bef8b11484cb1f1f34299865b'}
```

其中，pic_str 就是识别的文字的坐标，是以字符串形式返回的，每个坐标都以|分隔。接下来我们只需要将其解析，然后模拟点击，代码实现如下所示：

```
def get_points(self, captcha_result):
    """
    解析识别结果
    :param captcha_result: 识别结果
    :return: 转化后的结果
    """
    groups = captcha_result.get('pic_str').split('|')
    locations = [[int(number) for number in group.split(',')] for group in groups]
    return locations

def touch_click_words(self, locations):
    """
    点击验证图片
    :param locations: 点击位置
    :return: None
    """
    for location in locations:
        print(location)
        ActionChains(self.browser).move_to_element_with_offset(self.get_touclick_element(), location[0],
            location[1]).click().perform()
        time.sleep(1)
```

这里用 get_points()方法将识别结果变成列表的形式。touch_click_words()方法则通过调用 move_to_element_with_offset()方法依次传入解析后的坐标，点击即可。

这样我们就模拟完成坐标的点选，运行效果如图 8-23 所示。

图 8-23　点选效果

最后点击提交验证的按钮，等待验证通过，再点击登录按钮即可成功登录。后续实现在此不再赘述。

这样我们就借助在线验证码平台完成了点触验证码的识别。此方法是一种通用方法，我们也可以用此方法来识别 12306 等验证码。

10. 本节代码

本节代码地址为：https://github.com/Python3WebSpider/CrackTouClick。

11. 结语

本节我们通过在线打码平台辅助完成了验证码的识别。这种识别方法非常强大，几乎任意的验证码都可以识别。如果遇到难题，借助打码平台无疑是一个极佳的选择。

8.4　微博宫格验证码的识别

本节我们将介绍新浪微博宫格验证码的识别。微博宫格验证码是一种新型交互式验证码，每个宫格之间会有一条指示连线，指示了应该的滑动轨迹。我们要按照滑动轨迹依次从起始宫格滑动到终止宫格，才可以完成验证，如图 8-24 所示。

鼠标滑动后的轨迹会以黄色的连线来标识，如图 8-25 所示。

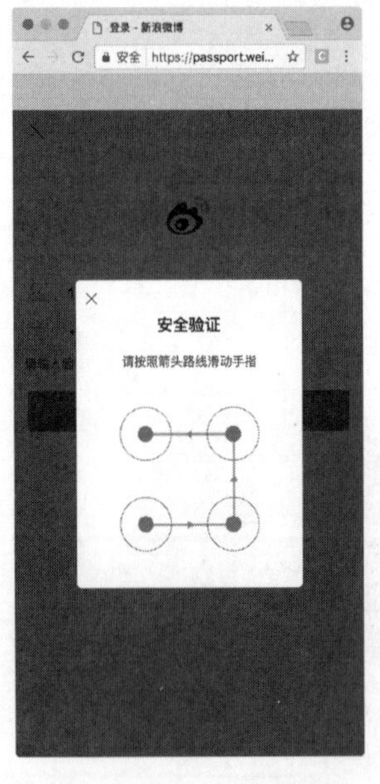

图 8-24　验证码示例

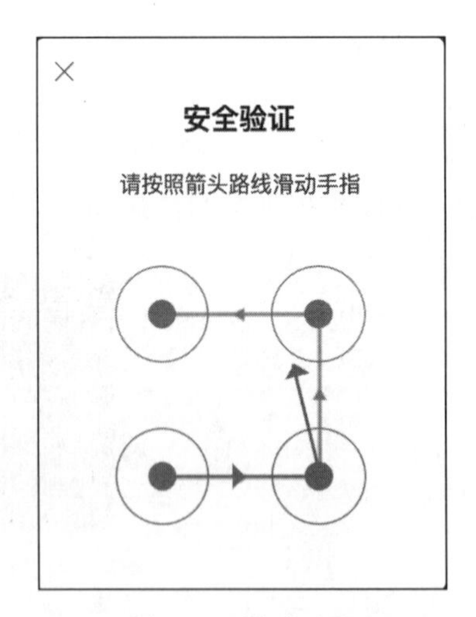

图 8-25　滑动过程

访问新浪微博移动版登录页面，就可以看到如上验证码，链接为 https://passport.weibo.cn/signin/login。不是每次登录都会出现验证码，当频繁登录或者账号存在安全风险的时候，验证码才会出现。

1. 本节目标

我们的目标是用程序来识别并通过微博宫格验证码的验证。

2. 准备工作

本次我们使用的 Python 库是 Selenium，使用的浏览器为 Chrome，请确保已经正确安装好 Selenium 库、Chrome 浏览器，并配置好 ChromeDriver，相关流程可以参考第 1 章的说明。

3. 识别思路

识别从探寻规律入手。规律就是，此验证码的四个宫格一定是有连线经过的，每一条连线上都会相应的指示箭头，连线的形状多样，包括 C 型、Z 型、X 型等，如图 8-26、图 8-27 和图 8-28 所示。

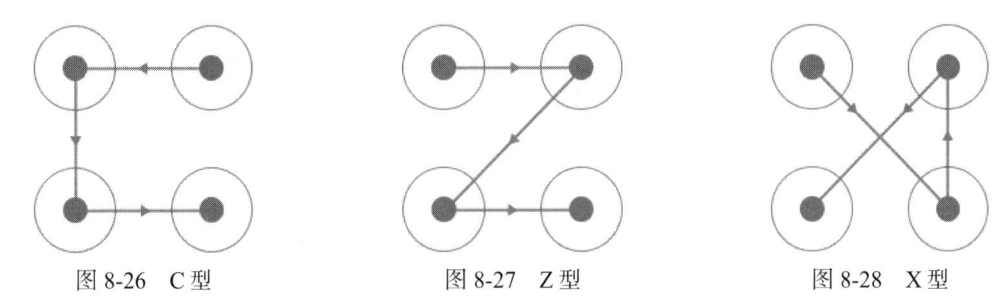

图 8-26　C 型　　图 8-27　Z 型　　图 8-28　X 型

我们发现，同一类型的连线轨迹是相同的，唯一不同的就是连线的方向，如图 8-29 和图 8-30 所示。

图 8-29　反向连线　　图 8-30　正向连线

这两种验证码的连线轨迹是相同的。但是由于连线上面的指示箭头不同，导致滑动的宫格顺序有所不同。

如果要完全识别滑动宫格顺序，就需要具体识别出箭头的朝向。而整个验证码箭头朝向一共有 8 种，而且会出现在不同的位置。如果要写一个箭头方向识别算法，需要考虑不同箭头所在的位置，找出各个位置箭头的像素点坐标，计算像素点变化规律，这个工作量就会变得比较大。

这时我们可以考虑用模板匹配的方法，就是将一些识别目标提前保存并做好标记，这称作模板。这里将验证码图片做好拖动顺序的标记当做模板。对比要新识别的目标和每一个模板，如果找到匹配的模板，则就成功识别出要新识别的目标。在图像识别中，模板匹配也是常用的方法，实现简单且易用性好。

我们必须要收集到足够多的模板，模板匹配方法的效果才会好。而对于微博宫格验证码来说，宫格只有 4 个，验证码的样式最多 4×3×2×1=24 种，则我们可以将所有模板都收集下来。

接下来我们需要考虑的就是，用何种模板来进行匹配，只匹配箭头还是匹配整个验证码全图呢？我们权衡一下这两种方式的匹配精度和工作量。

- 首先是精度问题。如果是匹配箭头，比对的目标只有几个像素点范围的箭头，我们需要精确知道各个箭头所在的像素点，一旦像素点有偏差，那么会直接错位，导致匹配结果大打折扣。如果是匹配全图，我们无需关心箭头所在位置，同时还有连线帮助辅助匹配。显然，全图匹配的精度更高。
- 其次是工作量的问题。如果是匹配箭头，我们需要保存所有不同朝向的箭头模板，而相同位置箭头的朝向可能不一，相同朝向的箭头位置可能不一，那么我们需要算出每个箭头的位置并将其逐个截出保存成模板，依次探寻验证码对应位置是否有匹配模板。如果是匹配全图，我们不需要关心每个箭头的位置和朝向，只需要将验证码全图保存下来即可，在匹配的时候也不需要计算箭头的位置。显然，匹配全图的工作量更少。

综上考虑，我们选用全图匹配的方式来进行识别。找到匹配的模板之后，我们就可以得到事先为模板定义的拖动顺序，然后模拟拖动即可。

4. 获取模板

我们需要做一下准备工作。先保存 24 张验证码全图。因为验证码是随机的，一共有 24 种。我们可以写一段程序来批量保存验证码图片，然后从中筛选出需要的图片，代码如下所示：

```
import time
from io import BytesIO
from PIL import Image
from selenium import webdriver
from selenium.common.exceptions import TimeoutException
from selenium.webdriver.common.by import By
from selenium.webdriver.support.ui import WebDriverWait
from selenium.webdriver.support import expected_conditions as EC


USERNAME = ''
PASSWORD = ''

class CrackWeiboSlide():
    def __init__(self):
        self.url = 'https://passport.weibo.cn/signin/login'
        self.browser = webdriver.Chrome()
        self.wait = WebDriverWait(self.browser, 20)
        self.username = USERNAME
        self.password = PASSWORD

    def __del__(self):
        self.browser.close()

    def open(self):
        """
        打开网页输入用户名密码并点击
        :return: None
        """
```

```
        self.browser.get(self.url)
        username = self.wait.until(EC.presence_of_element_located((By.ID, 'loginName')))
        password = self.wait.until(EC.presence_of_element_located((By.ID, 'loginPassword')))
        submit = self.wait.until(EC.element_to_be_clickable((By.ID, 'loginAction')))
        username.send_keys(self.username)
        password.send_keys(self.password)
        submit.click()

    def get_position(self):
        """
        获取验证码位置
        :return: 验证码位置元组
        """
        try:
            img = self.wait.until(EC.presence_of_element_located((By.CLASS_NAME, 'patt-shadow')))
        except TimeoutException:
            print('未出现验证码')
            self.open()
        time.sleep(2)
        location = img.location
        size = img.size
        top, bottom, left, right = location['y'], location['y'] + size['height'], location['x'],
            location['x'] + size['width']
        return (top, bottom, left, right)

    def get_screenshot(self):
        """
        获取网页截图
        :return: 截图对象
        """
        screenshot = self.browser.get_screenshot_as_png()
        screenshot = Image.open(BytesIO(screenshot))
        return screenshot

    def get_image(self, name='captcha.png'):
        """
        获取验证码图片
        :return: 图片对象
        """
        top, bottom, left, right = self.get_position()
        print('验证码位置', top, bottom, left, right)
        screenshot = self.get_screenshot()
        captcha = screenshot.crop((left, top, right, bottom))
        captcha.save(name)
        return captcha

    def main(self):
        """
        批量获取验证码
        :return: 图片对象
        """
        count = 0
        while True:
            self.open()
            self.get_image(str(count) + '.png')
            count += 1

if __name__ == '__main__':
    crack = CrackWeiboSlide()
    crack.main()
```

这里需要将 USERNAME 和 PASSWORD 修改为自己微博的用户名和密码。运行一段时间后，本地多了很多以数字命名的验证码，如图 8-31 所示。

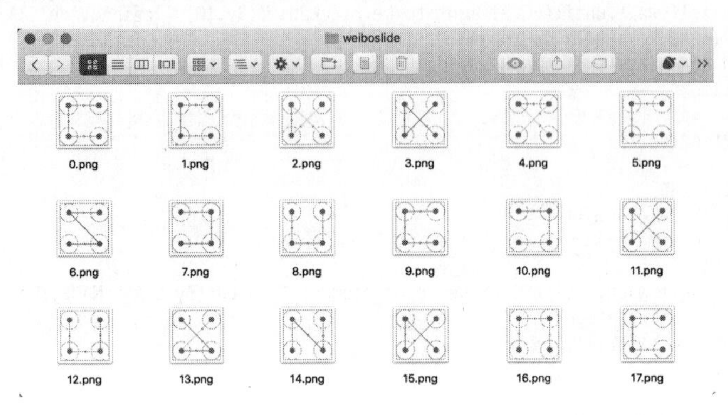

图 8-31　获取结果

这里我们只需要挑选出不同的 24 张验证码图片并命名保存。名称可以直接取作宫格的滑动的顺序，如图 8-32 所示。

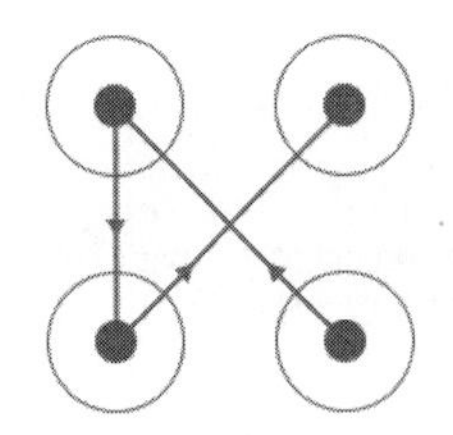

图 8-32　验证码示例

我们将图片命名为 4132.png，代表滑动顺序为 4-1-3-2。按照这样的规则，我们将验证码整理为如下 24 张图，如图 8-33 所示。

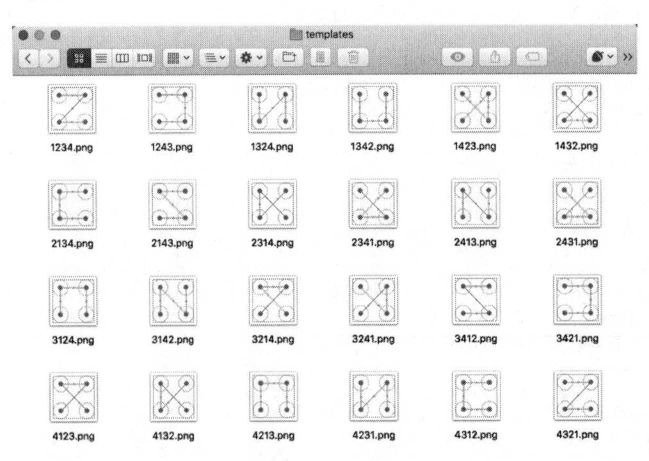

图 8-33　整理结果

如上 24 张图就是我们的模板。接下来，识别过程只需要遍历模板进行匹配即可。

5. 模板匹配

调用 get_image()方法，得到验证码图片对象。然后，对验证码图片对象进行模板匹配，定义如下所示的方法：

```
from os import listdir

def detect_image(self, image):
    """
    匹配图片
    :param image: 图片
    :return: 拖动顺序
    """
    for template_name in listdir(TEMPLATES_FOLDER):
        print('正在匹配', template_name)
        template = Image.open(TEMPLATES_FOLDER + template_name)
        if self.same_image(image, template):
            # 返回顺序
            numbers = [int(number) for number in list(template_name.split('.')[0])]
            print('拖动顺序', numbers)
            return numbers
```

TEMPLATES_FOLDER 就是模板所在的文件夹。这里通过 listdir()方法获取所有模板的文件名称，然后对其进行遍历，通过 same_image()方法对验证码和模板进行比对。如果匹配成功，那么就将匹配到的模板文件名转换为列表。如模板文件 3124.png 匹配到了，则返回结果为[3, 1, 2, 4]。

比对的方法实现如下所示：

```
def is_pixel_equal(self, image1, image2, x, y):
    """
    判断两个像素是否相同
    :param image1: 图片 1
    :param image2: 图片 2
    :param x: 位置 x
    :param y: 位置 y
    :return: 像素是否相同
    """
    # 取两个图片的像素点
    pixel1 = image1.load()[x, y]
    pixel2 = image2.load()[x, y]
    threshold = 20
    if abs(pixel1[0] - pixel2[0]) < threshold and abs(pixel1[1] - pixel2[1]) < threshold and abs(
        pixel1[2] - pixel2[2]) < threshold:
        return True
    else:
        return False

def same_image(self, image, template):
    """
    识别相似验证码
    :param image: 待识别验证码
    :param template: 模板
    :return:
    """
    # 相似度阈值
    threshold = 0.99
    count = 0
```

```
    for x in range(image.width):
        for y in range(image.height):
            # 判断像素是否相同
            if self.is_pixel_equal(image, template, x, y):
                count += 1
    result = float(count) / (image.width * image.height)
    if result > threshold:
        print('成功匹配')
        return True
    return False
```

在这里比对图片也利用了遍历像素的方法。same_image()方法接收两个参数，image 为待检测的验证码图片对象，template 是模板对象。由于二者大小是完全一致的，所以在这里我们遍历了图片的所有像素点。比对二者同一位置的像素点，如果像素点相同，计数就加 1。最后计算相同的像素点占总像素的比例。如果该比例超过一定阈值，那就判定图片完全相同，则匹配成功。这里阈值设定为 0.99，即如果二者有 0.99 以上的相似比，则代表匹配成功。

通过上面的方法，依次匹配 24 个模板。如果验证码图片正常，我们总能找到一个匹配的模板，这样就可以得到宫格的滑动顺序了。

6. 模拟拖动

接下来，根据滑动顺序拖动鼠标，连接各个宫格，方法实现如下所示：

```
def move(self, numbers):
    """
    根据顺序拖动
    :param numbers:
    :return:
    """
    # 获得四个按点
    circles = self.browser.find_elements_by_css_selector('.patt-wrap .patt-circ')
    dx = dy = 0
    for index in range(4):
        circle = circles[numbers[index] - 1]
        # 如果是第一次循环
        if index == 0:
            # 点击第一个按点
            ActionChains(self.browser) \
                .move_to_element_with_offset(circle, circle.size['width'] / 2, circle.size['height'] / 2) \
                .click_and_hold().perform()
        else:
            # 小幅移动次数
            times = 30
            # 拖动
            for i in range(times):
                ActionChains(self.browser).move_by_offset(dx / times, dy / times).perform()
                time.sleep(1 / times)
        # 如果是最后一次循环
        if index == 3:
            # 松开鼠标
            ActionChains(self.browser).release().perform()
        else:
            # 计算下一次偏移
            dx = circles[numbers[index + 1] - 1].location['x'] - circle.location['x']
            dy = circles[numbers[index + 1] - 1].location['y'] - circle.location['y']
```

这里方法接收的参数就是宫格的点按顺序，如[3,1,2,4]。首先我们利用 `find_elements_by_css_selector()`方法获取到 4 个宫格元素，它是一个列表形式，每个元素代表一个宫格。接下来遍历宫格的点按顺序，做一系列对应操作。

其中如果当前遍历的是第一个宫格，那就直接鼠标点击并保持动作，否则移动到下一个宫格。如果当前遍历的是最后一个宫格，那就松开鼠标，如果不是最后一个宫格，则计算移动到下一个宫格的偏移量。

通过 4 次循环，我们便可以成功操作浏览器完成宫格验证码的拖拽填充，松开鼠标之后即可识别成功。运行效果如图 8-34 所示。

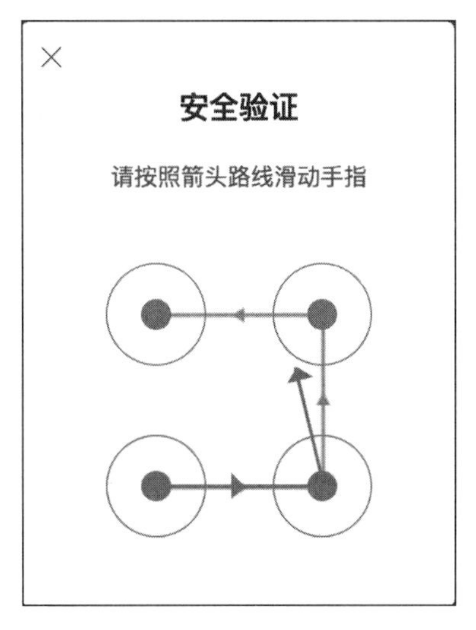

图 8-34　运行效果

鼠标会慢慢从起始位置移动到终止位置。最后一个宫格松开之后，验证码的识别便完成了。

至此，微博宫格验证码的识别就全部完成。验证码窗口会自动关闭。直接点击登录按钮即可登录微博。

7. 本节代码

本节代码地址为：https://github.com/Python3WebSpider/CrackWeiboSlide。

8. 结语

本节介绍了一种常用的模板匹配识别图片的方式，模拟了鼠标拖拽动作来实现验证码的识别。如果遇到类似的验证码，我们可以采用同样的思路进行识别。

第 9 章

代理的使用

我们在做爬虫的过程中经常会遇到这样的情况：最初爬虫正常运行，正常抓取数据，一切看起来都是那么美好，然而一杯茶的功夫可能就会出现错误，比如 403 Forbidden；这时候网页上可能会出现“您的 IP 访问频率太高”这样的提示，或者跳出一个验证码让我们输入，之后才可能解封，但是一会之后又出现这种情况。

出现这个现象的原因是网站采取了一些反爬虫的措施。比如，服务器会检测某个 IP 在单位时间内的请求次数，如果超过了某个阈值，那么服务器会直接拒绝服务，返回一些错误信息。这种情况可以称为封 IP，于是乎网站就成功把我们的爬虫禁掉了。

试想一下，既然服务器检测的是某个 IP 单位时间的请求次数，那么我们借助某种方式来伪装 IP，让服务器无法识别由我们本机发起的请求，这样不就可以成功防止封 IP 了吗？

所以这时候代理就派上用场了。本章会详细介绍代理的基本知识及各种代理的使用方式，包括代理的设置、代理池的维护、付费代理的使用、ADSL 拨号代理的搭建方法等内容，以帮助爬虫脱离封 IP 的“苦海”。

9.1 代理的设置

前面介绍了多种请求库，如 requests、urllib、Selenium 等。接下来我们先贴近实战，了解一下代理如何使用，为后面了解代理池、ADSL 拨号代理的使用打下基础。

首先，我们来梳理一下这些请求库的代理设置方法。

1. 获取代理

做测试之前，我们需要先获取一个可用代理。搜索引擎搜索“代理”关键字，就可以看到许多代理服务网站，网站上会有很多免费代理，比如西刺：http://www.xicidaili.com/。但是这些免费代理大多数情况下都是不好用的，所以比较靠谱的方法是购买付费代理。付费代理在很多网站上都有售卖，数量不用多，稳定可用即可，我们可以自行选购。

如果本机有相关代理软件的话，软件一般会在本机创建 HTTP 或 SOCKS 代理服务，本机直接使用此代理也可以。

在这里，我的本机安装了一部代理软件，它会在本地 9743 端口上创建 HTTP 代理服务，即代理为 127.0.0.1:9743，另外还会在 9742 端口创建 SOCKS 代理服务，即代理为 127.0.0.1:9742。我只要设置了这个代理，就可以成功将本机 IP 切换到代理软件连接的服务器的 IP 了。

本章下面的示例里，我使用上述代理来演示其设置方法，你也可以自行替换成自己的可用代理。设置代理后测试的网址是：http://httpbin.org/get，我们访问该网址可以得到请求的相关信息，其中 origin 字段就是客户端的 IP，我们可以根据它来判断代理是否设置成功，即是否成功伪装了 IP。

2. urllib

首先，我们以最基础的 urllib 为例，来看一下代理的设置方法，代码如下所示：

```
from urllib.error import URLError
from urllib.request import ProxyHandler, build_opener

proxy = '127.0.0.1:9743'
proxy_handler = ProxyHandler({
    'http': 'http://' + proxy,
    'https': 'https://' + proxy
})
opener = build_opener(proxy_handler)
try:
    response = opener.open('http://httpbin.org/get')
    print(response.read().decode('utf-8'))
except URLError as e:
    print(e.reason)
```

运行结果如下所示：

```
{
  "args": {},
  "headers": {
    "Accept-Encoding": "identity",
    "Connection": "close",
    "Host": "httpbin.org",
    "User-Agent": "Python-urllib/3.6"
  },
  "origin": "106.185.45.153",
  "url": "http://httpbin.org/get"
}
```

这里我们需要借助 ProxyHandler 设置代理，参数是字典类型，键名为协议类型，键值是代理。注意，此处代理前面需要加上协议，即 http 或者 https。当请求的链接是 http 协议的时候，ProxyHandler 会调用 http 代理。当请求的链接是 https 协议的时候，会调用 https 代理。此处生效的代理是：http://127.0.0.1:9743。

创建完 ProxyHandler 对象之后，我们需要利用 build_opener()方法传入该对象来创建一个 Opener，这样就相当于此 Opener 已经设置好代理了。接下来直接调用 Opener 对象的 open()方法，即可访问我们所想要的链接。

运行输出结果是一个 JSON，它有一个字段 origin，标明了客户端的 IP。验证一下，此处的 IP 确实为代理的 IP，并不是真实的 IP。这样我们就成功设置好代理，并可以隐藏真实 IP 了。

如果遇到需要认证的代理，我们可以用如下方法设置：

```
from urllib.error import URLError
from urllib.request import ProxyHandler, build_opener

proxy = 'username:password@127.0.0.1:9743'
proxy_handler = ProxyHandler({
    'http': 'http://' + proxy,
    'https': 'https://' + proxy
})
opener = build_opener(proxy_handler)
try:
    response = opener.open('http://httpbin.org/get')
    print(response.read().decode('utf-8'))
except URLError as e:
    print(e.reason)
```

这里改变的只是 proxy 变量，我们只需要在代理前面加入代理认证的用户名密码即可。其中，username 是用户名，password 是密码，例如，username 为 foo，密码为 bar，那么代理就是 foo:bar@127.0.0.1:9743。

如果代理是 SOCKS5 类型，那么我们可以用如下方式设置代理：

```
import socks
import socket
from urllib import request
from urllib.error import URLError

socks.set_default_proxy(socks.SOCKS5, '127.0.0.1', 9742)
socket.socket = socks.socksocket
try:
    response = request.urlopen('http://httpbin.org/get')
    print(response.read().decode('utf-8'))
except URLError as e:
    print(e.reason)
```

此处需要一个 socks 模块，我们可以用如下命令来安装：

```
pip3 install PySocks
```

本地有一个 SOCKS5 代理，它运行在 9742 端口。运行成功之后，输出结果和上文 HTTP 代理的输出结果一样：

```
{
  "args": {},
  "headers": {
    "Accept-Encoding": "identity",
    "Connection": "close",
    "Host": "httpbin.org",
    "User-Agent": "Python-urllib/3.6"
  },
  "origin": "106.185.45.153",
  "url": "http://httpbin.org/get"
}
```

此结果中的 origin 字段同样为代理的 IP。现在，代理设置成功。

3. requests

对于 requests 来说，代理设置更加简单，我们只需要传入 proxies 参数即可。

还是以上例中的代理为例，我们来看看 requests 的代理的设置：

```
import requests

proxy = '127.0.0.1:9743'
proxies = {
    'http': 'http://' + proxy,
    'https': 'https://' + proxy,
}
try:
    response = requests.get('http://httpbin.org/get', proxies=proxies)
    print(response.text)
except requests.exceptions.ConnectionError as e:
    print('Error', e.args)
```

运行结果如下所示：

```
{
  "args": {},
  "headers": {
    "Accept": "*/*",
    "Accept-Encoding": "gzip, deflate",
    "Connection": "close",
    "Host": "httpbin.org",
    "User-Agent": "python-requests/2.18.1"
  },
  "origin": "106.185.45.153",
  "url": "http://httpbin.org/get"
}
```

可以发现，requests 的代理设置比 urllib 简单很多，它只需要构造代理字典，然后通过 proxies 参数即可，而不需要重新构建 Opener。

其运行结果的 origin 也是代理的 IP，这证明代理已经设置成功。

如果代理需要认证，同样在代理的前面加上用户名密码即可，代理的写法就变成如下所示：

```
proxy = 'username:password@127.0.0.1:9743'
```

和 urllib 一样，这里只需要将 username 和 password 替换即可。

如果需要使用 SOCKS5 代理，则可以使用如下方式来设置：

```
import requests

proxy = '127.0.0.1:9742'
proxies = {
    'http': 'socks5://' + proxy,
    'https': 'socks5://' + proxy
}
try:
    response = requests.get('http://httpbin.org/get', proxies=proxies)
    print(response.text)
except requests.exceptions.ConnectionError as e:
    print('Error', e.args)
```

在这里，我们需要额外安装一个模块，这个模块叫作 requests[socks]，命令如下所示：

```
pip3 install 'requests[socks]'
```

运行结果是完全相同的：

```
{
  "args": {},
  "headers": {
    "Accept": "*/*",
    "Accept-Encoding": "gzip, deflate",
    "Connection": "close",
    "Host": "httpbin.org",
    "User-Agent": "python-requests/2.18.1"
  },
  "origin": "106.185.45.153",
  "url": "http://httpbin.org/get"
}
```

另外，还有一种设置方式，和urllib中的方法相同，使用socks模块，也需要像上文一样安装socks库。这种设置方法如下所示：

```
import requests
import socks
import socket

socks.set_default_proxy(socks.SOCKS5, '127.0.0.1', 9742)
socket.socket = socks.socksocket
try:
    response = requests.get('http://httpbin.org/get')
    print(response.text)
except requests.exceptions.ConnectionError as e:
    print('Error', e.args)
```

使用这种方法也可以设置SOCKS5代理，运行结果完全相同。相比第一种方法，此方法是全局设置。我们可以在不同情况下选用不同的方法。

4. Selenium

Selenium同样也可以设置代理，包括两种方式：一种是有界面浏览器，以Chrome为例；另一种是无界面浏览器，以PhantomJS为例。

- **Chrome**

对于Chrome来说，用Selenium设置代理的方法也非常简单，设置方法如下所示：

```
from selenium import webdriver

proxy = '127.0.0.1:9743'
chrome_options = webdriver.ChromeOptions()
chrome_options.add_argument('--proxy-server=http://' + proxy)
browser = webdriver.Chrome(chrome_options=chrome_options)
browser.get('http://httpbin.org/get')
```

在这里我们通过ChromeOptions来设置代理，在创建Chrome对象的时候用chrome_options参数传递即可。

运行代码之后便会弹出一个Chrome浏览器，我们访问目标链接之后输出结果如下所示：

```
{
  "args": {},
  "headers": {
```

```
    "Accept": "text/html,application/xhtml+xml,application/xml;q=0.9,image/webp,image/apng,*/*;q=0.8",
    "Accept-Encoding": "gzip, deflate",
    "Accept-Language": "zh-CN,zh;q=0.8",
    "Connection": "close",
    "Host": "httpbin.org",
    "Upgrade-Insecure-Requests": "1",
    "User-Agent": "Mozilla/5.0 (Macintosh; Intel Mac OS X 10_12_3) AppleWebKit/537.36 (KHTML, like Gecko)
        Chrome/59.0.3071.115 Safari/537.36"
  },
  "origin": "106.185.45.153",
  "url": "http://httpbin.org/get"
}
```

代理设置成功，origin 同样为代理 IP 的地址。

如果代理是认证代理，则设置方法相对比较麻烦，设置方法如下所示：

```
from selenium import webdriver
from selenium.webdriver.chrome.options import Options
import zipfile

ip = '127.0.0.1'
port = 9743
username = 'foo'
password = 'bar'

manifest_json = """
{
    "version": "1.0.0",
    "manifest_version": 2,
    "name": "Chrome Proxy",
    "permissions": [
        "proxy",
        "tabs",
        "unlimitedStorage",
        "storage",
        "<all_urls>",
        "webRequest",
        "webRequestBlocking"
    ],
    "background": {
        "scripts": ["background.js"]
    }
}
"""

background_js = """
var config = {
        mode: "fixed_servers",
        rules: {
          singleProxy: {
            scheme: "http",
            host: "%(ip)s",
            port: %(port)s
          }
        }
      }

chrome.proxy.settings.set({value: config, scope: "regular"}, function() {});
```

```
function callbackFn(details) {
    return {
        authCredentials: {
            username: "%(username)s",
            password: "%(password)s"
        }
    }
}

chrome.webRequest.onAuthRequired.addListener(
            callbackFn,
            {urls: ["<all_urls>"]},
            ['blocking']
)
""" % {'ip': ip, 'port': port, 'username': username, 'password': password}

plugin_file = 'proxy_auth_plugin.zip'
with zipfile.ZipFile(plugin_file, 'w') as zp:
    zp.writestr("manifest.json", manifest_json)
    zp.writestr("background.js", background_js)
chrome_options = Options()
chrome_options.add_argument("--start-maximized")
chrome_options.add_extension(plugin_file)
browser = webdriver.Chrome(chrome_options=chrome_options)
browser.get('http://httpbin.org/get')
```

这里需要在本地创建一个 manifest.json 配置文件和 background.js 脚本来设置认证代理。运行代码之后本地会生成一个 proxy_auth_plugin.zip 文件来保存当前配置。

运行结果和上例一致，origin 同样为代理 IP。

- **PhantomJS**

对于 PhantomJS 来说，代理设置方法可以借助 service_args 参数，也就是命令行参数。代理设置方法如下所示：

```
from selenium import webdriver

service_args = [
    '--proxy=127.0.0.1:9743',
    '--proxy-type=http'
]
browser = webdriver.PhantomJS(service_args=service_args)
browser.get('http://httpbin.org/get')
print(browser.page_source)
```

我们只需要使用 service_args 参数，将命令行的一些参数定义为列表，在初始化的时候传递给 PhantomJS 对象即可。

运行结果如下所示：

```
{
  "args": {},
  "headers": {
    "Accept": "text/html,application/xhtml+xml,application/xml;q=0.9,*/*;q=0.8",
    "Accept-Encoding": "gzip, deflate",
    "Accept-Language": "zh-CN,en,*",
    "Connection": "close",
```

```
    "Host": "httpbin.org",
    "User-Agent": "Mozilla/5.0 (Macintosh; Intel Mac OS X) AppleWebKit/538.1 (KHTML, like Gecko)
      PhantomJS/2.1.0 Safari/538.1"
  },
  "origin": "106.185.45.153",
  "url": "http://httpbin.org/get"
}
```

设置代理成功，运行结果的 origin 同样为代理的 IP。

如果需要认证，那么只需要再加入--proxy-auth 选项即可，这样参数就改为下面这样：

```
service_args = [
    '--proxy=127.0.0.1:9743',
    '--proxy-type=http',
    '--proxy-auth=username:password'
]
```

将 username 和 password 替换为认证所需的用户名和密码即可。

5. 本节代码

本节代码地址为：https://github.com/Python3WebSpider/ProxySettings。

6. 结语

本节介绍了前文所讲的请求库的代理设置方法，后面我们会使用这些方法来搭建代理池和爬取网站，可让读者进一步加深印象。

9.2 代理池的维护

我们在上一节了解了利用代理可以解决目标网站封 IP 的问题。在网上有大量公开的免费代理，或者我们也可以购买付费的代理 IP，但是代理不论是免费的还是付费的，都不能保证都是可用的，因为可能此 IP 被其他人使用来爬取同样的目标站点而被封禁，或者代理服务器突然发生故障或网络繁忙。一旦我们选用了一个不可用的代理，这势必会影响爬虫的工作效率。

所以，我们需要提前做筛选，将不可用的代理剔除掉，保留可用代理。接下来我们就搭建一个高效易用的代理池。

1. 准备工作

首先需要成功安装 Redis 数据库并启动服务，另外还需要安装 aiohttp、requests、redis-py、pyquery、Flask 库，可以参考第 1 章的安装说明。

2. 代理池的目标

我们需要做到下面的几个目标，来实现易用高效的代理池。

基本模块分为 4 块：存储模块、获取模块、检测模块、接口模块。

- **存储模块**：负责存储抓取下来的代理。首先要保证代理不重复，要标识代理的可用情况，还要动态实时处理每个代理，所以一种比较高效和方便的存储方式就是使用 Redis 的 Sorted Set，即有序集合。

- **获取模块**：需要定时在各大代理网站抓取代理。代理可以是免费公开代理也可以是付费代理，代理的形式都是 IP 加端口，此模块尽量从不同来源获取，尽量抓取高匿代理，抓取成功之后将可用代理保存到数据库中。
- **检测模块**：需要定时检测数据库中的代理。这里需要设置一个检测链接，最好是爬取哪个网站就检测哪个网站，这样更加有针对性，如果要做一个通用型的代理，那可以设置百度等链接来检测。另外，我们需要标识每一个代理的状态，如设置分数标识，100 分代表可用，分数越少代表越不可用。检测一次，如果代理可用，我们可以将分数标识立即设置为 100 满分，也可以在原基础上加1分；如果代理不可用，可以将分数标识减1分，当分数减到一定阈值后，代理就直接从数据库移除。通过这样的标识分数，我们就可以辨别代理的可用情况，选用的时候会更有针对性。
- **接口模块**：需要用 API 来提供对外服务的接口。其实我们可以直接连接数据库来取对应的数据，但是这样就需要知道数据库的连接信息，并且要配置连接，而比较安全和方便的方式就是提供一个 Web API 接口，我们通过访问接口即可拿到可用代理。另外，由于可用代理可能有多个，那么我们可以设置一个随机返回某个可用代理的接口，这样就能保证每个可用代理都可以取到，实现负载均衡。

以上内容是设计代理的一些基本思路。接下来我们设计整体的架构，然后用代码实现代理池。

3. 代理池的架构

根据上文的描述，代理池的架构如图 9-1 所示。

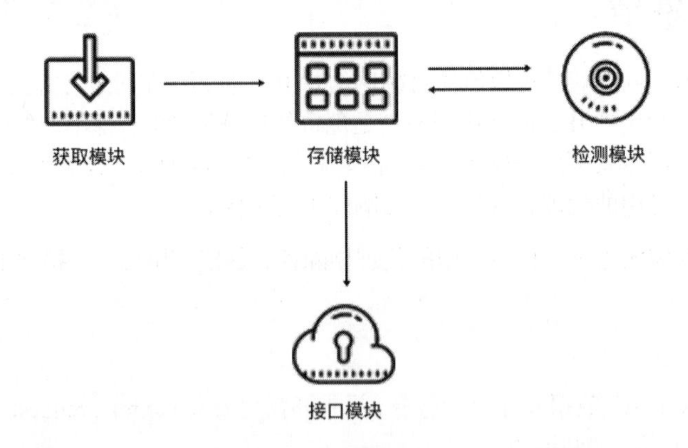

图 9-1 代理池架构

代理池分为 4 个模块：存储模块、获取模块、检测模块、接口模块。

- 存储模块使用 Redis 的有序集合，用来做代理的去重和状态标识，同时它也是中心模块和基础模块，将其他模块串联起来。
- 获取模块定时从代理网站获取代理，将获取的代理传递给存储模块，并保存到数据库。
- 检测模块定时通过存储模块获取所有代理，并对代理进行检测，根据不同的检测结果对代理设置不同的标识。

- 接口模块通过Web API提供服务接口，接口通过连接数据库并通过Web形式返回可用的代理。

4. 代理池的实现

接下来，我们用代码分别实现这4个模块。

- ***存储模块***

这里我们使用 Redis 的有序集合，集合的每一个元素都是不重复的，对于代理池来说，集合的元素就变成了一个个代理，也就是 IP 加端口的形式，如 60.207.237.111:8888，这样的一个代理就是集合的一个元素。另外，有序集合的每一个元素都有一个分数字段，分数是可以重复的，可以是浮点数类型，也可以是整数类型。该集合会根据每一个元素的分数对集合进行排序，数值小的排在前面，数值大的排在后面，这样就可以实现集合元素的排序了。

对于代理池来说，这个分数可以作为判断一个代理是否可用的标志，100 为最高分，代表最可用，0 为最低分，代表最不可用。如果要获取可用代理，可以从代理池中随机获取分数最高的代理，注意是随机，这样可以保证每个可用代理都会被调用到。

分数是我们判断代理稳定性的重要标准，设置分数规则如下所示。

- 分数 100 为可用，检测器会定时循环检测每个代理可用情况，一旦检测到有可用的代理就立即置为 100，检测到不可用就将分数减 1，分数减至 0 后代理移除。
- 新获取的代理的分数为 10，如果测试可行，分数立即置为 100，不可行则分数减 1，分数减至 0 后代理移除。

这只是一种解决方案，当然可能还有更合理的方案。之所以设置此方案有如下几个原因。

- 在检测到代理可用时，分数立即置为 100，这样可以保证所有可用代理有更大的机会被获取到。你可能会问，为什么不将分数加 1 而是直接设为最高 100 呢？设想一下，有的代理是从各大免费公开代理网站获取的，常常一个代理并没有那么稳定，平均 5 次请求可能有两次成功，3 次失败，如果按照这种方式来设置分数，那么这个代理几乎不可能达到一个高的分数，也就是说即便它有时是可用的，但是筛选的分数最高，那这样的代理几乎不可能被取到。如果想追求代理稳定性，可以用上述方法，这种方法可确保分数最高的代理一定是最稳定可用的。所以，这里我们采取"可用即设置 100"的方法，确保只要可用的代理都可以被获取到。
- 在检测到代理不可用时，分数减 1，分数减至 0 后，代理移除。这样一个有效代理如果要被移除需要失败 100 次，也就是说当一个可用代理如果尝试了 100 次都失败了，就一直减分直到移除，一旦成功就重新置回 100。尝试机会越多，则这个代理拯救回来的机会越多，这样就不容易将曾经的一个可用代理丢弃，因为代理不可用的原因很可能是网络繁忙或者其他人用此代理请求太过频繁，所以在这里将分数为 100。
- 新获取的代理的分数设置为 10，代理如果不可用，分数就减 1，分数减到 0，代理就移除，如果代理可用，分数就置为 100。由于很多代理是从免费网站获取的，所以新获取的代理无效的比例非常高，可能不足 10%。所以在这里我们将分数设置为 10，检测的机会没有可用代理的 100 次那么多，这也可以适当减少开销。

上述代理分数的设置思路不一定是最优思路，但据个人实测，它的实用性还是比较强的。

现在我们需要定义一个类来操作数据库的有序集合，定义一些方法来实现分数的设置、代理的获取等。代码实现如下所示：

```
MAX_SCORE = 100
MIN_SCORE = 0
INITIAL_SCORE = 10
REDIS_HOST = 'localhost'
REDIS_PORT = 6379
REDIS_PASSWORD = None
REDIS_KEY = 'proxies'

import redis
from random import choice


class RedisClient(object):
    def __init__(self, host=REDIS_HOST, port=REDIS_PORT, password=REDIS_PASSWORD):
        """
        初始化
        :param host: Redis 地址
        :param port: Redis 端口
        :param password: Redis 密码
        """
        self.db = redis.StrictRedis(host=host, port=port, password=password, decode_responses=True)

    def add(self, proxy, score=INITIAL_SCORE):
        """
        添加代理，设置分数为最高
        :param proxy: 代理
        :param score: 分数
        :return: 添加结果
        """
        if not self.db.zscore(REDIS_KEY, proxy):
            return self.db.zadd(REDIS_KEY, score, proxy)

    def random(self):
        """
        随机获取有效代理，首先尝试获取最高分数代理，如果最高分数不存在，则按照排名获取，否则异常
        :return: 随机代理
        """
        result = self.db.zrangebyscore(REDIS_KEY, MAX_SCORE, MAX_SCORE)
        if len(result):
            return choice(result)
        else:
            result = self.db.zrevrange(REDIS_KEY, 0, 100)
            if len(result):
                return choice(result)
            else:
                raise PoolEmptyError

    def decrease(self, proxy):
        """
        代理值减一分，分数小于最小值，则代理删除
        :param proxy: 代理
        :return: 修改后的代理分数
        """
        score = self.db.zscore(REDIS_KEY, proxy)
        if score and score > MIN_SCORE:
```

```
            print('代理', proxy, '当前分数', score, '减1')
            return self.db.zincrby(REDIS_KEY, proxy, -1)
        else:
            print('代理', proxy, '当前分数', score, '移除')
            return self.db.zrem(REDIS_KEY, proxy)

    def exists(self, proxy):
        """
        判断是否存在
        :param proxy: 代理
        :return: 是否存在
        """
        return not self.db.zscore(REDIS_KEY, proxy) == None

    def max(self, proxy):
        """
        将代理设置为MAX_SCORE
        :param proxy: 代理
        :return: 设置结果
        """
        print('代理', proxy, '可用，设置为', MAX_SCORE)
        return self.db.zadd(REDIS_KEY, MAX_SCORE, proxy)

    def count(self):
        """
        获取数量
        :return: 数量
        """
        return self.db.zcard(REDIS_KEY)

    def all(self):
        """
        获取全部代理
        :return: 全部代理列表
        """
        return self.db.zrangebyscore(REDIS_KEY, MIN_SCORE, MAX_SCORE)
```

首先我们定义了一些常量，如 MAX_SCORE、MIN_SCORE、INITIAL_SCORE 分别代表最大分数、最小分数、初始分数。REDIS_HOST、REDIS_PORT、REDIS_PASSWORD 分别代表了 Redis 的连接信息，即地址、端口、密码。REDIS_KEY 是有序集合的键名，我们可以通过它来获取代理存储所使用的有序集合。

接下来定义了一个 RedisClient 类，这个类可以用来操作 Redis 的有序集合，其中定义了一些方法来对集合中的元素进行处理，它的主要功能如下所示。

- __init__()方法是初始化的方法，其参数是 Redis 的连接信息，默认的连接信息已经定义为常量，在__init__()方法中初始化了一个 StrictRedis 的类，建立 Redis 连接。
- add()方法向数据库添加代理并设置分数，默认的分数是 INITIAL_SCORE，也就是 10，返回结果是添加的结果。
- random()方法是随机获取代理的方法，首先获取 100 分的代理，然后随机选择一个返回。如果不存在 100 分的代理，则此方法按照排名来获取，选取前 100 名，然后随机选择一个返回，否则抛出异常。
- decrease()方法是在代理检测无效的时候设置分数减1的方法，代理传入后，此方法将代理的分数减 1，如果分数达到最低值，那么代理就删除。

- exists()方法可判断代理是否存在集合中。
- max()方法将代理的分数设置为MAX_SCORE，即100，也就是当代理有效时的设置。
- count()方法返回当前集合的元素个数。
- all()方法返回所有的代理列表，以供检测使用。

定义好了这些方法，我们可以在后续的模块中调用此类来连接和操作数据库。如想要获取随机可用的代理，只需要调用random()方法即可，得到的就是随机的可用代理。

- **获取模块**

获取模块的逻辑相对简单，首先要定义一个Crawler来从各大网站抓取代理，示例如下所示：

```
import json
from .utils import get_page
from pyquery import PyQuery as pq

class ProxyMetaclass(type):
    def __new__(cls, name, bases, attrs):
        count = 0
        attrs['__CrawlFunc__'] = []
        for k, v in attrs.items():
            if 'crawl_' in k:
                attrs['__CrawlFunc__'].append(k)
                count += 1
        attrs['__CrawlFuncCount__'] = count
        return type.__new__(cls, name, bases, attrs)

class Crawler(object, metaclass=ProxyMetaclass):
    def get_proxies(self, callback):
        proxies = []
        for proxy in eval("self.{}()".format(callback)):
            print('成功获取到代理', proxy)
            proxies.append(proxy)
        return proxies

    def crawl_daili66(self, page_count=4):
        """
        获取代理66
        :param page_count: 页码
        :return: 代理
        """
        start_url = 'http://www.66ip.cn/{}.html'
        urls = [start_url.format(page) for page in range(1, page_count + 1)]
        for url in urls:
            print('Crawling', url)
            html = get_page(url)
            if html:
                doc = pq(html)
                trs = doc('.containerbox table tr:gt(0)').items()
                for tr in trs:
                    ip = tr.find('td:nth-child(1)').text()
                    port = tr.find('td:nth-child(2)').text()
                    yield ':'.join([ip, port])

    def crawl_proxy360(self):
        """
        获取Proxy360
```

```
        :return: 代理
        """
        start_url = 'http://www.proxy360.cn/Region/China'
        print('Crawling', start_url)
        html = get_page(start_url)
        if html:
            doc = pq(html)
            lines = doc('div[name="list_proxy_ip"]').items()
            for line in lines:
                ip = line.find('.tbBottomLine:nth-child(1)').text()
                port = line.find('.tbBottomLine:nth-child(2)').text()
                yield ':'.join([ip, port])

    def crawl_goubanjia(self):
        """
        获取 Goubanjia
        :return: 代理
        """
        start_url = 'http://www.goubanjia.com/free/gngn/index.shtml'
        html = get_page(start_url)
        if html:
            doc = pq(html)
            tds = doc('td.ip').items()
            for td in tds:
                td.find('p').remove()
                yield td.text().replace(' ', '')
```

方便起见，我们将获取代理的每个方法统一定义为以 crawl 开头，这样扩展的时候只需要添加 crawl 开头的方法即可。

在这里实现了几个示例，如抓取代理 66、Proxy360、Goubanjia 三个免费代理网站，这些方法都定义成了生成器，通过 yield 返回一个个代理。程序首先获取网页，然后用 pyquery 解析，解析出 IP 加端口的形式的代理然后返回。

然后定义了一个 get_proxies()方法，将所有以 crawl 开头的方法调用一遍，获取每个方法返回的代理并组合成列表形式返回。

你可能会想知道，如何获取所有以 crawl 开头的方法名称呢？其实这里借助了元类来实现。我们定义了一个 ProxyMetaclass，Crawl 类将它设置为元类，元类中实现了__new__()方法，这个方法有固定的几个参数，第四个参数 attrs 中包含了类的一些属性。我们可以遍历 attrs 这个参数即可获取类的所有方法信息，就像遍历字典一样，键名对应方法的名称。然后判断方法的开头是否 crawl，如果是，则将其加入到__CrawlFunc__属性中。这样我们就成功将所有以 crawl 开头的方法定义成了一个属性，动态获取到所有以 crawl 开头的方法列表。

所以，如果要做扩展，我们只需要添加一个以 crawl 开头的方法。例如抓取快代理，我们只需要在 Crawler 类中增加 crawl_kuaidaili()方法，仿照其他几个方法将其定义成生成器，抓取其网站的代理，然后通过 yield 返回代理即可。这样，我们可以非常方便地扩展，而不用关心类其他部分的实现逻辑。

代理网站的添加非常灵活，不仅可以添加免费代理，也可以添加付费代理。一些付费代理的提取方式也类似，也是通过 Web 的形式获取，然后进行解析。解析方式可能更加简单，如解析纯文本或

JSON，解析之后以同样的形式返回即可，在此不再代码实现，可以自行扩展。

既然定义了 Crawler 类，接下来再定义一个 Getter 类，用来动态地调用所有以 crawl 开头的方法，然后获取抓取到的代理，将其加入到数据库存储起来：

```
from db import RedisClient
from crawler import Crawler

POOL_UPPER_THRESHOLD = 10000

class Getter():
    def __init__(self):
        self.redis = RedisClient()
        self.crawler = Crawler()

    def is_over_threshold(self):
        """
        判断是否达到了代理池限制
        """
        if self.redis.count() >= POOL_UPPER_THRESHOLD:
            return True
        else:
            return False

    def run(self):
        print('获取器开始执行')
        if not self.is_over_threshold():
            for callback_label in range(self.crawler.__CrawlFuncCount__):
                callback = self.crawler.__CrawlFunc__[callback_label]
                proxies = self.crawler.get_proxies(callback)
                for proxy in proxies:
                    self.redis.add(proxy)
```

Getter 类就是获取器类，它定义了一个变量 POOL_UPPER_THRESHOLD 来表示代理池的最大数量，这个数量可以灵活配置，然后定义了 is_over_threshold()方法来判断代理池是否已经达到了容量阈值。is_over_threshold()方法调用了 RedisClient 的 count()方法来获取代理的数量，然后进行判断，如果数量达到阈值，则返回 True，否则返回 False。如果不想加这个限制，可以将此方法永久返回 True。

接下来定义 run()方法。该方法首先判断了代理池是否达到阈值，然后在这里就调用了 Crawler 类的__CrawlFunc__属性，获取到所有以 crawl 开头的方法列表，依次通过 get_proxies()方法调用，得到各个方法抓取到的代理，然后再利用 RedisClient 的 add()方法加入数据库，这样获取模块的工作就完成了。

- **检测模块**

我们已经成功将各个网站的代理获取下来了，现在就需要一个检测模块来对所有代理进行多轮检测。代理检测可用，分数就设置为 100，代理不可用，分数减 1，这样就可以实时改变每个代理的可用情况。如要获取有效代理只需要获取分数高的代理即可。

由于代理的数量非常多，为了提高代理的检测效率，我们在这里使用异步请求库 aiohttp 来进行检测。

requests 作为一个同步请求库，我们在发出一个请求之后，程序需要等待网页加载完成之后才能继续执行。也就是这个过程会阻塞等待响应，如果服务器响应非常慢，比如一个请求等待十几秒，那么我们使用 requests 完成一个请求就会需要十几秒的时间，程序也不会继续往下执行，而在这十几秒的时间里程序其实完全可以去做其他的事情，比如调度其他的请求或者进行网页解析等。

异步请求库就解决了这个问题，它类似 JavaScript 中的回调，即在请求发出之后，程序可以继续执行去做其他的事情，当响应到达时，程序再去处理这个响应。于是，程序就没有被阻塞，可以充分利用时间和资源，大大提高效率。

对于响应速度比较快的网站来说，requests 同步请求和 aiohttp 异步请求的效果差距没那么大。可对于检测代理来说，检测一个代理一般需要十多秒甚至几十秒的时间，这时候使用 aiohttp 异步请求库的优势就大大体现出来了，效率可能会提高几十倍不止。

所以，我们的代理检测使用异步请求库 aiohttp，实现示例如下所示：

```
VALID_STATUS_CODES = [200]
TEST_URL = 'http://www.baidu.com'
BATCH_TEST_SIZE = 100

class Tester(object):
    def __init__(self):
        self.redis = RedisClient()

    async def test_single_proxy(self, proxy):
        """
        测试单个代理
        :param proxy: 单个代理
        :return: None
        """
        conn = aiohttp.TCPConnector(verify_ssl=False)
        async with aiohttp.ClientSession(connector=conn) as session:
            try:
                if isinstance(proxy, bytes):
                    proxy = proxy.decode('utf-8')
                real_proxy = 'http://' + proxy
                print('正在测试', proxy)
                async with session.get(TEST_URL, proxy=real_proxy, timeout=15) as response:
                    if response.status in VALID_STATUS_CODES:
                        self.redis.max(proxy)
                        print('代理可用', proxy)
                    else:
                        self.redis.decrease(proxy)
                        print('请求响应码不合法', proxy)
            except (ClientError, ClientConnectorError, TimeoutError, AttributeError):
                self.redis.decrease(proxy)
                print('代理请求失败', proxy)

    def run(self):
        """
        测试主函数
        :return: None
        """
        print('测试器开始运行')
        try:
            proxies = self.redis.all()
            loop = asyncio.get_event_loop()
            # 批量测试
```

```
        for i in range(0, len(proxies), BATCH_TEST_SIZE):
            test_proxies = proxies[i:i + BATCH_TEST_SIZE]
            tasks = [self.test_single_proxy(proxy) for proxy in test_proxies]
            loop.run_until_complete(asyncio.wait(tasks))
            time.sleep(5)
    except Exception as e:
        print('测试器发生错误', e.args)
```

这里定义了一个类 Tester，__init__()方法中建立了一个 RedisClient 对象，供该对象中其他方法使用。接下来定义了一个 test_single_proxy()方法，这个方法用来检测单个代理的可用情况，其参数就是被检测的代理。注意，test_single_proxy()方法前面加了 async 关键词，这代表这个方法是异步的。方法内部首先创建了 aiohttp 的 ClientSession 对象，此对象类似于 requests 的 Session 对象，可以直接调用该对象的 get()方法来访问页面。在这里，代理的设置是通过 proxy 参数传递给 get()方法，请求方法前面也需要加上 async 关键词来标明其是异步请求，这也是 aiohttp 使用时的常见写法。

测试的链接在这里定义为常量 TEST_URL。如果针对某个网站有抓取需求，建议将 TEST_URL 设置为目标网站的地址，因为在抓取的过程中，代理本身可能是可用的，但是该代理的 IP 已经被目标网站封掉了。例如，某些代理可以正常访问百度等页面，但是对知乎来说可能就被封了，所以我们可以将 TEST_URL 设置为知乎的某个页面的链接，当请求失败、代理被封时，分数自然会减下来，失效的代理就不会被取到了。

如果想做一个通用的代理池，则不需要专门设置 TEST_URL，可以将其设置为一个不会封 IP 的网站，也可以设置为百度这类响应稳定的网站。

我们还定义了 VALID_STATUS_CODES 变量，这个变量是一个列表形式，包含了正常的状态码，如可以定义成[200]。当然某些目标网站可能会出现其他的状态码，可以自行配置。

程序在获取 Response 后需要判断响应的状态，如果状态码在 VALID_STATUS_CODES 列表里，则代表代理可用，可以调用 RedisClient 的 max()方法将代理分数设为 100，否则调用 decrease()方法将代理分数减 1，如果出现异常也同样将代理分数减 1。

另外，我们设置了批量测试的最大值 BATCH_TEST_SIZE 为 100，也就是一批测试最多 100 个，这可以避免代理池过大时一次性测试全部代理导致内存开销过大的问题。

随后，在 run()方法里面获取了所有的代理列表，使用 aiohttp 分配任务，启动运行，这样就可以进行异步检测了。可参考 aiohttp 的官方示例：http://aiohttp.readthedocs.io/。

这样，测试模块的逻辑就完成了。

- **接口模块**

通过上述 3 个模块，我们已经可以做到代理的获取、检测和更新，数据库就会以有序集合的形式存储各个代理及其对应的分数，分数 100 代表可用，分数越小代表越不可用。

但是我们怎样方便地获取可用代理呢？可以用 RedisClient 类直接连接 Redis，然后调用 random()方法。这样做没问题，效率很高，但是会有几个弊端。

- 如果其他人使用这个代理池，他需要知道 Redis 连接的用户名和密码信息，这样很不安全。
- 如果代理池需要部署在远程服务器上运行，而远程服务器的 Redis 只允许本地连接，那么我们就不能远程直连 Redis 来获取代理。
- 如果爬虫所在的主机没有连接 Redis 模块，或者爬虫不是由 Python 语言编写的，那么我们就无法使用 RedisClient 来获取代理。
- 如果 RedisClient 类或者数据库结构有更新，那么爬虫端必须同步这些更新，这样非常麻烦。

综上考虑，为了使代理池可以作为一个独立服务运行，我们最好增加一个接口模块，并以 Web API 的形式暴露可用代理。

这样一来，获取代理只需要请求接口即可，以上的几个缺点弊端也可以避免。

我们使用一个比较轻量级的库 Flask 来实现这个接口模块，实现示例如下所示：

```
from flask import Flask, g
from db import RedisClient

__all__ = ['app']
app = Flask(__name__)

def get_conn():
    if not hasattr(g, 'redis'):
        g.redis = RedisClient()
    return g.redis

@app.route('/')
def index():
    return '<h2>Welcome to Proxy Pool System</h2>'

@app.route('/random')
def get_proxy():
    """
    获取随机可用代理
    :return: 随机代理
    """
    conn = get_conn()
    return conn.random()

@app.route('/count')
def get_counts():
    """
    获取代理池总量
    :return: 代理池总量
    """
    conn = get_conn()
    return str(conn.count())


if __name__ == '__main__':
    app.run()
```

在这里，我们声明了一个 Flask 对象，定义了 3 个接口，分别是首页、随机代理页、获取数量页。

运行之后，Flask 会启动一个 Web 服务，我们只需要访问对应的接口即可获取到可用代理。

- **调度模块**

调度模块就是调用以上所定义的3个模块，将这3个模块通过多进程的形式运行起来，示例如下所示：

```
TESTER_CYCLE = 20
GETTER_CYCLE = 20
TESTER_ENABLED = True
GETTER_ENABLED = True
API_ENABLED = True

from multiprocessing import Process
from api import app
from getter import Getter
from tester import Tester

class Scheduler():
    def schedule_tester(self, cycle=TESTER_CYCLE):
        """
        定时测试代理
        """
        tester = Tester()
        while True:
            print('测试器开始运行')
            tester.run()
            time.sleep(cycle)

    def schedule_getter(self, cycle=GETTER_CYCLE):
        """
        定时获取代理
        """
        getter = Getter()
        while True:
            print('开始抓取代理')
            getter.run()
            time.sleep(cycle)

    def schedule_api(self):
        """
        开启API
        """
        app.run(API_HOST, API_PORT)

    def run(self):
        print('代理池开始运行')
        if TESTER_ENABLED:
            tester_process = Process(target=self.schedule_tester)
            tester_process.start()

        if GETTER_ENABLED:
            getter_process = Process(target=self.schedule_getter)
            getter_process.start()

        if API_ENABLED:
            api_process = Process(target=self.schedule_api)
            api_process.start()
```

3个常量TESTER_ENABLED、GETTER_ENABLED、API_ENABLED都是布尔类型，表示测试模块、获取模块、接口模块的开关，如果都为True，则代表模块开启。

启动入口是 run()方法，这个方法分别判断 3 个模块的开关。如果开关开启，启动时程序就新建一个 Process 进程，设置好启动目标，然后调用 start()方法运行，这样 3 个进程就可以并行执行，互不干扰。

3 个调度方法结构也非常清晰。比如，schedule_tester()方法用来调度测试模块，首先声明一个 Tester 对象，然后进入死循环不断循环调用其 run()方法，执行完一轮之后就休眠一段时间，休眠结束之后重新再执行。在这里，休眠时间也定义为一个常量，如 20 秒，即每隔 20 秒进行一次代理检测。

最后，只需要调用 Scheduler 的 run()方法即可启动整个代理池。

以上内容便是整个代理池的架构和相应实现逻辑。

5. 运行

接下来，我们将代码整合一下，将代理运行起来，运行之后的输出结果如图 9-2 所示。

```
代理 128.199.154.120:9999 当前分数 86.0 减1
代理请求失败 128.199.154.120:9999
代理 172.93.110.26:1080 当前分数 81.0 减1
代理请求失败 172.93.110.26:1080
代理 139.59.143.100:80 当前分数 81.0 减1
代理请求失败 139.59.143.100:80
代理 116.211.135.68:8080 当前分数 81.0 减1
代理请求失败 116.211.135.68:8080
代理 122.72.32.75:80 可用, 设置为 100
代理可用 122.72.32.75:80
代理 122.72.32.73:80 可用, 设置为 100
代理可用 122.72.32.73:80
代理 122.72.32.74:80 可用, 设置为 100
代理可用 122.72.32.74:80
代理 122.72.32.88:80 可用, 设置为 100
代理可用 122.72.32.88:80
代理 111.56.7.6:8080 当前分数 83.0 减1
代理请求失败 111.56.7.6:8080
代理 122.72.32.72:80 可用, 设置为 100
代理可用 122.72.32.72:80
代理 58.176.46.248:8380 当前分数 82.0 减1
代理请求失败 58.176.46.248:8380
代理 35.154.138.213:80 当前分数 82.0 减1
代理请求失败 35.154.138.213:80
代理 158.69.208.70:1080 当前分数 81.0 减1
代理请求失败 158.69.208.70:1080
```

图 9-2 运行结果

以上是代理池的控制台输出，可以看到，可用代理设置为 100，不可用代理分数减 1。

我们再打开浏览器，当前配置运行在 5555 端口，所以打开 http://127.0.0.1:5555，即可看到其首页，如图 9-3 所示。

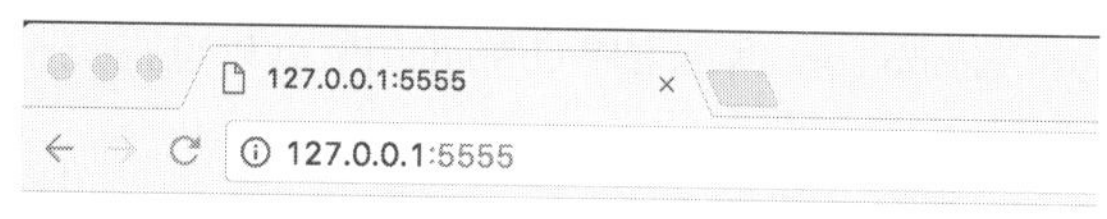

图 9-3 首页页面

再访问 http://127.0.0.1:5555/random，即可获取随机可用代理，如图 9-4 所示。

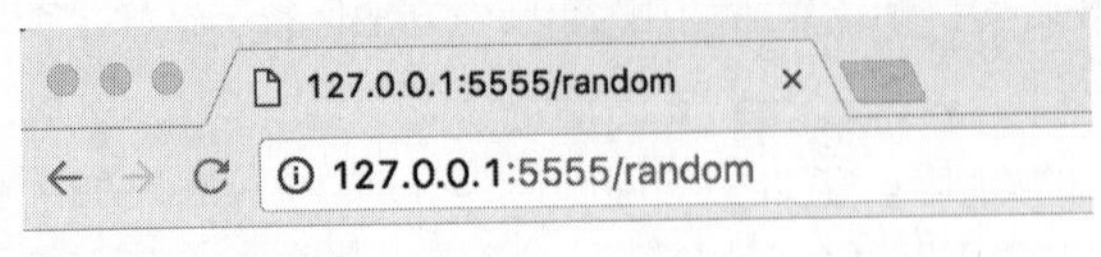

图 9-4　获取代理页面

我们只需要访问此接口即可获取一个随机可用代理，这非常方便。

获取代理的代码如下所示：

```
import requests

PROXY_POOL_URL = 'http://localhost:5555/random'

def get_proxy():
    try:
        response = requests.get(PROXY_POOL_URL)
        if response.status_code == 200:
            return response.text
    except ConnectionError:
        return None
```

这样便可以获取到一个随机代理了，它是字符串类型，此代理可以按照上一节所示的方法设置，如 requests 的使用方法如下所示：

```
import requests

proxy = get_proxy()
proxies = {
    'http': 'http://' + proxy,
    'https': 'https://' + proxy,
}
try:
    response = requests.get('http://httpbin.org/get', proxies=proxies)
    print(response.text)
except requests.exceptions.ConnectionError as e:
    print('Error', e.args)
```

有了代理池之后，我们再取出代理即可有效防止 IP 被封禁的情况。

6. 本节代码

本节代码地址为：https://github.com/Python3WebSpider/ProxyPool。

7. 结语

本节实现了一个比较高效的代理池，来获取随机可用的代理。接下来，我们会利用代理池来实现数据的抓取。

9.3 付费代理的使用

相对免费代理来说，付费代理的稳定性更高。本节将介绍爬虫付费代理的相关使用过程。

1. 付费代理分类

付费代理分为两类：

- 一类提供接口获取海量代理，按天或者按量收费，如讯代理；
- 一类搭建了代理隧道，直接设置固定域名代理，如阿布云代理。

本节分别以两家代表性的代理网站为例，讲解这两类代理的使用方法。

2. 讯代理

讯代理的代理效率较高（作者亲测），官网为 http://www.xdaili.cn/，如图 9-5 所示。

图 9-5 讯代理官网

讯代理上可供选购的代理有多种类别，包括如下几种（参考官网介绍）。

- **优质代理**：它适合对代理 IP 需求量非常大，但能接受较短代理有效时长（10~30 分钟)的小部分不稳定的客户。
- **独享动态**：它适合对代理 IP 稳定性要求非常高且可以自主控制的客户，支持地区筛选。
- **独享秒切**：它适合对代理 IP 稳定性要求非常高且可以自主控制的客户，可快速获取 IP，地区随机分配。
- **动态混拨**：它适合对代理 IP 需求量大、代理 IP 使用时效短（3 分钟）、切换快的客户。
- **优质定制**：如果优质代理的套餐不能满足你的需求，请使用定制服务。

一般选择第一类别优质代理即可，这种代理的量比较大，但是其稳定性不高，一些代理不可用。所以这种代理的使用就需要借助于上一节所说的代理池，自己再做一次筛选，以确保代理可用。

读者可以购买一天时长来试试效果。购买之后，讯代理会提供一个 API 来提取代理，如图 9-6 所示。

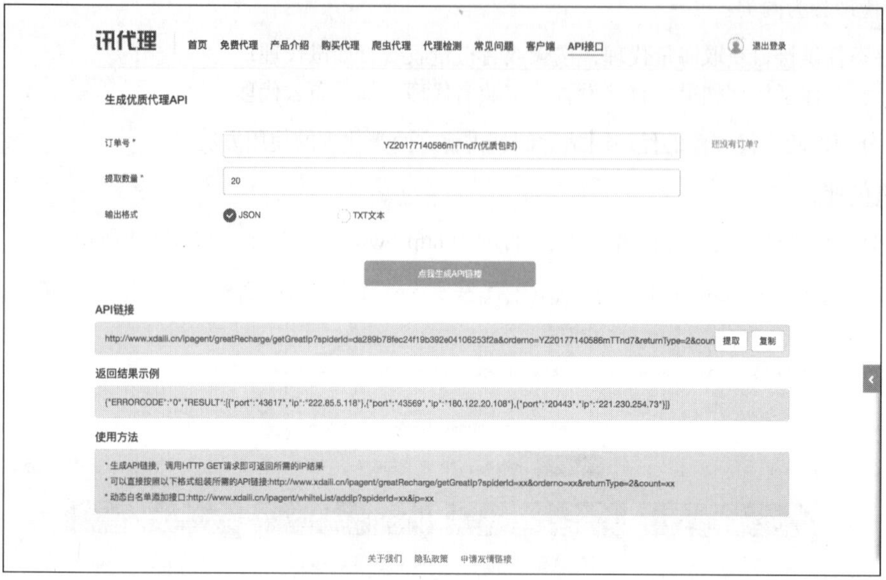

图 9-6　提取页面

比如，这里提取 API 为 http://www.xdaili.cn/ipagent/greatRecharge/getGreatIp?spiderId=da289b78fec24f19b392e04106253f2a&orderno=YZ20177140586mTTnd7&returnType=2&count=20，可能已过期，在此仅做演示。

在这里指定了提取数量为 20，提取格式为 JSON，直接访问链接即可提取代理，结果如图 9-7 所示。

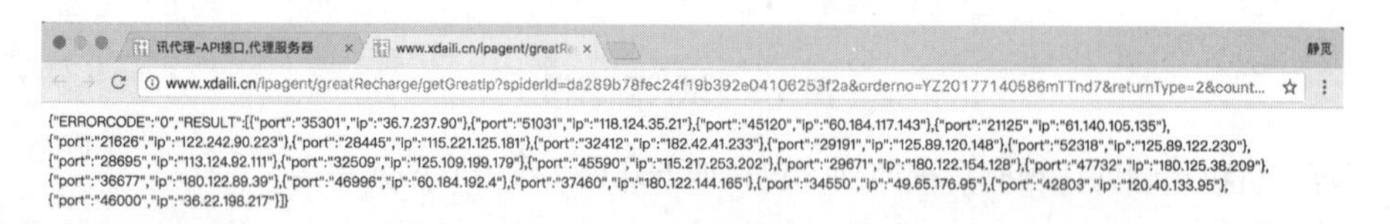

图 9-7　提取结果

接下来我们要做的就是解析这个 JSON，然后将其放入代理池中。

如果信赖讯代理的话，我们也可以不做代理池筛选，直接使用代理。不过我个人还是推荐使用代理池筛选，以提高代理可用概率。

根据上一节代理池的写法，我们只需要在 Crawler 中再加入一个 `crawl` 开头的方法即可。方法实现如下所示：

```
def crawl_xdaili(self):
    """
    获取讯代理
    :return: 代理
    """
    url =
        'http://www.xdaili.cn/ipagent/greatRecharge/getGreatIp?spiderId=da289b78fec24f19b392e04106253f2a&orderno=
        YZ20177140586mTTnd7&returnType=2&count=20'
    html = get_page(url)
    if html:
        result = json.loads(html)
        proxies = result.get('RESULT')
        for proxy in proxies:
            yield proxy.get('ip') + ':' + proxy.get('port')
```

这样我们就在代理池中接入了讯代理。获取讯代理的结果之后，解析 JSON，返回代理即可。

代理池运行之后就会抓取和检测该接口返回的代理，如果代理可用，那么分数就会被设为 100，通过代理池接口即可获取到这些可用代理。

3. 阿布云代理

阿布云代理提供了代理隧道，代理速度快且非常稳定，其官网为 https://www.abuyun.com/，如图 9-8 所示。

图 9-8 阿布云官网

阿布云代理主要分为两种：专业版和动态版，另外还有定制版（参考官网介绍）。

- **专业版**：多个请求锁定一个代理 IP，海量 IP 资源池需求，近 300 个区域全覆盖，代理 IP 可连续使用 1 分钟，它适用于请求 IP 连续型业务。

- **动态版**：每个请求分配一个随机代理 IP，海量 IP 资源池需求，近 300 个区域全覆盖，它适用于爬虫类业务。
- **定制版**：它可以灵活按照需求定制，定制 IP 区域，定制 IP 使用时长，定制 IP 每秒请求数。

关于专业版和动态版的更多介绍可以查看官网：https://www.abuyun.com/http-proxy/dyn-intro.html。

对于爬虫来说，我们推荐使用动态版，购买之后可以在后台看到代理隧道的用户名和密码，如图 9-9 所示。

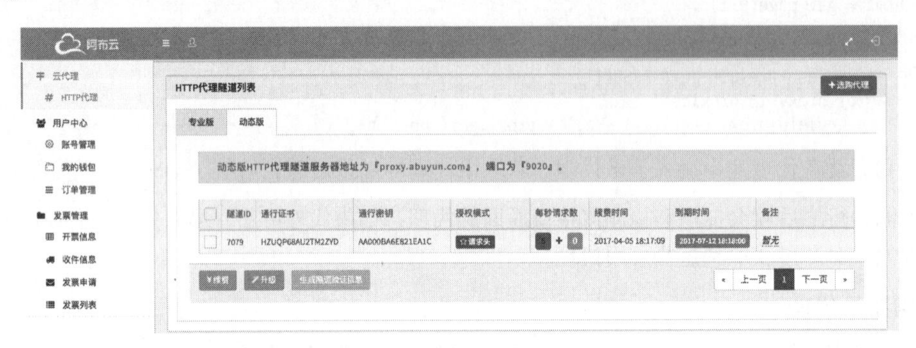

图 9-9　阿布云代理后台

整个代理的连接域名为 proxy.abuyun.com，端口为 9020，它们均是固定的，但是每次使用之后 IP 都会更改，该过程其实就是利用了代理隧道实现（参考官网介绍）。

- 云代理通过代理隧道的形式提供高匿名代理服务，支持 HTTP/HTTPS 协议。
- 云代理在云端维护一个全局 IP 池供代理隧道使用，池中的 IP 会不间断更新，以保证同一时刻 IP 池中有几十到几百个可用代理 IP。
- 需要注意的是，代理 IP 池中部分 IP 可能会在当天重复出现多次。
- 动态版 HTTP 代理隧道会为每个请求从 IP 池中挑选一个随机代理 IP。
- 无须切换代理 IP，每一个请求分配一个随机代理 IP。
- HTTP 代理隧道有并发请求限制，默认每秒只允许 5 个请求。如果需要更多请求数，请额外购买。

注意，默认套餐的并发请求是 5 个。如果需要更多请求数，则须另外购买。

使用教程的官网链接为：https://www.abuyun.com/http-proxy/dyn-manual-python.html。教程提供了 requests、urllib、Scrapy 的接入方式。

现在我们以 requests 为例，接入代码如下所示：

```
import requests

url = 'http://httpbin.org/get'

# 代理服务器
proxy_host = 'proxy.abuyun.com'
proxy_port = '9020'
```

```
# 代理隧道验证信息
proxy_user = 'H01234567890123D'
proxy_pass = '0123456789012345'

proxy_meta = 'http://%(user)s:%(pass)s@%(host)s:%(port)s' % {
    'host': proxy_host,
    'port': proxy_port,
    'user': proxy_user,
    'pass': proxy_pass,
}
proxies = {
    'http': proxy_meta,
    'https': proxy_meta,
}
response = requests.get(url, proxies=proxies)
print(response.status_code)
print(response.text)
```

这里其实就是使用了代理认证，在前面我们也提到过类似的设置方法，运行结果如下：

```
200
{
  "args": {},
  "headers": {
    "Accept": "*/*",
    "Accept-Encoding": "gzip, deflate",
    "Connection": "close",
    "Host": "httpbin.org",
    "User-Agent": "python-requests/2.18.1"
  },
  "origin": "60.207.237.111",
  "url": "http://httpbin.org/get"
}
```

输出结果的 origin 即为代理 IP 的实际地址。这段代码可以多次运行测试，我们发现每次请求 origin 都会在变化，这就是动态版代理的效果。

这种效果其实跟之前的代理池的随机代理效果类似，都是随机取出了一个当前可用代理。但是，与维护代理池相比，此服务的配置简单，使用更加方便，更省时省力。在价格可以接受的情况下，个人推荐此种代理。

4. 结语

以上内容便是付费代理的相关使用方法，付费代理稳定性比免费代理更高。读者可以自行选购合适的代理。

9.4 ADSL 拨号代理

我们尝试维护过一个代理池。代理池可以挑选出许多可用代理，但是常常其稳定性不高、响应速度慢，而且这些代理通常是公共代理，可能不止一人同时使用，其 IP 被封的概率很大。另外，这些代理可能有效时间比较短，虽然代理池一直在筛选，但如果没有及时更新状态，也有可能获取到不可用的代理。

如果要追求更加稳定的代理，就需要购买专有代理或者自己搭建代理服务器。但是服务器一般都是固定的 IP，我们总不能搭建 100 个代理就用 100 台服务器吧，这显然是不现实的。

所以，ADSL 动态拨号主机就派上用场了。下面我们来了解一下 ADSL 拨号代理服务器的相关设置。

1. 什么是 ADSL

ADSL（Asymmetric Digital Subscriber Line，非对称数字用户环路），它的上行和下行带宽不对称，它采用频分复用技术把普通的电话线分成了电话、上行和下行 3 个相对独立的信道，从而避免了相互之间的干扰。

ADSL 通过拨号的方式上网，需要输入 ADSL 账号和密码，每次拨号就更换一个 IP。IP 分布在多个 A 段，如果 IP 都能使用，则意味着 IP 量级可达千万。如果我们将 ADSL 主机作为代理，每隔一段时间主机拨号就换一个 IP，这样可以有效防止 IP 被封禁。另外，主机的稳定性很好，代理响应速度很快。

2. 准备工作

首先需要成功安装 Redis 数据库并启动服务，另外还需要安装 requests、redis-py、Tornado 库。如果没有安装，读者可以参考第一章的安装说明。

3. 购买主机

我们先购买一台动态拨号 VPS 主机，这样的主机服务商相当多。在这里使用了云立方，官方网站：http://www.yunlifang.cn/dynamicvps.asp。

建议选择电信线路。可以自行选择主机配置，主要考虑带宽是否满足需求。

然后进入拨号主机的后台，预装一个操作系统，如图 9-10 所示。

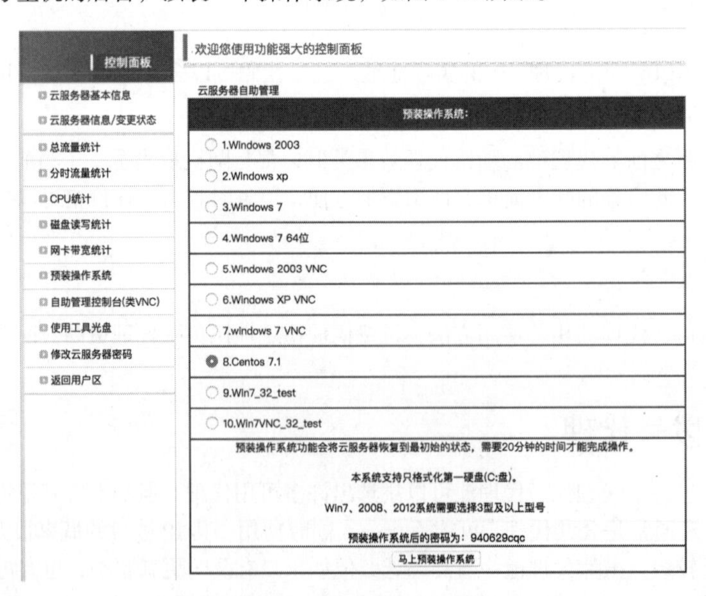

图 9-10　预装操作系统

推荐安装 CentOS 7 系统。

然后找到远程管理面板–远程连接的用户名和密码，也就是 SSH 远程连接服务器的信息。比如我使用的 IP 和端口是 153.36.65.214:20063，用户名是 root。命令行下输入如下代码：

```
ssh root@153.36.65.214 -p 20063
```

输入管理密码，就可以连接上远程服务器了。

进入之后，我们发现一个可用的脚本文件 ppp.sh，这是拨号初始化的脚本。运行此脚本会提示输入拨号的用户名和密码，然后它就开始各种拨号配置。一次配置成功，后面拨号就不需要重复输入用户名和密码。

运行 ppp.sh 脚本，输入用户名、密码等待它的配置完成，如图 9-11 所示。

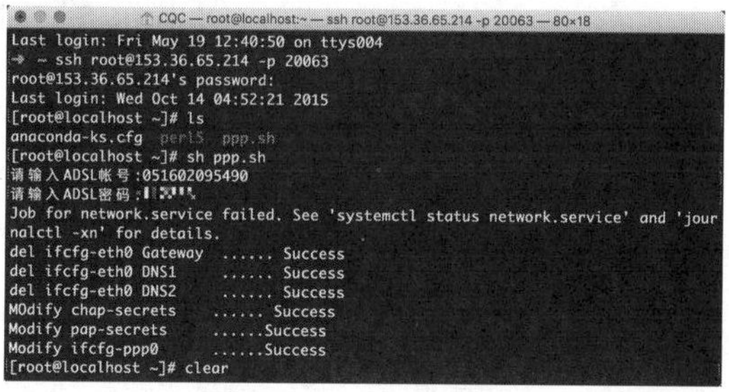

```
CQC — root@localhost:~ — ssh root@153.36.65.214 -p 20063 — 80×18
Last login: Fri May 19 12:40:50 on ttys004
→ ~ ssh root@153.36.65.214 -p 20063
root@153.36.65.214's password:
Last login: Wed Oct 14 04:52:21 2015
[root@localhost ~]# ls
anaconda-ks.cfg  perl5  ppp.sh
[root@localhost ~]# sh ppp.sh
请输入ADSL帐号:051602095490
请输入ADSL密码:
Job for network.service failed. See 'systemctl status network.service' and 'jour
nalctl -xn' for details.
del ifcfg-eth0 Gateway  ...... Success
del ifcfg-eth0 DNS1     ...... Success
del ifcfg-eth0 DNS2     ...... Success
MOdify chap-secrets    ...... Success
Modify pap-secrets     ......Success
Modify ifcfg-ppp0      ......Success
[root@localhost ~]# clear
```

图 9-11 配置页面

提示成功之后就可以进行拨号了。注意，在拨号之前测试 ping 任何网站都是不通的，因为当前网络还没联通。输入如下拨号命令：

```
adsl-start
```

拨号命令成功运行，没有报错信息，耗时约几秒。接下来再去 ping 外网就可以通了。

如果要停止拨号，可以输入如下指令：

```
adsl-stop
```

之后，可以发现又连不通网络了，如图 9-12 所示。

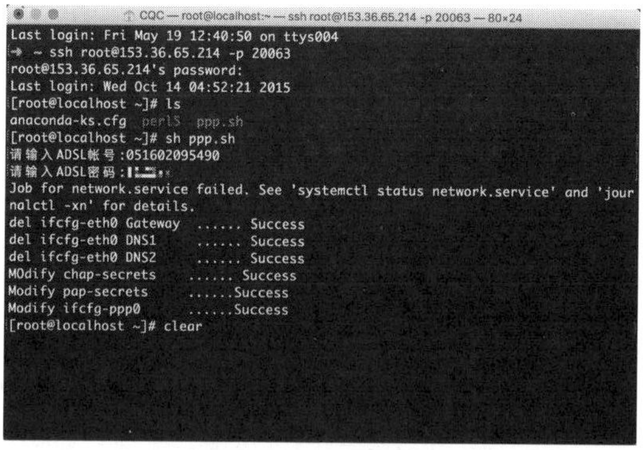

```
CQC — root@localhost:~ — ssh root@153.36.65.214 -p 20063 — 80×24
Last login: Fri May 19 12:40:50 on ttys004
→ ~ ssh root@153.36.65.214 -p 20063
root@153.36.65.214's password:
Last login: Wed Oct 14 04:52:21 2015
[root@localhost ~]# ls
anaconda-ks.cfg  perl5  ppp.sh
[root@localhost ~]# sh ppp.sh
请输入ADSL帐号:051602095490
请输入ADSL密码:
Job for network.service failed. See 'systemctl status network.service' and 'jour
nalctl -xn' for details.
del ifcfg-eth0 Gateway  ...... Success
del ifcfg-eth0 DNS1     ...... Success
del ifcfg-eth0 DNS2     ...... Success
MOdify chap-secrets    ...... Success
Modify pap-secrets     ......Success
Modify ifcfg-ppp0      ......Success
[root@localhost ~]# clear
```

图 9-12 拨号建立连接

断线重播的命令就是二者组合起来，先执行 `adsl-stop`，再执行 `adsl-start`。每次拨号，`ifconfig` 命令观察主机的 IP，发现主机的 IP 一直在变化，网卡名称叫作 ppp0，如图 9-13 所示。

```
CQC — root@localhost:~ — ssh root@153.36.65.214 -p 20063 — 80×44
ppp0: flags=4305<UP,POINTOPOINT,RUNNING,NOARP,MULTICAST>  mtu 1492
        inet 153.36.121.127  netmask 255.255.255.255  destination 153.36.121.1
        ppp  txqueuelen 3  (Point-to-Point Protocol)
        RX packets 24  bytes 1377 (1.3 KiB)
        RX errors 0  dropped 0  overruns 0  frame 0
        TX packets 32  bytes 1915 (1.8 KiB)
        TX errors 0  dropped 0 overruns 0  carrier 0  collisions 0

[root@localhost ~]# adsl-stop
[root@localhost ~]# adsl-start
[root@localhost ~]# ifconfig
eth0: flags=4163<UP,BROADCAST,RUNNING,MULTICAST>  mtu 1500
        inet 192.168.39.26  netmask 255.255.255.0  broadcast 192.168.39.255
        inet6 fe80::215:5dff:fe41:d688  prefixlen 64  scopeid 0x20<link>
        ether 00:15:5d:41:d6:88  txqueuelen 1000  (Ethernet)
        RX packets 137920  bytes 10068806 (9.6 MiB)
        RX errors 0  dropped 1530  overruns 0  frame 0
        TX packets 509  bytes 39753 (38.8 KiB)
        TX errors 0  dropped 0 overruns 0  carrier 0  collisions 0

eth1: flags=4163<UP,BROADCAST,RUNNING,MULTICAST>  mtu 1500
        inet6 fe80::215:5dff:fe41:d693  prefixlen 64  scopeid 0x20<link>
        ether 00:15:5d:41:d6:93  txqueuelen 1000  (Ethernet)
        RX packets 758209  bytes 63059639 (60.1 MiB)
        RX errors 0  dropped 5876  overruns 0  frame 0
        TX packets 300  bytes 21595 (21.0 KiB)
        TX errors 0  dropped 0 overruns 0  carrier 0  collisions 0

lo: flags=73<UP,LOOPBACK,RUNNING>  mtu 65536
        inet 127.0.0.1  netmask 255.0.0.0
        inet6 ::1  prefixlen 128  scopeid 0x10<host>
        loop  txqueuelen 0  (Local Loopback)
        RX packets 76  bytes 7600 (7.4 KiB)
        RX errors 0  dropped 0  overruns 0  frame 0
        TX packets 76  bytes 7600 (7.4 KiB)
        TX errors 0  dropped 0 overruns 0  carrier 0  collisions 0

ppp0: flags=4305<UP,POINTOPOINT,RUNNING,NOARP,MULTICAST>  mtu 1492
        inet 112.84.118.216  netmask 255.255.255.255  destination 112.84.118.1
        ppp  txqueuelen 3  (Point-to-Point Protocol)
        RX packets 5  bytes 201 (201.0 B)
        RX errors 0  dropped 0  overruns 0  frame 0
        TX packets 7  bytes 223 (223.0 B)
        TX errors 0  dropped 0 overruns 0  carrier 0  collisions 0
```

图 9-13　网络设备信息

接下来，我们要做两件事：一是怎样将主机设置为代理服务器，二是怎样实时获取拨号主机的 IP。

4. 设置代理服务器

在 Linux 下搭建 HTTP 代理服务器，推荐 TinyProxy 和 Squid，配置都非常简单。在这里我们以 TinyProxy 为例来讲解一下怎样搭建代理服务器。

- **安装 TinyProxy**

第一步就是安装 TinyProxy 软件。在这里我使用的系统是 CentOS，所以使用 yum 来安装。如果是其他系统，如 Ubuntu，可以选择 `apt-get` 等命令安装。

命令行执行 yum 安装指令：

```
yum install -y epel-release
yum update -y
yum install -y tinyproxy
```

- **配置 TinyProxy**

TinyProxy 安装完成之后还要配置一下才可以用作代理服务器。我们需要编辑配置文件，此文件一般的路径是/etc/tinyproxy/tinyproxy.conf。

可以看到一行代码：

```
Port 8888
```

在这里可以设置代理的端口，端口默认是 8888。

继续向下找到如下代码：

```
Allow 127.0.0.1
```

这行代码表示被允许连接的主机 IP。如果希望连接任何主机，那就直接将这行代码注释即可。在这里我们选择直接注释，也就是任何主机都可以使用这台主机作为代理服务器。

修改为如下代码：

```
# Allow 127.0.0.1
```

设置完成之后重启 TinyProxy 即可：

```
systemctl enable tinyproxy.service
systemctl restart tinyproxy.service
```

防火墙开放该端口：

```
iptables -I INPUT -p tcp --dport 8888 -j ACCEPT
```

当然如果想直接关闭防火墙也可以：

```
systemctl stop firewalld.service
```

这样我们就完成了 TinyProxy 的配置。

- **验证 TinyProxy**

首先，用 ifconfig 查看当前主机的 IP。比如，当前我的主机拨号 IP 为 112.84.118.216，在其他的主机运行测试一下。

用 curl 命令设置代理请求 httpbin，检测代理是否生效。

```
curl -x 112.84.118.216:8888 httpbin.org/get
```

运行结果如图 9-14 所示。

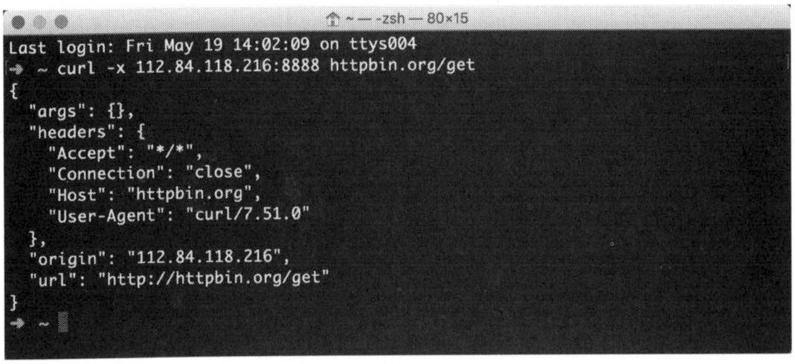

```
~ — -zsh — 80×15
Last login: Fri May 19 14:02:09 on ttys004
➜ ~ curl -x 112.84.118.216:8888 httpbin.org/get
{
  "args": {},
  "headers": {
    "Accept": "*/*",
    "Connection": "close",
    "Host": "httpbin.org",
    "User-Agent": "curl/7.51.0"
  },
  "origin": "112.84.118.216",
  "url": "http://httpbin.org/get"
}
➜ ~
```

图 9-14　运行结果

如果有正常的结果输出，并且 origin 的值为代理 IP 的地址，就证明 TinyProxy 配置成功了。

5. 动态获取 IP

现在可以执行命令让主机动态切换 IP，也在主机上搭建了代理服务器。我们只需要知道拨号后的 IP 就可以使用代理。

我们考虑到，在一台主机拨号切换 IP 的间隙代理是不可用的，在这拨号的几秒时间内如果有第二台主机顶替第一台主机，那就可以解决拨号间隙代理无法使用的问题了。所以我们要设计的架构必须要考虑支持多主机的问题。

假如有 10 台拨号主机同时需要维护，而爬虫需要使用这 10 台主机的代理，那么在爬虫端维护的开销是非常大的。如果爬虫在不同的机器上运行，那么每个爬虫必须要获得这 10 台拨号主机的配置，这显然是不理想的。

为了更加方便地使用代理，我们可以像上文的代理池一样定义一个统一的代理接口，爬虫端只需要配置代理接口即可获取可用代理。要搭建一个接口，就势必需要一台服务器，而接口的数据从哪里获得呢，当然最理想的还是选择数据库。

比如我们需要同时维护 10 台拨号主机，每台拨号主机都会定时拨号，那这样每台主机在某个时刻可用的代理只有一个，所以我们没有必要存储之前的拨号代理，因为重新拨号之后之前的代理已经不能用了，所以只需要将之前的代理更新其内容就好了。数据库要做的就是定时对每台主机的代理进行更新，而更新时又需要拨号主机的唯一标识，根据主机标识查出这条数据，然后将这条数据对应的代理更新。

所以数据库端就需要存储一个主机标识到代理的映射关系。那么很自然地我们就会想到关系型数据库，如 MySQL 或者 Redis 的 Hash 存储，只需存储一个映射关系，不需要很多字段，而且 Redis 比 MySQL 效率更高、使用更方便，所以最终选定的存储方式就是 Redis 的 Hash。

6. 存储模块

那么接下来我们要做可被远程访问的 Redis 数据库，各个拨号机器只需要将各自的主机标识和当前 IP 和端口（也就是代理）发送给数据库就好了。

先定义一个操作 Redis 数据库的类，示例如下：

```
import redis
import random

# Redis 数据库 IP
REDIS_HOST = 'remoteaddress'
# Redis 数据库密码，如无则填 None
REDIS_PASSWORD = 'foobared'
# Redis 数据库端口
REDIS_PORT = 6379
# 代理池键名
PROXY_KEY = 'adsl'


class RedisClient(object):
    def __init__(self, host=REDIS_HOST, port=REDIS_PORT, password=REDIS_PASSWORD, proxy_key=PROXY_KEY):
        """
        初始化 Redis 连接
```

```
        :param host: Redis 地址
        :param port: Redis 端口
        :param password: Redis 密码
        :param proxy_key: Redis 散列表名
        """
        self.db = redis.StrictRedis(host=host, port=port, password=password, decode_responses=True)
        self.proxy_key = proxy_key

    def set(self, name, proxy):
        """
        设置代理
        :param name: 主机名称
        :param proxy: 代理
        :return: 设置结果
        """
        return self.db.hset(self.proxy_key, name, proxy)

    def get(self, name):
        """
        获取代理
        :param name: 主机名称
        :return: 代理
        """
        return self.db.hget(self.proxy_key, name)

    def count(self):
        """
        获取代理总数
        :return: 代理总数
        """
        return self.db.hlen(self.proxy_key)

    def remove(self, name):
        """
        删除代理
        :param name: 主机名称
        :return: 删除结果
        """
        return self.db.hdel(self.proxy_key, name)

    def names(self):
        """
        获取主机名称列表
        :return: 获取主机名称列表
        """
        return self.db.hkeys(self.proxy_key)

    def proxies(self):
        """
        获取代理列表
        :return: 代理列表
        """
        return self.db.hvals(self.proxy_key)

    def random(self):
        """
        随机获取代理
        :return:
        """
        proxies = self.proxies()
```

9

```
        return random.choice(proxies)

    def all(self):
        """
        获取字典
        :return:
        """
        return self.db.hgetall(self.proxy_key)
```

这里定义了一个 RedisClient 类，在__init__()方法中初始化了 Redis 连接，其中 REDIS_HOST 就是远程 Redis 的地址，REDIS_PASSWORD 是密码，REDIS_PORT 是端口，PROXY_KEY 是存储代理的散列表的键名。

接下来定义了一个 set()方法，这个方法用来向散列表添加映射关系。映射是从主机标识到代理的映射，比如一台主机的标识为 adsl1，当前的代理为 118.119.111.172:8888，那么散列表中就会存储一个 key 为 adsl1、value 为 118.119.111.172:8888 的映射，Hash 结构如图 9-15 所示。

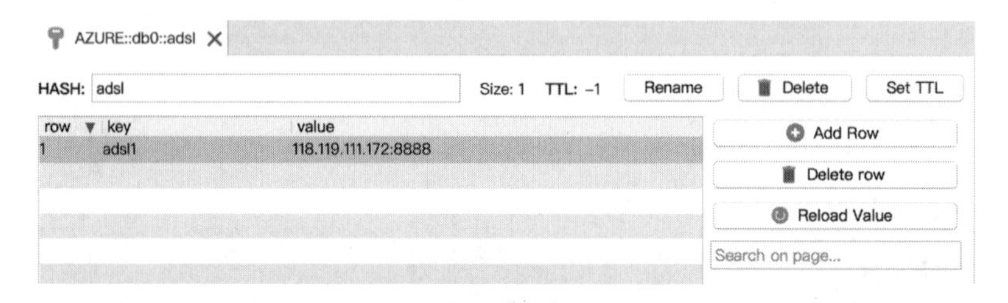

图 9-15　Hash 结构

如果有多台主机，只需要向 Hash 中添加映射即可。

另外，get()方法就是从散列表中取出某台主机对应的代理。remove()方法则是从散列表中移除对应的主机的代理。还有 names()、proxies()、all()方法则是分别获取散列表中的主机列表、代理列表及所有主机代理映射。count()方法则是返回当前散列表的大小，也就是可用代理的数目。

最后还有一个比较重要的方法 random()，它随机从散列表中取出一个可用代理，类似前面代理池的思想，确保每个代理都能被取到。

如果要对数据库进行操作，只需要初始化 RedisClient 对象，然后调用它的 set()或者 remove()方法，即可对散列表进行设置和删除。

7. 拨号模块

接下来要做的就是拨号，并把新的 IP 保存到 Redis 散列表里。

首先是拨号定时，它分为定时拨号和非定时拨号两种选择。

- **非定时拨号**：最好的方法就是向该主机发送一个信号，然后主机就启动拨号，但这样做的话，我们首先要搭建一个重新拨号的接口，如搭建一个 Web 接口，请求该接口即进行拨号，但开始拨号之后，此时主机的状态就从在线转为离线，而此时的 Web 接口也就相应失效了，拨号过程无法再连接，拨号之后接口的 IP 也变了，所以我们无法通过接口来方便地控制拨号过程和获取拨号结果，下次拨号还得改变拨号请求接口，所以非定时拨号的开销还是比较大的。

- **定时拨号**：我们只需要在拨号主机上运行定时脚本即可，每隔一段时间拨号一次，更新 IP，然后将 IP 在 Redis 散列表中更新即可，非常简单易用，另外可以适当将拨号频率调高一点，减少短时间内 IP 被封的可能性。

在这里选择定时拨号。

接下来就是获取 IP。获取拨号后的 IP 非常简单，只需要调用 `ifconfig` 命令，然后解析出对应网卡的 IP 即可。

获取了 IP 之后，我们还需要进行有效性检测。拨号主机可以自己检测，比如可以利用 requests 设置自身的代理请求外网，如果成功，那么证明代理可用，然后再修改 Redis 散列表，更新代理。

需要注意，由于在拨号的间隙拨号主机是离线状态，而此时 Redis 散列表中还存留了上次的代理，一旦这个代理被取用了，该代理是无法使用的。为了避免这个情况，每台主机在拨号之前还需要将自身的代理从 Redis 散列表中移除。

这样基本的流程就理顺了，我们用如下代码实现：

```
import re
import time
import requests
from requests.exceptions import ConnectionError, ReadTimeout
from db import RedisClient

# 拨号网卡
ADSL_IFNAME = 'ppp0'
# 测试 URL
TEST_URL = 'http://www.baidu.com'
# 测试超时时间
TEST_TIMEOUT = 20
# 拨号间隔
ADSL_CYCLE = 100
# 拨号出错重试间隔
ADSL_ERROR_CYCLE = 5
# ADSL 命令
ADSL_BASH = 'adsl-stop;adsl-start'
# 代理运行端口
PROXY_PORT = 8888
# 客户端唯一标识
CLIENT_NAME = 'adsl1'

class Sender():
    def get_ip(self, ifname=ADSL_IFNAME):
        """
        获取本机 IP
        :param ifname: 网卡名称
        :return:
        """
        (status, output) = subprocess.getstatusoutput('ifconfig')
        if status == 0:
            pattern = re.compile(ifname + '.*?inet.*?(\d+\.\d+\.\d+\.\d+).*?netmask', re.S)
            result = re.search(pattern, output)
            if result:
                ip = result.group(1)
                return ip

    def test_proxy(self, proxy):
```

```
        """
        测试代理
        :param proxy: 代理
        :return: 测试结果
        """
        try:
            response = requests.get(TEST_URL, proxies={
                'http': 'http://' + proxy,
                'https': 'https://' + proxy
            }, timeout=TEST_TIMEOUT)
            if response.status_code == 200:
                return True
        except (ConnectionError, ReadTimeout):
            return False

    def remove_proxy(self):
        """
        移除代理
        :return: None
        """
        self.redis = RedisClient()
        self.redis.remove(CLIENT_NAME)
        print('Successfully Removed Proxy')

    def set_proxy(self, proxy):
        """
        设置代理
        :param proxy: 代理
        :return: None
        """
        self.redis = RedisClient()
        if self.redis.set(CLIENT_NAME, proxy):
            print('Successfully Set Proxy', proxy)

    def adsl(self):
        """
        拨号主进程
        :return: None
        """
        while True:
            print('ADSL Start, Remove Proxy, Please wait')
            self.remove_proxy()
            (status, output) = subprocess.getstatusoutput(ADSL_BASH)
            if status == 0:
                print('ADSL Successfully')
                ip = self.get_ip()
                if ip:
                    print('Now IP', ip)
                    print('Testing Proxy, Please Wait')
                    proxy = '{ip}:{port}'.format(ip=ip, port=PROXY_PORT)
                    if self.test_proxy(proxy):
                        print('Valid Proxy')
                        self.set_proxy(proxy)
                        print('Sleeping')
                        time.sleep(ADSL_CYCLE)
                    else:
                        print('Invalid Proxy')
                else:
                    print('Get IP Failed, Re Dialing')
                    time.sleep(ADSL_ERROR_CYCLE)
            else:
```

```
                print('ADSL Failed, Please Check')
                time.sleep(ADSL_ERROR_CYCLE)
def run():
    sender = Sender()
    sender.adsl()
```

在这里定义了一个 Sender 类，它的主要作用是执行定时拨号，并将新的 IP 测试通过之后更新到远程 Redis 散列表里。

主方法是 adsl()方法，它首先是一个无限循环，循环体内就是拨号的逻辑。

adsl()方法首先调用了 remove_proxy()方法，将远程 Redis 散列表中本机对应的代理移除，避免拨号时本主机的残留代理被取到。

接下来利用 subprocess 模块来执行拨号脚本，拨号脚本很简单，就是 stop 之后再 start，这里将拨号的命令直接定义成了 ADSL_BASH。

随后程序又调用 get_ip()方法，通过 subprocess 模块执行获取 IP 的命令 ifconfig，然后根据网卡名称获取了当前拨号网卡的 IP 地址，即拨号后的 IP。

再接下来就需要测试代理有效性了。程序首先调用了 test_proxy()方法，将自身的代理设置好，使用 requests 库来用代理连接 TEST_URL。在此 TEST_URL 设置为百度，如果请求成功，则证明代理有效。

如果代理有效，再调用 set_proxy()方法将 Redis 散列表中本机对应的代理更新，设置时需要指定本机唯一标识和本机当前代理。本机唯一标识可随意配置，其对应的变量为 CLIENT_NAME，保证各台拨号主机不冲突即可。本机当前代理则由拨号后的新 IP 加端口组合而成。通过调用 RedisClient 的 set()方法，参数 name 为本机唯一标识，proxy 为拨号后的新代理，执行之后便可以更新散列表中的本机代理了。

建议至少配置两台主机，这样在一台主机的拨号间隙还有另一台主机的代理可用。拨号主机的数量不限，越多越好。

在拨号主机上执行拨号脚本，示例输出如图 9-16 所示。

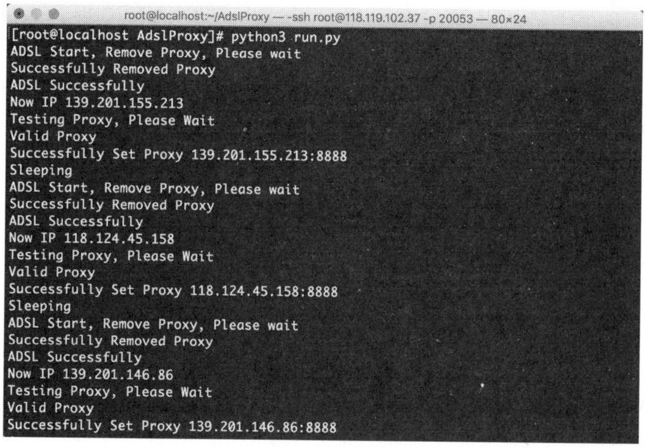

```
root@localhost:~/AdslProxy — -ssh root@118.119.102.37 -p 20053 — 80×24
[root@localhost AdslProxy]# python3 run.py
ADSL Start, Remove Proxy, Please wait
Successfully Removed Proxy
ADSL Successfully
Now IP 139.201.155.213
Testing Proxy, Please Wait
Valid Proxy
Successfully Set Proxy 139.201.155.213:8888
Sleeping
ADSL Start, Remove Proxy, Please wait
Successfully Removed Proxy
ADSL Successfully
Now IP 118.124.45.158
Testing Proxy, Please Wait
Valid Proxy
Successfully Set Proxy 118.124.45.158:8888
Sleeping
ADSL Start, Remove Proxy, Please wait
Successfully Removed Proxy
ADSL Successfully
Now IP 139.201.146.86
Testing Proxy, Please Wait
Valid Proxy
Successfully Set Proxy 139.201.146.86:8888
```

图 9-16　示例输出

首先移除了代理，再进行拨号，拨号完成之后获取新的IP，代理检测成功之后就设置到Redis散列表中，然后等待一段时间再重新进行拨号。

我们添加了多台拨号主机，这样就有多个稳定的定时更新的代理可用了。Redis散列表会实时更新各台拨号主机的代理，如图9-17所示。

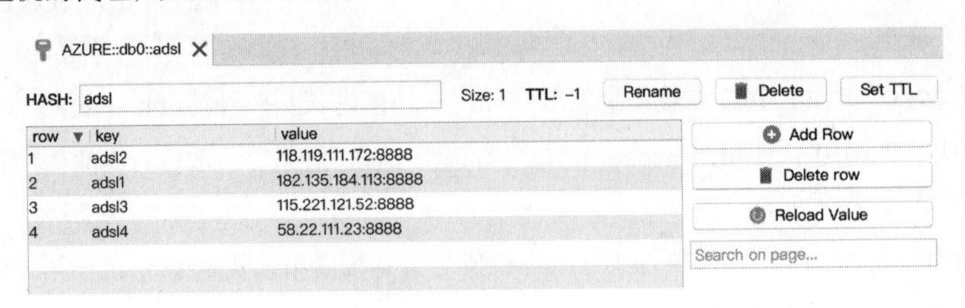

图9-17　Hash结构

图中所示是四台ADSL拨号主机配置并运行后的散列表的内容，表中的代理都是可用的。

8. 接口模块

目前为止，我们已经成功实时更新拨号主机的代理。不过还缺少一个模块，那就是接口模块。像之前的代理池一样，我们也定义一些接口来获取代理，如random获取随机代理、count获取代理个数等。

我们选用Tornado来实现，利用Tornado的Server模块搭建Web接口服务，示例如下：

```
import json
import tornado.ioloop
import tornado.web
from tornado.web import RequestHandler, Application

# API 端口
API_PORT = 8000

class MainHandler(RequestHandler):
    def initialize(self, redis):
        self.redis = redis

    def get(self, api=''):
        if not api:
            links = ['random', 'proxies', 'names', 'all', 'count']
            self.write('<h4>Welcome to ADSL Proxy API</h4>')
            for link in links:
                self.write('<a href=' + link + '>' + link + '</a><br>')

        if api == 'random':
            result = self.redis.random()
            if result:
                self.write(result)

        if api == 'names':
            result = self.redis.names()
            if result:
                self.write(json.dumps(result))

        if api == 'proxies':
```

```
            result = self.redis.proxies()
            if result:
                self.write(json.dumps(result))

        if api == 'all':
            result = self.redis.all()
            if result:
                self.write(json.dumps(result))

        if api == 'count':
            self.write(str(self.redis.count()))


def server(redis, port=API_PORT, address=''):
    application = Application([
        (r'/', MainHandler, dict(redis=redis)),
        (r'/(.*)', MainHandler, dict(redis=redis)),
    ])
    application.listen(port, address=address)
    print('ADSL API Listening on', port)
    tornado.ioloop.IOLoop.instance().start()
```

这里定义了 5 个接口，random 获取随机代理，names 获取主机列表，proxies 获取代理列表，all 获取代理映射，count 获取代理数量。

程序启动之后便会在 API_PORT 端口上运行 Web 服务，主页面如图 9-18 所示。

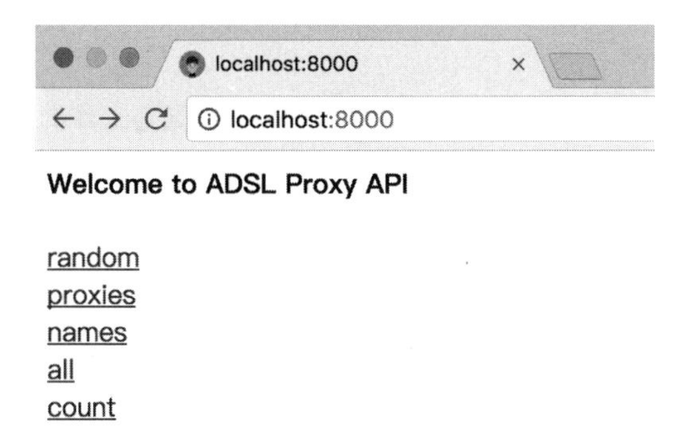

图 9-18　主页面

访问 proxies 接口可以获得所有代理列表，如图 9-19 所示。

访问 random 接口可以获取随机可用代理，如图 9-20 所示。

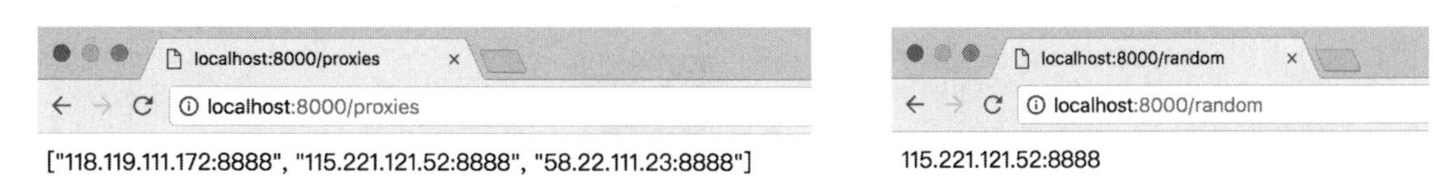

图 9-19　代理列表　　　　图 9-20　随机代理

我们只需将接口部署到服务器上，即可通过 Web 接口获取可用代理，获取方式和代理池类似。

9. 本节代码

本节代码地址为：https://github.com/Python3WebSpider/AdslProxy。

10. 结语

本节介绍了 ADSL 拨号代理的搭建过程。通过这种代理，我们可以无限次更换 IP，而且线路非常稳定，抓取效果好很多。

9.5 使用代理爬取微信公众号文章

前面讲解了代理池的维护和付费代理的相关使用方法，接下来我们进行一下实战演练，利用代理来爬取微信公众号的文章。

1. 本节目标

我们的主要目标是利用代理爬取微信公众号的文章，提取正文、发表日期、公众号等内容，爬取来源是搜狗微信，其链接为 http://weixin.sogou.com/，然后把爬取结果保存到 MySQL 数据库。

2. 准备工作

首先需要准备并正常运行前文中所介绍的代理池。这里需要用的 Python 库有 aiohttp、requests、redis-py、pyquery、Flask、PyMySQL，如这些库没有安装可以参考第 1 章的安装说明。

3. 爬取分析

搜狗对微信公众平台的公众号和文章做了整合。我们可以通过上面的链接搜索到相关的公众号和文章，例如搜索 NBA，可以搜索到最新的文章，如图 9-21 所示。

图 9-21　搜索结果

点击搜索后，搜索结果的 URL 中其实有很多无关 GET 请求参数，将无关的参数去掉，只保留 type 和 query 参数，例如 http://weixin.sogou.com/weixin?type=2&query=NBA，搜索关键词为 NBA，类型为 2，2 代表搜索微信文章。

下拉网页，点击下一页即可翻页，如图 9-22 所示。

1　2　3　4　5　6　7　8　9　10　下一页　找到约20,422条结果

图 9-22　翻页列表

注意，如果没有输入账号登录，那只能看到 10 页的内容，登录之后可以看到 100 页内容，如图 9-23 和图 9-24 所示。

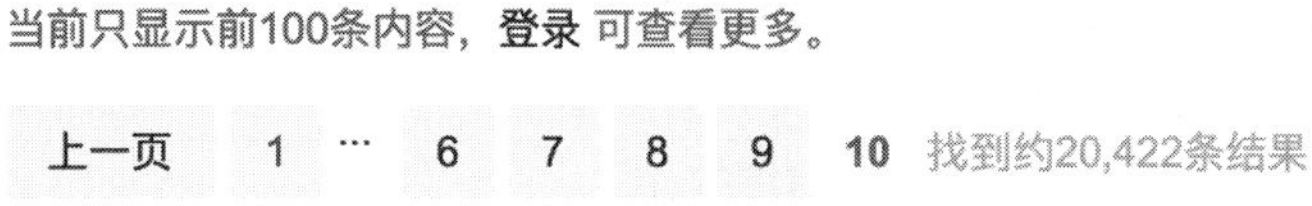

当前只显示前100条内容，**登录** 可查看更多。

上一页　1 …　6　7　8　9　10　找到约20,422条结果

图 9-23　不登录的结果

上一页　1 …　96　97　98　99　100　找到约20,422条结果

图 9-24　登录后的结果

如果需要爬取更多内容，就需要登录并使用 Cookies 来爬取。

搜狗微信站点的反爬虫能力很强，如连续刷新，站点就会弹出类似如图 9-25 所示的验证。

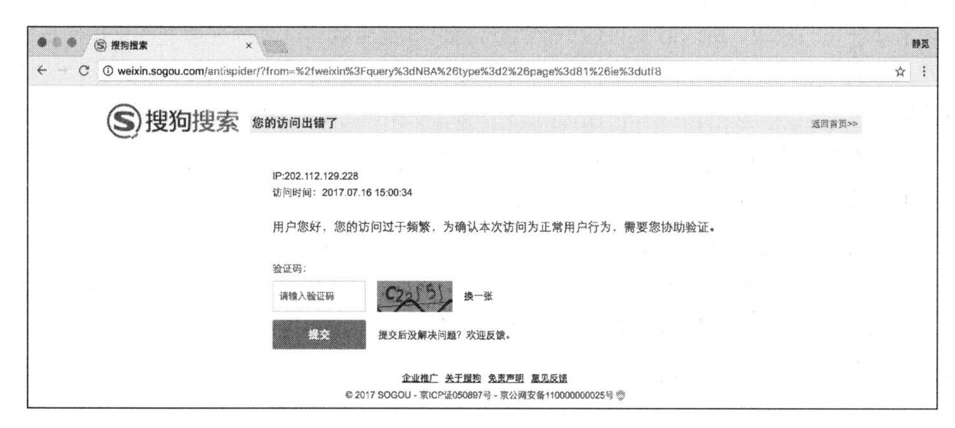

图 9-25　验证码页面

网络请求出现了 302 跳转，返回状态码为 302，跳转的链接开头为 http://weixin.sogou.com/antispider/，这很明显就是一个反爬虫的验证页面。所以我们得出结论，如果服务器返回状态码为 302 而非 200，则 IP 访问次数太高，IP 被封禁，此请求就是失败了。

如果遇到这种情况，我们可以选择识别验证码并解封，也可以使用代理直接切换 IP。在这里我们

采用第二种方法，使用代理直接跳过这个验证。代理使用上一节所讲的代理池，还需要更改检测的URL为搜狗微信的站点。

对于这种反爬能力很强的网站来说，如果我们遇到此种返回状态就需要重试。所以我们采用另一种爬取方式，借助数据库构造一个爬取队列，待爬取的请求都放到队列里，如果请求失败了重新放回队列，就会被重新调度爬取。

在这里我们可以采用Redis的队列数据结构，新的请求就加入队列，或者有需要重试的请求也放回队列。调度的时候如果队列不为空，那就把一个个请求取出来执行，得到响应后再进行解析，提取出我们想要的结果。

这次我们采用MySQL存储，借助PyMySQL库，将爬取结果构造为一个字典，实现动态存储。

综上所述，我们本节实现的功能有如下几点。

- 修改代理池检测链接为搜狗微信站点。
- 构造Redis爬取队列，用队列实现请求的存取。
- 实现异常处理，失败的请求重新加入队列。
- 实现翻页和提取文章列表，并把对应请求加入队列。
- 实现微信文章的信息的提取。
- 将提取到的信息保存到MySQL。

4. 构造请求

既然我们要用队列来存储请求，那么肯定要实现一个请求Request的数据结构，这个请求需要包含一些必要信息，如请求链接、请求头、请求方式、超时时间。另外对于某个请求，我们需要实现对应的方法来处理它的响应，所以需要再加一个Callback回调函数。每次翻页请求需要代理来实现，所以还需要一个参数NeedProxy。如果一个请求失败次数太多，那就不再重新请求了，所以还需要加失败次数的记录。

这些字段都需要作为Request的一部分，组成一个完整的Request对象放入队列去调度，这样从队列获取出来的时候直接执行这个Request对象就好了。

我们可以采用继承reqeusts库中的Request对象的方式来实现这个数据结构。requests库中已经有了Request对象，它将请求Request作为一个整体对象去执行，得到响应后再返回。其实requests库的get()、post()等方法都是通过执行Request对象实现的。

我们首先看看Request对象的源码：

```
class Request(RequestHooksMixin):
    def __init__(self,
            method=None, url=None, headers=None, files=None, data=None,
            params=None, auth=None, cookies=None, hooks=None, json=None):

        # Default empty dicts for dict params.
        data = [] if data is None else data
        files = [] if files is None else files
        headers = {} if headers is None else headers
        params = {} if params is None else params
```

```
        hooks = {} if hooks is None else hooks

        self.hooks = default_hooks()
        for (k, v) in list(hooks.items()):
            self.register_hook(event=k, hook=v)

        self.method = method
        self.url = url
        self.headers = headers
        self.files = files
        self.data = data
        self.json = json
        self.params = params
        self.auth = auth
        self.cookies = cookies
```

这是 requests 库中 Request 对象的构造方法。这个 Request 已经包含了请求方式、请求链接、请求头这几个属性，但是相比我们需要的还差了几个。我们需要实现一个特定的数据结构，在原先基础上加入上文所提到的额外几个属性。这里我们需要继承 Request 对象重新实现一个请求，将它定义为 WeixinRequest，实现如下：

```
TIMEOUT = 10
from requests import Request

class WeixinRequest(Request):
    def __init__(self, url, callback, method='GET', headers=None, need_proxy=False, fail_time=0,
        timeout=TIMEOUT):
        Request.__init__(self, method, url, headers)
        self.callback = callback
        self.need_proxy = need_proxy
        self.fail_time = fail_time
        self.timeout = timeout
```

在这里我们实现了 WeixinRequest 数据结构。__init__()方法先调用了 Request 的__init__()方法，然后加入额外的几个参数，定义为 callback、need_proxy、fail_time、timeout，分别代表回调函数、是否需要代理爬取、失败次数、超时时间。

我们就可以将 WeixinRequest 作为一个整体来执行，一个个 WeixinRequest 对象都是独立的，每个请求都有自己的属性。例如，我们可以调用它的 callback，就可以知道这个请求的响应应该用什么方法来处理，调用 fail_time 就可以知道这个请求失败了多少次，判断失败次数是不是到了阈值，该不该丢弃这个请求。这里我们采用了面向对象的一些思想。

5. 实现请求队列

接下来我们就需要构造请求队列，实现请求的存取。存取无非就是两个操作，一个是放，一个是取，所以这里利用 Redis 的 rpush()和 lpop()方法即可。

另外还需要注意，存取不能直接存 Request 对象，Redis 里面存的是字符串。所以在存 Request 对象之前我们先把它序列化，取出来的时候再将其反序列化，这个过程可以利用 pickle 模块实现。

代码实现如下：

```
from pickle import dumps, loads
from request import WeixinRequest
```

```
class RedisQueue():
    def __init__(self):
        """
        初始化Redis
        """
        self.db = StrictRedis(host=REDIS_HOST, port=REDIS_PORT, password=REDIS_PASSWORD)

    def add(self, request):
        """
        向队列添加序列化后的Request
        :param request: 请求对象
        :param fail_time: 失败次数
        :return: 添加结果
        """
        if isinstance(request, WeixinRequest):
            return self.db.rpush(REDIS_KEY, dumps(request))
        return False

    def pop(self):
        """
        取出下一个Request并反序列化
        :return: Request or None
        """
        if self.db.llen(REDIS_KEY):
            return loads(self.db.lpop(REDIS_KEY))
        else:
            return False

    def empty(self):
        return self.db.llen(REDIS_KEY) == 0
```

这里实现了一个 RedisQueue，它的__init__()构造方法里面初始化了一个 StrictRedis 对象。随后实现了 add()方法，首先判断 Request 的类型，如果是 WeixinRequest，那么就把程序就会用 pickle 的 dumps()方法序列化，然后再调用 rpush()方法加入队列。pop()方法则相反，调用 lpop()方法将请求从队列取出，然后再用 pickle 的 loads()方法将其转为 WeixinRequest 对象。另外，empty()方法返回队列是否为空，只需要判断队列长度是否为 0 即可。

在调度的时候，我们只需要新建一个 RedisQueue 对象，然后调用 add()方法，传入 WeixinRequest 对象，即可将 WeixinRequest 加入队列，调用 pop()方法，即可取出下一个 WeixinRequest 对象，非常简单易用。

6. 修改代理池

接下来我们要生成请求并开始爬取。在此之前还需要做一件事，那就是先找一些可用代理。

之前代理池检测的 URL 并不是搜狗微信站点，所以我们需要将代理池检测的 URL 修改成搜狗微信站点，以便于把被搜狗微信站点封禁的代理剔除掉，留下可用代理。

现在将代理池的设置文件中的 TEST_URL 修改一下，如 http://weixin.sogou.com/weixin?type=2&query=nba，被本站点封的代理就会减分，正常请求的代理就会赋值为 100，最后留下的就是可用代理。

修改之后将获取模块、检测模块、接口模块的开关都设置为 True，让代理池运行一会，如图 9-26 所示。

```
 * Running on http://0.0.0.0:5555/ (Press CTRL+C to quit)
代理 176.74.121.84:8080 当前分数 78.0 减1
请求响应码不合法  302 IP 176.74.121.84:8080
代理 50.205.44.102:8080 可用，设置为 100
代理可用 50.205.44.102:8080
代理 101.255.60.122:80 可用，设置为 100
代理可用 101.255.60.122:80
代理 144.217.106.167:8080 可用，设置为 100
代理可用 144.217.106.167:8080
代理 195.228.210.243:8080 当前分数 78.0 减1
请求响应码不合法  302 IP 195.228.210.243:8080
代理 190.141.184.123:53281 当前分数 79.0 减1
请求响应码不合法  302 IP 190.141.184.123:53281
代理 36.37.243.41:8080 可用，设置为 100
代理可用 36.37.243.41:8080
代理 116.197.131.116:88 可用，设置为 100
代理可用 116.197.131.116:88
代理 188.120.244.147:8080 可用，设置为 100
代理可用 188.120.244.147:8080
代理 192.129.189.72:9001 可用，设置为 100
代理可用 192.129.189.72:9001
代理 154.66.122.130:53281 当前分数 100.0 减1
代理请求失败 154.66.122.130:53281
代理 192.129.221.139:9001 当前分数 95.0 减1
```

图 9-26　代理池运行结果

这样，数据库中留下的 100 分的代理就是针对搜狗微信的可用代理了，如图 9-27 所示。

本机::db0::proxies

ZSET: proxies　Size: 82　TTL: -1　Rename　Delete　Set TTL

row	value	score
70	144.217.106.167:8080	100
71	173.255.233.249:8888	100
72	177.250.128.20:8080	100
73	180.97.250.86:80	100
74	180.97.250.87:80	100
75	180.97.250.90:80	100
76	181.143.135.138:53281	100
77	188.0.138.147:8080	100
78	23.239.9.236:8888	100
79	52.24.89.234:3333	100
80	66.162.122.24:8080	100
81	86.57.136.230:3128	100
82	91.229.222.163:53281	100

Add Row　Delete row　Reload Value　Search on page...　Page 1 of 1　Set Page

图 9-27　可用代理列表

同时访问代理接口，接口设置为 5555，访问 http://127.0.0.1:5555/random，即可获取到随机可用代理，如图 9-28 所示。

图 9-28　代理接口

再定义一个函数来获取随机代理：

```
PROXY_POOL_URL = 'http://127.0.0.1:5555/random'

def get_proxy(self):
    """
    从代理池获取代理
```

```
    :return:
    """
    try:
        response = requests.get(PROXY_POOL_URL)
        if response.status_code == 200:
            print('Get Proxy', response.text)
            return response.text
        return None
    except requests.ConnectionError:
        return None
```

7. 第一个请求

一切准备工作都做好，下面我们就可以构造第一个请求放到队列里以供调度了。定义一个 Spider 类，实现 start()方法的代码如下：

```
from requests import Session
from db import RedisQueue
from request import WeixinRequest
from urllib.parse import urlencode


class Spider():
    base_url = 'http://weixin.sogou.com/weixin'
    keyword = 'NBA'
    headers = {
        'Accept': 'text/html,application/xhtml+xml,application/xml;q=0.9,image/webp,image/apng,*/*;q=0.8',
        'Accept-Encoding': 'gzip, deflate',
        'Accept-Language': 'zh-CN,zh;q=0.8,en;q=0.6,ja;q=0.4,zh-TW;q=0.2,mt;q=0.2',
        'Cache-Control': 'max-age=0',
        'Connection': 'keep-alive',
        'Cookie': 'IPLOC=CN1100; SUID=6FEDCF3C541C940A000000005968CF55; SUV=1500041046435211;
            ABTEST=0|1500041048|v1; SNUID=CEA85AE02A2F7E6EAFF9C1FE2ABEBE6F; weixinIndexVisited=1;
            JSESSIONID=aaar_m7LEIW-jg_gikPZv; ld=Wkllllllll2BzGMVlllllVOo8cUlllll5G@HbZllll9lllllRkllll5
            @@@@@@@@@@',
        'Host': 'weixin.sogou.com',
        'Upgrade-Insecure-Requests': '1',
        'User-Agent': 'Mozilla/5.0 (Macintosh; Intel Mac OS X 10_12_3) AppleWebKit/537.36 (KHTML, like Gecko)
            Chrome/59.0.3071.115 Safari/537.36'
    }
    session = Session()
    queue = RedisQueue()

    def start(self):
        """
        初始化工作
        """
        # 全局更新 Headers
        self.session.headers.update(self.headers)
        start_url = self.base_url + '?' + urlencode({'query': self.keyword, 'type': 2})
        weixin_request = WeixinRequest(url=start_url, callback=self.parse_index, need_proxy=True)
        # 调度第一个请求
        self.queue.add(weixin_request)
```

这里定义了 Spider 类，设置了很多全局变量，比如 keyword 设置为 NBA，headers 就是请求头。在浏览器里登录账号，然后在开发者工具里将请求头复制出来，记得带上 Cookie 字段，这样才能爬取 100 页的内容。然后初始化了 Session 和 RedisQueue 对象，它们分别用来执行请求和存储请求。

首先，start()方法全局更新了 headers，使得所有请求都能应用 Cookies。然后构造了一个起始 URL：http://weixin.sogou.com/weixin?type=2&query=NBA，随后用改 URL 构造了一个 WeixinRequest 对象。回调函数是 Spider 类的 parse_index()方法，也就是当这个请求成功之后就用 parse_index()来处理和解析。need_proxy 参数设置为 True，代表执行这个请求需要用到代理。随后我们调用了 RedisQueue 的 add()方法，将这个请求加入队列，等待调度。

8. 调度请求

加入第一个请求之后，调度开始了。我们首先从队列中取出这个请求，将它的结果解析出来，生成新的请求加入队列，然后拿出新的请求，将结果解析，再生成新的请求加入队列，这样循环往复执行，直到队列中没有请求，则代表爬取结束。我们用代码实现如下：

```
VALID_STATUSES = [200]

def schedule(self):
    """
    调度请求
    :return:
    """
    while not self.queue.empty():
        weixin_request = self.queue.pop()
        callback = weixin_request.callback
        print('Schedule', weixin_request.url)
        response = self.request(weixin_request)
        if response and response.status_code in VALID_STATUSES:
            results = list(callback(response))
            if results:
                for result in results:
                    print('New Result', result)
                    if isinstance(result, WeixinRequest):
                        self.queue.add(result)
                    if isinstance(result, dict):
                        self.mysql.insert('articles', result)
            else:
                self.error(weixin_request)
        else:
            self.error(weixin_request)
```

在这里实现了一个 schedule()方法，其内部是一个循环，循环的判断是队列不为空。

当队列不为空时，调用 pop()方法取出下一个请求，调用 request()方法执行这个请求，request()方法的实现如下：

```
from requests import ReadTimeout, ConnectionError

def request(self, weixin_request):
    """
    执行请求
    :param weixin_request: 请求
    :return: 响应
    """
    try:
        if weixin_request.need_proxy:
            proxy = get_proxy()
            if proxy:
                proxies = {
```

```
                'http': 'http://' + proxy,
                'https': 'https://' + proxy
            }
            return self.session.send(weixin_request.prepare(),
                timeout=weixin_request.timeout, allow_redirects=False, proxies=proxies)
        return self.session.send(weixin_request.prepare(), timeout=weixin_request.timeout, allow_redirects=False)
    except (ConnectionError, ReadTimeout) as e:
        print(e.args)
        return False
```

这里首先判断这个请求是否需要代理，如果需要代理，则调用 get_proxy()方法获取代理，然后调用 Session 的 send()方法执行这个请求。这里的请求调用了 prepare()方法转化为 Prepared Request，具体的用法可以参考 http://docs.python-requests.org/en/master/user/advanced/#prepared-requests，同时设置 allow_redirects 为 False，timeout 是该请求的超时时间，最后响应返回。

执行 request()方法之后会得到两种结果：一种是 False，即请求失败，连接错误；另一种是 Response 对象，还需要判断状态码，如果状态码合法，那么就进行解析，否则重新将请求加回队列。

如果状态码合法，解析的时候就会调用 WeixinRequest 的回调函数进行解析。比如这里的回调函数是 parse_index()，其实现如下：

```
from pyquery import PyQuery as pq

def parse_index(self, response):
    """
    解析索引页
    :param response: 响应
    :return: 新的响应
    """
    doc = pq(response.text)
    items = doc('.news-box .news-list li .txt-box h3 a').items()
    for item in items:
        url = item.attr('href')
        weixin_request = WeixinRequest(url=url, callback=self.parse_detail)
        yield weixin_request
    next = doc('#sogou_next').attr('href')
    if next:
        url = self.base_url + str(next)
        weixin_request = WeixinRequest(url=url, callback=self.parse_index, need_proxy=True)
        yield weixin_request
```

此方法做了两件事：一件事就是获取本页的所有微信文章链接，另一件事就是获取下一页的链接，再构造成 WeixinRequest 之后 yield 返回。

然后，schedule()方法将返回的结果进行遍历，利用 isinstance()方法判断返回结果，如果返回结果是 WeixinRequest，就将其重新加入队列。

至此，第一次循环结束。

这时 while 循环会继续执行。队列已经包含第一页内容的文章详情页请求和下一页的请求，所以第二次循环得到的下一个请求就是文章详情页的请求，程序重新调用 request()方法获取其响应，然后调用其对应的回调函数解析。这时详情页请求的回调方法就不同了，这次是 parse_detail()方法，此方法实现如下：

```
def parse_detail(self, response):
    """
    解析详情页
    :param response: 响应
    :return: 微信公众号文章
    """
    doc = pq(response.text)
    data = {
        'title': doc('.rich_media_title').text(),
        'content': doc('.rich_media_content').text(),
        'date': doc('#post-date').text(),
        'nickname': doc('#js_profile_qrcode > div > strong').text(),
        'wechat': doc('#js_profile_qrcode > div > p:nth-child(3) > span').text()
    }
    yield data
```

这个方法解析了微信文章详情页的内容，提取出它的标题、正文文本、发布日期、发布人昵称、微信公众号名称，将这些信息组合成一个字典返回。

结果返回之后还需要判断类型，如是字典类型，程序就调用 mysql 对象的 insert()方法将数据存入数据库。

这样，第二次循环执行完毕。

第三次循环、第四次循环，循环往复，每个请求都有各自的回调函数，索引页解析完毕之后会继续生成后续请求，详情页解析完毕之后会返回结果以便存储，直到爬取完毕。

现在，整个调度就完成了。

我们完善一下整个 Spider 代码，实现如下：

```
from requests import Session
from config import *
from db import RedisQueue
from mysql import MySQL
from request import WeixinRequest
from urllib.parse import urlencode
import requests
from pyquery import PyQuery as pq
from requests import ReadTimeout, ConnectionError


class Spider():
    base_url = 'http://weixin.sogou.com/weixin'
    keyword = 'NBA'
    headers = {
        'Accept': 'text/html,application/xhtml+xml,application/xml;q=0.9,image/webp,image/apng,*/*;q=0.8',
        'Accept-Encoding': 'gzip, deflate',
        'Accept-Language': 'zh-CN,zh;q=0.8,en;q=0.6,ja;q=0.4,zh-TW;q=0.2,mt;q=0.2',
        'Cache-Control': 'max-age=0',
        'Connection': 'keep-alive',
        'Cookie': 'IPLOC=CN1100; SUID=6FEDCF3C541C940A000000005968CF55; SUV=1500041046435211;
            ABTEST=0|1500041048|v1; SNUID=CEA85AE02A2F7E6EAFF9C1FE2ABEBE6F; weixinIndexVisited=1;
            JSESSIONID=aaar_m7LEIW-jg_gikPZv; ld=Wkllllllll2BzGMVlllllVOo8cUlllll5G@HbZllll9lllllRklll5
            @@@@@@@@@@',
        'Host': 'weixin.sogou.com',
        'Upgrade-Insecure-Requests': '1',
        'User-Agent': 'Mozilla/5.0 (Macintosh; Intel Mac OS X 10_12_3) AppleWebKit/537.36 (KHTML, like Gecko)
```

```
        Chrome/59.0.3071.115 Safari/537.36'
}
session = Session()
queue = RedisQueue()
mysql = MySQL()

def get_proxy(self):
    """
    从代理池获取代理
    :return:
    """
    try:
        response = requests.get(PROXY_POOL_URL)
        if response.status_code == 200:
            print('Get Proxy', response.text)
            return response.text
        return None
    except requests.ConnectionError:
        return None

def start(self):
    """
    初始化工作
    """
    # 全局更新Headers
    self.session.headers.update(self.headers)
    start_url = self.base_url + '?' + urlencode({'query': self.keyword, 'type': 2})
    weixin_request = WeixinRequest(url=start_url, callback=self.parse_index, need_proxy=True)
    # 调度第一个请求
    self.queue.add(weixin_request)

def parse_index(self, response):
    """
    解析索引页
    :param response: 响应
    :return: 新的响应
    """
    doc = pq(response.text)
    items = doc('.news-box .news-list li .txt-box h3 a').items()
    for item in items:
        url = item.attr('href')
        weixin_request = WeixinRequest(url=url, callback=self.parse_detail)
        yield weixin_request
    next = doc('#sogou_next').attr('href')
    if next:
        url = self.base_url + str(next)
        weixin_request = WeixinRequest(url=url, callback=self.parse_index, need_proxy=True)
        yield weixin_request

def parse_detail(self, response):
    """
    解析详情页
    :param response: 响应
    :return: 微信公众号文章
    """
    doc = pq(response.text)
    data = {
        'title': doc('.rich_media_title').text(),
        'content': doc('.rich_media_content').text(),
        'date': doc('#post-date').text(),
```

```
            'nickname': doc('#js_profile_qrcode > div > strong').text(),
            'wechat': doc('#js_profile_qrcode > div > p:nth-child(3) > span').text()
        }
        yield data

    def request(self, weixin_request):
        """
        执行请求
        :param weixin_request: 请求
        :return: 响应
        """
        try:
            if weixin_request.need_proxy:
                proxy = self.get_proxy()
                if proxy:
                    proxies = {
                        'http': 'http://' + proxy,
                        'https': 'https://' + proxy
                    }
                    return self.session.send(weixin_request.prepare(),
                        timeout=weixin_request.timeout, allow_redirects=False, proxies=proxies)
            return self.session.send(weixin_request.prepare(), timeout=weixin_request.timeout, allow_redirects=False)
        except (ConnectionError, ReadTimeout) as e:
            print(e.args)
            return False

    def error(self, weixin_request):
        """
        错误处理
        :param weixin_request: 请求
        :return:
        """
        weixin_request.fail_time = weixin_request.fail_time + 1
        print('Request Failed', weixin_request.fail_time, 'Times', weixin_request.url)
        if weixin_request.fail_time < MAX_FAILED_TIME:
            self.queue.add(weixin_request)

    def schedule(self):
        """
        调度请求
        :return:
        """
        while not self.queue.empty():
            weixin_request = self.queue.pop()
            callback = weixin_request.callback
            print('Schedule', weixin_request.url)
            response = self.request(weixin_request)
            if response and response.status_code in VALID_STATUSES:
                results = list(callback(response))
                if results:
                    for result in results:
                        print('New Result', result)
                        if isinstance(result, WeixinRequest):
                            self.queue.add(result)
                        if isinstance(result, dict):
                            self.mysql.insert('articles', result)
                else:
                    self.error(weixin_request)
            else:
                self.error(weixin_request)
```

9

```
    def run(self):
        """
        入口
        :return:
        """
        self.start()
        self.schedule()


if __name__ == '__main__':
    spider = Spider()
    spider.run()
```

最后，我们加了一个 run()方法作为入口，启动的时候只需要执行 Spider 的 run()方法即可。

9. MySQL 存储

整个调度模块完成了。上述内容还没提及的就是存储模块，这里还需要定义一个 MySQL 类供存储数据，实现如下：

```
REDIS_HOST = 'localhost'
REDIS_PORT = 6379
REDIS_PASSWORD = 'foobared'
REDIS_KEY = 'weixin'

import pymysql
from config import *

class MySQL():
    def __init__(self, host=MYSQL_HOST, username=MYSQL_USER, password=MYSQL_PASSWORD, port=MYSQL_PORT,
        database=MYSQL_DATABASE):
        """
        MySQL 初始化
        :param host:
        :param username:
        :param password:
        :param port:
        :param database:
        """
        try:
            self.db = pymysql.connect(host, username, password, database, charset='utf8', port=port)
            self.cursor = self.db.cursor()
        except pymysql.MySQLError as e:
            print(e.args)

    def insert(self, table, data):
        """
        插入数据
        :param table:
        :param data:
        :return:
        """
        keys = ', '.join(data.keys())
        values = ', '.join(['%s'] * len(data))
        sql_query = 'insert into %s (%s) values (%s)' % (table, keys, values)
        try:
            self.cursor.execute(sql_query, tuple(data.values()))
            self.db.commit()
        except pymysql.MySQLError as e:
```

```
            print(e.args)
            self.db.rollback()
```

`__init__()`方法初始化了 MySQL 连接，需要 MySQL 的用户、密码、端口、数据库名等信息。数据库名为 weixin，需要自己创建。

`insert()`方法传入表名和字典即可动态构造 SQL，在 5.2 节中也有讲到，SQL 构造之后执行即可插入数据。

我们还需要提前建立一个数据表，表名为 articles，建表的 SQL 语句如下：

```
CREATE TABLE `articles` (
  `id` int(11) NOT NULL,
  `title` varchar(255) NOT NULL,
  `content` text NOT NULL,
  `date` varchar(255) NOT NULL,
  `wechat` varchar(255) NOT NULL,
  `nickname` varchar(255) NOT NULL
) DEFAULT CHARSET=utf8;
ALTER TABLE `articles` ADD PRIMARY KEY (`id`);
```

现在，我们的整个爬虫就算完成了。

10. 运行

示例运行结果如图 9-29 所示。

程序首先调度了第一页结果对应的请求，获取了代理执行此请求，随后得到了 11 个新请求，请求都是 `WeixinRequest` 类型，将其再加入队列。随后继续调度新加入的请求，也就是文章详情页对应的请求，再执行，得到的就是文章详情对应的提取结果，提取结果是字典类型。

```
weixin — python3 run.py — python3 — Python run.py — 80×24
Schedule http://weixin.sogou.com/weixin?query=NBA&type=2
Get Proxy 182.253.177.7:8080
New Result <class 'weixin.request.WeixinRequest'>
New Result <class 'weixin.request.WeixinRequest'>
New Result <class 'weixin.request.WeixinRequest'>
New Result <class 'weixin.request.WeixinRequest'>
New Result <class 'weixin.request.WeixinRequest'>
New Result <class 'weixin.request.WeixinRequest'>
New Result <class 'weixin.request.WeixinRequest'>
New Result <class 'weixin.request.WeixinRequest'>
New Result <class 'weixin.request.WeixinRequest'>
New Result <class 'weixin.request.WeixinRequest'>
New Result <class 'weixin.request.WeixinRequest'>
Schedule http://mp.weixin.qq.com/s?src=3&timestamp=1500212279&ver=1&signature=px
vTZ8VuRc4NTmu2xNa6OrbUp7g-7DP1ufiAmRR7QiEA4Iywo7Oej8I3oPyXQyb-d52fDBNWqnAIpRs5ns
GMxE6-EoIwWP5F6wvd-G8uH1mNu8w2*DCnH8blV-uZbTkm57vj7Tjl*rFACOwwFlvRFsCbpSI3FQhYsz
R0JzD6Jdg=
New Result <class 'dict'>
Schedule http://mp.weixin.qq.com/s?src=3&timestamp=1500212279&ver=1&signature=aF
ZlbuDnpQq64guRAEwXOpYsJuTEK5M2qmqukHqUjn7mz7-Y0YwLlF2xkcRsv1IgxERsBijZJ5pME1n9bL
*nQs6uW72LJ12y5PVZn0PCckPaRMdjhMeL-7WMfMjjmY-Hppp67hY*shwtLoq-y0BQ-IDldgn0kKZ7d5
-AvWkJx4o=
New Result <class 'dict'>
Schedule http://mp.weixin.qq.com/s?src=3&timestamp=1500212279&ver=1&signature=px
```

图 9-29 运行结果

程序循环往复，不断爬取，直至所有结果爬取完毕，程序终止，爬取完成。

爬取结果如图 9-30 所示。

```
SELECT * FROM weixin.articles;
```

id	title	content	date	wechat	nickname
518	【NBA指数】哈登成当今NBA第一人 詹皇韦少…	江山代有英雄出，本赛季开战至今谁是NBA最强球员？并非天选之子…	2017-01-16	qqnba-wx	腾讯NBA
519	当NBA遇到广东话！看到一半我就笑尿了	毫无违和感，这才是原声吧	2017-05-20	dddnba	篮球实用技巧论坛
520	这个比NBA还火的联赛，让我们看到了属于篮球…	这个联赛的主角们只是一群毛头小子 没有NBA巨头们那样的巅峰对决…	2017-03-27	HUPUtiyu	虎扑体育
521	车叔带你看NBA大个子们都开什么车！	"4:1成功复仇克利夫兰骑士！杜兰特获得FMVP并成功摘下个人职业生…	2017-06-29	cardianping	汽车点评
522	NBA顶级控卫过人秘籍！库里欧文威少绝招教学	你喜欢哪种风格？	2017-07-04	dddnba	篮球实用技巧论坛
523	一晃NBA又快总决赛了，好想搞个事啊！	NBA 这个东西， 不知道你们看不看， 反正我只看总决赛的！ 毕竟一…	2017-04-19	gossip2017	Gossip
524	为什么NBA球星都爱做这个假动作？	大家是否发现 许多NBA球员在投篮假动作之后 都会衔接一个横移的动…	2017-05-06	dddnba	篮球实用技巧论坛
525	NBA最强搞笑花絮大合集，一群逗逼。。。	NBA是篮球比赛的殿堂， 但是要来到这里打球，首先你得是个逗逼！ …	2016-08-23	gifaaa	爆笑gif图
526	NBA"教父"——波波维奇	NBA"教父"——波波维奇 格雷格·波波维奇 人送外号诸葛维奇，年近…	2017-06-26	ballisloveweb	BIL篮球是爱
527	NBA还有比汤神更良心的代言人吗？	连倒地都要倒在安踏广告牌旁边 安踏这波签约是真的值啊！！	2017-06-25	nbadatu	篮球大图
528	NBA有史以来最疯狂的绝杀日	随着沃尔在比赛还剩3.5秒投入那记准绝杀，华盛顿奇才在与波士顿凯…	2017-05-13	jialeibasketball	篮球记者贾磊
529	放眼当今NBA，你找不到这样的MVP	只有见到了汤姆·布雷迪，才算见到了真正的优质运动偶像。什么叫做…	2017-06-21	yugaisme	于嘉
530	在NBA当个裁判也不容易，既要防偷袭还要会搞笑	幸好哥们练过 NBA裁判赛场搞笑瞬间	2017-06-24	dddnba	篮球实用技巧论坛
531	NBA赛场上将会有俩中国人？这两位中国球员将…	北京时间4月24日晚， 根据体坛+得到的独家消息， 现效力于CBA八一…	2017-04-25	BallTRK	篮球技巧教学
532	从NBA球星收入榜里我们可以看出哪些东西？	《福布斯》公布了2017年NBA收入最高的球员排名，其中勒布朗-詹姆…	2017-02-16	dddnba	篮球实用技巧论坛
533	【揭秘】NBA首届颁奖礼全解析：哈登韦少不止…	北京时间6月27日，NBA颁奖典礼将在纽约曼哈顿城市公园举行，这是…	2017-06-26	qqnba-wx	腾讯NBA
534	录播的？NBA选秀前四顺位连续两年完全一样	凯尔特人将他们今年的状元签交易给了76人 这下今年选秀的前四顺位…	2017-06-20	dddnba	篮球实用技巧论坛
535	还没进入NBA就被人烧球衣，富尔茨有点方	躺着也中枪的感觉	2017-06-19	dddnba	篮球实用技巧论坛
536	NBA只出现过一次的过人动作！第一部I艾弗森麦…	还记得以前发过的几次动图吗？ 【NBA只出现过一次的过人动作】 雷…	2017-04-03	NBAguoren	脚踝终结者联盟
537	NBA都高科技成这样了，CBA你可长点心吧……	说来惭愧，果小妞第一次看 NBA 是十二年前 高中是看得最凶的时候…	2017-05-26	JguoJguo	极果网
538	NBA版《东邪西毒》！唯美慢镜回顾16-17赛季	看球听歌：《 天地孤影任我行 》	2017-06-24	dddnba	篮球实用技巧论坛
539	惊天秘密！原来我们看的NBA是假的	大卫·布莱恩是美国幻觉魔术大师，而这次他不是来变魔术的，而是帮…	2017-03-23	dddnba	篮球实用技巧论坛
540	NBA看多了，装个轮胎都是这样的	关注↑↑↑每日一囧看视频版	2017-05-22	towetocom	每日一囧
541	从凌晨跪到天亮！NBA惊现最疯狂绝杀日	今天之前，当球迷打开赛程表查看今天的比赛时，估计没几个球迷会…	2017-03-06	qqnba-wx	腾讯NBA
542	那些你不知道的 NBA 球场黑科技！	打球也要 靠高科技 不知道小伙伴们前段时间有没有关注美国NCAA的…	2017-04-10	chaping321	差评
543	NBA赛场上将会有俩中国人？看看这人球技究竟…	这是NBA全明星名人赛的历史上 第一次上演"中国德比"， 来自中国的…	2017-02-13	tyxwrd	体育新闻热点
544	当今NBA最脏的球员？奥利尼克这些动作真的能…	凯尔特人和奇才的季后赛又起冲突了：凯尔特人内线奥利尼克挡拆时…	2017-05-05	lanqiujiaoxue	篮球教学论坛
545	NBA巨星1挑5惊艳瞬间，你最服谁？	NBA是一个团队协作的竞技场，但当团队进攻失灵时，巨星的发挥就…	2017-01-11	nbalalala	篮球实战宝典

图 9-30　爬取结果

我们可以看到，相关微信文章都已被存储到数据库里了。

11. 本节代码

本节代码地址为：https://github.com/Python3WebSpider/Weixin。运行之前请先配置好代理池。

12. 结语

以上内容便是使用代理爬取微信公众号文章的方法，涉及的新知识点不少，希望大家可以好好消化。

第 10 章

模拟登录

很多情况下，页面的某些信息需要登录才可以查看。对于爬虫来说，需要爬取的信息如果需要登录才可以看到的话，那么我们就需要做一些模拟登录的事情。

在前面我们了解了会话和 Cookies 的用法。简单来说，打开网页然后模拟登录，这实际上是在客户端生成了 Cookies，而 Cookies 里面保存了 SessionID 的信息，登录之后的后续请求都会携带生成后的 Cookies 发送给服务器。服务器就会根据 Cookies 判断出对应的 SessionID，进而找到会话。如果当前会话是有效的，那么服务器就判断用户当前已经登录了，返回请求的页面信息，这样我们就可以看到登录之后的页面。

这里的核心就是获取登录之后的 Cookies。而要获取 Cookies，我们可以手动在浏览器里输入用户密码，然后再把 Cookies 复制下来，但是这样做明显会增加人工工作量。爬虫的目的不就是自动化吗？所以我们要做的就是用程序来完成这个过程，也就是用程序模拟登录。

接下来，我们将介绍模拟登录的相关方法以及如何维护一个 Cookies 池。

10.1 模拟登录并爬取 GitHub

我们先以一个最简单的实例来了解模拟登录后页面的抓取过程，其原理在于模拟登录后 Cookies 的维护。

1. 本节目标

本节将讲解以 GitHub 为例来实现模拟登录的过程，同时爬取登录后才可以访问的页面信息，如好友动态、个人信息等内容。

我们应该都知道听说过 GitHub。如果在我们在 Github 上关注了某些人，在登录之后就会看到他们最近的动态信息，比如他们最近收藏了哪个 Repository，创建了哪个组织，推送了哪些代码。但是退出登录之后，我们就无法再看到这些信息。

如果希望爬取 GitHub 上所关注人的最近动态，我们就需要模拟登录 GitHub。

2. 环境准备

请确保已经安装好了 requests 和 lxml 库，如没有安装可以参考第 1 章的安装说明。

3. 分析登录过程

首先要分析登录的过程，需要探究后台的登录请求是怎样发送的，登录之后又有怎样的处理过程。

如果已经登录 GitHub，先退出登录，同时清除 Cookies。

打开 GitHub 的登录页面，链接为 https://github.com/login，输入 GitHub 的用户名和密码，打开开发者工具，将 Preserve Log 选项勾选上，这表示显示持续日志，如图 10-1 所示。

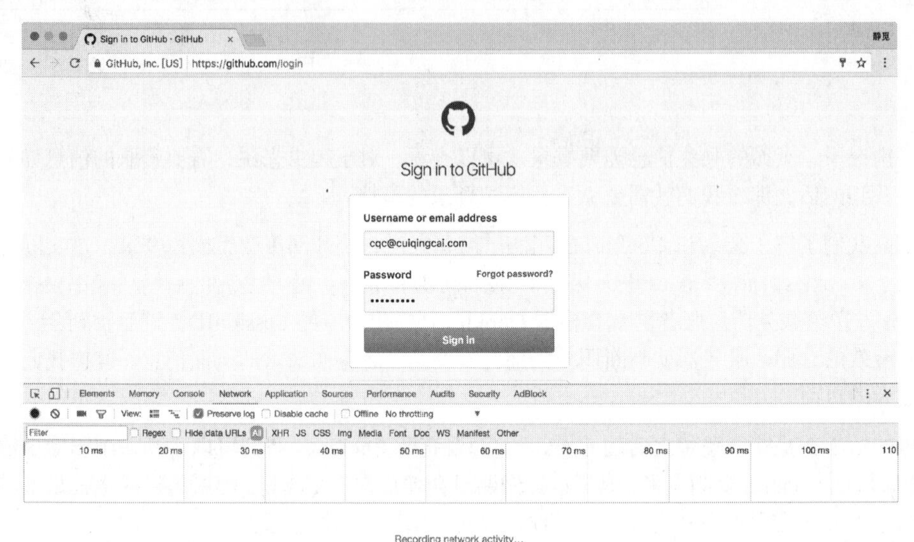

图 10-1　开发者工具设置

点击登录按钮，这时便会看到开发者工具下方显示了各个请求过程，如图 10-2 所示。

Elements Memory Console Network Application Sources Performance Audits Security AdBlock

View: Preserve log Disable cache Offline No throttling

Filter Regex Hide data URLs All XHR JS CSS Img Media Font Doc WS Manifest Other

5000 ms 10000 ms 15000 ms 20000 ms 25000 ms 30000 ms 35000 ms 40000 ms 45000 ms 50000 ms

Name	Status	Type	Initiator
session	302	text/html	Other
github.com	200	document	/session
frameworks-77c3b874f32e71b14cded5a120f42f5c7288fa52e...	200	stylesheet	(index)
github-6aa6c145362b4891aac2acb0174c926899e203fc333fa...	200	stylesheet	(index)
8678661?v=4&s=40	200	jpeg	(index)
20685758?v=4&s=40	200	png	(index)
29789950?v=4&s=40	200	png	(index)
17370787?v=4&s=40	200	png	(index)
17509739?v=4&s=40	200	jpeg	(index)
29157219?v=4&s=40	200	png	(index)
7615270?v=4&s=60	200	jpeg	(index)

27 requests | 24.9 KB transferred | Finish: 1.0 min | DOMContentLoaded: 1.55 s | Load: 2.83 s

图 10-2　请求过程

点击第一个请求，进入其详情页面，如图 10-3 所示。

```
× Headers Preview Response Cookies Timing
▼ General
    Request URL: https://github.com/session
    Request Method: POST
    Status Code: 302 Found
    Remote Address: 192.30.255.112:443
    Referrer Policy: origin
▼ Response Headers    view source
    Cache-Control: no-cache
    Content-Security-Policy: default-src 'none'; base-uri 'self'; block-all-mixed-content; child-src render.githubuse
    content.com; connect-src 'self' uploads.github.com status.github.com collector.githubapp.com api.github.com w
    ww.google-analytics.com github-cloud.s3.amazonaws.com github-production-repository-file-5c1aeb.s3.amazonaws.c
    om github-production-upload-manifest-file-7fdce7.s3.amazonaws.com github-production-user-asset-6210df.s3.amaz
    onaws.com wss://live.github.com; font-src assets-cdn.github.com; form-action 'self' github.com gist.github.co
    m; frame-ancestors 'none'; img-src 'self' data: assets-cdn.github.com identicons.github.com collector.githuba
    pp.com github-cloud.s3.amazonaws.com *.githubusercontent.com; media-src 'none'; script-src assets-cdn.github.
    com; style-src 'unsafe-inline' assets-cdn.github.com
```

图 10-3 详情页面

可以看到请求的 URL 为 https://github.com/session，请求方式为 POST。再往下看，我们观察到它的 Form Data 和 Headers 这两部分内容，如图 10-4 所示。

```
▼ Request Headers    view source
    Accept: text/html,application/xhtml+xml,application/xml;q=0.9,image/webp,image/apng,*/*;q=0.8
    Accept-Encoding: gzip, deflate, br
    Accept-Language: zh-CN,zh;q=0.8,en;q=0.6,ja;q=0.4,zh-TW;q=0.2,mt;q=0.2
    Cache-Control: max-age=0
    Connection: keep-alive
    Content-Length: 199
    Content-Type: application/x-www-form-urlencoded
    Cookie: _octo=GH1.1.906735377.1499492734; _gat=1; logged_in=no; _gh_sess=eyJzZXNzaW9uX2lkIjoiZDA4ZDljZWQyNWRmMDAxM2MyMTA5MmEzMWFiNjM1NmUiLC
    JsYXN0X3JlYWRfZnJvbV9yZXBsaWNhcyI6MTUwMTM0OTYwNjA5MiwiY29udGV4dCI6Ii8iLCJsYXN0X3dyaXRlIjoxNTAxMzQ5NjAxNzA1LCJzcHlfcmVwbyI6InhjaGFvaW5mby9m
    dWNrLWxvZ2luIiwic3B5X3JlcG9fYXQiOjE1MDEzNDc1ODIsInJlZmVycmFsX2NvZGUiOiJodHRwczovL2dpdGh1Yi5jb20vIiwiX2NzcmZfdG9rZW4iOiJaaE9oYW5nU2VvWlBEbU
    huM1psTXgwVzhZa3hFV0x3dkx5VlBnUG40OTVnPSIsImZsYXNoIjp7ImRpc2NhcmQiOltdLCJmbGFzaGVzIjp7ImFuYWx5dGljc19sb2NhdGlvbl9xdWVyeV9zdHJpcCI6InRydWUi
    fX19--edcbe2e7bf9658e13a8c43cb8c3e43bf50c9e03d; _ga=GA1.2.576231964.1499492734; tz=Asia%2FShanghai
    Host: github.com
    Origin: https://github.com
    Referer: https://github.com/
    Upgrade-Insecure-Requests: 1
    User-Agent: Mozilla/5.0 (Macintosh; Intel Mac OS X 10_12_6) AppleWebKit/537.36 (KHTML, like Gecko) Chrome/59.0.3071.115 Safari/537.36
▼ Form Data    view source    view URL encoded
    commit: Sign in
    utf8: ✓
    authenticity_token: 65ibxy40evDIHI4MT64vjWUSvgU1q+pK45IntywdJZzA2aWGSVSXXbiZ/FNm0bPfRM06+Ji/rp+t/RIicHl4dQ==
    login: cqc@cuiqingcai.com
    password:
```

图 10-4 详情页面

Headers 里面包含了 Cookies、Host、Origin、Referer、User-Agent 等信息。Form Data 包含了 5 个字段，commit 是固定的字符串 Sign in，utf8 是一个勾选字符，authenticity_token 较长，其初步判断是一个 Base64 加密的字符串，login 是登录的用户名，password 是登录的密码。

综上所述，我们现在无法直接构造的内容有 Cookies 和 authenticity_token。下面我们再来探寻一下这两部分内容如何获取。

在登录之前我们会访问到一个登录页面，此页面是通过 GET 形式访问的。输入用户名密码，点击登录按钮，浏览器发送这两部分信息，也就是说 Cookies 和 authenticity_token 一定是在访问登录页的时候设置的。

这时再退出登录，回到登录页，同时清空 Cookies，重新访问登录页，截获发生的请求，如图 10-5 所示。

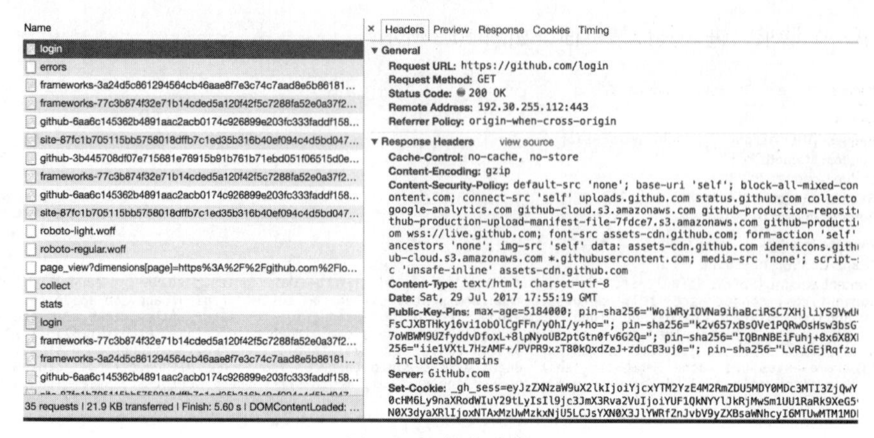

图 10-5　截获请求

访问登录页面的请求如图所示，Response Headers 有一个 Set-Cookie 字段。这就是设置 Cookies 的过程。

另外，我们发现 Response Headers 没有和 authenticity_token 相关的信息，所以可能 authenticity_token 还隐藏在其他的地方或者是计算出来的。我们再从网页的源码探寻，搜索相关字段，发现源代码里面隐藏着此信息，它是一个隐藏式表单元素，如图 10-6 所示。

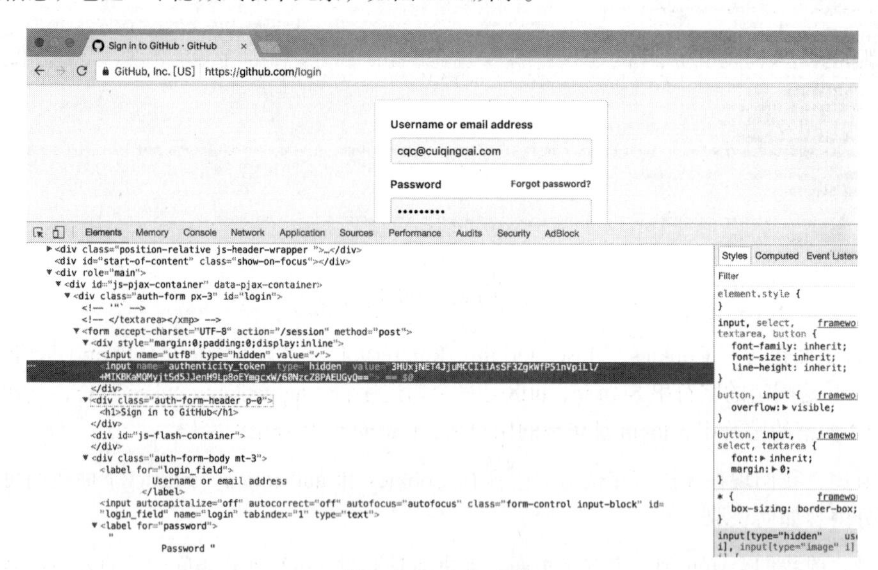

图 10-6　表单元素

现在我们已经获取到所有信息，接下来实现模拟登录。

4. 代码实战

首先我们定义一个 Login 类，初始化一些变量：

```
class Login(object):
    def __init__(self):
        self.headers = {
            'Referer': 'https://github.com/',
            'User-Agent': 'Mozilla/5.0 (Windows NT 10.0; WOW64) AppleWebKit/537.36 (KHTML, like Gecko)
                Chrome/57.0.2987.133 Safari/537.36',
            'Host': 'github.com'
        }
        self.login_url = 'https://github.com/login'
        self.post_url = 'https://github.com/session'
        self.logined_url = 'https://github.com/settings/profile'
        self.session = requests.Session()
```

这里最重要的一个变量就是 requests 库的 Session，它可以帮助我们维持一个会话，而且可以自动处理 Cookies，我们不用再去担心 Cookies 的问题。

接下来，访问登录页面要完成两件事：一是通过此页面获取初始的 Cookies，二是提取出 authenticity_token。

在这里我们实现一个 token()方法，如下所示：

```
from lxml import etree

def token(self):
    response = self.session.get(self.login_url, headers=self.headers)
    selector = etree.HTML(response.text)
    token = selector.xpath('//div/input[2]/@value')[0]
    return token
```

我们用 Session 对象的 get()方法访问 GitHub 的登录页面，然后用 XPath 解析出登录所需的 authenticity_token 信息并返回。

现在已经获取初始的 Cookies 和 authenticity_token，开始模拟登录，实现一个 login()方法，如下所示：

```
def login(self, email, password):
    post_data = {
        'commit': 'Sign in',
        'utf8': '✓',
        'authenticity_token': self.token(),
        'login': email,
        'password': password
    }

    response = self.session.post(self.post_url, data=post_data, headers=self.headers)
    if response.status_code == 200:
        self.dynamics(response.text)

    response = self.session.get(self.logined_url, headers=self.headers)
    if response.status_code == 200:
        self.profile(response.text)
```

首先构造一个表单，复制各个字段，其中 email 和 password 是以变量的形式传递。然后再用 Session 对象的 post()方法模拟登录即可。由于 requests 自动处理了重定向信息，我们登录成功后就可以直接跳转到首页，首页会显示所关注人的动态信息，得到响应之后我们用 dynamics()方法来对其进行处理。接下来再用 Session 对象请求个人详情页，然后用 profile()方法来处理个人详情页信息。

其中，dynamics()方法和profile()方法的实现如下所示：

```
def dynamics(self, html):
    selector = etree.HTML(html)
    dynamics = selector.xpath('//div[contains(@class, "news")]//div[contains(@class, "alert")]')
    for item in dynamics:
        dynamic = ' '.join(item.xpath('.//div[@class="title"]//text()')).strip()
        print(dynamic)

def profile(self, html):
    selector = etree.HTML(html)
    name = selector.xpath('//input[@id="user_profile_name"]/@value')[0]
    email = selector.xpath('//select[@id="user_profile_email"]/option[@value!=""]/text()')
    print(name, email)
```

在这里，我们仍然使用XPath对信息进行提取。在dynamics()方法里，我们提取了所有的动态信息，然后将其遍历输出。在prifile()方法里，我们提取了个人的昵称和绑定的邮箱，然后将其输出。

这样，整个类的编写就完成了。

5. 运行

我们新建一个Login对象，然后运行程序，如下所示：

```
if __name__ == "__main__":
    login = Login()
    login.login(email='cqc@cuiqingcai.com', password='password')
```

通过login()方法传入用户名和密码，实现模拟登录。

可以看到控制台有类似如下输出：

```
GrahamCampbell  starred  nunomaduro/zero-framework
GrahamCampbell  starred  nunomaduro/laravel-zero
happyAnger6  created repository  happyAnger6/nodejs_chatroom
viosey  starred  nitely/Spirit
lbgws2  starred  Germey/TaobaoMM
EasyChris  starred  ageitgey/face_recognition
callmewhy  starred  macmade/GitHubUpdates
sindresorhus  starred  sholladay/squatter
SamyPesse  starred  graphcool/chromeless
wbotelhos  starred  tkadlec/grunt-perfbudget
wbotelhos  created repository  wbotelhos/eggy
leohxj  starred  MacGesture/MacGesture
GrahamCampbell  starred  GrahamCampbell/Analyzer
EasyChris  starred  golang/go
mitulgolakiya  starred  veltman/flubber
liaoyuming  pushed to  student  at  Germey/SecurityCourse
leohxj  starred  jasonslyvia/a-cartoon-intro-to-redux-cn
ruanyf  starred  ericchiang/pup
ruanyf  starred  bpesquet/thejsway
louwailou  forked  Germey/ScrapyTutorial  to  louwailou/ScrapyTutorial
Lving  forked  shadowsocksr-backup/shadowsocksr  to  Lving/shadowsocksr
qifuren1985  starred  Germey/ADSLProxyPool
QWp6t  starred  laravel/framework
Germey ['1016903103@qq.com', 'cqc@cuiqingcai.com']
```

可以发现，我们成功获取到关注的人的动态信息和个人的昵称及绑定邮箱。模拟登录成功！

6. 本节代码

本节代码地址为：https://github.com/Python3WebSpider/GithubLogin。

7. 结语

我们利用 requests 的 `Session` 实现了模拟登录操作，其中最重要的还是分析思路，只要各个参数都成功获取，那么模拟登录是没有问题的。

登录成功，这就相当于建立了一个 Session 会话，`Session` 对象维护着 Cookies 的信息，直接请求就会得到模拟登录成功后的页面。

10.2 Cookies 池的搭建

很多时候，在爬取没有登录的情况下，我们也可以访问一部分页面或请求一些接口，因为毕竟网站本身需要做 SEO，不会对所有页面都设置登录限制。

但是，不登录直接爬取会有一些弊端，弊端主要有以下两点。

- 设置了登录限制的页面无法爬取。如某论坛设置了登录才可查看资源，某博客设置了登录才可查看全文等，这些页面都需要登录账号才可以查看和爬取。
- 一些页面和接口虽然可以直接请求，但是请求一旦频繁，访问就容易被限制或者 IP 直接被封，但是登录之后就不会出现这样的问题，因此登录之后被反爬的可能性更低。

下面我们就第二种情况做一个简单的实验。以微博为例，我们先找到一个 Ajax 接口，例如新浪财经官方微博的信息接口 https://m.weibo.cn/api/container/getIndex?uid=1638782947&luicode=20000174&type=uid&value=1638782947&containerid=1005051638782947，如果用浏览器直接访问，返回的数据是 JSON 格式，如图 10-7 所示，其中包含了新浪财经官方微博的一些信息，直接解析 JSON 即可提取信息。

图 10-7 返回数据

但是，这个接口在没有登录的情况下会有请求频率检测。如果一段时间内访问太过频繁，比如打开这个链接，一直不断刷新，则会看到请求频率过高的提示，如图 10-8 所示。

图 10-8　提示页面

如果重新打开一个浏览器窗口，打开 https://passport.weibo.cn/signin/login?entry=mweibo&r=https://m.weibo.cn/，登录微博账号之后重新打开此链接，则页面正常显示接口的结果，而未登录的页面仍然显示请求过于频繁，如图 10-9 所示。

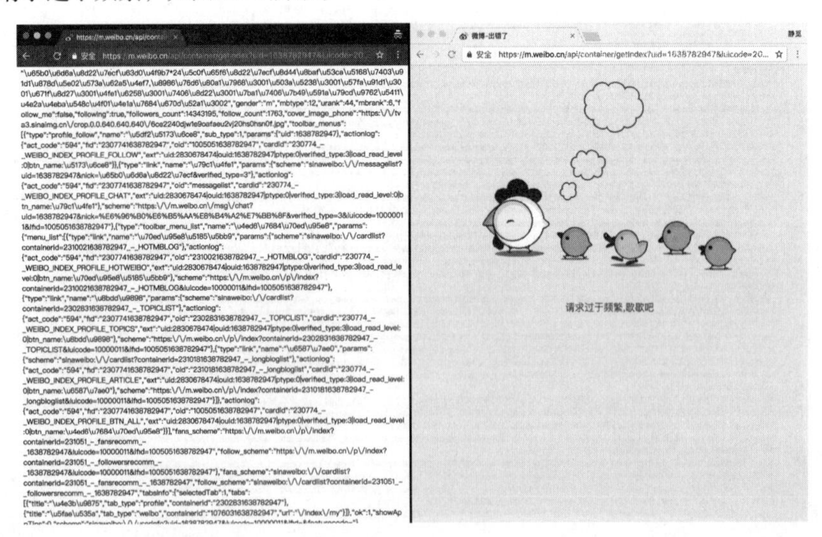

图 10-9　对比页面

图中左侧是登录了账号之后请求接口的结果，右侧是未登录账号请求接口的结果，二者的接口链接是完全一样的。未登录状态无法正常访问，而登录状态可以正常显示。

因此，登录账号可以降低被封禁的概率。

我们可以尝试登录之后再做爬取，被封禁的几率会小很多，但是也不能完全排除被封禁的风险。如果一直用同一个账号频繁请求，那就有可能遇到请求过于频繁而封号的问题。

如果需要做大规模抓取，我们就需要拥有很多账号，每次请求随机选取一个账号，这样就降低了单个账号的访问频率，被封的概率又会大大降低。

那么如何维护多个账号的登录信息呢？这时就需要用到 Cookies 池了。接下来我们看看 Cookies 池的构建方法。

1. 本节目标

我们以新浪微博为例来实现一个 Cookies 池的搭建过程。Cookies 池中保存了许多新浪微博账号和登录后的 Cookies 信息，并且 Cookies 池还需要定时检测每个 Cookies 的有效性，如果某 Cookies 无效，那就删除该 Cookies 并模拟登录生成新的 Cookies。同时 Cookies 池还需要一个非常重要的接口，即获取随机 Cookies 的接口，Cookies 运行后，我们只需请求该接口，即可随机获得一个 Cookies 并用其爬取。

由此可见，Cookies 池需要有自动生成 Cookies、定时检测 Cookies、提供随机 Cookies 等几大核心功能。

2. 准备工作

搭建之前肯定需要一些微博的账号。需要安装好 Redis 数据库并使其正常运行。需要安装 Python 的 redis-py、requests、Selelnium 和 Flask 库。另外，还需要安装 Chrome 浏览器并配置好 ChromeDriver，其流程可以参考第一章的安装说明。

3. Cookies 池架构

Cookies 的架构和代理池类似，同样是 4 个核心模块，如图 10-10 所示。

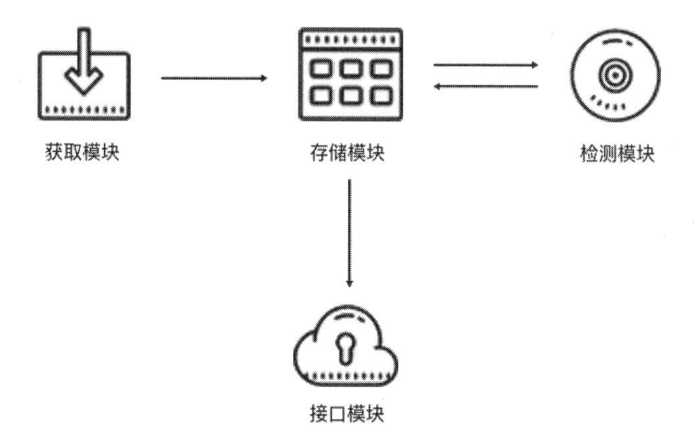

图 10-10 Cookies 池架构

Cookies 池架构的基本模块分为 4 块：存储模块、生成模块、检测模块和接口模块。每个模块的功能如下。

- 存储模块负责存储每个账号的用户名密码以及每个账号对应的 Cookies 信息，同时还需要提供一些方法来实现方便的存取操作。
- 生成模块负责生成新的 Cookies。此模块会从存储模块逐个拿取账号的用户名和密码，然后模拟登录目标页面，判断登录成功，就将 Cookies 返回并交给存储模块存储。
- 检测模块需要定时检测数据库中的 Cookies。在这里我们需要设置一个检测链接，不同的站点检测链接不同，检测模块会逐个拿取账号对应的 Cookies 去请求链接，如果返回的状态是有效的，那么此 Cookies 没有失效，否则 Cookies 失效并移除。接下来等待生成模块重新生成即可。
- 接口模块需要用 API 来提供对外服务的接口。由于可用的 Cookies 可能有多个，我们可以随机返回 Cookies 的接口，这样保证每个 Cookies 都有可能被取到。Cookies 越多，每个 Cookies 被取到的概率就会越小，从而减少被封号的风险。

以上设计 Cookies 池的基本思路和前面讲的代理池有相似之处。接下来我们设计整体的架构，然后用代码实现该 Cookies 池。

4. Cookies 池的实现

首先分别了解各个模块的实现过程。

- **存储模块**

其实，需要存储的内容无非就是账号信息和 Cookies 信息。账号由用户名和密码两部分组成，我们可以存成用户名和密码的映射。Cookies 可以存成 JSON 字符串，但是我们后面得需要根据账号来生成 Cookies。生成的时候我们需要知道哪些账号已经生成了 Cookies，哪些没有生成，所以需要同时保存该 Cookies 对应的用户名信息，其实也是用户名和 Cookies 的映射。这里就是两组映射，我们自然而然想到 Redis 的 Hash，于是就建立两个 Hash，结构分别如图 10-11 和图 10-12 所示。

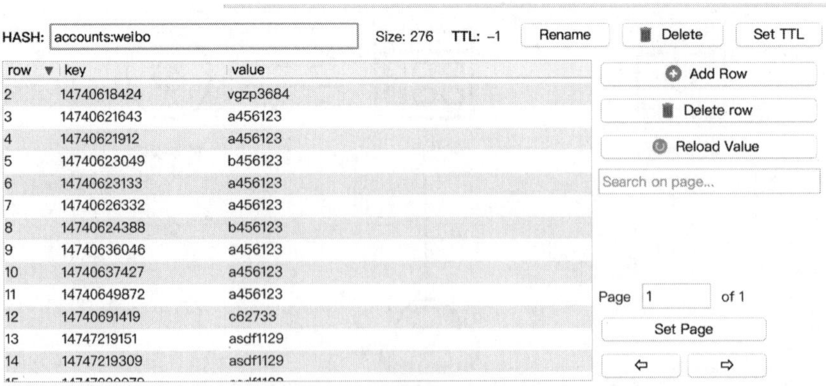

HASH: accounts:weibo　Size: 276　TTL: -1　Rename　Delete　Set TTL

row	key	value
2	14740618424	vgzp3684
3	14740621643	a456123
4	14740621912	a456123
5	14740623049	b456123
6	14740623133	a456123
7	14740626332	a456123
8	14740624388	b456123
9	14740636046	a456123
10	14740637427	a456123
11	14740649872	a456123
12	14740691419	c62733
13	14747219151	asdf1129
14	14747219309	asdf1129

Add Row　Delete row　Reload Value　Search on page...　Page 1 of 1　Set Page

图 10-11　用户名密码 Hash 结构

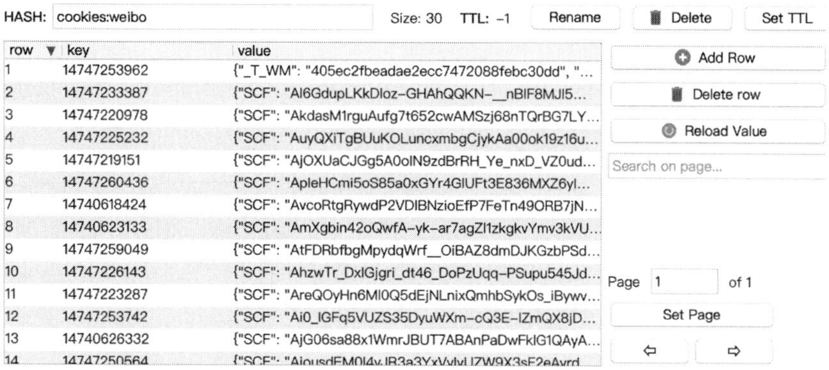

HASH: cookies:weibo Size: 30 TTL: -1 Rename Delete Set TTL

row	key	value
1	14747253962	{"_T_WM": "405ec2fbeadae2ecc7472088febc30dd", "...
2	14747233387	{"SCF": "Al6GdupLKkDloz-GHAhQQKN-__nBIF8MJI5...
3	14747220978	{"SCF": "AkdasM1rguAufg7t652cwAMSzj68nTQrBG7LY...
4	14747225232	{"SCF": "AuyQXiTgBUuKOLuncxmbgCjykAa00ok19z16u...
5	14747219151	{"SCF": "AjOXUaCJGg5A0olN9zdBrRH_Ye_nxD_VZ0ud...
6	14747260436	{"SCF": "ApleHCmi5oS85a0xGYr4GlUFt3E836MXZ6yl...
7	14740618424	{"SCF": "AvcoRtgRywdP2VDIBNzioEfP7FeTn49ORB7jN...
8	14740623133	{"SCF": "AmXgbin42oQwfA-yk-ar7agZl1zkgkvYmv3kVU...
9	14747259049	{"SCF": "AtFDRbfbgMpydqWrf__OiBAZ8dmDJKGzbPSd...
10	14747226143	{"SCF": "AhzwTr_DxlGjgri_dt46_DoPzUqq-PSupu545Jd...
11	14747223287	{"SCF": "AreQOyHn6Ml0Q5dEjNLnixQmhbSykOs_iBywv...
12	14747253742	{"SCF": "Ai0_IGFq5VUZS35DyuWXm-cQ3E-IZmQX8jD...
13	14740626332	{"SCF": "AjG06sa88x1WmrJBUT7ABAnPaDwFklG1QAyA...
14	14747250564	{"SCF": "AiousdFM0l4vJB3a3YxVvlvUZW9X3sF2eAvrd

Add Row

Delete row

Reload Value

Search on page...

Page 1 of 1

Set Page

图 10-12 用户名 Cookies Hash 结构

Hash 的 Key 就是账号，Value 对应着密码或者 Cookies。另外需要注意，由于 Cookies 池需要做到可扩展，存储的账号和 Cookies 不一定单单只有本例中的微博，其他站点同样可以对接此 Cookies 池，所以这里 Hash 的名称可以做二级分类，例如存账号的 Hash 名称可以为 accounts:weibo，Cookies 的 Hash 名称可以为 cookies:weibo。如要扩展知乎的 Cookies 池，我们就可以使用 accounts:zhihu 和 cookies:zhihu，这样比较方便。

接下来我们创建一个存储模块类，用以提供一些 Hash 的基本操作，代码如下：

```
import random
import redis

class RedisClient(object):
    def __init__(self, type, website, host=REDIS_HOST, port=REDIS_PORT, password=REDIS_PASSWORD):
        """
        初始化 Redis 连接
        :param host: 地址
        :param port: 端口
        :param password: 密码
        """
        self.db = redis.StrictRedis(host=host, port=port, password=password, decode_responses=True)
        self.type = type
        self.website = website

    def name(self):
        """
        获取 Hash 的名称
        :return: Hash 名称
        """
        return "{type}:{website}".format(type=self.type, website=self.website)

    def set(self, username, value):
        """
        设置键值对
        :param username: 用户名
        :param value: 密码或 Cookies
        :return:
        """
        return self.db.hset(self.name(), username, value)
```

```
    def get(self, username):
        """
        根据键名获取键值
        :param username: 用户名
        :return:
        """
        return self.db.hget(self.name(), username)

    def delete(self, username):
        """
        根据键名删除键值对
        :param username: 用户名
        :return: 删除结果
        """
        return self.db.hdel(self.name(), username)

    def count(self):
        """
        获取数目
        :return: 数目
        """
        return self.db.hlen(self.name())

    def random(self):
        """
        随机得到键值，用于随机Cookies获取
        :return: 随机Cookies
        """
        return random.choice(self.db.hvals(self.name()))

    def usernames(self):
        """
        获取所有账户信息
        :return: 所有用户名
        """
        return self.db.hkeys(self.name())

    def all(self):
        """
        获取所有键值对
        :return: 用户名和密码或Cookies的映射表
        """
        return self.db.hgetall(self.name())
```

这里我们新建了一个RedisClient类，初始化__init__()方法有两个关键参数type和website，分别代表类型和站点名称，它们就是用来拼接Hash名称的两个字段。如果这是存储账户的Hash，那么此处的type为accounts、website为weibo，如果是存储Cookies的Hash，那么此处的type为cookies、website为weibo。

接下来还有几个字段代表了Redis的连接信息，初始化时获得这些信息后初始化StrictRedis对象，建立Redis连接。

name()方法拼接了type和website，组成Hash的名称。set()、get()、delete()方法分别代表设置、获取、删除Hash的某一个键值对，count()获取Hash的长度。

比较重要的方法是random()，它主要用于从Hash里随机选取一个Cookies并返回。每调用一次random()方法，就会获得随机的Cookies，此方法与接口模块对接即可实现请求接口获取随机Cookies。

- **生成模块**

生成模块负责获取各个账号信息并模拟登录，随后生成Cookies并保存。我们首先获取两个Hash的信息，看看账户的Hash比Cookies的Hash多了哪些还没有生成Cookies的账号，然后将剩余的账号遍历，再去生成Cookies即可。

这里主要逻辑就是找出那些还没有对应Cookies的账号，然后再逐个获取Cookies，代码如下：

```
for username in accounts_usernames:
    if not username in cookies_usernames:
        password = self.accounts_db.get(username)
        print('正在生成Cookies', '账号', username, '密码', password)
        result = self.new_cookies(username, password)
```

因为我们对接的是新浪微博，前面我们已经破解了新浪微博的四宫格验证码，在这里我们直接对接过来即可，不过现在需要加一个获取Cookies的方法，并针对不同的情况返回不同的结果，逻辑如下所示：

```
def get_cookies(self):
    return self.browser.get_cookies()

def main(self):
    self.open()
    if self.password_error():
        return {
            'status': 2,
            'content': '用户名或密码错误'
        }
    # 如果不需要验证码直接登录成功
    if self.login_successfully():
        cookies = self.get_cookies()
        return {
            'status': 1,
            'content': cookies
        }
    # 获取验证码图片
    image = self.get_image('captcha.png')
    numbers = self.detect_image(image)
    self.move(numbers)
    if self.login_successfully():
        cookies = self.get_cookies()
        return {
            'status': 1,
            'content': cookies
        }
    else:
        return {
            'status': 3,
            'content': '登录失败'
        }
```

这里返回结果的类型是字典，并且附有状态码status，在生成模块里我们可以根据不同的状态码做不同的处理。例如状态码为1的情况，表示成功获取Cookies，我们只需要将Cookies保存到数据库即可。如状态码为2的情况，代表用户名或密码错误，那么我们就应该把当前数据库中存储的账号信息删除。如状态码为3的情况，则代表登录失败的一些错误，此时不能判断是否用户名或密码错误，也不能成功获取Cookies，那么简单提示再进行下一个处理即可，类似代码实现如下所示：

```
        result = self.new_cookies(username, password)
        # 成功获取
        if result.get('status') == 1:
            cookies = self.process_cookies(result.get('content'))
            print('成功获取到Cookies', cookies)
            if self.cookies_db.set(username, json.dumps(cookies)):
                print('成功保存Cookies')
        # 密码错误，移除账号
        elif result.get('status') == 2:
            print(result.get('content'))
            if self.accounts_db.delete(username):
                print('成功删除账号')
        else:
            print(result.get('content'))
```

如果要扩展其他站点，只需要实现 new_cookies()方法即可，然后按此处理规则返回对应的模拟登录结果，比如1代表获取成功，2代表用户名或密码错误。

代码运行之后就会遍历一次尚未生成 Cookies 的账号，模拟登录生成新的 Cookies。

- **检测模块**

我们现在可以用生成模块来生成 Cookies，但还是免不了 Cookies 失效的问题，例如时间太长导致 Cookies 失效，或者 Cookies 使用太频繁导致无法正常请求网页。如果遇到这样的 Cookies，我们肯定不能让它继续保存在数据库里。

所以我们还需要增加一个定时检测模块，它负责遍历池中的所有 Cookies，同时设置好对应的检测链接，我们用一个个 Cookies 去请求这个链接。如果请求成功，或者状态码合法，那么该 Cookies 有效；如果请求失败，或者无法获取正常的数据，比如直接跳回登录页面或者跳到验证页面，那么此 Cookies 无效，我们需要将该 Cookies 从数据库中移除。

此 Cookies 移除之后，刚才所说的生成模块就会检测到 Cookies 的 Hash 和账号的 Hash 相比少了此账号的 Cookies，生成模块就会认为这个账号还没生成 Cookies，那么就会用此账号重新登录，此账号的 Cookies 又被重新更新。

检测模块需要做的就是检测 Cookies 失效，然后将其从数据中移除。

为了实现通用可扩展性，我们首先定义一个检测器的父类，声明一些通用组件，实现如下所示：

```
class ValidTester(object):
    def __init__(self, website='default'):
        self.website = website
        self.cookies_db = RedisClient('cookies', self.website)
        self.accounts_db = RedisClient('accounts', self.website)

    def test(self, username, cookies):
        raise NotImplementedError

    def run(self):
        cookies_groups = self.cookies_db.all()
        for username, cookies in cookies_groups.items():
            self.test(username, cookies)
```

在这里定义了一个父类叫作 ValidTester，在__init__()方法里指定好站点的名称 website，另外建立两个存储模块连接对象 cookies_db 和 accounts_db，分别负责操作 Cookies 和账号的 Hash，run()

方法是入口，在这里是遍历了所有的 Cookies，然后调用 test()方法进行测试，在这里 test()方法是没有实现的，也就是说我们需要写一个子类来重写这个 test()方法，每个子类负责各自不同网站的检测，如检测微博的就可以定义为 WeiboValidTester，实现其独有的 test()方法来检测微博的 Cookies 是否合法，然后做相应的处理，所以在这里我们还需要再加一个子类来继承这个 ValidTester，重写其 test()方法，实现如下：

```
import json
import requests
from requests.exceptions import ConnectionError

class WeiboValidTester(ValidTester):
    def __init__(self, website='weibo'):
        ValidTester.__init__(self, website)

    def test(self, username, cookies):
        print('正在测试Cookies', '用户名', username)
        try:
            cookies = json.loads(cookies)
        except TypeError:
            print('Cookies 不合法', username)
            self.cookies_db.delete(username)
            print('删除Cookies', username)
            return
        try:
            test_url = TEST_URL_MAP[self.website]
            response = requests.get(test_url, cookies=cookies, timeout=5, allow_redirects=False)
            if response.status_code == 200:
                print('Cookies 有效', username)
                print('部分测试结果', response.text[0:50])
            else:
                print(response.status_code, response.headers)
                print('Cookies 失效', username)
                self.cookies_db.delete(username)
                print('删除Cookies', username)
        except ConnectionError as e:
            print('发生异常', e.args)
```

test()方法首先将 Cookies 转化为字典，检测 Cookies 的格式，如果格式不正确，直接将其删除，如果格式没问题，那么就拿此 Cookies 请求被检测的 URL。test()方法在这里检测微博，检测的 URL 可以是某个 Ajax 接口，为了实现可配置化，我们将测试 URL 也定义成字典，如下所示：

```
TEST_URL_MAP = {
    'weibo': 'https://m.weibo.cn/'
}
```

如果要扩展其他站点，我们可以统一在字典里添加。对微博来说，我们用 Cookies 去请求目标站点，同时禁止重定向和设置超时时间，得到响应之后检测其返回状态码。如果直接返回 200 状态码，则 Cookies 有效，否则可能遇到了 302 跳转等情况，一般会跳转到登录页面，则 Cookies 已失效。如果 Cookies 失效，我们将其从 Cookies 的 Hash 里移除即可。

- **接口模块**

生成模块和检测模块如果定时运行就可以完成 Cookies 实时检测和更新。但是 Cookies 最终还是需要给爬虫来用，同时一个 Cookies 池可供多个爬虫使用，所以我们还需要定义一个 Web 接口，爬虫访问此接口便可以取到随机的 Cookies。我们采用 Flask 来实现接口的搭建，代码如下所示：

```
import json
from flask import Flask, g
app = Flask(__name__)
# 生成模块的配置字典
GENERATOR_MAP = {
    'weibo': 'WeiboCookiesGenerator'
}
@app.route('/')
def index():
    return '<h2>Welcome to Cookie Pool System</h2>'

def get_conn():
    for website in GENERATOR_MAP:
        if not hasattr(g, website):
            setattr(g, website + '_cookies', eval('RedisClient' + '("cookies", "' + website + '")'))
    return g

@app.route('/<website>/random')
def random(website):
    """
    获取随机的 Cookie，访问地址如 /weibo/random
    :return: 随机 Cookie
    """
    g = get_conn()
    cookies = getattr(g, website + '_cookies').random()
    return cookies
```

我们同样需要实现通用的配置来对接不同的站点，所以接口链接的第一个字段定义为站点名称，第二个字段定义为获取的方法，例如，/weibo/random 是获取微博的随机 Cookies，/zhihu/random 是获取知乎的随机 Cookies。

- **调度模块**

最后，我们再加一个调度模块让这几个模块配合运行起来，主要的工作就是驱动几个模块定时运行，同时各个模块需要在不同进程上运行，实现如下所示：

```
import time
from multiprocessing import Process
from cookiespool.api import app
from cookiespool.config import *
from cookiespool.generator import *
from cookiespool.tester import *

class Scheduler(object):
    @staticmethod
    def valid_cookie(cycle=CYCLE):
        while True:
            print('Cookies 检测进程开始运行')
            try:
                for website, cls in TESTER_MAP.items():
                    tester = eval(cls + '(website="' + website + '")')
                    tester.run()
                    print('Cookies 检测完成')
                    del tester
                    time.sleep(cycle)
            except Exception as e:
```

```
                print(e.args)

    @staticmethod
    def generate_cookie(cycle=CYCLE):
        while True:
            print('Cookies 生成进程开始运行')
            try:
                for website, cls in GENERATOR_MAP.items():
                    generator = eval(cls + '(website="' + website + '")')
                    generator.run()
                    print('Cookies 生成完成')
                    generator.close()
                    time.sleep(cycle)
            except Exception as e:
                print(e.args)

    @staticmethod
    def api():
        print('API 接口开始运行')
        app.run(host=API_HOST, port=API_PORT)

    def run(self):
        if API_PROCESS:
            api_process = Process(target=Scheduler.api)
            api_process.start()

        if GENERATOR_PROCESS:
            generate_process = Process(target=Scheduler.generate_cookie)
            generate_process.start()

        if VALID_PROCESS:
            valid_process = Process(target=Scheduler.valid_cookie)
            valid_process.start()
```

这里用到了两个重要的配置，即产生模块类和测试模块类的字典配置，如下所示：

```
# 产生模块类，如扩展其他站点，请在此配置
GENERATOR_MAP = {
    'weibo': 'WeiboCookiesGenerator'
}

# 测试模块类，如扩展其他站点，请在此配置
TESTER_MAP = {
    'weibo': 'WeiboValidTester'
}
```

这样的配置是为了方便动态扩展使用的，键名为站点名称，键值为类名。如需要配置其他站点可以在字典中添加，如扩展知乎站点的产生模块，则可以配置成：

```
GENERATOR_MAP = {
    'weibo': 'WeiboCookiesGenerator',
    'zhihu': 'ZhihuCookiesGenerator',
}
```

Scheduler 里将字典进行遍历，同时利用 `eval()`动态新建各个类的对象，调用其入口 `run()`方法运行各个模块。同时，各个模块的多进程使用了 multiprocessing 中的 `Process` 类，调用其 `start()`方法即可启动各个进程。

另外，各个模块还设有模块开关，我们可以在配置文件中自由设置开关的开启和关闭，如下所示：

10

```
# 产生模块开关
GENERATOR_PROCESS = True
# 验证模块开关
VALID_PROCESS = False
# 接口模块开关
API_PROCESS = True
```

定义为 `True` 即可开启该模块，定义为 `False` 即关闭此模块。

至此，我们的 Cookies 就全部完成了。接下来我们将模块同时开启，启动调度器，控制台类似输出如下所示：

```
API 接口开始运行
 * Running on http://0.0.0.0:5000/ (Press CTRL+C to quit)
Cookies 生成进程开始运行
Cookies 检测进程开始运行
正在生成 Cookies 账号 14747223314 密码 asdf1129
正在测试 Cookies 用户名 14747219309
Cookies 有效 14747219309
正在测试 Cookies 用户名 14740626332
Cookies 有效 14740626332
正在测试 Cookies 用户名 14740691419
Cookies 有效 14740691419
正在测试 Cookies 用户名 14740618009
Cookies 有效 14740618009
正在测试 Cookies 用户名 14740636046
Cookies 有效 14740636046
正在测试 Cookies 用户名 14747222472
Cookies 有效 14747222472
Cookies 检测完成
验证码位置 420 580 384 544
成功匹配
拖动顺序 [1, 4, 2, 3]
成功获取到 Cookies {'SUHB': '08J77UIj4w5n_T', 'SCF':
    'AimcUCUVvHjswSBmTswKhOg4kNj4K7_U9k57YzxbqFt4SFBhXq3Lx4YSNO9VuBV841BMHFIaH4ipnfqZnK7W6Qs.',
    'SSOLoginState': '1501439488', '_T_WM': '99b7d656220aeb9207b5db97743adc02', 'M_WEIBOCN_PARAMS':
    'uicode%3D20000174', 'SUB':
    '_2A250elZQDeRhGeBM6VAR8ifEzTuIHXVXhXoYrDV6PUJbkdBeLXTxkW17ZoYhhJ92N_RGCjmHpfv9TB8OJQ..'}
成功保存 Cookies
```

以上所示是程序运行的控制台输出内容，我们从中可以看到各个模块都正常启动，测试模块逐个测试 Cookies，生成模块获取尚未生成 Cookies 的账号的 Cookies，各个模块并行运行，互不干扰。

我们可以访问接口获取随机的 Cookies，如图 10-13 所示。

图 10-13　接口页面

爬虫只需要请求该接口就可以实现随机 Cookies 的获取。

5. 本节代码

本节代码地址为：https://github.com/Python3WebSpider/CookiesPool。

6. 结语

以上内容便是 Cookies 池的用法，后文中我们会利用该 Cookies 池和之前所讲的代理池来进行新浪微博的大规模爬取。

第 11 章 App 的爬取

前文介绍的都是爬取 Web 网页的内容。随着移动互联网的发展，越来越多的企业并没有提供 Web 网页端的服务，而是直接开发了 App，更多更全的信息都是通过 App 来展示的。那么针对 App 我们可以爬取吗？当然可以。

App 的爬取相比 Web 端爬取更加容易，反爬虫能力没有那么强，而且数据大多是以 JSON 形式传输的，解析更加简单。在 Web 端，我们可以通过浏览器的开发者工具监听到各个网络请求和响应过程，在 App 端如果想要查看这些内容就需要借助抓包软件。常用的抓包软件有 WireShark、Filddler、Charles、mitmproxy、AnyProxy 等，它们的原理基本是相同的。我们可以通过设置代理的方式将手机处于抓包软件的监听之下，这样便可以看到 App 在运行过程中发生的所有请求和响应了，相当于分析 Ajax 一样。如果这些请求的 URL、参数等都是有规律的，那么总结出规律直接用程序模拟爬取即可，如果它们没有规律，那么我们可以利用另一个工具 mitmdump 对接 Python 脚本直接处理 Response。另外，App 的爬取肯定不能由人来完成，也需要做到自动化，所以我们还要对 App 进行自动化控制，这里用到的库是 Appium。

本章将介绍 Charles、mitmproxy、mitmdump、Appium 等库的用法。掌握了这些内容，我们可以完成绝大多数 App 数据的爬取。

11.1 Charles 的使用

Charles 是一个网络抓包工具，我们可以用它来做 App 的抓包分析，得到 App 运行过程中发生的所有网络请求和响应内容，这就和 Web 端浏览器的开发者工具 Network 部分看到的结果一致。

相比 Fiddler 来说，Charles 的功能更强大，而且跨平台支持更好。所以我们选用 Charles 作为主要的移动端抓包工具，用于分析移动 App 的数据包，辅助完成 App 数据抓取工作。

1. 本节目标

本节我们以京东 App 为例，通过 Charles 抓取 App 运行过程中的网络数据包，然后查看具体的 Request 和 Response 内容，以此来了解 Charles 的用法。

2. 准备工作

请确保已经正确安装 Charles 并开启了代理服务，手机和 Charles 处于同一个局域网下，Charles 代理和 CharlesCA 证书设置好，具体的配置可以参考第 1 章的说明。

3. 原理

首先 Charles 运行在自己的 PC 上，Charles 运行的时候会在 PC 的 8888 端口开启一个代理服务，这个服务实际上是一个 HTTP/HTTPS 的代理。

确保手机和 PC 在同一个局域网内，我们可以使用手机模拟器通过虚拟网络连接，也可以使用手机真机和 PC 通过无线网络连接。

设置手机代理为 Charles 的代理地址，这样手机访问互联网的数据包就会流经 Charles，Charles 再转发这些数据包到真实的服务器，服务器返回的数据包再由 Charles 转发回手机，Charles 就起到中间人的作用，所有流量包都可以捕捉到，因此所有 HTTP 请求和响应都可以捕获到。同时 Charles 还有权力对请求和响应进行修改。

4. 抓包

初始状态下 Charles 的运行界面如图 11-1 所示。

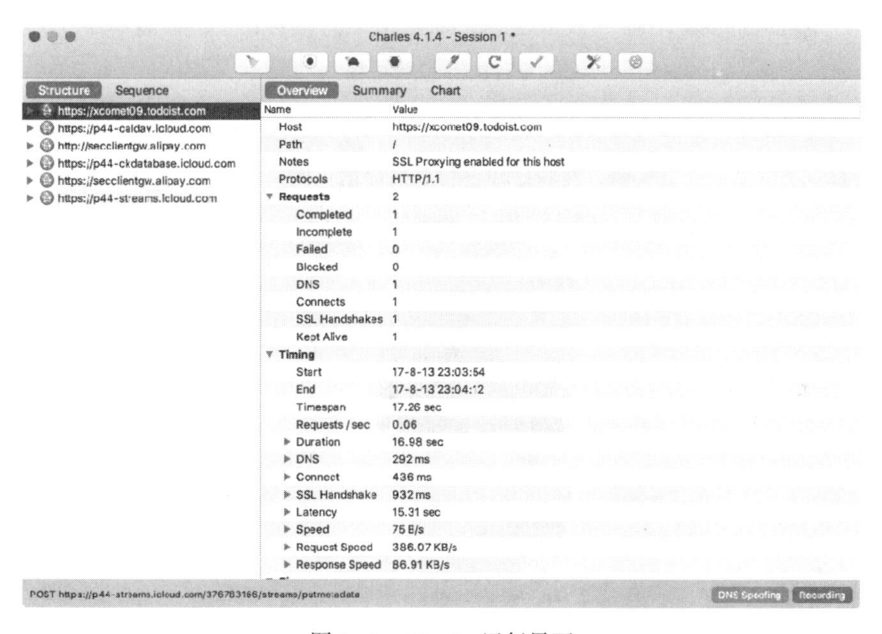

图 11-1 Charles 运行界面

Charles 会一直监听 PC 和手机发生的网络数据包，捕获到的数据包就会显示在左侧，随着时间的推移，捕获的数据包越来越多，左侧列表的内容也会越来越多。

可以看到，图中左侧显示了 Charles 抓取到的请求站点，我们点击任意一个条目便可以查看对应请求的详细信息，其中包括 Request、Response 等内容。

接下来清空 Charles 的抓取结果，点击左侧的扫帚按钮即可清空当前捕获到的所有请求。然后点击第二个监听按钮，确保监听按钮是打开的，这表示 Charles 正在监听 App 的网络数据流，如图 11-2 所示。

图 11-2　监听过程

这时打开手机京东，注意一定要提前设置好 Charles 的代理并配置好 CA 证书，否则没有效果。打开任意一个商品，如 iPhone，然后打开它的商品评论页面，如图 11-3 所示。

图 11-3　评论页面

不断上拉加载评论，可以看到 Charles 捕获到这个过程中京东 App 内发生的所有网络请求，如图 11-4 所示。

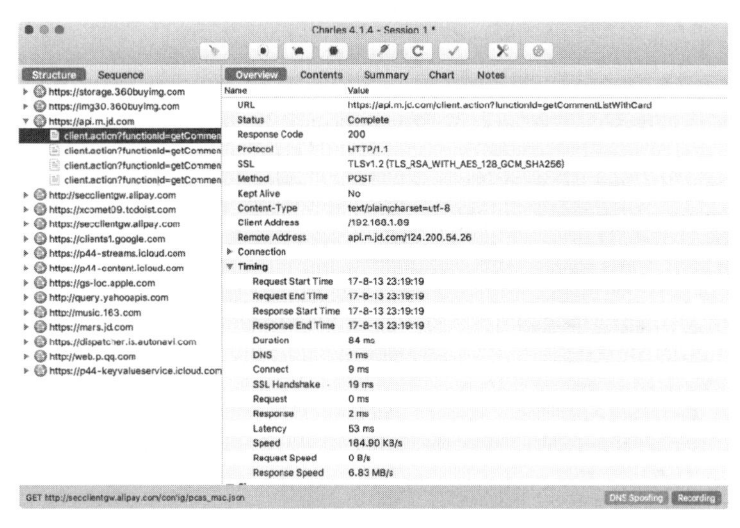

图 11-4　监听结果

左侧列表中会出现一个 api.m.jd.com 链接，而且它在不停闪动，很可能就是当前 App 发出的获取评论数据的请求被 Charles 捕获到了。我们点击将其展开，继续上拉刷新评论。随着上拉的进行，此处又会出现一个个网络请求记录，这时新出现的数据包请求确定就是获取评论的请求。

为了验证其正确性，我们点击查看其中一个条目的详情信息。切换到 Contents 选项卡，这时我们发现一些 JSON 数据，核对一下结果，结果有 `commentData` 字段，其内容和我们在 App 中看到的评论内容一致，如图 11-5 所示。

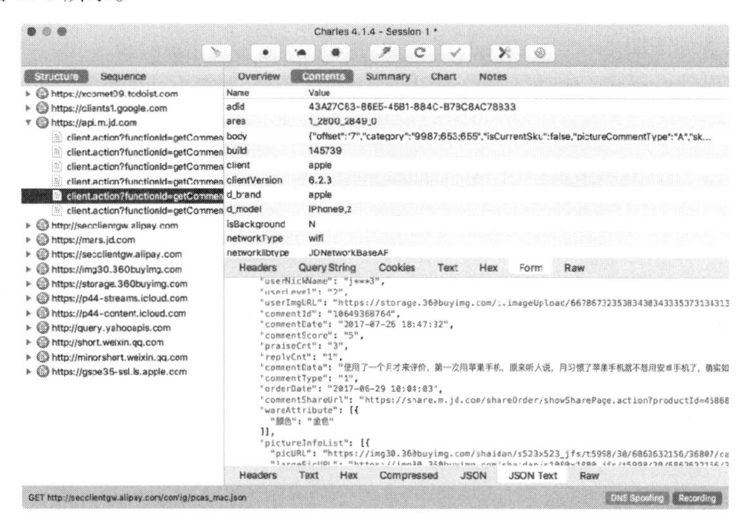

图 11-5　JSON 数据结果

这时可以确定，此请求对应的接口就是获取商品评论的接口。这样我们就成功捕获到了在上拉刷新的过程中发生的请求和响应内容。

5. 分析

现在分析一下这个请求和响应的详细信息。首先可以回到 Overview 选项卡，上方显示了请求的接口 URL，接着是响应状态 Status Code、请求方式 Method 等，如图 11-6 所示。

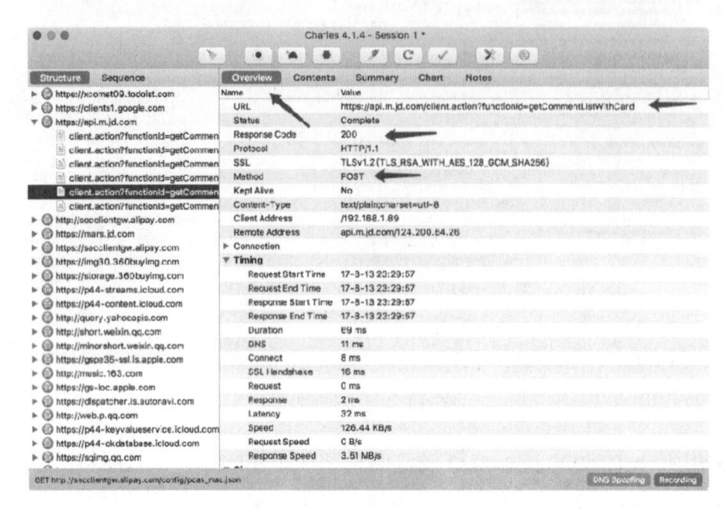

图 11-6　监听结果

这个结果和原本在 Web 端用浏览器开发者工具内捕获到的结果形式是类似的。

接下来点击 Contents 选项卡，查看该请求和响应的详情信息。

上半部分显示的是 Request 的信息，下半部分显示的是 Response 的信息。比如针对 Reqeust，我们切换到 Headers 选项卡即可看到该 Request 的 Headers 信息，针对 Response，我们切换到 JSON TEXT 选项卡即可看到该 Response 的 Body 信息，并且该内容已经被格式化，如图 11-7 所示。

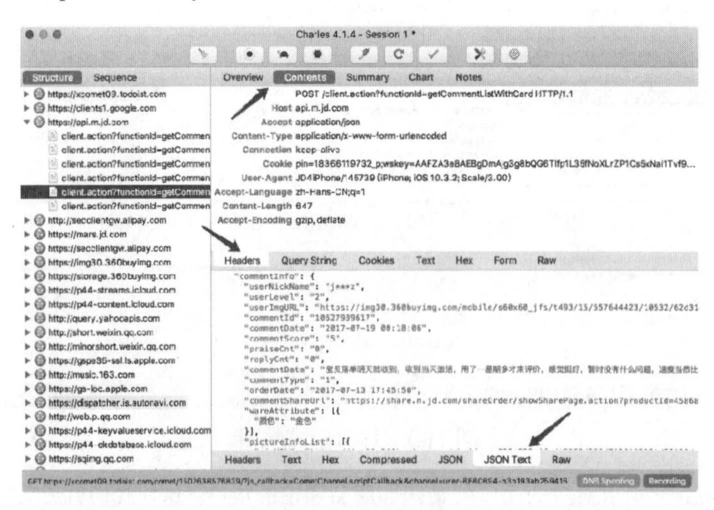

图 11-7　监听结果

由于这个请求是 POST 请求，我们还需要关心 POST 的表单信息，切换到 Form 选项卡即可查看，如图 11-8 所示。

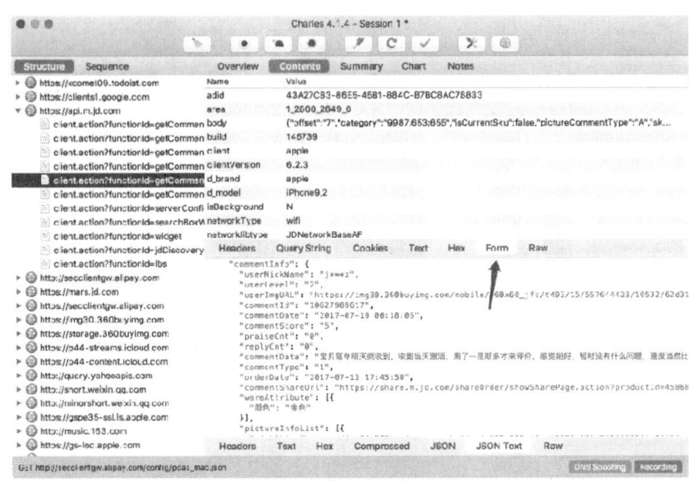

图 11-8　监听结果

这样我们就成功抓取 App 中的评论接口的请求和响应，并且可以查看 Response 返回的 JSON 数据。

至于其他 App，我们同样可以使用这样的方式来分析。如果我们可以直接分析得到请求的 URL 和参数的规律，直接用程序模拟即可批量抓取。

6. 重发

Charles 还有一个强大功能，它可以将捕获到的请求加以修改并发送修改后的请求。点击上方的修改按钮，左侧列表就多了一个以编辑图标为开头的链接，这就代表此链接对应的请求正在被我们修改，如图 11-9 所示。

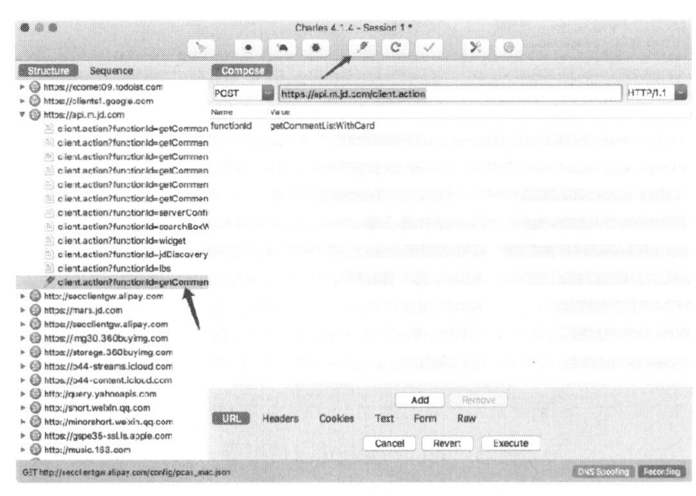

图 11-9　编辑页面

我们可以将 Form 中的某个字段移除，比如这里将 partner 字段移除，然后点击 Remove。这时我们已经对原来请求携带的 Form Data 做了修改，然后点击下方的 Execute 按钮即可执行修改后的请求，如图 11-10 所示。

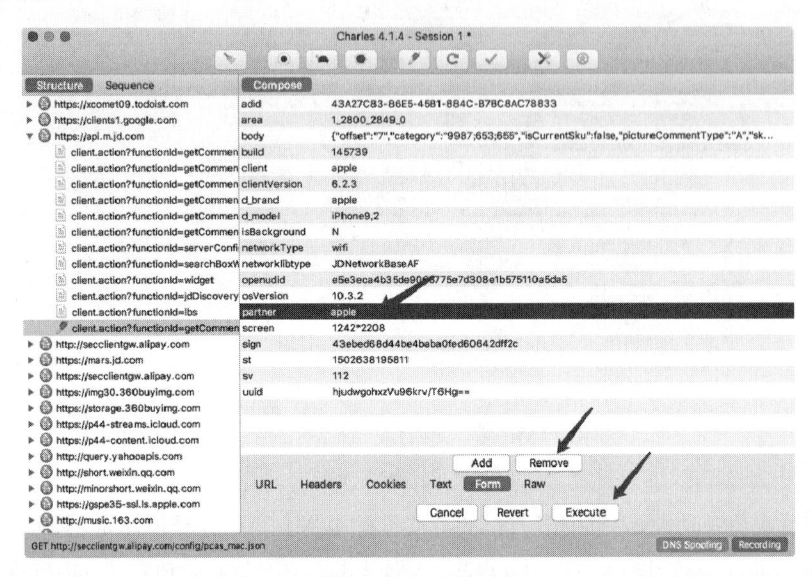

图 11-10　编辑页面

可以发现左侧列表再次出现了接口的请求结果，内容仍然不变，如图 11-11 所示。

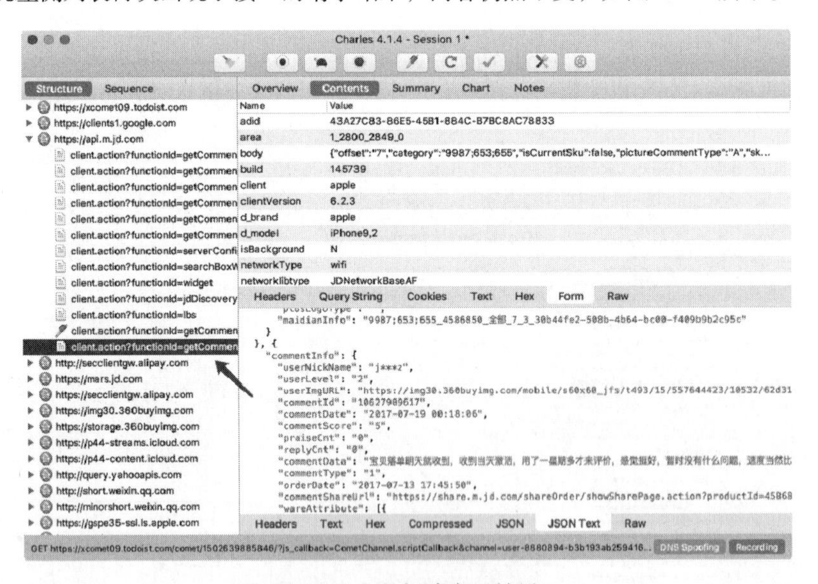

图 11-11　重新请求后结果

删除 Form 表单中的 partner 字段并没有带来什么影响，所以这个字段是无关紧要的。

有了这个功能，我们就可以方便地使用 Charles 来做调试，可以通过修改参数、接口等来测试不同请求的响应状态，就可以知道哪些参数是必要的哪些是不必要的，以及参数分别有什么规律，最后得到一个最简单的接口和参数形式以供程序模拟调用使用。

7. 结语

以上内容便是通过 Charles 抓包分析 App 请求的过程。通过 Charles，我们成功抓取 App 中流经的网络数据包，捕获原始的数据，还可以修改原始请求和重新发起修改后的请求进行接口测试。

知道了请求和响应的具体信息，如果我们可以分析得到请求的 URL 和参数的规律，直接用程序模拟即可批量抓取，这当然最好不过了。

但是随着技术的发展，App 接口往往会带有密钥，我们并不能直接找到这些规律，那么怎么办呢？接下来，我们将了解利用 Charles 和 mitmdump 直接对接 Python 脚本实时处理抓取到的 Response 的过程。

11.2 mitmproxy 的使用

mitmproxy 是一个支持 HTTP 和 HTTPS 的抓包程序，有类似 Fiddler、Charles 的功能，只不过它是一个控制台的形式操作。

mitmproxy 还有两个关联组件。一个是 mitmdump，它是 mitmproxy 的命令行接口，利用它我们可以对接 Python 脚本，用 Python 实现监听后的处理。另一个是 mitmweb，它是一个 Web 程序，通过它我们可以清楚观察 mitmproxy 捕获的请求。

下面我们来了解它们的用法。

1. 准备工作

请确保已经正确安装好了 mitmproxy，并且手机和 PC 处于同一个局域网下，同时配置好了 mitmproxy 的 CA 证书，具体的配置可以参考第 1 章的说明。

2. mitmproxy 的功能

mitmproxy 有如下几项功能。

- 拦截 HTTP 和 HTTPS 请求和响应。
- 保存 HTTP 会话并进行分析。
- 模拟客户端发起请求，模拟服务端返回响应。
- 利用反向代理将流量转发给指定的服务器。
- 支持 Mac 和 Linux 上的透明代理。
- 利用 Python 对 HTTP 请求和响应进行实时处理。

3. 抓包原理

和 Charles 一样，mitmproxy 运行于自己的 PC 上，mitmproxy 会在 PC 的 8080 端口运行，然后开启一个代理服务，这个服务实际上是一个 HTTP/HTTPS 的代理。

手机和 PC 在同一个局域网内，设置代理为 mitmproxy 的代理地址，这样手机在访问互联网的时候流量数据包就会流经 mitmproxy，mitmproxy 再去转发这些数据包到真实的服务器，服务器返回数据包时再由 mitmproxy 转发回手机，这样 mitmproxy 就相当于起了中间人的作用，抓取到所有 Request 和 Response，另外这个过程还可以对接 mitmdump，抓取到的 Request 和 Response 的具体内容都可以直接用 Python 来处理，比如得到 Response 之后我们可以直接进行解析，然后存入数据库，这样就完成了数据的解析和存储过程。

4. 设置代理

首先，我们需要运行 mitmproxy，命令如下所示：

启动 mitmproxy 的命令如下：

```
mitmproxy
```

之后会在 8080 端口上运行一个代理服务，如图 11-12 所示。

图 11-12　mitmproxy 运行结果

右下角会出现当前正在监听的端口。

或者启动 mitmdump，它也会监听 8080 端口，命令如下所示：

```
mitmdump
```

运行结果如图 11-13 所示。

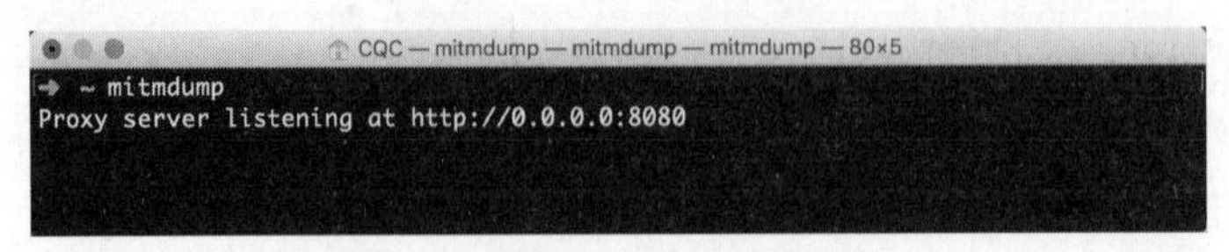

图 11-13　mitmdump 运行结果

将手机和 PC 连接在同一局域网下，设置代理为当前代理。首先看看 PC 的当前局域网 IP。

Windows 上的命令如下所示：

```
ipconfig
```

Linux 和 Mac 上的命令如下所示：

```
ifconfig
```

输出结果如图 11-14 所示。

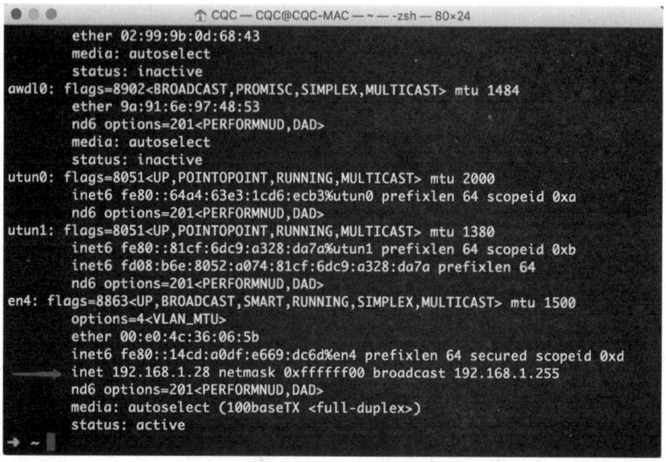

```
CQC — CQC@CQC-MAC — ~ — -zsh — 80×24
        ether 02:99:9b:0d:68:43
        media: autoselect
        status: inactive
awdl0: flags=8902<BROADCAST,PROMISC,SIMPLEX,MULTICAST> mtu 1484
        ether 9a:91:6e:97:48:53
        nd6 options=201<PERFORMNUD,DAD>
        media: autoselect
        status: inactive
utun0: flags=8051<UP,POINTOPOINT,RUNNING,MULTICAST> mtu 2000
        inet6 fe80::64a4:63e3:1cd6:ecb3%utun0 prefixlen 64 scopeid 0xa
        nd6 options=201<PERFORMNUD,DAD>
utun1: flags=8051<UP,POINTOPOINT,RUNNING,MULTICAST> mtu 1380
        inet6 fe80::81cf:6dc9:a328:da7a%utun1 prefixlen 64 scopeid 0xb
        inet6 fd08:b6e:8052:a074:81cf:6dc9:a328:da7a prefixlen 64
        nd6 options=201<PERFORMNUD,DAD>
en4: flags=8863<UP,BROADCAST,SMART,RUNNING,SIMPLEX,MULTICAST> mtu 1500
        options=4<VLAN_MTU>
        ether 00:e0:4c:36:06:5b
        inet6 fe80::14cd:a0df:e669:dc6d%en4 prefixlen 64 secured scopeid 0xd
        inet 192.168.1.28 netmask 0xffffff00 broadcast 192.168.1.255
        nd6 options=201<PERFORMNUD,DAD>
        media: autoselect (100baseTX <full-duplex>)
        status: active
→ ~
```

图 11-14　查看局域网 IP

一般类似 10.*.*.*或 172.16.*.*或 192.168.1.*这样的 IP 就是当前 PC 的局域网 IP，例如此图中 PC 的 IP 为 192.168.1.28，手机代理设置类似如图 11-15 所示。

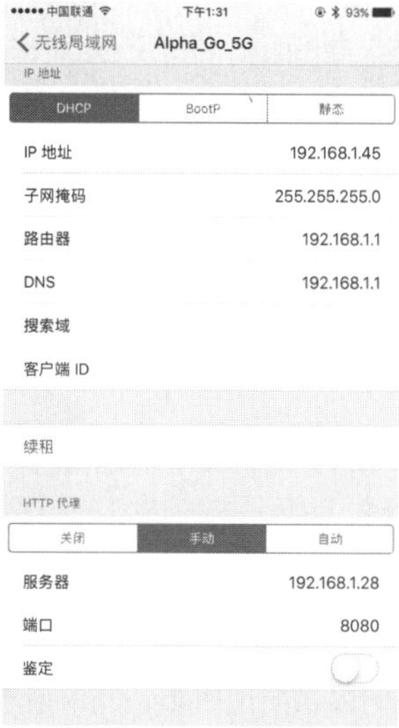

图 11-15　代理设置

这样我们就配置好了 mitmproxy 的的代理。

5. mitmproxy 的使用

确保 mitmproxy 正常运行，并且手机和 PC 处于同一个局域网内，设置了 mitmproxy 的代理，具体的配置方法可以参考第 1 章。

运行 mitmproxy，命令如下所示：

```
mitmproxy
```

设置成功之后，我们只需要在手机浏览器上访问任意的网页或浏览任意的 App 即可。例如在手机上打开百度，mitmproxy 页面便会呈现出手机上的所有请求，如图 11-16 所示。

图 11-16　所有请求

这就相当于之前我们在浏览器开发者工具监听到的浏览器请求，在这里我们借助于 mitmproxy 完成。Charles 完全也可以做到。

这里是刚才手机打开百度页面时的所有请求列表，左下角显示的 2/38 代表一共发生了 38 个请求，当前箭头所指的是第二个请求。

每个请求开头都有一个 GET 或 POST，这是各个请求的请求方式。紧接的是请求的 URL。第二行开头的数字就是请求对应的响应状态码，后面是响应内容的类型，如 text/html 代表网页文档、image/gif 代表图片。再往后是响应体的大小和响应的时间。

当前呈现了所有请求和响应的概览，我们可以通过这个页面观察到所有的请求。

如果想查看某个请求的详情，我们可以敲击回车，进入请求的详情页面，如图 11-17 所示。

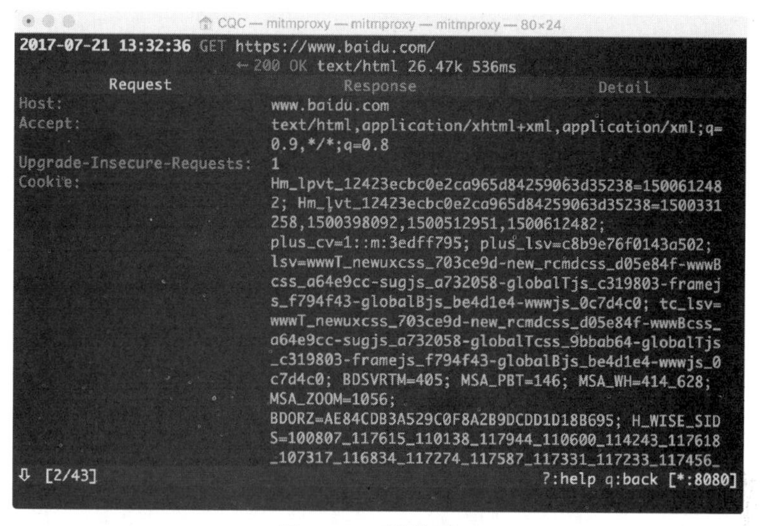

图 11-17　详情页面

可以看到 Headers 的详细信息，如 Host、Cookies、User-Agent 等。

最上方是一个 Request、Response、Detail 的列表，当前处在 Request 这个选项上。这时我们再点击 TAB 键，即可查看这个请求对应的响应详情，如图 11-18 所示。

```
CQC — mitmproxy — mitmproxy — mitmproxy — 80×24
2017-07-21 13:32:36 GET https://www.baidu.com/
                        ← 200 OK text/html 26.47k 536ms
         Request                    Response                    Detail
Cache-Control:                 no-cache
Connection:                    Keep-Alive
Content-Encoding:              gzip
Content-Type:                  text/html;charset=utf-8
Coremonitorno:                 0
Date:                          Fri, 21 Jul 2017 05:32:38 GMT
Server:                        apache
Set-Cookie:                    H_WISE_SIDS=100807_117615_110138_117944_110600_114
                               243_117618_107317_116834_117274_117587_117331_1172
                               33_117456_117434_116310_115539_117773_116689_11755
                               1_117182_117517_117176_116523_110085_117027;
                               path=/; domain=.baidu.com
Set-Cookie:                    BDSVRTM=396; path=/
Strict-Transport-Security:     max-age=172800
Tracecode:                     19581822180728798986072113
Tracecode:                     19578390190426808842072113
Traceid:                       1500615158072333108240545014282898929922
Vary:                          Accept-Encoding
Transfer-Encoding:             chunked
⇩ [2/43]                                          ?:help q:back [*:8080]
```

图 11-18　响应详情

最上面是响应头的信息，下拉之后我们可以看到响应体的信息。针对当前请求，响应体就是网页的源代码。

这时再敲击 TAB 键，切换到最后一个选项卡 Detail，即可看到当前请求的详细信息，如服务器的 IP 和端口、HTTP 协议版本、客户端的 IP 和端口等，如图 11-19 所示。

```
CQC — mitmproxy — mitmproxy — mitmproxy — 80×36
2017-07-21 13:32:36 GET https://www.baidu.com/
                    ← 200 OK text/html 26.47k 536ms
         Request                Response                Detail
Server Connection:
      Address            www.baidu.com:443
      Resolved Address   119.75.216.20:443
      HTTP Version       HTTP/1.1
      ALPN               http/1.1
Server Certificate:
      Type          RSA, 2048 bits
      SHA1 digest   B5:02:43:62:75:C8:87:4F:10:23:DB:92:E3:04:72:DD:59:71:59:E0
      Valid to      2017-08-16 23:59:59
      Valid from    2016-08-15 00:00:00
      Serial        8438460854496863182088824092974271
      Subject       C   CN
                    ST  beijing
                    L   beijing
                    O   BeiJing Baidu Netcom Science Technology Co., Ltd
                    OU  service operation department.
                    CN  baidu.com
      Issuer        C   US
                    O   Symantec Corporation
                    OU  Symantec Trust Network
                    CN  Symantec Class 3 Secure Server CA - G4
      Alt names     *.baidu.com, *.baifubao.com, *.bdstatic.com, *.hao123.com,
                    *.nuomi.com, *.bce.baidu.com, *.eyun.baidu.com,
                    *.map.baidu.com, baidu.com, baifubao.com, www.baidu.cn,
                    www.baidu.com.cn, click.hm.baidu.com, log.hm.baidu.com,
                    cm.pos.baidu.com, wn.pos.baidu.com, update.pan.baidu.com,
                    mct.y.nuomi.com
Client Connection:
      Address            192.168.1.45:50154
      HTTP Version       HTTP/1.1
      TLS Version        TLSv1.2
⇩ [2/43]                                      ?:help q:back [*:8080]
```

图 11-19　详细信息

mitmproxy 还提供了命令行式的编辑功能，我们可以在此页面中重新编辑请求。敲击 e 键即可进入编辑功能，这时它会询问你要编辑哪部分内容，如 Cookies、Query、URL 等，每个选项的第一个字母会高亮显示。敲击要编辑内容名称的首字母即可进入该内容的编辑页面，如敲击 m 即可编辑请求的方式，敲击 q 即可修改 GET 请求参数 Query。

这时我们敲击 q，进入到编辑 Query 的页面。由于没有任何参数，我们可以敲击 a 来增加一行，然后就可以输入参数对应的 Key 和 Value，如图 11-20 所示。

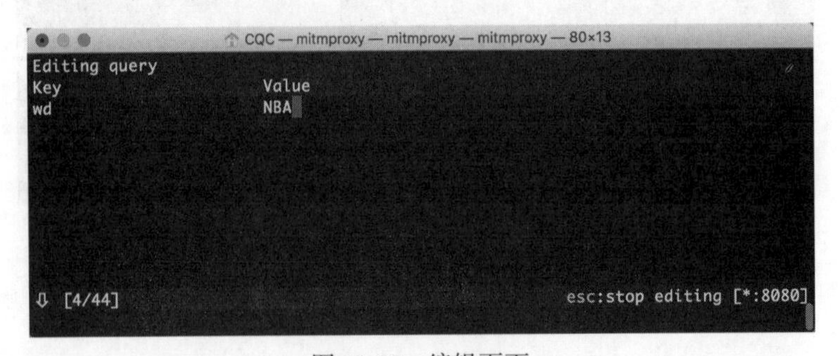

图 11-20　编辑页面

这里我们输入 Key 为 wd，Value 为 NBA。

然后再敲击 esc 键和 q 键，返回之前的页面，再敲击 e 和 p 键修改 Path。和上面一样，敲击 a 增加 Path 的内容，这时我们将 Path 修改为 s，如图 11-21 所示。

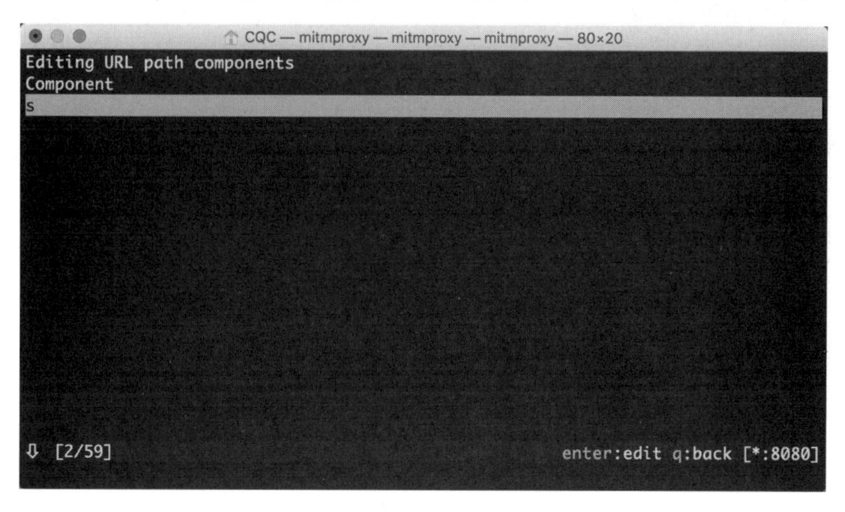

图 11-21 编辑页面

再敲击 esc 和 q 键返回，这时我们可以看到最上面的请求链接变成了：https://www.baidu.com/s?wd=NBA。访问这个页面，可以看到百度搜索 NBA 关键词的搜索结果，如图 11-22 所示。

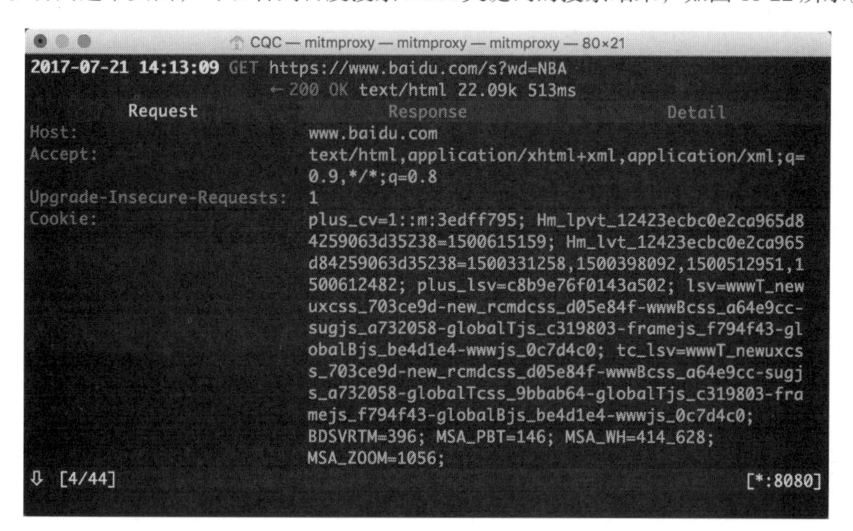

图 11-22 请求详情

敲击 a 保存修改，敲击 r 重新发起修改后的请求，即可看到上方请求方式前面多了一个回旋箭头，这说明重新执行了修改后的请求。这时我们再观察响应体内容，即可看到搜索 NBA 的页面结果的源代码，如图 11-23 所示。

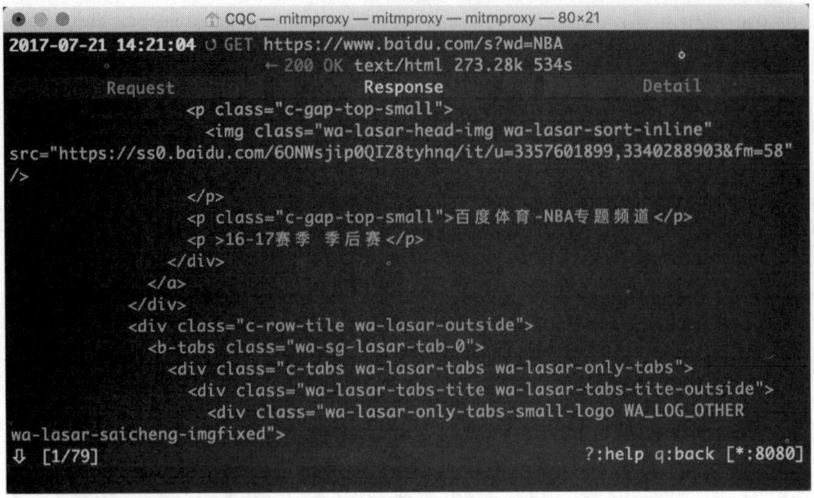

```
CQC — mitmproxy — mitmproxy — mitmproxy — 80×21
2017-07-21 14:21:04 GET https://www.baidu.com/s?wd=NBA
                     ← 200 OK text/html 273.28k 534s
        Request              Response                     Detail
            <p class="c-gap-top-small">
              <img class="wa-lasar-head-img wa-lasar-sort-inline"
src="https://ss0.baidu.com/6ONWsjip0QIZ8tyhnq/it/u=3357601899,3340288903&fm=58"
/>
            </p>
            <p class="c-gap-top-small">百度体育-NBA专题频道</p>
            <p >16-17赛季 季后赛</p>
          </div>
        </a>
      </div>
      <div class="c-row-tile wa-lasar-outside">
        <b-tabs class="wa-sg-lasar-tab-0">
          <div class="c-tabs wa-lasar-tabs wa-lasar-only-tabs">
            <div class="wa-lasar-tabs-tite wa-lasar-tabs-tite-outside">
              <div class="wa-lasar-only-tabs-small-logo WA_LOG_OTHER
wa-lasar-saicheng-imgfixed">
⇩ [1/79]                                  ?:help q:back [*:8080]
```

图 11-23　响应结果

以上内容便是 mitmproxy 的简单用法。利用 mitmproxy，我们可以观察到手机上的所有请求，还可以对请求进行修改并重新发起。

Fiddler、Charles 也有这个功能，而且它们的图形界面操作更加方便。那么 mitmproxy 的优势何在？

mitmproxy 的强大之处体现在它的另一个工具 mitmdump，有了它我们可以直接对接 Python 对请求进行处理。下面我们来看看 mitmdump 的用法。

6. mitmdump 的使用

mitmdump 是 mitmproxy 的命令行接口，同时还可以对接 Python 对请求进行处理，这是相比 Fiddler、Charles 等工具更加方便的地方。有了它我们可以不用手动截获和分析 HTTP 请求和响应，只需写好请求和响应的处理逻辑即可。它还可以实现数据的解析、存储等工作，这些过程都可以通过 Python 实现。

- **实例引入**

我们可以使用命令启动 mitmproxy，并把截获的数据保存到文件中，命令如下所示：

```
mitmdump -w outfile
```

其中 outfile 的名称任意，截获的数据都会被保存到此文件中。

还可以指定一个脚本来处理截获的数据，使用-s 参数即可：

```
mitmdump -s script.py
```

这里指定了当前处理脚本为 script.py，它需要放置在当前命令执行的目录下。

我们可以在脚本里写入如下的代码：

```
def request(flow):
    flow.request.headers['User-Agent'] = 'MitmProxy'
    print(flow.request.headers)
```

我们定义了一个 request()方法，参数为 flow，它其实是一个 HTTPFlow 对象，通过 request 属性即可获取到当前请求对象。然后打印输出了请求的请求头，将请求头的 User-Agent 修改成了 MitmProxy。

运行之后我们在手机端访问 http://httpbin.org/get，可以看到如下情况发生。

手机端的页面显示如图 11-24 所示。

图 11-24　手机端页面

PC 端控制台输出如图 11-25 所示。

```
mitmtest — mitmdump -s script.py — mitmdump — mitmdump -s script.py — 80×14
→ mitmtest
→ mitmtest mitmdump -s script.py
Loading script: script.py
Proxy server listening at http://0.0.0.0:8080
192.168.1.45:51567: clientconnect
Headers[(b'Host', b'httpbin.org'), (b'Accept', b'text/html,application/xhtml+xml
,application/xml;q=0.9,*/*;q=0.8'), (b'Proxy-Connection', b'keep-alive'), (b'Upg
rade-Insecure-Requests', b'1'), (b'Cookie', b'_gauges_unique=1; _gauges_unique_d
ay=1; _gauges_unique_hour=1; _gauges_unique_month=1; _gauges_unique_year=1'), (b
'User-Agent', b'MitmProxy'), (b'Accept-Language', b'zh-cn'), (b'Accept-Encoding'
, b'gzip, deflate'), (b'Connection', b'keep-alive')]
192.168.1.45:51567: GET http://httpbin.org/get
                 << 200 OK 551b
192.168.1.45:51568: clientconnect
```

图 11-25　PC 端控制台

手机端返回结果的 Headers 实际上就是请求的 Headers，User-Agent 被修改成了 mitmproxy。PC 端控制台输出了修改后的 Headers 内容，其 User-Agent 的内容正是 mitmproxy。

所以，通过这三行代码我们就可以完成对请求的改写。print()方法输出结果可以呈现在 PC 端控制台上，可以方便地进行调试。

- **日志输出**

mitmdump 提供了专门的日志输出功能，可以设定不同级别以不同颜色输出结果。我们把脚本修改成如下内容：

```
from mitmproxy import ctx

def request(flow):
    flow.request.headers['User-Agent'] = 'MitmProxy'
    ctx.log.info(str(flow.request.headers))
    ctx.log.warn(str(flow.request.headers))
    ctx.log.error(str(flow.request.headers))
```

这里调用了 ctx 模块，它有一个 log 功能，调用不同的输出方法就可以输出不同颜色的结果，以方便我们做调试。例如，info()方法输出的内容是白色的，warn()方法输出的内容是黄色的，error()方法输出的内容是红色的。运行结果如图 11-26 所示。

```
mitmtest — mitmdump -s script.py — mitmdump — mitmdump -s script.py — 80×20
Headers[(b'Host', b'httpbin.org'), (b'Accept', b'text/html,application/xhtml+xml
,application/xml;q=0.9,*/*;q=0.8'), (b'Proxy-Connection', b'keep-alive'), (b'Upg
rade-Insecure-Requests', b'1'), (b'Cookie', b'_gauges_unique=1; _gauges_unique_d
ay=1; _gauges_unique_hour=1; _gauges_unique_month=1; _gauges_unique_year=1'), (b
'User-Agent', b'MitmProxy'), (b'Accept-Language', b'zh-cn'), (b'Accept-Encoding'
, b'gzip, deflate'), (b'Connection', b'keep-alive')]
Headers[(b'Host', b'httpbin.org'), (b'Accept', b'text/html,application/xhtml+xml
,application/xml;q=0.9,*/*;q=0.8'), (b'Proxy-Connection', b'keep-alive'), (b'Upg
rade-Insecure-Requests', b'1'), (b'Cookie', b'_gauges_unique=1; _gauges_unique_d
ay=1; _gauges_unique_hour=1; _gauges_unique_month=1; _gauges_unique_year=1'), (b
'User-Agent', b'MitmProxy'), (b'Accept-Language', b'zh-cn'), (b'Accept-Encoding'
, b'gzip, deflate'), (b'Connection', b'keep-alive')]
Headers[(b'Host', b'httpbin.org'), (b'Accept', b'text/html,application/xhtml+xml
,application/xml;q=0.9,*/*;q=0.8'), (b'Proxy-Connection', b'keep-alive'), (b'Upg
rade-Insecure-Requests', b'1'), (b'Cookie', b'_gauges_unique=1; _gauges_unique_d
ay=1; _gauges_unique_hour=1; _gauges_unique_month=1; _gauges_unique_year=1'), (b
'User-Agent', b'MitmProxy'), (b'Accept-Language', b'zh-cn'), (b'Accept-Encoding'
, b'gzip, deflate'), (b'Connection', b'keep-alive')]
192.168.1.45:51575: GET http://httpbin.org/get
                 << 200 OK 551b
```

图 11-26　运行结果

不同的颜色对应不同级别的输出，我们可以将不同的结果合理划分级别输出，以更直观方便地查看调试信息。

- **Request**

最开始我们实现了 request()方法并且对 Headers 进行了修改。下面我们来看看 Request 还有哪些常用的功能。我们先用一个实例来感受一下。

```
from mitmproxy import ctx

def request(flow):
    request = flow.request
```

```
    info = ctx.log.info
    info(request.url)
    info(str(request.headers))
    info(str(request.cookies))
    info(request.host)
    info(request.method)
    info(str(request.port))
    info(request.scheme)
```

我们修改脚本，然后在手机上打开百度，即可看到 PC 端控制台输出了一系列的请求，在这里我们找到第一个请求。控制台打印输出了 Request 的一些常见属性，如 URL、Headers、Cookies、Host、Method、Scheme 等。输出结果如图 11-27 所示。

```
mitmtest — mitmdump -s script.py — mitmdump — mitmdump -s script.py — 80×35
Proxy server listening at http://0.0.0.0:8080
192.168.1.45:51631: clientconnect
https://m.baidu.com/?from=844b&vit=fps
Headers[(b'Host', b'm.baidu.com'), (b'Accept', b'text/html,application/xhtml+xml
,application/xml;q=0.9,*/*;q=0.8'), (b'Upgrade-Insecure-Requests', b'1'), (b'Coo
kie', b'Hm_lpvt_12423ecbc0e2ca965d84259063d35238=1500626129; Hm_lvt_12423ecbc0e2
ca965d84259063d35238=1500626129; __bsi=8132846607749668155_00_5_N_R_6_0303_c02f_
Y; plus_cv=1::m:3edff795; plus_lsv=c8b9e76f0143a502; lsv=routejs_604d86b-activit
yControllerjs_815cbd9-new_rcmdcss_d05e84f-wwwBcss_a64e9cc-sugjs_a732058-globalTj
s_614f887-wwwT_newuxcss_703ce9d-framejs_d38ec28-globalBjs_7442bf8-wwwjs_f8003d3;
 BDSVRTM=28; MSA_PBT=146; MSA_WH=414_628; MSA_ZOOM=1056; BDORZ=AE84CDB3A529C0F8A
2B9DCDD1D18B695; H_WISE_SIDS=100807_117615_110138_117944_110600_114243_117618_10
7317_116834_117274_117587_117331_117233_117456_117434_116310_115539_117773_11668
9_117551_117182_117517_117176_116523_110085_117027; H_PS_PSSID=1427_21098_18560;
 PSTM=1498238387; BIDUPSID=1F9E073A0208B6897DCD7AF03219BC28; BAIDUID=1F9E073A020
8B6897DCD7AF03219BC28:FG=1'), (b'User-Agent', b'Mozilla/5.0 (iPhone; CPU iPhone
OS 10_3_2 like Mac OS X) AppleWebKit/603.2.4 (KHTML, like Gecko) Version/10.0 Mo
bile/14F89 Safari/602.1'), (b'Accept-Language', b'zh-cn'), (b'Accept-Encoding',
b'gzip, deflate'), (b'Connection', b'keep-alive')]
MultiDictView[['Hm_lpvt_12423ecbc0e2ca965d84259063d35238', '1500626129'], ['Hm_l
vt_12423ecbc0e2ca965d84259063d35238', '1500626129'], ['__bsi', '813284660774966 8
155_00_5_N_R_6_0303_c02f_Y'], ['plus_cv', '1::m:3edff795'], ['plus_lsv', 'c8b9e7
6f0143a502'], ['lsv', 'routejs_604d86b-activityControllerjs_815cbd9-new_rcmdcss_
d05e84f-wwwBcss_a64e9cc-sugjs_a732058-globalTjs_614f887-wwwT_newuxcss_703ce9d-fr
amejs_d38ec28-globalBjs_7442bf8-wwwjs_f8003d3'], ['BDSVRTM', '28'], ['MSA_PBT',
'146'], ['MSA_WH', '414_628'], ['MSA_ZOOM', '1056'], ['BDORZ', 'AE84CDB3A529C0F8
A2B9DCDD1D18B695'], ['H_WISE_SIDS', '100807_117615_110138_117944_110600_114243_1
17618_107317_116834_117274_117587_117331_117233_117456_117434_116310_115539_1177
73_116689_117551_117182_117517_117176_116523_110085_117027'], ['H_PS_PSSID', '14
27_21098_18560'], ['PSTM', '1498238387'], ['BIDUPSID', '1F9E073A0208B6897DCD7AF0
3219BC28'], ['BAIDUID', '1F9E073A0208B6897DCD7AF03219BC28:FG=1']]
m.baidu.com
GET
443
https
```

图 11-27　输出结果

结果中分别输出了请求链接、请求头、请求 Cookies、请求 Host、请求方法、请求端口、请求协议这些内容。

同时我们还可以对任意属性进行修改，就像最初修改 Headers 一样，直接赋值即可。例如，这里将请求的 URL 修改一下，脚本修改如下所示：

```
def request(flow):
    url = 'https://httpbin.org/get'
    flow.request.url = url
```

手机端得到如下结果，如图 11-28 所示。

图 11-28　手机端页面

比较有意思的是，浏览器最上方还是呈现百度的 URL，但是页面已经变成了 httpbin.org 的页面了。另外，Cookies 明显还是百度的 Cookies。我们只是用简单的脚本就成功把请求修改为其他的站点。通过这种方式修改和伪造请求就变得轻而易举。

通过这个实例我们知道，有时候 URL 虽然是正确的，但是内容并非是正确的。我们需要进一步提高自己的安全防范意识。

Request 还有很多属性，在此不再一一列举。更多属性可以参考：http://docs.mitmproxy.org/en/latest/scripting/api.html。

只要我们了解了基本用法，会很容易地获取和修改 Reqeust 的任意内容，比如可以用修改 Cookies、添加代理等方式来规避反爬。

- **响应**

对于爬虫来说，我们更加关心的其实是响应的内容，因为 Response Body 才是爬取的结果。对于响应来说，mitmdump 也提供了对应的处理接口，就是 `response()`方法。下面我们用一个实例感受一下。

```
from mitmproxy import ctx

def response(flow):
    response = flow.response
    info = ctx.log.info
```

```
    info(str(response.status_code))
    info(str(response.headers))
    info(str(response.cookies))
    info(str(response.text))
```

将脚本修改为如上内容，然后手机访问：http://httpbin.org/get。

这里打印输出了响应的 `status_code`、`headers`、`cookies`、`text` 这几个属性，其中最主要的 `text` 属性就是网页的源代码。

PC 端控制台输出如图 11-29 所示。

```
mitmdump -s script.py — mitmdump — mitmdump -s script4.py — 80×29
200
Headers[(b'Connection', b'keep-alive'), (b'Server', b'meinheld/0.6.1'), (b'Date'
, b'Fri, 21 Jul 2017 09:20:12 GMT'), (b'Content-Type', b'application/json'), (b'
Access-Control-Allow-Origin', b'*'), (b'Access-Control-Allow-Credentials', b'tru
e'), (b'X-Powered-By', b'Flask'), (b'X-Processed-Time', b'0.00082802772522'), (b
'Content-Length', b'654'), (b'Via', b'1.1 vegur')]
MultiDictView[]
{
  "args": {},
  "headers": {
    "Accept": "text/html,application/xhtml+xml,application/xml;q=0.9,*/*;q=0.8",

    "Accept-Encoding": "gzip, deflate",
    "Accept-Language": "zh-cn",
    "Connection": "close",
    "Cookie": "_gauges_unique=1; _gauges_unique_day=1; _gauges_unique_month=1; _
gauges_unique_year=1",
    "Host": "httpbin.org",
    "Proxy-Connection": "keep-alive",
    "Upgrade-Insecure-Requests": "1",
    "User-Agent": "Mozilla/5.0 (iPhone; CPU iPhone OS 10_3_2 like Mac OS X) Appl
eWebKit/603.2.4 (KHTML, like Gecko) Version/10.0 Mobile/14F89 Safari/602.1"
  },
  "origin": "60.207.237.85",
  "url": "http://httpbin.org/get"
}

192.168.1.45:52390: GET http://httpbin.org/get
              << 200 OK 654b
```

图 11-29 PC 端控制台

控制台输出了响应的状态码、响应头、Cookies、响应体这几部分内容。

我们可以通过 `response()` 方法获取每个请求的响应内容。接下来再进行响应的信息提取和存储，我们就可以成功完成爬取了。

7. 结语

本节介绍了 mitmproxy 和 mitmdump 的用法，在下一节我们会利用它们来实现一个 App 的爬取实战。

11.3 mitmdump 爬取“得到”App 电子书信息

“得到”App 是罗辑思维出品的一款碎片时间学习的 App，其官方网站为 https://www.igetget.com，App 内有很多学习资源。不过“得到”App 没有对应的网页版，所以信息必须要通过 App 才可以获取。

这次我们通过抓取其 App 来练习 mitmdump 的用法。

1. 爬取目标

我们的爬取目标是 App 内电子书版块的电子书信息，并将信息保存到 MongoDB，如图 11-30 所示。

图 11-30　电子书版块

我们要把图书的名称、简介、封面、价格爬取下来，不过这次爬取的侧重点还是了解 mitmdump 工具的用法，所以暂不涉及自动化爬取，App 的操作还是手动进行。mitmdump 负责捕捉响应并将数据提取保存。

2. 准备工作

请确保已经正确安装好了 mitmproxy 和 mitmdump，手机和 PC 处于同一个局域网下，同时配置好了 mitmproxy 的 CA 证书，安装好 MongoDB 并运行其服务，安装 PyMongo 库，具体的配置可以参考第 1 章的说明。

3. 抓取分析

首先探寻一下当前页面的 URL 和返回内容，我们编写一个脚本如下所示：

```
def response(flow):
    print(flow.request.url)
    print(flow.response.text)
```

这里只输出了请求的 URL 和响应的 Body 内容，也就是请求链接和响应内容这两个最关键的部分。脚本保存名称为 script.py。

接下来运行 mitmdump，命令如下所示：

```
mitmdump -s script.py
```

打开“得到”App 的电子书页面，便可以看到 PC 端控制台有相应输出。接着滑动页面加载更多电子书，控制台新出现的输出内容就是 App 发出的新的加载请求，包含了下一页的电子书内容。控制台输出结果示例如图 11-31 所示。

mitmdump -s script.py — mitmdump — mitmdump -s script.py — 80×29

```
https://dedao.igetget.com/v3/discover/bookList?sign=06ae0de2134c36590c01bcb84a6b
d70d
{"h":{"c":0,"e":"","t":0.1185359954834,"s":1500645442},"c":{"list":[{"price":5.9
9,"operating_title":"\u60c5\u4eba","cover":"https:\/\/piccdn.igetget.com\/img\/2
01706\/12\/20170612184851124352467 9.jpg@533w_1l_","other_share_summary":"\u8bd1\
u6587\u7ecf\u5178\uff0c\u4e2a\u4eba\u5fc5\u85cf\u3002\u675c\u62c9\u65af\u540d\u4
f5c\u3002\u9762\u5bf9\u6df1\u6c89\u65e0\u671b\u7684\u7231\u60c5\uff0c\u5ba3\u8a0
0\u201c\u7231\u60c5\u4e8e\u6211\u5c31\u662f\u4e0d\u6b7b\u7684\u6b32\u671b\u201d\
u3002","booktype":1,"ebook":"ebook\/201706\/12\/20170612184904233365198 5.zip","e
pub":"ebook\/201706\/12\/20170612184912800729599 2.igetgetbooks","id":1064,"topic
_id":1064,"style":1,"other_data":{"words":"","process":"","times":"","b_name":""
,"savetimes":"","process_str":""},"top":0,"type":2,"status":0,"log_id":1064,"log
_type":"ebook","log_interface":"DiscoverController:DiscoverController::bookListA
ction:91"},{"price":9.99,"operating_title":"\u4e71\u4e16\u4f73\u4eba","cover":"h
ttps:\/\/piccdn.igetget.com\/img\/201706\/15\/20170615155133788958141 9.jpg@533w_
1l_","other_share_summary":"\u300c\u666e\u5229\u7b56\u300d\u83b7\u5956\u4f5c\u54
c1\u3002\u6700\u7ecf\u5178\u7684\u7231\u60c5\u5de8\u8457\u3002\u4e3a\u4f60\u63cf
\u8ff0\u53e6\u4e00\u79cd\u89c6\u89d2\u7684\u7f8e\u56fd\u5357\u5317\u6218\u4e89\u
3002","booktype":1,"ebook":"ebook\/201706\/12\/20170612184509468438438 7.zip","ep
ub":"ebook\/201706\/12\/20170612184514167214606 9.igetgetbooks","id":1063,"topic_
id":1063,"style":1,"other_data":{"words":"","process":"","times":"","b_name":"",
"savetimes":"","process_str":""},"top":0,"type":2,"status":0,"log_id":1063,"log_
type":"ebook","log_interface":"DiscoverController:DiscoverController::bookListAc
tion:91"},{"price":14.99,"operating_title":"\u5b89\u5a1c\u00b7\u5361\u5217\u5c3c
\u5a1c","cover":"https:\/\/piccdn.igetget.com\/img\/201706\/12\/20170612183637l9
37889030.jpg@533w_1l_","other_share_summary":"\u8bd1\u6587\u7ecf\u5178\uff0c\u4e
2a\u4eba\u5fc5\u85cf\u3002\u77db\u76fe\u7684\u65f6\u671f\u3001\u77db\u76fe\u7684
\u5236\u5ea6\u3001\u77db\u76fe\u7684\u4eba\u7269\u3001\u77db\u76fe\u7684\u5fc3\u
7406\uff0c\u770b\u65b0\u65e7\u4ea4\u66ff\u7684\u4fc4\u56fd\u793e\u4f1a\u3002","b
```

图 11-31 控制台输出

可以看到 URL 为 https://dedao.igetget.com/v3/discover/bookList 的接口，其后面还加了一个 sign 参数。通过 URL 的名称，可以确定这就是获取电子书列表的接口。在 URL 的下方输出的是响应内容，是一个 JSON 格式的字符串，我们将它格式化，如图 11-32 所示。

格式化后的内容包含一个 c 字段、一个 list 字段，list 的每个元素都包含价格、标题、描述等内容。第一个返回结果是电子书《情人》，而此时 App 的内容也是这本电子书，描述的内容和价格也是完全匹配的，App 页面如图 11-33 所示。

图 11-32　格式化结果　　　　图 11-33　App 页面

这就说明当前接口就是获取电子书信息的接口，我们只需要从这个接口来获取内容就好了。然后解析返回结果，将结果保存到数据库。

4. 数据抓取

接下来我们需要对接口做过滤限制，抓取如上分析的接口，再提取结果中的对应字段。

这里，我们修改脚本如下所示：

```
import json
from mitmproxy import ctx

def response(flow):
    url = 'https://dedao.igetget.com/v3/discover/bookList'
    if flow.request.url.startswith(url):
        text = flow.response.text
        data = json.loads(text)
        books = data.get('c').get('list')
        for book in books:
            ctx.log.info(str(book))
```

重新滑动电子书页面，在 PC 端控制台观察输出，如图 11-34 所示。

图 11-34 控制台输出

现在输出了图书的全部信息，一本图书信息对应一条 JSON 格式的数据。

5. 提取保存

接下来我们需要提取信息，再把信息保存到数据库中。方便起见，我们选择 MongoDB 数据库。

脚本还可以增加提取信息和保存信息的部分，修改代码如下所示：

```
import json
import pymongo
from mitmproxy import ctx

client = pymongo.MongoClient('localhost')
db = client['igetget']
collection = db['books']


def response(flow):
    global collection
    url = 'https://dedao.igetget.com/v3/discover/bookList'
    if flow.request.url.startswith(url):
        text = flow.response.text
        data = json.loads(text)
        books = data.get('c').get('list')
        for book in books:
            data = {
                'title': book.get('operating_title'),
                'cover': book.get('cover'),
                'summary': book.get('other_share_summary'),
                'price': book.get('price')
            }
            ctx.log.info(str(data))
            collection.insert(data)
```

重新滑动页面，控制台便会输出信息，如图 11-35 所示。

```
{'title': '阿甘正传', 'cover': 'https://piccdn.igetget.com/img/201706/22/2017062
20948244815492064.jpg@533w_1l_', 'summary': '经典电影、奥斯卡作品原著小说。生活
就像巧克力，你永远不知道下一颗是什么滋味。', 'price': 11.94}
{'title': '品类战略', 'cover': 'https://piccdn.igetget.com/img/201706/22/2017062
20928434178062942.jpg@533w_1l_', 'summary': '管理者必读，定位系列。周鸿祎推荐。
拆解大牌战略，使你的品牌起步就是领导者。', 'price': 18}
{'title': '论自由', 'cover': 'https://piccdn.igetget.com/img/201706/21/201706211
000526575142550.jpg@533w_1l_', 'summary': '政治哲学，人文经典。穆勒传世名作。论
述个人和权力的关系，是自由主义者必读书。', 'price': 12}
{'title': '悲惨世界', 'cover': 'https://piccdn.igetget.com/img/201706/20/2017062
02027151175304367.jpg@533w_1l_', 'summary': '译文经典，个人必藏书。雨果的伟大史
诗，一部悲天悯人、充满人道主义精神的不朽之作。', 'price': 9.99}
{'title': '巴黎圣母院', 'cover': 'https://piccdn.igetget.com/img/201706/20/20170
6202019472954642776.jpg@533w_1l_', 'summary': '传世经典，个人必藏。雨果巨著。具
有轰动效应的浪漫派小说，带你领略十五世纪的法国。', 'price': 5.99}
{'title': '周易全集', 'cover': 'https://piccdn.igetget.com/img/201706/20/2017062
02010429957997779.jpg@533w_1l_', 'summary': '传统经典，个人必藏。最古老的占卜书
，内附解读，被誉为「群经之首」。', 'price': 9.99}
{'title': '君主论', 'cover': 'https://piccdn.igetget.com/img/201706/20/201706201
732013365531865.jpg@533w_1l_', 'summary': '汉译名著系列。思想经典，领袖必读。带
你领略古往今来的大人物如何思考。', 'price': 9.5}
{'title': '持久战新论', 'cover': 'https://piccdn.igetget.com/img/201706/20/20170
6201342144683878527.jpg@533w_1l_', 'summary': '林毅夫推荐。持久战、歼灭战、速决
战；阶段论、改革论、协调论，看懂中国的增长策略。', 'price': 28.8}
{'title': '中国历史风云录', 'cover': 'https://piccdn.igetget.com/img/201706/20/2
0170620133132335886 3986.jpg@533w_1l_', 'summary': '畅销30年，历史好书。日本史学
家，将推理小说与历史结合，在大脉络中铺陈细节，带你逼近真相。', 'price': 5.99}
{'title': '打造新世界', 'cover': 'https://piccdn.igetget.com/img/201706/20/20170
6201320581923656840.jpg@533w_1l_', 'summary': '公民读本，杨照作品。带你读懂美国
```

图 11-35　控制台输出

现在输出的每一条内容都是经过提取之后的内容，包含了电子书的标题、封面、描述、价格信息。

最开始我们声明了 MongoDB 的数据库连接，提取出信息之后调用该对象的 insert()方法将数据插入到数据库即可。

滑动几页，发现所有图书信息都被保存到 MongoDB 中，如图 11-36 所示。

db.getCollection('books').find({})

localhost　localhost:27017　igetget

db.getCollection('books').find({})

books　0.005 sec.　0　50

Key	Value	Type
(1) ObjectId("5972190115c2609...	{ 5 fields }	Object
_id	ObjectId("5972190115c260954bceef3a")	ObjectId
title	在江湖	String
cover	https://piccdn.igetget.com/img/201707...	String
summary	老树作品，微博@老树画画 对这个世界的...	String
price	30	Int32
(2) ObjectId("5972190115c2609...	{ 5 fields }	Object
_id	ObjectId("5972190115c260954bceef3b")	ObjectId
title	孤独与大胆：胡适自述	String
cover	https://piccdn.igetget.com/img/201707...	String
summary	9篇胡适所写自传文稿，记述成长与思辨...	String
price	14	Int32
(3) ObjectId("5972190115c2609...	{ 5 fields }	Object
(4) ObjectId("5972190115c2609...	{ 5 fields }	Object
(5) ObjectId("5972190115c2609...	{ 5 fields }	Object
(6) ObjectId("5972190115c2609...	{ 5 fields }	Object
(7) ObjectId("5972190115c2609...	{ 5 fields }	Object
(8) ObjectId("5972190115c2609...	{ 5 fields }	Object
(9) ObjectId("5972190115c2609...	{ 5 fields }	Object
(10) ObjectId("5972190115c260...	{ 5 fields }	Object
(11) ObjectId("5972190115c2609...	{ 5 fields }	Object
(12) ObjectId("5972190115c260...	{ 5 fields }	Object
(13) ObjectId("5972190115c260...	{ 5 fields }	Object
(14) ObjectId("5972190115c260...	{ 5 fields }	Object

图 11-36　图书信息保存到 MongoDB 中

目前为止，我们利用一个非常简单的脚本把“得到”App的电子书信息保存下来。

6. 本节代码

本节的代码地址是：https://github.com/Python3WebSpider/IGetGet。

7. 结语

本节主要讲解了mitmdump的用法及脚本的编写方法。通过本节的实例，我们可以学习到如何实时将App的数据抓取下来。

11.4 Appium的基本使用

Appium是一个跨平台移动端自动化测试工具，可以非常便捷地为iOS和Android平台创建自动化测试用例。它可以模拟App内部的各种操作，如点击、滑动、文本输入等，只要我们手工操作的动作Appium都可以完成。在前面我们了解过Selenium，它是一个网页端的自动化测试工具。Appium实际上继承了Selenium，Appium也是利用WebDriver来实现App的自动化测试。对iOS设备来说，Appium使用UIAutomation来实现驱动。对于Android来说，它使用UiAutomator和Selendroid来实现驱动。

Appium相当于一个服务器，我们可以向Appium发送一些操作指令，Appium就会根据不同的指令对移动设备进行驱动，完成不同的动作。

对于爬虫来说，我们用Selenium来抓取JavaScript渲染的页面，可见即可爬。Appium同样也可以，用Appium来做App爬虫不失为一个好的选择。

下面我们来了解Appium的基本使用方法。

1. 本节目标

我们以Android平台的微信为例来演示Appium启动和操作App的方法，主要目的是了解利用Appium进行自动化测试的流程以及相关API的用法。

2. 准备工作

请确保PC已经安装好Appium、Android开发环境和Python版本的Appium API，安装方法可以参考第1章。另外，Android手机安装好微信App。

3. 启动App

Appium启动App的方式有两种：一种是用Appium内置的驱动器来打开App，另一种是利用Python程序实现此操作。下面我们分别进行说明。

首先打开Appium，启动界面如图11-37所示。

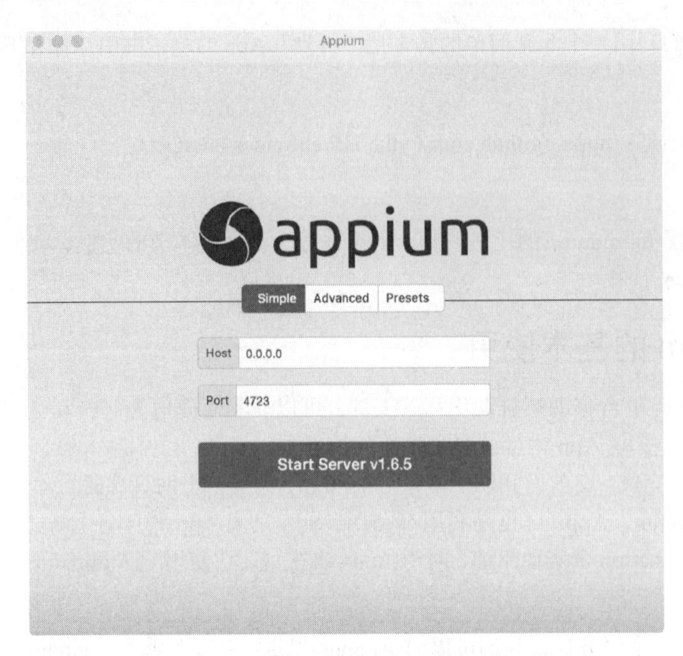

图 11-37　Appium　启动界面

直接点击 Start Server 按钮即可启动 Appium 的服务，相当于开启了一个 Appium 服务器。我们可以通过 Appium 内置的驱动或 Python 代码向 Appium 的服务器发送一系列操作指令，Appium 就会根据不同的指令对移动设备进行驱动，完成不同的动作。启动后运行界面如图 11-38 所示。

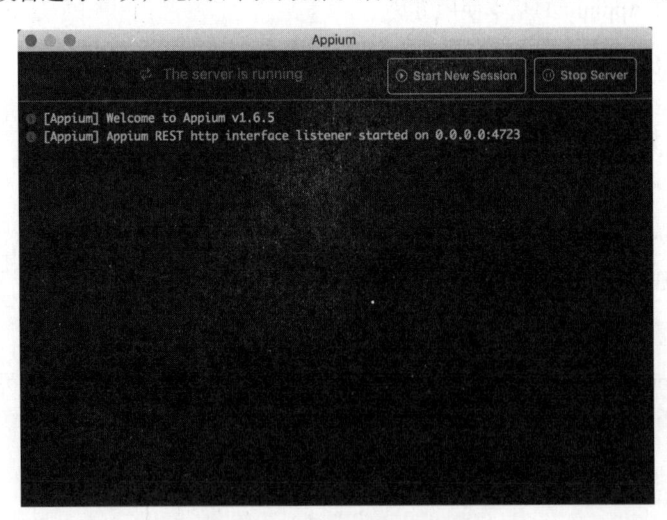

图 11-38　Server 运行界面

Appium 运行之后正在监听 4723 端口。我们可以向此端口对应的服务接口发送操作指令，此页面就会显示这个过程的操作日志。

将 Android 手机通过数据线和运行 Appium 的 PC 相连，同时打开 USB 调试功能，确保 PC 可以连接到手机。

可以输入 adb 命令来测试连接情况，如下所示：

```
adb devices -l
```

如果出现类似如下结果，这就说明 PC 已经正确连接手机。

```
List of devices attached
2da42ac0 device usb:336592896X product:leo model:MI_NOTE_Pro device:leo
```

model 是设备的名称，就是后文需要用到的 deviceName 变量。我使用的是小米 Note 顶配版，所以此处名称为 MI_NOTE_Pro。

如果提示找不到 adb 命令，请检查 Android 开发环境和环境变量是否配置成功。如果可以成功调用 adb 命令但不显示设备信息，请检查手机和 PC 的连接情况。

接下来用 Appium 内置的驱动器打开 App，点击 Appium 中的 Start New Session 按钮，如图 11-39 所示。

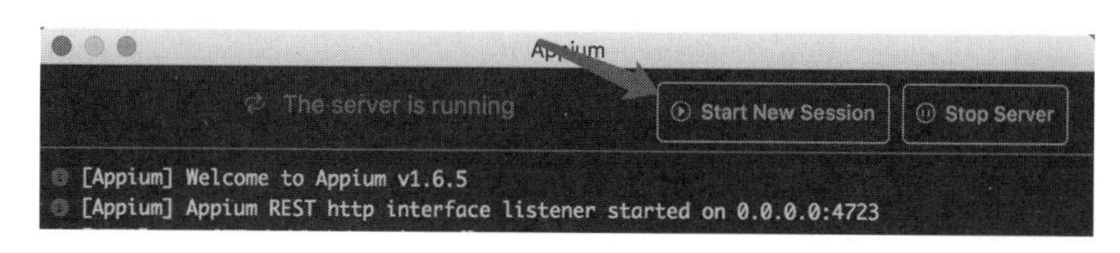

图 11-39 操作示例

这时会出现一个配置页面，如图 11-40 所示。

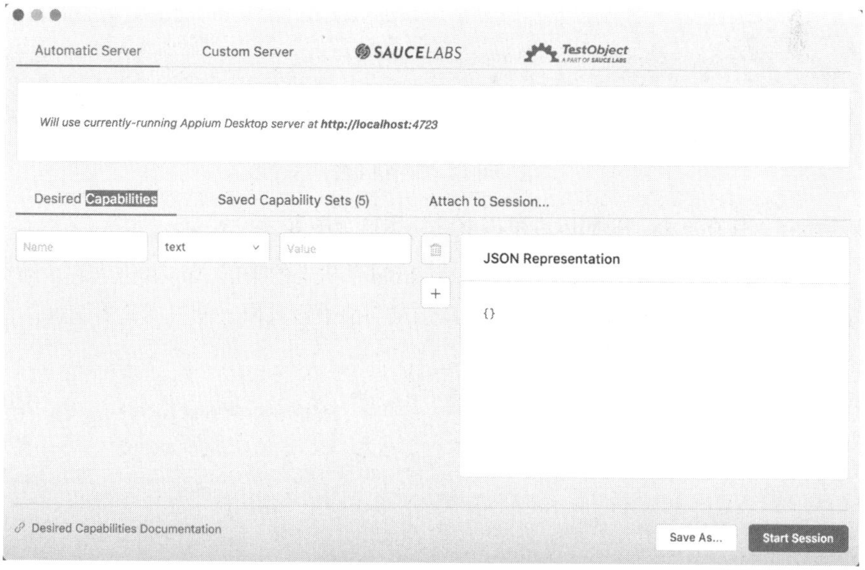

图 11-40 配置页面

需要配置启动 App 时的 Desired Capabilities 参数，它们分别是 platformName、deviceName、appPackage、appActivity。

- **platformName**：它是平台名称，需要区分 Android 或 iOS，此处填写 Android。
- **deviceName**：它是设备名称，此处是手机的具体类型。
- **appPackage**：它是 App 程序包名。
- **appActivity**：它是入口 Activity 名，这里通常需要以 . 开头。

在当前配置页面的左下角也有配置参数的相关说明，链接是 https://github.com/appium/appium/blob/master/docs/en/writing-running-appium/caps.md。

我们在 Appium 中加入上面 4 个配置，如图 11-41 所示。

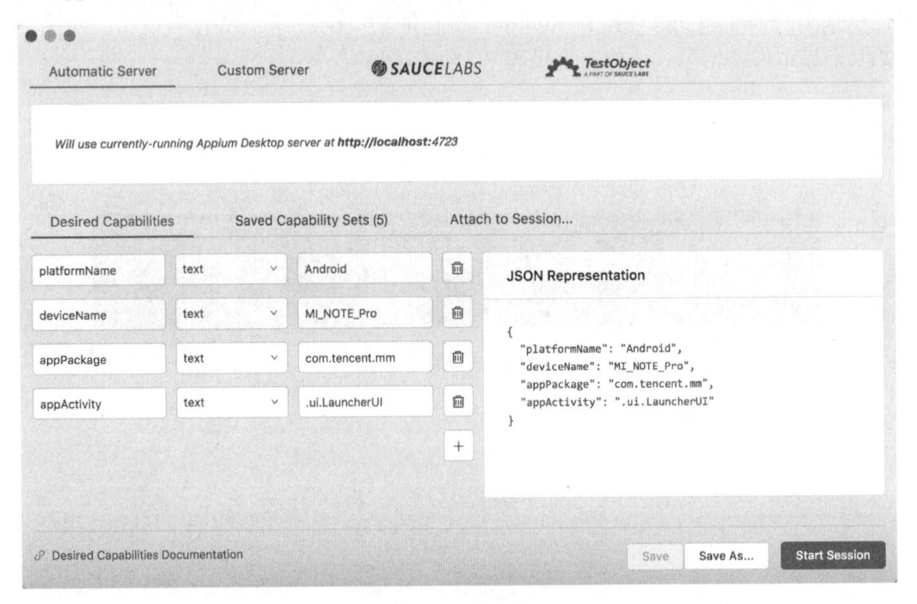

图 11-41　配置信息

点击保存按钮，保存下来，我们以后可以继续使用这个配置。

点击右下角的 Start Session 按钮，即可启动 Android 手机上的微信 App 并进入到启动页面。同时 PC 上会弹出一个调试窗口，从这个窗口我们可以预览当前手机页面，并可以查看页面的源码，如图 11-42 所示。

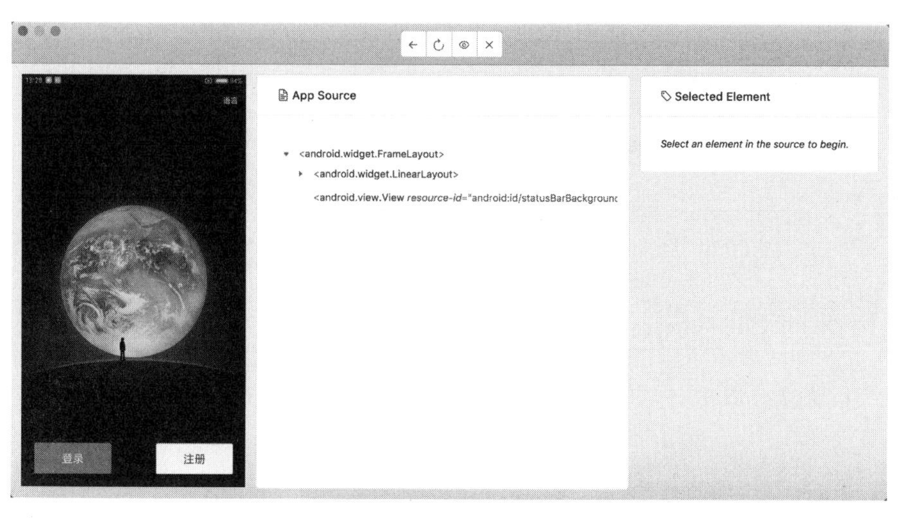

图 11-42 调试窗口

点击左栏中屏幕的某个元素，如选中登录按钮，它就会高亮显示。这时中间栏就显示了当前选中的按钮对应的源代码，右栏则显示了该元素的基本信息，如元素的 id、class、text 等，以及可以执行的操作，如 Tap、Send Keys、Clear，如图 11-43 所示。

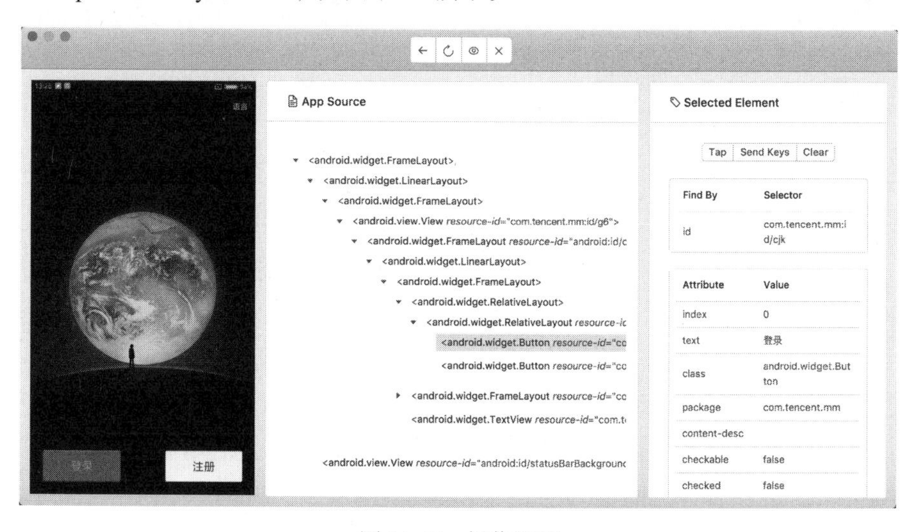

图 11-43 操作选项

点击中间栏最上方的第三个录制按钮，Appium 会开始录制操作动作，这时我们在窗口中操作 App 的行为都会被记录下来，Recorder 处可以自动生成对应语言的代码。例如，我们点击录制按钮，然后选中 App 中的登录按钮，点击 Tap 操作，即模拟了按钮点击功能，这时手机和窗口的 App 都会跳转到登录页面，同时中间栏会显示此动作对应的代码，如图 11-44 所示。

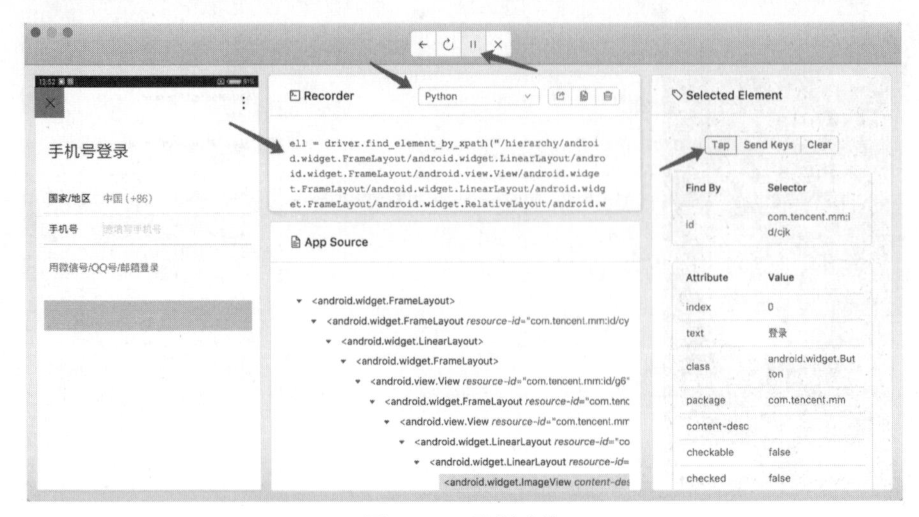

图 11-44 录制动作

接下来选中左侧的手机号文本框，点击 Send Keys，对话框就会弹出。输入手机号，点击 Send Keys，即可完成文本的输入，如图 11-45 所示。

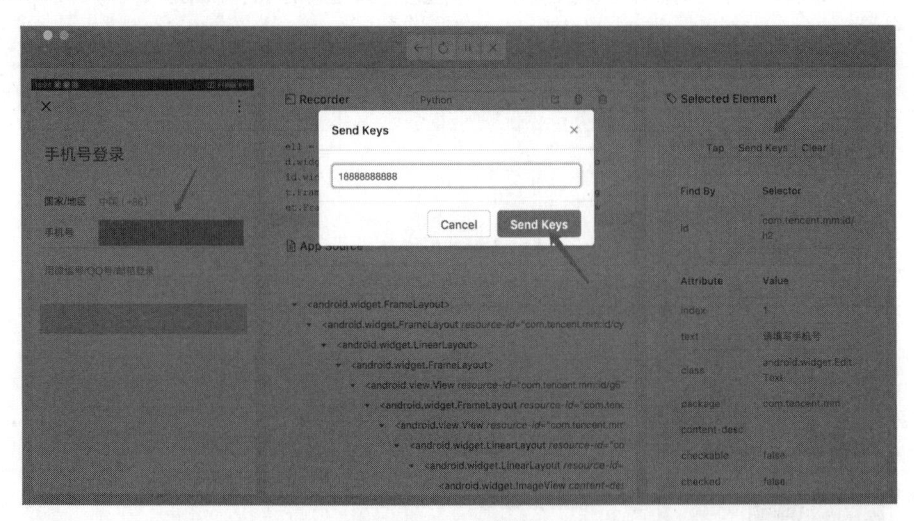

图 11-45 文本输入

我们可以在此页面点击不同的动作按钮，即可实现对 App 的控制，同时 Recorder 部分也可以生成对应的 Python 代码。

下面我们看看使用 Python 代码驱动 App 的方法。首先需要在代码中指定一个 Appium Server，而这个 Server 在刚才打开 Appium 的时候就已经开启了，是在 4723 端口上运行的，配置如下所示：

```
server = 'http://localhost:4723/wd/hub'
```

用字典来配置 Desired Capabilities 参数，代码如下所示：

```
desired_caps = {
    'platformName': 'Android',
    'deviceName': 'MI_NOTE_Pro',
    'appPackage': 'com.tencent.mm',
    'appActivity': '.ui.LauncherUI'
}
```

新建一个 Session，这类似点击 Appium 内置驱动的 Start Session 按钮相同的功能，代码实现如下所示：

```
from appium import webdriver
from selenium.webdriver.support.ui import WebDriverWait

driver = webdriver.Remote(server, desired_caps)
```

配置完成后运行，就可以启动微信 App 了。但是现在仅仅是可以启动 App，还没有做任何动作。

再用代码来模拟刚才演示的两个动作：一个是点击“登录”按钮，一个是输入手机号。

看看刚才 Appium 内置驱动器内的 Recorder 录制生成的 Python 代码，自动生成的代码非常累赘，例如点击“登录”按钮的代码如下所示：

```
el1 = driver.find_element_by_xpath("/hierarchy/android.widget.FrameLayout/android.widget.LinearLayout/
    android.widget.FrameLayout/android.view.View/android.widget.FrameLayout/android.widget.LinearLayout/
    android.widget.FrameLayout/android.widget.RelativeLayout/android.widget.RelativeLayout/android.widget.
    Button[1]")
    el1.click()
```

这段代码的 XPath 选择器路径太长，选择方式没有那么科学，获取元素时也没有设置等待，很可能会有超时异常。所以我们修改一下，将其修改为通过 ID 查找元素，设置延时等待，两次操作的代码改写如下所示：

```
wait = WebDriverWait(driver, 30)
login = wait.until(EC.presence_of_element_located((By.ID, 'com.tencent.mm:id/cjk')))
login.click()
phone = wait.until(EC.presence_of_element_located((By.ID, 'com.tencent.mm:id/h2')))
phone.set_text('18888888888')
```

综上所述，完整的代码如下所示：

```
from appium import webdriver
from selenium.webdriver.common.by import By
from selenium.webdriver.support.ui import WebDriverWait
from selenium.webdriver.support import expected_conditions as EC

server = 'http://localhost:4723/wd/hub'
desired_caps = {
    'platformName': 'Android',
    'deviceName': 'MI_NOTE_Pro',
    'appPackage': 'com.tencent.mm',
    'appActivity': '.ui.LauncherUI'
}
driver = webdriver.Remote(server, desired_caps)
wait = WebDriverWait(driver, 30)
login = wait.until(EC.presence_of_element_located((By.ID, 'com.tencent.mm:id/cjk')))
login.click()
phone = wait.until(EC.presence_of_element_located((By.ID, 'com.tencent.mm:id/h2')))
phone.set_text('18888888888')
```

一定要重新连接手机，再运行此代码，这时即可观察到手机上首先弹出了微信欢迎页面，然后模拟点击登录按钮、输入手机号，操作完成。这样我们就成功使用 Python 代码实现了 App 的操作。

4. API

接下来看看使用代码如何操作 App、总结相关 API 的用法。这里使用的 Python 库为 AppiumPythonClient，其 GitHub 地址为 https://github.com/appium/python-client，此库继承自 Selenium，使用方法与 Selenium 有很多共同之处。

- **初始化**

需要配置 Desired Capabilities 参数，完整的配置说明可以参考 https://github.com/appium/appium/blob/master/docs/en/writing-running-appium/caps.md。一般来说，配置几个基本参数即可，如下所示：

```
from appium import webdriver

server = 'http://localhost:4723/wd/hub'
desired_caps = {
    'platformName': 'Android',
    'deviceName': 'MI_NOTE_Pro',
    'appPackage': 'com.tencent.mm',
    'appActivity': '.ui.LauncherUI'
}
driver = webdriver.Remote(server, desired_caps)
```

这里配置了启动微信 App 的 Desired Capabilities，这样 Appnium 就会自动查找手机上的包名和入口类，然后将其启动。包名和入口类的名称可以在安装包中的 AndroidManifest.xml 文件获取。

如果要打开的 App 没有事先在手机上安装，我们可以直接指定 App 参数为安装包所在路径，这样程序启动时就会自动向手机安装并启动 App，如下所示：

```
from appium import webdriver

server = 'http://localhost:4723/wd/hub'
desired_caps = {
    'platformName': 'Android',
    'deviceName': 'MI_NOTE_Pro',
    'app': './weixin.apk'
}
driver = webdriver.Remote(server, desired_caps)
```

程序启动的时候就会寻找 PC 当前路径下的 APK 安装包，然后将其安装到手机中并启动。

- **查找元素**

我们可以使用 Selenium 中通用的查找方法来实现元素的查找，如下所示：

```
el = driver.find_element_by_id('com.tencent.mm:id/cjk')
```

在 Selenium 中，其他查找元素的方法同样适用，在此不再赘述。

在 Android 平台上，我们还可以使用 UIAutomator 来进行元素选择，如下所示：

```
el = self.driver.find_element_by_android_uiautomator('new UiSelector().description("Animation")')
els = self.driver.find_elements_by_android_uiautomator('new UiSelector().clickable(true)')
```

在 iOS 平台上，我们可以使用 UIAutomation 来进行元素选择，如下所示：

```
el = self.driver.find_element_by_ios_uiautomation('.elements()[0]')
els = self.driver.find_elements_by_ios_uiautomation('.elements()')
```

还可以使用 iOS Predicates 来进行元素选择，如下所示：

```
el = self.driver.find_element_by_ios_predicate('wdName == "Buttons"')
els = self.driver.find_elements_by_ios_predicate('wdValue == "SearchBar" AND isWDDivisible == 1')
```

也可以使用 iOS Class Chain 来进行选择，如下所示：

```
el = self.driver.find_element_by_ios_class_chain('XCUIElementTypeWindow/XCUIElementTypeButton[3]')
els = self.driver.find_elements_by_ios_class_chain('XCUIElementTypeWindow/XCUIElementTypeButton')
```

但是此种方法只适用于 XCUITest 驱动，具体可以参考：https://github.com/appium/appium-xcuitest-driver。

- **点击**

点击可以使用 tap()方法，该方法可以模拟手指点击（最多五个手指），可设置按时长短（毫秒），代码如下所示：

```
tap(self, positions, duration=None)
```

其中后两个参数如下。

- **positions**：它是点击的位置组成的列表。
- **duration**：它是点击持续时间。

实例如下所示：

```
driver.tap([(100, 20), (100, 60), (100, 100)], 500)
```

这样就可以模拟点击屏幕的某几个点。

对于某个元素如按钮来说，我们可以直接调用 cilck()方法实现模拟点击，实例如下所示：

```
button = find_element_by_id('com.tencent.mm:id/btn')
button.click()
```

- **屏幕拖动**

可以使用 scroll()方法模拟屏幕滚动，用法如下所示：

```
scroll(self, origin_el, destination_el)
```

可以实现从元素 origin_el 滚动至元素 destination_el。

它的后两个参数如下。

- **original_el**：它是被操作的元素。
- **destination_el**：它是目标元素。

实例如下所示：

```
driver.scroll(el1,el2)
```

可以使用 swipe()模拟从 A 点滑动到 B 点，用法如下所示：

```
swipe(self, start_x, start_y, end_x, end_y, duration=None)
```

后面几个参数说明如下。

- **start_x**：它是开始位置的横坐标。
- **start_y**：它是开始位置的纵坐标。
- **end_x**：它是终止位置的横坐标。
- **end_y**：它是终止位置的纵坐标。
- **duration**：它是持续时间，单位是毫秒。

实例如下所示：

```
driver.swipe(100, 100, 100, 400, 5000)
```

这样可以实现在 5s 时间内，由(100, 100)滑动到 (100, 400)。

可以使用 flick()方法模拟从 A 点快速滑动到 B 点，用法如下所示：

```
flick(self, start_x, start_y, end_x, end_y)
```

几个参数说明如下。

- **start_x**：它是开始位置的横坐标。
- **start_y**：它是开始位置的纵坐标。
- **end_x**：它是终止位置的横坐标。
- **end_y**：它是终止位置的纵坐标。

实例如下所示：

```
driver.flick(100, 100, 100, 400)
```

- **拖曳**

可以使用 drag_and_drop()将某个元素拖动到另一个目标元素上，用法如下所示：

```
drag_and_drop(self, origin_el, destination_el)
```

可以实现将元素 origin_el 拖曳至元素 destination_el。

两个参数说明如下。

- **original_el**：它是被拖曳的元素。
- **destination_el**：它是目标元素。

实例如下所示：

```
driver.drag_and_drop(el1, el2)
```

- **文本输入**

可以使用 set_text()方法实现文本输入，如下所示：

```
el = find_element_by_id('com.tencent.mm:id/cjk')
el.set_text('Hello')
```

- **动作链**

与 Selenium 中的 ActionChains 类似，Appium 中的 TouchAction 可支持的方法有 tap()、press()、long_press()、release()、move_to()、wait()、cancel()等，实例如下所示：

```
el = self.driver.find_element_by_accessibility_id('Animation')
action = TouchAction(self.driver)
action.tap(el).perform()
```

首先选中一个元素，然后利用 TouchAction 实现点击操作。

如果想要实现拖动操作，可以用如下方式：

```
els = self.driver.find_elements_by_class_name('listView')
a1 = TouchAction()
a1.press(els[0]).move_to(x=10, y=0).move_to(x=10, y=-75).move_to(x=10, y=-600).release()
a2 = TouchAction()
a2.press(els[1]).move_to(x=10, y=10).move_to(x=10, y=-300).move_to(x=10, y=-600).release()
```

利用以上 API，我们就可以完成绝大部分操作。更多的 API 操作可以参考：https://testerhome.com/topics/3711。

5. 结语

本节中，我们主要了解了 Appium 的操作 App 的基本用法，以及常用 API 的用法。在下一节我们会用一个实例来演示 Appium 的使用方法。

11.5 Appium 爬取微信朋友圈

接下来，我们将实现微信朋友圈的爬取。

如果直接用 Charles 或 mitmproxy 来监听微信朋友圈的接口数据，这是无法实现爬取的，因为数据都是被加密的。而 Appium 不同，Appium 作为一个自动化测试工具可以直接模拟 App 的操作并可以获取当前所见的内容。所以只要 App 显示了内容，我们就可以用 Appium 抓取下来。

1. 本节目标

本节我们以 Android 平台为例，实现抓取微信朋友圈的动态信息。动态信息包括好友昵称、正文、发布日期。其中发布日期还需要进行转换，如日期显示为 1 小时前，则时间转换为今天，最后动态信息保存到 MongoDB。

2. 准备工作

请确保 PC 已经安装好 Appium、Android 开发环境和 Python 版本的 Appium API。Android 手机安装好微信 App、PyMongo 库，安装 MongoDB 并运行其服务，安装方法可以参考第 1 章。

3. 初始化

首先新建一个 Moments 类，进行一些初始化配置，如下所示：

```
PLATFORM = 'Android'
DEVICE_NAME = 'MI_NOTE_Pro'
APP_PACKAGE = 'com.tencent.mm'
```

```
APP_ACTIVITY = '.ui.LauncherUI'
DRIVER_SERVER = 'http://localhost:4723/wd/hub'
TIMEOUT = 300
MONGO_URL = 'localhost'
MONGO_DB = 'moments'
MONGO_COLLECTION = 'moments'

class Moments():
    def __init__(self):
        """
        初始化
        """
        # 驱动配置
        self.desired_caps = {
            'platformName': PLATFORM,
            'deviceName': DEVICE_NAME,
            'appPackage': APP_PACKAGE,
            'appActivity': APP_ACTIVITY
        }
        self.driver = webdriver.Remote(DRIVER_SERVER, self.desired_caps)
        self.wait = WebDriverWait(self.driver, TIMEOUT)
        self.client = MongoClient(MONGO_URL)
        self.db = self.client[MONGO_DB]
        self.collection = self.db[MONGO_COLLECTION]
```

这里实现了一些初始化配置，如驱动的配置、延时等待配置、MongoDB连接配置等。

4. 模拟登录

接下来要做的就是登录微信。点击登录按钮，输入用户名、密码，提交登录即可。实现样例如下所示：

```
def login(self):
    # 登录按钮
    login = self.wait.until(EC.presence_of_element_located((By.ID, 'com.tencent.mm:id/cjk')))
    login.click()
    # 手机输入
    phone = self.wait.until(EC.presence_of_element_located((By.ID, 'com.tencent.mm:id/h2')))
    phone.set_text(USERNAME)
    # 下一步
    next = self.wait.until(EC.element_to_be_clickable((By.ID, 'com.tencent.mm:id/adj')))
    next.click()
    # 密码
    password = self.wait.until(
        EC.presence_of_element_located((By.XPATH, '//*[@resource-id="com.tencent.mm:id/h2"][1]')))
            password.set_text(PASSWORD)
    # 提交
    submit = self.wait.until(EC.element_to_be_clickable((By.ID, 'com.tencent.mm:id/adj')))
    submit.click()
```

这里依次实现了一些点击和输入操作，思路比较简单。对于不同的平台和版本来说，流程可能不太一致，这里仅作参考。

登录完成之后，进入朋友圈的页面。选中朋友圈所在的选项卡，点击朋友圈按钮，即可进入朋友圈，代码实现如下所示：

```
def enter(self):
    # 选项卡
    tab = self.wait.until(
        EC.presence_of_element_located((By.XPATH, '//*[@resource-id="com.tencent.mm:id/bw3"][3]')))
    tab.click()
    # 朋友圈
    moments = self.wait.until(EC.presence_of_element_located((By.ID, 'com.tencent.mm:id/atz')))
    moments.click()
```

抓取工作正式开始。

5. 抓取动态

我们知道朋友圈可以一直拖动、不断刷新，所以这里需要模拟一个无限拖动的操作，如下所示：

```
# 滑动点
FLICK_START_X = 300
FLICK_START_Y = 300
FLICK_DISTANCE = 700

def crawl(self):
    while True:
        # 上滑
        self.driver.swipe(FLICK_START_X, FLICK_START_Y + FLICK_DISTANCE, FLICK_START_X, FLICK_START_Y)
```

我们利用 swipe()方法，传入起始和终止点实现拖动，加入无限循环实现无限拖动。

获取当前显示的朋友圈的每条状态对应的区块元素，遍历每个区块元素，再获取内部显示的用户名、正文和发布时间，代码实现如下所示：

```
# 当前页面显示的所有状态
items = self.wait.until(
    EC.presence_of_all_elements_located(
        (By.XPATH, '//*[@resource-id="com.tencent.mm:id/cve"]//android.widget.FrameLayout')))
# 遍历每条状态
for item in items:
    try:
        # 昵称
        nickname = item.find_element_by_id('com.tencent.mm:id/aig').get_attribute('text')
        # 正文
        content = item.find_element_by_id('com.tencent.mm:id/cwm').get_attribute('text')
        # 日期
        date = item.find_element_by_id('com.tencent.mm:id/crh').get_attribute('text')
        # 处理日期
        date = self.processor.date(date)
        print(nickname, content, date)
        data = {
            'nickname': nickname,
            'content': content,
            'date': date,
        }
    except NoSuchElementException:
        pass
```

这里遍历每条状态，再调用 find_element_by_id()方法获取昵称、正文、发布日期对应的元素，然后通过 get_attribute()方法获取内容。这样我们就成功获取到朋友圈的每条动态信息。

针对日期的处理，我们调用了一个 Processor 类的 date()处理方法，该方法实现如下所示：

```
def date(self, datetime):
    """
    处理时间
    :param datetime: 原始时间
    :return: 处理后时间
    """
    if re.match('\d+分钟前', datetime):
        minute = re.match('(\d+)', datetime).group(1)
        datetime = time.strftime('%Y-%m-%d', time.localtime(time.time() - float(minute) * 60))
    if re.match('\d+小时前', datetime):
        hour = re.match('(\d+)', datetime).group(1)
        datetime = time.strftime('%Y-%m-%d', time.localtime(time.time() - float(hour) * 60 * 60))
    if re.match('昨天', datetime):
        datetime = time.strftime('%Y-%m-%d', time.localtime(time.time() - 24 * 60 * 60))
    if re.match('\d+天前', datetime):
        day = re.match('(\d+)', datetime).group(1)
        datetime = time.strftime('%Y-%m-%d', time.localtime(time.time()) - float(day) * 24 * 60 * 60)
    return datetime
```

这个方法使用了正则匹配的方法来提取时间中的具体数值，再利用时间转换函数实现时间的转换。例如时间是 5 分钟前，这个方法先将 5 提取出来，用当前时间戳减去 300 即可得到发布时间的时间戳，然后再转化为标准时间即可。

最后调用 MongoDB 的 API 来实现爬取结果的存储。为了去除重复，这里调用了 update()方法，实现如下所示：

```
self.collection.update({'nickname': nickname, 'content': content}, {'$set': data}, True)
```

首先根据昵称和正文来查询信息，如果信息不存在，则插入数据，否则更新数据。这个操作的关键点是第三个参数 True，此参数设置为 True，这可以实现存在即更新、不存在则插入的操作。

最后实现一个入口方法调用以上的几个方法。调用此方法即可开始爬取，代码实现如下所示：

```
def main(self):
    # 登录
    self.login()
    # 进入朋友圈
    self.enter()
    # 爬取
    self.crawl()
```

这样我们就完成了整个朋友圈的爬虫。代码运行之后，手机微信便会启动，并且可以成功进入到朋友圈然后一直不断执行拖动过程。控制台输出相应的爬取结果，结果被成功保存到 MongoDB 数据库中。

6. 结果查看

我们到 MongoDB 中查看爬取结果，如图 11-46 所示。

图 11-46　查看爬取结果

可以看到朋友圈的数据成功保存到数据库。

7. 本节代码

本节源代码地址为：https://github.com/Python3WebSpider/Moments。

8. 结语

以上内容是利用 Appium 爬取微信朋友圈的过程。利用 Appium，我们可以做到 App 的可见即可爬，也可以实现自动化驱动和数据爬取。但是实际运行之后，Appium 的解析比较烦琐，而且容易发生重复和中断。如果我们可以用前文所说的 mitmdump 来监听 App 数据实时处理，而 Appium 只负责自动化驱动，它们各负其责，那么整个爬取效率和解析效率就会高很多。所以下一节我们会了解，将 mitmdump 和 Appium 结合起来爬取京东商品的过程。

11.6　Appium+mitmdump 爬取京东商品

在前文中，我们曾经用 Charles 分析过京东商品的评论数据，但是可以发现其参数相当复杂，Form 表单有很多加密参数。如果我们只用 Charles 探测到这个接口链接和参数，还是无法直接构造请求的参数，构造的过程涉及一些加密算法，也就无法直接还原抓取过程。

我们了解了 mitmproxy 的用法，利用它的 mitmdump 组件，可以直接对接 Python 脚本对抓取的数据包进行处理，用 Python 脚本对请求和响应直接进行处理。这样我们可以绕过请求的参数构造过程，直接监听响应进行处理即可。但是这个过程并不是自动化的，抓取 App 的时候实际是人工模拟了这个拖动过程。如果这个操作可以用程序来实现就更好了。

我们又了解了 Appium 的用法，它可以指定自动化脚本模拟实现 App 的一系列动作，如点击、拖动等，也可以提取 App 中呈现的信息。经过上节爬取微信朋友圈的实例，我们知道解析过程比较烦琐，而且速度要加以限制。如果内容没有显示出来解析就会失败，而且还会导致重复提取的问题。更重要的是，它只可以获取在App中看到的信息，无法直接提取接口获取的真实数据，而接口的数据往往是最易提取且信息量最全的。

综合以上几点，我们就可以确定出一个解决方案了。如果我们用mitmdump去监听接口数据，用Appium去模拟App的操作，就可以绕过复杂的接口参数又可以实现自动化抓取了！这种方式应是抓取App数据的最佳方式。某些特殊情况除外，如微信朋友圈数据又经过了一次加密无法解析，而只能用Appium提取。但是对于大多数App来说，此种方法是奏效的。本节我们用一个实例感受一下这种抓取方式的便捷之处。

1. 本节目标

以抓取京东App的商品信息和评论为例，实现Appium和mitmdump二者结合的抓取。抓取的数据分为两部分：一部分是商品信息，我们需要获取商品的ID、名称和图片，将它们组成一条商品数据；另一部分是商品的评论信息，我们将评论人的昵称、评论正文、评论日期、发表图片都提取，然后加入商品ID字段，将它们组成一条评论数据。最后数据保存到MongoDB数据库。

2. 准备工作

请确保PC已经安装好Charles、mitmdump、Appium、Android开发环境，以及Python版本的Appium API。Android手机安装好京东App。另外，安装好MongoDB并运行其服务，安装PyMongo库。具体的配置过程可以参考第1章。

3. Charles抓包分析

首先，我们将手机代理设置到Charles上，用Charles抓包分析获取商品详情和商品评论的接口。

获取商品详情的接口，这里提取到的接口是来自cdnware.m.jd.com的链接，返回结果是一个JSON字符串，里面包含了商品的ID和商品名称，如图11-47和图11-48所示。

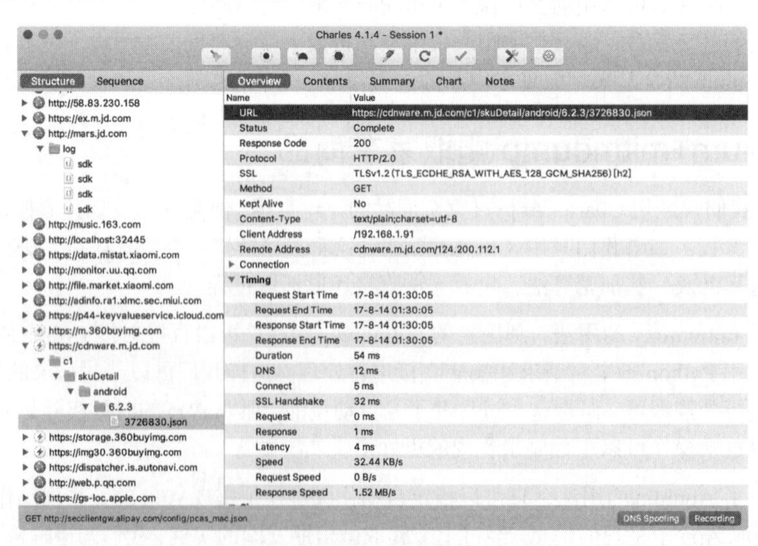

图11-47 请求概览

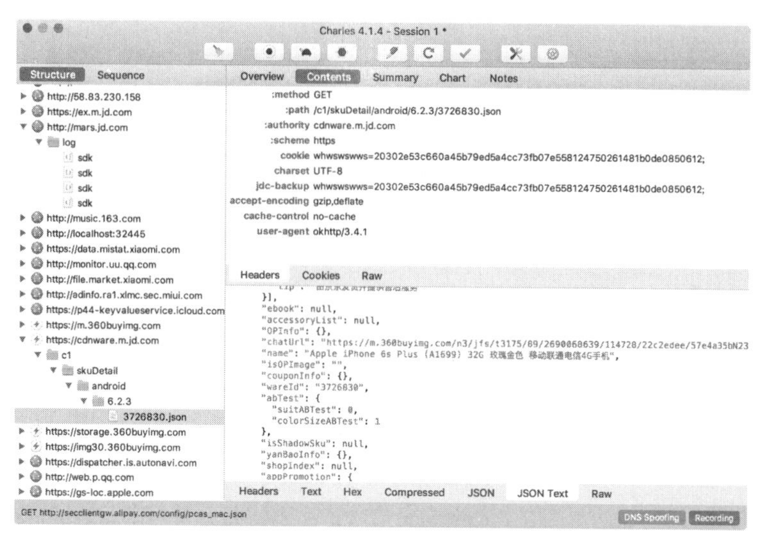

图 11-48 响应结果

再获取商品评论的接口，这个过程在前文已提到，在此不再赘述。这个接口来自 api.m.jd.com，返回结果也是 JSON 字符串，里面包含了商品的数条评论信息。

之后我们可以用 mitmdump 对接一个 Python 脚本来实现数据的抓取。

4. mitmdump 抓取

新建一个脚本文件，然后实现这个脚本以提取这两个接口的数据。首先提取商品的信息，代码如下所示：

```
def response(flow):
    url = 'cdnware.m.jd.com'
    if url in flow.request.url:
        text = flow.response.text
        data = json.loads(text)
        if data.get('wareInfo') and data.get('wareInfo').get('basicInfo'):
            info = data.get('wareInfo').get('basicInfo')
            id = info.get('wareId')
            name = info.get('name')
            images = info.get('wareImage')
            print(id, name, images)
```

这里声明了接口的部分链接内容，然后与请求的 URL 作比较。如果该链接出现在当前的 URL 中，那就证明当前的响应就是商品详情的响应，然后提取对应的 JSON 信息即可。在这里我们将商品的 ID、名称和图片提取出来，这就是一条商品数据。

再提取评论的数据，代码实现如下所示：

```
# 提取评论数据
url = 'api.m.jd.com/client.action'
if url in flow.request.url:
    pattern = re.compile('sku\".*?\"(\d+)\"')
    # Request 请求参数中包含商品 ID
```

```
        body = unquote(flow.request.text)
        # 提取商品 ID
        id = re.search(pattern, body).group(1) if re.search(pattern, body) else None
        # 提取 Response Body
        text = flow.response.text
        data = json.loads(text)
        comments = data.get('commentInfoList') or []
        # 提取评论数据
        for comment in comments:
            if comment.get('commentInfo') and comment.get('commentInfo').get('commentData'):
                info = comment.get('commentInfo')
                text = info.get('commentData')
                date = info.get('commentDate')
                nickname = info.get('userNickName')
                pictures = info.get('pictureInfoList')
                print(id, nickname, text, date, pictures)
```

这里指定了接口的部分链接内容，以判断当前请求的 URL 是不是获取评论的 URL。如果满足条件，那么就提取商品的 ID 和评论信息。

商品的 ID 实际上隐藏在请求中，我们需要提取请求的表单内容来提取商品的 ID，这里直接用了正则表达式。

商品的评论信息在响应中，我们像刚才一样提取了响应的内容，然后对 JSON 进行解析，最后提取出商品评论人的昵称、评论正文、评论日期和图片信息。这些信息和商品的 ID 组合起来，形成一条评论数据。

最后用 MongoDB 将两部分数据分开保存到两个 Collection，在此不再赘述。

运行此脚本，命令如下所示：

```
mitmdump -s script.py
```

手机的代理设置到 mitmdump 上。我们在京东 App 中打开某个商品，下拉商品评论部分，即可看到控制台输出两部分的抓取结果，结果成功保存到 MongoDB 数据库，如图 11-49 所示。

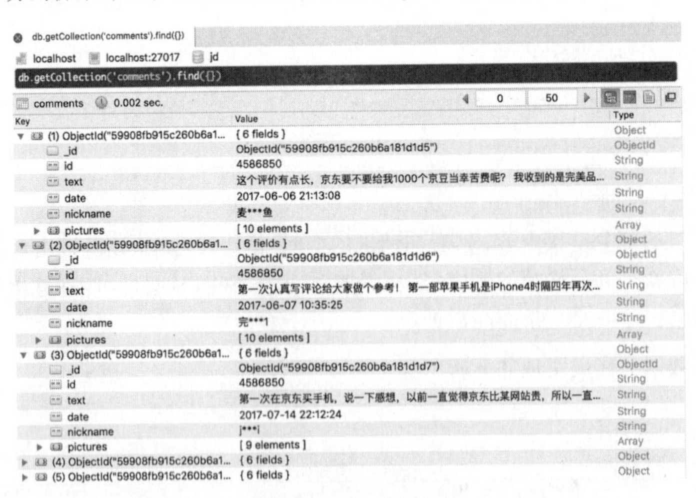

图 11-49　保存结果

如果我们手动操作京东 App 就可以做到京东商品评论的抓取了，下一步要做的就是实现自动滚动刷新。

5. Appium 自动化

将 Appium 对接到手机上，用 Appium 驱动 App 完成一系列动作。进入 App 后，我们需要做的操作有点击搜索框、输入搜索的商品名称、点击进入商品详情、进入评论页面、自动滚动刷新，基本的操作逻辑和爬取微信朋友圈的相同。

京东 App 的 Desired Capabilities 配置如下所示：

```
{
    'platformName': 'Android',
    'deviceName': 'MI_NOTE_Pro',
    'appPackage': 'com.jingdong.App.mall',
    'appActivity': 'main.MainActivity'
}
```

首先用 Appium 内置的驱动打开京东 App，如图 11-50 所示。

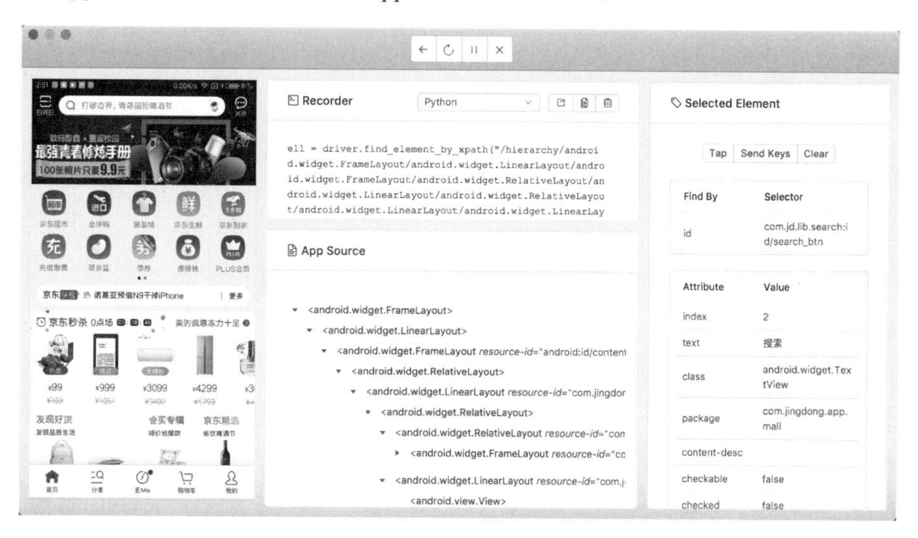

图 11-50　调试界面

这里进行一系动作操作并录制下来，找到各个页面的组件的 ID 并做好记录，最后再改写成完整的代码。参考代码实现如下所示：

```
from appium import webdriver
from selenium.webdriver.common.by import By
from selenium.webdriver.support.ui import WebDriverWait
from selenium.webdriver.support import expected_conditions as EC
from time import sleep

class Action():
    def __init__(self):
        # 驱动配置
        self.desired_caps = {
            'platformName': PLATFORM,
```

```
            'deviceName': DEVICE_NAME,
            'appPackage': 'com.jingdong.app.mall',
            'appActivity': 'main.MainActivity'
        }
        self.driver = webdriver.Remote(DRIVER_SERVER, self.desired_caps)
        self.wait = WebDriverWait(self.driver, TIMEOUT)

    def comments(self):
        # 点击进入搜索页面
        search = self.wait.until(EC.presence_of_element_located((By.ID, 'com.jingdong.app.mall:id/mp')))
        search.click()
        # 输入搜索文本
        box = self.wait.until(EC.presence_of_element_located((By.ID, 'com.jd.lib.search:id/search_box_layout')))
        box.set_text(KEYWORD)
        # 点击搜索按钮
        button = self.wait.until(EC.presence_of_element_located((By.ID, 'com.jd.lib.search:id/search_btn')))
        button.click()
        # 点击进入商品详情
        view = self.wait.until(EC.presence_of_element_located((By.ID, 'com.jd.lib.search:id/product_list_item')))
        view.click()
        # 进入评论详情
        tab = self.wait.until(EC.presence_of_element_located((By.ID, 'com.jd.lib.productdetail:id/pd_tab3')))
        tab.click()

    def scroll(self):
        while True:
            # 模拟拖动
            self.driver.swipe(FLICK_START_X, FLICK_START_Y + FLICK_DISTANCE, FLICK_START_X, FLICK_START_Y)
            sleep(SCROLL_SLEEP_TIME)

    def main(self):
        self.comments()
        self.scroll()

if __name__ == '__main__':
    action = Action()
    action.main()
```

代码实现比较简单，逻辑与上一节微信朋友圈的抓取类似。注意，由于 App 版本更新的原因，交互流程和元素 ID 可能有更改，这里的代码仅做参考。

下拉过程已经省去了用 Appium 提取数据的过程，因为这个过程我们已经用 mitmdump 帮助实现了。

代码运行之后便会启动京东 App，进入商品的详情页，然后进入评论页再无限滚动，这样就代替了人工操作。Appium 实现模拟滚动，mitmdump 进行抓取，这样 App 的数据就会保存到数据库中。

6. 本节代码

本节代码地址为：https://github.com/Python3WebSpider/MitmAppiumJD。

7. 结语

以上内容便是 Appium 和 mitmdump 抓取京东 App 数据的过程。有了两者的配合，我们既可以做到实时数据处理，又可以实现自动化爬取，这样就可以完成绝大多数 App 的爬取了。

第 12 章

pyspider 框架的使用

前文基本上把爬虫的流程实现一遍，将不同的功能定义成不同的方法，甚至抽象出模块的概念。如微信公众号爬虫，我们已经有了爬虫框架的雏形，如调度器、队列、请求对象等，但是它的架构和模块还是太简单，远远达不到一个框架的要求。如果我们将各个组件独立出来，定义成不同的模块，也就慢慢形成了一个框架。有了框架之后，我们就不必关心爬虫的全部流程，异常处理、任务调度等都会集成在框架中。我们只需要关心爬虫的核心逻辑部分即可，如页面信息的提取、下一步请求的生成等。这样，不仅开发效率会提高很多，而且爬虫的健壮性也更强。

在项目实战过程中，我们往往会采用爬虫框架来实现抓取，这样可提升开发效率、节省开发时间。pyspider 就是一个非常优秀的爬虫框架，它的操作便捷、功能强大，利用它我们可以快速方便地完成爬虫的开发。

12.1 pyspider 框架介绍

pyspider 是由国人 binux 编写的强大的网络爬虫系统，其 GitHub 地址为 https://github.com/binux/pyspider，官方文档地址为 http://docs.pyspider.org/。

pyspider 带有强大的 WebUI、脚本编辑器、任务监控器、项目管理器以及结果处理器，它支持多种数据库后端、多种消息队列、JavaScript 渲染页面的爬取，使用起来非常方便。

1. pyspider 基本功能

我们总结了一下，PySpider 的功能有如下几点。

- 提供方便易用的 WebUI 系统，可视化地编写和调试爬虫。
- 提供爬取进度监控、爬取结果查看、爬虫项目管理等功能。
- 支持多种后端数据库，如 MySQL、MongoDB、Redis、SQLite、Elasticsearch、PostgreSQL。
- 支持多种消息队列，如 RabbitMQ、Beanstalk、Redis、Kombu。
- 提供优先级控制、失败重试、定时抓取等功能。
- 对接了 PhantomJS，可以抓取 JavaScript 渲染的页面。
- 支持单机和分布式部署，支持 Docker 部署。

如果想要快速方便地实现一个页面的抓取，使用 pyspider 不失为一个好的选择。

2. 与 Scrapy 的比较

后面会介绍另外一个爬虫框架 Scrapy，我们学习完 Scrapy 之后会更容易理解此部分内容。我们先了解一下 pyspider 与 Scrapy 的区别。

- pyspider 提供了 WebUI，爬虫的编写、调试都是在 WebUI 中进行的。而 Scrapy 原生是不具备这个功能的，它采用的是代码和命令行操作，但可以通过对接 Portia 实现可视化配置。
- pyspider 调试非常方便，WebUI 操作便捷直观。Scrapy 则是使用 parse 命令进行调试，其方便程度不及 pyspider。
- pyspider 支持 PhantomJS 来进行 JavaScript 渲染页面的采集。Scrapy 可以对接 Scrapy-Splash 组件，这需要额外配置。
- pyspider 中内置了 pyquery 作为选择器。Scrapy 对接了 XPath、CSS 选择器和正则匹配。
- pyspider 的可扩展程度不足，可配制化程度不高。Scrapy 可以通过对接 Middleware、Pipeline、Extension 等组件实现非常强大的功能，模块之间的耦合程度低，可扩展程度极高。

如果要快速实现一个页面的抓取，推荐使用 pyspider，开发更加便捷，如快速抓取某个普通新闻网站的新闻内容。如果要应对反爬程度很强、超大规模的抓取，推荐使用 Scrapy，如抓取封 IP、封账号、高频验证的网站的大规模数据采集。

3. pyspider 的架构

pyspider 的架构主要分为 Scheduler（调度器）、Fetcher（抓取器）、Processer（处理器）三个部分，整个爬取过程受到 Monitor（监控器）的监控，抓取的结果被 Result Worker（结果处理器）处理，如图 12-1 所示。

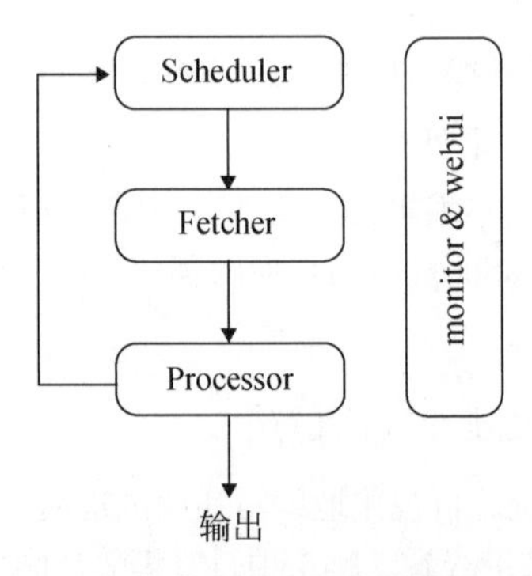

图 12-1　pyspider 架构图

Scheduler 发起任务调度，Fetcher 负责抓取网页内容，Processer 负责解析网页内容，然后将新生成的 Request 发给 Scheduler 进行调度，将生成的提取结果输出保存。

pyspider 的任务执行流程的逻辑很清晰，具体过程如下所示。

- 每个 pyspider 的项目对应一个 Python 脚本，该脚本中定义了一个 `Handler` 类，它有一个 `on_start()`方法。爬取首先调用 `on_start()`方法生成最初的抓取任务，然后发送给 Scheduler 进行调度。

- Scheduler将抓取任务分发给Fetcher进行抓取，Fetcher执行并得到响应，随后将响应发送给Processer。
- Processer处理响应并提取出新的URL生成新的抓取任务，然后通过消息队列的方式通知Schduler当前抓取任务执行情况，并将新生成的抓取任务发送给Scheduler。如果生成了新的提取结果，则将其发送到结果队列等待Result Worker处理。
- Scheduler接收到新的抓取任务，然后查询数据库，判断其如果是新的抓取任务或者是需要重试的任务就继续进行调度，然后将其发送回Fetcher进行抓取。
- 不断重复以上工作，直到所有的任务都执行完毕，抓取结束。
- 抓取结束后，程序会回调`on_finished()`方法，这里可以定义后处理过程。

4. 结语

本节我们主要了解了pyspider的基本功能和架构。接下来我们会用实例来体验一下pyspider的抓取操作，然后总结它的各种用法。

12.2 pyspider的基本使用

本节用一个实例来讲解pyspider的基本用法。

1. 本节目标

我们要爬取的目标是去哪儿网的旅游攻略，链接为http://travel.qunar.com/travelbook/list.htm，我们要将所有攻略的作者、标题、出发日期、人均费用、攻略正文等保存下来，存储到MongoDB中。

2. 准备工作

请确保已经安装好了pyspider和PhantomJS，安装好了MongoDB并正常运行服务，还需要安装PyMongo库，具体安装可以参考第1章的说明。

3. 启动pyspider

执行如下命令启动pyspider：

```
pyspider all
```

运行效果如图12-2所示。

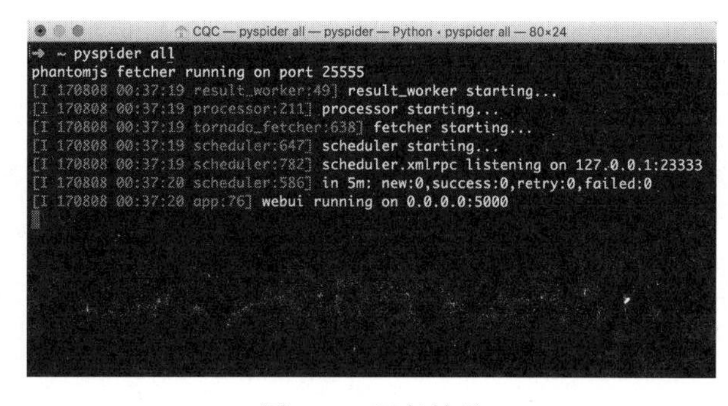

图12-2 运行结果

这样可以启动 pyspider 的所有组件，包括 PhantomJS、ResultWorker、Processer、Fetcher、Scheduler、WebUI，这些都是 pyspider 运行必备的组件。最后一行输出提示 WebUI 运行在 5000 端口上。可以打开浏览器，输入链接 http://localhost:5000，这时我们会看到页面，如图 12-3 所示。

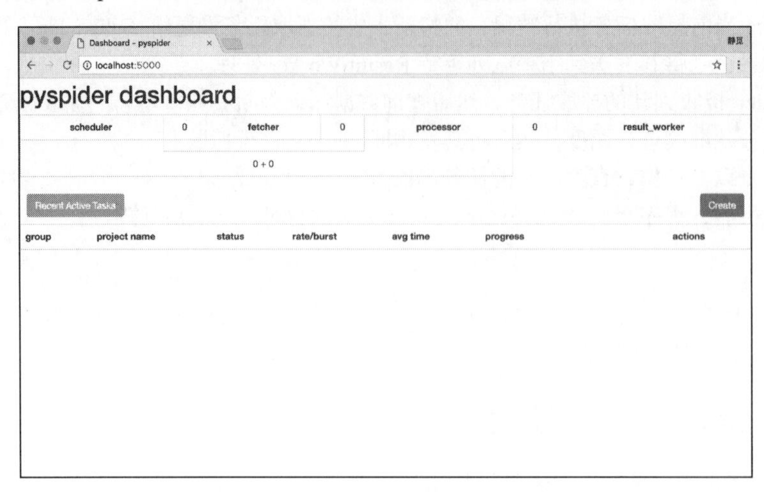

图 12-3　WebUI 页面

此页面便是 pyspider 的 WebUI，我们可以用它来管理项目、编写代码、在线调试、监控任务等。

4. 创建项目

新建一个项目，点击右边的 Create 按钮，在弹出的浮窗里输入项目的名称和爬取的链接，再点击 Create 按钮，这样就成功创建了一个项目，如图 12-4 所示。

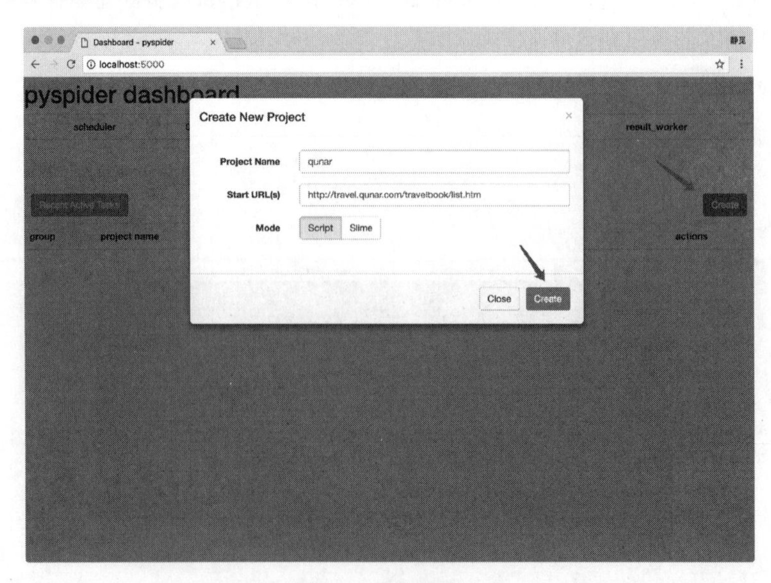

图 12-4　创建项目

接下来会看到pyspider的项目编辑和调试页面，如图12-5所示。

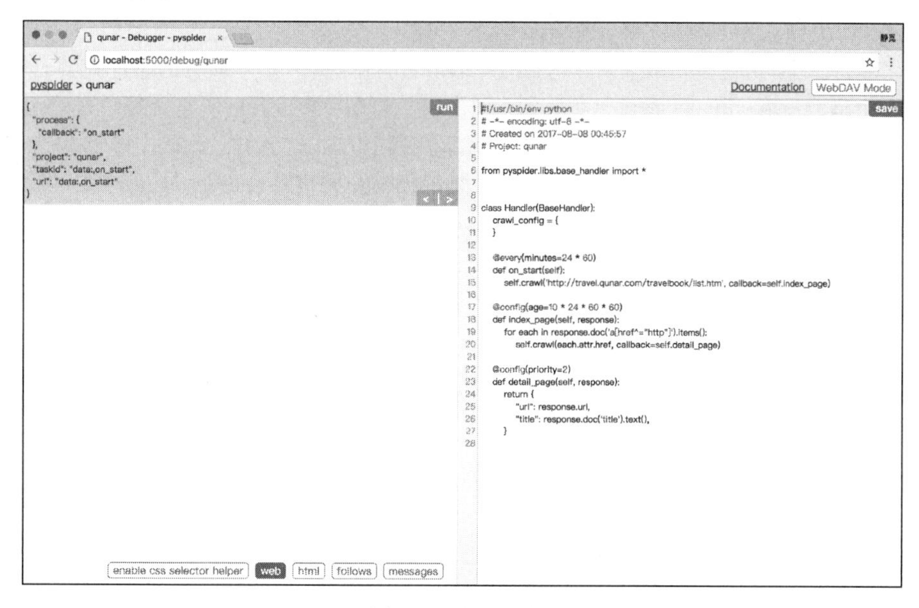

图12-5　调试页面

左侧就是代码的调试页面，点击左侧右上角的run单步调试爬虫程序，在左侧下半部分可以预览当前的爬取页面。右侧是代码编辑页面，我们可以直接编辑代码和保存代码，不需要借助于IDE。

注意右侧，pyspider已经帮我们生成了一段代码，代码如下所示：

```
from pyspider.libs.base_handler import *

class Handler(BaseHandler):
    crawl_config = {
    }

    @every(minutes=24 * 60)
    def on_start(self):
        self.crawl('http://travel.qunar.com/travelbook/list.htm', callback=self.index_page)

    @config(age=10 * 24 * 60 * 60)
    def index_page(self, response):
        for each in response.doc('a[href^="http"]').items():
            self.crawl(each.attr.href, callback=self.detail_page)

    @config(priority=2)
    def detail_page(self, response):
        return {
            "url": response.url,
            "title": response.doc('title').text(),
        }
```

这里的Handler就是pyspider爬虫的主类，我们可以在此处定义爬取、解析、存储的逻辑。整个爬虫的功能只需要一个Handler即可完成。

接下来我们可以看到一个 crawl_config 属性。我们可以将本项目的所有爬取配置统一定义到这里，如定义 Headers、设置代理等，配置之后全局生效。

然后，on_start()方法是爬取入口，初始的爬取请求会在这里产生，该方法通过调用 crawl()方法即可新建一个爬取请求，第一个参数是爬取的 URL，这里自动替换成我们所定义的 URL。crawl()方法还有一个参数 callback，它指定了这个页面爬取成功后用哪个方法进行解析，代码中指定为 index_page()方法，即如果这个 URL 对应的页面爬取成功了，那 Response 将交给 index_page()方法解析。

index_page()方法恰好接收这个 Response 参数，Response 对接了 pyquery。我们直接调用 doc()方法传入相应的 CSS 选择器，就可以像 pyquery 一样解析此页面，代码中默认是 a[href^="http"]，也就是说该方法解析了页面的所有链接，然后将链接遍历，再次调用了 crawl()方法生成了新的爬取请求，同时再指定了 callback 为 detail_page，意思是说这些页面爬取成功了就调用 detail_page()方法解析。这里，index_page()实现了两个功能，一是将爬取的结果进行解析，二是生成新的爬取请求。

detail_page()同样接收 Response 作为参数。detail_page()抓取的就是详情页的信息，就不会生成新的请求，只对 Response 对象做解析，解析之后将结果以字典的形式返回。当然我们也可以进行后续处理，如将结果保存到数据库。

接下来，我们改写一下代码来实现攻略的爬取吧。

5. 爬取首页

点击左栏右上角的 run 按钮，即可看到页面下方 follows 便会出现一个标注，其中包含数字 1，这代表有新的爬取请求产生，如图 12-6 所示。

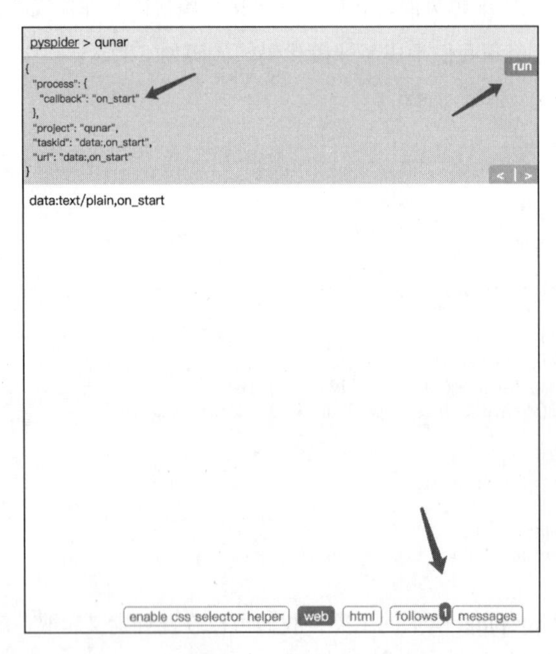

图 12-6　操作示例

左栏左上角会出现当前 run 的配置文件，这里有一个 callback 为 on_start，这说明点击 run 之后实际是执行了 on_start()方法。在 on_start()方法中，我们利用 crawl()方法生成一个爬取请求，那下方 follows 部分的数字 1 就代表了这一个爬取请求。

点击下方的 follows 按钮，即可看到生成的爬取请求的链接。每个链接的右侧还有一个箭头按钮，如图 12-7 所示。

点击该箭头，我们就可以对此链接进行爬取，也就是爬取攻略的首页内容，如图 12-8 所示。

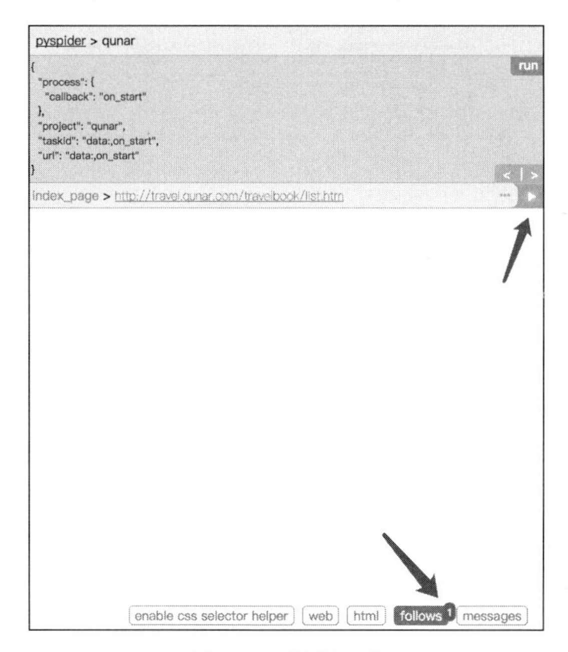

图 12-7 操作示例

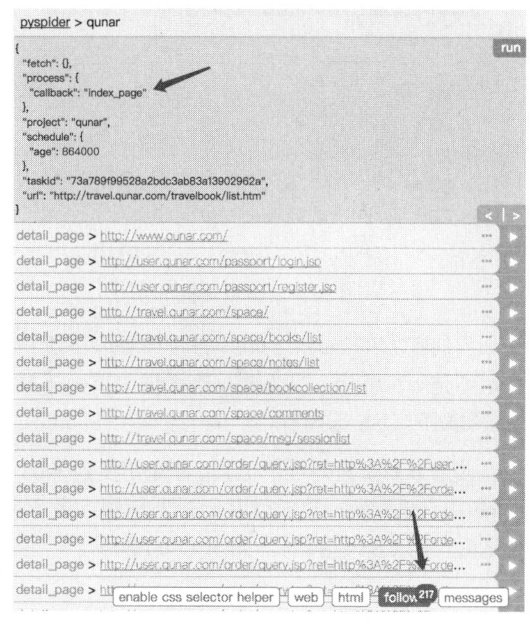

图 12-8 爬取结果

上方的 callback 已经变成了 index_page，这就代表当前运行了 index_page()方法。index_page()接收到的 response 参数就是刚才生成的第一个爬取请求的 Response 对象。index_page()方法通过调用 doc()方法，传入提取所有 a 节点的 CSS 选择器，然后获取 a 节点的属性 href，这样实际上就是获取了第一个爬取页面中的所有链接。然后在 index_page()方法里遍历了所有链接，同时调用 crawl()方法，就把这一个个的链接构造成新的爬取请求了。所以最下方 follows 按钮部分有 217 的数字标记，这代表新生成了 217 个爬取请求，同时这些请求的 URL 都呈现在当前页面了。

再点击下方的 web 按钮，即可预览当前爬取结果的页面，如图 12-9 所示。

当前看到的页面结果和浏览器看到的几乎是完全一致的，在这里我们可以方便地查看页面请求的结果。

点击 html 按钮即可查看当前页面的源代码，如图 12-10 所示。

如果需要分析代码的结构，我们可以直接参考页面源码。

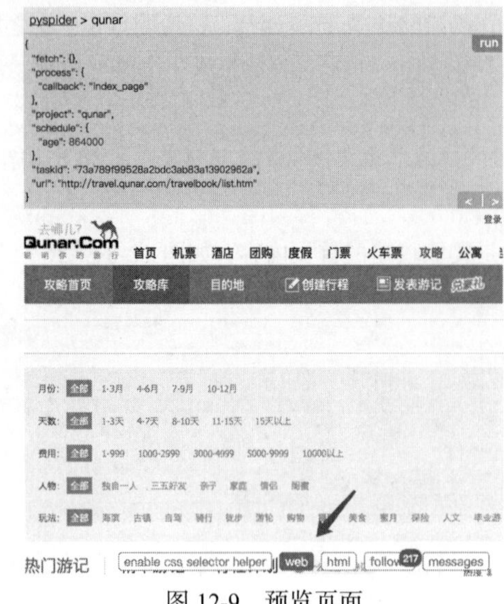

图 12-9　预览页面

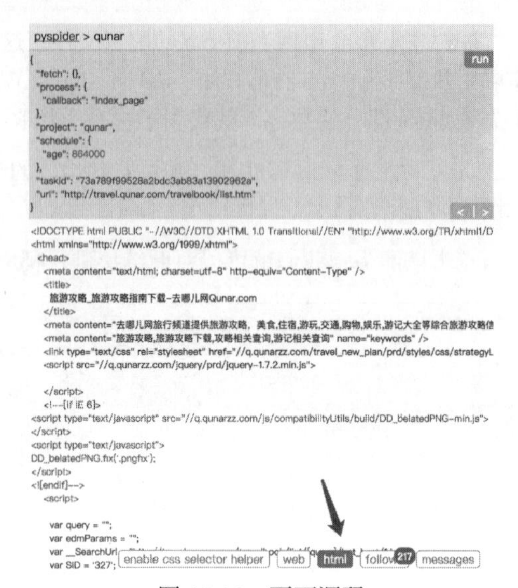

图 12-10　页面源码

我们刚才在 index_page()方法中提取了所有的链接并生成了新的爬取请求。但是很明显要爬取的肯定不是所有链接，只需要攻略详情的页面链接就够了，所以我们要修改一下当前 index_page()里提取链接时的 CSS 选择器。

接下来需要另外一个工具。首先切换到 Web 页面，找到攻略的标题，点击下方的 enable css selector helper，点击标题。这时候我们看到标题外多了一个红框，上方出现了一个 CSS 选择器，这就是当前标题对应的 CSS 选择器，如图 12-11 所示。

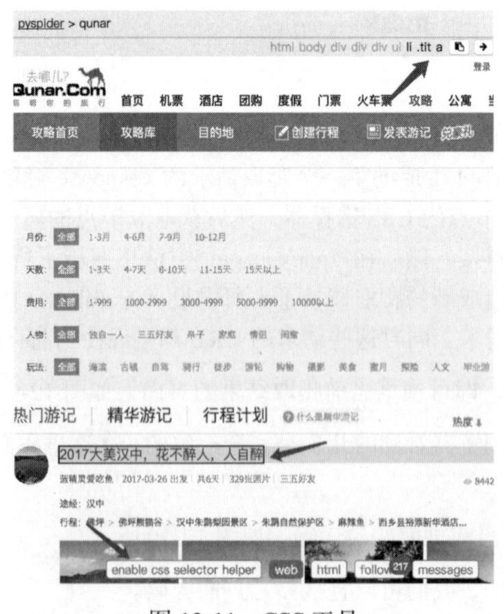

图 12-11　CSS 工具

在右侧代码选中要更改的区域，点击左栏的右箭头，此时在上方出现的标题的 CSS 选择器就会被替换到右侧代码中，如图 12-12 所示。

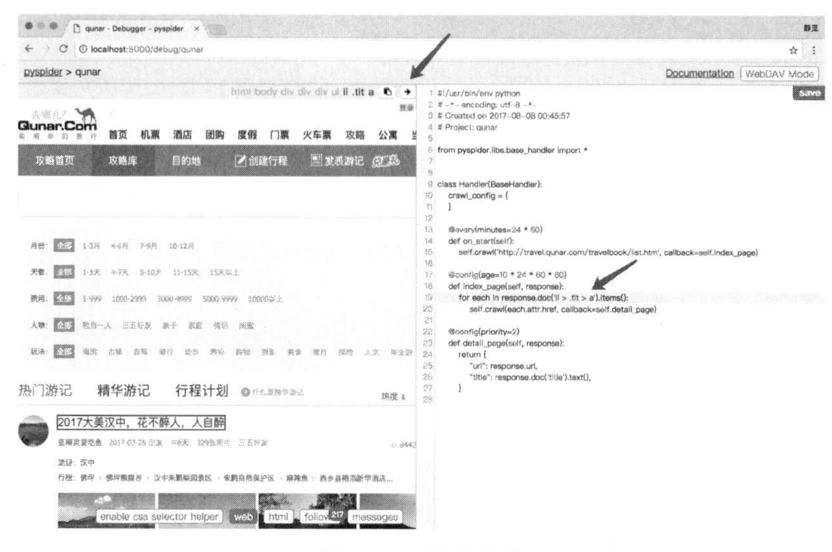

图 12-12 操作结果

这样就成功完成了 CSS 选择器的替换，非常便捷。

重新点击左栏右上角的 run 按钮，即可重新执行 index_page()方法。此时的 follows 就变成了 10 个，也就是说现在我们提取的只有当前页面的 10 个攻略，如图 12-13 所示。

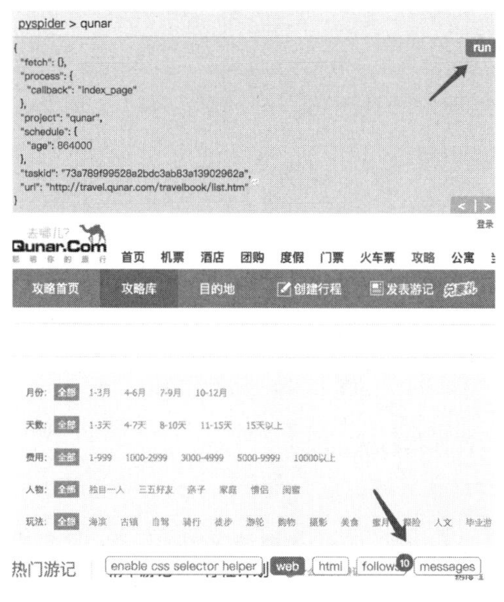

图 12-13 运行结果

我们现在抓取的只是第一页的内容，还需要抓取后续页面，所以还需要一个爬取链接，即爬取下一页的攻略列表页面。我们再利用 crawl()方法添加下一页的爬取请求，在 index_page()方法里面添加如下代码，然后点击 save 保存：

```
next = response.doc('.next').attr.href
self.crawl(next, callback=self.index_page)
```

利用 CSS 选择器选中下一页的链接，获取它的 href 属性，也就获取了页面的 URL。然后将该 URL 传给 crawl()方法，同时指定回调函数，注意这里回调函数仍然指定为 index_page()方法，因为下一页的结构与此页相同。

重新点击 run 按钮，这时就可以看到 11 个爬取请求。follows 按钮上会显示 11，这就代表我们成功添加了下一页的爬取请求，如图 12-14 所示。

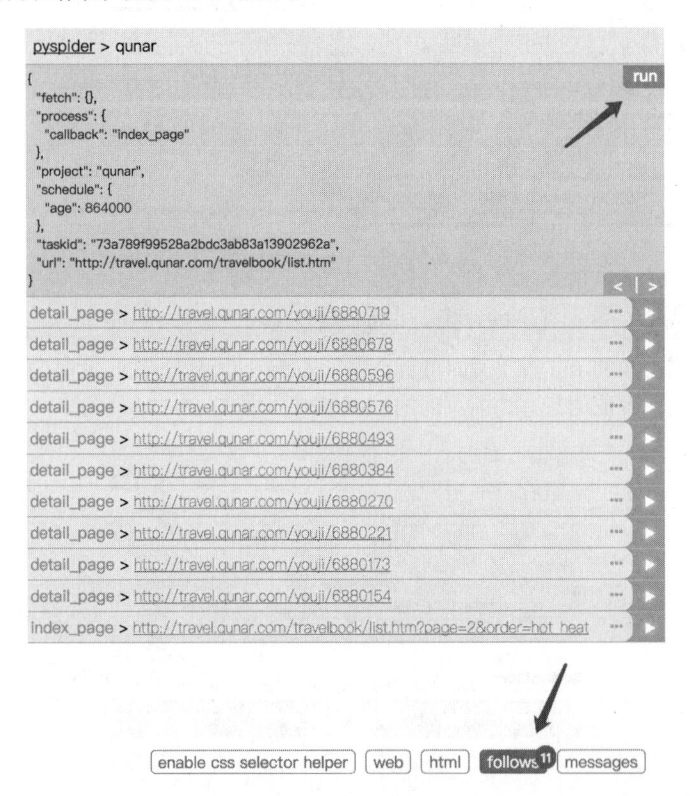

图 12-14　运行结果

现在，索引列表页的解析过程我们就完成了。

6. 爬取详情页

任意选取一个详情页进入，点击前 10 个爬取请求中的任意一个的右箭头，执行详情页的爬取，如图 12-15 所示。

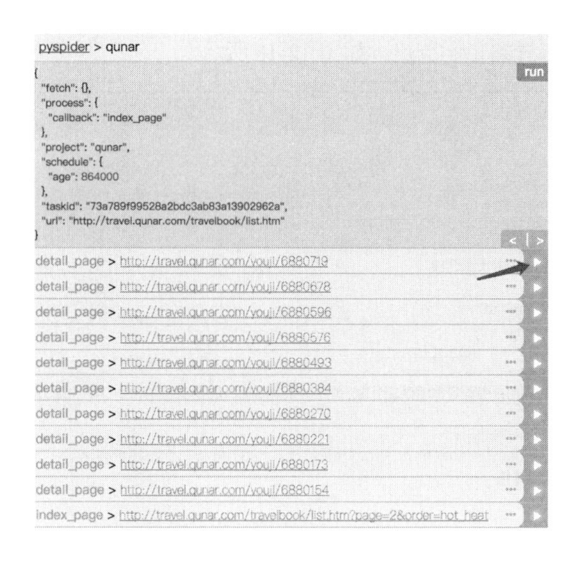

图 12-15　运行结果

切换到 Web 页面预览效果，页面下拉之后，头图正文中的一些图片一直显示加载中，如图 12-16 和图 12-17 所示。

图 12-16　预览结果

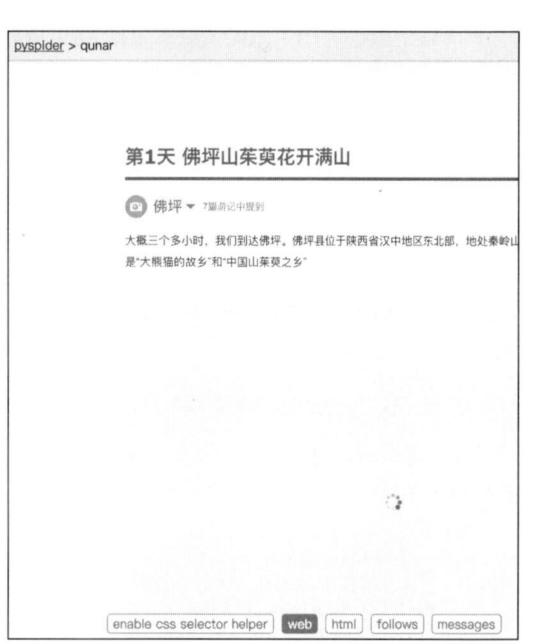

图 12-17　预览结果

查看源代码，我们没有看到 img 节点，如图 12-18 所示。

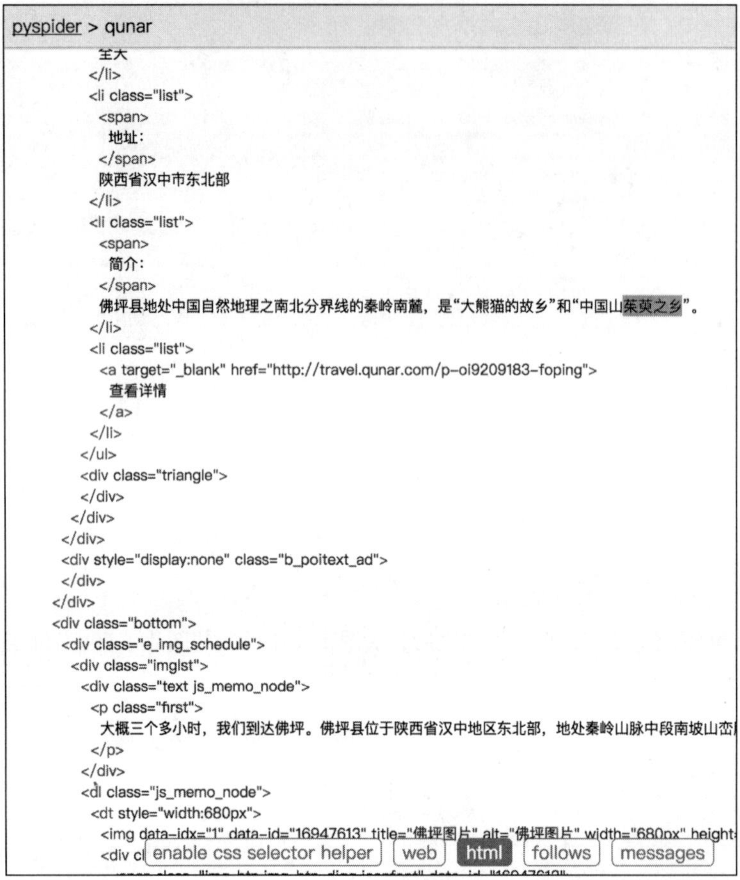

```
pyspider > qunar
      </li>
      <li class="list">
        <span>
          地址：
        </span>
        陕西省汉中市东北部
      </li>
      <li class="list">
        <span>
          简介：
        </span>
        佛坪县地处中国自然地理之南北分界线的秦岭南麓，是“大熊猫的故乡”和“中国山茱萸之乡”。
      </li>
      <li class="list">
        <a target="_blank" href="http://travel.qunar.com/p-oi9209183-foping">
          查看详情
        </a>
      </li>
    </ul>
    <div class="triangle">
    </div>
  </div>
</div>
<div style="display:none" class="b_poitext_ad">
</div>
</div>
<div class="bottom">
  <div class="e_img_schedule">
    <div class="imglst">
      <div class="text js_memo_node">
        <p class="first">
          大概三个多小时，我们到达佛坪。佛坪县位于陕西省汉中地区东北部，地处秦岭山脉中段南坡山峦
        </p>
      </div>
      <dl class="js_memo_node">
        <dt style="width:680px">
          <img data-idx="1" data-id="16947613" title="佛坪图片" alt="佛坪图片" width="680px" height
          <div cl
enable css selector helper   web   html   follows   messages
```

图 12-18 源代码

出现此现象的原因是 pyspider 默认发送 HTTP 请求，请求的 HTML 文档本身就不包含 img 节点。但是在浏览器中我们看到了图片，这是因为这张图片是后期经过 JavaScript 出现的。那么，我们该如何获取呢？

幸运的是，pyspider 内部对接了 PhantomJS，那么我们只需要修改一个参数即可。

我们将 index_page()中生成抓取详情页的请求方法添加一个参数 fetch_type，改写的 index_page()变为如下内容：

```
def index_page(self, response):
    for each in response.doc('li > .tit > a').items():
        self.crawl(each.attr.href, callback=self.detail_page, fetch_type='js')
    next = response.doc('.next').attr.href
    self.crawl(next, callback=self.index_page)
```

接下来，我们来试试它的抓取效果。

点击左栏上方的左箭头返回，重新调用 `index_page()`方法生成新的爬取详情页的 Request，如图 12-19 所示。

图 12-19 爬取详情

再点击新生成的详情页 Request 的爬取按钮，这时我们便可以看到页面变成了这样子，如图 12-20 所示。

图 12-20 运行结果

图片被成功渲染出来，这就是启用了 PhantomJS 渲染后的结果。只需要添加一个 fetch_type 参数即可，这非常方便。

最后就是将详情页中需要的信息提取出来，提取过程不再赘述。最终 detail_page()方法改写如下所示：

```
def detail_page(self, response):
    return {
        'url': response.url,
        'title': response.doc('#booktitle').text(),
        'date': response.doc('.when .data').text(),
        'day': response.doc('.howlong .data').text(),
        'who': response.doc('.who .data').text(),
        'text': response.doc('#b_panel_schedule').text(),
        'image': response.doc('.cover_img').attr.src
    }
```

我们分别提取了页面的链接、标题、出行日期、出行天数、人物、攻略正文、头图信息，将这些信息构造成一个字典。

重新运行，即可发现输出结果如图 12-21 所示。

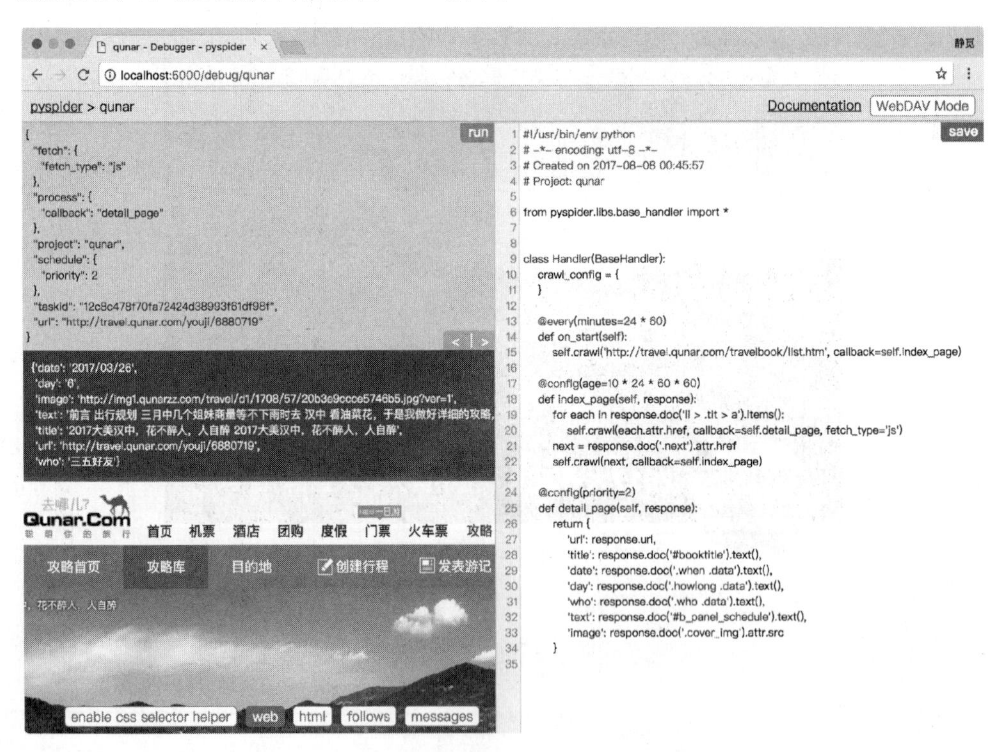

图 12-21　输出结果

左栏中输出了最终构造的字典信息，这就是一篇攻略的抓取结果。

7. 启动爬虫

返回爬虫的主页面，将爬虫的 status 设置成 DEBUG 或 RUNNING，点击右侧的 Run 按钮即可开始爬取，如图 12-22 所示。

图 12-22 启动爬虫

在最左侧我们可以定义项目的分组，以方便管理。rate/burst 代表当前的爬取速率，rate 代表 1 秒发出多少个请求，burst 相当于流量控制中的令牌桶算法的令牌数，rate 和 burst 设置的越大，爬取速率越快，当然速率需要考虑本机性能和爬取过快被封的问题。process 中的 5m、1h、1d 指的是最近 5 分、1 小时、1 天内的请求情况，all 代表所有的请求情况。请求由不同颜色表示，蓝色的代表等待被执行的请求，绿色的代表成功的请求，黄色的代表请求失败后等待重试的请求，红色的代表失败次数过多而被忽略的请求，这样可以直观知道爬取的进度和请求情况，如图 12-23 所示。

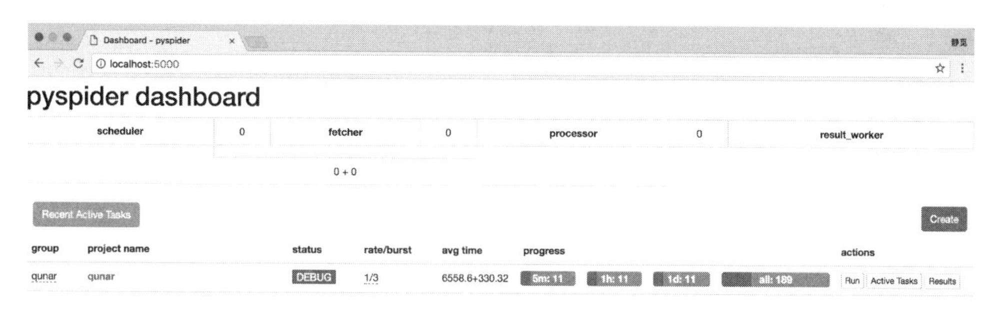

图 12-23 爬取情况

点击 Active Tasks，即可查看最近请求的详细状况，如图 12-24 所示。

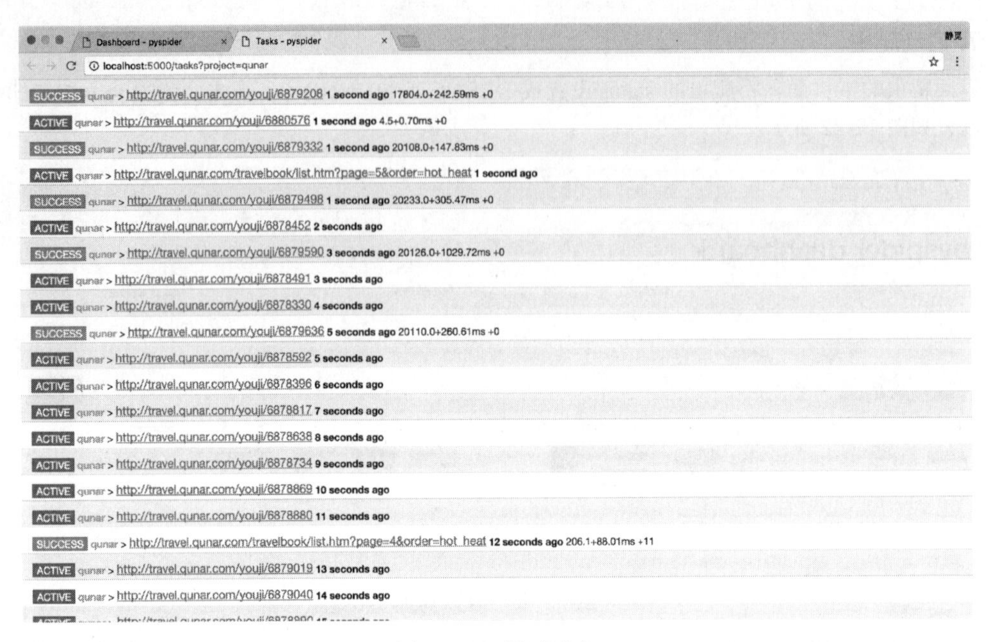

图 12-24 最近请求

点击 Results，即可查看所有的爬取结果，如图 12-25 所示。

图 12-25 爬取结果

点击右上角的按钮，即可获取数据的 JSON、CSV 格式。

8. 本节代码

本节代码地址为：https://github.com/Python3WebSpider/Qunar。

9. 结语

本节介绍了 pyspider 的基本用法，接下来我们会更加深入了解它的详细使用。

12.3　pyspider 用法详解

前面我们通过非常少的代码和便捷的可视化操作完成了一个爬虫的编写。

1. 命令行

上面的实例通过如下命令启动 pyspider：

```
pyspider all
```

命令行还有很多可配制参数，完整的命令行结构如下所示：

```
pyspider [OPTIONS] COMMAND [ARGS]
```

其中，OPTIONS 为可选参数，它可以指定如下参数。

```
Options:
  -c, --config FILENAME    指定配置文件名称
  --logging-config TEXT    日志配置文件名称，默认：pyspider/pyspider/logging.conf
  --debug                  开启调试模式
  --queue-maxsize INTEGER  队列的最大长度
  --taskdb TEXT            taskdb 的数据库连接字符串，默认：sqlite
  --projectdb TEXT         projectdb 的数据库连接字符串，默认：sqlite
  --resultdb TEXT          resultdb 的数据库连接字符串，默认：sqlite
  --message-queue TEXT     消息队列连接字符串，默认：multiprocessing.Queue
  --phantomjs-proxy TEXT   PhantomJS 使用的代理，ip:port 的形式
  --data-path TEXT         数据库存放的路径
  --version                pyspider 的版本
  --help                   显示帮助信息
```

例如，-c 可以指定配置文件的名称，这是一个常用的配置，配置文件的样例结构如下所示：

```
{
  "taskdb": "mysql+taskdb://username:password@host:port/taskdb",
  "projectdb": "mysql+projectdb://username:password@host:port/projectdb",
  "resultdb": "mysql+resultdb://username:password@host:port/resultdb",
  "message_queue": "amqp://username:password@host:port/%2F",
  "webui": {
    "username": "some_name",
    "password": "some_passwd",
    "need-auth": true
  }
}
```

如果要配置 pyspider WebUI 的访问认证，可以新建一个 pyspider.json，内容如下所示：

```
{
  "webui": {
    "username": "root",
    "password": "123456",
    "need-auth": true
```

```
  }
}
```

这样我们通过在启动时指定配置文件来配置 pyspider WebUI 的访问认证，用户名为 root，密码为 123456，命令如下所示：

```
pyspider -c pyspider.json all
```

运行之后打开 http://localhost:5000/，页面如图 12-26 所示。

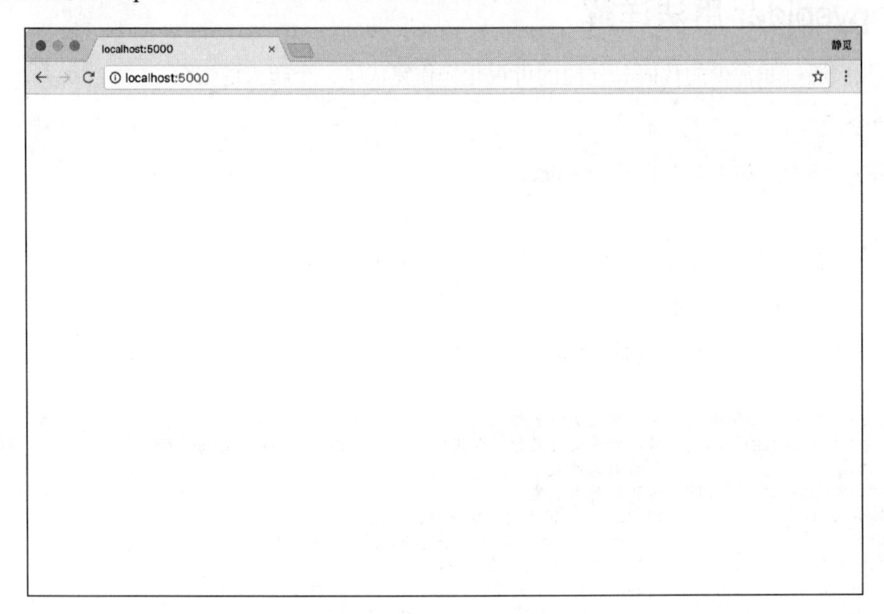

图 12-26　运行页面

也可以单独运行 pyspider 的某一个组件。

运行 Scheduler 的命令如下所示：

```
pyspider scheduler [OPTIONS]
```

运行时也可以指定各种配置，参数如下所示：

```
Options:
  --xmlrpc / --no-xmlrpc
  --xmlrpc-host TEXT
  --xmlrpc-port INTEGER
  --inqueue-limit INTEGER  任务队列的最大长度，如果满了则新的任务会被忽略
  --delete-time INTEGER    设置为 delete 标记之前的删除时间
  --active-tasks INTEGER   当前活跃任务数量配置
  --loop-limit INTEGER     单轮最多调度的任务数量
  --scheduler-cls TEXT     Scheduler 使用的类
  --help                   显示帮助信息
```

运行 Fetcher 的命令如下所示：

```
pyspider fetcher [OPTIONS]
```

参数配置如下所示：

```
Options:
  --xmlrpc / --no-xmlrpc
  --xmlrpc-host TEXT
  --xmlrpc-port INTEGER
  --poolsize INTEGER      同时请求的个数
  --proxy TEXT            使用的代理
  --user-agent TEXT       使用的 User-Agent
  --timeout TEXT          超时时间
  --fetcher-cls TEXT      Fetcher 使用的类
  --help                  显示帮助信息
```

运行 Processer 的命令如下所示：

```
pyspider processor [OPTIONS]
```

参数配置如下所示：

```
Options:
  --processor-cls TEXT  Processor 使用的类
  --help                显示帮助信息
```

运行 WebUI 的命令如下所示：

```
pyspider webui [OPTIONS]
```

参数配置如下所示：

```
Options:
  --host TEXT             运行地址
  --port INTEGER          运行端口
  --cdn TEXT              JS 和 CSS 的 CDN 服务器
  --scheduler-rpc TEXT    Scheduler 的 xmlrpc 路径
  --fetcher-rpc TEXT      Fetcher 的 xmlrpc 路径
  --max-rate FLOAT        每个项目最大的 rate 值
  --max-burst FLOAT       每个项目最大的 burst 值
  --username TEXT         Auth 验证的用户名
  --password TEXT         Auth 验证的密码
  --need-auth             是否需要验证
  --webui-instance TEXT   运行时使用的 Flask 应用
  --help                  显示帮助信息
```

这里的配置和前面提到的配置文件参数是相同的。如果想要改变 WebUI 的端口为 5001，单独运行如下命令：

```
pyspider webui --port 5001
```

或者可以将端口配置到 JSON 文件中，配置如下所示：

```
{
  "webui": {
    "port": 5001
  }
}
```

使用如下命令启动同样可以达到相同的效果：

```
pyspider -c pyspider.json webui
```

这样就可以在 5001 端口上运行 WebUI 了。

2. crawl()方法

在前面的例子中，我们使用 crawl()方法实现了新请求的生成，但是只指定了 URL 和 Callback。这里将详细介绍一下 crawl()方法的参数配置。

- url

url 是爬取时的 URL，可以定义为单个 URL 字符串，也可以定义成 URL 列表。

- callback

callback 是回调函数，指定了该 URL 对应的响应内容用哪个方法来解析，如下所示：

```
def on_start(self):
    self.crawl('http://scrapy.org/', callback=self.index_page)
```

这里指定了 callback 为 index_page，就代表爬取 http://scrapy.org/链接得到的响应会用 index_page()方法来解析。

index_page()方法的第一个参数是响应对象，如下所示：

```
def index_page(self, response):
    pass
```

方法中的 response 参数就是请求上述 URL 得到的响应对象，我们可以直接在 index_page()方法中实现页面的解析。

- age

age 是任务的有效时间。如果某个任务在有效时间内且已经被执行，则它不会重复执行，如下所示：

```
def on_start(self):
    self.crawl('http://www.example.org/', callback=self.callback,
               age=10*24*60*60)
```

或者可以这样设置：

```
@config(age=10 * 24 * 60 * 60)
def callback(self):
    pass
```

默认的有效时间为 10 天。

- priority

priority 是爬取任务的优先级，其值默认是 0，priority 的数值越大，对应的请求会越优先被调度，如下所示：

```
def index_page(self):
    self.crawl('http://www.example.org/page.html', callback=self.index_page)
    self.crawl('http://www.example.org/233.html', callback=self.detail_page,
               priority=1)
```

第二个任务会优先调用，233.html 这个链接优先爬取。

- exetime

exetime 参数可以设置定时任务，其值是时间戳，默认是 0，即代表立即执行，如下所示：

```
import time
def on_start(self):
    self.crawl('http://www.example.org/', callback=self.callback,
               exetime=time.time()+30*60)
```

这样该任务会在 30 分钟之后执行。

- retries

retries 可以定义重试次数，其值默认是 3。

- itag

itag 参数设置判定网页是否发生变化的节点值，在爬取时会判定次当前节点是否和上次爬取到的节点相同。如果节点相同，则证明页面没有更新，就不会重复爬取，如下所示：

```
def index_page(self, response):
    for item in response.doc('.item').items():
        self.crawl(item.find('a').attr.url, callback=self.detail_page,
                   itag=item.find('.update-time').text())
```

- auto_recrawl

当开启时，爬取任务在过期后会重新执行，循环时间即定义的 age 时间长度，如下所示：

```
def on_start(self):
    self.crawl('http://www.example.org/', callback=self.callback,
               age=5*60*60, auto_recrawl=True)
```

这里定义了 age 有效期为 5 小时，设置了 auto_recrawl 为 True，这样任务就会每 5 小时执行一次。

- method

method 是 HTTP 请求方式，它默认是 GET。如果想发起 POST 请求，可以将 method 设置为 POST。

- params

我们可以方便地使用 params 来定义 GET 请求参数，如下所示：

```
def on_start(self):
    self.crawl('http://httpbin.org/get', callback=self.callback,
               params={'a': 123, 'b': 'c'})
    self.crawl('http://httpbin.org/get?a=123&b=c', callback=self.callback)
```

这里两个爬取任务是等价的。

- data

data 是 POST 表单数据。当请求方式为 POST 时，我们可以通过此参数传递表单数据，如下所示：

```
def on_start(self):
    self.crawl('http://httpbin.org/post', callback=self.callback,
               method='POST', data={'a': 123, 'b': 'c'})
```

- files

files 是上传的文件，需要指定文件名，如下所示：

```
def on_start(self):
    self.crawl('http://httpbin.org/post', callback=self.callback,
               method='POST', files={field: {filename: 'content'}})
```

- user_agent

user_agent 是爬取使用的 User-Agent。

- headers

headers 是爬取时使用的 Headers，即 Request Headers。

- cookies

cookies 是爬取时使用的 Cookies，为字典格式。

- connect_timeout

connect_timeout 是在初始化连接时的最长等待时间，它默认是 20 秒。

- timeout

timeout 是抓取网页时的最长等待时间，它默认是 120 秒。

- allow_redirects

allow_redirects 确定是否自动处理重定向，它默认是 True。

- validate_cert

validate_cert 确定是否验证证书，此选项对 HTTPS 请求有效，默认是 True。

- proxy

proxy 是爬取时使用的代理，它支持用户名密码的配置，格式为 username:password@hostname:port，如下所示：

```
def on_start(self):
    self.crawl('http://httpbin.org/get', callback=self.callback, proxy='127.0.0.1:9743')
```

也可以设置 craw_config 来实现全局配置，如下所示：

```
class Handler(BaseHandler):
    crawl_config = {
        'proxy': '127.0.0.1:9743'
    }
```

- fetch_type

fetch_type 开启 PhantomJS 渲染。如果遇到 JavaScript 渲染的页面，指定此字段即可实现 PhantomJS 的对接，pyspider 将会使用 PhantomJS 进行网页的抓取，如下所示：

```
def on_start(self):
    self.crawl('https://www.taobao.com', callback=self.index_page, fetch_type='js')
```

这样我们就可以实现淘宝页面的抓取了，得到的结果就是浏览器中看到的效果。

- js_script

js_script 是页面加载完毕后执行的 JavaScript 脚本，如下所示：

```
def on_start(self):
    self.crawl('http://www.example.org/', callback=self.callback,
               fetch_type='js', js_script='''
               function() {
                   window.scrollTo(0,document.body.scrollHeight);
                   return 123;
               }
               ''')
```

页面加载成功后将执行页面混动的 JavaScript 代码，页面会下拉到最底部。

- js_run_at

JavaScript 脚本运行的位置，是在页面节点开头还是结尾，默认是结尾，即 document-end。

- js_viewport_width/js_viewport_height

js_viewport_width/js_viewport_height 是 JavaScript 渲染页面时的窗口大小。

- load_images

load_images 在加载 JavaScript 页面时确定是否加载图片，它默认是否。

- save

save 参数非常有用，可以在不同的方法之间传递参数，如下所示：

```
def on_start(self):
    self.crawl('http://www.example.org/', callback=self.callback,
               save={'page': 1})

def callback(self, response):
    return response.save['page']
```

这样，在 on_start()方法中生成 Request 并传递额外的参数 page，在回调函数里可以通过 response 变量的 save 字段接收到这些参数值。

- cancel

cancel 是取消任务，如果一个任务是 ACTIVE 状态的，则需要将 force_update 设置为 True。

- force_update

即使任务处于 ACTIVE 状态，那也会强制更新状态。

以上内容是 crawl()方法的参数介绍，更加详细的描述可以参考：http://docs.pyspider.org/en/latest/apis/self.crawl/。

3. 任务区分

在 pyspider 判断两个任务是否是重复的是使用的是该任务对应的 URL 的 MD5 值作为任务的唯一 ID，如果 ID 相同，那么两个任务就会判定为相同，其中一个就不会爬取了。很多情况下请求的链接可能是同一个，但是 POST 的参数不同。这时可以重写 task_id()方法，改变这个 ID 的计算方式来实现不同任务的区分，如下所示：

```
import json
from pyspider.libs.utils import md5string
```

```
def get_taskid(self, task):
    return md5string(task['url']+json.dumps(task['fetch'].get('data', '')))
```

这里重写了 get_taskid()方法，利用 URL 和 POST 的参数来生成 ID。这样一来，即使 URL 相同，但是 POST 的参数不同，两个任务的 ID 就不同，它们就不会被识别成重复任务。

4. 全局配置

pyspider 可以使用 crawl_config 来指定全局的配置，配置中的参数会和 crawl()方法创建任务时的参数合并。如要全局配置一个 Headers，可以定义如下代码：

```
class Handler(BaseHandler):
    crawl_config = {
        'headers': {
            'User-Agent': 'GoogleBot',
        }
    }
```

5. 定时爬取

我们可以通过 every 属性来设置爬取的时间间隔，如下所示：

```
@every(minutes=24 * 60)
def on_start(self):
    for url in urllist:
        self.crawl(url, callback=self.index_page)
```

这里设置了每天执行一次爬取。

在上文中我们提到了任务的有效时间，在有效时间内爬取不会重复。所以要把有效时间设置得比重复时间更短，这样才可以实现定时爬取。

例如，下面的代码就无法做到每天爬取：

```
@every(minutes=24 * 60)
def on_start(self):
    self.crawl('http://www.example.org/', callback=self.index_page)

@config(age=10 * 24 * 60 * 60)
def index_page(self):
    pass
```

这里任务的过期时间为 10 天，而自动爬取的时间间隔为 1 天。当第二次尝试重新爬取的时候，pyspider 会监测到此任务尚未过期，便不会执行爬取，所以我们需要将 age 设置得小于定时时间。

6. 项目状态

每个项目都有 6 个状态，分别是 TODO、STOP、CHECKING、DEBUG、RUNNING、PAUSE。

- TODO：它是项目刚刚被创建还未实现时的状态。
- STOP：如果想停止某项目的抓取，可以将项目的状态设置为 STOP。
- CHECKING：正在运行的项目被修改后就会变成 CHECKING 状态，项目在中途出错需要调整的时候会遇到这种情况。
- DEBUG/RUNNING：这两个状态对项目的运行没有影响，状态设置为任意一个，项目都可以运行，但是可以用二者来区分项目是否已经测试通过。

❑ PAUSE：当爬取过程中出现连续多次错误时，项目会自动设置为 PAUSE 状态，并等待一定时间后继续爬取。

7. 抓取进度

在抓取时，可以看到抓取的进度，progress 部分会显示 4 个进度条，如图 12-27 所示。

图 12-27　抓取进度

progress 中的 5m、1h、1d 指的是最近 5 分、1 小时、1 天内的请求情况，all 代表所有的请求情况。

蓝色的请求代表等待被执行的任务，绿色的代表成功的任务，黄色的代表请求失败后等待重试的任务，红色的代表失败次数过多而被忽略的任务，从这里我们可以直观看到爬取的进度和请求情况。

8. 删除项目

pyspider 中没有直接删除项目的选项。如要删除任务，那么将项目的状态设置为 STOP，将分组的名称设置为 delete，等待 24 小时，则项目会自动删除。

9. 结语

以上内容便是 pyspider 的常用用法。如要了解更多，可以参考 pyspider 的官方文档：http://docs.pyspider.org/。

第 13 章

Scrapy 框架的使用

在上一章我们了解了 pyspider 框架的用法，我们可以利用它快速完成爬虫的编写。不过 pyspider 框架也有一些缺点，比如可配置化程度不高，异常处理能力有限等，它对于一些反爬程度非常强的网站的爬取显得力不从心。所以本章我们再介绍一个爬虫框架 Scrapy。

Scrapy 功能非常强大，爬取效率高，相关扩展组件多，可配置和可扩展程度非常高，它几乎可以应对所有反爬网站，是目前 Python 中使用最广泛的爬虫框架。

13.1 Scrapy 框架介绍

Scrapy 是一个基于 Twisted 的异步处理框架，是纯 Python 实现的爬虫框架，其架构清晰，模块之间的耦合程度低，可扩展性极强，可以灵活完成各种需求。我们只需要定制开发几个模块就可以轻松实现一个爬虫。

1. 架构介绍

首先我们看看 Scrapy 框架的架构，如图 13-1 所示。

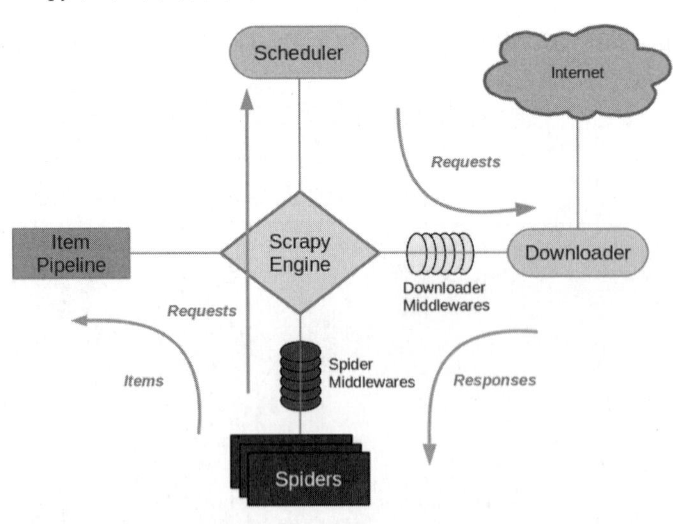

图 13-1　Scrapy 架构

它可以分为如下的几个部分。

- ❑ Engine。引擎，处理整个系统的数据流处理、触发事务，是整个框架的核心。
- ❑ Item。项目，它定义了爬取结果的数据结构，爬取的数据会被赋值成该 Item 对象。
- ❑ Scheduler。调度器，接受引擎发过来的请求并将其加入队列中，在引擎再次请求的时候将请求提供给引擎。
- ❑ Downloader。下载器，下载网页内容，并将网页内容返回给蜘蛛。
- ❑ Spiders。蜘蛛，其内定义了爬取的逻辑和网页的解析规则，它主要负责解析响应并生成提取结果和新的请求。
- ❑ Item Pipeline。项目管道，负责处理由蜘蛛从网页中抽取的项目，它的主要任务是清洗、验证和存储数据。
- ❑ Downloader Middlewares。下载器中间件，位于引擎和下载器之间的钩子框架，主要处理引擎与下载器之间的请求及响应。
- ❑ Spider Middlewares。蜘蛛中间件，位于引擎和蜘蛛之间的钩子框架，主要处理蜘蛛输入的响应和输出的结果及新的请求。

2. 数据流

Scrapy 中的数据流由引擎控制，数据流的过程如下。

(1) Engine 首先打开一个网站，找到处理该网站的 Spider，并向该 Spider 请求第一个要爬取的 URL。

(2) Engine 从 Spider 中获取到第一个要爬取的 URL，并通过 Scheduler 以 Request 的形式调度。

(3) Engine 向 Scheduler 请求下一个要爬取的 URL。

(4) Scheduler 返回下一个要爬取的 URL 给 Engine，Engine 将 URL 通过 Downloader Middlewares 转发给 Downloader 下载。

(5) 一旦页面下载完毕，Downloader 生成该页面的 Response，并将其通过 Downloader Middlewares 发送给 Engine。

(6) Engine 从下载器中接收到 Response，并将其通过 Spider Middlewares 发送给 Spider 处理。

(7) Spider 处理 Response，并返回爬取到的 Item 及新的 Request 给 Engine。

(8) Engine 将 Spider 返回的 Item 给 Item Pipeline，将新的 Request 给 Scheduler。

(9) 重复第(2)步到第(8)步，直到 Scheduler 中没有更多的 Request，Engine 关闭该网站，爬取结束。

通过多个组件的相互协作、不同组件完成工作的不同、组件对异步处理的支持，Scrapy 最大限度地利用了网络带宽，大大提高了数据爬取和处理的效率。

3. 项目结构

Scrapy 框架和 pyspider 不同，它是通过命令行来创建项目的，代码的编写还是需要 IDE。项目创建之后，项目文件结构如下所示：

```
scrapy.cfg
project/
    __init__.py
    items.py
    pipelines.py
```

```
    settings.py
    middlewares.py
    spiders/
        __init__.py
        spider1.py
        spider2.py
        ...
```

这里各个文件的功能描述如下。

- scrapy.cfg：它是 Scrapy 项目的配置文件，其内定义了项目的配置文件路径、部署相关信息等内容。
- items.py：它定义 Item 数据结构，所有的 Item 的定义都可以放这里。
- pipelines.py：它定义 Item Pipeline 的实现，所有的 Item Pipeline 的实现都可以放这里。
- settings.py：它定义项目的全局配置。
- middlewares.py：它定义 Spider Middlewares 和 Downloader Middlewares 的实现。
- spiders：其内包含一个个 Spider 的实现，每个 Spider 都有一个文件。

4. 结语

本节介绍了 Scrapy 框架的基本架构、数据流过程以及项目结构。后面我们会详细了解 Scrapy 的用法，感受它的强大。

13.2　Scrapy 入门

接下来介绍一个简单的项目，完成一遍 Scrapy 抓取流程。通过这个过程，我们可以对 Scrapy 的基本用法和原理有大体了解。

1. 本节目标

本节要完成的任务如下。

- 创建一个 Scrapy 项目。
- 创建一个 Spider 来抓取站点和处理数据。
- 通过命令行将抓取的内容导出。
- 将抓取的内容保存的到 MongoDB 数据库。

2. 准备工作

我们需要安装好 Scrapy 框架、MongoDB 和 PyMongo 库。如果尚未安装，请参照上一节的安装说明。

3. 创建项目

创建一个 Scrapy 项目，项目文件可以直接用 scrapy 命令生成，命令如下所示：

```
scrapy startproject tutorial
```

这个命令可以在任意文件夹运行。如果提示权限问题，可以加 sudo 运行该命令。这个命令将会创建一个名为 tutorial 的文件夹，文件夹结构如下所示：

```
scrapy.cfg      # Scrapy 部署时的配置文件
tutorial         # 项目的模块，需要从这里引入
```

```
__init__.py
items.py     # Items 的定义，定义爬取的数据结构
middlewares.py   # Middlewares 的定义，定义爬取时的中间件
pipelines.py      # Pipelines 的定义，定义数据管道
settings.py      # 配置文件
spiders        # 放置 Spiders 的文件夹
__init__.py
```

4. 创建 Spider

Spider 是自己定义的类，Scrapy 用它来从网页里抓取内容，并解析抓取的结果。不过这个类必须继承 Scrapy 提供的 Spider 类 scrapy.Spider，还要定义 Spider 的名称和起始请求，以及怎样处理爬取后的结果的方法。

也可以使用命令行创建一个 Spider。比如要生成 Quotes 这个 Spider，可以执行如下命令：

```
cd tutorial
scrapy genspider quotes quotes.toscrape.com
```

进入刚才创建的 tutorial 文件夹，然后执行 genspider 命令。第一个参数是 Spider 的名称，第二个参数是网站域名。执行完毕之后，spiders 文件夹中多了一个 quotes.py，它就是刚刚创建的 Spider，内容如下所示：

```
import scrapy

class QuotesSpider(scrapy.Spider):
    name = "quotes"
    allowed_domains = ["quotes.toscrape.com"]
    start_urls = ['http://quotes.toscrape.com/']

    def parse(self, response):
        pass
```

这里有三个属性——name、allowed_domains 和 start_urls，还有一个方法 parse。

- name，它是每个项目唯一的名字，用来区分不同的 Spider。
- allowed_domains，它是允许爬取的域名，如果初始或后续的请求链接不是这个域名下的，则请求链接会被过滤掉。
- start_urls，它包含了 Spider 在启动时爬取的 url 列表，初始请求是由它来定义的。
- parse，它是 Spider 的一个方法。默认情况下，被调用时 start_urls 里面的链接构成的请求完成下载执行后，返回的响应就会作为唯一的参数传递给这个函数。该方法负责解析返回的响应、提取数据或者进一步生成要处理的请求。

5. 创建 Item

Item 是保存爬取数据的容器，它的使用方法和字典类似。不过，相比字典，Item 多了额外的保护机制，可以避免拼写错误或者定义字段错误。

创建 Item 需要继承 scrapy.Item 类，并且定义类型为 scrapy.Field 的字段。观察目标网站，我们可以获取到到内容有 text、author、tags。

定义 Item，此时将 items.py 修改如下：

```
import scrapy

class QuoteItem(scrapy.Item):

    text = scrapy.Field()
    author = scrapy.Field()
    tags = scrapy.Field()
```

这里定义了三个字段，接下来爬取时我们会使用到这个 Item。

6. 解析 Response

前面我们看到，parse()方法的参数 resposne 是 start_urls 里面的链接爬取后的结果。所以在 parse()方法中，我们可以直接对 response 变量包含的内容进行解析，比如浏览请求结果的网页源代码，或者进一步分析源代码内容，或者找出结果中的链接而得到下一个请求。

我们可以看到网页中既有我们想要的结果，又有下一页的链接，这两部分内容我们都要进行处理。

首先看看网页结构，如图 13-2 所示。每一页都有多个 class 为 quote 的区块，每个区块内都包含 text、author、tags。那么我们先找出所有的 quote，然后提取每一个 quote 中的内容。

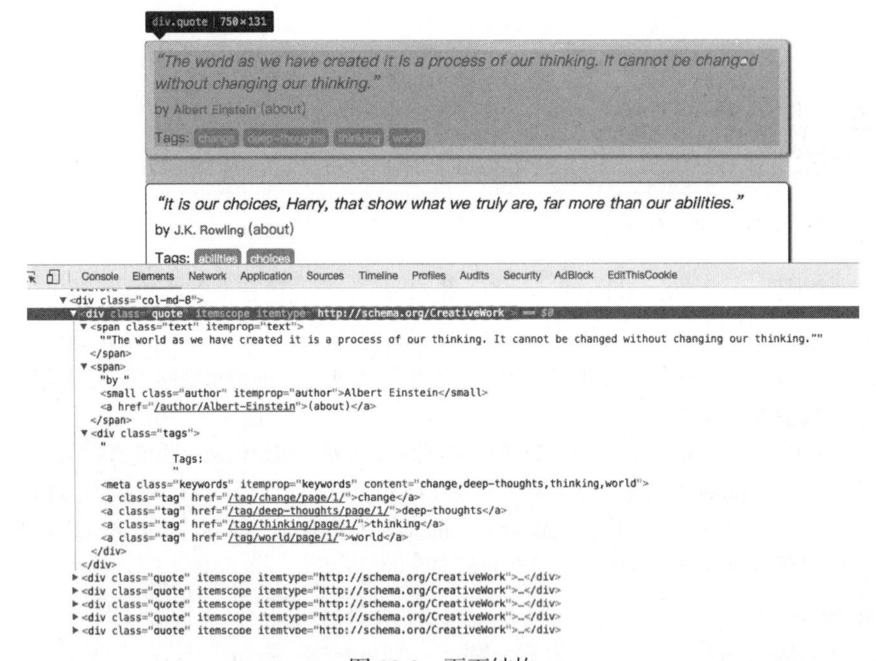

图 13-2　页面结构

提取的方式可以是 CSS 选择器或 XPath 选择器。在这里我们使用 CSS 选择器进行选择，parse()方法的改写如下所示：

```
def parse(self, response):
    quotes = response.css('.quote')
    for quote in quotes:
        text = quote.css('.text::text').extract_first()
```

```
        author = quote.css('.author::text').extract_first()
        tags = quote.css('.tags .tag::text').extract()
```

这里首先利用选择器选取所有的 quote，并将其赋值为 quotes 变量，然后利用 for 循环对每个 quote 遍历，解析每个 quote 的内容。

对 text 来说，观察到它的 class 为 text，所以可以用.text 选择器来选取，这个结果实际上是整个带有标签的节点，要获取它的正文内容，可以加::text 来获取。这时的结果是长度为 1 的列表，所以还需要用 extract_first()方法来获取第一个元素。而对于 tags 来说，由于我们要获取所有的标签，所以用 extract()方法获取整个列表即可。

以第一个 quote 的结果为例，各个选择方法及结果的说明如下内容。

源码如下：

```
<div class="quote" itemscope="" itemtype="http://schema.org/CreativeWork">
<span class="text" itemprop="text">“The world as we have created it is a process of our thinking. It cannot
    be changed without changing our thinking.”</span>
<span>by <small class="author" itemprop="author">Albert Einstein</small>
<a href="/author/Albert-Einstein">(about)</a>
</span>
<div class="tags">
            Tags:
<meta class="keywords" itemprop="keywords" content="change,deep-thoughts,thinking,world">
<a class="tag" href="/tag/change/page/1/">change</a>
<a class="tag" href="/tag/deep-thoughts/page/1/">deep-thoughts</a>
<a class="tag" href="/tag/thinking/page/1/">thinking</a>
<a class="tag" href="/tag/world/page/1/">world</a>
</div>
</div>
```

不同选择器的返回结果如下。

- quote.css('.text')

```
[<Selector xpath="descendant-or-self::*[@class and contains(concat(' ', normalize-space(@class), ' '),
    ' text ')]" data='<span class="text" itemprop="text">“The '>]
```

- quote.css('.text::text')

```
[<Selector xpath="descendant-or-self::*[@class and contains(concat(' ', normalize-space(@class), ' '),
    ' text ')]/text()" data='“The world as we have created it is a pr'>]
```

- quote.css('.text').extract()

```
['<span class="text" itemprop="text">“The world as we have created it is a process of our thinking.
    It cannot be changed without changing our thinking.”</span>']
```

- quote.css('.text::text').extract()

```
['"The world as we have created it is a process of our thinking. It cannot be changed without changing
    our thinking."']
```

- quote.css('.text::text').extract_first()

```
"The world as we have created it is a process of our thinking. It cannot be changed without changing our thinking."
```

所以，对于 text，获取结果的第一个元素即可，所以使用 extract_first()方法，对于 tags，要获取所有结果组成的列表，所以使用 extract()方法。

13

7. 使用 Item

上文定义了 Item，接下来就要使用它了。Item 可以理解为一个字典，不过在声明的时候需要实例化。然后依次用刚才解析的结果赋值 Item 的每一个字段，最后将 Item 返回即可。

QuotesSpider 的改写如下所示：

```
import scrapy
from tutorial.items import QuoteItem

class QuotesSpider(scrapy.Spider):
    name = "quotes"
    allowed_domains = ["quotes.toscrape.com"]
    start_urls = ['http://quotes.toscrape.com/']

    def parse(self, response):
        quotes = response.css('.quote')
        for quote in quotes:
            item = QuoteItem()
            item['text'] = quote.css('.text::text').extract_first()
            item['author'] = quote.css('.author::text').extract_first()
            item['tags'] = quote.css('.tags .tag::text').extract()
            yield item
```

如此一来，首页的所有内容被解析出来，并被赋值成了一个个 QuoteItem。

8. 后续 Request

上面的操作实现了从初始页面抓取内容。那么，下一页的内容该如何抓取？这就需要我们从当前页面中找到信息来生成下一个请求，然后在下一个请求的页面里找到信息再构造再下一个请求。这样循环往复迭代，从而实现整站的爬取。

将刚才的页面拉到最底部，如图 13-3 所示。

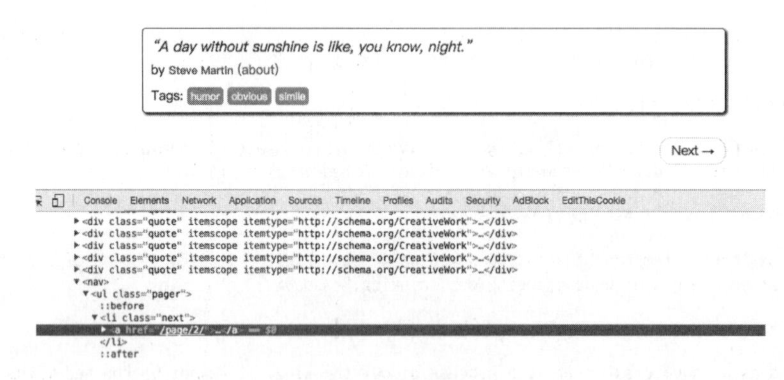

图 13-3　页面底部

这里有一个 Next 按钮。查看它的源代码，可以发现它的链接是/page/2/，全链接就是：http://quotes.toscrape.com/page/2，通过这个链接我们就可以构造下一个请求。

构造请求时需要用到 scrapy.Request。这里我们传递两个参数——url 和 callback，这两个参数的说明如下。

- url：它是请求链接。
- callback：它是回调函数。当指定了该回调函数的请求完成之后，获取到响应，引擎会将该响应作为参数传递给这个回调函数。回调函数进行解析或生成下一个请求，回调函数如上文的parse()所示。

由于parse()就是解析text、author、tags的方法，而下一页的结构和刚才已经解析的页面结构是一样的，所以我们可以再次使用parse()方法来做页面解析。

接下来我们要做的就是利用选择器得到下一页链接并生成请求，在parse()方法后追加如下的代码：

```
next = response.css('.pager .next a::attr(href)').extract_first()
url = response.urljoin(next)
yield scrapy.Request(url=url, callback=self.parse)
```

第一句代码首先通过CSS选择器获取下一个页面的链接，即要获取a超链接中的href属性。这里用到了::attr(href)操作。然后再调用extract_first()方法获取内容。

第二句代码调用了urljoin()方法，urljoin()方法可以将相对URL构造成一个绝对的URL。例如，获取到的下一页地址是/page/2，urljoin()方法处理后得到的结果就是：http://quotes.toscrape.com/page/2/。

第三句代码通过url和callback变量构造了一个新的请求，回调函数callback依然使用parse()方法。这个请求完成后，响应会重新经过parse方法处理，得到第二页的解析结果，然后生成第二页的下一页，也就是第三页的请求。这样爬虫就进入了一个循环，直到最后一页。

通过几行代码，我们就轻松实现了一个抓取循环，将每个页面的结果抓取下来了。

现在，改写之后的整个Spider类如下所示：

```
import scrapy
from tutorial.items import QuoteItem

class QuotesSpider(scrapy.Spider):
    name = "quotes"
    allowed_domains = ["quotes.toscrape.com"]
    start_urls = ['http://quotes.toscrape.com/']

    def parse(self, response):
        quotes = response.css('.quote')
        for quote in quotes:
            item = QuoteItem()
            item['text'] = quote.css('.text::text').extract_first()
            item['author'] = quote.css('.author::text').extract_first()
            item['tags'] = quote.css('.tags .tag::text').extract()
            yield item

        next = response.css('.pager .next a::attr("href")').extract_first()
        url = response.urljoin(next)
        yield scrapy.Request(url=url, callback=self.parse)
```

9. 运行

接下来，进入目录，运行如下命令：

```
scrapy crawl quotes
```

就可以看到Scrapy的运行结果了。

```
2017-02-19 13:37:20 [scrapy.utils.log] INFO: Scrapy 1.3.0 started (bot: tutorial)
2017-02-19 13:37:20 [scrapy.utils.log] INFO: Overridden settings: {'NEWSPIDER_MODULE': 'tutorial.spiders',
    'SPIDER_MODULES': ['tutorial.spiders'], 'ROBOTSTXT_OBEY': True, 'BOT_NAME': 'tutorial'}
2017-02-19 13:37:20 [scrapy.middleware] INFO: Enabled extensions:
['scrapy.extensions.logstats.LogStats',
 'scrapy.extensions.telnet.TelnetConsole',
 'scrapy.extensions.corestats.CoreStats']
2017-02-19 13:37:20 [scrapy.middleware] INFO: Enabled downloader middlewares:
['scrapy.downloadermiddlewares.robotstxt.RobotsTxtMiddleware',
 'scrapy.downloadermiddlewares.httpauth.HttpAuthMiddleware',
 'scrapy.downloadermiddlewares.downloadtimeout.DownloadTimeoutMiddleware',
 'scrapy.downloadermiddlewares.defaultheaders.DefaultHeadersMiddleware',
 'scrapy.downloadermiddlewares.useragent.UserAgentMiddleware',
 'scrapy.downloadermiddlewares.retry.RetryMiddleware',
 'scrapy.downloadermiddlewares.redirect.MetaRefreshMiddleware',
 'scrapy.downloadermiddlewares.httpcompression.HttpCompressionMiddleware',
 'scrapy.downloadermiddlewares.redirect.RedirectMiddleware',
 'scrapy.downloadermiddlewares.cookies.CookiesMiddleware',
 'scrapy.downloadermiddlewares.stats.DownloaderStats']
2017-02-19 13:37:20 [scrapy.middleware] INFO: Enabled spider middlewares:
['scrapy.spidermiddlewares.httperror.HttpErrorMiddleware',
 'scrapy.spidermiddlewares.offsite.OffsiteMiddleware',
 'scrapy.spidermiddlewares.referer.RefererMiddleware',
 'scrapy.spidermiddlewares.urllength.UrlLengthMiddleware',
 'scrapy.spidermiddlewares.depth.DepthMiddleware']
2017-02-19 13:37:20 [scrapy.middleware] INFO: Enabled item pipelines:
[]
2017-02-19 13:37:20 [scrapy.core.engine] INFO: Spider opened
2017-02-19 13:37:20 [scrapy.extensions.logstats] INFO: Crawled 0 pages (at 0 pages/min), scraped 0 items
    (at 0 items/min)
2017-02-19 13:37:20 [scrapy.extensions.telnet] DEBUG: Telnet console listening on 127.0.0.1:6023
2017-02-19 13:37:21 [scrapy.core.engine] DEBUG: Crawled (404) <GET http://quotes.toscrape.com/robots.txt>
    (referer: None)
2017-02-19 13:37:21 [scrapy.core.engine] DEBUG: Crawled (200) <GET http://quotes.toscrape.com/> (referer: None)
2017-02-19 13:37:21 [scrapy.core.scraper] DEBUG: Scraped from <200 http://quotes.toscrape.com/>
{'author': u'Albert Einstein',
 'tags': [u'change', u'deep-thoughts', u'thinking', u'world'],
 'text': u'\u201cThe world as we have created it is a process of our thinking. It cannot be changed without
     changing our thinking.\u201d'}
2017-02-19 13:37:21 [scrapy.core.scraper] DEBUG: Scraped from <200 http://quotes.toscrape.com/>
{'author': u'J.K. Rowling',
 'tags': [u'abilities', u'choices'],
 'text': u'\u201cIt is our choices, Harry, that show what we truly are, far more than our abilities.\u201d'}
...
2017-02-19 13:37:27 [scrapy.core.engine] INFO: Closing spider (finished)
2017-02-19 13:37:27 [scrapy.statscollectors] INFO: Dumping Scrapy stats:
{'downloader/request_bytes': 2859,
 'downloader/request_count': 11,
 'downloader/request_method_count/GET': 11,
 'downloader/response_bytes': 24871,
 'downloader/response_count': 11,
 'downloader/response_status_count/200': 10,
 'downloader/response_status_count/404': 1,
 'dupefilter/filtered': 1,
 'finish_reason': 'finished',
 'finish_time': datetime.datetime(2017, 2, 19, 5, 37, 27, 227438),
 'item_scraped_count': 100,
 'log_count/DEBUG': 113,
 'log_count/INFO': 7,
 'request_depth_max': 10,
```

```
 'response_received_count': 11,
 'scheduler/dequeued': 10,
 'scheduler/dequeued/memory': 10,
 'scheduler/enqueued': 10,
 'scheduler/enqueued/memory': 10,
 'start_time': datetime.datetime(2017, 2, 19, 5, 37, 20, 321557)}
2017-02-19 13:37:27 [scrapy.core.engine] INFO: Spider closed (finished)
```

这里只是部分运行结果，中间一些抓取结果已省略。

首先，Scrapy 输出了当前的版本号以及正在启动的项目名称。接着输出了当前 settings.py 中一些重写后的配置。然后输出了当前所应用的 Middlewares 和 Pipelines。Middlewares 默认是启用的，可以在 settings.py 中修改。Pipelines 默认是空，同样也可以在 settings.py 中配置。后面会对它们进行讲解。

接下来就是输出各个页面的抓取结果了，可以看到爬虫一边解析，一边翻页，直至将所有内容抓取完毕，然后终止。

最后，Scrapy 输出了整个抓取过程的统计信息，如请求的字节数、请求次数、响应次数、完成原因等。

整个 Scrapy 程序成功运行。我们通过非常简单的代码就完成了一个网站内容的爬取，这样相比之前一点点写程序简洁很多。

10. 保存到文件

运行完 Scrapy 后，我们只在控制台看到了输出结果。如果想保存结果该怎么办呢？

要完成这个任务其实不需要任何额外的代码，Scrapy 提供的 Feed Exports 可以轻松将抓取结果输出。例如，我们想将上面的结果保存成 JSON 文件，可以执行如下命令：

```
scrapy crawl quotes -o quotes.json
```

命令运行后，项目内多了一个 quotes.json 文件，文件包含了刚才抓取的所有内容，内容是 JSON 格式。

另外我们还可以每一个 Item 输出一行 JSON，输出后缀为 jl，为 jsonline 的缩写，命令如下所示：

```
scrapy crawl quotes -o quotes.jl
```

或

```
scrapy crawl quotes -o quotes.jsonlines
```

输出格式还支持很多种，例如 csv、xml、pickle、marshal 等，还支持 ftp、s3 等远程输出，另外还可以通过自定义 ItemExporter 来实现其他的输出。

例如，下面命令对应的输出分别为 csv、xml、pickle、marshal 格式以及 ftp 远程输出：

```
scrapy crawl quotes -o quotes.csv
scrapy crawl quotes -o quotes.xml
scrapy crawl quotes -o quotes.pickle
scrapy crawl quotes -o quotes.marshal
scrapy crawl quotes -o ftp://user:pass@ftp.example.com/path/to/quotes.csv
```

其中，ftp 输出需要正确配置用户名、密码、地址、输出路径，否则会报错。

通过Scrapy提供的Feed Exports，我们可以轻松地输出抓取结果到文件。对于一些小型项目来说，这应该足够了。不过如果想要更复杂的输出，如输出到数据库等，我们可以使用Item Pileline来完成。

11. 使用Item Pipeline

如果想进行更复杂的操作，如将结果保存到MongoDB数据库，或者筛选某些有用的Item，则我们可以定义Item Pileline来实现。

Item Pipeline为项目管道。当Item生成后，它会自动被送到Item Pipeline进行处理，我们常用Item Pipeline来做如下操作。

- 清理HTML数据。
- 验证爬取数据，检查爬取字段。
- 查重并丢弃重复内容。
- 将爬取结果保存到数据库。

要实现Item Pipeline很简单，只需要定义一个类并实现process_item()方法即可。启用Item Pipeline后，Item Pipeline会自动调用这个方法。process_item()方法必须返回包含数据的字典或Item对象，或者抛出DropItem异常。

process_item()方法有两个参数。一个参数是item，每次Spider生成的Item都会作为参数传递过来。另一个参数是spider，就是Spider的实例。

接下来，我们实现一个Item Pipeline，筛掉text长度大于50的Item，并将结果保存到MongoDB。

修改项目里的pipelines.py文件，之前用命令行自动生成的文件内容可以删掉，增加一个TextPipeline类，内容如下所示：

```
from scrapy.exceptions import DropItem

class TextPipeline(object):
    def __init__(self):
        self.limit = 50

    def process_item(self, item, spider):
        if item['text']:
            if len(item['text']) > self.limit:
                item['text'] = item['text'][0:self.limit].rstrip() + '...'
            return item
        else:
            return DropItem('Missing Text')
```

这段代码在构造方法里定义了限制长度为50，实现了process_item()方法，其参数是item和spider。首先该方法判断item的text属性是否存在，如果不存在，则抛出DropItem异常；如果存在，再判断长度是否大于50，如果大于，那就截断然后拼接省略号，再将item返回即可。

接下来，我们将处理后的item存入MongoDB，定义另外一个Pipeline。同样在pipelines.py中，我们实现另一个类MongoPipeline，内容如下所示：

```
import pymongo

class MongoPipeline(object):
```

```
    def __init__(self, mongo_uri, mongo_db):
        self.mongo_uri = mongo_uri
        self.mongo_db = mongo_db

    @classmethod
    def from_crawler(cls, crawler):
        return cls(
            mongo_uri=crawler.settings.get('MONGO_URI'),
            mongo_db=crawler.settings.get('MONGO_DB')
        )

    def open_spider(self, spider):
        self.client = pymongo.MongoClient(self.mongo_uri)
        self.db = self.client[self.mongo_db]

    def process_item(self, item, spider):
        name = item.__class__.__name__
        self.db[name].insert(dict(item))
        return item

    def close_spider(self, spider):
        self.client.close()
```

MongoPipeline 类实现了 API 定义的另外几个方法。

- from_crawler。它是一个类方法，用@classmethod 标识，是一种依赖注入的方式。它的参数就是 crawler，通过 crawler 我们可以拿到全局配置的每个配置信息。在全局配置 settings.py 中，我们可以定义 MONGO_URI 和 MONGO_DB 来指定 MongoDB 连接需要的地址和数据库名称，拿到配置信息之后返回类对象即可。所以这个方法的定义主要是用来获取 settings.py 中的配置的。
- open_spider。当 Spider 开启时，这个方法被调用。上文程序中主要进行了一些初始化操作。
- close_spider。当 Spider 关闭时，这个方法会调用。上文程序中将数据库连接关闭。

最主要的 process_item()方法则执行了数据插入操作。

定义好 TextPipeline 和 MongoPipeline 这两个类后，我们需要在 settings.py 中使用它们。MongoDB 的连接信息还需要定义。

我们在 settings.py 中加入如下内容：

```
ITEM_PIPELINES = {
   'tutorial.pipelines.TextPipeline': 300,
   'tutorial.pipelines.MongoPipeline': 400,
}
MONGO_URI='localhost'
MONGO_DB='tutorial'
```

赋值 ITEM_PIPELINES 字典，键名是 Pipeline 的类名称，键值是调用优先级，是一个数字，数字越小则对应的 Pipeline 越先被调用。

再重新执行爬取，命令如下所示：

```
scrapy crawl quotes
```

爬取结束后，MongoDB 中创建了一个 tutorial 的数据库、QuoteItem 的表，如图 13-4 所示。

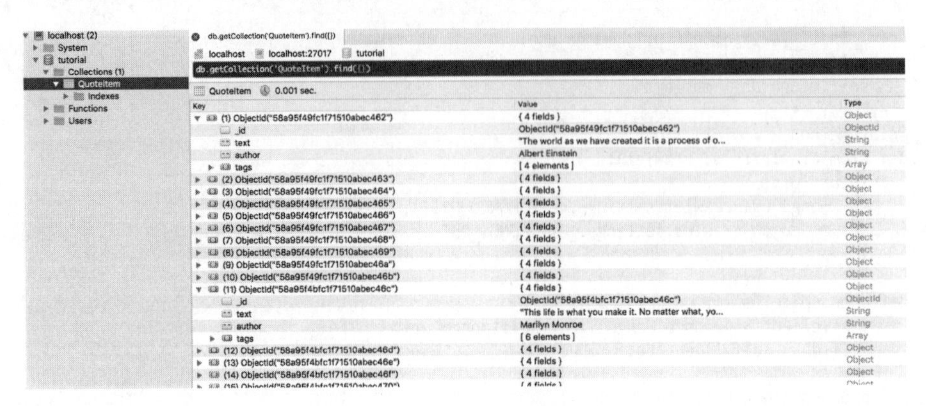

图 13-4　爬取结果

长的 text 已经被处理并追加了省略号，短的 text 保持不变，author 和 tags 也都相应保存。

12. 源代码

本节代码地址为：https://github.com/Python3WebSpider/ScrapyTutorial。

13. 结语

我们通过抓取 Quotes 网站完成了整个 Scrapy 的简单入门。但这只是冰山一角，还有很多内容等待我们去探索。

13.3　Selector 的用法

我们之前介绍了利用 Beautiful Soup、pyquery 以及正则表达式来提取网页数据，这确实非常方便。而 Scrapy 还提供了自己的数据提取方法，即 Selector（选择器）。Selector 是基于 lxml 来构建的，支持 XPath 选择器、CSS 选择器以及正则表达式，功能全面，解析速度和准确度非常高。

本节将介绍 Selector 的用法。

1. 直接使用

Selector 是一个可以独立使用的模块。我们可以直接利用 Selector 这个类来构建一个选择器对象，然后调用它的相关方法如 xpath()、css()等来提取数据。

例如，针对一段 HTML 代码，我们可以用如下方式构建 Selector 对象来提取数据：

```
from scrapy import Selector

body = '<html><head><title>Hello World</title></head><body></body></html>'
selector = Selector(text=body)
title = selector.xpath('//title/text()').extract_first()
print(title)
```

运行结果如下所示：

```
Hello World
```

我们在这里没有在 Scrapy 框架中运行，而是把 Scrapy 中的 Selector 单独拿出来使用了，构建的时候传入 text 参数，就生成了一个 Selector 选择器对象，然后就可以像前面我们所用的 Scrapy 中的解析方式一样，调用 xpath()、css()等方法来提取了。

在这里我们查找的是源代码中的 title 中的文本，在 XPath 选择器最后加 text()方法就可以实现文本的提取了。

以上内容就是 Selector 的直接使用方式。同 Beautiful Soup 等库类似，Selector 其实也是强大的网页解析库。如果方便的话，我们也可以在其他项目中直接使用 Selector 来提取数据。

接下来，我们用实例来详细讲解 Selector 的用法。

2. Scrapy shell

由于 Selector 主要是与 Scrapy 结合使用，如 Scrapy 的回调函数中的参数 response 直接调用 xpath()或者 css()方法来提取数据，所以在这里我们借助 Scrapy shell 来模拟 Scrapy 请求的过程，来讲解相关的提取方法。

我们用官方文档的一个样例页面来做演示：http://doc.scrapy.org/en/latest/_static/selectors-sample1.html。

开启 Scrapy shell，在命令行输入如下命令：

```
scrapy shell http://doc.scrapy.org/en/latest/_static/selectors-sample1.html
```

我们就进入到 Scrapy shell 模式。这个过程其实是，Scrapy 发起了一次请求，请求的 URL 就是刚才命令行下输入的 URL，然后把一些可操作的变量传递给我们，如 request、response 等，如图 13-5 所示。

```
scrapy shell http://doc.scrapy.org/en/latest/_static/selectors-sample1.html — scrapy — scrapy shell http://do...
om <GET http://doc.scrapy.org/en/latest/_static/selectors-sample1.html>
2017-05-02 19:33:20 [scrapy.core.engine] DEBUG: Crawled (200) <GET https://doc.s
crapy.org/en/latest/_static/selectors-sample1.html> (referer: None)
2017-05-02 19:33:20 [traitlets] DEBUG: Using default logger
2017-05-02 19:33:20 [traitlets] DEBUG: Using default logger
[s] Available Scrapy objects:
[s]   scrapy     scrapy module (contains scrapy.Request, scrapy.Selector, etc)
[s]   crawler    <scrapy.crawler.Crawler object at 0x1012df080>
[s]   item       {}
[s]   request    <GET http://doc.scrapy.org/en/latest/_static/selectors-sample1.
html>
[s]   response   <200 https://doc.scrapy.org/en/latest/_static/selectors-sample1
.html>
[s]   settings   <scrapy.settings.Settings object at 0x10430ca20>
[s]   spider     <DefaultSpider 'default' at 0x10561b748>
[s] Useful shortcuts:
[s]   fetch(url[, redirect=True]) Fetch URL and update local objects (by default
, redirects are followed)
[s]   fetch(req)                  Fetch a scrapy.Request and update local object
s
[s]   shelp()           Shell help (print this help)
[s]   view(response)    View response in a browser
In [1]: response.url
Out[1]: 'https://doc.scrapy.org/en/latest/_static/selectors-sample1.html'
```

图 13-5 Scrapy shell

我们可以在命令行模式下输入命令调用对象的一些操作方法，回车之后实时显示结果。这与 Python 的命令行交互模式是类似的。

接下来，演示的实例都将页面的源码作为分析目标，页面源码如下所示：

```
<html>
<head>
<base href='http://example.com/' />
```

```
<title>Example website</title>
</head>
<body>
<div id='images'>
<a href='image1.html'>Name: My image 1 <br /><img src='image1_thumb.jpg' /></a>
<a href='image2.html'>Name: My image 2 <br /><img src='image2_thumb.jpg' /></a>
<a href='image3.html'>Name: My image 3 <br /><img src='image3_thumb.jpg' /></a>
<a href='image4.html'>Name: My image 4 <br /><img src='image4_thumb.jpg' /></a>
<a href='image5.html'>Name: My image 5 <br /><img src='image5_thumb.jpg' /></a>
</div>
</body>
</html>
```

3. XPath 选择器

进入 Scrapy shell 之后，我们将主要操作 response 这个变量来进行解析。因为我们解析的是 HTML 代码，Selector 将自动使用 HTML 语法来分析。

response 有一个属性 selector，我们调用 response.selector 返回的内容就相当于用 response 的 body 构造了一个 Selector 对象。通过这个 Selector 对象我们可以调用解析方法如 xpath()、css()等，通过向方法传入 XPath 或 CSS 选择器参数就可以实现信息的提取。

我们用一个实例感受一下，如下所示：

```
>>> result = response.selector.xpath('//a')
>>> result
[<Selector xpath='//a' data='<a href="image1.html">Name: My image 1 <'>,
<Selector xpath='//a' data='<a href="image2.html">Name: My image 2 <'>,
<Selector xpath='//a' data='<a href="image3.html">Name: My image 3 <'>,
<Selector xpath='//a' data='<a href="image4.html">Name: My image 4 <'>,
<Selector xpath='//a' data='<a href="image5.html">Name: My image 5 <'>]
>>> type(result)
scrapy.selector.unified.SelectorList
```

打印结果的形式是 Selector 组成的列表，其实它是 SelectorList 类型，SelectorList 和 Selector 都可以继续调用 xpath()和 css()等方法来进一步提取数据。

在上面的例子中，我们提取了 a 节点。接下来，我们尝试继续调用 xpath()方法来提取 a 节点内包含的 img 节点，如下所示：

```
>>> result.xpath('./img')
[<Selector xpath='./img' data='<img src="image1_thumb.jpg">'>,
<Selector xpath='./img' data='<img src="image2_thumb.jpg">'>,
<Selector xpath='./img' data='<img src="image3_thumb.jpg">'>,
<Selector xpath='./img' data='<img src="image4_thumb.jpg">'>,
<Selector xpath='./img' data='<img src="image5_thumb.jpg">'>]
```

我们获得了 a 节点里面的所有 img 节点，结果为 5。

值得注意的是，选择器的最前方加 .（点），这代表提取元素内部的数据，如果没有加点，则代表从根节点开始提取。此处我们用了./img 的提取方式，则代表从 a 节点里进行提取。如果此处我们用//img，则还是从 html 节点里进行提取。

我们刚才使用了 response.selector.xpath()方法对数据进行了提取。Scrapy 提供了两个实用的快捷方法，response.xpath()和 response.css()，它们二者的功能完全等同于 response.selector.xpath()

和 response.selector.css()。方便起见，后面我们统一直接调用 response 的 xpath()和 css()方法进行选择。

现在我们得到的是 SelectorList 类型的变量，该变量是由 Selector 对象组成的列表。我们可以用索引单独取出其中某个 Selector 元素，如下所示：

```
>>> result[0]
<Selector xpath='//a' data='<a href="image1.html">Name: My image 1 <'>
```

我们可以像操作列表一样操作这个 SelectorList。

但是现在获取的内容是 Selector 或者 SelectorList 类型，并不是真正的文本内容。那么具体的内容怎么提取呢？

比如我们现在想提取出 a 节点元素，就可以利用 extract()方法，如下所示：

```
>>> result.extract()
['<a href="image1.html">Name: My image 1 <br><img src="image1_thumb.jpg"></a>', '<a href="image2.html">Name:
    My image 2 <br><img src="image2_thumb.jpg"></a>', '<a href="image3.html">Name: My image 3 <br><img
    src="image3_thumb.jpg"></a>', '<a href="image4.html">Name: My image 4 <br><img src="image4_thumb.jpg"></a>',
    '<a href="image5.html">Name: My image 5 <br><img src="image5_thumb.jpg"></a>']
```

这里使用了 extract()方法，我们就可以把真实需要的内容获取下来。

我们还可以改写 XPath 表达式，来选取节点的内部文本和属性，如下所示：

```
>>> response.xpath('//a/text()').extract()
['Name: My image 1 ', 'Name: My image 2 ', 'Name: My image 3 ', 'Name: My image 4 ', 'Name: My image 5 ']
>>> response.xpath('//a/@href').extract()
['image1.html', 'image2.html', 'image3.html', 'image4.html', 'image5.html']
```

我们只需要再加一层/text()就可以获取节点的内部文本，或者加一层/@href 就可以获取节点的 href 属性。其中，@符号后面内容就是要获取的属性名称。

现在我们可以用一个规则把所有符合要求的节点都获取下来，返回的类型是列表类型。

但是这里有一个问题：如果符合要求的节点只有一个，那么返回的结果会是什么呢？我们再用一个实例来感受一下，如下所示：

```
>>> response.xpath('//a[@href="image1.html"]/text()').extract()
['Name: My image 1 ']
```

我们用属性限制了匹配的范围，使 XPath 只可以匹配到一个元素。然后用 extract()方法提取结果，其结果还是一个列表形式，其文本是列表的第一个元素。但很多情况下，我们其实想要的数据就是第一个元素内容，这里我们通过加一个索引来获取，如下所示：

```
>>> response.xpath('//a[@href="image1.html"]/text()').extract()[0]
'Name: My image 1 '
```

但是，这个写法很明显是有风险的。一旦 XPath 有问题，那么 extract()后的结果可能是一个空列表。如果我们再用索引来获取，那不就会可能导致数组越界吗？

所以，另外一个方法可以专门提取单个元素，它叫作 extract_first()。我们可以改写上面的例子如下所示：

```
>>> response.xpath('//a[@href="image1.html"]/text()').extract_first()
'Name: My image 1 '
```

这样，我们直接利用 extract_first()方法将匹配的第一个结果提取出来，同时我们也不用担心数组越界的问题。

另外我们也可以为 extract_first()方法设置一个默认值参数，这样当 XPath 规则提取不到内容时会直接使用默认值。例如将 XPath 改成一个不存在的规则，重新执行代码，如下所示：

```
>>> response.xpath('//a[@href="image1"]/text()').extract_first()
>>> response.xpath('//a[@href="image1"]/text()').extract_first('Default Image')
'Default Image'
```

这里，如果 XPath 匹配不到任何元素，调用 extract_first()会返回空，也不会报错。

在第二行代码中，我们还传递了一个参数当作默认值，如 Default Image。这样如果 XPath 匹配不到结果的话，返回值会使用这个参数来代替，可以看到输出正是如此。

现在为止，我们了解了 Scrapy 中的 XPath 的相关用法，包括嵌套查询、提取内容、提取单个内容、获取文本和属性等。

4. CSS 选择器

接下来，我们看看 CSS 选择器的用法。

Scrapy 的选择器同时还对接了 CSS 选择器，使用 response.css()方法可以使用 CSS 选择器来选择对应的元素。

例如在上文我们选取了所有的 a 节点，那么 CSS 选择器同样可以做到，如下所示：

```
>>> response.css('a')
[<Selector xpath='descendant-or-self::a' data='<a href="image1.html">Name: My image 1 <'>,
<Selector xpath='descendant-or-self::a' data='<a href="image2.html">Name: My image 2 <'>,
<Selector xpath='descendant-or-self::a' data='<a href="image3.html">Name: My image 3 <'>,
<Selector xpath='descendant-or-self::a' data='<a href="image4.html">Name: My image 4 <'>,
<Selector xpath='descendant-or-self::a' data='<a href="image5.html">Name: My image 5 <'>]
```

同样，调用 extract()方法就可以提取出节点，如下所示：

```
>>> response.css('a').extract()
['<a href="image1.html">Name: My image 1 <br><img src="image1_thumb.jpg"></a>', '<a href="image2.html">Name:
    My image 2 <br><img src="image2_thumb.jpg"></a>', '<a href="image3.html">Name: My image 3 <br><img
    src="image3_thumb.jpg"></a>', '<a href="image4.html">Name: My image 4 <br><img src="image4_thumb.jpg"></a>',
    '<a href="image5.html">Name: My image 5 <br><img src="image5_thumb.jpg"></a>']
```

用法和 XPath 选择是完全一样的。

另外，我们也可以进行属性选择和嵌套选择，如下所示：

```
>>> response.css('a[href="image1.html"]').extract()
['<a href="image1.html">Name: My image 1 <br><img src="image1_thumb.jpg"></a>']
>>> response.css('a[href="image1.html"] img').extract()
['<img src="image1_thumb.jpg">']
```

这里用[href="image.html"]限定了 href 属性，可以看到匹配结果就只有一个了。另外如果想查找 a 节点内的 img 节点，只需要再加一个空格和 img 即可。选择器的写法和标准 CSS 选择器写法如出一辙。

我们也可以使用extract_first()方法提取列表的第一个元素，如下所示：

```
>>> response.css('a[href="image1.html"] img').extract_first()
'<img src="image1_thumb.jpg">'
```

接下来的两个用法不太一样。节点的内部文本和属性的获取是这样实现的，如下所示：

```
>>> response.css('a[href="image1.html"]::text').extract_first()
'Name: My image 1 '
>>> response.css('a[href="image1.html"] img::attr(src)').extract_first()
'image1_thumb.jpg'
```

获取文本和属性需要用::text和::attr()的写法。而其他库如Beautiful Soup或pyquery都有单独的方法。

另外，CSS选择器和XPath选择器一样可以嵌套选择。我们可以先用XPath选择器选中所有a节点，再利用CSS选择器选中img节点，再用XPath选择器获取属性。我们用一个实例来感受一下，如下所示：

```
>>> response.xpath('//a').css('img').xpath('@src').extract()
['image1_thumb.jpg', 'image2_thumb.jpg', 'image3_thumb.jpg', 'image4_thumb.jpg', 'image5_thumb.jpg']
```

我们成功获取了所有img节点的src属性。

因此，我们可以随意使用xpath()和css()方法二者自由组合实现嵌套查询，二者是完全兼容的。

5. 正则匹配

Scrapy的选择器还支持正则匹配。比如，在示例的a节点中的文本类似于Name: My image 1，现在我们只想把Name:后面的内容提取出来，这时就可以借助re()方法，实现如下：

```
>>> response.xpath('//a/text()').re('Name:\s(.*)')
['My image 1 ', 'My image 2 ', 'My image 3 ', 'My image 4 ', 'My image 5 ']
```

我们给re()方法传了一个正则表达式，其中(.*)就是要匹配的内容，输出的结果就是正则表达式匹配的分组，结果会依次输出。

如果同时存在两个分组，那么结果依然会被按序输出，如下所示：

```
>>> response.xpath('//a/text()').re('(.*?):\s(.*)')
['Name', 'My image 1 ', 'Name', 'My image 2 ', 'Name', 'My image 3 ', 'Name', 'My image 4 ', 'Name', 'My image
    5 ']
```

类似extract_first()方法，re_first()方法可以选取列表的第一个元素，用法如下：

```
>>> response.xpath('//a/text()').re_first('(.*?):\s(.*)')
'Name'
>>> response.xpath('//a/text()').re_first('Name:\s(.*)')
'My image 1 '
```

不论正则匹配了几个分组，结果都会等于列表的第一个元素。

值得注意的是，response对象不能直接调用re()和re_first()方法。如果想要对全文进行正则匹配，可以先调用xpath()方法再正则匹配，如下所示：

```
>>> response.re('Name:\s(.*)')
Traceback (most recent call last):
  File "<console>", line 1, in <module>
```

```
AttributeError: 'HtmlResponse' object has no attribute 're'
>>> response.xpath('.').re('Name:\s(.*)<br>')
['My image 1 ', 'My image 2 ', 'My image 3 ', 'My image 4 ', 'My image 5 ']
>>> response.xpath('.').re_first('Name:\s(.*)<br>')
'My image 1 '
```

通过上面的例子，我们可以看到，直接调用 re()方法会提示没有 re 属性。但是这里首先调用了 xpath('.')选中全文，然后调用 re()和 re_first()方法，就可以进行正则匹配了。

6. 结语

以上内容便是 Scrapy 选择器的用法，它包括两个常用选择器和正则匹配功能。熟练掌握 XPath 语法、CSS 选择器语法、正则表达式语法可以大大提高数据提取效率。

13.4　Spider 的用法

在 Scrapy 中，要抓取网站的链接配置、抓取逻辑、解析逻辑里其实都是在 Spider 中配置的。在前一节实例中，我们发现抓取逻辑也是在 Spider 中完成的。本节我们就来专门了解一下 Spider 的基本用法。

1. Spider 运行流程

在实现 Scrapy 爬虫项目时，最核心的类便是 Spider 类了，它定义了如何爬取某个网站的流程和解析方式。简单来讲，Spider 要做的事就是如下两件：

- 定义爬取网站的动作；
- 分析爬取下来的网页。

对于 Spider 类来说，整个爬取循环过程如下所述。

- 以初始的 URL 初始化 Request，并设置回调函数。当该 Request 成功请求并返回时，Response 生成并作为参数传给该回调函数。
- 在回调函数内分析返回的网页内容。返回结果有两种形式。一种是解析到的有效结果返回字典或 Item 对象，它们可以经过处理后（或直接）保存。另一种是解析得到下一个（如下一页）链接，可以利用此链接构造 Request 并设置新的回调函数，返回 Request 等待后续调度。
- 如果返回的是字典或 Item 对象，我们可通过 Feed Exports 等组件将返回结果存入到文件。如果设置了 Pipeline 的话，我们可以使用 Pipeline 处理（如过滤、修正等）并保存。
- 如果返回的是 Reqeust，那么 Request 执行成功得到 Response 之后，Response 会被传递给 Request 中定义的回调函数，在回调函数中我们可以再次使用选择器来分析新得到的网页内容，并根据分析的数据生成 Item。

通过以上几步循环往复进行，我们完成了站点的爬取。

2. Spider 类分析

在上一节的例子中，我们定义的 Spider 是继承自 scrapy.spiders.Spider。scrapy.spiders.Spider 这个类是最简单最基本的 Spider 类，其他 Spider 必须继承这个类。还有后面一些特殊 Spider 类也都是继承自它。

scrapy.spiders.Spider 这个类提供了 start_requests()方法的默认实现，读取并请求 start_urls 属性，并根据返回的结果调用 parse()方法解析结果。它还有如下一些基础属性。

- **name**。爬虫名称，是定义 Spider 名字的字符串。Spider 的名字定义了 Scrapy 如何定位并初始化 Spider，它必须是唯一的。不过我们可以生成多个相同的 Spider 实例，数量没有限制。name 是 Spider 最重要的属性。如果 Spider 爬取单个网站，一个常见的做法是以该网站的域名名称来命名 Spider。例如，Spider 爬取 mywebsite.com，该 Spider 通常会被命名为 mywebsite。
- **allowed_domains**。允许爬取的域名，是可选配置，不在此范围的链接不会被跟进爬取。
- **start_urls**。它是起始 URL 列表，当我们没有实现 start_requests()方法时，默认会从这个列表开始抓取。
- **custom_settings**。它是一个字典，是专属于本 Spider 的配置，此设置会覆盖项目全局的设置。此设置必须在初始化前被更新，必须定义成类变量。
- **crawler**。它是由 from_crawler()方法设置的，代表的是本 Spider 类对应的 Crawler 对象。Crawler 对象包含了很多项目组件，利用它我们可以获取项目的一些配置信息，如最常见的获取项目的设置信息，即 Settings。
- **settings**。它是一个 Settings 对象，利用它我们可以直接获取项目的全局设置变量。

除了基础属性，Spider 还有一些常用的方法。

- **start_requests()**。此方法用于生成初始请求，它必须返回一个可迭代对象。此方法会默认使用 start_urls 里面的 URL 来构造 Request，而且 Request 是 GET 请求方式。如果我们想在启动时以 POST 方式访问某个站点，可以直接重写这个方法，发送 POST 请求时使用 FormRequest 即可。
- **parse()**。当 Response 没有指定回调函数时，该方法会默认被调用。它负责处理 Response，处理返回结果，并从中提取出想要的数据和下一步的请求，然后返回。该方法需要返回一个包含 Request 或 Item 的可迭代对象。
- **closed()**。当 Spider 关闭时，该方法会被调用，在这里一般会定义释放资源的一些操作或其他收尾操作。

3. 结语

以上内容可能不太好理解。不过不用担心，后面会有很多使用这些属性和方法的实例。通过这些实例，我们慢慢熟练掌握它们。

13.5 Downloader Middleware 的用法

Downloader Middleware 即下载中间件，它是处于 Scrapy 的 Request 和 Response 之间的处理模块。我们首先来看看它的架构，如图 13-1 所示。

Scheduler 从队列中拿出一个 Request 发送给 Downloader 执行下载，这个过程会经过 Downloader Middleware 的处理。另外，当 Downloader 将 Request 下载完成得到 Response 返回给 Spider 时会再次经过 Downloader Middleware 处理。

也就是说，Downloader Middleware 在整个架构中起作用的位置是以下两个。

- 在 Scheduler 调度出队列的 Request 发送给 Doanloader 下载之前，也就是我们可以在 Request 执行下载之前对其进行修改。
- 在下载后生成的 Response 发送给 Spider 之前，也就是我们可以在生成 Resposne 被 Spider 解析之前对其进行修改。

Downloader Middleware 的功能十分强大，修改 User-Agent、处理重定向、设置代理、失败重试、设置 Cookies 等功能都需要借助它来实现。下面我们来了解一下 Downloader Middleware 的详细用法。

1. 使用说明

需要说明的是，Scrapy 其实已经提供了许多 Downloader Middleware，比如负责失败重试、自动重定向等功能的 Middleware，它们被 DOWNLOADER_MIDDLEWARES_BASE 变量所定义。

DOWNLOADER_MIDDLEWARES_BASE 变量的内容如下所示：

```
{
    'scrapy.downloadermiddlewares.robotstxt.RobotsTxtMiddleware': 100,
    'scrapy.downloadermiddlewares.httpauth.HttpAuthMiddleware': 300,
    'scrapy.downloadermiddlewares.downloadtimeout.DownloadTimeoutMiddleware': 350,
    'scrapy.downloadermiddlewares.defaultheaders.DefaultHeadersMiddleware': 400,
    'scrapy.downloadermiddlewares.useragent.UserAgentMiddleware': 500,
    'scrapy.downloadermiddlewares.retry.RetryMiddleware': 550,
    'scrapy.downloadermiddlewares.ajaxcrawl.AjaxCrawlMiddleware': 560,
    'scrapy.downloadermiddlewares.redirect.MetaRefreshMiddleware': 580,
    'scrapy.downloadermiddlewares.httpcompression.HttpCompressionMiddleware': 590,
    'scrapy.downloadermiddlewares.redirect.RedirectMiddleware': 600,
    'scrapy.downloadermiddlewares.cookies.CookiesMiddleware': 700,
    'scrapy.downloadermiddlewares.httpproxy.HttpProxyMiddleware': 750,
    'scrapy.downloadermiddlewares.stats.DownloaderStats': 850,
    'scrapy.downloadermiddlewares.httpcache.HttpCacheMiddleware': 900,
}
```

这是一个字典格式，字典的键名是 Scrapy 内置的 Downloader Middleware 的名称，键值代表了调用的优先级，优先级是一个数字，数字越小代表越靠近 Scrapy 引擎，数字越大代表越靠近 Downloader，数字小的 Downloader Middleware 会被优先调用。

如果自己定义的 Downloader Middleware 要添加到项目里，DOWNLOADER_MIDDLEWARES_BASE 变量不能直接修改。Scrapy 提供了另外一个设置变量 DOWNLOADER_MIDDLEWARES，我们直接修改这个变量就可以添加自己定义的 Downloader Middleware，以及禁用 DOWNLOADER_MIDDLEWARES_BASE 里面定义的 Downloader Middleware。下面我们具体来看看 Downloader Middleware 的使用方法。

2. 核心方法

Scrapy 内置的 Downloader Middleware 为 Scrapy 提供了基础的功能，但在项目实战中我们往往需要单独定义 Downloader Middleware。不用担心，这个过程非常简单，我们只需要实现某几个方法即可。

每个 Downloader Middleware 都定义了一个或多个方法的类，核心的方法有如下三个。

- process_request(request, spider)。
- process_response(request, response, spider)。
- process_exception(request, exception, spider)。

我们只需要实现至少一个方法，就可以定义一个 Downloader Middleware。下面我们来看看这三个方法的详细用法。

- process_request(request, spider)

Request 被 Scrapy 引擎调度给 Downloader 之前，process_request()方法就会被调用，也就是在 Request 从队列里调度出来到 Downloader 下载执行之前，我们都可以用 process_request()方法对 Request 进行处理。方法的返回值必须为 None、Response 对象、Request 对象之一，或者抛出 IgnoreRequest 异常。

process_request()方法的参数有如下两个。

- request，是 Request 对象，即被处理的 Request。
- spider，是 Spdier 对象，即此 Request 对应的 Spider。

返回类型不同，产生的效果也不同。下面归纳一下不同的返回情况。

- 当返回是 None 时，Scrapy 将继续处理该 Request，接着执行其他 Downloader Middleware 的 process_request()方法，一直到 Downloader 把 Request 执行后得到 Response 才结束。这个过程其实就是修改 Request 的过程，不同的 Downloader Middleware 按照设置的优先级顺序依次对 Request 进行修改，最后送至 Downloader 执行。
- 当返回为 Response 对象时，更低优先级的 Downloader Middleware 的 process_request()和 process_exception()方法就不会被继续调用，每个 Downloader Middleware 的 process_response()方法转而被依次调用。调用完毕之后，直接将 Response 对象发送给 Spider 来处理。
- 当返回为 Request 对象时，更低优先级的 Downloader Middleware 的 process_request()方法会停止执行。这个 Request 会重新放到调度队列里，其实它就是一个全新的 Request，等待被调度。如果被 Scheduler 调度了，那么所有的 Downloader Middleware 的 process_request()方法会被重新按照顺序执行。
- 如果 IgnoreRequest 异常抛出，则所有的 Downloader Middleware 的 process_exception()方法会依次执行。如果没有一个方法处理这个异常，那么 Request 的 errorback()方法就会回调。如果该异常还没有被处理，那么它便会被忽略。

- process_response(request, response, spider)

Downloader 执行 Request 下载之后，会得到对应的 Response。Scrapy 引擎便会将 Response 发送给 Spider 进行解析。在发送之前，我们都可以用 process_response()方法来对 Response 进行处理。方法的返回值必须为 Request 对象、Response 对象之一，或者抛出 IgnoreRequest 异常。

process_response()方法的参数有如下三个。

- request，是 Request 对象，即此 Response 对应的 Request。
- response，是 Response 对象，即此被处理的 Response。
- spider，是 Spider 对象，即此 Response 对应的 Spider。

下面归纳一下不同的返回情况。

- 当返回为 Request 对象时，更低优先级的 Downloader Middleware 的 process_response()方法不会继续调用。该 Request 对象会重新放到调度队列里等待被调度，它相当于一个全新的 Request。然后，该 Request 会被 process_request()方法顺次处理。
- 当返回为 Response 对象时，更低优先级的 Downloader Middleware 的 process_response()方法会继续调用，继续对该 Response 对象进行处理。
- 如果 IgnoreRequest 异常抛出，则 Request 的 errorback()方法会回调。如果该异常还没有被处理，那么它便会被忽略。

- process_exception(request, exception, spider)

当 Downloader 或 process_request()方法抛出异常时，例如抛出 IgnoreRequest 异常，process_exception()方法就会被调用。方法的返回值必须为 None、Response 对象、Request 对象之一。

process_exception()方法的参数有如下三个。

- request，是 Request 对象，即产生异常的 Request。
- exception，是 Exception 对象，即抛出的异常。
- spdier，是 Spider 对象，即 Request 对应的 Spider。

下面归纳一下不同的返回值。

- 当返回为 None 时，更低优先级的 Downloader Middleware 的 process_exception()会被继续顺次调用，直到所有的方法都被调度完毕。
- 当返回为 Response 对象时，更低优先级的 Downloader Middleware 的 process_exception()方法不再被继续调用，每个 Downloader Middleware 的 process_response()方法转而被依次调用。
- 当返回为 Request 对象时，更低优先级的 Downloader Middleware 的 process_exception()也不再被继续调用，该 Request 对象会重新放到调度队列里面等待被调度，它相当于一个全新的 Request。然后，该 Request 又会被 process_request()方法顺次处理。

以上内容便是这三个方法的详细使用逻辑。在使用它们之前，请先对这三个方法的返回值的处理情况有一个清晰的认识。在自定义 Downloader Middleware 的时候，也一定要注意每个方法的返回类型。

下面我们用一个案例实战来加深一下对 Downloader Middleware 用法的理解。

3. 项目实战

新建一个项目，命令如下所示：

```
scrapy startproject scrapydownloadertest
```

新建了一个 Scrapy 项目，名为 scrapydownloadertest。进入项目，新建一个 Spider，命令如下所示：

```
scrapy genspider httpbin httpbin.org
```

新建了一个 Spider，名为 httpbin，源代码如下所示：

```
import scrapy
class HttpbinSpider(scrapy.Spider):
    name = 'httpbin'
```

```
    allowed_domains = ['httpbin.org']
    start_urls = ['http://httpbin.org/']

    def parse(self, response):
        pass
```

接下来我们修改 start_urls 为：http://httpbin.org/。随后将 parse() 方法添加一行日志输出，将 response 变量的 text 属性输出出来，这样我们便可以看到 Scrapy 发送的 Request 信息了。

修改 Spider 内容如下所示：

```
import scrapy

class HttpbinSpider(scrapy.Spider):
    name = 'httpbin'
    allowed_domains = ['httpbin.org']
    start_urls = ['http://httpbin.org/get']

    def parse(self, response):
        self.logger.debug(response.text)
```

接下来运行此 Spider，执行如下命令：

```
scrapy crawl httpbin
```

Scrapy 运行结果包含 Scrapy 发送的 Request 信息，内容如下所示：

```
{
  "args": {},
  "headers": {
    "Accept": "text/html,application/xhtml+xml,application/xml;q=0.9,*/*;q=0.8",
    "Accept-Encoding": "gzip,deflate,br",
    "Accept-Language": "en",
    "Connection": "close",
    "Host": "httpbin.org",
    "User-Agent": "Scrapy/1.4.0 (+http://scrapy.org)"
  },
  "origin": "60.207.237.85",
  "url": "http://httpbin.org/get"
}
```

我们观察一下 Headers，Scrapy 发送的 Request 使用的 User-Agent 是 Scrapy/1.4.0(+http://scrapy.org)，这其实是由 Scrapy 内置的 UserAgentMiddleware 设置的，UserAgentMiddleware 的源码如下所示：

```
from scrapy import signals

class UserAgentMiddleware(object):
    def __init__(self, user_agent='Scrapy'):
        self.user_agent = user_agent

    @classmethod
    def from_crawler(cls, crawler):
        o = cls(crawler.settings['USER_AGENT'])
        crawler.signals.connect(o.spider_opened, signal=signals.spider_opened)
        return o

    def spider_opened(self, spider):
```

```
        self.user_agent = getattr(spider, 'user_agent', self.user_agent)

    def process_request(self, request, spider):
        if self.user_agent:
            request.headers.setdefault(b'User-Agent', self.user_agent)
```

在 from_crawler()方法中，首先尝试获取 settings 里面 USER_AGENT，然后把 USER_AGENT 传递给 __init__()方法进行初始化，其参数就是 user_agent。如果没有传递 USER_AGENT 参数就默认设置为 Scrapy 字符串。我们新建的项目没有设置 USER_AGENT，所以这里的 user_agent 变量就是 Scrapy。接下来，在 process_request()方法中，将 user-agent 变量设置为 headers 变量的一个属性，这样就成功设置了 User-Agent。因此，User-Agent 就是通过此 Downloader Middleware 的 process_request()方法设置的。

修改请求时的 User-Agent 可以有两种方式：一是修改 settings 里面的 USER_AGENT 变量；二是通过 Downloader Middleware 的 process_request()方法来修改。

第一种方法非常简单，我们只需要在 setting.py 里面加一行 USER_AGENT 的定义即可：

```
USER_AGENT = 'Mozilla/5.0 (Macintosh; Intel Mac OS X 10_12_6) AppleWebKit/537.36 (KHTML, like Gecko)
    Chrome/59.0.3071.115 Safari/537.36'
```

一般推荐使用此方法来设置。但是如果想设置得更灵活，比如设置随机的 User-Agent，那就需要借助 Downloader Middleware 了。所以接下来我们用 Downloader Middleware 实现一个随机 User-Agent 的设置。

在 middlewares.py 里面添加一个 RandomUserAgentMiddleware 的类，如下所示：

```
import random

class RandomUserAgentMiddleware():
    def __init__(self):
        self.user_agents = [
            'Mozilla/5.0 (Windows; U; MSIE 9.0; Windows NT 9.0; en-US)',
            'Mozilla/5.0 (Windows NT 6.1) AppleWebKit/537.2 (KHTML, like Gecko) Chrome/22.0.1216.0
                Safari/537.2',
            'Mozilla/5.0 (X11; Ubuntu; Linux i686; rv:15.0) Gecko/20100101 Firefox/15.0.1'
        ]

    def process_request(self, request, spider):
        request.headers['User-Agent'] = random.choice(self.user_agents)
```

我们首先在类的__init__()方法中定义了三个不同的 User-Agent，并用一个列表来表示。接下来实现了 process_request()方法，它有一个参数 request，我们直接修改 request 的属性即可。在这里我们直接设置了 request 变量的 headers 属性的 User-Agent，设置内容是随机选择的 User-Agent，这样一个 Downloader Middleware 就写好了。

不过，要使之生效我们还需要再去调用这个 Downloader Middleware。在 settings.py 中，将 DOWNLOADER_MIDDLEWARES 取消注释，并设置成如下内容：

```
DOWNLOADER_MIDDLEWARES = {
    'scrapydownloadertest.middlewares.RandomUserAgentMiddleware': 543,
}
```

接下来我们重新运行 Spider，就可以看到 User-Agent 被成功修改为列表中所定义的随机的一个 User-Agent 了：

```
{
  "args": {},
  "headers": {
    "Accept": "text/html,application/xhtml+xml,application/xml;q=0.9,*/*;q=0.8",
    "Accept-Encoding": "gzip,deflate,br",
    "Accept-Language": "en",
    "Connection": "close",
    "Host": "httpbin.org",
    "User-Agent": "Mozilla/5.0 (Windows; U; MSIE 9.0; Windows NT 9.0; en-US)"
  },
  "origin": "60.207.237.85",
  "url": "http://httpbin.org/get"
}
```

我们就通过实现 Downloader Middleware 并利用 `process_request()`方法成功设置了随机的 User-Agent。

另外，Downloader Middleware 还有 `process_response()`方法。Downloader 对 Request 执行下载之后会得到 Response，随后 Scrapy 引擎会将 Response 发送回 Spider 进行处理。但是在 Response 被发送给 Spider 之前，我们同样可以使用 `process_response()`方法对 Response 进行处理。比如这里修改一下 Response 的状态码，在 `RandomUserAgentMiddleware` 添加如下代码：

```
def process_response(self, request, response, spider):
    response.status = 201
    return response
```

我们将 `response` 变量的 `status` 属性修改为 201，随后将 `response` 返回，这个被修改后的 Response 就会被发送到 Spider。

我们再在 Spider 里面输出修改后的状态码，在 `parse()`方法中添加如下的输出语句：

```
self.logger.debug('Status Code: ' + str(response.status))
```

重新运行之后，控制台输出了如下内容：

```
[httpbin] DEBUG: Status Code: 201
```

可以发现，Response 的状态码成功修改了。

因此要想对 Response 进行后处理，就可以借助于 `process_response()`方法。

另外还有一个 `process_exception()`方法，它是用来处理异常的方法。如果需要异常处理的话，我们可以调用此方法。不过这个方法的使用频率相对低一些，在此不用实例演示。

4. 本节代码

本节源代码为：https://github.com/Python3WebSpider/ScrapyDownloaderTest。

5. 结语

本节讲解了 Downloader Middleware 的基本用法。此组件非常重要，是做异常处理和反爬处理的核心。后面我们会在实战中应用此组件来处理代理、Cookies 等内容。

13.6 Spider Middleware 的用法

Spider Middleware 是介入到 Scrapy 的 Spider 处理机制的钩子框架。我们首先来看看它的架构，如图 13-1 所示。

当 Downloader 生成 Response 之后，Response 会被发送给 Spider，在发送给 Spider 之前，Response 会首先经过 Spider Middleware 处理，当 Spider 处理生成 Item 和 Request 之后，Item 和 Request 还会经过 Spider Middleware 的处理。

Spider Middleware 有如下三个作用。

- 我们可以在 Downloader 生成的 Response 发送给 Spider 之前，也就是在 Response 发送给 Spider 之前对 Response 进行处理。
- 我们可以在 Spider 生成的 Request 发送给 Scheduler 之前，也就是在 Request 发送给 Scheduler 之前对 Request 进行处理。
- 我们可以在 Spider 生成的 Item 发送给 Item Pipeline 之前，也就是在 Item 发送给 Item Pipeline 之前对 Item 进行处理。

1. 使用说明

需要说明的是，Scrapy 其实已经提供了许多 Spider Middleware，它们被 SPIDER_MIDDLEWARES_BASE 这个变量所定义。

SPIDER_MIDDLEWARES_BASE 变量的内容如下：

```
{
    'scrapy.spidermiddlewares.httperror.HttpErrorMiddleware': 50,
    'scrapy.spidermiddlewares.offsite.OffsiteMiddleware': 500,
    'scrapy.spidermiddlewares.referer.RefererMiddleware': 700,
    'scrapy.spidermiddlewares.urllength.UrlLengthMiddleware': 800,
    'scrapy.spidermiddlewares.depth.DepthMiddleware': 900,
}
```

和 Downloader Middleware 一样，Spider Middleware 首先加入到 SPIDER_MIDDLEWARES 设置中，该设置会和 Scrapy 中 SPIDER_MIDDLEWARES_BASE 定义的 Spider Middleware 合并。然后根据键值的数字优先级排序，得到一个有序列表。第一个 Middleware 是最靠近引擎的，最后一个 Middleware 是最靠近 Spider 的。

2. 核心方法

Scrapy 内置的 Spider Middleware 为 Scrapy 提供了基础的功能。如果我们想要扩展其功能，只需要实现某几个方法即可。

每个 Spider Middleware 都定义了以下一个或多个方法的类，核心方法有如下 4 个。

- process_spider_input(response, spider)。
- process_spider_output(response, result, spider)。
- process_spider_exception(response, exception, spider)。
- process_start_requests(start_requests, spider)。

只需要实现其中一个方法就可以定义一个 Spider Middleware。下面我们来看看这 4 个方法的详细用法。

- process_spider_input(response, spider)

当 Response 被 Spider Middleware 处理时，process_spider_input()方法被调用。

process_spider_input()方法的参数有如下两个。

- ❑ response，是 Response 对象，即被处理的 Response。
- ❑ spider，是 Spider 对象，即该 Response 对应的 Spider。

process_spider_input()应该返回 None 或者抛出一个异常。

- ❑ 如果它返回 None，Scrapy 将会继续处理该 Response，调用所有其他的 Spider Middleware，直到 Spider 处理该 Response。
- ❑ 如果它抛出一个异常，Scrapy 将不会调用任何其他 Spider Middleware 的 process_spider_input()方法，而调用 Request 的 errback()方法。errback 的输出将会被重新输入到中间件中，使用 process_spider_output()方法来处理，当其抛出异常时则调用 process_spider_exception()来处理。

- process_spider_output(response, result, spider)

当 Spider 处理 Response 返回结果时，process_spider_output()方法被调用。

process_spider_output()方法的参数有如下三个。

- ❑ response，是 Response 对象，即生成该输出的 Response。
- ❑ result，包含 Request 或 Item 对象的可迭代对象，即 Spider 返回的结果。
- ❑ spider，是 Spider 对象，即其结果对应的 Spider。

process_spider_output()必须返回包含 Request 或 Item 对象的可迭代对象。

- process_spider_exception(response, exception, spider)

当 Spider 或 Spider Middleware 的 process_spider_input()方法抛出异常时，process_spider_exception()方法被调用。

process_spider_exception()方法的参数有如下三个。

- ❑ response，是 Response 对象，即异常被抛出时被处理的 Response。
- ❑ exception，是 Exception 对象，即被抛出的异常。
- ❑ spider，是 Spider 对象，即抛出该异常的 Spider。

process_spider_exception()必须要么返回 None，要么返回一个包含 Response 或 Item 对象的可迭代对象。

- ❑ 如果它返回 None，Scrapy 将继续处理该异常，调用其他 Spider Middleware 中的 process_spider_exception()方法，直到所有 Spider Middleware 都被调用。

- 如果它返回一个可迭代对象，则其他 Spider Middleware 的 process_spider_output()方法被调用，其他的 process_spider_exception()不会被调用。

- process_start_requests(start_requests, spider)

process_start_requests()方法以 Spider 启动的 Request 为参数被调用，执行的过程类似于 process_spider_output()，只不过它没有相关联的 Response，并且必须返回 Request。

process_start_requests()方法的参数有如下两个。

- start_requests，是包含 Request 的可迭代对象，即 Start Requests。
- spider，是 Spider 对象，即 Start Requests 所属的 Spider。

process_start_requests()必须返回另一个包含 Request 对象的可迭代对象。

3. 结语

本节介绍了 Spider Middleware 的基本原理和自定义 Spider Middleware 的方法。Spider Middleware 使用的频率不如 Downloader Middleware 的高，在必要的情况下它可以用来方便数据的处理。

13.7　Item Pipeline 的用法

Item Pipeline 是项目管道。在前面我们已经了解了 Item Pipeline 的基本用法，本节我们再作详细了解它的用法。

首先我们看看 Item Pipeline 在 Scrapy 中的架构，如图 13-1 所示。

图中的最左侧即为 Item Pipeline，它的调用发生在 Spider 产生 Item 之后。当 Spider 解析完 Response 之后，Item 就会传递到 Item Pipeline，被定义的 Item Pipeline 组件会顺次调用，完成一连串的处理过程，比如数据清洗、存储等。

Item Pipeline 的主要功能有如下 4 点。

- 清理 HTML 数据。
- 验证爬取数据，检查爬取字段。
- 查重并丢弃重复内容。
- 将爬取结果保存到数据库。

1. 核心方法

我们可以自定义 Item Pipeline，只需要实现指定的方法，其中必须要实现的一个方法是：process_item(item, spider)。

另外还有如下几个比较实用的方法。

- open_spider(spider)。
- close_spider(spider)。
- from_crawler(cls, crawler)。

下面我们详细介绍这几个方法的用法。

- process_item(item, spider)

process_item()是必须要实现的方法，被定义的 Item Pipeline 会默认调用这个方法对 Item 进行处理。比如，我们可以进行数据处理或者将数据写入到数据库等操作。它必须返回 Item 类型的值或者抛出一个 DropItem 异常。

process_item()方法的参数有如下两个。

- item，是 Item 对象，即被处理的 Item。
- spider，是 Spider 对象，即生成该 Item 的 Spider。

process_item()方法的返回类型归纳如下。

- 如果它返回的是 Item 对象，那么此 Item 会被低优先级的 Item Pipeline 的 process_item()方法处理，直到所有的方法被调用完毕。
- 如果它抛出的是 DropItem 异常，那么此 Item 会被丢弃，不再进行处理。

- open_spider(self, spider)

open_spider()方法是在 Spider 开启的时候被自动调用的。在这里我们可以做一些初始化操作，如开启数据库连接等。其中，参数 spider 就是被开启的 Spider 对象。

- close_spider(spider)

close_spider()方法是在 Spider 关闭的时候自动调用的。在这里我们可以做一些收尾工作，如关闭数据库连接等。其中，参数 spider 就是被关闭的 Spider 对象。

- from_crawler(cls, crawler)

from_crawler()方法是一个类方法，用@classmethod 标识，是一种依赖注入的方式。它的参数是 crawler，通过 crawler 对象，我们可以拿到 Scrapy 的所有核心组件，如全局配置的每个信息，然后创建一个 Pipeline 实例。参数 cls 就是 Class，最后返回一个 Class 实例。

下面我们用一个实例来加深对 Item Pipeline 用法的理解。

2. 本节目标

我们以爬取 360 摄影美图为例，来分别实现 MongoDB 存储、MySQL 存储、Image 图片存储的三个 Pipeline。

3. 准备工作

请确保已经安装好 MongoDB 和 MySQL 数据库，安装好 Python 的 PyMongo、PyMySQL、Scrapy 框架，如没有安装可以参考第 1 章的安装说明。

4. 抓取分析

我们这次爬取的目标网站为：https://image.so.com。打开此页面，切换到摄影页面，网页中呈现了许许多多的摄影美图。我们打开浏览器开发者工具，过滤器切换到 XHR 选项，然后下拉页面，可以看到下面就会呈现许多 Ajax 请求，如图 13-6 所示。

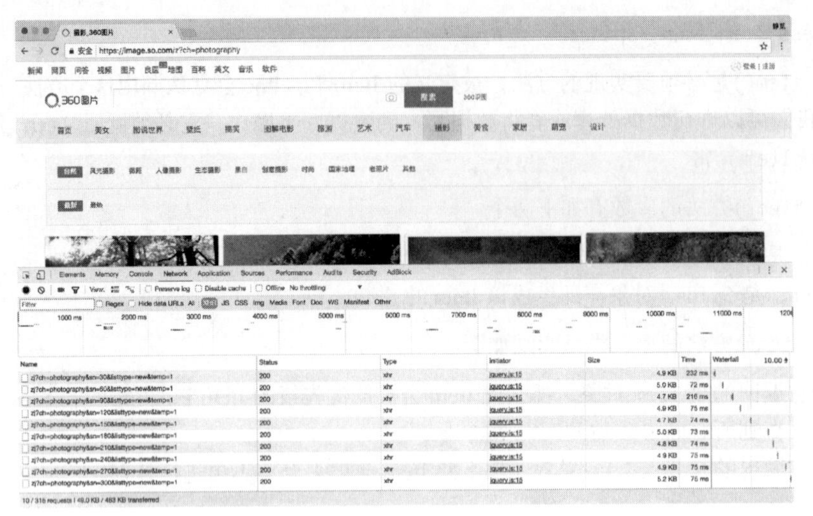

图 13-6　请求列表

我们查看一个请求的详情，观察返回的数据结构，如图 13-7 所示。

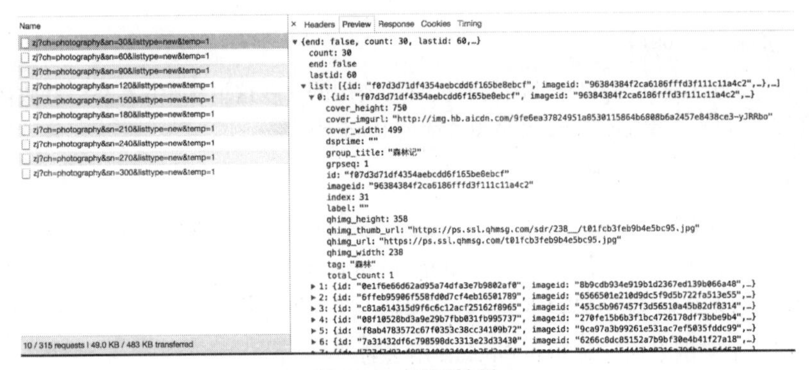

图 13-7　返回结果

返回格式是 JSON。其中 list 字段就是一张张图片的详情信息，包含了 30 张图片的 ID、名称、链接、缩略图等信息。另外观察 Ajax 请求的参数信息，有一个参数 sn 一直在变化，这个参数很明显就是偏移量。当 sn 为 30 时，返回的是前 30 张图片，sn 为 60 时，返回的就是第 31~60 张图片。另外，ch 参数是摄影类别，listtype 是排序方式，temp 参数可以忽略。

所以我们抓取时只需要改变 sn 的数值就好了。

下面我们用 Scrapy 来实现图片的抓取，将图片的信息保存到 MongoDB、MySQL，同时将图片存储到本地。

5. 新建项目

首先新建一个项目，命令如下所示：

```
scrapy startproject images360
```

接下来新建一个 Spider，命令如下所示：

```
scrapy genspider images images.so.com
```

这样我们就成功创建了一个 Spider。

6. 构造请求

接下来定义爬取的页数。比如爬取 50 页、每页 30 张，也就是 1500 张图片，我们可以先在 settings.py 里面定义一个变量 MAX_PAGE，添加如下定义：

```
MAX_PAGE = 50
```

定义 start_requests()方法，用来生成 50 次请求，如下所示：

```
def start_requests(self):
    data = {'ch': 'photography', 'listtype': 'new'}
    base_url = 'https://image.so.com/zj?'
    for page in range(1, self.settings.get('MAX_PAGE') + 1):
        data['sn'] = page * 30
        params = urlencode(data)
        url = base_url + params
        yield Request(url, self.parse)
```

在这里我们首先定义了初始的两个参数，sn 参数是遍历循环生成的。然后利用 urlencode()方法将字典转化为 URL 的 GET 参数，构造出完整的 URL，构造并生成 Request。

还需要引入 scrapy.Request 和 urllib.parse 模块，如下所示：

```
from scrapy import Spider, Request
from urllib.parse import urlencode
```

再修改 settings.py 中的 ROBOTSTXT_OBEY 变量，将其设置为 False，否则无法抓取，如下所示：

```
ROBOTSTXT_OBEY = False
```

运行爬虫，即可以看到链接都请求成功，执行命令如下所示：

```
scrapy crawl images
```

运行示例结果如图 13-8 所示。

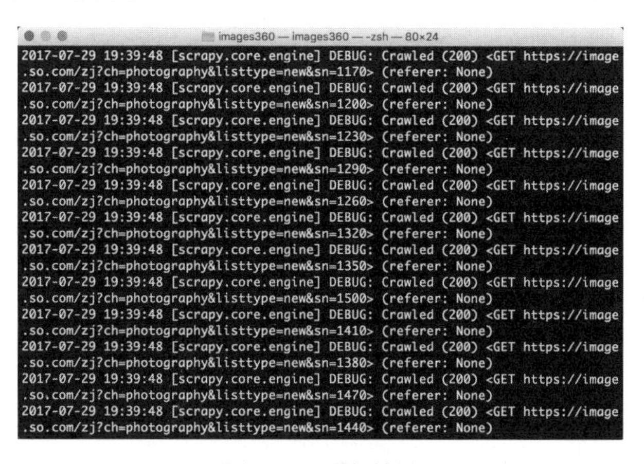

图 13-8 运行结果

13

所有请求的状态码都是 200，这就证明图片信息爬取成功了。

7. 提取信息

首先定义一个 Item，叫作 ImageItem，如下所示：

```
from scrapy import Item, Field
class ImageItem(Item):
    collection = table = 'images'
    id = Field()
    url = Field()
    title = Field()
    thumb = Field()
```

在这里我们定义了 4 个字段，包括图片的 ID、链接、标题、缩略图。另外还有两个属性 collection 和 table，都定义为 images 字符串，分别代表 MongoDB 存储的 Collection 名称和 MySQL 存储的表名称。

接下来我们提取 Spider 里有关信息，将 parse()方法改写为如下所示：

```
def parse(self, response):
    result = json.loads(response.text)
    for image in result.get('list'):
        item = ImageItem()
        item['id'] = image.get('imageid')
        item['url'] = image.get('qhimg_url')
        item['title'] = image.get('group_title')
        item['thumb'] = image.get('qhimg_thumb_url')
        yield item
```

首先解析 JSON，遍历其 list 字段，取出一个个图片信息，然后再对 ImageItem 赋值，生成 Item 对象。

这样我们就完成了信息的提取。

8. 存储信息

接下来我们需要将图片的信息保存到 MongoDB、MySQL，同时将图片保存到本地。

- **MongoDB**

首先确保 MongoDB 已经正常安装并且正常运行。

我们用一个 MongoPipeline 将信息保存到 MongoDB，在 pipelines.py 里添加如下类的实现：

```
import pymongo

class MongoPipeline(object):
    def __init__(self, mongo_uri, mongo_db):
        self.mongo_uri = mongo_uri
        self.mongo_db = mongo_db

    @classmethod
    def from_crawler(cls, crawler):
        return cls(
            mongo_uri=crawler.settings.get('MONGO_URI'),
            mongo_db=crawler.settings.get('MONGO_DB')
        )
```

```
    def open_spider(self, spider):
        self.client = pymongo.MongoClient(self.mongo_uri)
        self.db = self.client[self.mongo_db]

    def process_item(self, item, spider):
        self.db[item.collection].insert(dict(item))
        return item

    def close_spider(self, spider):
        self.client.close()
```

这里需要用到两个变量，`MONGO_URI` 和 `MONGO_DB`，即存储到 MongoDB 的链接地址和数据库名称。我们在 settings.py 里添加这两个变量，如下所示：

```
MONGO_URI = 'localhost'
MONGO_DB = 'images360'
```

这样一个保存到 MongoDB 的 Pipeline 的就创建好了。这里最主要的方法是 `process_item()`方法，直接调用 Collection 对象的 `insert()`方法即可完成数据的插入，最后返回 Item 对象。

- **MySQL**

首先确保 MySQL 已经正确安装并且正常运行。

新建一个数据库，名字还是 images360，SQL 语句如下所示：

```
CREATE DATABASE images360 DEFAULT CHARACTER SET utf8 COLLATE utf8_general_ci
```

新建一个数据表，包含 `id`、`url`、`title`、`thumb` 四个字段，SQL 语句如下所示：

```
CREATE TABLE images (id VARCHAR(255) PRIMARY KEY, url VARCHAR(255) NULL , title VARCHAR(255) NULL ,
    thumb VARCHAR(255) NULL)
```

执行完 SQL 语句之后，我们就成功创建好了数据表。接下来就可以往表里存储数据了。

接下来我们实现一个 `MySQLPipeline`，代码如下所示：

```
import pymysql

class MysqlPipeline():
    def __init__(self, host, database, user, password, port):
        self.host = host
        self.database = database
        self.user = user
        self.password = password
        self.port = port

    @classmethod
    def from_crawler(cls, crawler):
        return cls(
            host=crawler.settings.get('MYSQL_HOST'),
            database=crawler.settings.get('MYSQL_DATABASE'),
            user=crawler.settings.get('MYSQL_USER'),
            password=crawler.settings.get('MYSQL_PASSWORD'),
            port=crawler.settings.get('MYSQL_PORT'),
        )

    def open_spider(self, spider):
        self.db = pymysql.connect(self.host, self.user, self.password, self.database, charset='utf8',
```

```
            port=self.port)
        self.cursor = self.db.cursor()

    def close_spider(self, spider):
        self.db.close()

    def process_item(self, item, spider):
        data = dict(item)
        keys = ', '.join(data.keys())
        values = ', '.join(['%s'] * len(data))
        sql = 'insert into %s (%s) values (%s)' % (item.table, keys, values)
        self.cursor.execute(sql, tuple(data.values()))
        self.db.commit()
        return item
```

如前所述，这里用到的数据插入方法是一个动态构造 SQL 语句的方法。

这里又需要几个 MySQL 的配置，我们在 settings.py 里添加几个变量，如下所示：

```
MYSQL_HOST = 'localhost'
MYSQL_DATABASE = 'images360'
MYSQL_PORT = 3306
MYSQL_USER = 'root'
MYSQL_PASSWORD = '123456'
```

这里分别定义了 MySQL 的地址、数据库名称、端口、用户名、密码。

这样，MySQL Pipeline 就完成了。

- **Image Pipeline**

Scrapy 提供了专门处理下载的 Pipeline，包括文件下载和图片下载。下载文件和图片的原理与抓取页面的原理一样，因此下载过程支持异步和多线程，下载十分高效。下面我们来看看具体的实现过程。

官方文档地址为：https://doc.scrapy.org/en/latest/topics/media-pipeline.html。

首先定义存储文件的路径，需要定义一个 IMAGES_STORE 变量，在 settings.py 中添加如下代码：

```
IMAGES_STORE = './images'
```

在这里我们将路径定义为当前路径下的 images 子文件夹，即下载的图片都会保存到本项目的 images 文件夹中。

内置的 ImagesPipeline 会默认读取 Item 的 image_urls 字段，并认为该字段是一个列表形式，它会遍历 Item 的 image_urls 字段，然后取出每个 URL 进行图片下载。

但是现在生成的 Item 的图片链接字段并不是 image_urls 字段表示的，也不是列表形式，而是单个的 URL。所以为了实现下载，我们需要重新定义下载的部分逻辑，即要自定义 ImagePipeline，继承内置的 ImagesPipeline，重写几个方法。

我们定义 ImagePipeline，如下所示：

```
from scrapy import Request
from scrapy.exceptions import DropItem
from scrapy.pipelines.images import ImagesPipeline
```

```
class ImagePipeline(ImagesPipeline):
    def file_path(self, request, response=None, info=None):
        url = request.url
        file_name = url.split('/')[-1]
        return file_name

    def item_completed(self, results, item, info):
        image_paths = [x['path'] for ok, x in results if ok]
        if not image_paths:
            raise DropItem('Image Downloaded Failed')
        return item

    def get_media_requests(self, item, info):
        yield Request(item['url'])
```

在这里我们实现了 ImagePipeline，继承 Scrapy 内置的 ImagesPipeline，重写下面几个方法。

- get_media_requests()。它的第一个参数 item 是爬取生成的 Item 对象。我们将它的 url 字段取出来，然后直接生成 Request 对象。此 Request 加入到调度队列，等待被调度，执行下载。
- file_path()。它的第一个参数 request 就是当前下载对应的 Request 对象。这个方法用来返回保存的文件名，直接将图片链接的最后一部分当作文件名即可。它利用 split() 函数分割链接并提取最后一部分，返回结果。这样此图片下载之后保存的名称就是该函数返回的文件名。
- item_completed()，它是当单个 Item 完成下载时的处理方法。因为并不是每张图片都会下载成功，所以我们需要分析下载结果并剔除下载失败的图片。如果某张图片下载失败，那么我们就不需保存此 Item 到数据库。该方法的第一个参数 results 就是该 Item 对应的下载结果，它是一个列表形式，列表每一个元素是一个元组，其中包含了下载成功或失败的信息。这里我们遍历下载结果找出所有成功的下载列表。如果列表为空，那么该 Item 对应的图片下载失败，随即抛出异常 DropItem，该 Item 忽略。否则返回该 Item，说明此 Item 有效。

现在为止，三个 Item Pipeline 的定义就完成了。最后只需要启用就可以了，修改 settings.py，设置 ITEM_PIPELINES，如下所示：

```
ITEM_PIPELINES = {
    'images360.pipelines.ImagePipeline': 300,
    'images360.pipelines.MongoPipeline': 301,
    'images360.pipelines.MysqlPipeline': 302,
}
```

这里注意调用的顺序。我们需要优先调用 ImagePipeline 对 Item 做下载后的筛选，下载失败的 Item 就直接忽略，它们就不会保存到 MongoDB 和 MySQL 里。随后再调用其他两个存储的 Pipeline，这样就能确保存入数据库的图片都是下载成功的。

接下来运行程序，执行爬取，如下所示：

```
scrapy crawl images
```

爬虫一边爬取一边下载，下载速度非常快，对应的输出日志如图 13-9 所示。

```
2017-07-29 22:50:50 [scrapy.pipelines.files] DEBUG: File (uptodate): Downloaded
image from <GET https://p4.ssl.qhimgs1.com/t0138272a8d9760956a.jpg> referred in
<None>
2017-07-29 22:50:50 [scrapy.pipelines.files] DEBUG: File (uptodate): Downloaded
image from <GET https://p0.ssl.qhimgs1.com/t010322a83dec6d8f1c.jpg> referred in
<None>
2017-07-29 22:50:50 [scrapy.pipelines.files] DEBUG: File (uptodate): Downloaded
image from <GET https://ps.ssl.qhmsg.com/t01537795afb5a350e9.jpg> referred in <N
one>
2017-07-29 22:50:50 [scrapy.pipelines.files] DEBUG: File (uptodate): Downloaded
image from <GET https://p0.ssl.qhimgs1.com/t015398341eb8ebcf7c.jpg> referred in
<None>
2017-07-29 22:50:50 [scrapy.pipelines.files] DEBUG: File (uptodate): Downloaded
image from <GET https://ps.ssl.qhmsg.com/t01d9ae56366442d168.jpg> referred in <N
one>
2017-07-29 22:50:50 [scrapy.pipelines.files] DEBUG: File (uptodate): Downloaded
image from <GET https://p1.ssl.qhimgs1.com/t01a6459c69b153f96d.jpg> referred in
<None>
2017-07-29 22:50:50 [scrapy.pipelines.files] DEBUG: File (uptodate): Downloaded
image from <GET https://p0.ssl.qhimgs1.com/t016e9fb75ebb53e9ac.jpg> referred in
<None>
2017-07-29 22:50:50 [scrapy.pipelines.files] DEBUG: File (uptodate): Downloaded
image from <GET https://p0.ssl.qhimgs1.com/t010d0ed0b79ce14cbc.jpg> referred in
<None>
```

图 13-9　输出日志

查看本地 images 文件夹，发现图片都已经成功下载，如图 13-10 所示。

图 13-10　下载结果

查看 MySQL，下载成功的图片信息也已成功保存，如图 13-11 所示。

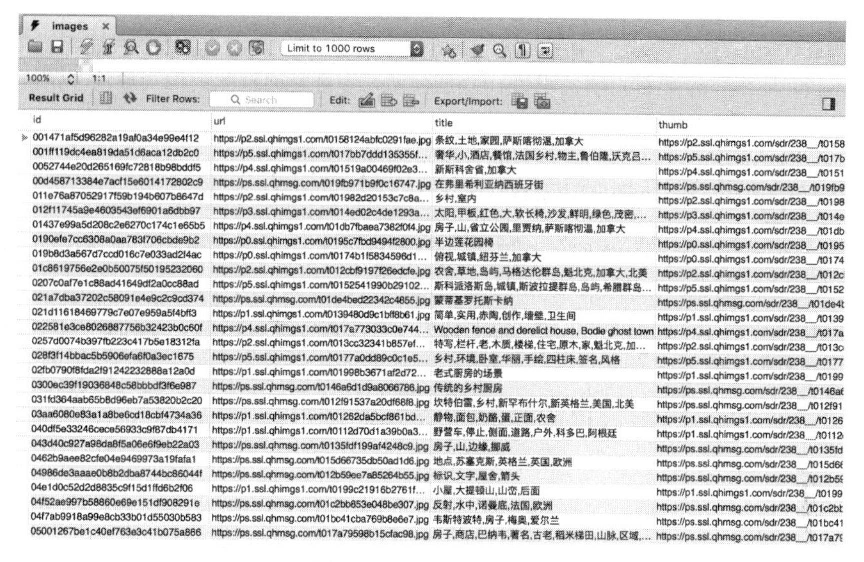

图 13-11 MySQL 结果

查看 MongoDB，下载成功的图片信息同样已成功保存，如图 13-12 所示。

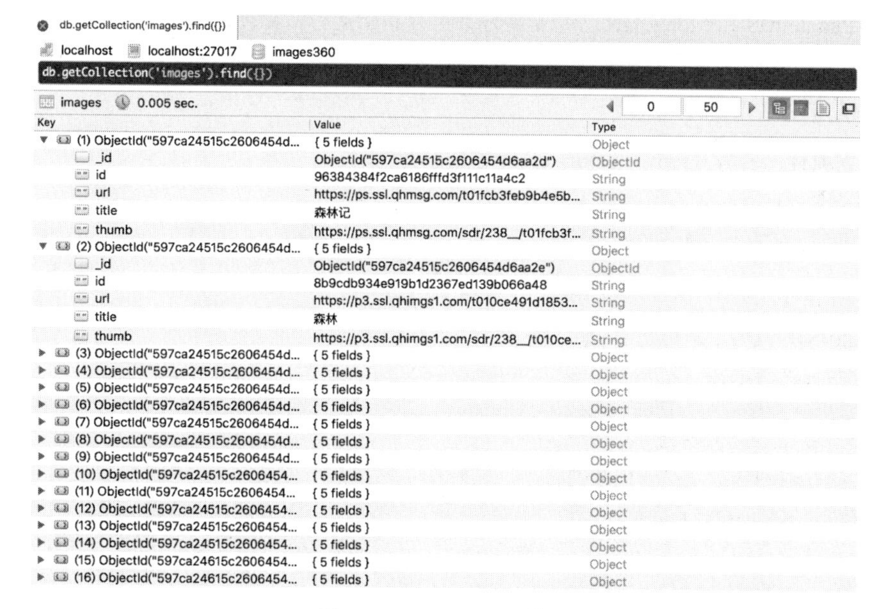

图 13-12 MongoDB 结果

这样我们就可以成功实现图片的下载并把图片的信息存入数据库。

9. 本节代码

本节代码地址为：https://github.com/Python3WebSpider/Images360。

10. 结语

Item Pipeline是Scrapy非常重要的组件，数据存储几乎都是通过此组件实现的。请读者认真掌握此内容。

13.8 Scrapy对接Selenium

Scrapy抓取页面的方式和requests库类似，都是直接模拟HTTP请求，而Scrapy也不能抓取JavaScript动态渲染的页面。在前文中抓取JavaScript渲染的页面有两种方式。一种是分析Ajax请求，找到其对应的接口抓取，Scrapy同样可以用此种方式抓取。另一种是直接用Selenium或Splash模拟浏览器进行抓取，我们不需要关心页面后台发生的请求，也不需要分析渲染过程，只需要关心页面最终结果即可，可见即可爬。那么，如果Scrapy可以对接Selenium，那Scrapy就可以处理任何网站的抓取了。

1. 本节目标

本节我们来看看Scrapy框架如何对接Selenium，以PhantomJS进行演示。我们依然抓取淘宝商品信息，抓取逻辑和前文中用Selenium抓取淘宝商品完全相同。

2. 准备工作

请确保PhantomJS和MongoDB已经安装好并可以正常运行，安装好Scrapy、Selenium、PyMongo库，安装方式可以参考第1章的安装说明。

3. 新建项目

首先新建项目，名为scrapyseleniumtest，命令如下所示：

```
scrapy startproject scrapyseleniumtest
```

新建一个Spider，命令如下所示：

```
scrapy genspider taobao www.taobao.com
```

修改ROBOTSTXT_OBEY为False，如下所示：

```
ROBOTSTXT_OBEY = False
```

4. 定义Item

首先定义Item对象，名为ProductItem，代码如下所示：

```
from scrapy import Item, Field

class ProductItem(Item):

    collection = 'products'
    image = Field()
    price = Field()
    deal = Field()
    title = Field()
    shop = Field()
    location = Field()
```

这里我们定义了 6 个 Field，也就是 6 个字段，跟之前的案例完全相同。然后定义了一个 collection 属性，即此 Item 保存的 MongoDB 的 Collection 名称。

初步实现 Spider 的 start_requests()方法，如下所示：

```
from scrapy import Request, Spider
from urllib.parse import quote
from scrapyseleniumtest.items import ProductItem

class TaobaoSpider(Spider):
    name = 'taobao'
    allowed_domains = ['www.taobao.com']
    base_url = 'https://s.taobao.com/search?q='

    def start_requests(self):
        for keyword in self.settings.get('KEYWORDS'):
            for page in range(1, self.settings.get('MAX_PAGE') + 1):
                url = self.base_url + quote(keyword)
                yield Request(url=url, callback=self.parse, meta={'page': page}, dont_filter=True)
```

首先定义了一个 base_url，即商品列表的 URL，其后拼接一个搜索关键字就是该关键字在淘宝的搜索结果商品列表页面。

关键字用 KEYWORDS 标识，定义为一个列表。最大翻页页码用 MAX_PAGE 表示。它们统一定义在 setttings.py 里面，如下所示：

```
KEYWORDS = ['iPad']
MAX_PAGE = 100
```

在 start_requests()方法里，我们首先遍历了关键字，遍历了分页页码，构造并生成 Request。由于每次搜索的 URL 是相同的，所以分页页码用 meta 参数来传递，同时设置 dont_filter 不去重。这样爬虫启动的时候，就会生成每个关键字对应的商品列表的每一页的请求了。

5. 对接 Selenium

接下来我们需要处理这些请求的抓取。这次我们对接 Selenium 进行抓取，采用 Downloader Middleware 来实现。在 Middleware 里面的 process_request()方法里对每个抓取请求进行处理，启动浏览器并进行页面渲染，再将渲染后的结果构造一个 HtmlResponse 对象返回。代码实现如下所示：

```
from selenium import webdriver
from selenium.common.exceptions import TimeoutException
from selenium.webdriver.common.by import By
from selenium.webdriver.support.ui import WebDriverWait
from selenium.webdriver.support import expected_conditions as EC
from scrapy.http import HtmlResponse
from logging import getLogger

class SeleniumMiddleware():
    def __init__(self, timeout=None, service_args=[]):
        self.logger = getLogger(__name__)
        self.timeout = timeout
        self.browser = webdriver.PhantomJS(service_args=service_args)
        self.browser.set_window_size(1400, 700)
        self.browser.set_page_load_timeout(self.timeout)
        self.wait = WebDriverWait(self.browser, self.timeout)
```

```
    def __del__(self):
        self.browser.close()

    def process_request(self, request, spider):
        """
        用PhantomJS抓取页面
        :param request: Request对象
        :param spider: Spider对象
        :return: HtmlResponse
        """
        self.logger.debug('PhantomJS is Starting')
        page = request.meta.get('page', 1)
        try:
            self.browser.get(request.url)
            if page > 1:
                input = self.wait.until(
                    EC.presence_of_element_located((By.CSS_SELECTOR, '#mainsrp-pager div.form > input')))
                submit = self.wait.until(
                    EC.element_to_be_clickable((By.CSS_SELECTOR, '#mainsrp-pager div.form >
                        span.btn.J_Submit')))
                input.clear()
                input.send_keys(page)
                submit.click()
            self.wait.until(EC.text_to_be_present_in_element((By.CSS_SELECTOR, '#mainsrp-pager
                li.item.active > span'), str(page)))
            self.wait.until(EC.presence_of_element_located((By.CSS_SELECTOR, '.m-itemlist .items .item')))
            return HtmlResponse(url=request.url, body=self.browser.page_source, request=request,
                encoding='utf-8', status=200)
        except TimeoutException:
            return HtmlResponse(url=request.url, status=500, request=request)

    @classmethod
    def from_crawler(cls, crawler):
        return cls(timeout=crawler.settings.get('SELENIUM_TIMEOUT'),
            service_args=crawler.settings.get('PHANTOMJS_SERVICE_ARGS'))
```

首先我们在__init__()里对一些对象进行初始化，包括PhantomJS、WebDriverWait等对象，同时设置页面大小和页面加载超时时间。在process_request()方法中，我们通过Request的meta属性获取当前需要爬取的页码，调用PhantomJS对象的get()方法访问Request的对应的URL。这就相当于从Request对象里获取请求链接，然后再用PhantomJS加载，而不再使用Scrapy里的Downloader。

随后的处理等待和翻页的方法在此不再赘述，和前文的原理完全相同。最后，页面加载完成之后，我们调用PhantomJS的page_source属性即可获取当前页面的源代码，然后用它来直接构造并返回一个HtmlResponse对象。构造这个对象的时候需要传入多个参数，如url、body等，这些参数实际上就是它的基础属性。可以在官方文档查看HtmlResponse对象的结构：https://doc.scrapy.org/en/latest/topics/request-response.html。这样我们就成功利用PhantomJS来代替Scrapy完成了页面的加载，最后将Response返回即可。

有人可能会纳闷：为什么实现这么一个Downloader Middleware就可以了？之前的Request对象怎么办？Scrapy不再处理了吗？Response返回后又传递给了谁？

是的，Request对象到这里就不会再处理了，也不会再像以前一样交给Downloader下载。Response会直接传给Spider进行解析。

我们需要回顾一下 Downloader Middleware 的 process_request()方法的处理逻辑，内容如下所示：

当 process_request()方法返回 Response 对象的时候，更低优先级的 Downloader Middleware 的 process_request()和 process_exception()方法就不会被继续调用了，转而开始执行每个 Downloader Middleware 的 process_response()方法，调用完毕之后直接将 Response 对象发送给 Spider 来处理。

这里直接返回了一个 HtmlResponse 对象，它是 Response 的子类，返回之后便顺次调用每个 Downloader Middleware 的 process_response()方法。而在 process_response()中我们没有对其做特殊处理，它会被发送给 Spider，传给 Request 的回调函数进行解析。

到现在，我们应该能了解 Downloader Middleware 实现 Selenium 对接的原理了。

在 settings.py 里，我们设置调用刚才定义的 SeleniumMiddleware，如下所示：

```
DOWNLOADER_MIDDLEWARES = {
    'scrapyseleniumtest.middlewares.SeleniumMiddleware': 543,
}
```

6. 解析页面

Response 对象就会回传给 Spider 内的回调函数进行解析。所以下一步我们就实现其回调函数，对网页来进行解析，代码如下所示：

```
def parse(self, response):
    products = response.xpath(
        '//div[@id="mainsrp-itemlist"]//div[@class="items"][1]//div[contains(@class, "item")]')
    for product in products:
        item = ProductItem()
        item['price'] = ''.join(product.xpath('.//div[contains(@class,
            "price")]//text()').extract()).strip()
        item['title'] = ''.join(product.xpath('.//div[contains(@class,
            "title")]//text()').extract()).strip()
        item['shop'] = ''.join(product.xpath('.//div[contains(@class, "shop")]//text()').extract()).strip()
        item['image'] = ''.join(product.xpath('.//div[@class="pic"]//img[contains(@class,
            "img")]/@data-src').extract()).strip()
        item['deal'] = product.xpath('.//div[contains(@class, "deal-cnt")]//text()').extract_first()
        item['location'] = product.xpath('.//div[contains(@class, "location")]//text()').extract_first()
        yield item
```

在这里我们使用 XPath 进行解析，调用 response 变量的 xpath()方法即可。首先我们传递选取所有商品对应的 XPath，可以匹配所有商品，随后对结果进行遍历，依次选取每个商品的名称、价格、图片等内容，构造并返回一个 ProductItem 对象。

7. 存储结果

最后我们实现一个 Item Pipeline，将结果保存到 MongoDB，如下所示：


```
import pymongo

class MongoPipeline(object):
    def __init__(self, mongo_uri, mongo_db):
        self.mongo_uri = mongo_uri
        self.mongo_db = mongo_db

    @classmethod
    def from_crawler(cls, crawler):
```

```
        return cls(mongo_uri=crawler.settings.get('MONGO_URI'), mongo_db=crawler.settings.get('MONGO_DB'))

    def open_spider(self, spider):
        self.client = pymongo.MongoClient(self.mongo_uri)
        self.db = self.client[self.mongo_db]

    def process_item(self, item, spider):
        self.db[item.collection].insert(dict(item))
        return item

    def close_spider(self, spider):
        self.client.close()
```

此实现和前文中存储到 MongoDB 的方法完全一致，原理不再赘述。记得在 settings.py 中开启它的调用，如下所示：

```
ITEM_PIPELINES = {
    'scrapyseleniumtest.pipelines.MongoPipeline': 300,
}
```

其中，MONGO_URI 和 MONGO_DB 的定义如下所示：

```
MONGO_URI = 'localhost'
MONGO_DB = 'taobao'
```

8. 运行

整个项目就完成了，执行如下命令启动抓取即可：

```
scrapy crawl taobao
```

运行结果如图 13-13 所示。

```
scrapyseleniumtest — scrapy3 crawl taobao — scrapy3 — phantomjs ◂ scrapy3 crawl taobao — 80×24
{'deal': '0人付款',
 'image': '//g-search2.alicdn.com/img/bao/uploaded/i4/i4/379333802/TB2wh32pdBopu
FjSZPcXXc9EpXa_!!379333802.png',
 'location': '福建 福州',
 'price': '¥2950.00',
 'shop': 'elaine9351',
 'title': '原封国行Apple/苹果iPad mini 4【32G WIFI版】平板电脑'}
2017-08-06 14:57:54 [scrapy.core.scraper] DEBUG: Scraped from <200 https://s.tao
bao.com/search?q=iPad>
{'deal': '5人付款',
 'image': '//g-search2.alicdn.com/img/bao/uploaded/i4/i2/56549294/TB2aKMzuSJjpuF
jy0FdXXXmoFXa_!!56549294.jpg',
 'location': '陕西 西安',
 'price': '¥2395.00',
 'shop': '买qq幻想的东西',
 'title': 'Apple/苹果 iPad Air 2 2017新ipad9.7寸电脑平板西安当天送货'}
2017-08-06 14:57:54 [scrapy.core.scraper] DEBUG: Scraped from <200 https://s.tao
bao.com/search?q=iPad>
{'deal': '2813人付款',
 'image': '//g-search1.alicdn.com/img/bao/uploaded/i4/imgextra/i3/17496060039456
80542/TB2ZUpmlstnpuFjSZFKXXalFFXa_!!0-saturn_solar.jpg',
 'location': '广东 深圳',
 'price': '¥2318.00',
 'shop': '领域数码通讯',
```

图 13-13　运行结果

查看 MongoDB，结果如图 13-14 所示。

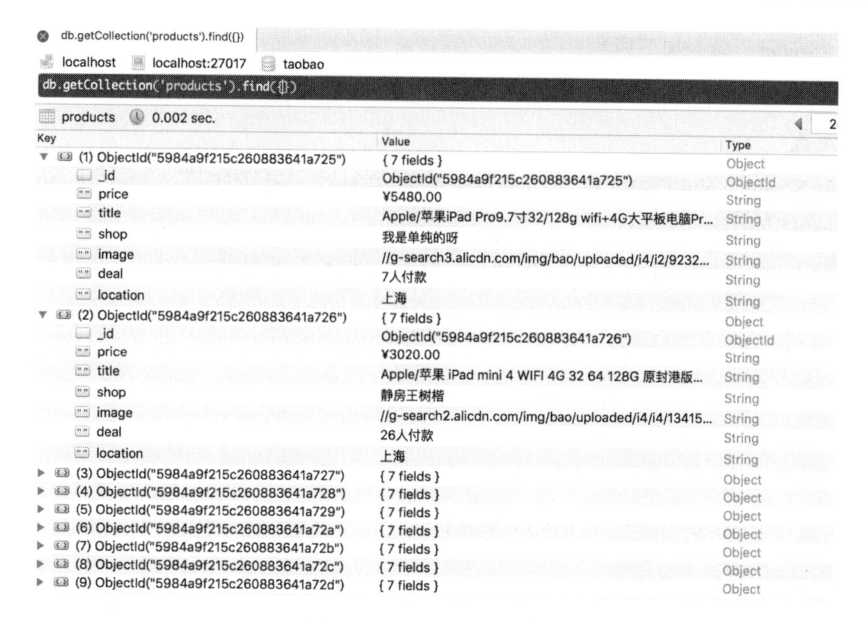

图 13-14　MongoDB 结果

这样我们便成功在 Scrapy 中对接 Selenium 并实现了淘宝商品的抓取。

9. 本节代码

本节代码地址为：https://github.com/Python3WebSpider/ScrapySeleniumTest。

10. 结语

我们通过实现 Downloader Middleware 的方式实现了 Selenium 的对接。但这种方法其实是阻塞式的，也就是说这样就破坏了 Scrapy 异步处理的逻辑，速度会受到影响。为了不破坏其异步加载逻辑，我们可以使用 Splash 实现。下一节我们再来看看 Scrapy 对接 Splash 的方式。

13.9　Scrapy 对接 Splash

在上一节我们实现了 Scrapy 对接 Selenium 抓取淘宝商品的过程，这是一种抓取 JavaScript 动态渲染页面的方式。除了 Selenium，Splash 也可以实现同样的功能。本节我们来了解 Scrapy 对接 Splash 来进行页面抓取的方式。

1. 准备工作

请确保 Splash 已经正确安装并正常运行，同时安装好 Scrapy-Splash 库，如果没有安装可以参考第 1 章的安装说明。

2. 新建项目

首先新建一个项目，名为 scrapysplashtest，命令如下所示：

```
scrapy startproject scrapysplashtest
```

新建一个 Spider，命令如下所示：

```
scrapy genspider taobao www.taobao.com
```

3. 添加配置

可以参考 Scrapy-Splash 的配置说明进行一步步的配置，链接如下：https://github.com/scrapy-plugins/scrapy-splash#configuration。

修改 settings.py，配置 SPLASH_URL。在这里我们的 Splash 是在本地运行的，所以可以直接配置本地的地址：

```
SPLASH_URL = 'http://localhost:8050'
```

如果 Splash 是在远程服务器运行的，那此处就应该配置为远程的地址。例如运行在 IP 为 120.27.34.25 的服务器上，则此处应该配置为：

```
SPLASH_URL = 'http://120.27.34.25:8050'
```

还需要配置几个 Middleware，代码如下所示：

```
DOWNLOADER_MIDDLEWARES = {
    'scrapy_splash.SplashCookiesMiddleware': 723,
    'scrapy_splash.SplashMiddleware': 725,
    'scrapy.downloadermiddlewares.httpcompression.HttpCompressionMiddleware': 810,
}
SPIDER_MIDDLEWARES = {
    'scrapy_splash.SplashDeduplicateArgsMiddleware': 100,
}
```

这里配置了三个 Downloader Middleware 和一个 Spider Middleware，这是 Scrapy-Splash 的核心部分。我们不再需要像对接 Selenium 那样实现一个 Downloader Middleware，Scrapy-Splash 库都为我们准备好了，直接配置即可。

还需要配置一个去重的类 DUPEFILTER_CLASS，代码如下所示：

```
DUPEFILTER_CLASS = 'scrapy_splash.SplashAwareDupeFilter'
```

最后配置一个 Cache 存储 HTTPCACHE_STORAGE，代码如下所示：

```
HTTPCACHE_STORAGE = 'scrapy_splash.SplashAwareFSCacheStorage'
```

4. 新建请求

配置完成之后，我们就可以利用 Splash 来抓取页面了。我们可以直接生成一个 SplashRequest 对象并传递相应的参数，Scrapy 会将此请求转发给 Splash，Splash 对页面进行渲染加载，然后再将渲染结果传递回来。此时 Response 的内容就是渲染完成的页面结果了，最后交给 Spider 解析即可。

我们来看一个示例，如下所示：

```
yield SplashRequest(url, self.parse_result,
    args={
        # optional; parameters passed to Splash HTTP API
        'wait': 0.5,
        # 'url' is prefilled from request url
        # 'http_method' is set to 'POST' for POST requests
        # 'body' is set to request body for POST requests
```

```
    },
    endpoint='render.json', # optional; default is render.html
    splash_url='<url>',     # optional; overrides SPLASH_URL
)
```

这里构造了一个 SplashRequest 对象，前两个参数依然是请求的 URL 和回调函数。另外我们还可以通过 args 传递一些渲染参数，例如等待时间 wait 等，还可以根据 endpoint 参数指定渲染接口。更多参数可以参考文档说明：https://github.com/scrapy-plugins/scrapy-splash#requests。

另外我们也可以生成 Request 对象，Splash 的配置通过 meta 属性配置即可，代码如下：

```
yield scrapy.Request(url, self.parse_result, meta={
    'splash': {
        'args': {
            # set rendering arguments here
            'html': 1,
            'png': 1,
            # 'url' is prefilled from request url
            # 'http_method' is set to 'POST' for POST requests
            # 'body' is set to request body for POST requests
        },
        # optional parameters
        'endpoint': 'render.json',  # optional; default is render.json
        'splash_url': '<url>',      # optional; overrides SPLASH_URL
        'slot_policy': scrapy_splash.SlotPolicy.PER_DOMAIN,
        'splash_headers': {},       # optional; a dict with headers sent to Splash
        'dont_process_response': True, # optional, default is False
        'dont_send_headers': True,  # optional, default is False
        'magic_response': False,    # optional, default is True
    }
})
```

SplashRequest 对象通过 args 来配置和 Request 对象通过 meta 来配置，两种方式达到的效果是相同的。

本节我们要做的抓取是淘宝商品信息，涉及页面加载等待、模拟点击翻页等操作。我们可以首先定义一个 Lua 脚本，来实现页面加载、模拟点击翻页的功能，代码如下所示：

```
function main(splash, args)
  args = {
    url="https://s.taobao.com/search?q=iPad",
    wait=5,
    page=5
  }
  splash.images_enabled = false
  assert(splash:go(args.url))
  assert(splash:wait(args.wait))
  js = string.format("document.querySelector('#mainsrp-pager div.form > input').value=%d;
      document.querySelector('#mainsrp-pager div.form > span.btn.J_Submit').click()", args.page)
  splash:evaljs(js)
  assert(splash:wait(args.wait))
  return splash:png()
end
```

我们定义了三个参数：请求的链接 url、等待时间 wait、分页页码 page。然后禁用图片加载，请求淘宝的商品列表页面，通过 evaljs()方法调用 JavaScript 代码，实现页码填充和翻页点击，最后返回页面截图。我们将脚本放到 Splash 中运行，正常获取到页面截图，如图 13-15 所示。

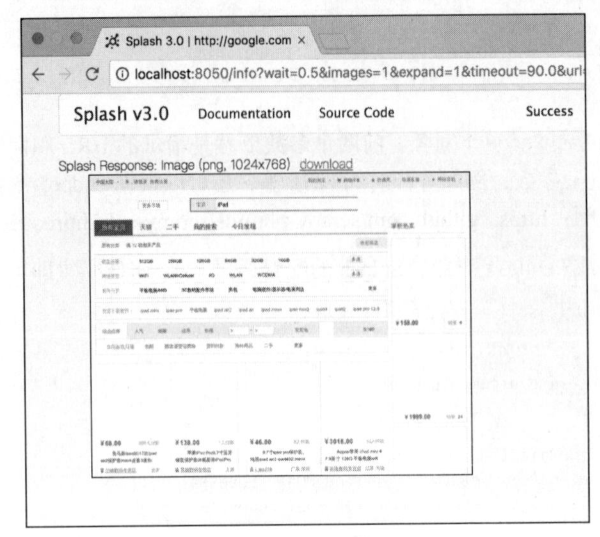

图 13-15　页面截图

翻页操作也成功实现，如图 13-16 所示即为当前页码，和我们传入的页码 page 参数是相同的。

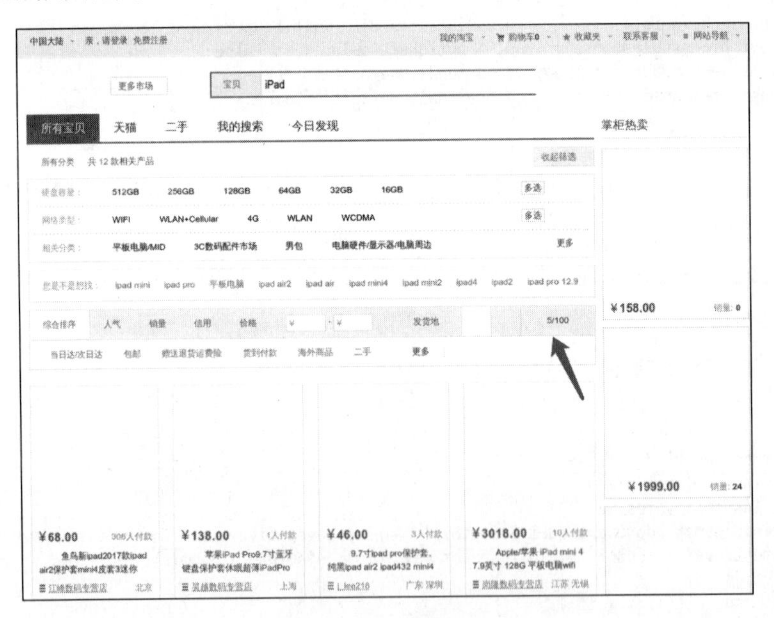

图 13-16　翻页结果

我们只需要在 Spider 里用 `SplashRequest` 对接 Lua 脚本就好了，如下所示：

```
from scrapy import Spider
from urllib.parse import quote
from scrapysplashtest.items import ProductItem
from scrapy_splash import SplashRequest
```

```
script = """
function main(splash, args)
  splash.images_enabled = false
  assert(splash:go(args.url))
  assert(splash:wait(args.wait))
  js = string.format("document.querySelector('#mainsrp-pager div.form > input').value=%d;
     document.querySelector('#mainsrp-pager div.form > span.btn.J_Submit').click()", args.page)
  splash:evaljs(js)
  assert(splash:wait(args.wait))
  return splash:html()
end
"""

class TaobaoSpider(Spider):
    name = 'taobao'
    allowed_domains = ['www.taobao.com']
    base_url = 'https://s.taobao.com/search?q='

    def start_requests(self):
        for keyword in self.settings.get('KEYWORDS'):
            for page in range(1, self.settings.get('MAX_PAGE') + 1):
                url = self.base_url + quote(keyword)
                yield SplashRequest(url, callback=self.parse, endpoint='execute', args={'lua_source': script,
                    'page': page, 'wait': 7})
```

我们把 Lua 脚本定义成长字符串，通过 SplashRequest 的 args 来传递参数，接口修改为 execute。另外，args 参数里还有一个 lua_source 字段用于指定 Lua 脚本内容。这样我们就成功构造了一个 SplashRequest，对接 Splash 的工作就完成了。

其他的配置不需要更改，Item、Item Pipeline 等设置与上节对接 Selenium 的方式相同，parse()回调函数也是完全一致的。

5. 运行

接下来，我们通过如下命令运行爬虫：

```
scrapy crawl taobao
```

运行结果如图 13-17 所示。

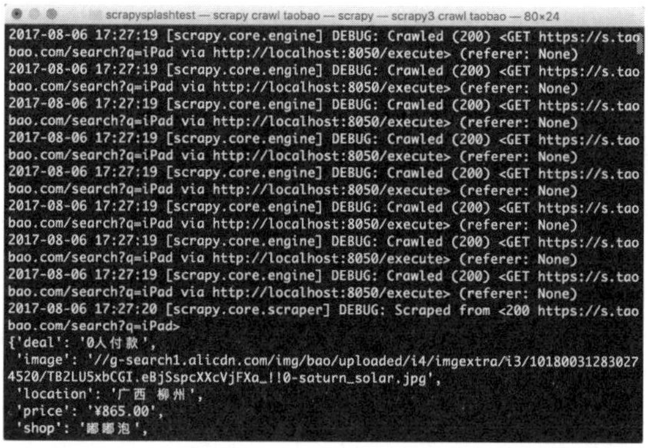

```
scrapysplashtest — scrapy crawl taobao — scrapy — scrapy3 crawl taobao — 80×24
2017-08-06 17:27:19 [scrapy.core.engine] DEBUG: Crawled (200) <GET https://s.tao
bao.com/search?q=iPad via http://localhost:8050/execute> (referer: None)
2017-08-06 17:27:19 [scrapy.core.engine] DEBUG: Crawled (200) <GET https://s.tao
bao.com/search?q=iPad via http://localhost:8050/execute> (referer: None)
2017-08-06 17:27:19 [scrapy.core.engine] DEBUG: Crawled (200) <GET https://s.tao
bao.com/search?q=iPad via http://localhost:8050/execute> (referer: None)
2017-08-06 17:27:19 [scrapy.core.engine] DEBUG: Crawled (200) <GET https://s.tao
bao.com/search?q=iPad via http://localhost:8050/execute> (referer: None)
2017-08-06 17:27:19 [scrapy.core.engine] DEBUG: Crawled (200) <GET https://s.tao
bao.com/search?q=iPad via http://localhost:8050/execute> (referer: None)
2017-08-06 17:27:19 [scrapy.core.engine] DEBUG: Crawled (200) <GET https://s.tao
bao.com/search?q=iPad via http://localhost:8050/execute> (referer: None)
2017-08-06 17:27:19 [scrapy.core.engine] DEBUG: Crawled (200) <GET https://s.tao
bao.com/search?q=iPad via http://localhost:8050/execute> (referer: None)
2017-08-06 17:27:19 [scrapy.core.engine] DEBUG: Crawled (200) <GET https://s.tao
bao.com/search?q=iPad via http://localhost:8050/execute> (referer: None)
2017-08-06 17:27:20 [scrapy.core.scraper] DEBUG: Scraped from <200 https://s.tao
bao.com/search?q=iPad>
{'deal': '0人付款',
 'image': '//g-search1.alicdn.com/img/bao/uploaded/i4/imgextra/i3/10180031283027
4520/TB2LU5xbCGI.eBjSspcXXcVjFXa_!!0-saturn_solar.jpg',
 'location': '广西 柳州',
 'price': '¥865.00',
 'shop': '嘟嘟泡',
```

图 13-17 运行结果

由于 Splash 和 Scrapy 都支持异步处理，我们可以看到同时会有多个抓取成功的结果。在 Selenium 的对接过程中，每个页面渲染下载是在 Downloader Middleware 里完成的，所以整个过程是阻塞式的。Scrapy 会等待这个过程完成后再继续处理和调度其他请求，这影响了爬取效率。因此使用 Splash 的爬取效率比 Selenium 高很多。

最后我们再看看 MongoDB 的结果，如图 13-18 所示。

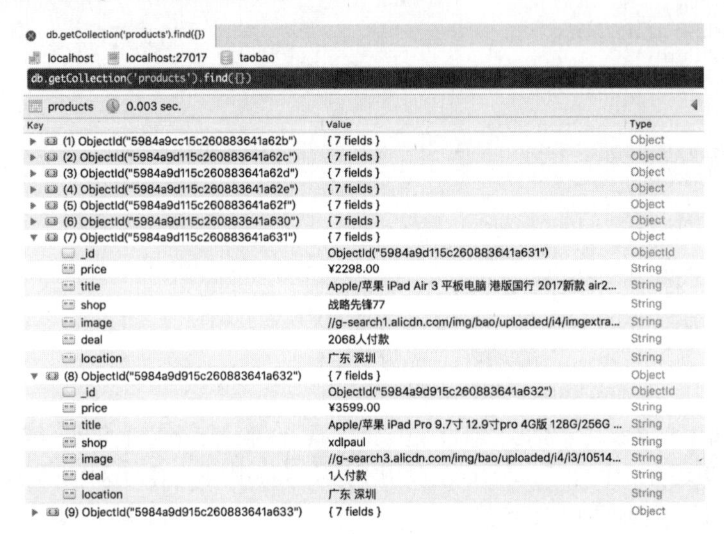

图 13-18　存储结果

结果同样正常保存到 MongoDB 中。

6. 本节代码

本节代码地址为：https://github.com/Python3WebSpider/ScrapySplashTest。

7. 结语

因此，在 Scrapy 中，建议使用 Splash 处理 JavaScript 动态渲染的页面。这样不会破坏 Scrapy 中的异步处理过程，会大大提高爬取效率。而且 Splash 的安装和配置比较简单，通过 API 调用的方式实现了模块分离，大规模爬取的部署也更加方便。

13.10　Scrapy 通用爬虫

通过 Scrapy，我们可以轻松地完成一个站点爬虫的编写。但如果抓取的站点量非常大，比如爬取各大媒体的新闻信息，多个 Spider 则可能包含很多重复代码。

如果我们将各个站点的 Spider 的公共部分保留下来，不同的部分提取出来作为单独的配置，如爬取规则、页面解析方式等抽离出来做成一个配置文件，那么我们在新增一个爬虫的时候，只需要实现这些网站的爬取规则和提取规则即可。

本节我们就来探究一下 Scrapy 通用爬虫的实现方法。

1. CrawlSpider

在实现通用爬虫之前，我们需要先了解一下 CrawlSpider，其官方文档链接为：http://scrapy.readthedocs.io/en/latest/topics/spiders.html#crawlspider。

CrawlSpider 是 Scrapy 提供的一个通用 Spider。在 Spider 里，我们可以指定一些爬取规则来实现页面的提取，这些爬取规则由一个专门的数据结构 Rule 表示。Rule 里包含提取和跟进页面的配置，Spider 会根据 Rule 来确定当前页面中的哪些链接需要继续爬取、哪些页面的爬取结果需要用哪个方法解析等。

CrawlSpider 继承自 Spider 类。除了 Spider 类的所有方法和属性，它还提供了一个非常重要的属性和方法。

- rules，它是爬取规则属性，是包含一个或多个 Rule 对象的列表。每个 Rule 对爬取网站的动作都做了定义，CrawlSpider 会读取 rules 的每一个 Rule 并进行解析。
- parse_start_url()，它是一个可重写的方法。当 start_urls 里对应的 Request 得到 Response 时，该方法被调用，它会分析 Response 并必须返回 Item 对象或者 Request 对象。

这里最重要的内容莫过于 Rule 的定义了，它的定义和参数如下所示：

```
class scrapy.contrib.spiders.Rule(link_extractor, callback=None, cb_kwargs=None, follow=None,
    process_links=None, process_request=None)
```

下面将依次说明 Rule 的参数。

- **link_extractor**：是 Link Extractor 对象。通过它，Spider 可以知道从爬取的页面中提取哪些链接。提取出的链接会自动生成 Request。它又是一个数据结构，一般常用 LxmlLinkExtractor 对象作为参数，其定义和参数如下所示：

  ```
  class scrapy.linkextractors.lxmlhtml.LxmlLinkExtractor(allow=(), deny=(), allow_domains=(),
      deny_domains=(), deny_extensions=None, restrict_xpaths=(), restrict_css=(), tags=('a', 'area'),
      attrs=('href', ), canonicalize=False, unique=True, process_value=None, strip=True)
  ```

  allow 是一个正则表达式或正则表达式列表，它定义了从当前页面提取出的链接哪些是符合要求的，只有符合要求的链接才会被跟进。deny 则相反。allow_domains 定义了符合要求的域名，只有此域名的链接才会被跟进生成新的 Request，它相当于域名白名单。deny_domains 则相反，相当于域名黑名单。restrict_xpaths 定义了从当前页面中 XPath 匹配的区域提取链接，其值是 XPath 表达式或 XPath 表达式列表。restrict_css 定义了从当前页面中 CSS 选择器匹配的区域提取链接，其值是 CSS 选择器或 CSS 选择器列表。还有一些其他参数代表了提取链接的标签、是否去重、链接的处理等内容，使用的频率不高。可以参考文档的参数说明：http://scrapy.readthedocs.io/en/latest/topics/link-extractors.html#module-scrapy.linkextractors.lxmlhtml。

- **callback**：即回调函数，和之前定义 Request 的 callback 有相同的意义。每次从 link_extractor 中获取到链接时，该函数将会调用。该回调函数接收一个 response 作为其第一个参数，并返回一个包含 Item 或 Request 对象的列表。注意，避免使用 parse()作为回调函数。由于 CrawlSpider 使用 parse()方法来实现其逻辑，如果 parse()方法覆盖了，CrawlSpider 将会运行失败。

- **cb_kwargs**：字典，它包含传递给回调函数的参数。
- **follow**：布尔值，即 True 或 False，它指定根据该规则从 response 提取的链接是否需要跟进。如果 callback 参数为 None，follow 默认设置为 True，否则默认为 False。
- **process_links**：指定处理函数，从 link_extractor 中获取到链接列表时，该函数将会调用，它主要用于过滤。
- **process_request**：同样是指定处理函数，根据该 Rule 提取到每个 Request 时，该函数都会调用，对 Request 进行处理。该函数必须返回 Request 或者 None。

以上内容便是 CrawlSpider 中的核心 Rule 的基本用法。但这些内容可能还不足以完成一个 CrawlSpider 爬虫。下面我们利用 CrawlSpider 实现新闻网站的爬取实例，来更好地理解 Rule 的用法。

2. Item Loader

我们了解了利用 CrawlSpider 的 Rule 来定义页面的爬取逻辑，这是可配置化的一部分内容。但是，Rule 并没有对 Item 的提取方式做规则定义。对于 Item 的提取，我们需要借助另一个模块 Item Loader 来实现。

Item Loader 提供一种便捷的机制来帮助我们方便地提取 Item。它提供的一系列 API 可以分析原始数据对 Item 进行赋值。Item 提供的是保存抓取数据的容器，而 Item Loader 提供的是填充容器的机制。有了它，数据的提取会变得更加规则化。

Item Loader 的 API 如下所示：

```
class scrapy.loader.ItemLoader([item, selector, response, ] **kwargs)
```

Item Loader 的 API 返回一个新的 Item Loader 来填充给定的 Item。如果没有给出 Item，则使用中的类自动实例化 default_item_class。另外，它传入 selector 和 response 参数来使用选择器或响应参数实例化。

下面将依次说明 Item Loader 的 API 参数。

- **item**：它是 Item 对象，可以调用 add_xpath()、add_css()或 add_value()等方法来填充 Item 对象。
- **selector**：它是 Selector 对象，用来提取填充数据的选择器。
- **response**：它是 Response 对象，用于使用构造选择器的 Response。

一个比较典型的 Item Loader 实例如下所示：

```
from scrapy.loader import ItemLoader
from project.items import Product

def parse(self, response):
    loader = ItemLoader(item=Product(), response=response)
    loader.add_xpath('name', '//div[@class="product_name"]')
    loader.add_xpath('name', '//div[@class="product_title"]')
    loader.add_xpath('price', '//p[@id="price"]')
    loader.add_css('stock', 'p#stock]')
    loader.add_value('last_updated', 'today')
    return loader.load_item()
```

这里首先声明一个 Product Item，用该 Item 和 Response 对象实例化 ItemLoader，调用 add_xpath()

方法把来自两个不同位置的数据提取出来，分配给 name 属性，再用 add_xpath()、add_css()、add_value()等方法对不同属性依次赋值，最后调用 load_item()方法实现 Item 的解析。这种方式比较规则化，我们可以把一些参数和规则单独提取出来做成配置文件或存到数据库，即可实现可配置化。

另外，Item Loader 每个字段中都包含了一个 Input Processor（输入处理器）和一个 Output Processor（输出处理器）。Input Processor 收到数据时立刻提取数据，Input Processor 的结果被收集起来并且保存在 ItemLoader 内，但是不分配给 Item。收集到所有的数据后，load_item()方法被调用来填充再生成 Item 对象。在调用时会先调用 Output Processor 来处理之前收集到的数据，然后再存入 Item 中，这样就生成了 Item。

下面将介绍一些内置的的 Processor。

- Identity

Identity 是最简单的 Processor，不进行任何处理，直接返回原来的数据。

- TakeFirst

TakeFirst 返回列表的第一个非空值，类似 extract_first()的功能，常用作 Output Processor，如下所示：

```
from scrapy.loader.processors import TakeFirst
processor = TakeFirst()
print(processor(['', 1, 2, 3]))
```

输出结果如下所示：

```
1
```

经过此 Processor 处理后的结果返回了第一个不为空的值。

- Join

Join 方法相当于字符串的 join()方法，可以把列表拼合成字符串，字符串默认使用空格分隔，如下所示：

```
from scrapy.loader.processors import Join
processor = Join()
print(processor(['one', 'two', 'three']))
```

输出结果如下所示：

```
one two three
```

它也可以通过参数更改默认的分隔符，例如改成逗号：

```
from scrapy.loader.processors import Join
processor = Join(',')
print(processor(['one', 'two', 'three']))
```

运行结果如下所示：

```
one,two,three
```

- Compose

Compose 是用给定的多个函数的组合而构造的 Processor，每个输入值被传递到第一个函数，其输出再传递到第二个函数，依次类推，直到最后一个函数返回整个处理器的输出，如下所示：

```
from scrapy.loader.processors import Compose
processor = Compose(str.upper, lambda s: s.strip())
print(processor(' hello world'))
```

运行结果如下所示：

```
HELLO WORLD
```

在这里我们构造了一个 Compose Processor，传入一个开头带有空格的字符串。Compose Processor 的参数有两个：第一个是 str.upper，它可以将字母全部转为大写；第二个是一个匿名函数，它调用 strip()方法去除头尾空白字符。Compose 会顺次调用两个参数，最后返回结果的字符串全部转化为大写并且去除了开头的空格。

- MapCompose

与 Compose 类似，MapCompose 可以迭代处理一个列表输入值，如下所示：

```
from scrapy.loader.processors import MapCompose
processor = MapCompose(str.upper, lambda s: s.strip())
print(processor(['Hello', 'World', 'Python']))
```

运行结果如下所示：

```
['HELLO', 'WORLD', 'PYTHON']
```

被处理的内容是一个可迭代对象，MapCompose 会将该对象遍历然后依次处理。

- SelectJmes

SelectJmes 可以查询 JSON，传入 Key，返回查询所得的 Value。不过需要先安装 jmespath 库才可以使用它，命令如下所示：

```
pip3 install jmespath
```

安装好 jmespath 之后，便可以使用这个 Processor 了，如下所示：

```
from scrapy.loader.processors import SelectJmes
proc = SelectJmes('foo')
processor = SelectJmes('foo')
print(processor({'foo': 'bar'}))
```

运行结果如下所示：

```
bar
```

以上内容便是一些常用的 Processor，在本节的实例中我们会使用 Processor 来进行数据的处理。

接下来，我们用一个实例来了解 Item Loader 的用法。

3. 本节目标

我们以中华网科技类新闻为例，来了解 CrawlSpider 和 Item Loader 的用法，再提取其可配置信息实现可配置化。官网链接为：http://tech.china.com/。我们需要爬取它的科技类新闻内容，链接为：http://tech.china.com/articles/，页面如图 13-19 所示。

我们要抓取新闻列表中的所有分页的新闻详情，包括标题、正文、时间、来源等信息。

图 13-19 爬取站点

4. 新建项目

首先新建一个 Scrapy 项目，名为 scrapyuniversal，如下所示：

```
scrapy startproject scrapyuniversal
```

创建一个 CrawlSpider，需要先制定一个模板。我们可以先看看有哪些可用模板，命令如下所示：

```
scrapy genspider -l
```

运行结果如下所示：

```
Available templates:
  basic
  crawl
  csvfeed
  xmlfeed
```

之前创建 Spider 的时候，我们默认使用了第一个模板 `basic`。这次要创建 CrawlSpider，就需要使用第二个模板 `crawl`，创建命令如下所示：

```
scrapy genspider -t crawl china tech.china.com
```

运行之后便会生成一个 CrawlSpider，其内容如下所示：

```
from scrapy.linkextractors import LinkExtractor
from scrapy.spiders import CrawlSpider, Rule

class ChinaSpider(CrawlSpider):
    name = 'china'
    allowed_domains = ['tech.china.com']
    start_urls = ['http://tech.china.com/']

    rules = (
        Rule(LinkExtractor(allow=r'Items/'), callback='parse_item', follow=True),
```

```
    )

    def parse_item(self, response):
        i = {}
        #i['domain_id'] = response.xpath('//input[@id="sid"]/@value').extract()
        #i['name'] = response.xpath('//div[@id="name"]').extract()
        #i['description'] = response.xpath('//div[@id="description"]').extract()
        return i
```

这次生成的 Spider 内容多了一个 rules 属性的定义。Rule 的第一个参数是 LinkExtractor，就是上文所说的 LxmlLinkExtractor，只是名称不同。同时，默认的回调函数也不再是 parse，而是 parse_item。

5. 定义 Rule

要实现新闻的爬取，我们需要做的就是定义好 Rule，然后实现解析函数。下面我们就来一步步实现这个过程。

首先将 start_urls 修改为起始链接，代码如下所示：

```
start_urls = ['http://tech.china.com/articles/']
```

之后，Spider 爬取 start_urls 里面的每一个链接。所以这里第一个爬取的页面就是我们刚才所定义的链接。得到 Response 之后，Spider 就会根据每一个 Rule 来提取这个页面内的超链接，去生成进一步的 Request。接下来，我们就需要定义 Rule 来指定提取哪些链接。

当前页面如图 13-20 所示。

图 13-20 页面内容

这是新闻的列表页，下一步自然就是将列表中的每条新闻详情的链接提取出来。这里直接指定这些链接所在区域即可。查看源代码，所有链接都在 ID 为 left_side 的节点内，具体来说是它内部的 class 为 con_item 的节点，如图 13-21 所示。

图 13-21 列表源码

此处我们可以用 `LinkExtractor` 的 `restrict_xpaths` 属性来指定，之后 Spider 就会从这个区域提取所有的超链接并生成 Request。但是，每篇文章的导航中可能还有一些其他的超链接标签，我们只想把需要的新闻链接提取出来。真正的新闻链接路径都是以 `article` 开头的，我们用一个正则表达式将其匹配出来再赋值给 `allow` 参数即可。另外，这些链接对应的页面其实就是对应的新闻详情页，而我们需要解析的就是新闻的详情信息，所以此处还需要指定一个回调函数 `callback`。

到现在我们就可以构造出一个 Rule 了，代码如下所示：

```
Rule(LinkExtractor(allow='article\/.*\.html', restrict_xpaths='//div[@id="left_side"]
//div[@class="con_item"]'), callback='parse_item')
```

接下来，我们还要让当前页面实现分页功能，所以还需要提取下一页的链接。分析网页源码之后可以发现下一页链接是在 ID 为 pageStyle 的节点内，如图 13-22 所示。

图 13-22 分页源码

但是，下一页节点和其他分页链接区分度不高，要取出此链接我们可以直接用 XPath 的文本匹配方式，所以这里我们直接用 LinkExtractor 的 restrict_xpaths 属性来指定提取的链接即可。另外，我们不需要像新闻详情页一样去提取此分页链接对应的页面详情信息，也就是不需要生成 Item，所以不需要加 callback 参数。另外这下一页的页面如果请求成功了就需要继续像上述情况一样分析，所以它还需要加一个 follow 参数为 True，代表继续跟进匹配分析。其实，follow 参数也可以不加，因为当 callback 为空的时候，follow 默认为 True。此处 Rule 定义为如下所示：

```
Rule(LinkExtractor(restrict_xpaths='//div[@id="pageStyle"]//a[contains(., "下一页")]'))
```

所以现在 rules 就变成了：

```
rules = (
    Rule(LinkExtractor(allow='article\/.*\.html',
    restrict_xpaths='//div[@id="left_side"]//div[@class="con_item"]'), callback='parse_item'),
    Rule(LinkExtractor(restrict_xpaths='//div[@id="pageStyle"]//a[contains(., "下一页")]'))
)
```

接着我们运行代码，命令如下所示：

```
scrapy crawl china
```

现在已经实现页面的翻页和详情页的抓取了，我们仅仅通过定义了两个 Rule 即实现了这样的功能，运行效果如图 13-23 所示。

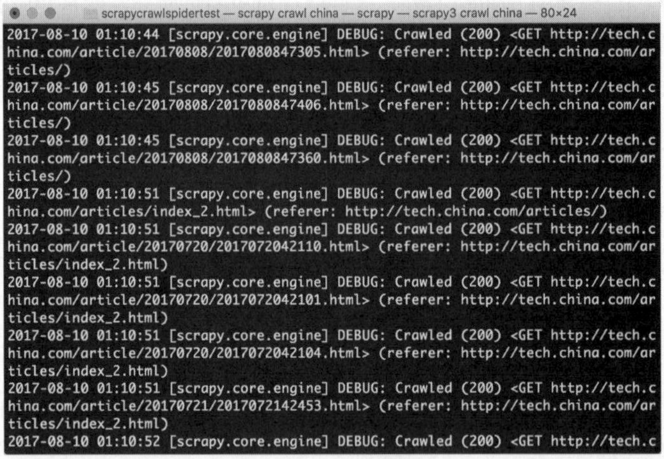

```
scrapycrawlspidertest — scrapy crawl china — scrapy — scrapy3 crawl china — 80×24
2017-08-10 01:10:44 [scrapy.core.engine] DEBUG: Crawled (200) <GET http://tech.c
hina.com/article/20170808/2017080847305.html> (referer: http://tech.china.com/ar
ticles/)
2017-08-10 01:10:45 [scrapy.core.engine] DEBUG: Crawled (200) <GET http://tech.c
hina.com/article/20170808/2017080847406.html> (referer: http://tech.china.com/ar
ticles/)
2017-08-10 01:10:45 [scrapy.core.engine] DEBUG: Crawled (200) <GET http://tech.c
hina.com/article/20170808/2017080847360.html> (referer: http://tech.china.com/ar
ticles/)
2017-08-10 01:10:51 [scrapy.core.engine] DEBUG: Crawled (200) <GET http://tech.c
hina.com/articles/index_2.html> (referer: http://tech.china.com/articles/)
2017-08-10 01:10:51 [scrapy.core.engine] DEBUG: Crawled (200) <GET http://tech.c
hina.com/article/20170720/2017072042110.html> (referer: http://tech.china.com/ar
ticles/index_2.html)
2017-08-10 01:10:51 [scrapy.core.engine] DEBUG: Crawled (200) <GET http://tech.c
hina.com/article/20170720/2017072042101.html> (referer: http://tech.china.com/ar
ticles/index_2.html)
2017-08-10 01:10:51 [scrapy.core.engine] DEBUG: Crawled (200) <GET http://tech.c
hina.com/article/20170720/2017072042104.html> (referer: http://tech.china.com/ar
ticles/index_2.html)
2017-08-10 01:10:51 [scrapy.core.engine] DEBUG: Crawled (200) <GET http://tech.c
hina.com/article/20170721/2017072142453.html> (referer: http://tech.china.com/ar
ticles/index_2.html)
2017-08-10 01:10:52 [scrapy.core.engine] DEBUG: Crawled (200) <GET http://tech.c
```

图 13-23　运行效果

6. 解析页面

接下来我们需要做的就是解析页面内容了，将标题、发布时间、正文、来源提取出来即可。首先定义一个 Item，如下所示：

```
from scrapy import Field, Item

class NewsItem(Item):
    title = Field()
    url = Field()
```

```
    text = Field()
    datetime = Field()
    source = Field()
    website = Field()
```

这里的字段分别指新闻标题、链接、正文、发布时间、来源、站点名称，其中站点名称直接赋值为中华网。因为既然是通用爬虫，肯定还有很多爬虫也来爬取同样结构的其他站点的新闻内容，所以需要一个字段来区分一下站点名称。

详情页的预览图如图 13-24 所示。

图 13-24 详情页面

如果像之前一样提取内容，就直接调用 response 变量的 xpath()、css()等方法即可。这里 parse_item()方法的实现如下所示：

```
def parse_item(self, response):
    item = NewsItem()
    item['title'] = response.xpath('//h1[@id="chan_newsTitle"]/text()').extract_first()
    item['url'] = response.url
    item['text'] = ''.join(response.xpath('//div[@id="chan_newsDetail"]//text()').extract()).strip()
    item['datetime'] = response.xpath('//div[@id="chan_newsInfo"]/text()').re_first('(\d+-\d+-\d+
        \s\d+:\d+:\d+)')
    item['source'] = response.xpath('//div[@id="chan_newsInfo"]/text()').re_first('来源：(.*)').strip()
    item['website'] = '中华网'
    yield item
```

这样我们就把每条新闻的信息提取形成了一个 NewsItem 对象。

这时实际上我们就已经完成了 Item 的提取。再运行一下 Spider，如下所示：

```
scrapy crawl china
```

输出内容如图 13-25 所示。

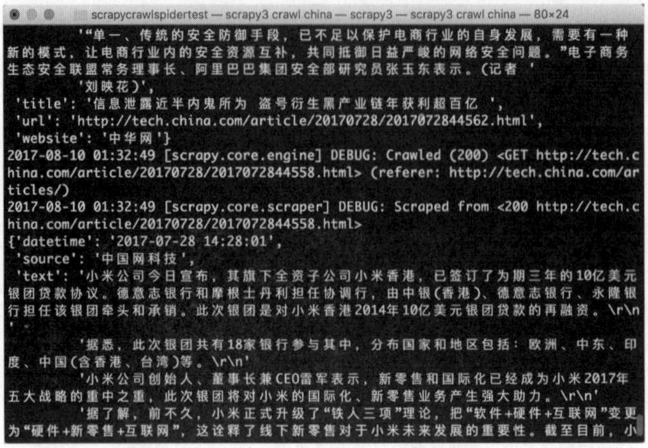

```
scrapycrawlspidertest — scrapy3 crawl china — scrapy3 — scrapy3 crawl china — 80×24
         '"单一、传统的安全防御手段，已不足以保护电商行业的自身发展，需要有一种
新的模式，让电商行业内的安全资源互补，共同抵御日益严峻的网络安全问题。"电子商务
生态安全联盟常务理事长、阿里巴巴集团安全部研究员张玉东表示。(记者 '
         '刘映花)',
 'title': '信息泄露近半内鬼所为 盗号衍生黑产业链年获利超百亿 ',
 'url': 'http://tech.china.com/article/20170728/2017072844562.html',
 'website': '中华网'}
2017-08-10 01:32:49 [scrapy.core.engine] DEBUG: Crawled (200) <GET http://tech.c
hina.com/article/20170728/2017072844558.html> (referer: http://tech.china.com/ar
ticles/)
2017-08-10 01:32:49 [scrapy.core.scraper] DEBUG: Scraped from <200 http://tech.c
hina.com/article/20170728/2017072844558.html>
{'datetime': '2017-07-28 14:28:01',
 'source': '中国网科技',
 'text': '小米公司今日宣布，其旗下全资子公司小米香港，已签订了为期三年的10亿美元
银团贷款协议。德意志银行和摩根士丹利担任协调行，由中银(香港)、德意志银行、永隆银
行担任该银团牵头和承销。此次银团是对小米香港2014年10亿美元银团贷款的再融资。\r\n
'
         '据悉，此次银团共有18家银行参与其中，分布国家和地区包括：欧洲、中东、印
度、中国(含香港、台湾)等。\r\n'
         '小米公司创始人、董事长兼CEO雷军表示，新零售和国际化已经成为小米2017年
五大战略的重中之重，此次银团将对小米的国际化、新零售业务产生强大助力。\r\n'
         '据了解，前不久，小米正式升级了"铁人三项"理论，把"软件+硬件+互联网"变更
为"硬件+新零售+互联网"，这诠释了线下新零售对于小米未来发展的重要性。截至目前，小
```

图 13-25　输出内容

现在我们就可以成功将每条新闻的信息提取出来。

不过我们发现这种提取方式非常不规整。下面我们再用 Item Loader，通过 add_xpath()、add_css()、add_value()等方式实现配置化提取。我们可以改写 parse_item()，如下所示：

```python
def parse_item(self, response):
    loader = ChinaLoader(item=NewsItem(), response=response)
    loader.add_xpath('title', '//h1[@id="chan_newsTitle"]/text()')
    loader.add_value('url', response.url)
    loader.add_xpath('text', '//div[@id="chan_newsDetail"]//text()')
    loader.add_xpath('datetime', '//div[@id="chan_newsInfo"]/text()', re='(\d+-\d+-\d+\s\d+:\d+:\d+)')
    loader.add_xpath('source', '//div[@id="chan_newsInfo"]/text()', re='来源：(.*)')
    loader.add_value('website', '中华网')
    yield loader.load_item()
```

这里我们定义了一个 ItemLoader 的子类，名为 ChinaLoader，其实现如下所示：

```python
from scrapy.loader import ItemLoader
from scrapy.loader.processors import TakeFirst, Join, Compose

class NewsLoader(ItemLoader):
    default_output_processor = TakeFirst()

class ChinaLoader(NewsLoader):
    text_out = Compose(Join(), lambda s: s.strip())
    source_out = Compose(Join(), lambda s: s.strip())
```

ChinaLoader 继承了 NewsLoader 类，其内定义了一个通用的 Out Processor 为 TakeFirst，这相当于之前所定义的 extract_first()方法的功能。我们在 ChinaLoader 中定义了 text_out 和 source_out 字段。这里使用了一个 Compose Processor，它有两个参数：第一个参数 Join 也是一个 Processor，它可以把列表拼合成一个字符串；第二个参数是一个匿名函数，可以将字符串的头尾空白字符去掉。经过这一系列处理之后，我们就将列表形式的提取结果转化为去重头尾空白字符的字符串。

代码重新运行，提取效果是完全一样的。

至此，我们已经实现了爬虫的半通用化配置。

7. 通用配置抽取

为什么现在只做到了半通用化？如果我们需要扩展其他站点，仍然需要创建一个新的 CrawlSpider，定义这个站点的 Rule，单独实现 parse_item()方法。还有很多代码是重复的，如 CrawlSpider 的变量、方法名几乎都是一样的。那么我们可不可以把多个类似的几个爬虫的代码共用，把完全不相同的地方抽离出来，做成可配置文件呢？

当然可以。那我们可以抽离出哪些部分？所有的变量都可以抽取，如 name、allowed_domains、start_urls、rules 等。这些变量在 CrawlSpider 初始化的时候赋值即可。我们就可以新建一个通用的 Spider 来实现这个功能，命令如下所示：

```
scrapy genspider -t crawl universal universal
```

这个全新的 Spider 名为 universal。接下来，我们将刚才所写的 Spider 内的属性抽离出来配置成一个 JSON，命名为 china.json，放到 configs 文件夹内，和 spiders 文件夹并列，代码如下所示：

```
{
  "spider": "universal",
  "website": "中华网科技",
  "type": "新闻",
  "index": "http://tech.china.com/",
  "settings": {
    "USER_AGENT": "Mozilla/5.0 (Macintosh; Intel Mac OS X 10_12_6) AppleWebKit/537.36 (KHTML, like Gecko)
        Chrome/60.0.3112.90 Safari/537.36"
  },
  "start_urls": [
    "http://tech.china.com/articles/"
  ],
  "allowed_domains": [
    "tech.china.com"
  ],
  "rules": "china"
}
```

第一个字段 spider 即 Spider 的名称，在这里是 universal。后面是站点的描述，比如站点名称、类型、首页等。随后的 settings 是该 Spider 特有的 settings 配置，如果要覆盖全局项目，settings.py 内的配置可以单独为其配置。随后是 Spider 的一些属性，如 start_urls、allowed_domains、rules 等。rules 也可以单独定义成一个 rules.py 文件，做成配置文件，实现 Rule 的分离，如下所示：

```
from scrapy.linkextractors import LinkExtractor
from scrapy.spiders import Rule

rules = {
    'china': (
        Rule(LinkExtractor(allow='article\/.*\.html', restrict_xpaths='//div[@id="left_side"]
            //div[@class="con_item"]'),
            callback='parse_item'),
        Rule(LinkExtractor(restrict_xpaths='//div[@id="pageStyle"]//a[contains(., "下一页")]'))
    )
}
```

这样我们将基本的配置抽取出来。如果要启动爬虫，只需要从该配置文件中读取然后动态加载到 Spider 中即可。所以我们需要定义一个读取该 JSON 文件的方法，如下所示：

```
from os.path import realpath, dirname
import json
def get_config(name):
    path = dirname(realpath(__file__)) + '/configs/' + name + '.json'
    with open(path, 'r', encoding='utf-8') as f:
        return json.loads(f.read())
```

定义了 get_config()方法之后，我们只需要向其传入 JSON 配置文件的名称即可获取此 JSON 配置信息。随后我们定义入口文件 run.py，把它放在项目根目录下，它的作用是启动 Spider，如下所示：

```
import sys
from scrapy.utils.project import get_project_settings
from scrapyuniversal.spiders.universal import UniversalSpider
from scrapyuniversal.utils import get_config
from scrapy.crawler import CrawlerProcess

def run():
    name = sys.argv[1]
    custom_settings = get_config(name)
    # 爬取使用的 Spider 名称
    spider = custom_settings.get('spider', 'universal')
    project_settings = get_project_settings()
    settings = dict(project_settings.copy())
    # 合并配置
    settings.update(custom_settings.get('settings'))
    process = CrawlerProcess(settings)
    # 启动爬虫
    process.crawl(spider, **{'name': name})
    process.start()

if __name__ == '__main__':
    run()
```

运行入口为 run()。首先获取命令行的参数并赋值为 name，name 就是 JSON 文件的名称，其实就是要爬取的目标网站的名称。我们首先利用 get_config()方法，传入该名称读取刚才定义的配置文件。获取爬取使用的 spider 的名称、配置文件中的 settings 配置，然后将获取到的 settings 配置和项目全局的 settings 配置做了合并。新建一个 CrawlerProcess，传入爬取使用的配置。调用 crawl()和 start()方法即可启动爬取。

在 universal 中，我们新建一个__init__()方法，进行初始化配置，实现如下所示：

```
from scrapy.linkextractors import LinkExtractor
from scrapy.spiders import CrawlSpider, Rule
from scrapyuniversal.utils import get_config
from scrapyuniversal.rules import rules

class UniversalSpider(CrawlSpider):
    name = 'universal'
    def __init__(self, name, *args, **kwargs):
        config = get_config(name)
        self.config = config
        self.rules = rules.get(config.get('rules'))
        self.start_urls = config.get('start_urls')
        self.allowed_domains = config.get('allowed_domains')
        super(UniversalSpider, self).__init__(*args, **kwargs)

    def parse_item(self, response):
        i = {}
        return i
```

在`__init__()`方法中，`start_urls`、`allowed_domains`、`rules`等属性被赋值。其中，`rules`属性另外读取了rules.py的配置，这样就成功实现爬虫的基础配置。

接下来，执行如下命令运行爬虫：

```
python3 run.py china
```

程序会首先读取JSON配置文件，将配置中的一些属性赋值给Spider，然后启动爬取。运行效果完全相同，运行结果如图13-26所示。

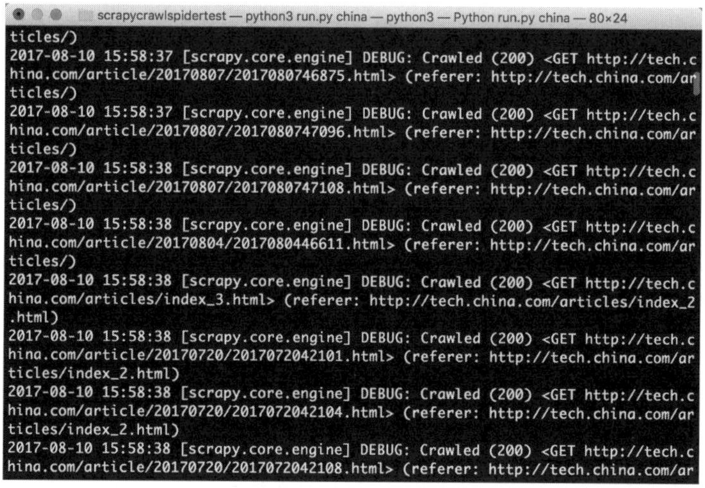

```
scrapycrawlspidertest — python3 run.py china — python3 — Python run.py china — 80×24
ticles/)
2017-08-10 15:58:37 [scrapy.core.engine] DEBUG: Crawled (200) <GET http://tech.c
hina.com/article/20170807/2017080746875.html> (referer: http://tech.china.com/ar
ticles/)
2017-08-10 15:58:37 [scrapy.core.engine] DEBUG: Crawled (200) <GET http://tech.c
hina.com/article/20170807/2017080747096.html> (referer: http://tech.china.com/ar
ticles/)
2017-08-10 15:58:38 [scrapy.core.engine] DEBUG: Crawled (200) <GET http://tech.c
hina.com/article/20170807/2017080747108.html> (referer: http://tech.china.com/ar
ticles/)
2017-08-10 15:58:38 [scrapy.core.engine] DEBUG: Crawled (200) <GET http://tech.c
hina.com/article/20170804/2017080446611.html> (referer: http://tech.china.com/ar
ticles/)
2017-08-10 15:58:38 [scrapy.core.engine] DEBUG: Crawled (200) <GET http://tech.c
hina.com/articles/index_3.html> (referer: http://tech.china.com/articles/index_2
.html)
2017-08-10 15:58:38 [scrapy.core.engine] DEBUG: Crawled (200) <GET http://tech.c
hina.com/article/20170720/2017072042101.html> (referer: http://tech.china.com/ar
ticles/index_2.html)
2017-08-10 15:58:38 [scrapy.core.engine] DEBUG: Crawled (200) <GET http://tech.c
hina.com/article/20170720/2017072042104.html> (referer: http://tech.china.com/ar
ticles/index_2.html)
2017-08-10 15:58:38 [scrapy.core.engine] DEBUG: Crawled (200) <GET http://tech.c
hina.com/article/20170720/2017072042108.html> (referer: http://tech.china.com/ar
```

图13-26 运行结果

现在我们已经对Spider的基础属性实现了可配置化。剩下的解析部分同样需要实现可配置化，原来的解析函数如下所示：

```
def parse_item(self, response):
    loader = ChinaLoader(item=NewsItem(), response=response)
    loader.add_xpath('title', '//h1[@id="chan_newsTitle"]/text()')
    loader.add_value('url', response.url)
    loader.add_xpath('text', '//div[@id="chan_newsDetail"]//text()')
    loader.add_xpath('datetime', '//div[@id="chan_newsInfo"]/text()', re='(\d+-\d+-\d+\s\d+:\d+:\d+)')
    loader.add_xpath('source', '//div[@id="chan_newsInfo"]/text()', re='来源：(.*)')
    loader.add_value('website', '中华网')
    yield loader.load_item()
```

我们需要将这些配置也抽离出来。这里的变量主要有Item Loader类的选用、`Item`类的选用、Item Loader方法参数的定义，我们可以在JSON文件中添加如下`item`的配置：

```
"item": {
  "class": "NewsItem",
  "loader": "ChinaLoader",
  "attrs": {
    "title": [
      {
        "method": "xpath",
        "args": [
          "//h1[@id='chan_newsTitle']/text()"
```

```
          ]
        }
      ],
      "url": [
        {
          "method": "attr",
          "args": [
            "url"
          ]
        }
      ],
      "text": [
        {
          "method": "xpath",
          "args": [
            "//div[@id='chan_newsDetail']//text()"
          ]
        }
      ],
      "datetime": [
        {
          "method": "xpath",
          "args": [
            "//div[@id='chan_newsInfo']/text()"
          ],
          "re": "(\\d+-\\d+-\\d+\\s\\d+:\\d+:\\d+)"
        }
      ],
      "source": [
        {
          "method": "xpath",
          "args": [
            "//div[@id='chan_newsInfo']/text()"
          ],
          "re": "来源：(.*)"
        }
      ],
      "website": [
        {
          "method": "value",
          "args": [
            "中华网"
          ]
        }
      ]
    }
  }
```

这里定义了 class 和 loader 属性，它们分别代表 Item 和 Item Loader 所使用的类。定义了 attrs 属性来定义每个字段的提取规则，例如，title 定义的每一项都包含一个 method 属性，它代表使用的提取方法，如 xpath 即代表调用 Item Loader 的 add_xpath()方法。args 即参数，就是 add_xpath()的第二个参数，即 XPath 表达式。针对 datetime 字段，我们还用了一次正则提取，所以这里还可以定义一个 re 参数来传递提取时所使用的正则表达式。

我们还要将这些配置之后动态加载到 parse_item()方法里。最后，最重要的就是实现 parse_item()方法，如下所示：

```
def parse_item(self, response):
    item = self.config.get('item')
    if item:
        cls = eval(item.get('class'))()
        loader = eval(item.get('loader'))(cls, response=response)
        # 动态获取属性配置
        for key, value in item.get('attrs').items():
            for extractor in value:
                if extractor.get('method') == 'xpath':
                    loader.add_xpath(key, *extractor.get('args'), **{'re': extractor.get('re')})
                if extractor.get('method') == 'css':
                    loader.add_css(key, *extractor.get('args'), **{'re': extractor.get('re')})
                if extractor.get('method') == 'value':
                    loader.add_value(key, *extractor.get('args'), **{'re': extractor.get('re')})
                if extractor.get('method') == 'attr':
                    loader.add_value(key, getattr(response, *extractor.get('args')))
        yield loader.load_item()
```

这里首先获取 Item 的配置信息，然后获取 class 的配置，将其初始化，初始化 Item Loader，遍历 Item 的各个属性依次进行提取。判断 method 字段，调用对应的处理方法进行处理。如 method 为 css，就调用 Item Loader 的 add_css()方法进行提取。所有配置动态加载完毕之后，调用 load_item()方法将 Item 提取出来。

重新运行程序，结果如图 13-27 所示。

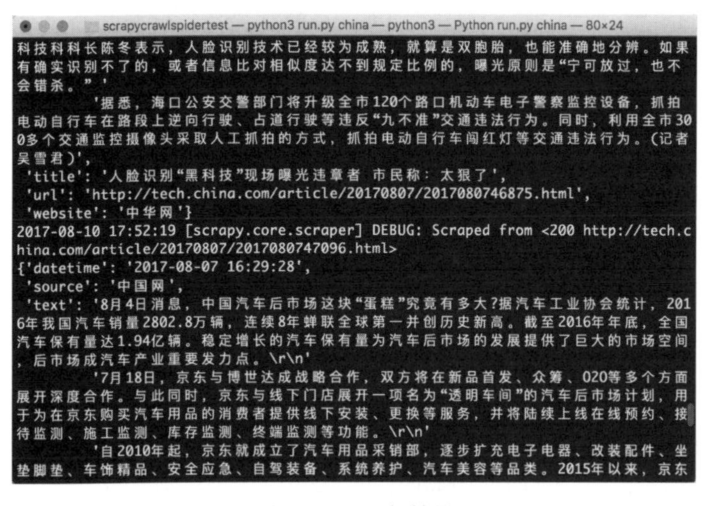

图 13-27　运行结果

运行结果是完全相同的。

我们再回过头看一下 start_urls 的配置。这里 start_urls 只可以配置具体的链接。如果这些链接有 100 个、1000 个，我们总不能将所有的链接全部列出来吧？在某些情况下，start_urls 也需要动态配置。我们将 start_urls 分成两种，一种是直接配置 URL 列表，一种是调用方法生成，它们分别定义为 static 和 dynamic 类型。

本例中的 start_urls 很明显是 static 类型的，所以 start_urls 配置改写如下所示：

```
"start_urls": {
  "type": "static",
  "value": [
    "http://tech.china.com/articles/"
  ]
}
```

如果 start_urls 是动态生成的，我们可以调用方法传参数，如下所示：

```
"start_urls": {
  "type": "dynamic",
  "method": "china",
  "args": [
    5, 10
  ]
}
```

这里 start_urls 定义为 dynamic 类型，指定方法为 urls_china()，然后传入参数 5 和 10，来生成第 5 到 10 页的链接。这样我们只需要实现该方法即可，统一新建一个 urls.py 文件，如下所示：

```
def china(start, end):
    for page in range(start, end + 1):
        yield 'http://tech.china.com/articles/index_' + str(page) + '.html'
```

其他站点可以自行配置。如某些链接需要用到时间戳，加密参数等，均可通过自定义方法实现。

接下来在 Spider 的__init__()方法中，start_urls 的配置改写如下所示：

```
from scrapyuniversal import urls

start_urls = config.get('start_urls')
if start_urls:
    if start_urls.get('type') == 'static':
        self.start_urls = start_urls.get('value')
    elif start_urls.get('type') == 'dynamic':
        self.start_urls = list(eval('urls.' + start_urls.get('method'))(*start_urls.get('args', [])))
```

这里通过判定 start_urls 的类型分别进行不同的处理，这样我们就可以实现 start_urls 的配置了。

至此，Spider 的设置、起始链接、属性、提取方法都已经实现了全部的可配置化。

综上所述，整个项目的配置包括如下内容。

- **spider**：指定所使用的 Spider 的名称。
- **settings**：可以专门为 Spider 定制配置信息，会覆盖项目级别的配置。
- **start_urls**：指定爬虫爬取的起始链接。
- **allowed_domains**：允许爬取的站点。
- **rules**：站点的爬取规则。
- **item**：数据的提取规则。

我们实现了 Scrapy 的通用爬虫，每个站点只需要修改 JSON 文件即可实现自由配置。

8. 本节代码

本节代码地址为：https://github.com/Python3WebSpider/ScrapyUniversal。

9. 结语

本节介绍了 Scrapy 通用爬虫的实现。我们将所有配置抽离出来，每增加一个爬虫，就只需要增加一个 JSON 文件配置。之后我们只需要维护这些配置文件即可。如果要更加方便的管理，可以将规则存入数据库，再对接可视化管理页面即可。

13.11 Scrapyrt 的使用

Scrapyrt 为 Scrapy 提供了一个调度的 HTTP 接口。有了它我们不需要再执行 Scrapy 命令，而是通过请求一个 HTTP 接口即可调度 Scrapy 任务，我们就不需要借助于命令行来启动项目了。如果项目是在远程服务器运行，利用它来启动项目是个不错的选择。

1. 本节目标

我们以本章 Scrapy 入门项目为例来说明 Scrapyrt 的使用方法，项目源代码地址为：https://github.com/Python3WebSpider/ScrapyTutorial。

2. 准备工作

请确保 Scrapyrt 已经正确安装并正常运行，具体安装可以参考第 1 章的说明。

3. 启动服务

首先将项目下载下来，在项目目录下运行 Scrapyrt，假设当前服务运行在 9080 端口上。下面将简单介绍 Scrapyrt 的使用方法。

4. GET 请求

目前，GET 请求方式支持如下的参数。

- **spider_name**：Spider 名称，字符串类型，必传参数。如果传递的 Spider 名称不存在，则返回 404 错误。
- **url**：爬取链接，字符串类型，如果起始链接没有定义就必须要传递这个参数。如果传递了该参数，Scrapy 会直接用该 URL 生成 Request，而直接忽略 `start_requests()`方法和 `start_urls` 属性的定义。
- **callback**：回调函数名称，字符串类型，可选参数。如果传递了就会使用此回调函数处理，否则会默认使用 Spider 内定义的回调函数。
- **max_requests**：最大请求数量，数值类型，可选参数。它定义了 Scrapy 执行请求的 Request 的最大限制，如定义为 5，则表示最多只执行 5 次 Request 请求，其余的则会被忽略。
- **start_requests**：代表是否要执行 `start_requests` 方法，布尔类型，可选参数。Scrapy 项目中如果定义了 `start_requests()`方法，那么项目启动时会默认调用该方法。但是在 Scrapyrt 中就不一样了，Scrapyrt 默认不执行 `start_requests()`方法，如果要执行，需要将 `start_requests` 参数设置为 `true`。

我们执行如下命令：

```
curl http://localhost:9080/crawl.json?spider_name=quotes&url=http://quotes.toscrape.com/
```

结果如图 13-28 所示。

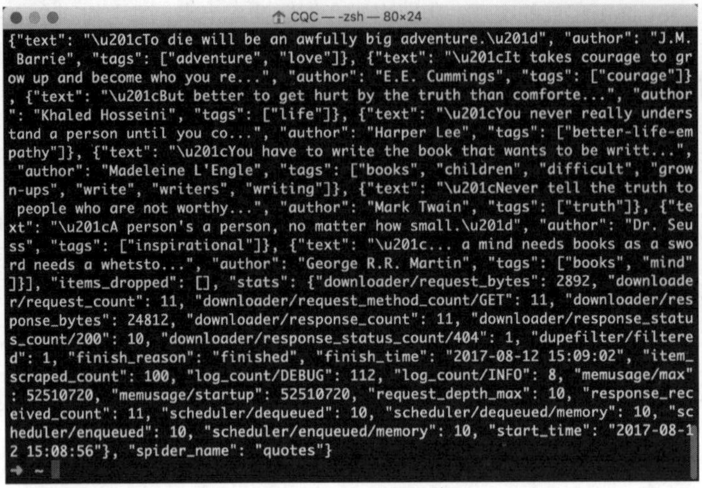

```
CQC — -zsh — 80×24
{"text": "\u201cTo die will be an awfully big adventure.\u201d", "author": "J.M.
 Barrie", "tags": ["adventure", "love"]}, {"text": "\u201cIt takes courage to gr
ow up and become who you re...", "author": "E.E. Cummings", "tags": ["courage"]}
, {"text": "\u201cBut better to get hurt by the truth than comforte...", "author
": "Khaled Hosseini", "tags": ["life"]}, {"text": "\u201cYou never really unders
tand a person until you co...", "author": "Harper Lee", "tags": ["better-life-em
pathy"]}, {"text": "\u201cYou have to write the book that wants to be writt...",
 "author": "Madeleine L'Engle", "tags": ["books", "children", "difficult", "grow
n-ups", "write", "writers", "writing"]}, {"text": "\u201cNever tell the truth to
 people who are not worthy...", "author": "Mark Twain", "tags": ["truth"]}, {"te
xt": "\u201cA person's a person, no matter how small.\u201d", "author": "Dr. Seu
ss", "tags": ["inspirational"]}, {"text": "\u201c... a mind needs books as a swo
rd needs a whetsto...", "author": "George R.R. Martin", "tags": ["books", "mind"
]}], "items_dropped": [], "stats": {"downloader/request_bytes": 2892, "downloade
r/request_count": 11, "downloader/request_method_count/GET": 11, "downloader/res
ponse_bytes": 24812, "downloader/response_count": 11, "downloader/response_statu
s_count/200": 10, "downloader/response_status_count/404": 1, "dupefilter/filtere
d": 1, "finish_reason": "finished", "finish_time": "2017-08-12 15:09:02", "item_
scraped_count": 100, "log_count/DEBUG": 112, "log_count/INFO": 8, "memusage/max"
: 52510720, "memusage/startup": 52510720, "request_depth_max": 10, "response_rec
eived_count": 11, "scheduler/dequeued": 10, "scheduler/dequeued/memory": 10, "sc
heduler/enqueued": 10, "scheduler/enqueued/memory": 10, "start_time": "2017-08-1
2 15:08:56"}, "spider_name": "quotes"}
→ ~
```


图 13-28　输出结果

返回的是一个 JSON 格式的字符串，我们解析它的结构，如下所示：

```
{
  "status": "ok",
  "items": [
    {
      "text": "“The world as we have created it is a process of o...",
      "author": "Albert Einstein",
      "tags": [
        "change",
        "deep-thoughts",
        "thinking",
        "world"
      ]
    },
    ...
    {
      "text": "“... a mind needs books as a sword needs a whetsto...",
      "author": "George R.R. Martin",
      "tags": [
        "books",
        "mind"
      ]
    }
  ],
  "items_dropped": [],
  "stats": {
    "downloader/request_bytes": 2892,
    "downloader/request_count": 11,
    "downloader/request_method_count/GET": 11,
    "downloader/response_bytes": 24812,
    "downloader/response_count": 11,
    "downloader/response_status_count/200": 10,
    "downloader/response_status_count/404": 1,
```

```
        "dupefilter/filtered": 1,
        "finish_reason": "finished",
        "finish_time": "2017-07-12 15:09:02",
        "item_scraped_count": 100,
        "log_count/DEBUG": 112,
        "log_count/INFO": 8,
        "memusage/max": 52510720,
        "memusage/startup": 52510720,
        "request_depth_max": 10,
        "response_received_count": 11,
        "scheduler/dequeued": 10,
        "scheduler/dequeued/memory": 10,
        "scheduler/enqueued": 10,
        "scheduler/enqueued/memory": 10,
        "start_time": "2017-07-12 15:08:56"
    },
    "spider_name": "quotes"
}
```

这里省略了 items 绝大部分。status 显示了爬取的状态，items 部分是 Scrapy 项目的爬取结果，items_dropped 是被忽略的 Item 列表，stats 是爬取结果的统计情况。此结果和直接运行 Scrapy 项目得到的统计是相同的。

这样一来，我们就通过 HTTP 接口调度 Scrapy 项目并获取爬取结果，如果 Scrapy 项目部署在服务器上，我们可以通过开启一个 Scrapyrt 服务实现任务的调度并直接取到爬取结果，这很方便。

5. POST 请求

除了 GET 请求，我们还可以通过 POST 请求来请求 Scrapyrt。但是此处 Request Body 必须是一个合法的 JSON 配置，在 JSON 里面可以配置相应的参数，支持的配置参数更多。

目前，JSON 配置支持如下参数。

- **spider_name**：Spider 名称，字符串类型，必传参数。如果传递的 Spider 名称不存在，则返回 404 错误。
- **max_requests**：最大请求数量，数值类型，可选参数。它定义了 Scrapy 执行请求的 Request 的最大限制，如定义为 5，则表示最多只执行 5 次 Request 请求，其余的则会被忽略。
- **request**：Request 配置，JSON 对象，必传参数。通过该参数可以定义 Request 的各个参数，必须指定 url 字段来指定爬取链接，其他字段可选。

我们看一个 JSON 配置实例，如下所示：

```
{
    "request": {
        "url": "http://quotes.toscrape.com/",
        "callback": "parse",
        "dont_filter": "True",
        "cookies": {
            "foo": "bar"
        }
    },
    "max_requests": 2,
    "spider_name": "quotes"
}
```

我们执行如下命令，传递该 JSON 配置并发起 POST 请求：

```
curl http://localhost:9080/crawl.json -d '{"request": {"url": "http://quotes.toscrape.com/", "dont_filter":
    "True", "callback": "parse", "cookies": {"foo": "bar"}}, "max_requests": 2, "spider_name": "quotes"}'
```

运行结果和上文类似，同样是输出了爬取状态、结果、统计信息等内容。

6. 结语

以上内容便是 Scrapyrt 的相关用法介绍。通过它，我们方便地调度 Scrapy 项目的运行并获取爬取结果。更多的使用方法可以参考官方文档：http://scrapyrt.readthedocs.io。

13.12　Scrapy 对接 Docker

环境配置问题可能一直会让我们头疼，包括如下几种情况。

- 我们在本地写好了一个 Scrapy 爬虫项目，想要把它放到服务器上运行，但是服务器上没有安装 Python 环境。
- 其他人给了我们一个 Scrapy 爬虫项目，项目使用包的版本和本地环境版本不一致，项目无法直接运行。
- 我们需要同时管理不同版本的 Scrapy 项目，如早期的项目依赖于 Scrapy 0.25，现在的项目依赖于 Scrapy 1.4.0。

在这些情况下，我们需要解决的就是环境的安装配置、环境的版本冲突解决等问题。

对于 Python 来说，VirtualEnv 的确可以解决版本冲突的问题。但是，VirtualEnv 不太方便做项目部署，我们还是需要安装 Python 环境，

如何解决上述问题呢？答案是用 Docker。Docker 可以提供操作系统级别的虚拟环境，一个 Docker 镜像一般都包含一个完整的操作系统，而这些系统内也有已经配置好的开发环境，如 Python 3.6 环境等。

我们可以直接使用此 Docker 的 Python 3 镜像运行一个容器，将项目直接放到容器里运行，就不用再额外配置 Python 3 环境。这样就解决了环境配置的问题。

我们也可以进一步将 Scrapy 项目制作成一个新的 Docker 镜像，镜像里只包含适用于本项目的 Python 环境。如果要部署到其他平台，只需要下载该镜像并运行就好了，因为 Docker 运行时采用虚拟环境，和宿主机是完全隔离的，所以也不需要担心环境冲突问题。

如果我们能够把 Scrapy 项目制作成一个 Docker 镜像，只要其他主机安装了 Docker，那么只要将镜像下载并运行即可，而不必再担心环境配置问题或版本冲突问题。

接下来，我们尝试把一个 Scrapy 项目制作成一个 Docker 镜像。

1. 本节目标

我们要实现把前文 Scrapy 的入门项目打包成一个 Docker 镜像的过程。项目爬取的网址为：http://quotes.toscrape.com/。本章 Scrapy 入门一节已经实现了 Scrapy 对此站点的爬取过程，项目代码为：https://github.com/Python3WebSpider/ScrapyTutorial。如果本地不存在的话可以将代码克隆下来。

2. 准备工作

请确保已经安装好 Docker 和 MongoDB 并可以正常运行，如果没有安装可以参考第 1 章的安装说明。

3. 创建 Dockerfile

首先在项目的根目录下新建一个 requirements.txt 文件，将整个项目依赖的 Python 环境包都列出来，如下所示：

```
scrapy
pymongo
```

如果库需要特定的版本，我们还可以指定版本号，如下所示：

```
scrapy>=1.4.0
pymongo>=3.4.0
```

在项目根目录下新建一个 Dockerfile 文件，文件不加任何后缀名，修改内容如下所示：

```
FROM python:3.6
ENV PATH /usr/local/bin:$PATH
ADD . /code
WORKDIR /code
RUN pip3 install -r requirements.txt
CMD scrapy crawl quotes
```

第一行的 FROM 代表使用的 Docker 基础镜像，在这里我们直接使用 python:3.6 的镜像，在此基础上运行 Scrapy 项目。

第二行 ENV 是环境变量设置，将/usr/local/bin:$PATH 赋值给 PATH，即增加/usr/local/bin 这个环境变量路径。

第三行 ADD 是将本地的代码放置到虚拟容器中。它有两个参数：第一个参数是.，代表本地当前路径；第二个参数是/code，代表虚拟容器中的路径，也就是将本地项目所有内容放置到虚拟容器的/code 目录下，以便于在虚拟容器中运行代码。

第四行 WORKDIR 是指定工作目录，这里将刚才添加的代码路径设成工作路径。这个路径下的目录结构和当前本地目录结构是相同的，所以我们可以直接执行库安装命令、爬虫运行命令等。

第五行 RUN 是执行某些命令来做一些环境准备工作。由于 Docker 虚拟容器内只有 Python 3 环境，而没有所需要的 Python 库，所以我们运行此命令来在虚拟容器中安装相应的 Python 库如 Scrapy，这样就可以在虚拟容器中执行 Scrapy 命令了。

第六行 CMD 是容器启动命令。在容器运行时，此命令会被执行。在这里我们直接用 scrapy crawl quotes 来启动爬虫。

4. 修改 MongoDB 连接

接下来我们需要修改 MongoDB 的连接信息。如果我们继续用 localhost 是无法找到 MongoDB 的，因为在 Docker 虚拟容器里 localhost 实际指向容器本身的运行 IP，而容器内部并没有安装 MongoDB，所以爬虫无法连接 MongoDB。

这里的 MongoDB 地址可以有如下两种选择。

- 如果只想在本机测试，我们可以将地址修改为宿主机的 IP，也就是容器外部的本机 IP，一般是一个局域网 IP，使用 ifconfig 命令即可查看。
- 如果要部署到远程主机运行，一般 MongoDB 都是可公网访问的地址，修改为此地址即可。

在本节中，我们的目标是将项目打包成一个镜像，让其他远程主机也可运行这个项目。所以我们直接将此处 MongoDB 地址修改为某个公网可访问的远程数据库地址，修改 MONGO_URI 如下所示：

```
MONGO_URI = 'mongodb://admin:admin123@120.27.34.25:27017'
```

此处地址可以修改为自己的远程 MongoDB 数据库地址。

这样项目的配置就完成了。

5. 构建镜像

接下来我们构建 Docker 镜像，执行如下命令：

```
docker build -t quotes:latest .
```

执行过程中的输出如下所示：

```
Sending build context to Docker daemon 191.5 kB
Step 1/6 : FROM python:3.6
 ---> 968120d8cbe8
Step 2/6 : ENV PATH /usr/local/bin:$PATH
 ---> Using cache
 ---> 387abbba1189
Step 3/6 : ADD . /code
 ---> a844ee0db9c6
Removing intermediate container 4dc41779c573
Step 4/6 : WORKDIR /code
 ---> 619b2c064ae9
Removing intermediate container bcd7cd7f7337
Step 5/6 : RUN pip3 install -r requirements.txt
 ---> Running in 9452c83a12c5
...
Removing intermediate container 9452c83a12c5
Step 6/6 : CMD scrapy crawl quotes
 ---> Running in c092b5557ab8
 ---> c8101aca6e2a
Removing intermediate container c092b5557ab8
Successfully built c8101aca6e2a
```

这样的输出就说明镜像构建成功。这时我们查看一下构建的镜像，如下所示：

```
docker images
```

返回结果中的一行代码如下所示：

```
quotes  latest  41c8499ce210    2 minutes ago   769 MB
```

这就是我们新构建的镜像。

6. 运行

镜像可以先在本地测试运行，我们执行如下命令：

```
docker run quotes
```

这样我们就利用此镜像新建并运行了一个 Docker 容器，运行效果完全一致，如图 13-29 所示。

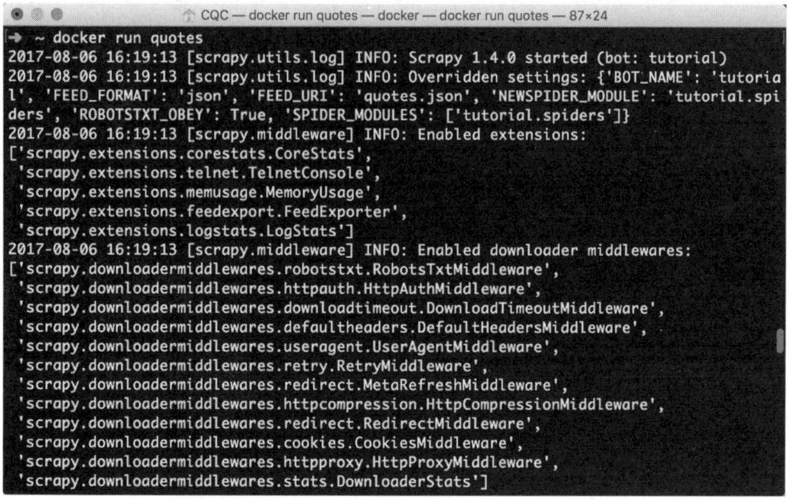

```
CQC — docker run quotes — docker — docker run quotes — 87×24
→ ~ docker run quotes
2017-08-06 16:19:13 [scrapy.utils.log] INFO: Scrapy 1.4.0 started (bot: tutorial)
2017-08-06 16:19:13 [scrapy.utils.log] INFO: Overridden settings: {'BOT_NAME': 'tutoria
l', 'FEED_FORMAT': 'json', 'FEED_URI': 'quotes.json', 'NEWSPIDER_MODULE': 'tutorial.spi
ders', 'ROBOTSTXT_OBEY': True, 'SPIDER_MODULES': ['tutorial.spiders']}
2017-08-06 16:19:13 [scrapy.middleware] INFO: Enabled extensions:
['scrapy.extensions.corestats.CoreStats',
 'scrapy.extensions.telnet.TelnetConsole',
 'scrapy.extensions.memusage.MemoryUsage',
 'scrapy.extensions.feedexport.FeedExporter',
 'scrapy.extensions.logstats.LogStats']
2017-08-06 16:19:13 [scrapy.middleware] INFO: Enabled downloader middlewares:
['scrapy.downloadermiddlewares.robotstxt.RobotsTxtMiddleware',
 'scrapy.downloadermiddlewares.httpauth.HttpAuthMiddleware',
 'scrapy.downloadermiddlewares.downloadtimeout.DownloadTimeoutMiddleware',
 'scrapy.downloadermiddlewares.defaultheaders.DefaultHeadersMiddleware',
 'scrapy.downloadermiddlewares.useragent.UserAgentMiddleware',
 'scrapy.downloadermiddlewares.retry.RetryMiddleware',
 'scrapy.downloadermiddlewares.redirect.MetaRefreshMiddleware',
 'scrapy.downloadermiddlewares.httpcompression.HttpCompressionMiddleware',
 'scrapy.downloadermiddlewares.redirect.RedirectMiddleware',
 'scrapy.downloadermiddlewares.cookies.CookiesMiddleware',
 'scrapy.downloadermiddlewares.httpproxy.HttpProxyMiddleware',
 'scrapy.downloadermiddlewares.stats.DownloaderStats']
```

图 13-29　运行结果

如果出现类似图 13-29 的运行结果，这就证明构建的镜像没有问题。

7. 推送至 Docker Hub

构建完成之后，我们可以将镜像 Push 到 Docker 镜像托管平台，如 Docker Hub 或者私有的 Docker Registry 等，这样我们就可以从远程服务器下拉镜像并运行了。

以 Docker Hub 为例，如果项目包含一些私有的连接信息（如数据库），我们最好将 Repository 设为私有或者直接放到私有的 Docker Registry。

首先在 https://hub.docker.com 注册一个账号，新建一个 Repository，名为 quotes。比如，我的用户名为 germey，新建的 Repository 名为 quotes，那么此 Repository 的地址就可以用 germey/quotes 来表示。

为新建的镜像打一个标签，命令如下所示：

```
docker tag quotes:latest germey/quotes:latest
```

推送镜像到 Docker Hub 即可，命令如下所示：

```
docker push germey/quotes
```

Docker Hub 便会出现新推送的 Docker 镜像了，如图 13-30 所示。

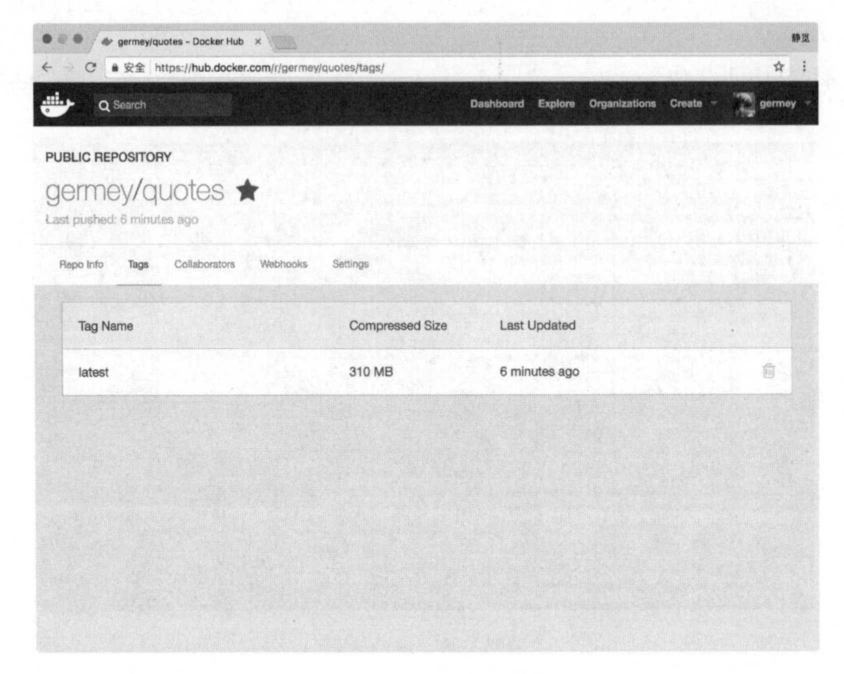

图 13-30　推送结果

如果我们想在其他的主机上运行这个镜像，主机上装好 Docker 后，可以直接执行如下命令：

```
docker run germey/quotes
```

这样就会自动下载镜像，启动容器运行。不需要配置 Python 环境，不需要关心版本冲突问题。

运行效果如图 13-31 所示。

```
CQC — CQC@CQC-MAC — ~ — -zsh — 87×24
→ ~ docker run germey/quotes
2017-08-06 16:31:50 [scrapy.utils.log] INFO: Scrapy 1.4.0 started (bot: tutorial)
2017-08-06 16:31:50 [scrapy.utils.log] INFO: Overridden settings: {'BOT_NAME': 'tutoria
l', 'FEED_FORMAT': 'json', 'FEED_URI': 'quotes.json', 'NEWSPIDER_MODULE': 'tutorial.spi
ders', 'ROBOTSTXT_OBEY': True, 'SPIDER_MODULES': ['tutorial.spiders']}
2017-08-06 16:31:50 [scrapy.middleware] INFO: Enabled extensions:
['scrapy.extensions.corestats.CoreStats',
 'scrapy.extensions.telnet.TelnetConsole',
 'scrapy.extensions.memusage.MemoryUsage',
 'scrapy.extensions.feedexport.FeedExporter',
 'scrapy.extensions.logstats.LogStats']
2017-08-06 16:31:50 [scrapy.middleware] INFO: Enabled downloader middlewares:
['scrapy.downloadermiddlewares.robotstxt.RobotsTxtMiddleware',
 'scrapy.downloadermiddlewares.httpauth.HttpAuthMiddleware',
 'scrapy.downloadermiddlewares.downloadtimeout.DownloadTimeoutMiddleware',
 'scrapy.downloadermiddlewares.defaultheaders.DefaultHeadersMiddleware',
 'scrapy.downloadermiddlewares.useragent.UserAgentMiddleware',
 'scrapy.downloadermiddlewares.retry.RetryMiddleware',
 'scrapy.downloadermiddlewares.redirect.MetaRefreshMiddleware',
 'scrapy.downloadermiddlewares.httpcompression.HttpCompressionMiddleware',
 'scrapy.downloadermiddlewares.redirect.RedirectMiddleware',
 'scrapy.downloadermiddlewares.cookies.CookiesMiddleware',
 'scrapy.downloadermiddlewares.httpproxy.HttpProxyMiddleware',
 'scrapy.downloadermiddlewares.stats.DownloaderStats']
```

图 13-31　运行效果

整个项目爬取完成后，数据就可以存储到指定的数据库中。

8. 结语

我们讲解了将 Scrapy 项目制作成 Docker 镜像并部署到远程服务器运行的过程。使用此种方式，我们在本节开头所列出的问题都迎刃而解。

13.13 Scrapy 爬取新浪微博

前面讲解了 Scrapy 中各个模块基本使用方法以及代理池、Cookies 池。接下来我们以一个反爬比较强的网站新浪微博为例，来实现一下 Scrapy 的大规模爬取。

1. 本节目标

本次爬取的目标是新浪微博用户的公开基本信息，如用户昵称、头像、用户的关注、粉丝列表以及发布的微博等，这些信息抓取之后保存至 MongoDB。

2. 准备工作

请确保前文所讲的代理池、Cookies 池已经实现并可以正常运行，安装 Scrapy、PyMongo 库，如没有安装可以参考前文内容。

3. 爬取思路

首先我们要实现用户的大规模爬取。这里采用的爬取方式是，以微博的几个大 V 为起始点，爬取他们各自的粉丝和关注列表，然后获取粉丝和关注列表的粉丝和关注列表，以此类推，这样下去就可以实现递归爬取。如果一个用户与其他用户有社交网络上的关联，那他们的信息就会被爬虫抓取到，这样我们就可以做到对所有用户的爬取。通过这种方式，我们可以得到用户的唯一 ID，再根据 ID 获取每个用户发布的微博即可。

4. 爬取分析

这里我们选取的爬取站点是：https://m.weibo.cn，此站点是微博移动端的站点。打开该站点会跳转到登录页面，这是因为主页做了登录限制。不过我们可以直接打开某个用户详情页面，如图 13-32 所示。

图 13-32 个人详情页面

我们在页面最上方可以看到她的关注和粉丝数量。我们点击关注，进入到她的关注列表，如图 13-33 所示。

13

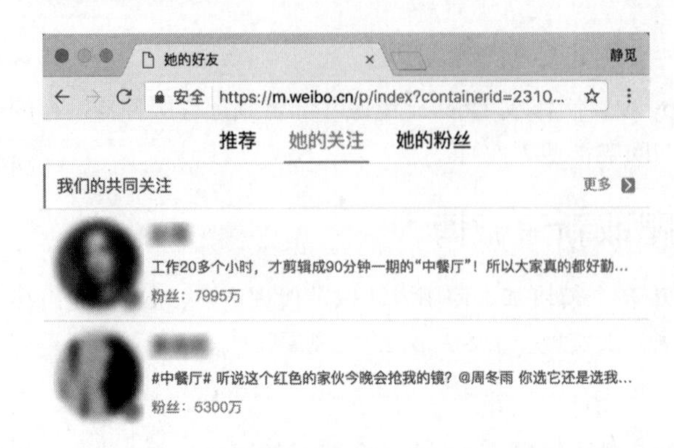

图 13-33　关注列表

我们打开开发者工具，切换到 XHR 过滤器，一直下拉关注列表，即可看到下方会出现很多 Ajax 请求，这些请求就是获取关注列表的 Ajax 请求，如图 13-34 所示。

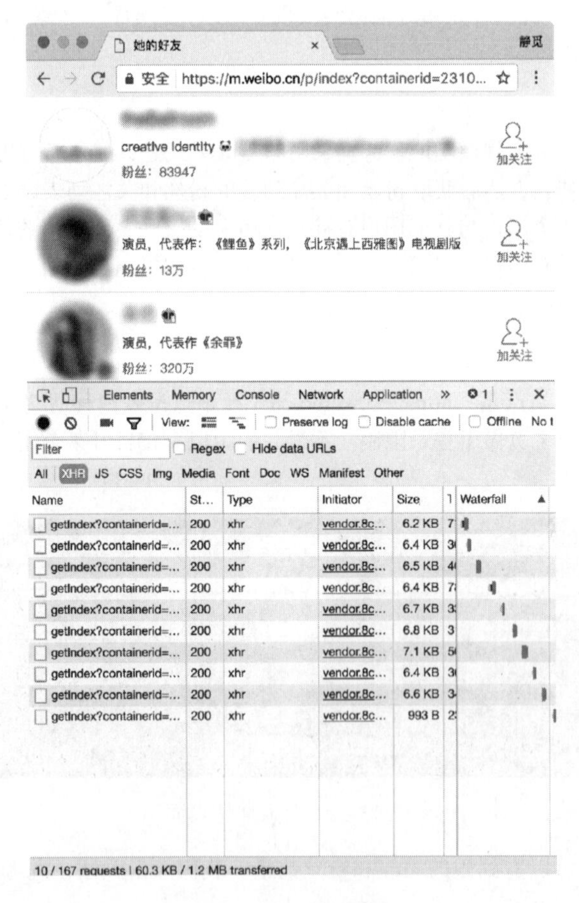

图 13-34　请求列表

我们打开第一个 Ajax 请求，它的链接为：https://m.weibo.cn/api/container/getIndex?containerid= 231051-_*followers*-_1916655407&luicode=10000011&lfid=1005051916655407&featurecode=20000320&type=uid&value=1916655407&page=2，详情如图 13-35 和图 13-36 所示。

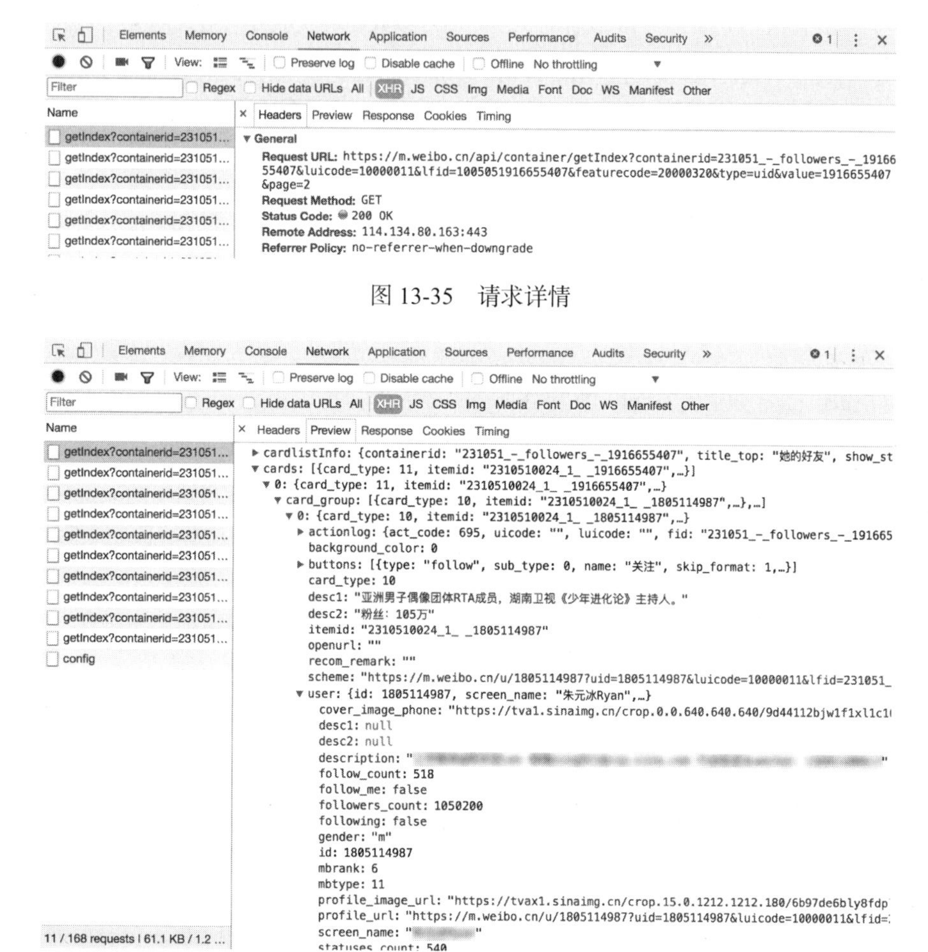

图 13-35 请求详情

图 13-36 响应结果

请求类型是 GET 类型，返回结果是 JSON 格式，我们将其展开之后即可看到其关注的用户的基本信息。接下来我们只需要构造这个请求的参数。此链接一共有 7 个参数，如图 13-37 所示。

▼ Query String Parameters view source view URL encoded

- **containerid:** 231051_-_followers_-_1916655407
- **luicode:** 10000011
- **lfid:** 1005051916655407
- **featurecode:** 20000320
- **type:** uid
- **value:** 1916655407
- **page:** 2

图 13-37 参数信息

其中最主要的参数就是 containerid 和 page。有了这两个参数，我们同样可以获取请求结果。我们可以将接口精简为：https://m.weibo.cn/api/container/getIndex?containerid=231051-_*followers*-_1916655407&page=2，这里的 container_id 的前半部分是固定的，后半部分是用户的 id。所以这里参数就可以构造出来了，只需要修改 container_id 最后的 id 和 page 参数即可获取分页形式的关注列表信息。

利用同样的方法，我们也可以分析用户详情的 Ajax 链接、用户微博列表的 Ajax 链接，如下所示：

```
# 用户详情API
user_url =
'https://m.weibo.cn/api/container/getIndex?uid={uid}&type=uid&value={uid}&containerid=100505{uid}'
# 关注列表API
follow_url =
'https://m.weibo.cn/api/container/getIndex?containerid=231051_-_followers_-_{uid}&page={page}'
# 粉丝列表API
fan_url = 'https://m.weibo.cn/api/container/getIndex?containerid=231051_-_fans_-_{uid}&page={page}'
# 微博列表API
weibo_url =
'https://m.weibo.cn/api/container/getIndex?uid={uid}&type=uid&page={page}&containerid=107603{uid}'
```

此处的 uid 和 page 分别代表用户 ID 和分页页码。

注意，这个 API 可能随着时间的变化或者微博的改版而变化，以实测为准。

我们从几个大 V 开始抓取，抓取他们的粉丝、关注列表、微博信息，然后递归抓取他们的粉丝和关注列表的粉丝、关注列表、微博信息，递归抓取，最后保存微博用户的基本信息、关注和粉丝列表、发布的微博。

我们选择 MongoDB 作为存储的数据库，可以更方便地存储用户的粉丝和关注列表。

5. 新建项目

接下来，我们用 Scrapy 来实现这个抓取过程。首先创建一个项目，命令如下所示：

```
scrapy startproject weibo
```

进入项目中，新建一个 Spider，名为 weibocn，命令如下所示：

```
scrapy genspider weibocn m.weibo.cn
```

我们首先修改 Spider，配置各个 Ajax 的 URL，选取几个大 V，将他们的 ID 赋值成一个列表，实现 start_requests()方法，也就是依次抓取各个大 V 的个人详情，然后用 parse_user()进行解析，如下所示：

```
from scrapy import Request, Spider

class WeiboSpider(Spider):
    name = 'weibocn'
    allowed_domains = ['m.weibo.cn']
    user_url = 'https://m.weibo.cn/api/container/getIndex?uid={uid}&type=uid&value={uid}&containerid=100505{uid}'
    follow_url = 'https://m.weibo.cn/api/container/getIndex?containerid=231051_-_followers_-_{uid}&page={page}'
    fan_url = 'https://m.weibo.cn/api/container/getIndex?containerid=231051_-_fans_-_{uid}&page={page}'
    weibo_url = 'https://m.weibo.cn/api/container/getIndex?uid={uid}&type=uid&page={page}&containerid=107603{uid}'
    start_users = ['3217179555', '1742566624', '2282991915', '1288739185', '3952070245', '5878659096']

    def start_requests(self):
        for uid in self.start_users:
```

```
            yield Request(self.user_url.format(uid=uid), callback=self.parse_user)

    def parse_user(self, response):
        self.logger.debug(response)
```

6. 创建 Item

接下来，我们解析用户的基本信息并生成 Item。这里我们先定义几个 Item，如用户、用户关系、微博的 Item，如下所示：

```
from scrapy import Item, Field

class UserItem(Item):
    collection = 'users'
    id = Field()
    name = Field()
    avatar = Field()
    cover = Field()
    gender = Field()
    description = Field()
    fans_count = Field()
    follows_count = Field()
    weibos_count = Field()
    verified = Field()
    verified_reason = Field()
    verified_type = Field()
    follows = Field()
    fans = Field()
    crawled_at = Field()

class UserRelationItem(Item):
    collection = 'users'
    id = Field()
    follows = Field()
    fans = Field()

class WeiboItem(Item):
    collection = 'weibos'
    id = Field()
    attitudes_count = Field()
    comments_count = Field()
    reposts_count = Field()
    picture = Field()
    pictures = Field()
    source = Field()
    text = Field()
    raw_text = Field()
    thumbnail = Field()
    user = Field()
    created_at = Field()
    crawled_at = Field()
```

这里定义了 collection 字段，指明保存的 Collection 的名称。用户的关注和粉丝列表直接定义为一个单独的 UserRelationItem，其中 id 就是用户的 ID，follows 就是用户关注列表，fans 是粉丝列表，但这并不意味着我们会将关注和粉丝列表存到一个单独的 Collection 里。后面我们会用 Pipeline 对各个 Item 进行处理、合并存储到用户的 Collection 里，因此 Item 和 Collection 并不一定是完全对应的。

7. 提取数据

我们开始解析用户的基本信息，实现 parse_user()方法，如下所示：

```
def parse_user(self, response):
    """
    解析用户信息
    :param response: Response 对象
    """
    result = json.loads(response.text)
    if result.get('data').get('userInfo'):
        user_info = result. get('data').get('userInfo')
        user_item = UserItem()
        field_map = {
            'id': 'id', 'name': 'screen_name', 'avatar': 'profile_image_url', 'cover': 'cover_image_phone',
            'gender': 'gender', 'description': 'description', 'fans_count': 'followers_count',
            'follows_count': 'follow_count', 'weibos_count': 'statuses_count', 'verified': 'verified',
            'verified_reason': 'verified_reason', 'verified_type': 'verified_type'
        }
        for field, attr in field_map.items():
            user_item[field] = user_info.get(attr)
        yield user_item
        # 关注
        uid = user_info.get('id')
        yield Request(self.follow_url.format(uid=uid, page=1), callback=self.parse_follows,
                      meta={'page': 1, 'uid': uid})
        # 粉丝
        yield Request(self.fan_url.format(uid=uid, page=1), callback=self.parse_fans,
                      meta={'page': 1, 'uid': uid})
        # 微博
        yield Request(self.weibo_url.format(uid=uid, page=1), callback=self.parse_weibos,
                      meta={'page': 1, 'uid': uid})
```

在这里我们一共完成了两个操作。

- 解析 JSON 提取用户信息并生成 UserItem 返回。我们并没有采用常规的逐个赋值的方法，而是定义了一个字段映射关系。我们定义的字段名称可能和 JSON 中用户的字段名称不同，所以在这里定义成一个字典，然后遍历字典的每个字段实现逐个字段的赋值。
- 构造用户的关注、粉丝、微博的第一页的链接，并生成 Request，这里需要的参数只有用户的 ID。另外，初始分页页码直接设置为 1 即可。

接下来，我们还需要保存用户的关注和粉丝列表。以关注列表为例，其解析方法为 parse_follows()，实现如下所示：

```
def parse_follows(self, response):
    """
    解析用户关注
    :param response: Response 对象
    """
    result = json.loads(response.text)
    if result.get('ok') and result.get('data').get('cards') and len(result.get('data').get('cards'))
        and result.get('data').get('cards')[-1].get(
        'card_group'):
        # 解析用户
        follows = result.get('data').get('cards')[-1].get('card_group')
        for follow in follows:
            if follow.get('user'):
```

```
            uid = follow.get('user').get('id')
            yield Request(self.user_url.format(uid=uid), callback=self.parse_user)
    # 关注列表
    uid = response.meta.get('uid')
    user_relation_item = UserRelationItem()
    follows = [{'id': follow.get('user').get('id'), 'name': follow.get('user').get('screen_name')}
        for follow in follows]
    user_relation_item['id'] = uid
    user_relation_item['follows'] = follows
    user_relation_item['fans'] = []
    yield user_relation_item
    # 下一页关注
    page = response.meta.get('page') + 1
    yield Request(self.follow_url.format(uid=uid, page=page),
                  callback=self.parse_follows, meta={'page': page, 'uid': uid})
```

那么在这个方法里面我们做了如下三件事。

- 解析关注列表中的每个用户信息并发起新的解析请求。我们首先解析关注列表的信息，得到用户的 ID，然后再利用 `user_url` 构造访问用户详情的 Request，回调就是刚才所定义的 `parse_user()`方法。
- 提取用户关注列表内的关键信息并生成 `UserRelationItem`。`id` 字段直接设置成用户的 ID，JSON 返回数据中的用户信息有很多冗余字段。在这里我们只提取了关注用户的 ID 和用户名，然后把它们赋值给 `follows` 字段，`fans` 字段设置成空列表。这样我们就建立了一个存有用户 ID 和用户部分关注列表的 `UserRelationItem`，之后合并且保存具有同一个 ID 的 `UserRelationItem` 的关注和粉丝列表。
- 提取下一页关注。只需要将此请求的分页页码加 1 即可。分页页码通过 Request 的 `meta` 属性进行传递，Response 的 `meta` 来接收。这样我们构造并返回下一页的关注列表的 Request。

抓取粉丝列表的原理和抓取关注列表原理相同，在此不再赘述。

接下来我们还差一个方法的实现，即 `parse_weibos()`，它用来抓取用户的微博信息，实现如下所示：

```
def parse_weibos(self, response):
    """
    解析微博列表
    :param response: Response 对象
    """
    result = json.loads(response.text)
    if result.get('ok') and result.get('data').get('cards'):
        weibos = result.get('data').get('cards')
        for weibo in weibos:
            mblog = weibo.get('mblog')
            if mblog:
                weibo_item = WeiboItem()
                field_map = {
                    'id': 'id', 'attitudes_count': 'attitudes_count', 'comments_count': 'comments_count',
                        'created_at': 'created_at', 'reposts_count': 'reposts_count', 'picture': 'original_
                        pic', 'pictures': 'pics', 'source': 'source', 'text': 'text', 'raw_text': 'raw_text',
                        'thumbnail': 'thumbnail_pic'
                }
                for field, attr in field_map.items():
                    weibo_item[field] = mblog.get(attr)
```

13

```
                weibo_item['user'] = response.meta.get('uid')
                yield weibo_item
        # 下一页微博
        uid = response.meta.get('uid')
        page = response.meta.get('page') + 1
        yield Request(self.weibo_url.format(uid=uid, page=page), callback=self.parse_weibos,
            meta={'uid': uid, 'page': page})
```

这里 parse_weibos()方法完成了两件事。

- 提取用户的微博信息，并生成 WeiboItem。这里同样建立了一个字段映射表，实现批量字段赋值。
- 提取下一页的微博列表。这里同样需要传入用户 ID 和分页页码。

到目前为止，微博的 Spider 已经完成。后面还需要对数据进行数据清洗存储，以及对接代理池、Cookies 池来防止反爬虫。

8. 数据清洗

有些微博的时间可能不是标准的时间，比如它可能显示为刚刚、几分钟前、几小时前、昨天等。这里我们需要统一转化这些时间，实现一个 parse_time()方法，如下所示：

```
def parse_time(self, date):
    if re.match('刚刚', date):
        date = time.strftime('%Y-%m-%d %H:%M', time.localtime(time.time()))
    if re.match('\d+分钟前', date):
        minute = re.match('(\d+)', date).group(1)
        date = time.strftime('%Y-%m-%d %H:%M', time.localtime(time.time() - float(minute) * 60))
    if re.match('\d+小时前', date):
        hour = re.match('(\d+)', date).group(1)
        date = time.strftime('%Y-%m-%d %H:%M', time.localtime(time.time() - float(hour) * 60 * 60))
    if re.match('昨天.*', date):
        date = re.match('昨天(.*)', date).group(1).strip()
        date = time.strftime('%Y-%m-%d', time.localtime() - 24 * 60 * 60) + ' ' + date
    if re.match('\d{2}-\d{2}', date):
        date = time.strftime('%Y-', time.localtime()) + date + ' 00:00'
    return date
```

我们用正则来提取一些关键数字，用 time 库来实现标准时间的转换。

以 X 分钟前的处理为例，爬取的时间会赋值为 created_at 字段。我们首先用正则匹配这个时间，表达式写作\d+分钟前，如果提取到的时间符合这个表达式，那么就提取出其中的数字，这样就可以获取分钟数了。接下来使用 time 模块的 strftime()方法，第一个参数传入要转换的时间格式，第二个参数就是时间戳。这里我们用当前的时间戳减去此分钟数乘以 60 就是当时的时间戳，这样我们就可以得到格式化后的正确时间了。

然后 Pipeline 可以实现如下处理：

```
class WeiboPipeline():
    def process_item(self, item, spider):
        if isinstance(item, WeiboItem):
            if item.get('created_at'):
                item['created_at'] = item['created_at'].strip()
                item['created_at'] = self.parse_time(item.get('created_at'))
```

我们在 Spider 里没有对 crawled_at 字段赋值，它代表爬取时间，我们可以统一将其赋值为当前时间，实现如下所示：

```
class TimePipeline():
    def process_item(self, item, spider):
        if isinstance(item, UserItem) or isinstance(item, WeiboItem):
            now = time.strftime('%Y-%m-%d %H:%M', time.localtime())
            item['crawled_at'] = now
        return item
```

这里我们判断了 item 如果是 UserItem 或 WeiboItem 类型，那么就给它的 crawled_at 字段赋值为当前时间。

通过上面的两个 Pipeline，我们便完成了数据清洗工作，这里主要是时间的转换。

9. 数据存储

数据清洗完毕之后，我们就要将数据保存到 MongoDB 数据库。我们在这里实现 MongoPipeline 类，如下所示：

```
import pymongo

class MongoPipeline(object):
    def __init__(self, mongo_uri, mongo_db):
        self.mongo_uri = mongo_uri
        self.mongo_db = mongo_db

    @classmethod
    def from_crawler(cls, crawler):
        return cls(
            mongo_uri=crawler.settings.get('MONGO_URI'), mongo_db=crawler.settings.get('MONGO_DATABASE')
        )

    def open_spider(self, spider):
        self.client = pymongo.MongoClient(self.mongo_uri)
        self.db = self.client[self.mongo_db]
        self.db[UserItem.collection].create_index([('id', pymongo.ASCENDING)])
        self.db[WeiboItem.collection].create_index([('id', pymongo.ASCENDING)])

    def close_spider(self, spider):
        self.client.close()

    def process_item(self, item, spider):
        if isinstance(item, UserItem) or isinstance(item, WeiboItem):
            self.db[item.collection].update({'id': item.get('id')}, {'$set': item}, True)
        if isinstance(item, UserRelationItem):
            self.db[item.collection].update(
                {'id': item.get('id')},
                {'$addToSet':
                    {
                        'follows': {'$each': item['follows']},
                        'fans': {'$each': item['fans']}
                    }
                }, True)
        return item
```

当前的 MongoPipeline 和前面我们所写的有所不同，主要有以下几点。

13

- open_spider()方法里添加了 Collection 的索引，这里为两个 Item 都添加了索引，索引的字段是 id。由于我们这次是大规模爬取，爬取过程涉及数据的更新问题，所以我们为每个 Collection 建立了索引，这样可以大大提高检索效率。
- 在process_item()方法里存储使用的是update()方法，第一个参数是查询条件，第二个参数是爬取的 Item。这里我们使用了$set 操作符，如果爬取到重复的数据即可对数据进行更新，同时不会删除已存在的字段。如果这里不加$set 操作符，那么会直接进行 item 替换，这样可能会导致已存在的字段如关注和粉丝列表清空。第三个参数设置为True，如果数据不存在，则插入数据。这样我们就可以做到数据存在即更新、数据不存在即插入，从而获得去重的效果。
- 对于用户的关注和粉丝列表，我们使用了一个新的操作符，叫作 $addToSet，这个操作符可以向列表类型的字段插入数据同时去重。它的值就是需要操作的字段名称。这里利用了$each 操作符对需要插入的列表数据进行了遍历，以逐条插入用户的关注或粉丝数据到指定的字段。关于该操作更多解释可以参考 MongoDB 的官方文档，链接为：https://docs.mongodb.com/manual/reference/operator/update/addToSet/。

10. Cookies 池对接

新浪微博的反爬能力非常强，我们需要做一些防范反爬虫的措施才可以顺利完成数据爬取。

如果没有登录而直接请求微博的 API 接口，这非常容易导致 403 状态码。这个情况我们在 10.2 节也提过。所以在这里我们实现一个 Middleware，为每个 Request 添加随机的 Cookies。

我们先开启 Cookies 池，使 API 模块正常运行。例如在本地运行 5000 端口，访问：http://localhost:5000/weibo/random，即可获取随机的 Cookies。当然也可以将 Cookies 池部署到远程的服务器，这样只需要更改访问的链接。

我们在本地启动 Cookies 池，实现一个 Middleware，如下所示：

```
class CookiesMiddleware():
    def __init__(self, cookies_url):
        self.logger = logging.getLogger(__name__)
        self.cookies_url = cookies_url

    def get_random_cookies(self):
        try:
            response = requests.get(self.cookies_url)
            if response.status_code == 200:
                cookies = json.loads(response.text)
                return cookies
        except requests.ConnectionError:
            return False

    def process_request(self, request, spider):
        self.logger.debug('正在获取 Cookies')
        cookies = self.get_random_cookies()
        if cookies:
            request.cookies = cookies
            self.logger.debug('使用 Cookies ' + json.dumps(cookies))

    @classmethod
```

```
    def from_crawler(cls, crawler):
        settings = crawler.settings
        return cls(
            cookies_url=settings.get('COOKIES_URL')
        )
```

我们首先利用 from_crawler()方法获取了 COOKIES_URL 变量，它定义在 settings.py 里，这就是刚才我们所说的接口。接下来实现 get_random_cookies()方法，这个方法主要就是请求此 Cookies 池接口并获取接口返回的随机 Cookies。如果成功获取，则返回 Cookies；否则返回 False。

接下来，在 process_request()方法里，我们给 request 对象的 cookies 属性赋值，其值就是获取的随机 Cookies，这样我们就成功地为每一次请求赋值 Cookies 了。

如果启用了该 Middleware，每个请求都会被赋值随机的 Cookies。这样我们就可以模拟登录之后的请求，403 状态码基本就不会出现。

11. 代理池对接

微博还有一个反爬措施就是，检测到同一 IP 请求量过大时就会出现 414 状态码。如果遇到这样的情况可以切换代理。例如，在本地 5555 端口运行，获取随机可用代理的地址为：http://localhost:5555/random，访问这个接口即可获取一个随机可用代理。接下来我们再实现一个 Middleware，代码如下所示：

```
class ProxyMiddleware():
    def __init__(self, proxy_url):
        self.logger = logging.getLogger(__name__)
        self.proxy_url = proxy_url

    def get_random_proxy(self):
        try:
            response = requests.get(self.proxy_url)
            if response.status_code == 200:
                proxy = response.text
                return proxy
        except requests.ConnectionError:
            return False

    def process_request(self, request, spider):
        if request.meta.get('retry_times'):
            proxy = self.get_random_proxy()
            if proxy:
                uri = 'https://{proxy}'.format(proxy=proxy)
                self.logger.debug('使用代理 ' + proxy)
                request.meta['proxy'] = uri

    @classmethod
    def from_crawler(cls, crawler):
        settings = crawler.settings
        return cls(
            proxy_url=settings.get('PROXY_URL')
        )
```

同样的原理，我们实现了一个 get_random_proxy()方法用于请求代理池的接口获取随机代理。如果获取成功，则返回改代理，否则返回 False。在 process_request()方法中，我们给 request 对象的 meta 属性赋值一个 proxy 字段，该字段的值就是代理。

另外，赋值代理的判断条件是当前 retry_times 不为空，也就是说第一次请求失败之后才启用代理，因为使用代理后访问速度会慢一些。所以我们在这里设置了只有重试的时候才启用代理，否则直接请求。这样就可以保证在没有被封禁的情况下直接爬取，保证了爬取速度。

12. 启用 Middleware

接下来，我们在配置文件中启用这两个 Middleware，修改 settings.py 如下所示：

```
DOWNLOADER_MIDDLEWARES = {
    'weibo.middlewares.CookiesMiddleware': 554,
    'weibo.middlewares.ProxyMiddleware': 555,
}
```

注意这里的优先级设置，前文提到了 Scrapy 的默认 Downloader Middleware 的设置如下：

```
{
    'scrapy.downloadermiddlewares.robotstxt.RobotsTxtMiddleware': 100,
    'scrapy.downloadermiddlewares.httpauth.HttpAuthMiddleware': 300,
    'scrapy.downloadermiddlewares.downloadtimeout.DownloadTimeoutMiddleware': 350,
    'scrapy.downloadermiddlewares.defaultheaders.DefaultHeadersMiddleware': 400,
    'scrapy.downloadermiddlewares.useragent.UserAgentMiddleware': 500,
    'scrapy.downloadermiddlewares.retry.RetryMiddleware': 550,
    'scrapy.downloadermiddlewares.ajaxcrawl.AjaxCrawlMiddleware': 560,
    'scrapy.downloadermiddlewares.redirect.MetaRefreshMiddleware': 580,
    'scrapy.downloadermiddlewares.httpcompression.HttpCompressionMiddleware': 590,
    'scrapy.downloadermiddlewares.redirect.RedirectMiddleware': 600,
    'scrapy.downloadermiddlewares.cookies.CookiesMiddleware': 700,
    'scrapy.downloadermiddlewares.httpproxy.HttpProxyMiddleware': 750,
    'scrapy.downloadermiddlewares.stats.DownloaderStats': 850,
    'scrapy.downloadermiddlewares.httpcache.HttpCacheMiddleware': 900,
}
```

要使得我们自定义的 CookiesMiddleware 生效，它在内置的 CookiesMiddleware 之前调用。内置的 CookiesMiddleware 的优先级为 700，所以这里我们设置一个比 700 小的数字即可。

要使得我们自定义的 ProxyMiddleware 生效，它在内置的 HttpProxyMiddleware 之前调用。内置的 HttpProxyMiddleware 的优先级为 750，所以这里我们设置一个比 750 小的数字即可。

13. 运行

到此为止，整个微博爬虫就实现完毕了。我们运行如下命令启动爬虫：

```
scrapy crawl weibocn
```

输出结果如下所示：

```
2017-07-11 17:27:34 [urllib3.connectionpool] DEBUG: http://localhost:5000 "GET /weibo/random HTTP/1.1"
    200 339
2017-07-11 17:27:34 [weibo.middlewares] DEBUG: 使用 Cookies {"SCF": "AhzwTr_DxIGjgri_dt46_DoPzUqq-
    PSupu545JdozdHYJ7HyEb4pD3pe05VpbIpVyY1ciKRRWwUgojiO3jYwlBE.", "_T_WM": "8fe0bc1dad068d09b888d8177f1c1218",
    "SSOLoginState": "1501496388", "M_WEIBOCN_PARAMS": "uicode%3D20000174", "SUHB": "0tKqV4asxqYl4J", "SUB":
    "_2A250e3QUDeRhGeBM6VYX8y7NwjiIHXVXhBxcrDV6PUJbkdBeLXjckW2fUT8MWloekO4FCWVlIYJGJdGLnA.."}
2017-07-11 17:27:34 [weibocn] DEBUG: <200
    https://m.weibo.cn/api/container/getIndex?uid=1742566624&type=uid&value=1742566624&containerid=
    1005051742566624>
2017-07-11 17:27:34 [scrapy.core.scraper] DEBUG: Scraped from <200
    https://m.weibo.cn/api/container/getIndex?uid=1742566624&type=uid&value=1742566624&containerid=
    1005051742566624>
```

```
{'avatar': 'https://tva4.sinaimg.cn/crop.0.0.180.180.180/67dd74e0jw1e8qgp5bmzyj2050050aa8.jpg',
 'cover': 'https://tva3.sinaimg.cn/crop.0.0.640.640.640/6ce2240djw1e9oaqhwllzj20hs0hsdir.jpg',
 'crawled_at': '2017-07-11 17:27',
 'description': '成长，就是一个不断觉得以前的自己是个傻逼的过程',
 'fans_count': 19202906,
 'follows_count': 1599,
 'gender': 'm',
 'id': 1742566624,
 'name': '思想聚焦',
 'verified': True,
 'verified_reason': '微博知名博主，校导网编辑',
 'verified_type': 0,
 'weibos_count': 58393}
```

运行一段时间后，我们便可以到 MongoDB 数据库查看数据，爬取下来的数据如图 13-38 和图 13-39 所示。

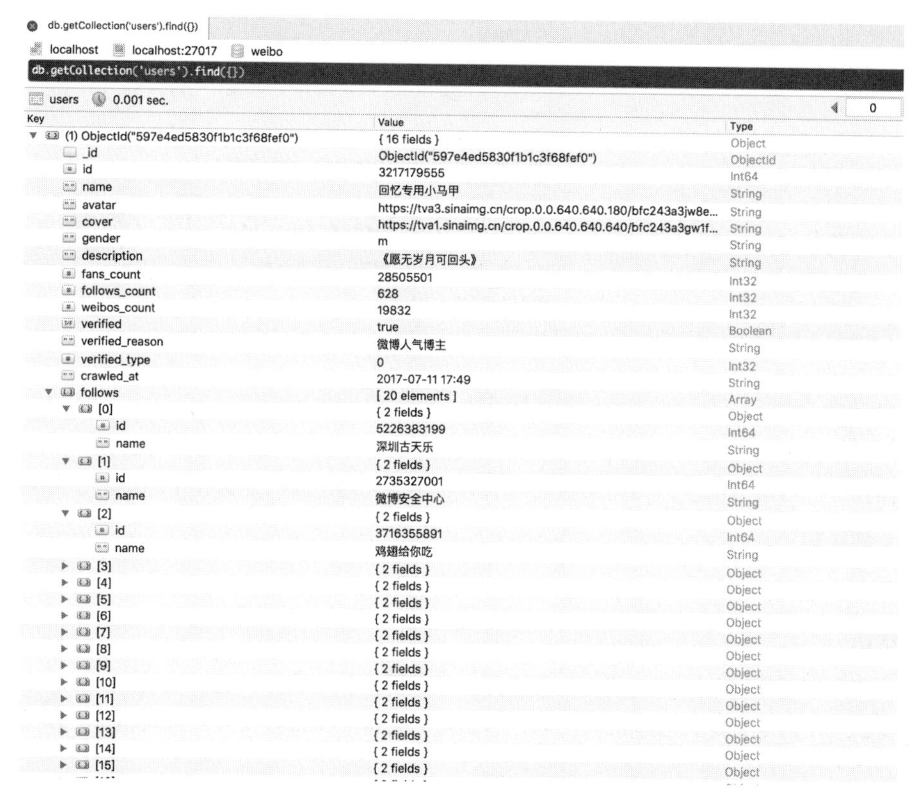

图 13-38 用户信息

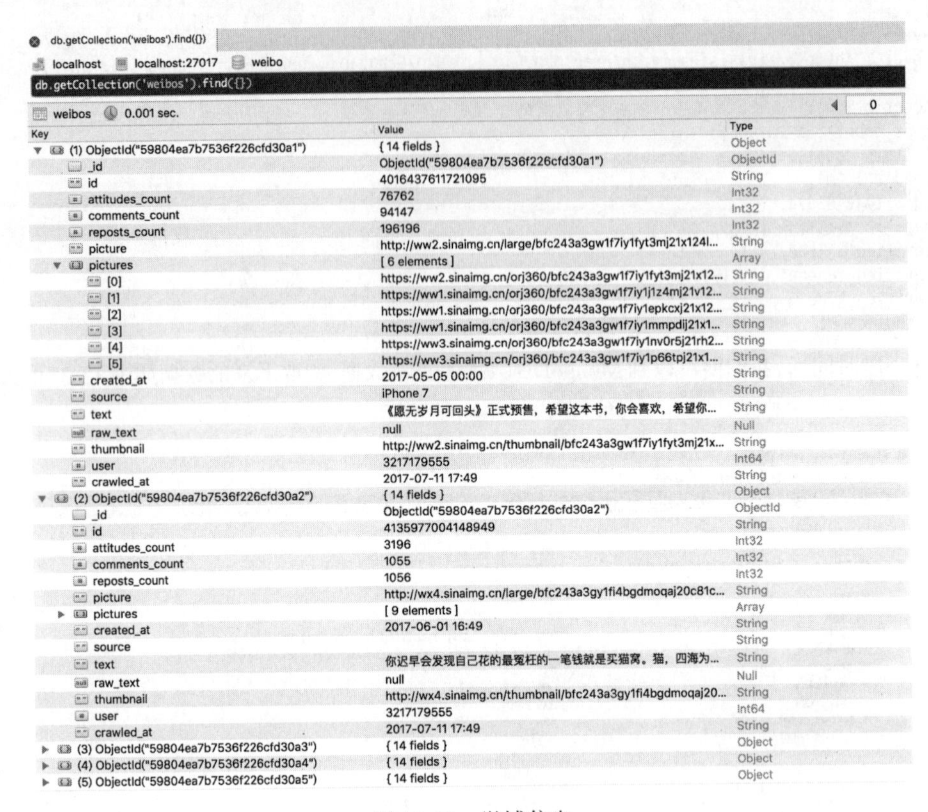

图 13-39　微博信息

针对用户信息，我们不仅爬取了其基本信息，还把关注和粉丝列表加到了 follows 和 fans 字段并做了去重操作。针对微博信息，我们成功进行了时间转换处理，同时还保存了微博的图片列表信息。

14. 本节代码

本节代码地址为：https://github.com/Python3WebSpider/Weibo。

15. 结语

本节实现了新浪微博的用户及其粉丝关注列表和微博信息的爬取，还对接了 Cookies 池和代理池来处理反爬虫。不过现在是针对单机的爬取，后面我们会将此项目修改为分布式爬虫，以进一步提高抓取效率。

第 14 章

分布式爬虫

在上一章中，我们了解了 Scrapy 爬虫框架的用法。这些框架都是在同一台主机上运行的，爬取效率比较有限。如果多台主机协同爬取，那么爬取效率必然会成倍增长，这就是分布式爬虫的优势。

本章我们就来了解一下分布式爬虫的基本原理，以及 Scrapy 实现分布式爬虫的流程。

14.1　分布式爬虫原理

我们在前面已经实现了 Scrapy 微博爬虫，虽然爬虫是异步加多线程的，但是我们只能在一台主机上运行，所以爬取效率还是有限的，分布式爬虫则是将多台主机组合起来，共同完成一个爬取任务，这将大大提高爬取的效率。

1. 分布式爬虫架构

在了解分布式爬虫架构之前，首先回顾一下 Scrapy 的架构，如图 13-1 所示。

Scrapy 单机爬虫中有一个本地爬取队列 Queue，这个队列是利用 deque 模块实现的。如果新的 Request 生成就会放到队列里面，随后 Request 被 Scheduler 调度。之后，Request 交给 Downloader 执行爬取，简单的调度架构如图 14-1 所示。

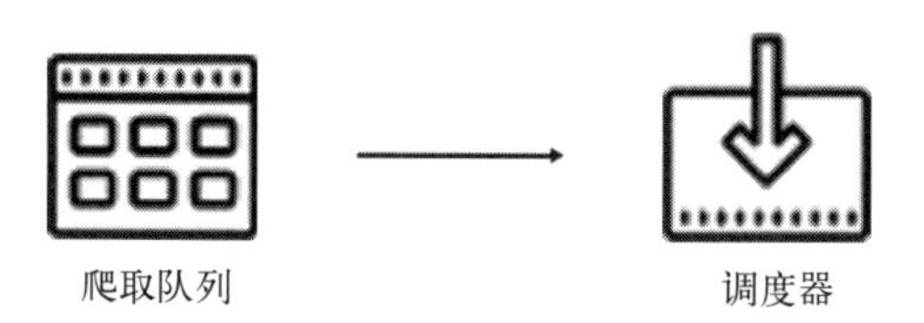

图 14-1　调度架构

如果两个 Scheduler 同时从队列里面取 Request，每个 Scheduler 都有其对应的 Downloader，那么在带宽足够、正常爬取且不考虑队列存取压力的情况下，爬取效率会有什么变化？没错，爬取效率会翻倍。

这样，Scheduler 可以扩展多个，Downloader 也可以扩展多个。而爬取队列 Queue 必须始终为一个，也就是所谓的共享爬取队列。这样才能保证 Scheduer 从队列里调度某个 Request 之后，其他 Scheduler 不会重复调度此 Request，就可以做到多个 Schduler 同步爬取。这就是分布式爬虫的基本雏形，简单调度架构如图 14-2 所示。

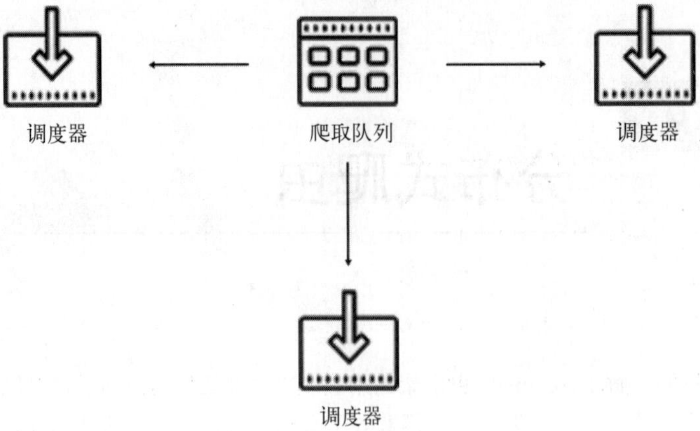

调度器　爬取队列　调度器

调度器

图 14-2　调度架构

我们需要做的就是在多台主机上同时运行爬虫任务协同爬取，而协同爬取的前提就是共享爬取队列。这样各台主机就不需要各自维护爬取队列，而是从共享爬取队列存取 Request。但是各台主机还是有各自的 Scheduler 和 Downloader，所以调度和下载功能分别完成。如果不考虑队列存取性能消耗，爬取效率还是会成倍提高。

2. 维护爬取队列

那么这个队列用什么来维护？首先需要考虑的就是性能问题。我们自然想到的是基于内存存储的 Redis，它支持多种数据结构，例如列表（List）、集合（Set）、有序集合（Sorted Set）等，存取的操作也非常简单。

Redis 支持的这几种数据结构存储各有优点。

- 列表有 lpush()、lpop()、rpush()、rpop()方法，我们可以用它来实现先进先出式爬取队列，也可以实现先进后出栈式爬取队列。
- 集合的元素是无序的且不重复的，这样我们可以非常方便地实现随机排序且不重复的爬取队列。
- 有序集合带有分数表示，而 Scrapy 的 Request 也有优先级的控制，我们可以用它来实现带优先级调度的队列。

我们需要根据具体爬虫的需求来灵活选择不同的队列。

3. 如何去重

Scrapy 有自动去重，它的去重使用了 Python 中的集合。这个集合记录了 Scrapy 中每个 Request 的指纹，这个指纹实际上就是 Request 的散列值。我们可以看看 Scrapy 的源代码，如下所示：

```
import hashlib
def request_fingerprint(request, include_headers=None):
    if include_headers:
        include_headers = tuple(to_bytes(h.lower())
                                for h in sorted(include_headers))
    cache = _fingerprint_cache.setdefault(request, {})
    if include_headers not in cache:
```

```
        fp = hashlib.sha1()
        fp.update(to_bytes(request.method))
        fp.update(to_bytes(canonicalize_url(request.url)))
        fp.update(request.body or b'')
        if include_headers:
            for hdr in include_headers:
                if hdr in request.headers:
                    fp.update(hdr)
                    for v in request.headers.getlist(hdr):
                        fp.update(v)
        cache[include_headers] = fp.hexdigest()
    return cache[include_headers]
```

request_fingerprint()就是计算 Request 指纹的方法，其方法内部使用的是 hashlib 的 sha1()方法。计算的字段包括 Request 的 Method、URL、Body、Headers 这几部分内容，这里只要有一点不同，那么计算的结果就不同。计算得到的结果是加密后的字符串，也就是指纹。每个 Request 都有独有的指纹，指纹就是一个字符串，判定字符串是否重复比判定 Request 对象是否重复容易得多，所以指纹可以作为判定 Request 是否重复的依据。

那么我们如何判定重复呢？Scrapy 是这样实现的，如下所示：

```
def __init__(self):
    self.fingerprints = set()

def request_seen(self, request):
    fp = self.request_fingerprint(request)
    if fp in self.fingerprints:
        return True
    self.fingerprints.add(fp)
```

在去重的类 RFPDupeFilter 中，有一个 request_seen()方法，这个方法有一个参数 request，它的作用就是检测该 Request 对象是否重复。这个方法调用 request_fingerprint()获取该 Request 的指纹，检测这个指纹是否存在于 fingerprints 变量中，而 fingerprints 是一个集合，集合的元素都是不重复的。如果指纹存在，那么就返回 True，说明该 Request 是重复的，否则这个指纹加入到集合中。如果下次还有相同的 Request 传递过来，指纹也是相同的，那么这时指纹就已经存在于集合中，Request 对象就会直接判定为重复。这样去重的目的就实现了。

Scrapy 的去重过程就是，利用集合元素的不重复特性来实现 Request 的去重。

对于分布式爬虫来说，我们肯定不能再用每个爬虫各自的集合来去重了。因为这样还是每个主机单独维护自己的集合，不能做到共享。多台主机如果生成了相同的 Request，只能各自去重，各个主机之间就无法做到去重了。

那么要实现去重，这个指纹集合也需要是共享的，Redis 正好有集合的存储数据结构，我们可以利用 Redis 的集合作为指纹集合，那么这样去重集合也是利用 Redis 共享的。每台主机新生成 Request 之后，把该 Request 的指纹与集合比对，如果指纹已经存在，说明该 Request 是重复的，否则将 Request 的指纹加入到这个集合中即可。利用同样的原理不同的存储结构我们也实现了分布式 Reqeust 的去重。

4. 防止中断

在 Scrapy 中，爬虫运行时的 Request 队列放在内存中。爬虫运行中断后，这个队列的空间就被释放，此队列就被销毁了。所以一旦爬虫运行中断，爬虫再次运行就相当于全新的爬取过程。

要做到中断后继续爬取，我们可以将队列中的 Request 保存起来，下次爬取直接读取保存数据即可获取上次爬取的队列。我们在 Scrapy 中指定一个爬取队列的存储路径即可，这个路径使用 JOB_DIR 变量来标识，我们可以用如下命令来实现：

```
scrapy crawl spider -s JOB_DIR=crawls/spider
```

更加详细的使用方法可以参见官方文档，链接为：https://doc.scrapy.org/en/latest/topics/jobs.html。

在 Scrapy 中，我们实际是把爬取队列保存到本地，第二次爬取直接读取并恢复队列即可。那么在分布式架构中我们还用担心这个问题吗？不需要。因为爬取队列本身就是用数据库保存的，如果爬虫中断了，数据库中的 Request 依然是存在的，下次启动就会接着上次中断的地方继续爬取。

所以，当 Redis 的队列为空时，爬虫会重新爬取；当 Redis 的队列不为空时，爬虫便会接着上次中断之处继续爬取。

5. 架构实现

我们接下来就需要在程序中实现这个架构了。首先实现一个共享的爬取队列，还要实现去重的功能。另外，重写一个 Scheduer 的实现，使之可以从共享的爬取队列存取 Request。

幸运的是，已经有人实现了这些逻辑和架构，并发布成叫 Scrapy-Redis 的 Python 包。接下来，我们看看 Scrapy-Redis 的源码实现，以及它的详细工作原理。

14.2　Scrapy-Redis 源码解析

Scrapy-Redis 库已经为我们提供了 Scrapy 分布式的队列、调度器、去重等功能，其 GitHub 地址为：https://github.com/rmax/scrapy-redis。

本节我们深入了解一下，利用 Redis 如何实现 Scrapy 分布式。

1. 获取源码

可以把源码克隆下来，执行如下命令：

```
git clone https://github.com/rmax/scrapy-redis.git
```

核心源码在 scrapy-redis/src/scrapy_redis 目录下。

2. 爬取队列

从爬取队列入手，看看它的具体实现。源码文件为 queue.py，它有三个队列的实现，首先它实现了一个父类 Base，提供一些基本方法和属性，如下所示：

```
class Base(object):
    """Per-spider base queue class"""
    def __init__(self, server, spider, key, serializer=None):
        if serializer is None:
            serializer = picklecompat
        if not hasattr(serializer, 'loads'):
            raise TypeError("serializer does not implement 'loads' function: %r"
                            % serializer)
```

```
        if not hasattr(serializer, 'dumps'):
            raise TypeError("serializer '%s' does not implement 'dumps' function: %r"
                            % serializer)
        self.server = server
        self.spider = spider
        self.key = key % {'spider': spider.name}
        self.serializer = serializer

    def _encode_request(self, request):
        obj = request_to_dict(request, self.spider)
        return self.serializer.dumps(obj)

    def _decode_request(self, encoded_request):
        obj = self.serializer.loads(encoded_request)
        return request_from_dict(obj, self.spider)

    def __len__(self):
        """Return the length of the queue"""
        raise NotImplementedError

    def push(self, request):
        """Push a request"""
        raise NotImplementedError

    def pop(self, timeout=0):
        """Pop a request"""
        raise NotImplementedError

    def clear(self):
        """Clear queue/stack"""
        self.server.delete(self.key)
```

首先看一下_encode_request()和_decode_request()方法。我们要把一个 Request 对象存储到数据库中，但数据库无法直接存储对象，所以先要将 Request 序列化转成字符串，而这两个方法分别可以实现序列化和反序列化的操作，这个过程可以利用 pickle 库来实现。队列 Queue 在调用 push()方法将 Request 存入数据库时，会调用_encode_request()方法进行序列化，在调用 pop()取出 Request 时，会调用_decode_request()进行反序列化。

在父类中，__len__()、push()和 pop()这三个方法都是未实现的，三个方法直接抛出 NotImplementedError 异常，因此这个类不能直接使用。那么，必须要实现一个子类来重写这三个方法，而不同的子类就会有不同的实现和不同的功能。

接下来我们定义一些子类来继承 Base 类，并重写这几个方法。在源码中有三个子类的实现，它们分别是 FifoQueue、PriorityQueue、LifoQueue，我们分别来看看它们的实现原理。

首先是 FifoQueue，如下所示：

```
class FifoQueue(Base):
    """Per-spider FIFO queue"""

    def __len__(self):
        """Return the length of the queue"""
        return self.server.llen(self.key)

    def push(self, request):
        """Push a request"""
```

```
        self.server.lpush(self.key, self._encode_request(request))

    def pop(self, timeout=0):
        """Pop a request"""
        if timeout > 0:
            data = self.server.brpop(self.key, timeout)
            if isinstance(data, tuple):
                data = data[1]
        else:
            data = self.server.rpop(self.key)
        if data:
            return self._decode_request(data)
```

这个类继承了 Base 类，并重写了 __len__()、push()、pop()三个方法，这三个方法都是对 server 对象的操作。server 对象就是一个 Redis 连接对象，我们可以直接调用其操作 Redis 的方法对数据库进行操作，这里的操作方法有 llen()、lpush()、rpop()等，这就代表此爬取队列使用了 Redis 的列表。序列化后的 Request 会存入列表中，__len__()方法获取列表的长度，push()方法调用了 lpush()操作，这代表从列表左侧存入数据，pop()方法中调用了 rpop()操作，这代表从列表右侧取出数据。

Request 在列表中的存取顺序是左侧进、右侧出，这是有序的进出，即先进先出（First Input First Output，FIFO），此类的名称就叫作 FifoQueue。

还有一个与之相反的实现类，叫作 LifoQueue，实现如下：

```
class LifoQueue(Base):
    """Per-spider LIFO queue."""

    def __len__(self):
        """Return the length of the stack"""
        return self.server.llen(self.key)

    def push(self, request):
        """Push a request"""
        self.server.lpush(self.key, self._encode_request(request))

    def pop(self, timeout=0):
        """Pop a request"""
        if timeout > 0:
            data = self.server.blpop(self.key, timeout)
            if isinstance(data, tuple):
                data = data[1]
        else:
            data = self.server.lpop(self.key)

        if data:
            return self._decode_request(data)
```

与 FifoQueue 不同的是 LifoQueue 的 pop()方法，它使用的是 lpop()操作，也就是从左侧出，push()方法依然使用 lpush()操作，从左侧入。那么效果就是先进后出、后进先出（Last In First Out，LIFO），此类名称就叫作 LifoQueue。这个存取方式类似栈的操作，所以也可以称作 StackQueue。

在源码中还有一个子类叫作 PriorityQueue，顾名思义，它是优先级队列，实现如下：

```
class PriorityQueue(Base):
    """Per-spider priority queue abstraction using redis' sorted set"""
```

```
    def __len__(self):
        """Return the length of the queue"""
        return self.server.zcard(self.key)

    def push(self, request):
        """Push a request"""
        data = self._encode_request(request)
        score = -request.priority
        self.server.execute_command('ZADD', self.key, score, data)

    def pop(self, timeout=0):
        """
        Pop a request
        timeout not support in this queue class
        """
        pipe = self.server.pipeline()
        pipe.multi()
        pipe.zrange(self.key, 0, 0).zremrangebyrank(self.key, 0, 0)
        results, count = pipe.execute()
        if results:
            return self._decode_request(results[0])
```

在这里__len__()、push()、pop()方法使用了 server 对象的 zcard()、zadd()、zrange()操作，这里使用的存储结果是有序集合，这个集合中的每个元素都可以设置一个分数，这个分数就代表优先级。

__len__()方法调用了 zcard()操作，返回的就是有序集合的大小，也就是爬取队列的长度。push()方法调用了 zadd()操作，就是向集合中添加元素，这里的分数指定成 Request 的优先级的相反数，分数低的会排在集合的前面，即高优先级的 Request 就会在集合的最前面。pop()方法首先调用了 zrange()操作，取出集合的第一个元素，第一个元素就是最高优先级的 Request，然后再调用 zremrangebyrank()操作，将这个元素删除，这样就完成了取出并删除的操作。

此队列是默认使用的队列，即爬取队列默认是使用有序集合来存储的。

3. 去重过滤

前面说过 Scrapy 的去重是利用集合来实现的，而在 Scrapy 分布式中的去重就需要利用共享的集合，那么这里使用的就是 Redis 中的集合数据结构。我们来看看去重类是怎样实现的，源码文件是 dupefilter.py，其内实现了一个 RFPDupeFilter 类，如下所示：

```
class RFPDupeFilter(BaseDupeFilter):
    """Redis-based request duplicates filter.
    This class can also be used with default Scrapy's scheduler.
    """
    logger = logger
    def __init__(self, server, key, debug=False):
        """Initialize the duplicates filter.
        Parameters
        ----------
        server : redis.StrictRedis
            The redis server instance.
        key : str
            Redis key Where to store fingerprints.
        debug : bool, optional
            Whether to log filtered requests.
        """
        self.server = server
```

```
        self.key = key
        self.debug = debug
        self.logdupes = True

    @classmethod
    def from_settings(cls, settings):
        """Returns an instance from given settings.
        This uses by default the key ``dupefilter:<timestamp>``. When using the
        ``scrapy_redis.scheduler.Scheduler`` class, this method is not used as
        it needs to pass the spider name in the key.
        Parameters
        ----------
        settings : scrapy.settings.Settings
        Returns
        -------
        RFPDupeFilter
            A RFPDupeFilter instance.
        """
        server = get_redis_from_settings(settings)
        key = defaults.DUPEFILTER_KEY % {'timestamp': int(time.time())}
        debug = settings.getbool('DUPEFILTER_DEBUG')
        return cls(server, key=key, debug=debug)

    @classmethod
    def from_crawler(cls, crawler):
        """Returns instance from crawler.
        Parameters
        ----------
        crawler : scrapy.crawler.Crawler
        Returns
        -------
        RFPDupeFilter
            Instance of RFPDupeFilter.
        """
        return cls.from_settings(crawler.settings)

    def request_seen(self, request):
        """Returns True if request was already seen.
        Parameters
        ----------
        request : scrapy.http.Request
        Returns
        -------
        bool
        """
        fp = self.request_fingerprint(request)
        added = self.server.sadd(self.key, fp)
        return added == 0

    def request_fingerprint(self, request):
        """Returns a fingerprint for a given request.
        Parameters
        ----------
        request : scrapy.http.Request

        Returns
        -------
        str

        """
```

```
        return request_fingerprint(request)

    def close(self, reason=''):
        """Delete data on close. Called by Scrapy's scheduler.
        Parameters
        ----------
        reason : str, optional
        """
        self.clear()

    def clear(self):
        """Clears fingerprints data."""
        self.server.delete(self.key)

    def log(self, request, spider):
        """Logs given request.
        Parameters
        ----------
        request : scrapy.http.Request
        spider : scrapy.spiders.Spider
        """
        if self.debug:
            msg = "Filtered duplicate request: %(request)s"
            self.logger.debug(msg, {'request': request}, extra={'spider': spider})
        elif self.logdupes:
            msg = ("Filtered duplicate request %(request)s"
                   " - no more duplicates will be shown"
                   " (see DUPEFILTER_DEBUG to show all duplicates)")
            self.logger.debug(msg, {'request': request}, extra={'spider': spider})
            self.logdupes = False
```

这里同样实现了一个 request_seen()方法，和 Scrapy 中的 request_seen()方法实现极其类似。不过这里集合使用的是 server 对象的 sadd()操作，也就是集合不再是一个简单数据结构了，而是直接换成了数据库的存储方式。

鉴别重复的方式还是使用指纹，指纹同样是依靠 request_fingerprint()方法来获取的。获取指纹之后就直接向集合添加指纹，如果添加成功，说明这个指纹原本不存在于集合中，返回值 1。代码中最后的返回结果是判定添加结果是否为 0，如果刚才的返回值为 1，那这个判定结果就是 False，也就是不重复，否则判定为重复。

这样我们就成功利用 Redis 的集合完成了指纹的记录和重复的验证。

4. 调度器

Scrapy-Redis 还帮我们实现了配合 Queue、DupeFilter 使用的调度器 Scheduler，源文件名称是 scheduler.py。我们可以指定一些配置，如 SCHEDULER_FLUSH_ON_START 即是否在爬取开始的时候清空爬取队列，SCHEDULER_PERSIST 即是否在爬取结束后保持爬取队列不清除。我们可以在 settings.py 里自由配置，而此调度器很好地实现了对接。

接下来我们看看两个核心的存取方法，实现如下所示：

```
def enqueue_request(self, request):
    if not request.dont_filter and self.df.request_seen(request):
        self.df.log(request, self.spider)
        return False
```

```
    if self.stats:
        self.stats.inc_value('scheduler/enqueued/redis', spider=self.spider)
    self.queue.push(request)
    return True

def next_request(self):
    block_pop_timeout = self.idle_before_close
    request = self.queue.pop(block_pop_timeout)
    if request and self.stats:
        self.stats.inc_value('scheduler/dequeued/redis', spider=self.spider)
    return request
```

enqueue_request()可以向队列中添加Request，核心操作就是调用Queue的push()操作，还有一些统计和日志操作。next_request()就是从队列中取Request，核心操作就是调用Queue的pop()操作，此时如果队列中还有Request，则Request会直接取出来，爬取继续，否则如果队列为空，爬取则会重新开始。

5. 总结

目前为止，我们就之前所说的三个分布式的问题解决了，总结如下。

- **爬取队列的实现**：这里提供了三种队列，使用了Redis的列表或有序集合来维护。
- **去重的实现**：这里使用了Redis的集合来保存Request的指纹，以提供重复过滤。
- **中断后重新爬取的实现**：中断后 Redis 的队列没有清空，爬取再次启动时，调度器的next_request()会从队列中取到下一个Request，爬取继续。

6. 结语

以上内容便是Scrapy-Redis的核心源码解析。Scrapy-Redis中还提供了Spider、Item Pipeline的实现，不过它们并不是必须使用。

在下一节，我们会将Scrapy-Redis集成到之前所实现的Scrapy新浪微博项目中，实现多台主机协同爬取。

14.3　Scrapy分布式实现

接下来，我们会利用Scrapy-Redis来实现分布式的对接。

1. 准备工作

请确保已经成功实现了Scrapy新浪微博爬虫，Scrapy-Redis库已经正确安装，如果还没安装，请参考第1章的安装说明。

2. 搭建Redis服务器

要实现分布式部署，多台主机需要共享爬取队列和去重集合，而这两部分内容都是存于Redis数据库中的，我们需要搭建一个可公网访问的Redis服务器。

推荐使用Linux服务器，可以购买阿里云、腾讯云、Azure等提供的云主机，一般都会配有公网IP，具体的搭建方式可以参考第1章中Redis数据库的安装方式。

Redis 安装完成之后就可以远程连接了，注意部分商家（如阿里云、腾讯云）的服务器需要配置安全组放通 Redis 运行端口才可以远程访问。如果遇到不能远程连接的问题，可以排查安全组的设置。

需要记录 Redis 的运行 IP、端口、地址，供后面配置分布式爬虫使用。当前配置好的 Redis 的 IP 为服务器的 IP 120.27.34.25，端口为默认的 6379，密码为 foobared。

3. 部署代理池和 Cookies 池

新浪微博项目需要用到代理池和 Cookies 池，而之前我们的代理池和 Cookies 池都是在本地运行的。所以我们需要将二者放到可以被公网访问的服务器上运行，将代码上传到服务器，修改 Redis 的连接信息配置，用同样的方式运行代理池和 Cookies 池。

远程访问代理池和 Cookies 池提供的接口，来获取随机代理和 Cookies。如果不能远程访问，先确保其在 0.0.0.0 这个 Host 上运行，再检查安全组的配置。

如我当前配置好的代理池和 Cookies 池的运行 IP 都是服务器的 IP，120.27.34.25，端口分别为 5555 和 5556，如图 14-3 和图 14-4 所示。

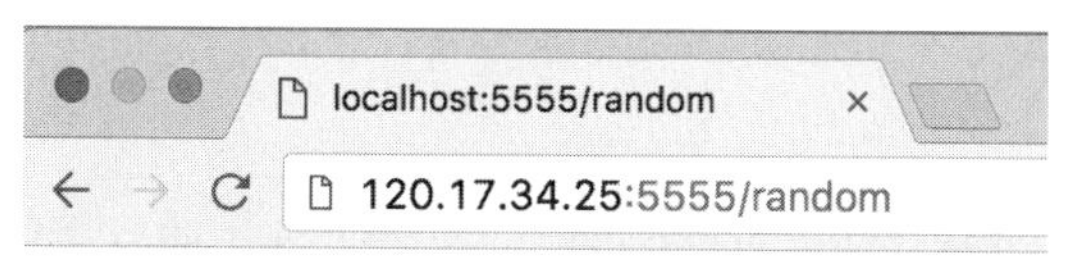

图 14-3 代理池接口

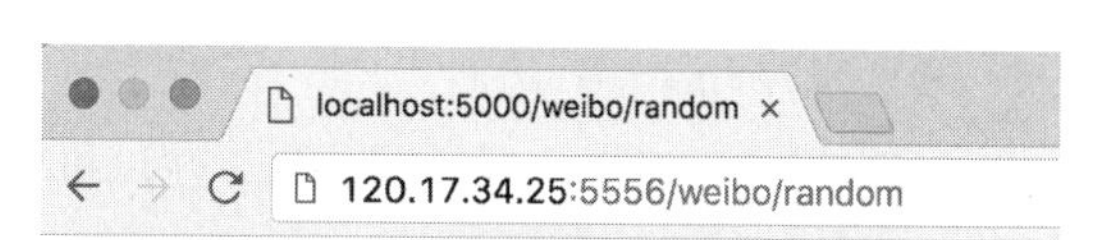

图 14-4 Cookies 池接口

接下来我们要修改 Scrapy 新浪微博项目中的访问链接，如下所示：

```
PROXY_URL = 'http://120.27.34.25:5555/random'
COOKIES_URL = 'http://120.27.34.25:5556/weibo/random'
```

具体的修改方式根据实际配置的 IP 和端口做相应调整。

4. 配置 Scrapy-Redis

配置 Scrapy-Redis 非常简单，只需要修改一下 settings.py 配置文件即可。

- **核心配置**

首先最主要的是，需要将调度器的类和去重的类替换为 Scrapy-Redis 提供的类，在 settings.py 里面添加如下配置即可：

```
SCHEDULER = "scrapy_redis.scheduler.Scheduler"
DUPEFILTER_CLASS = "scrapy_redis.dupefilter.RFPDupeFilter"
```

- **Redis 连接配置**

接下来配置 Redis 的连接信息，这里有两种配置方式。

第一种方式是通过连接字符串配置。我们可以用 Redis 的地址、端口、密码来构造一个 Redis 连接字符串，支持的连接形式如下所示：

```
redis://[:password]@host:port/db
rediss://[:password]@host:port/db
unix://[:password]@/path/to/socket.sock?db=db
```

password 是密码，比如要以冒号开头，中括号代表此选项可有可无，host 是 Redis 的地址，port 是运行端口，db 是数据库代号，其值默认是 0。

根据上文中提到我的 Redis 连接信息，构造这个 Redis 的连接字符串如下所示：

```
redis://:foobared@120.27.34.25:6379
```

直接在 settings.py 里面配置为 REDIS_URL 变量即可：

```
REDIS_URL = 'redis://:foobared@120.27.34.25:6379'
```

第二种配置方式是分项单独配置。这个配置就更加直观明了，如根据我的 Redis 连接信息，可以在 settings.py 中配置如下代码：

```
REDIS_HOST = '120.27.34.25'
REDIS_PORT = 6379
REDIS_PASSWORD = 'foobared'
```

这段代码分开配置了 Redis 的地址、端口和密码。

注意，如果配置了 REDIS_URL，那么 Scrapy-Redis 将优先使用 REDIS_URL 连接，会覆盖上面的三项配置。如果想要分项单独配置的话，请不要配置 REDIS_URL。

在本项目中，我选择的是配置 REDIS_URL。

- **配置调度队列**

此项配置是可选的，默认使用 PriorityQueue。如果想要更改配置，可以配置 SCHEDULER_QUEUE_CLASS 变量，如下所示：

```
SCHEDULER_QUEUE_CLASS = 'scrapy_redis.queue.PriorityQueue'
SCHEDULER_QUEUE_CLASS = 'scrapy_redis.queue.FifoQueue'
SCHEDULER_QUEUE_CLASS = 'scrapy_redis.queue.LifoQueue'
```

以上三行任选其一配置，即可切换爬取队列的存储方式。

在本项目中不进行任何配置，我们使用默认配置。

- **配置持久化**

此配置是可选的，默认是 False。Scrapy-Redis 默认会在爬取全部完成后清空爬取队列和去重指纹集合。

如果不想自动清空爬取队列和去重指纹集合，可以增加如下配置：

```
SCHEDULER_PERSIST = True
```

将 SCHEDULER_PERSIST 设置为 True 之后，爬取队列和去重指纹集合不会在爬取完成后自动清空，如果不配置，默认是 False，即自动清空。

值得注意的是，如果强制中断爬虫的运行，爬取队列和去重指纹集合是不会自动清空的。

在本项目中不进行任何配置，我们使用默认配置。

- **配置重爬**

此配置是可选的，默认是 False。如果配置了持久化或者强制中断了爬虫，那么爬取队列和指纹集合不会被清空，爬虫重新启动之后就会接着上次爬取。如果想重新爬取，我们可以配置重爬的选项：

```
SCHEDULER_FLUSH_ON_START = True
```

这样将 SCHEDULER_FLUSH_ON_START 设置为 True 之后，爬虫每次启动时，爬取队列和指纹集合都会清空。所以要做分布式爬取，我们必须保证只能清空一次，否则每个爬虫任务在启动时都清空一次，就会把之前的爬取队列清空，势必会影响分布式爬取。

注意，此配置在单机爬取的时候比较方便，分布式爬取不常用此配置。

在本项目中不进行任何配置，我们使用默认配置。

- **Pipeline 配置**

此配置是可选的，默认不启动 Pipeline。Scrapy-Redis 实现了一个存储到 Redis 的 Item Pipeline，启用了这个 Pipeline 的话，爬虫会把生成的 Item 存储到 Redis 数据库中。在数据量比较大的情况下，我们一般不会这么做。因为 Redis 是基于内存的，我们利用的是它处理速度快的特性，用它来做存储未免太浪费了，配置如下：

```
ITEM_PIPELINES = {
    'scrapy_redis.pipelines.RedisPipeline': 300
}
```

本项目不进行任何配置，即不启动 Pipeline。

到此为止，Scrapy-Redis 的配置就完成了。有的选项我们没有配置，但是这些配置在其他 Scrapy 项目中可能用到，要根据具体情况而定。

5. 配置存储目标

之前 Scrapy 新浪微博爬虫项目使用的存储是 MongoDB，而且 MongoDB 是本地运行的，即连接的是 localhost。但是，当爬虫程序分发到各台主机运行的时候，爬虫就会连接各自的的 MongoDB。所以我们需要在各台主机上都安装 MongoDB，这样有两个缺点：一是搭建 MongoDB 环境比较烦琐；二是这样各台主机的爬虫会把爬取结果分散存到各自主机上，不方便统一管理。

所以我们最好将存储目标存到同一个地方，例如都存到同一个 MongoDB 数据库中。我们可以在服务器上搭建一个 MongoDB 服务，或者直接购买 MongoDB 数据存储服务。

这里使用的就是服务器上搭建的的 MongoDB 服务，IP 仍然为 120.27.34.25，用户名为 admin，密码为 admin123。

修改配置 MONGO_URI 为如下：

```
MONGO_URI = 'mongodb://admin:admin123@120.27.34.25:27017'
```

到此为止，我们就成功完成了 Scrapy 分布式爬虫的配置。

6. 运行

接下来将代码部署到各台主机上，记得每台主机都需要配好对应的 Python 环境。

每台主机上都执行如下命令，即可启动爬取：

```
scrapy crawl weibocn
```

每台主机启动了此命令之后，就会从配置的 Redis 数据库中调度 Request，做到爬取队列共享和指纹集合共享。同时每台主机占用各自的带宽和处理器，不会互相影响，爬取效率成倍提高。

7. 结果

一段时间后，我们可以用 RedisDesktop 观察远程 Redis 数据库的信息。这里会出现两个 Key：一个叫作 weibocn:dupefilter，用来储存指纹；另一个叫作 weibocn:requests，即爬取队列，如图 14-5 和图 14-6 所示。

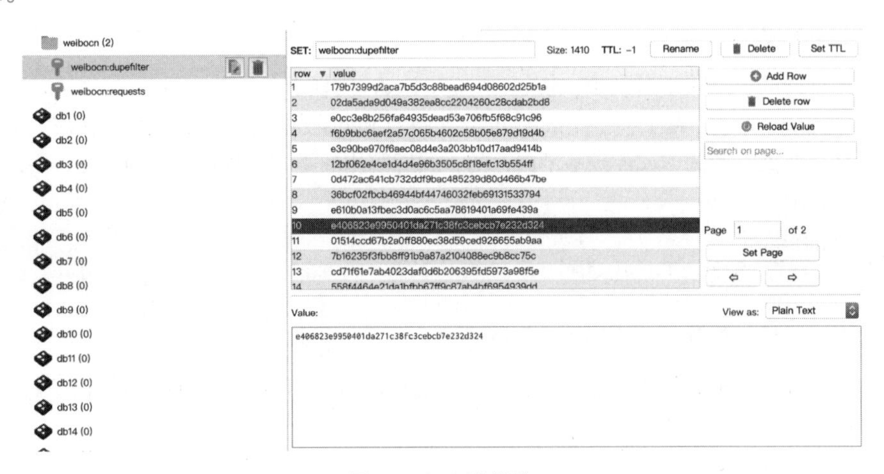

图 14-5　去重指纹

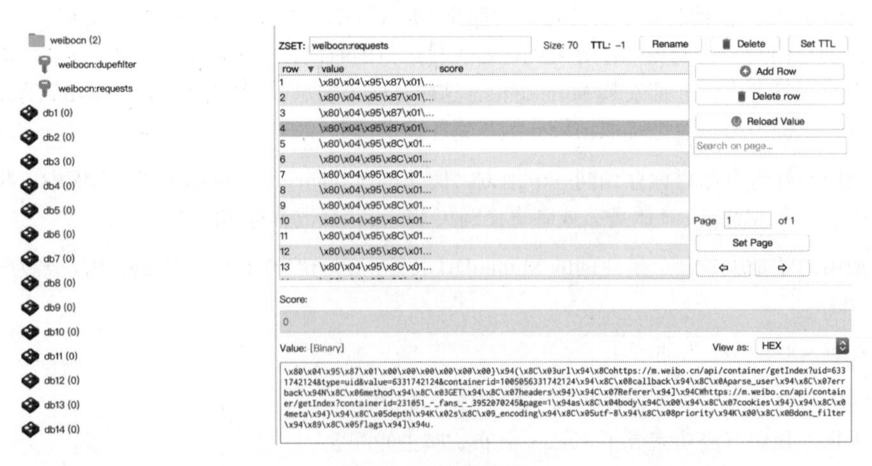

图 14-6　爬取队列

随着时间的推移，指纹集合会不断增长，爬取队列会动态变化，爬取的数据也会被储存到MongoDB数据库中。

8. 本节代码

本节代码地址为：https://github.com/Python3WebSpider/Weibo/tree/distributed，注意这里是 distributed 分支。

9. 结语

本节通过对接 Scrapy-Redis 成功实现了分布式爬虫，但是部署还是有很多不方便的地方。另外，如果爬取量特别大的话，Redis 的内存也是个问题。在后文我们会继续了解相关优化方案。

14.4　Bloom Filter 的对接

首先回顾一下 Scrapy-Redis 的去重机制。Scrapy-Redis 将 Request 的指纹存储到了 Redis 集合中，每个指纹的长度为 40，例如 27adcc2e8979cdee0c9cecbbe8bf8ff51edefb61 就是一个指纹，它的每一位都是 16 进制数。

我们计算一下用这种方式耗费的存储空间。每个十六进制数占用 4 b，1 个指纹用 40 个十六进制数表示，占用空间为 20 B，1 万个指纹即占用空间 200 KB，1 亿个指纹占用 2 GB。当爬取数量达到上亿级别时，Redis 的占用的内存就会变得很大，而且这仅仅是指纹的存储。Redis 还存储了爬取队列，内存占用会进一步提高，更别说有多个 Scrapy 项目同时爬取的情况了。当爬取达到亿级别规模时，Scrapy-Redis 提供的集合去重已经不能满足我们的要求。所以我们需要使用一个更加节省内存的去重算法 Bloom Filter。

1. 了解 Bloom Filter

Bloom Filter，中文名称叫作布隆过滤器，是 1970 年由 Bloom 提出的，它可以被用来检测一个元素是否在一个集合中。Bloom Filter 的空间利用效率很高，使用它可以大大节省存储空间。Bloom Filter 使用位数组表示一个待检测集合，并可以快速地通过概率算法判断一个元素是否存在于这个集合中。利用这个算法我们可以实现去重效果。

本节我们来了解 Bloom Filter 的基本算法，以及 Scrapy-Redis 中对接 Bloom Filter 的方法。

2. Bloom Filter 的算法

在 Bloom Filter 中使用位数组来辅助实现检测判断。在初始状态下，我们声明一个包含 m 位的位数组，它的所有位都是 0，如图 14-7 所示。

图 14-7　初始位数组

现在我们有了一个待检测集合，其表示为 $S=\{x_1, x_2,\cdots, x_n\}$。接下来需要做的就是检测一个 x 是否已经存在于集合 S 中。在 Bloom Filter 算法中，首先使用 k 个相互独立、随机的散列函数来将集合 S

中的每个元素 $x_1, x_2, \cdots, x_n$ 映射到长度为 m 的位数组上，散列函数得到的结果记作位置索引，然后将位数组该位置索引的位置 1。例如，我们取 k 为 3，表示有三个散列函数，x_1 经过三个散列函数映射得到的结果分别为 1、4、8，x_2 经过三个散列函数映射得到的结果分别为 4、6、10，那么位数组的 1、4、6、8、10 这五位就会置为 1，如图 14-8 所示。

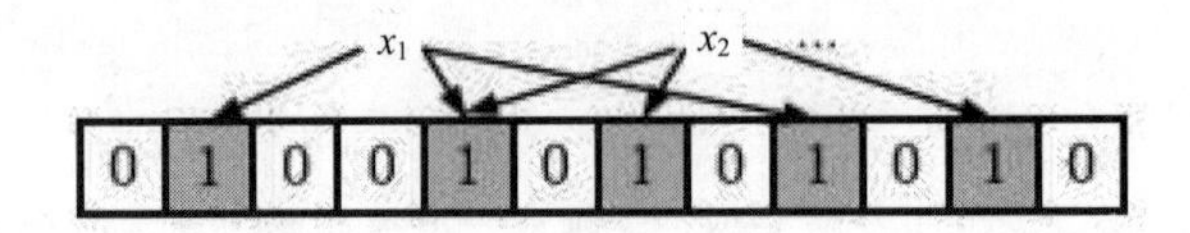

图 14-8 映射后位数组

如果有一个新的元素 x，我们要判断 x 是否属于 S 集合，我们仍然用 k 个散列函数对 x 求映射结果。如果所有结果对应的位数组位置均为 1，那么 x 属于 S 这个集合；如果有一个不为 1，则 x 不属于 S 集合。

例如，新元素 x 经过三个散列函数映射的结果为 4、6、8，对应的位置均为 1，则 x 属于 S 集合。如果结果为 4、6、7，而 7 对应的位置为 0，则 x 不属于 S 集合。

注意，这里 m、n、k 满足的关系是 $m>nk$，也就是说位数组的长度 m 要比集合元素 n 和散列函数 k 的乘积还要大。

这样的判定方法很高效，但是也是有代价的，它可能把不属于这个集合的元素误认为属于这个集合。我们来估计一下这种方法的错误率。当集合 $S=\{x_1, x_2, \cdots, x_n\}$ 的所有元素都被 k 个散列函数映射到 m 位的位数组中时，这个位数组中某一位还是 0 的概率是：

$$p' = \left(1-\frac{1}{m}\right)^{kn} \approx \mathrm{e}^{-kn/m}$$

散列函数是随机的，则任意一个散列函数选中这一位的概率为 $1/m$，那么 $1-1/m$ 就代表散列函数从未没有选中这一位的概率，要把 S 完全映射到 m 位数组中，需要做 kn 次散列运算，最后的概率就是 $1-1/m$ 的 kn 次方。

一个不属于 S 的元素 x 如果误判定为在 S 中，那么这个概率就是 k 次散列运算得到的结果对应的位数组位置都为 1，则误判概率为：

$$\left(1-\left(1-\frac{1}{m}\right)^{kn}\right)^{k}$$

根据：

$$\lim_{x\to\infty}\left(1-\frac{1}{x}\right)^{-x} = \mathrm{e}$$

可以将误判概率转化为：

$$\left(1-\left(1-\frac{1}{m}\right)^{kn}\right)^{k} \approx (\mathrm{e}^{-kn/m})^{k}$$

在给定 m、n 时，可以求出使得 f 最小化的 k 值为：

$$\frac{m}{n}\ln 2 \approx \frac{9m}{13n} \approx 0.7\frac{m}{n}$$

这里将误判概率归纳为表 14-1。

表 14-1　误判概率

m/*n*	最优 *k*	*k*=1	*k*=2	*k*=3	*k*=4	*k*=5	*k*=6	*k*=7	*k*=8
2	1.39	0.393	0.400						
3	2.08	0.283	0.237	0.253					
4	2.77	0.221	0.155	0.147	0.160				
5	3.46	0.181	0.109	0.092	0.092	0.101			
6	4.16	0.154	0.0804	0.0609	0.0561	0.0578	0.0638		
7	4.85	0.133	0.0618	0.0423	0.0359	0.0347	0.0364		
8	5.55	0.118	0.0489	0.0306	0.024	0.0217	0.0216	0.0229	
9	6.24	0.105	0.0397	0.0228	0.0166	0.0141	0.0133	0.0135	0.0145
10	6.93	0.0952	0.0329	0.0174	0.0118	0.00943	0.00844	0.00819	0.00846
11	7.62	0.0869	0.0276	0.0136	0.00864	0.0065	0.00552	0.00513	0.00509
12	8.32	0.08	0.0236	0.0108	0.00646	0.00459	0.00371	0.00329	0.00314
13	9.01	0.074	0.0203	0.00875	0.00492	0.00332	0.00255	0.00217	0.00199
14	9.7	0.0689	0.0177	0.00718	0.00381	0.00244	0.00179	0.00146	0.00129
15	10.4	0.0645	0.0156	0.00596	0.003	0.00183	0.00128	0.001	0.000852
16	11.1	0.0606	0.0138	0.005	0.00239	0.00139	0.000935	0.000702	0.000574
17	11.8	0.0571	0.0123	0.00423	0.00193	0.00107	0.000692	0.000499	0.000394
18	12.5	0.054	0.0111	0.00362	0.00158	0.000839	0.000519	0.00036	0.000275
19	13.2	0.0513	0.00998	0.00312	0.0013	0.000663	0.000394	0.000264	0.000194
20	13.9	0.0488	0.00906	0.0027	0.00108	0.00053	0.000303	0.000196	0.00014
21	14.6	0.0465	0.00825	0.00236	0.000905	0.000427	0.000236	0.000147	0.000101
22	15.2	0.0444	0.00755	0.00207	0.000764	0.000347	0.000185	0.000112	7.46e-05
23	15.9	0.0425	0.00694	0.00183	0.000649	0.000285	0.000147	8.56e-05	5.55e-05
24	16.6	0.0408	0.00639	0.00162	0.000555	0.000235	0.000117	6.63e-05	4.17e-05
25	17.3	0.0392	0.00591	0.00145	0.000478	0.000196	9.44e-05	5.18e-05	3.16e-05
26	18	0.0377	0.00548	0.00129	0.000413	0.000164	7.66e-05	4.08e-05	2.42e-05
27	18.7	0.0364	0.0051	0.00116	0.000359	0.000138	6.26e-05	3.24e-05	1.87e-05
28	19.4	0.0351	0.00475	0.00105	0.000314	0.000117	5.15e-05	2.59e-05	1.46e-05
29	20.1	0.0339	0.00444	0.000949	0.000276	9.96e-05	4.26e-05	2.09e-05	1.14e-05
30	20.8	0.0328	0.00416	0.000862	0.000243	8.53e-05	3.55e-05	1.69e-05	9.01e-06
31	21.5	0.0317	0.0039	0.000785	0.000215	7.33e-05	2.97e-05	1.38e-05	7.16e-06
32	22.2	0.0308	0.00367	0.000717	0.000191	6.33e-05	2.5e-05	1.13e-05	5.73e-06

表 14-1 中第一列为 *m*/*n* 的值，第二列为最优 *k* 值，其后列为不同 *k* 值的误判概率。当 *k* 值确定时，随着 *m*/*n* 的增大，误判概率逐渐变小。当 *m*/*n* 的值确定时，当 *k* 越靠近最优 *K* 值，误判概率越小。误判概率总体来看都是极小的，在容忍此误判概率的情况下，大幅减小存储空间和判定速度是完全值得的。

接下来，我们将 Bloom Filter 算法应用到 Scrapy-Redis 分布式爬虫的去重过程中，以解决 Redis 内存不足的问题。

3. 对接 Scrapy-Redis

实现 Bloom Filter 时，首先要保证不能破坏 Scrapy-Redis 分布式爬取的运行架构。我们需要修改 Scrapy-Redis 的源码，将它的去重类替换掉。同时，Bloom Filter 的实现需要借助于一个位数组，既然当前架构还是依赖于 Redis，那么位数组的维护直接使用 Redis 就好了。

首先实现一个基本的散列算法，将一个值经过散列运算后映射到一个 *m* 位数组的某一位上，代码如下：

```
class HashMap(object):
    def __init__(self, m, seed):
        self.m = m
        self.seed = seed

    def hash(self, value):
        """
        Hash Algorithm
        :param value: Value
        :return: Hash Value
        """
        ret = 0
        for i in range(len(value)):
            ret += self.seed * ret + ord(value[i])
        return (self.m - 1) & ret
```

这里新建了一个 HashMap 类。构造函数传入两个值，一个是 m 位数组的位数，另一个是种子值 seed。不同的散列函数需要有不同的 seed，这样可以保证不同的散列函数的结果不会碰撞。

在 hash()方法的实现中，value 是要被处理的内容。这里遍历了 value 的每一位，并利用 ord()方法取到每一位的 ASCII 码值，然后混淆 seed 进行迭代求和运算，最终得到一个数值。这个数值的结果就由 value 和 seed 唯一确定。我们再将这个数值和 *m* 进行按位与运算，即可获取到 *m* 位数组的映射结果，这样就实现了一个由字符串和 seed 来确定的散列函数。当 *m* 固定时，只要 seed 值相同，散列函数就是相同的，相同的 value 必然会映射到相同的位置。所以如果想要构造几个不同的散列函数，只需要改变其 seed 就好了。以上内容便是一个简易的散列函数的实现。

接下来我们再实现 Bloom Filter。Bloom Filter 里面需要用到 *k* 个散列函数，这里要对这几个散列函数指定相同的 *m* 值和不同的 seed 值，构造如下：

```
BLOOMFILTER_HASH_NUMBER = 6
BLOOMFILTER_BIT = 30

class BloomFilter(object):
    def __init__(self, server, key, bit=BLOOMFILTER_BIT, hash_number=BLOOMFILTER_HASH_NUMBER):
```

```
        """
        Initialize BloomFilter
        :param server: Redis Server
        :param key: BloomFilter Key
        :param bit: m = 2 ^ bit
        :param hash_number: the number of hash function
        """
        # default to 1 << 30 = 10,7374,1824 = 2^30 = 128MB, max filter 2^30/hash_number = 1,7895,6970 fingerprints
        self.m = 1 << bit
        self.seeds = range(hash_number)
        self.maps = [HashMap(self.m, seed) for seed in self.seeds]
        self.server = server
        self.key = key
```

由于我们需要亿级别的数据的去重，即前文介绍的算法中的 n 为 1 亿以上，散列函数的个数 k 大约取 10 左右的量级。而 $m>kn$，这里 m 值大约保底在 10 亿，由于这个数值比较大，所以这里用移位操作来实现，传入位数 bit，将其定义为 30，然后做一个移位操作 1<<30，相当于 2 的 30 次方，等于 1073741824，量级也是恰好在 10 亿左右，由于是位数组，所以这个位数组占用的大小就是 2^30 b=128 MB。开头我们计算过 Scrapy-Redis 集合去重的占用空间大约在 2 GB 左右，可见 Bloom Filter 的空间利用效率极高。

随后我们再传入散列函数的个数，用它来生成几个不同的 seed。用不同的 seed 来定义不同的散列函数，这样我们就可以构造一个散列函数列表。遍历 seed，构造带有不同 seed 值的 HashMap 对象，然后将 HashMap 对象保存成变量 maps 供后续使用。

另外，server 就是 Redis 连接对象，key 就是这个 m 位数组的名称。

接下来，我们要实现比较关键的两个方法：一个是判定元素是否重复的方法 exists()，另一个是添加元素到集合中的方法 insert()，实现如下：

```
    def exists(self, value):
        """
        if value exists
        :param value:
        :return:
        """
        if not value:
            return False
        exist = 1
        for map in self.maps:
            offset = map.hash(value)
            exist = exist & self.server.getbit(self.key, offset)
        return exist

    def insert(self, value):
        """
        add value to bloom
        :param value:
        :return:
        """
        for f in self.maps:
            offset = f.hash(value)
            self.server.setbit(self.key, offset, 1)
```

首先看下 insert()方法。Bloom Filter 算法会逐个调用散列函数对放入集合中的元素进行运算，得到在 m 位位数组中的映射位置，然后将位数组对应的位置置 1。这里代码中我们遍历了初始化好的散列函数，然后调用其 hash()方法算出映射位置 offset，再利用 Redis 的 setbit()方法将该位置 1。

在 exists()方法中，我们要实现判定是否重复的逻辑，方法参数 value 为待判断的元素。我们首先定义一个变量 exist，遍历所有散列函数对 value 进行散列运算，得到映射位置，用 getbit()方法取得该映射位置的结果，循环进行与运算。这样只有每次 getbit()得到的结果都为 1 时，最后的 exist 才为 True，即代表 value 属于这个集合。如果其中只要有一次 getbit()得到的结果为 0，即 m 位数组中有对应的 0 位，那么最终的结果 exist 就为 False，即代表 value 不属于这个集合。

Bloom Filter 的实现就已经完成了，我们可以用一个实例来测试一下，代码如下：

```
conn = StrictRedis(host='localhost', port=6379, password='foobared')
bf = BloomFilter(conn, 'testbf', 5, 6)
bf.insert('Hello')
bf.insert('World')
result = bf.exists('Hello')
print(bool(result))
result = bf.exists('Python')
print(bool(result))
```

这里首先定义了一个 Redis 连接对象，然后传递给 Bloom Filter。为了避免内存占用过大，这里传的位数 bit 比较小，设置为 5，散列函数的个数设置为 6。

调用 insert()方法插入 Hello 和 World 两个字符串，随后判断 Hello 和 Python 这两个字符串是否存在，最后输出它的结果，运行结果如下：

```
True
False
```

很明显，结果完全没有问题。这样我们就借助 Redis 成功实现了 Bloom Filter 的算法。

接下来继续修改 Scrapy-Redis 的源码，将它的 dupefilter 逻辑替换为 Bloom Filter 的逻辑。这里主要是修改 RFPDupeFilter 类的 request_seen()方法，实现如下：

```
def request_seen(self, request):
    fp = self.request_fingerprint(request)
    if self.bf.exists(fp):
        return True
    self.bf.insert(fp)
    return False
```

利用 request_fingerprint()方法获取 Request 的指纹，调用 Bloom Filter 的 exists()方法判定该指纹是否存在。如果存在，则说明该 Request 是重复的，返回 True，否则调用 Bloom Filter 的 insert()方法将该指纹添加并返回 False。这样就成功利用 Bloom Filter 替换了 Scrapy-Redis 的集合去重。

对于 Bloom Filter 的初始化定义，我们可以将__init__()方法修改为如下内容：

```
def __init__(self, server, key, debug, bit, hash_number):
    self.server = server
    self.key = key
    self.debug = debug
    self.bit = bit
    self.hash_number = hash_number
    self.logdupes = True
    self.bf = BloomFilter(server, self.key, bit, hash_number)
```

其中 bit 和 hash_number 需要使用 from_settings()方法传递，修改如下：

```
@classmethod
def from_settings(cls, settings):
    server = get_redis_from_settings(settings)
    key = defaults.DUPEFILTER_KEY % {'timestamp': int(time.time())}
    debug = settings.getbool('DUPEFILTER_DEBUG', DUPEFILTER_DEBUG)
    bit = settings.getint('BLOOMFILTER_BIT', BLOOMFILTER_BIT)
    hash_number = settings.getint('BLOOMFILTER_HASH_NUMBER', BLOOMFILTER_HASH_NUMBER)
    return cls(server, key=key, debug=debug, bit=bit, hash_number=hash_number)
```

其中，常量 DUPEFILTER_DEBUG 和 BLOOMFILTER_BIT 统一定义在 defaults.py 中，默认如下：

```
BLOOMFILTER_HASH_NUMBER = 6
BLOOMFILTER_BIT = 30
```

现在，我们成功实现了 Bloom Filter 和 Scrapy-Redis 的对接。

4. 本节代码

本节代码地址为：https://github.com/Python3WebSpider/ScrapyRedisBloomFilter。

5. 使用

为了方便使用，本节的代码已经打包成一个 Python 包并发布到 PyPi，链接为 https://pypi.python.org/pypi/scrapy-redis-bloomfilter，可以直接使用 ScrapyRedisBloomFilter，不需要自己实现一遍。

我们可以直接使用 pip 来安装，命令如下：

```
pip3 install scrapy-redis-bloomfilter
```

使用的方法和 Scrapy-Redis 基本相似，在这里说明几个关键配置。

```
# 去重类，要使用 Bloom Filter 请替换 DUPEFILTER_CLASS
DUPEFILTER_CLASS = "scrapy_redis_bloomfilter.dupefilter.RFPDupeFilter"
# 散列函数的个数，默认为 6，可以自行修改
BLOOMFILTER_HASH_NUMBER = 6
# Bloom Filter 的 bit 参数，默认 30，占用 128MB 空间，去重量级 1 亿
BLOOMFILTER_BIT = 30
```

- DUPEFILTER_CLASS 是去重类，如果要使用 Bloom Filter，则 DUPEFILTER_CLASS 需要修改为该包的去重类。
- BLOOMFILTER_HASH_NUMBER 是 Bloom Filter 使用的散列函数的个数，默认为 6，可以根据去重量级自行修改。
- BLOOMFILTER_BIT 即前文所介绍的 BloomFilter 类的 bit 参数，它决定了位数组的位数。如果 BLOOMFILTER_BIT 为 30，那么位数组位数为 2 的 30 次方，这将占用 Redis 128 MB 的存储空间，去重量级在 1 亿左右，即对应爬取量级 1 亿左右。如果爬取量级在 10 亿、20 亿甚至 100 亿，请务必将此参数对应调高。

6. 测试

源代码附有一个测试项目，放在 tests 文件夹，该项目使用了 ScrapyRedisBloomFilter 来去重，Spider 的实现如下：

```python
from scrapy import Request, Spider

class TestSpider(Spider):
    name = 'test'
    base_url = 'https://www.baidu.com/s?wd='

    def start_requests(self):
        for i in range(10):
            url = self.base_url + str(i)
            yield Request(url, callback=self.parse)

        # Here contains 10 duplicated Requests
        for i in range(100):
            url = self.base_url + str(i)
            yield Request(url, callback=self.parse)

    def parse(self, response):
        self.logger.debug('Response of ' + response.url)
```

start_requests()方法首先循环 10 次，构造参数为 0~9 的 URL，然后重新循环了 100 次，构造了参数为 0~99 的 URL。那么这里就会包含 10 个重复的 Request，我们运行项目测试一下：

```
scrapy crawl test
```

最后的输出结果如下：

```
{'bloomfilter/filtered': 10,
 'downloader/request_bytes': 34021,
 'downloader/request_count': 100,
 'downloader/request_method_count/GET': 100,
 'downloader/response_bytes': 72943,
 'downloader/response_count': 100,
 'downloader/response_status_count/200': 100,
 'finish_reason': 'finished',
 'finish_time': datetime.datetime(2017, 8, 11, 9, 34, 30, 419597),
 'log_count/DEBUG': 202,
 'log_count/INFO': 7,
 'memusage/max': 54153216,
 'memusage/startup': 54153216,
 'response_received_count': 100,
 'scheduler/dequeued/redis': 100,
 'scheduler/enqueued/redis': 100,
 'start_time': datetime.datetime(2017, 8, 11, 9, 34, 26, 495018)}
```

最后统计的第一行的结果：

```
'bloomfilter/filtered': 10,
```

这就是 Bloom Filter 过滤后的统计结果，它的过滤个数为 10 个，也就是它成功将重复的 10 个 Reqeust 识别出来了，测试通过。

7. 结语

以上内容便是 Bloom Filter 的原理及对接实现，Bloom Filter 的使用可以大大节省 Redis 内存。在数据量大的情况下推荐此方案。

第 15 章 分布式爬虫的部署

在前一章我们成功实现了分布式爬虫，但是在这个过程中我们发现有很多不方便的地方。

在将 Scrapy 项目放到各台主机运行时，你可能采用的是文件上传或者 Git 同步的方式，但这样需要各台主机都进行操作，如果有 100 台、1000 台主机，那工作量可想而知。

本章我们就来了解一下，分布式爬虫部署方面可以采取的一些措施，以方便地实现批量部署和管理。

15.1 Scrapyd 分布式部署

分布式爬虫完成并可以成功运行了，但是有个环节非常烦琐，那就是代码部署。

我们设想下面的几个场景。

- 如果采用上传文件的方式部署代码，我们首先将代码压缩，然后采用 SFTP 或 FTP 的方式将文件上传到服务器，之后再连接服务器将文件解压，每个服务器都需要这样配置。
- 如果采用 Git 同步的方式部署代码，我们可以先把代码 Push 到某个 Git 仓库里，然后再远程连接各台主机执行 Pull 操作，同步代码，每个服务器同样需要做一次操作。

如果代码突然有更新，那我们必须更新每个服务器，而且万一哪台主机的版本没控制好，这可能会影响整体的分布式爬取状况。

所以我们需要一个更方便的工具来部署 Scrapy 项目，如果可以省去一遍遍逐个登录服务器部署的操作，那将会方便很多。

本节我们就来看看提供分布式部署的工具 Scrapyd。

1. 了解 Scrapyd

Scrapyd 是一个运行 Scrapy 爬虫的服务程序，它提供一系列 HTTP 接口来帮助我们部署、启动、停止、删除爬虫程序。Scrapyd 支持版本管理，同时还可以管理多个爬虫任务，利用它我们可以非常方便地完成 Scrapy 爬虫项目的部署任务调度。

2. 准备工作

请确保本机或服务器已经正确安装好了 Scrapyd，安装和配置的方法可以参见第 1 章的内容。

3. 访问 Scrapyd

安装并运行 Scrapyd 之后，我们就可以访问服务器的 6800 端口，看到一个 WebUI 页面。例如我的服务器地址为 120.27.34.25，那么我就可以在本地的浏览器中打开：http://120.27.34.25:6800，就可以看到 Scrapyd 的首页。这里可以替换成你的服务器地址，如图 15-1 所示。

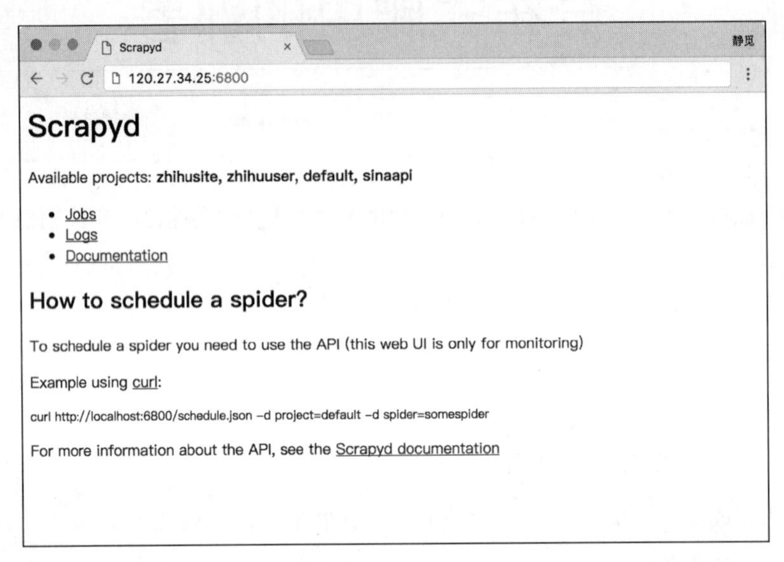

图 15-1 Scrapyd 首页

成功访问到此页面，则 Scrapyd 配置就没有问题。

4. Scrapyd 的功能

Scrapyd 提供了一系列 HTTP 接口来实现各种操作。在这里以 Scrapyd 所在的 IP 地址 120.27.34.25 为例，我们可以将接口的功能梳理一下。

- **daemonstatus.json**

这个接口负责查看 Scrapyd 当前的服务和任务状态。我们可以用 `curl` 命令来请求这个接口，命令如下：

```
curl http://139.217.26.30:6800/daemonstatus.json
```

我们就会得到如下结果：

```
{"status": "ok", "finished": 90, "running": 9, "node_name": "datacrawl-vm", "pending": 0}
```

返回结果是 JSON 字符串，`status` 是当前运行状态，`finished` 代表当前已经完成的 Scrapy 任务，`running` 代表正在运行的 Scrapy 任务，`pending` 代表等待被调度的 Scrapyd 任务，`node_name` 就是主机的名称。

- **addversion.json**

这个接口主要是用来部署 Scrapy 项目用的。我们首先将项目打包成 Egg 文件，然后传入项目名称和部署版本。

我们可以用如下的方式实现项目部署：

```
curl http://120.27.34.25:6800/addversion.json -F project=wenbo -F version=first -F egg=@weibo.egg
```

在这里，-F 代表添加一个参数，同时我们还需要将项目打包成 Egg 文件放到本地。

发出请求之后，我们可以得到如下结果：

```
{"status": "ok", "spiders": 3}
```

这个结果表明部署成功，并且 Spider 的数量为 3。

此部署方法可能比较烦琐，后文会介绍更方便的工具来实现项目的部署。

- **schedule.json**

这个接口负责调度已部署好的 Scrapy 项目运行。

我们可以用如下接口实现任务调度：

```
curl http://120.27.34.25:6800/schedule.json -d project=weibo -d spider=weibocn
```

这里需要传入两个参数，project 即 Scrapy 项目名称，spider 即 Spider 名称。

返回结果如下：

```
{"status": "ok", "jobid": "6487ec79947edab326d6db28a2d86511e8247444"}
```

status 代表 Scrapy 项目启动情况，jobid 代表当前正在运行的爬取任务代号。

- **cancel.json**

这个接口可以用来取消某个爬取任务。如果这个任务是 pending 状态，那么它将会被移除；如果这个任务是 running 状态，那么它将会被终止。

我们可以用下面的命令来取消任务的运行：

```
curl http://120.27.34.25:6800/cancel.json -d project=weibo -d job=6487ec79947edab326d6db28a2d86511e8247444
```

这里需要传入两个参数，project 即项目名称，job 即爬取任务代号。

返回结果如下：

```
{"status": "ok", "prevstate": "running"}
```

status 代表请求执行情况，prevstate 代表之前的运行状态。

- **listprojects.json**

这个接口用来列出部署到 Scrapyd 服务上的所有项目描述。

我们可以用如下命令来获取 Scrapyd 服务器上的所有项目描述：

```
curl http://120.27.34.25:6800/listprojects.json
```

这里不需要传入任何参数。

返回结果如下：

```
{"status": "ok", "projects": ["weibo", "zhihu"]}
```

status 代表请求执行情况，projects 是项目名称列表。

- **listversions.json**

这个接口用来获取某个项目的所有版本号，版本号是按序排列的，最后一个条目是最新的版本号。

我们可以用如下命令来获取项目的版本号：

```
curl http://120.27.34.25:6800/listversions.json?project=weibo
```

这里需要一个参数 project，即项目的名称。

返回结果如下：

```
{"status": "ok", "versions": ["v1", "v2"]}
```

status 代表请求执行情况，versions 是版本号列表。

- **listspiders.json**

这个接口用来获取某个项目最新版本的所有 Spider 名称。

我们可以用如下命令来获取项目的 Spider 名称：

```
curl http://120.27.34.25:6800/listspiders.json?project=weibo
```

这里需要一个参数 project，即项目的名称。

返回结果如下：

```
{"status": "ok", "spiders": ["weibocn"]}
```

status 代表请求执行情况，spiders 是 Spider 名称列表。

- **listjobs.json**

这个接口用来获取某个项目当前运行的所有任务详情。

我们可以用如下命令来获取所有任务详情：

```
curl http://120.27.34.25:6800/listjobs.json?project=weibo
```

这里需要一个参数 project，即项目的名称。

返回结果如下：

```
{"status": "ok",
 "pending": [{"id": "78391cc0fcaf11e1b0090800272a6d06", "spider": "weibocn"}],
 "running": [{"id": "422e608f9f28cef127b3d5ef93fe9399", "spider": "weibocn", "start_time": "2017-07-12
    10:14:03.594664"}],
 "finished": [{"id": "2f16646cfcaf11e1b0090800272a6d06", "spider": "weibocn", "start_time": "2017-07-12
    10:14:03.594664", "end_time": "2017-07-12 10:24:03.594664"}]}
```

status 代表请求执行情况，pendings 代表当前正在等待的任务，running 代表当前正在运行的任务，finished 代表已经完成的任务。

- **delversion.json**

这个接口用来删除项目的某个版本。

我们可以用如下命令来删除项目版本：

```
curl http://120.27.34.25:6800/delversion.json -d project=weibo -d version=v1
```

这里需要一个参数 project，即项目的名称，还需要一个参数 version，即项目的版本。

返回结果如下：

```
{"status": "ok"}
```

status 代表请求执行情况，这样就表示删除成功了。

- **delproject.json**

这个接口用来删除某个项目。

我们可以用如下命令来删除某个项目：

```
curl http://120.27.34.25:6800/delproject.json -d project=weibo
```

这里需要一个参数 project，即项目的名称。

返回结果如下：

```
{"status": "ok"}
```

status 代表请求执行情况，这样就表示删除成功了。

以上接口是 Scrapyd 所有的接口。我们可以直接请求 HTTP 接口，即可控制项目的部署、启动、运行等操作。

5. Scrapyd API 的使用

以上的这些接口可能使用起来还不是很方便。没关系，还有一个 Scrapyd API 库对这些接口做了一层封装，其安装方式可以参考第 1 章的内容。

下面我们来看看 Scrapyd API 的使用方法。Scrapyd API 的核心原理和 HTTP 接口请求方式并无二致，只不过 Python 封装后的库使用起来更加便捷。

我们可以用如下方式建立一个 Scrapyd API 对象：

```
from scrapyd_api import ScrapydAPI
scrapyd = ScrapydAPI('http://120.27.34.25:6800')
```

调用它的方法来实现对应接口的操作，例如部署的操作可以使用如下方式：

```
egg = open('weibo.egg', 'rb')
scrapyd.add_version('weibo', 'v1', egg)
```

这样我们就可以将项目打包为 Egg 文件，然后把本地打包的的 Egg 项目部署到远程 Scrapyd。

另外，Scrapyd API 还实现了所有 Scrapyd 提供的 API 接口，名称都是相同的，参数也是相同的。

例如，调用 list_projects()方法即可列出 Scrapyd 中所有已部署的项目：

```
scrapyd.list_projects()
['weibo', 'zhihu']
```

还有其他的方法在此不一一列举了，名称和参数都是相同的。更加详细的操作可以参考官方文档：

http://python-scrapyd-api.readthedocs.io/。

6. 结语

本节介绍了 Scrapyd 及 Scrapyd API 的相关用法，我们可以通过它来部署项目，并通过 HTTP 接口控制任务的运行。不过部署过程有一点不方便，项目需要先打包 Egg 文件然后再上传，这样比较烦琐。在下一节，我们介绍一个更加方便的工具来完成部署过程。

15.2 Scrapyd-Client 的使用

这里有现成的工具来完成部署过程，它叫作 Scrapyd-Client。本节将简单介绍使用 Scrapyd-Client 部署 Scrapy 项目的方法。

1. 准备工作

请先确保 Scrapyd-Client 已经正确安装，安装方式可以参考第 1 章的内容。

2. Scrapyd-Client 的功能

Scrapyd-Client 为了方便 Scrapy 项目的部署，提供如下两个功能。

- 将项目打包成 Egg 文件。
- 将打包生成的 Egg 文件通过 addversion.json 接口部署到 Scrapyd 上。

Scrapyd-Client 帮我们把部署全部实现了，我们不需要再去关心 Egg 文件是怎样生成的，也不需要再去读 Egg 文件并请求接口上传了，只需要执行一个命令即可一键部署。

3. Scrapyd-Client 部署

要部署 Scrapy 项目，我们首先需要修改项目的配置文件。例如之前写的 Scrapy 微博爬虫项目，在项目的第一层会有一个 scrapy.cfg 文件，它的内容如下：

```
[settings]
default = weibo.settings

[deploy]
#url = http://localhost:6800/
project = weibo
```

这里需要配置一下 deploy 部分。例如我们将项目部署到 120.27.34.25 的 Scrapyd 上，则修改内容如下：

```
[deploy]
url = http://120.27.34.25:6800/
project = weibo
```

这样我们再在 scrapy.cfg 文件所在路径执行如下命令：

```
scrapyd-deploy
```

运行结果如下：

```
Packing version 1501682277
Deploying to project "weibo" in http://120.27.34.25:6800/addversion.json
Server response (200):
{"status": "ok", "spiders": 1, "node_name": "datacrawl-vm", "project": "weibo", "version": "1501682277"}
```

返回的结果表示部署成功了。

项目版本默认为当前时间戳。我们也可以指定项目版本，通过 version 参数传递即可。例如：

```
scrapyd-deploy --version 201707131455
```

值得注意的是，在 Python 3 的 Scrapyd 1.2.0 版本中，版本号不能指定为带字母的字符串，它们必须为纯数字，否则会出现报错。

如果有多台主机，我们可以配置各台主机的别名，修改配置文件为：

```
[deploy:vm1]
url = http://120.27.34.24:6800/
project = weibo

[deploy:vm2]
url = http://139.217.26.30:6800/
project = weibo
```

在此统一配置多台主机，一台主机对应一组配置，在 deploy 后面加上主机的别名即可。如果想将项目部署到 IP 为 139.217.26.30 的 vm2 主机，我们只需要执行如下命令：

```
scrapyd-deploy vm2
```

如此一来，我们只需要在 scrapy.cfg 文件中配置好各台主机的 Scrapyd 地址，然后调用 scrapyd-deploy 命令加主机名称即可实现部署。

如果 Scrapyd 设置了访问限制，我们可以在配置文件中加入用户名和密码的配置，同时修改端口成 Nginx 代理端口。例如，在第 1 章我们使用的是 6801，那么这里就需要改成 6801，修改如下：

```
[deploy:vm1]
url = http://120.27.34.24:6801/
project = weibo
username = admin
password = admin

[deploy:vm2]
url = http://139.217.26.30:6801/
project = weibo
username = germey
password = germey
```

通过加入 username 和 password 字段，我们就可以在部署时自动进行 Auth 验证，然后成功实现部署。

4. 结语

本节介绍了利用Scrapyd-Client来方便地将项目部署到Scrapyd的过程，有了它部署不再是麻烦事。

15.3 Scrapyd 对接 Docker

我们使用了 Scrapyd-Client 成功将 Scrapy 项目部署到 Scrapyd 运行，前提是需要提前在服务器上安装好 Scrapyd 并运行 Scrapyd 服务，而这个过程比较麻烦。如果同时将一个 Scrapy 项目部署到 100 台服务器上，我们需要手动配置每台服务器的 Python 环境，更改 Scrapyd 配置吗？如果这些服务器的 Python 环境是不同版本，同时还运行其他的项目，而版本冲突又会造成不必要的麻烦。

所以，我们需要解决一个痛点，那就是 Python 环境配置问题和版本冲突解决问题。如果我们将 Scrapyd 直接打包成一个 Docker 镜像，那么在服务器上只需要执行 Docker 命令就可以启动 Scrapyd 服务，这样就不用再关心 Python 环境问题，也不需要担心版本冲突问题。

接下来，我们就将 Scrapyd 打包制作成一个 Docker 镜像。

1. 准备工作

请确保本机已经正确安装好了 Docker，如没有安装可以参考第 1 章的安装说明。

2. 对接 Docker

新建一个项目，新建一个 scrapyd.conf，即 Scrapyd 的配置文件，内容如下：

```
[scrapyd]
eggs_dir    = eggs
logs_dir    = logs
items_dir   =
jobs_to_keep = 5
dbs_dir     = dbs
max_proc    = 0
max_proc_per_cpu = 10
finished_to_keep = 100
poll_interval = 5.0
bind_address = 0.0.0.0
http_port   = 6800
debug       = off
runner      = scrapyd.runner
application = scrapyd.app.application
launcher    = scrapyd.launcher.Launcher
webroot     = scrapyd.website.Root

[services]
schedule.json     = scrapyd.webservice.Schedule
cancel.json       = scrapyd.webservice.Cancel
addversion.json   = scrapyd.webservice.AddVersion
listprojects.json = scrapyd.webservice.ListProjects
listversions.json = scrapyd.webservice.ListVersions
listspiders.json  = scrapyd.webservice.ListSpiders
delproject.json   = scrapyd.webservice.DeleteProject
delversion.json   = scrapyd.webservice.DeleteVersion
listjobs.json     = scrapyd.webservice.ListJobs
daemonstatus.json = scrapyd.webservice.DaemonStatus
```

这里实际上是修改自官方文档的配置文件：https://scrapyd.readthedocs.io/en/stable/config.html#example-configuration-file，其中修改的地方有两个。

- max_proc_per_cpu=10，原本是 4，即 CPU 单核最多运行 4 个 Scrapy 任务，也就是说 1 核的主机最多同时只能运行 4 个 Scrapy 任务，这里设置上限为 10，也可以自行设置。
- bind_address = 0.0.0.0，原本是 127.0.0.1，不能公开访问，这里修改为 0.0.0.0 即可解除此限制。

新建一个 requirements.txt，将一些 Scrapy 项目常用的库都列进去，内容如下：

```
requests
selenium
aiohttp
beautifulsoup4
```

```
pyquery
pymysql
redis
pymongo
flask
django
scrapy
scrapyd
scrapyd-client
scrapy-redis
scrapy-splash
```

如果运行的 Scrapy 项目还需要用到其他的库，这些库可以自行添加到此文件中。

最后新建一个 Dockerfile，内容如下：

```
FROM python:3.6
ADD . /code
WORKDIR /code
COPY ./scrapyd.conf /etc/scrapyd/
EXPOSE 6800
RUN pip3 install -r requirements.txt
CMD scrapyd
```

第一行的 FROM 是指在 python:3.6 这个镜像上构建，也就是说在构建时就已经有了 Python 3.6 的环境。

第二行的 ADD 是将本地的代码放置到虚拟容器中。它有两个参数：第一个参数是.，即代表本地当前路径；第二个参数/code 代表虚拟容器中的路径，也就是将本地项目所有内容放置到虚拟容器的/code 目录下。

第三行的 WORKDIR 是指定工作目录，这里将刚才添加的代码路径设成工作路径，这个路径下的目录结构和当前本地目录结构是相同的，所以在这个目录下可以直接执行库安装命令。

第四行的 COPY 是将当前目录下的 scrapyd.conf 文件复制到虚拟容器的/etc/scrapyd/目录下，Scrapyd 在运行的时候会默认读取这个配置。

第五行的 EXPOSE 是声明运行时容器提供服务端口，注意这里只是一个声明，运行时不一定会在此端口开启服务。这个声明的作用，一是告诉使用者这个镜像服务的运行端口，以方便配置映射，二是在运行使用随机端口映射时，容器会自动随机映射 EXPOSE 的端口。

第六行的 RUN 是执行某些命令，一般做一些环境准备工作。由于 Docker 虚拟容器内只有 Python 3 环境，而没有 Python 库，所以我们运行此命令来在虚拟容器中安装相应的 Python 库，这样项目部署到 Scrapyd 中便可以正常运行。

第七行的 CMD 是容器启动命令，容器运行时，此命令会被执行。这里我们直接用 scrapyd 来启动 Scrapyd 服务。

基本工作完成了，我们运行如下命令进行构建：

```
docker build -t scrapyd:latest .
```

构建成功后即可运行测试：

```
docker run -d -p 6800:6800 scrapyd
```

打开 http://localhost:6800，即可观察到 Scrapyd 服务，如图 15-2 所示。

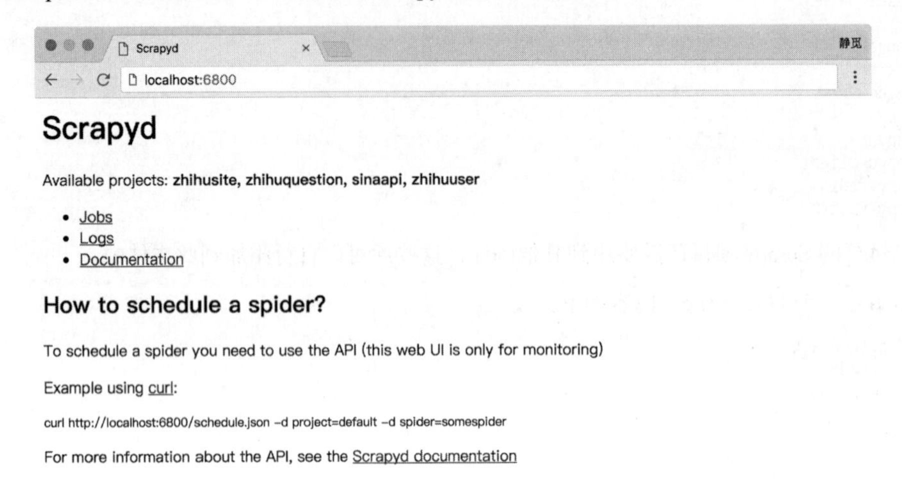

图 15-2　Scrapyd 主页

这样，Scrapyd Docker 镜像构建完成并成功运行。

我们可以将此镜像上传到 Docker Hub。例如，我的 Docker Hub 用户名为 germey，新建一个名为 scrapyd 的项目，首先可以为镜像打一个标签来标识一下：

```
docker tag scrapyd:latest germey/scrapyd:latest
```

这里请自行替换成你的项目名称。

然后 Push 即可：

```
docker push germey/scrapyd:latest
```

之后在其他主机运行此命令即可启动 Scrapyd 服务：

```
docker run -d -p 6800:6800 germey/scrapyd
```

Scrapyd 成功在其他服务器上运行。

3. 结语

我们利用 Docker 解决了 Python 环境的问题。接下来，我们再解决批量部署 Docker 的问题。

15.4　Scrapyd 批量部署

我们在上一节实现了 Scrapyd 和 Docker 的对接，这样每台主机就不用再安装 Python 环境和安装 Scrapyd 了，直接执行一句 Docker 命令运行 Scrapyd 服务即可。但是这种做法有个前提，那就是每台主机都安装 Docker，然后再去运行 Scrapyd 服务。如果我们需要部署 10 台主机的话，工作量确实不小。

一种方案是，一台主机已经安装好各种开发环境，我们取到它的镜像，然后用镜像来批量复制多台主机，批量部署就可以轻松实现了。

另一种方案是，我们在新建主机的时候直接指定一个运行脚本，脚本里写好配置各种环境的命令，指定其在新建主机的时候自动执行，那么主机创建之后所有的环境就按照自定义的命令配置好了，这样也可以很方便地实现批量部署。

目前很多服务商都提供云主机服务，如阿里云、腾讯云、Azure、Amazon等，不同的服务商提供了不同的批量部署云主机的方式。例如，腾讯云提供了创建自定义镜像的服务，在新建主机的时候使用自定义镜像创建新的主机即可，这样就可以批量生成多个相同的环境。Azure提供了模板部署的服务，我们可以在模板中指定新建主机时执行的配置环境的命令，这样在主机创建之后环境就配置完成了。

本节我们就来看看这两种批量部署的方式，来实现Docker和Scrapyd服务的批量部署。

1. 镜像部署

以腾讯云为例进行说明。首先需要有一台已经安装好环境的云主机，Docker和Scrapyd镜像均已经正确安装，Scrapyd镜像启动加到开机启动脚本中，可以在开机时自动启动。

进入腾讯云后台，点击更多选项制作镜像，如图15-3所示。

图15-3 制作镜像

输入镜像的一些配置信息，如图15-4所示。

制作自定义镜像 ×

您已选1台云主机，查看详情

镜像制作过程约需10分钟。

*镜像名称: MainUbuntu

只支持字母、数字或连接符号

镜像描述: Main Ubuntu VPS

你还可以输入45个字符

下一步　取消

图 15-4　镜像配置

确认制作镜像，稍等片刻即可制作成功。

接下来，创建新的主机，在新建主机时选择已经制作好的镜像即可，如图 15-5 所示。

云服务器选购 - 腾讯云

安全 https://buy.qcloud.com/cvm?regionId=8&projectId=8#step.2

云服务器 CVM　购买记录

快速配置　自定义配置

云服务器单价最高直降8.7%，包年包月预付费6个月及以上88折，1年83折，2年7折，3年5折（注：金融专区不参加此活动）。

1.选择地域与机型　2.选择镜像　3.选择存储与网络　4.设置信息

已选配置

计费模式　包年包月

地域　华北地区（北京）

可用区　北京二区

机型　系列2、标准型S2、1核CPU、2G内存

镜像提供方　公共镜像　自定义镜像　共享镜像　服务市场

操作系统　MainUbuntu

上一步　下一步：选择存储与网络

图 15-5　新建主机

后续配置过程按照提示进行即可。

配置完成之后登录新到云主机，即可看到当前主机 Docker 和 Scrapyd 镜像都已经安装好，Scrapyd 服务已经正常运行。

我们就通过自定义镜像的方式实现了相同环境的云主机的批量部署。

2. 模板部署

Azure 的云主机在部署时都会使用一个部署模板，这个模板实际上是一个 JSON 文件，里面包含了很多部署时的配置选项，如主机名称、用户名、密码、主机型号等。在模板中我们可以指定新建完云主机之后执行的命令行脚本，如安装 Docker、运行镜像等。等部署工作全部完成之后，新创建的云主机就已经完成环境配置，同时运行相关服务。

这里提供一个部署 Linux 主机时自动安装 Docker 和运行 Scrapyd 镜像的模板，模板内容太多，源文件可以查看：https://github.com/Python3WebSpider/ScrapydDeploy/blob/master/azuredeploy.json。模板中 Microsoft.Compute/virtualMachines/extensions 部分有一个 commandToExecute 字段，它可以指定建立主机后自动执行的命令。这里的命令完成的是安装 Docker 并运行 Scrapyd 镜像服务的过程。

首先安装一个 Azure 组件，安装过程可以参考：https://docs.azure.cn/zh-cn/xplat-cli-install。之后就可以使用 azure 命令行进行部署。

登录 Azure，这里登录的是中国区，命令如下：

```
azure login -e AzureChinaCloud
```

如果没有资源组的话，需要新建一个资源组，命令如下：

```
azure group create myResourceGroup chinanorth
```

其中，myResourceGroup 是资源组的名称，可以自行定义。

使用该模板进行部署，命令如下：

```
azure group deployment create --template-file azuredeploy.json myResourceGroup myDeploymentName
```

其中，myResourceGroup 是资源组的名称，myDeploymentName 是部署任务的名称。

例如，部署一台 Linux 主机的过程如下：

```
azure group deployment create --template-file azuredeploy.json MyResourceGroup SingleVMDeploy
info:    Executing command group deployment create
info:    Supply values for the following parameters
adminUsername:  datacrawl
adminPassword:  DataCrawl123
vmSize:  Standard_D2_v2
vmName:  datacrawl-vm
dnsLabelPrefix:  datacrawlvm
storageAccountName:  datacrawlstorage
```

运行命令后会提示输入各个配置参数，如主机用户名、密码等。之后等待整个部署工作完成即可，命令行会自动退出。然后，我们登录云主机即可查看到 Docker 已经成功安装并且 Scrapyd 服务正常运行。

3. 结语

以上内容便是批量部署的两种方法。在大规模分布式爬虫架构中，如果需要批量部署多个爬虫环境，使用如上方法可以快速批量完成环境的搭建工作，而不用再去逐个主机配置环境。

到此为止，我们解决了批量部署的问题，创建主机完毕之后即可直接使用Scrapyd服务。

15.5 Gerapy分布式管理

我们可以通过Scrapyd-Client将Scrapy项目部署到Scrapyd上，并且可以通过Scrapyd API来控制Scrapy的运行。那么，我们是否可以做到更优化？方法是否可以更方便可控？

我们重新分析一下当前可以优化的问题。

- 使用Scrapyd-Client部署时，需要在配置文件中配置好各台主机的地址，然后利用命令行执行部署过程。如果我们省去各台主机的地址配置，将命令行对接图形界面，只需要点击按钮即可实现批量部署，这样就更方便了。
- 使用Scrapyd API可以控制Scrapy任务的启动、终止等工作，但很多操作还是需要代码来实现，同时获取爬取日志还比较烦琐。如果我们有一个图形界面，只需要点击按钮即可启动和终止爬虫任务，同时还可以实时查看爬取日志报告，那这将大大节省我们的时间和精力。

所以我们的终极目标是如下内容。

- 更方便地控制爬虫运行；
- 更直观地查看爬虫状态；
- 更实时地查看爬取结果；
- 更简单地实现项目部署；
- 更统一地实现主机管理。

上述所有的工作均可通过Gerapy来实现。

Gerapy是一个基于Scrapyd、Scrapyd API、Django、Vue.js搭建的分布式爬虫管理框架。接下来将简单介绍它的使用方法。

1. 准备工作

请确保已经正确安装好了Gerapy，安装方式可以参考第1章。

2. 使用说明

利用gerapy命令新建一个项目，命令如下：

```
gerapy init
```

在当前目录下生成一个gerapy文件夹。进入gerapy文件夹，会发现一个空的projects文件夹，后文会提及。

这时先对数据库进行初始化：

```
gerapy migrate
```

这样会生成一个SQLite数据库，数据库保存各个主机配置信息、部署版本等。

启动 Gerapy 服务，命令如下：

```
gerapy runserver
```

这样即可在默认 8000 端口上开启 Gerapy 服务。我们用浏览器打开：http://localhost:8000，即可进入 Gerapy 的管理页面，这里提供了主机管理和项目管理的功能。

在主机管理中添加各台主机的 Scrapyd 运行地址和端口，并加以名称标记。之后各台主机便会出现在主机列表中。Gerapy 会监控各台主机的运行状况并加以不同的状态标识，如图 15-6 所示。

首页 / 主机管理

主机管理

状态	ID	名称	IP	端口	描述	操作
运行正常	17	YQ阿里云	114.215.100.72	6800	6800	编辑 调度 删除
连接失败	16	主腾讯云	211.159.152.173	6800	6800	编辑 调度 删除
运行正常	15	ZY阿里云	120.77.169.175	6800	6800	编辑 调度 删除
运行正常	14	AZURE1	42.159.116.56	6800	6800	编辑 调度 删除
运行正常	13	AZURE2	139.217.9.25	6800	6800	编辑 调度 删除
运行正常	12	AZURE3	42.159.27.223	6800	6800	编辑 调度 删除
运行正常	11	AZURE4	42.159.27.9	6800	6800	编辑 调度 删除
运行正常	9	AZURE5	42.159.117.119	6800	6800	编辑 调度 删除
连接失败	8	本机	127.0.0.1	6800	6800	编辑 调度 删除
运行正常	2	AZURE6	139.217.10.54	6800	6800	编辑 调度 删除
运行正常	1	AZURE7	139.217.26.30	6800	6800	编辑 调度 删除

批量删除

图 15-6 主机列表

刚才我们提到在 gerapy 目录下有一个空的 projects 文件夹，它就是存放 Scrapy 目录的文件夹。如果想要部署某个 Scrapy 项目，只需要将该项目文件放到 projects 文件夹下即可。

这里我放了两个 Scrapy 项目，如图 15-7 所示。

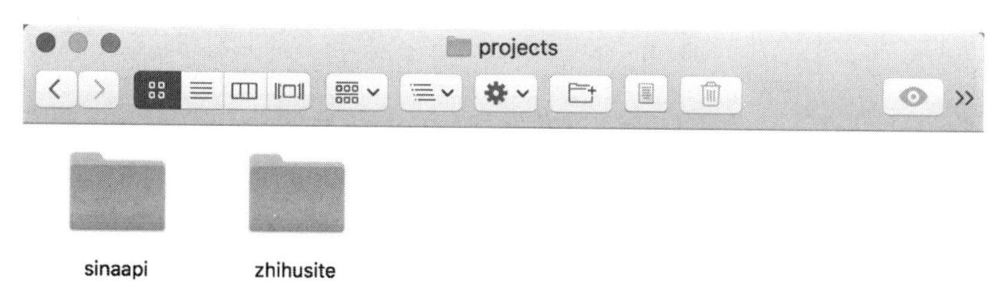

图 15-7 项目目录

重新回到 Gerapy 管理界面，点击项目管理，即可看到当前项目列表，如图 15-8 所示。

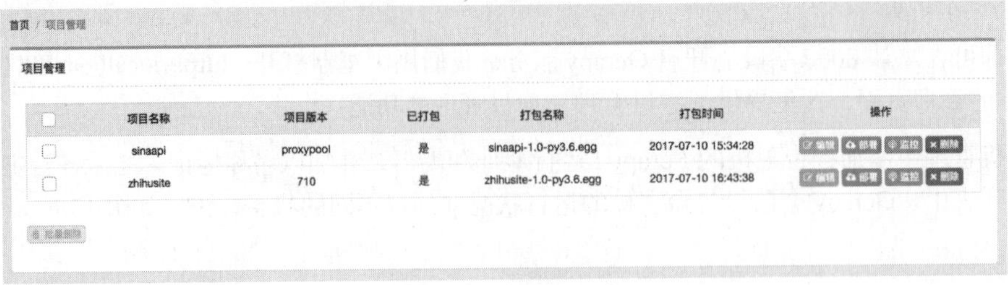

首页 / 项目管理

项目管理

	项目名称	项目版本	已打包	打包名称	打包时间	操作
☐	sinaapi	proxypool	是	sinaapi-1.0-py3.6.egg	2017-07-10 15:34:28	编辑 部署 监控 删除
☐	zhihusite	710	是	zhihusite-1.0-py3.6.egg	2017-07-10 16:43:38	编辑 部署 监控 删除

批量删除

图 15-8　项目列表

由于此处有过打包和部署记录，这里分别予以显示。

Gerapy 提供了项目在线编辑功能。点击编辑，即可可视化地对项目进行编辑，如图 15-9 所示。

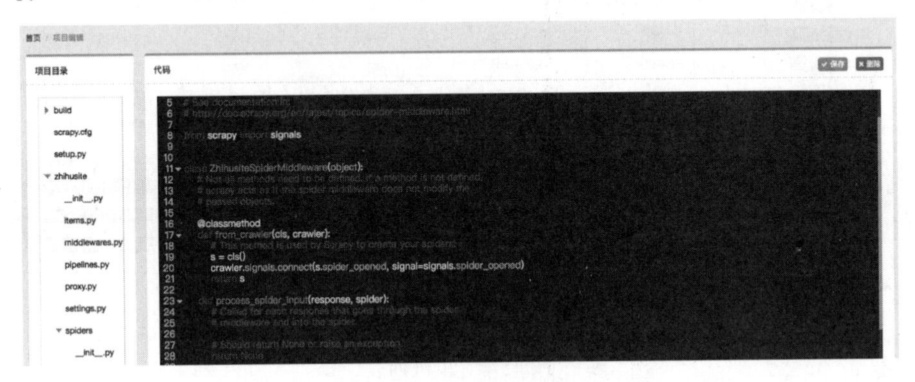

图 15-9　可视化编辑

如果项目没有问题，可以点击部署进行打包和部署。部署之前需要打包项目，打包时可以指定版本描述，如图 15-10 所示。

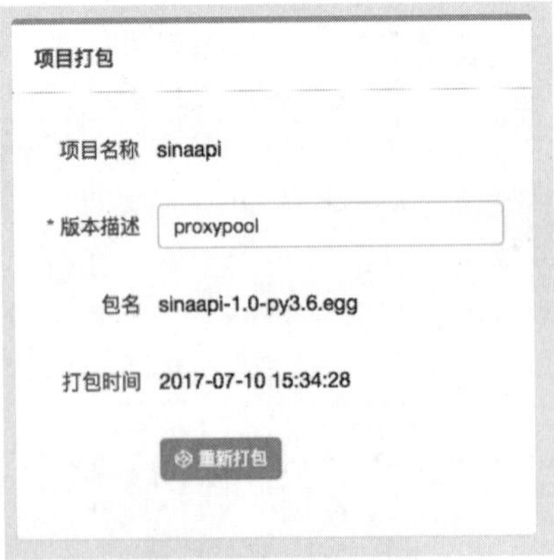

项目打包

项目名称　sinaapi

* 版本描述　proxypool

包名　sinaapi-1.0-py3.6.egg

打包时间　2017-07-10 15:34:28

重新打包

图 15-10　项目打包

打包完成之后，直接点击部署按钮即可将打包好的 Scrapy 项目部署到对应的云主机上，同时也可以批量部署，如图 15-11 所示。

项目部署

	状态	ID	主机名称	主机IP	主机端口	部署版本	部署时间	操作
☐	运行正常	17	YQ阿里云	114.215.100.72	6800	proxypool	2017-07-10 15:35:08	部署
☐	连接失败	16	主腾讯云	211.159.152.173	6800	adddelay	2017-07-07 15:03:27	
☐	运行正常	15	ZY阿里云	120.77.169.175	6800	proxypool	2017-07-10 15:35:01	部署
☑	运行正常	14	AZURE1	42.159.116.56	6800	proxypool	2017-07-10 15:35:00	部署
☑	运行正常	13	AZURE2	139.217.9.25	6800	proxypool	2017-07-10 15:35:00	部署
☑	运行正常	12	AZURE3	42.159.27.223	6800	proxypool	2017-07-10 15:34:36	部署
☑	运行正常	11	AZURE4	42.159.27.9	6800	proxypool	2017-07-10 15:34:35	部署
☐	运行正常	9	AZURE5	42.159.117.119	6800	proxypool	2017-07-10 15:34:35	部署
☐	连接失败	8	本机	127.0.0.1	6800			
☐	运行正常	2	AZURE6	139.217.10.54	6800	proxypool	2017-07-10 15:34:33	部署
☐	运行正常	1	AZURE7	139.217.26.30	6800	proxypool	2017-07-10 15:34:32	部署

批量部署

图 15-11　部署页面

部署完毕之后就可以回到主机管理页面进行任务调度。点击调度即可进入任务管理页面，可以查看当前主机所有任务的运行状态，如图 15-12 所示。

首页 / 调度主机

SINAAPI

ID	爬虫名称	操作
1	sinaapi	新任务

- 爬虫名称：sinaapi　任务代号：1b4dadf8743e11e7aabf0017fa00c32d　开始时间：2017-07-29 09:13　停止　运行中
- 爬虫名称：sinaapi　任务代号：1b4dadf9743e11e7aabf0017fa00c32d　开始时间：2017-07-29 09:13　停止　运行中
- 爬虫名称：sinaapi　任务代号：1b4dadfa743e11e7aabf0017fa00c32d　开始时间：2017-07-29 09:13　停止　运行中
- 爬虫名称：sinaapi　任务代号：1b4dadfb743e11e7aabf0017fa00c32d　开始时间：2017-07-29 09:13　停止　运行中
- 爬虫名称：sinaapi　任务代号：1b4dadfc743e11e7aabf0017fa00c32d　开始时间：2017-07-29 09:13　停止　运行中
- 爬虫名称：sinaapi　任务代号：1b4dadfd743e11e7aabf0017fa00c32d　开始时间：2017-07-29 09:13　停止　运行中
- 爬虫名称：sinaapi　任务代号：1b4dadfe743e11e7aabf0017fa00c32d　开始时间：2017-07-29 09:13　停止　运行中
- 爬虫名称：weiboapi　任务代号：15895b05613a11e7b96f0017fa00c32d　开始时间：2017-07-05 04:26　结束时间：2017-07-05 04:29　已完成
- 爬虫名称：weiboapi　任务代号：15895b04613a11e7b96f0017fa00c32d　开始时间：2017-07-05 04:26　结束时间：2017-07-05 04:29　已完成

图 15-12　任务运行状态

我们通过点击新任务、停止等按钮来实现任务的启动和停止等操作，同时也可以通过展开任务条目查看日志详情，如图 15-13 所示。

图 15-13　查看日志

这样我们就可以实时查看到各个任务运行状态。

以上内容便是 Gerapy 功能的简单介绍。通过 Gerapy，我们可以更加方便地管理、部署和监控 Scrapy 项目，尤其是对分布式爬虫来说，使用 Gerapy 会更加方便。

更多信息可以查看 Gerapy 的 GitHub 地址：https://github.com/Gerapy。

3. 结语

本节我们介绍了 Gerapy 的简单用法，利用它我们可以方便地实现 Scrapy 项目的部署、管理等操作，可以大大提高效率。

站在巨人的肩上
Standing on Shoulders of Giants
TURING
图灵教育
iTuring.cn

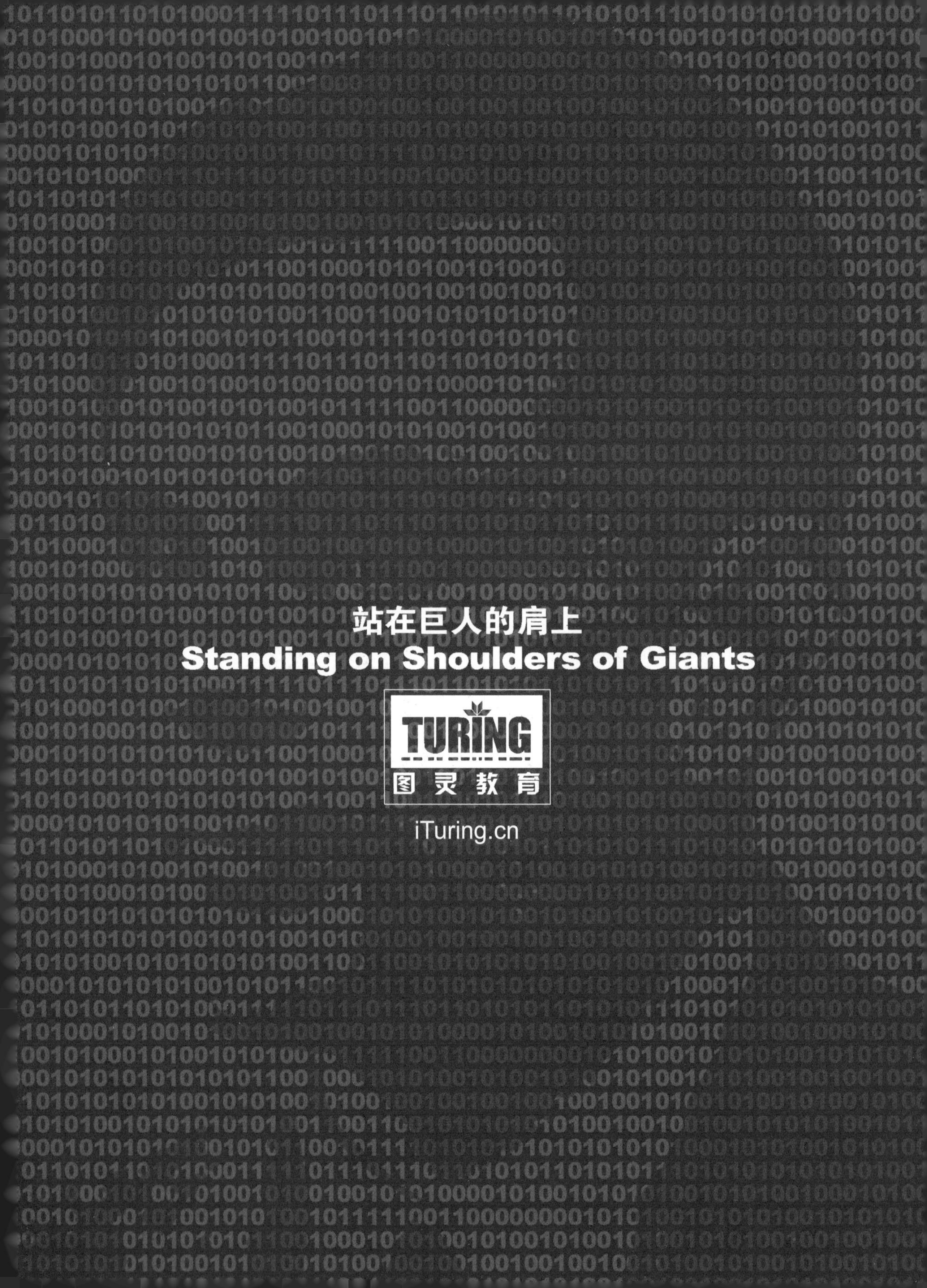
站在巨人的肩上
Standing on Shoulders of Giants
TURING
图灵教育
iTuring.cn